工程设计与分析系列

嵌入式 Linux 系统与工程实践
（第 2 版）

戴璐平　何渊仁　吴志男　编著

电子工业出版社

Publishing House of Electronics Industry

北京·BEIJING

内 容 简 介

本书以 Linux 嵌入式系统的基本开发技术为主线，以基于 ARM 架构的嵌入式处理器为嵌入式硬件平台，全面介绍嵌入式系统开发过程、ARM 体系结构、Linux 基础、Linux 进程、Linux 开发环境的建立、Linux 操作系统移植、Bootloader 的使用、Linux 根文件系统的构建、设备驱动程序的开发、嵌入式 GUI 开发等嵌入式知识，最后介绍近年来较为热门的 GPS 导航系统的设计。书中实例全部配有视频讲解，实例代码和视频等素材，请读者到华信教育资源网的本书页面下载（www.hxedu.com.cn）。

本书可作为机电控制、信息家电、工业控制、手持仪器、医疗器械、机器人技术等方面嵌入式系统开发与应用的参考书，也可作为高等院校有关嵌入式系统教学的教材。

未经许可，不得以任何方式复制或抄袭本书之部分或全部内容。
版权所有，侵权必究。

图书在版编目（CIP）数据

嵌入式 Linux 系统与工程实践/戴璐平，何渊仁，吴志男编著. —2 版. —北京：电子工业出版社，2017.3
（工程设计与分析系列）
ISBN 978-7-121-31053-9

Ⅰ.①嵌… Ⅱ.①戴… ②何… ③吴… Ⅲ.①Linux 操作系统－程序设计 Ⅳ.①TP316.85

中国版本图书馆 CIP 数据核字（2017）第 046539 号

策划编辑：许存权
责任编辑：许存权　　特约编辑：谢忠玉　等
印　　刷：天津画中画印刷有限公司
装　　订：天津画中画印刷有限公司
出版发行：电子工业出版社
　　　　　北京市海淀区万寿路 173 信箱　邮编　100036
开　　本：787×1 092　1/16　印张：34.5　字数：886 千字
版　　次：2012 年 1 月第 1 版
　　　　　2017 年 3 月第 2 版
印　　次：2023 年 3 月第 4 次印刷
定　　价：89.00 元

凡所购买电子工业出版社图书有缺损问题，请向购买书店调换。若书店售缺，请与本社发行部联系，联系及邮购电话：(010) 88254888，88258888。
质量投诉请发邮件至 zlts@phei.com.cn，盗版侵权举报请发邮件至 dbqq@phei.com.cn。
本书咨询联系方式：(010) 88254484，xucq@phei.com.cn。

前　言

　　嵌入式系统已经广泛地渗透到航空航天、汽车电子、医疗网络通信、工业控制等各个领域，正在以不同的形式悄悄地改变着人们的生产、生活方式，已经成为计算机领域的一个亮点。嵌入式系统和 Linux 的有机结合，成为后 PC 时代计算机最普遍的应用形式。嵌入式 Linux 不仅继承了 Linux 源代码开放、内核稳定高效、软件丰富、强大的网络支持功能、优秀的开发工具等优势，还具备支持广泛的处理器结构和硬件平台占有空间小、成本低等特点。

　　嵌入式 Linux 需要相应的嵌入式开发板和软件，还需要有经验的人员进行指导开发，目前国内大部分高校都很难达到这种要求，这也造成了目前国内嵌入式 Linux 开发人才极其缺乏的局面。

　　从技术角度来讲，嵌入式系统是软件和硬件的有机结合体，一名合格的嵌入式系统设计人员往往要求同时具备软件和硬件两方面的知识。因此，这也是编写本书的目的所在。

　　本书分为 4 篇 12 章，涉及嵌入式系统开发基础、嵌入式 Linux 开发入门、嵌入式系统移植与构建、嵌入式系统开发四大部分内容，依次介绍嵌入式系统基本概念、嵌入式系统开发过程与工具、嵌入式处理器体系结构、Linux 基础概述、Linux 内核、Linux 开发环境建立、Linux 操作系统移植、Bootloader 的使用、Linux 根文件系统的构建、设备驱动程序开发、嵌入式 GUI 开发、综合工程实例等内容。

　　第 1 章　嵌入式系统介绍。本章首先介绍嵌入式系统的组成部分、处理器、常见的嵌入式操作系统和新型的嵌入式操作系统，然后介绍嵌入式系统的应用，最后讲述嵌入式系统的发展趋势。

　　第 2 章　嵌入式软件开发过程与工具。本章首先讲述嵌入式软件的开发流程和软件测试技术，重点介绍基于 JTAG 的 ARM 系统调试，通过综合实例掌握 ADS 集成开发环境的使用。

　　第 3 章　嵌入式处理器体系结构。本章主要介绍 ARM 体系结构的组成部分、技术特征、ARM 微处理器的分类和应用选型，接着，重点以 S3C2410 处理器为例进行讲述，并详细介绍 ARM 编程模型、ARM 指令的寻址方式和 ARM 指令集的使用，最后，描述了 ARM 微处理器的异常情况。

　　第 4 章　Linux 开发常用操作。本章首先讲述 Linux 的概况，然后分别介绍 Linux 命令和 vi 编辑器的使用，接着讲述 Shell 程序设计语言的使用。最后，通过讲述编写清除 /var/log 下的 log 文件和编写寻找死链接文件两个综合实例的操作，掌握 Shell 编程的具体使用。

　　第 5 章　Linux 内核介绍。本章首先讲述进程结构的控制操作和属性，然后分别介绍管道、信号、信号量、共享内存和消息队列的使用，最后通过多个实例的操作，掌握进程的具体使用。

第 6 章 Linux 开发环境的构建。本章首先讲述 Cygwin 和 VMware Workstation 两种开发环境的建立，介绍建立交叉编译环境的主要过程，然后分别介绍 gcc 编辑器和 gdb 调试器的使用方法，最后详细讲解 Makefile 变量的使用以及隐含规则的应用。通过多个实例的操作，掌握 Linux 开发环境的建立。

第 7 章 Bootloader 的移植。本章首先介绍 Bootloader 的工作模式，讲述 Bootloader 的启动方式和流程。然后详细介绍 vivi 代码的两个阶段，并重点介绍 vivi 的配置与编译、U-boot 常用命令和源代码目录结构，讲述 U-boot 的启动模式和启动流程，并重点介绍 U-boot 在 S3C2410 上的移植。最后简单介绍其他常见的 Bootloader，通过多个实例的操作，掌握 Bootloader 的使用。

第 8 章 Linux 内核裁剪和移植。本章主要介绍 Linux 操作系统移植知识，重点讲述 Linux 内核结构和操作系统移植，通过多个综合实例的操作，掌握 Linux 操作系统的移植技术。

第 9 章 Linux 根文件系统的构建。本章首先讲述文件系统，然后利用 BusyBox 构建根文件系统，使读者对根文件系统有全面的了解。

第 10 章 设备驱动程序开发。本章首先讲述 Linux 设备驱动程序的分类，包括字符设备、块设备、网络设备，以及驱动程序在 Linux 中的层次结构和其特点。然后对设备驱动程序与文件系统的关系、Linux 设备驱动程序的接口、Linux 驱动程序的加载方法及其步骤进行分析。接着，讲述设备驱动程序的使用、网络设备的基础知识和网络设备驱动程序的体系结构、模块分析、实现模式。最后，通过多个实例的操作，掌握设备驱动程序的具体使用。

第 11 章 嵌入式常用 GUI 开发。本章主要介绍各种嵌入式 GUI 的相关知识，包括 MiniGUI 的实现、Qt/E 的界面编程和 Qtopia 移植等。大部分知识点后面都有相关的实例，介绍其内容的具体应用。通过本章的学习，掌握如何建立 Qt/Embedded 的开发环境及编写 Qt/Embedded 或 Qtopia 程序的开发流程。

第 12 章 嵌入式系统工程实例。本章主要介绍文件系统的构建和烧写、数码相框、基于 Linux 的 Mplayer 解码播放器和基于 Linux 的 GPS 导航系统的开发实例。在开发这些工程实例的过程中，熟悉 Linux 系统在嵌入式方面的应用，熟悉其他章节的知识在开发中的具体应用。

本书主要由戴璐平、何渊仁、吴志男编写，另外，参加本书编写和实例测试的还有：朱小远、谢龙汉、林伟、魏艳光、林木议、王悦阳、林伟洁、林树财、郑晓、吴苗、刘文超、刘新东。本书是在第 1 版的基础上，结合众多读者的反馈意见进行改版，对图书内容和实例程序代码进行了优化，书中实例全部配有视频讲解，使读者能够轻松掌握书中知识，并尽快应用于实际工作中。本书实例代码和视频等素材，请读者到华信教育资源网的本书页面下载（www.hxedu.com.cn）。

由于作者教学任务重、时间紧，书中仍会有不妥之处，请读者批评指正，读者可通过电子邮件 xucq@phei.com.cn 与我们交流。

编著者

目 录

第一篇 嵌入式系统开发基础

第1章 嵌入式系统介绍……………(1)
- 1.1 嵌入式系统的概念……………(1)
  - 1.1.1 嵌入式系统的定义………(1)
  - 1.1.2 嵌入式系统的特点………(2)
- 1.2 嵌入式系统的组成……………(2)
  - 1.2.1 嵌入式处理器……………(3)
  - 1.2.2 外围设备…………………(3)
  - 1.2.3 嵌入式操作系统…………(3)
  - 1.2.4 应用软件…………………(3)
- 1.3 嵌入式处理器…………………(4)
  - 1.3.1 嵌入式处理器的分类……(4)
  - 1.3.2 嵌入式微处理器…………(5)
  - 1.3.3 嵌入式微控制器…………(5)
  - 1.3.4 嵌入式DSP处理器………(6)
  - 1.3.5 嵌入式片上系统…………(6)
  - 1.3.6 选择嵌入式处理器………(7)
- 1.4 嵌入式操作系统………………(7)
  - 1.4.1 操作系统的概念和分类…(8)
  - 1.4.2 实时操作系统……………(8)
  - 1.4.3 常用的嵌入式操作系统…(10)
- 1.5 新型的嵌入式操作系统………(13)
  - 1.5.1 Android…………………(13)
  - 1.5.2 MontaVista………………(15)
- 1.6 嵌入式系统的应用……………(15)
- 1.7 嵌入式系统的发展趋势………(18)
  - 1.7.1 嵌入式系统面临的挑战…(18)
  - 1.7.2 嵌入式系统的发展前景…(19)
- 1.8 本章小结………………………(20)

第2章 嵌入式软件开发过程与工具…(21)
- 2.1 嵌入式软件开发介绍…………(21)
  - 2.1.1 嵌入式软件开发的特殊性……………………(21)
  - 2.1.2 嵌入式软件的分类………(22)
  - 2.1.3 嵌入式软件的开发流程…(22)
  - 2.1.4 嵌入式软件开发工具的发展趋势……………………(24)
- 2.2 嵌入式软件的调试技术………(25)
  - 2.2.1 调试技术介绍……………(25)
  - 2.2.2 基于JTAG的ARM系统调试………………………(26)
- 2.3 嵌入式软件测试技术…………(27)
  - 2.3.1 宿主机—目标机开发模式………………………(27)
  - 2.3.2 目标监控器………………(28)
- 2.4 嵌入式系统集成开发环境……(30)
  - 2.4.1 ADS的介绍………………(30)
  - 2.4.2 ADS建立工程的使用介绍………………………(32)
  - 2.4.3 AXD调试器的使用介绍…(37)
  - 实例2-1 ARM开发环境ADS的使用实例………………(39)
- 2.5 本章小结………………………(43)

第3章 嵌入式处理器体系结构………(44)
- 3.1 ARM体系结构概述……………(44)
  - 3.1.1 ARM体系结构简介………(45)
  - 3.1.2 ARM体系结构的技术特征……………………(47)
  - 3.1.3 CISC的体系结构…………(48)
  - 3.1.4 RISC的体系结构…………(48)
  - 3.1.5 RISC系统和CISC系统的比较………………………(50)
- 3.2 ARM微处理器的分类…………(51)
  - 3.2.1 ARM7微处理器……………(51)
  - 3.2.2 ARM9微处理器……………(52)

3.2.3 ARM9E 微处理器 …………… （52）
3.2.4 ARM10E 微处理器 ………… （53）
3.2.5 ARM11 微处理器 …………… （54）
3.2.6 SecurCore 微处理器 ………… （54）
3.2.7 StrongARM 微处理器 ……… （54）
3.2.8 XScale 微处理器 …………… （55）
3.3 ARM 微处理器的应用 …………… （55）
3.3.1 ARM 微处理器的应用
选型 ……………………… （55）
3.3.2 S3C2410 处理器 …………… （56）
3.4 存储器 …………………………… （57）
3.4.1 存储器简介 ………………… （57）
3.4.2 SDRAM 操作 ……………… （59）
3.4.3 Flash ………………………… （60）
3.5 ARM 编程模型 …………………… （61）
3.5.1 数据类型 …………………… （61）
3.5.2 存储器格式 ………………… （62）
3.5.3 处理器工作状态 …………… （62）
3.5.4 处理器运行模式 …………… （63）
3.5.5 寄存器组织 ………………… （63）
3.5.6 内部寄存器 ………………… （66）
3.6 ARM 指令的寻址方式 …………… （67）
3.6.1 立即寻址 …………………… （67）
3.6.2 寄存器寻址 ………………… （68）
3.6.3 寄存器间接寻址 …………… （68）
3.6.4 相对寻址 …………………… （69）
3.6.5 堆栈寻址 …………………… （69）
3.6.6 块复制寻址 ………………… （70）
3.6.7 变址寻址 …………………… （70）
3.6.8 多寄存器寻址 ……………… （71）
3.7 ARM 指令集 ……………………… （71）
3.7.1 ARM 指令的格式 …………… （71）
3.7.2 ARM 指令分类 ……………… （72）
3.7.3 Thumb 指令介绍 …………… （78）
3.7.4 Thumb 指令分类 …………… （79）
3.7.5 ARM 指令集和 Thumb 指令
集的区别 …………………… （82）
3.8 ARM 微处理器的异常 …………… （83）
3.8.1 ARM 体系结构所支持的异
常类型 ……………………… （84）
3.8.2 异常矢量表 ………………… （85）
3.8.3 异常优先级 ………………… （85）
3.8.4 应用程序中的异常处理 …… （86）
3.8.5 各类异常的具体描述 ……… （87）
3.9 本章小结 ………………………… （91）

第二篇　Linux 开发入门

第 4 章　Linux 开发常用操作 …………… （92）
4.1 Linux 系统介绍 …………………… （92）
4.1.1 Linux 的概况 ………………… （93）
4.1.2 Linux 操作系统的构成 …… （94）
4.1.3 Linux 常见的发行版本 …… （95）
4.1.4 Linux 内核的特点 ………… （97）
4.2 Linux 命令的使用 ………………… （98）
4.3 vi 编辑器的使用 ………………… （108）
4.3.1 vi 编辑器的进入 …………… （108）
4.3.2 命令模式的命令 …………… （109）
4.3.3 末行模式的命令 …………… （110）
实例 4-1　vi 编辑器使用实例 …… （110）
4.4 Shell 编程 ………………………… （112）
4.4.1 Shell 基础介绍 ……………… （112）
4.4.2 Shell 程序的变量和参数 … （114）
4.4.3 运行 Shell 程序 ……………… （116）
4.4.4 Shell 程序设计的流程
控制 ………………………… （117）
4.4.5 Shell 输入与输出 …………… （121）
4.4.6 bash 介绍 …………………… （123）
4.5 综合实例 ………………………… （124）
实例 4-2　编写清除/var/log 下的
log 文件综合实例 …… （124）
实例 4-3　编写寻找死链接文件
综合实例 ……………… （127）
4.6 本章小结 ………………………… （131）

第 5 章　Linux 内核介绍 ………………… （132）
5.1 进程概述 ………………………… （132）
5.1.1 进程结构 …………………… （133）
5.1.2 进程的控制操作 …………… （134）

5.1.3　进程的属性 …………………（136）
　　5.1.4　进程的创建和调度 …………（137）
　　5.1.5　Linux 进程命令 ……………（139）
5.2　系统调用 ………………………………（143）
　　5.2.1　系统调用概述 ………………（143）
　　5.2.2　系统调用的进入 ……………（144）
　　5.2.3　与进程管理相关的系统
　　　　　调用 ………………………（145）
5.3　管道 ……………………………………（145）
　　5.3.1　管道系统调用 ………………（145）
　　5.3.2　管道的分类 …………………（147）
　　实例 5-1　管道通信实例 ……………（148）
5.4　信号 ……………………………………（150）
　　5.4.1　常见的信号种类 ……………（150）
　　5.4.2　系统调用函数 ………………（151）
　　5.4.3　信号的处理 …………………（152）
　　5.4.4　信号与系统调用的关系 ……（152）
　　实例 5-2　信号实例 …………………（153）
5.5　信号量 …………………………………（154）
　　5.5.1　信号量概述 …………………（154）
　　5.5.2　相关的数据结构 ……………（155）
　　5.5.3　相关的函数 …………………（157）
　　实例 5-3　信号量实例 ………………（158）
5.6　共享内存 ………………………………（163）
　　5.6.1　共享内存原理 ………………（163）
　　5.6.2　共享内存对象的结构 ………（164）
　　5.6.3　相关的函数 …………………（165）
　　实例 5-4　共享内存实例 ……………（166）
5.7　消息队列 ………………………………（171）
　　5.7.1　有关的数据结构 ……………（171）
　　5.7.2　相关的函数 …………………（174）
　　实例 5-5　消息队列实例 ……………（176）
5.8　综合实例 ………………………………（179）
　　实例 5-6　多线程编程实例 …………（179）
5.9　本章小结 ………………………………（180）
第 6 章　Linux 开发环境的构建 …………（181）
6.1　建立 Linux 开发环境概述 ……………（181）
　　6.1.1　Cygwin 开发环境 ……………（181）
　　6.1.2　VMware Workstation 开发

　　　　　环境 ………………………（183）
6.2　交叉编译的使用 ………………………（185）
　　6.2.1　GNU 交叉工具链的设置 …（185）
　　6.2.2　ARM GNU 常用汇编
　　　　　语言 ………………………（188）
　　6.2.3　GNU 交叉工具链的常用
　　　　　工具 ………………………（190）
　　6.2.4　交叉编译环境 ………………（193）
6.3　Linux 下的 C 编程 ……………………（196）
　　6.3.1　Linux 程序设计特点 …………（196）
　　6.3.2　Linux 下 C 语言编码的
　　　　　风格 ………………………（197）
　　6.3.3　Linux 程序基础 ………………（197）
　　6.3.4　Linux 下 C 编程的库
　　　　　依赖 ………………………（199）
6.4　gcc 的使用与开发 ……………………（199）
　　6.4.1　gcc 简介和使用 ………………（199）
　　6.4.2　gcc 选项 ………………………（200）
　　6.4.3　gcc 的错误类型 ………………（203）
　　实例 6-1　gcc 编译器环境的应用
　　　　　　实例 ………………………（204）
6.5　gdb 调试器的介绍和使用 ……………（205）
　　6.5.1　gdb 调试器的使用 ……………（205）
　　6.5.2　在 gdb 中运行程序 ……………（206）
　　6.5.3　暂停和恢复程序运行 ………（208）
　　6.5.4　远程调试 ……………………（211）
　　实例 6-2　gdb 调试器环境的应用
　　　　　　实例 ………………………（211）
6.6　GNU make 和 Makefile 的使用 ………（213）
　　6.6.1　Makefile 的基本结构 …………（214）
　　6.6.2　Makefile 的变量 ………………（215）
　　6.6.3　Makefile 的隐含规则 …………（217）
　　6.6.4　Makefile 的命令使用 …………（220）
　　6.6.5　Makefile 的函数使用 …………（221）
　　6.6.6　Makefile 文件的运行 …………（223）
　　6.6.7　Makefile 规则书写命令 ………（225）
　　实例 6-3　Makefile 的命令使用
　　　　　　实例 ………………………（231）
6.7　autoconf 和 automake 的使用 …………（233）

6.7.1 autoconf 的使用 ………… (233)
6.7.2 Makefile.am 的编写 ……… (236)
6.7.3 automake 的使用 ………… (236)
6.7.4 使用 automake 和 autoconf 产生 Makefile …………… (237)
6.7.5 自动生成 Makefile 的方法 ………………………… (237)

6.8 综合实例 ………………………… (238)
 实例 6-4 gcc 编译器的综合实例 ………………………… (238)
 实例 6-5 gdb 调试器的综合实例 ………………………… (241)
 实例 6-6 Makefile 的综合实例 ‥ (244)
6.9 本章小结 ……………………… (246)

第三篇 嵌入式系统移植与构建

第 7 章 Bootloader 的使用 ………… (247)
7.1 Bootloader 概述 ………………… (248)
 7.1.1 Bootloader 的作用 ………… (248)
 7.1.2 Bootloader 的功能 ………… (249)
 7.1.3 Bootloader 的种类 ………… (250)
 7.1.4 Bootloader 的工作模式 …… (251)
 7.1.5 Bootloader 的启动方式 …… (251)
 7.1.6 Bootloader 的启动流程 …… (253)
 7.1.7 Bootloader 与主机的通信 …………………… (253)
7.2 vivi 的移植 …………………… (253)
 7.2.1 vivi 的常用命令和文件结构 ……………………… (254)
 7.2.2 vivi 第一阶段的分析 ……… (255)
 7.2.3 vivi 第二阶段的分析 ……… (261)
 7.2.4 vivi 的配置与编译 ………… (263)
7.3 U-boot 的移植 ………………… (264)
 7.3.1 U-boot 常用命令和源代码目录结构 …………………… (264)
 7.3.2 U-boot 支持的主要功能 …… (268)
 7.3.3 U-boot 的编译和添加命令 …………………… (268)
 7.3.4 U-boot 的启动介绍 ………… (272)
 7.3.5 U-boot 的移植和使用 ……… (273)
 7.3.6 U-boot 的启动过程 ………… (275)
 7.3.7 U-boot 的调试 ……………… (276)
7.4 其他常见的 Bootloader …………… (278)
7.5 综合实例 ………………………… (280)
 实例 7-1 vivi 编译实例 ………… (280)
 实例 7-2 U-boot 在 S3C2410 上的移植实例 ……………… (281)
 实例 7-3 Bootloader 设计实例 ‥ (283)
7.6 本章小结 ……………………… (285)

第 8 章 Linux 内核裁剪与移植 ……… (286)
8.1 Linux 移植简介 ………………… (286)
 8.1.1 Linux 可移植性发展 ……… (287)
 8.1.2 Linux 的移植性 …………… (287)
8.2 Linux 内核结构 ………………… (288)
 8.2.1 Linux 内核组成 …………… (288)
 8.2.2 子系统相互间的关系 ……… (292)
 8.2.3 系统数据结构 ……………… (293)
 8.2.4 Linux 内核源代码 ………… (293)
8.3 Linux 内核配置 ………………… (297)
 实例 8-1 Linux 内核配置实例 ‥ (297)
8.4 Linux 操作系统移植介绍 ……… (300)
 8.4.1 Linux 系统移植的两大部分 ………………………… (300)
 8.4.2 内核文件的修改 …………… (302)
 8.4.3 系统移植所必需的环境 …… (306)
8.5 综合实例 ………………………… (309)
 实例 8-2 编译 Linux 内核应用实例 ………………………… (309)
 实例 8-3 Linux 内核的烧写实例 ………………………… (311)
 实例 8-4 使用 KGDB 构建 Linux 内核调试环境 …………… (312)
8.6 本章小结 ……………………… (321)

第 9 章 Linux 根文件系统的构建 …… (322)
9.1 Linux 文件系统概述 …………… (322)
 9.1.1 Linux 文件系统的特点 …… (322)
 9.1.2 其他常见的嵌入式文件系统 ……………………… (324)

9.1.3 Linux 根文件目录结构……（326）
9.1.4 Linux 文件属性介绍……（326）
9.2 使用 BusyBox 生成工具集………（327）
  9.2.1 BusyBox 概述……………（327）
  9.2.2 BusyBox 进程和用户程序启动过程……………（328）
  9.2.3 编译/安装 BusyBox…………（329）
  实例 9-1 用 BusyBox 建立简单的根文件系统…………（333）
9.3 构建根文件系统………………（335）
  9.3.1 根文件系统制作流程……（335）
  实例 9-2 构建根文件系统………（339）
9.4 配置 yaffs 文件……………………（341）
  9.4.1 yaffs 文件系统设置……（342）
  9.4.2 yaffs 文件系统测试……（344）
9.5 综合实例…………………………（345）
  实例 9-3 制作/使用 yaffs 文件系统映像文件……………（345）
  实例 9-4 制作/使用 jffs2 文件系统映像文件……………（347）
9.6 本章小结…………………………（349）

第四篇 嵌入式系统开发

第 10 章 设备驱动程序开发………………（350）

10.1 设备驱动程序概述………………（351）
  10.1.1 驱动程序的简介………（351）
  10.1.2 设备分类………………（351）
  10.1.3 设备号…………………（352）
  10.1.4 设备节点………………（353）
  10.1.5 驱动层次结构…………（353）
  10.1.6 设备驱动程序的特点……（354）
10.2 设备驱动程序与文件系统………（355）
  10.2.1 设备驱动程序与文件系统的关系………………（355）
  10.2.2 设备驱动程序与操作系统的关系………………（355）
  10.2.3 Linux 设备驱动程序的接口…………………（356）
  10.2.4 设备驱动程序开发的基本函数………………（361）
  10.2.5 Linux 驱动程序的加载……（362）
10.3 设备驱动程序的使用……………（366）
  10.3.1 驱动程序模块的加载……（366）
  10.3.2 创建设备文件……………（367）
  10.3.3 使用设备………………（367）
10.4 网络设备基础知识………………（367）
  10.4.1 网络协议………………（367）
  10.4.2 网络设备接口基础………（369）
10.5 网络设备驱动程序的架构………（371）
  10.5.1 网络设备驱动程序体系结构……………………（371）
  10.5.2 网络设备驱动程序模块分析…………………（372）
  10.5.3 网络设备驱动程序的实现模式…………………（378）
  10.5.4 网络设备驱动程序的数据结构…………………（379）
10.6 综合实例…………………………（383）
  实例 10-1 键盘驱动开发实例……（383）
  实例 10-2 I2C 总线驱动的编写实例……………………（386）
  实例 10-3 TFT-LCD 显示驱动实例……………………（390）
10.7 本章小结…………………………（395）

第 11 章 嵌入式常用 GUI 开发……（396）

11.1 嵌入式系统中的 GUI 简介………（397）
  11.1.1 嵌入式 GUI 系统的介绍…………………（397）
  11.1.2 基于嵌入式 Linux 的 GUI 系统底层实现基础………（399）
  11.1.3 嵌入式 GUI 系统的分析与比较…………………（399）
11.2 嵌入式系统下 MiniGUI 的实现…………………………（401）
  11.2.1 图形用户界面 MiniGUI 简介……………………（401）
  11.2.2 MiniGUI 的发布版本……（403）

11.2.3 MiniGUI 在 S3C2410 处理器上的移植过程……（406）
11.3 Qt/Embedded 嵌入式图形开发基础……（409）
　11.3.1 Qt/Embedded 开发环境的安装……（409）
　11.3.2 Qt/Embedded 底层支持及实现代码分析……（413）
　11.3.3 Qt/Embedded 信号和插槽机制……（414）
　11.3.4 Qt/Embedded 窗口部件……（417）
　11.3.5 Qt/Embedded 图形界面编程……（420）
　11.3.6 Qt/Embedded 对话框设计……（421）
　11.3.7 数据库……（422）
　实例 11-1 Qt/Embedded 图形开发应用实例……（425）
11.4 Qtopia 移植……（426）
　11.4.1 Qtopia 简介……（426）
　11.4.2 交叉编译、安装 Qtopia……（426）
　实例 11-2 Qtopia 移植应用实例……（428）
11.5 Qt/Embedded 应用开发……（429）
　11.5.1 嵌入式硬件开发平台的选择……（429）
　11.5.2 Qt/Embedded 常用工具的介绍……（431）
　11.5.3 交叉编译 Qt/Embedded 的库……（432）
　11.5.4 Qt/E 程序的编译与执行……（433）
　实例 11-3 Qt/Embedded 实战演练……（434）
11.6 综合实例……（438）
　实例 11-4 Hello，Qt/Embedded 应用程序……（438）
　实例 11-5 基本绘图应用程序的编写……（441）
11.7 本章小结……（445）
第 12 章 嵌入式系统工程实例……（446）

12.1 文件系统的生成与烧写……（446）
　12.1.1 yaffs 文件系统的制作与生成……（447）
　12.1.2 jffs2 文件系统的制作与生成……（451）
12.2 基于 Linux 的数码相框……（454）
　12.2.1 系统需求分析……（454）
　12.2.2 系统总体设计……（455）
　12.2.3 软件设计实现……（456）
　12.2.4 软硬件集成……（463）
12.3 基于 Linux 的 MPlayer 解码播放器……（464）
　12.3.1 可行性分析报告……（464）
　12.3.2 系统总体设计……（465）
　12.3.3 软件总体设计……（466）
　12.3.4 软件详细设计……（470）
　12.3.5 软硬件集成……（480）
12.4 基于 Linux 的 GPS 导航系统的开发……（481）
　12.4.1 嵌入式开发流程……（482）
　12.4.2 GPS 导航定位系统的系统定义……（484）
　12.4.3 GPS 导航系统的可行性分析报告……（489）
　12.4.4 GPS 导航系统需求分析……（490）
　12.4.5 GPS 导航系统总体设计实现……（493）
　12.4.6 GPS 导航系统硬件设计实现……（494）
　12.4.7 GPS 导航系统软件概括设计……（498）
　12.4.8 GPS 导航系统软件详细设计……（498）
　12.4.9 GPS 导航系统数据库的配置设计……（525）
　12.4.10 GPS 导航系统软件实现……（537）
　12.4.11 GPS 导航系统软硬件集成……（538）
　12.4.12 GPS 导航系统功能性能测试……（540）
12.5 本章小结……（541）

第一篇 嵌入式系统开发基础

第1章 嵌入式系统介绍

嵌入式技术是计算机技术、半导体技术和微电子技术等多种先进技术的融合。在 PC 时代，嵌入式技术成为最有生命力的技术之一，它被应用在军事国防、医疗卫生、科学教育等各方面。

 本章内容

- 嵌入式系统的基本定义和特点
- 嵌入式系统的组成部分和处理器
- 常见的嵌入式操作系统
- 新型的嵌入式操作系统
- 嵌入式系统的应用领域
- 嵌入式系统的发展趋势

1.1 嵌入式系统的概念

嵌入式系统技术是目前最热门的技术之一。随着 21 世纪手机、PDA、MP4 等大量数码产品的广泛使用，嵌入式系统从早期工业控制系统的应用渐渐渗透到人们工作和生活中，从制造工业、过程控制、仪器仪表、汽车船舶到通信及各种消费类数码产品的各个应用领域。它将无所不在，为人类生产带来革命性的发展。

1.1.1 嵌入式系统的定义

关于嵌入式系统的定义，一般认为嵌入式系统是以应用为中心，以计算机技术为基础,并且软硬件可裁剪,适用于应用系统对功能、可靠性、成本、体积、功耗有严格要求的专用计算机系统。它一般由嵌入式微处理器、外围硬件设备、嵌入式操作系统及用户的应用程序 4 个部分组成,用于实现对其他设备的控制、监视或管理等功能。按照这种定义,典型的嵌入式系统有各种使用 x86 的小型嵌入式工控主板,它们在各种自动化设备、数字机械产品中有非常广阔的应用空间;另外一大类是使用 Intel、Samsung、Motorola 等专用芯片构成的小系统,它不仅在新兴的消费电子、通信设备和仪表等方面获得了巨大的发展应用空间,甚至有取代传统的工控机的趋势。

1.1.2 嵌入式系统的特点

嵌入式系统可以称为后 PC 时代和后网络时代的新秀,与传统的通用计算机、数字产品相比,利用嵌入式技术的产品特点如下。

(1)由于嵌入式系统采用的是微处理器,独立的操作系统,实现相对单一的功能,所以往往不需要大量的外围器件,因而在体积上、功耗上有其自身的优势。一般来说,一个使用 Windows CE 的 PDA,仅靠机内电源就可以使用几天,而任何一台笔记本电脑仅能够维持几小时左右。

(2)嵌入式系统是将计算机技术、电子技术和材料技术与各个行业的具体应用结合后的产物,是一门综合技术学科。由于空间和各种资源相对不足,嵌入式系统的硬件和软件都必须高效率地设计,力争在同样的硅片面积上实现更高的性能,这样才能在具体应用中对处理器的选择上更具有竞争力。

(3)嵌入式系统是一个软硬件高度结合的产物。为了提高执行速度和系统可靠性,嵌入式系统中的软件一般都固化在存储器芯片或单片机本身中,而不是存储于磁盘等载体中。片上系统、板上系统的实现,使得以 PDA、手机等为代表的这类产品拥有更加熟悉的操作界面和操作方式,比传统的电子记事本等功能更加完善、实用。

(4)由于嵌入式系统一般应用于小型电子装置,系统资源相对有限,所以,内核比传统的操作系统要小得多。例如,ENEA 公司的 OSE 分布式系统,内核只有 5KB,而 Windows 的内核则要大得多。

(5)嵌入式系统一般没有系统软件和应用软件的明显区分,不要求其功能设计及实现上过于复杂,这样一方面利于控制系统成本,另一方面也利于实现系统安全。

(6)嵌入式系统不可垄断性。从计算机的发展来看,现在的计算机市场基本上已被 Wintel 联盟垄断,而嵌入式系统工业的基础是以应用为中心的"芯片"设计和面向应用的软件产品开发,是针对不同的系统、不同的产品来进行的相应地开发,故这一市场不可能被一家或几家大公司垄断。

1.2 嵌入式系统的组成

嵌入式系统通常由嵌入式处理器、外围设备、嵌入式操作系统和应用软件等几大部分组成,如图 1-1 所示。

第 1 章　嵌入式系统介绍

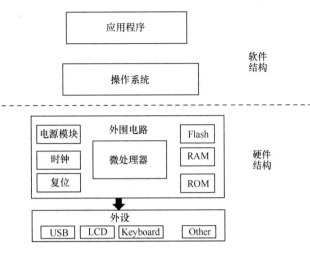

图 1-1　嵌入式系统的组成

1.2.1　嵌入式处理器

　　嵌入式处理器属于嵌入式系统的核心部件。嵌入式处理器与通用处理器的最大不同点在于嵌入式处理器大多工作在为特定用户群设计的系统中。它有利于嵌入式系统设计趋于小型化，并具有高效率、高可靠性等特征。

1.2.2　外围设备

　　外围设备是指在一个嵌入式系统中，除了嵌入式处理器以外的完成存储、通信、调试、显示等辅助功能的其他部件。
　　根据外围设备的功能可分为以下 3 类。
　　（1）人机交互：LCD、键盘和触摸屏等人机交互设备。
　　（2）存储器：动态存储器、非易失型存储器和静态易失型存储器。其中，动态存储器以可擦写次数多、存储速度快、容量大及价格低等优点在嵌入式领域得到了广泛的应用。
　　（3）接口：应用最为广泛的包括并口、I^2C（InterIC）总线接口、USB 通用串行总线接口、RS-232 串口、IrDA 红外接口、SPI 串行外围设备接口和 Ethernet 网口等。

1.2.3　嵌入式操作系统

　　嵌入式操作系统是用来管理中断处理、任务间通信、存储器分配和定时器响应的软件模块集合。嵌入式操作系统常常有实时要求，所以，嵌入式操作系统往往又是实时操作系统。

1.2.4　应用软件

　　嵌入式系统的应用软件是针对特定的实际专业领域的，基于相应的嵌入式硬件平台，并能完成用户预期任务的计算机软件。

嵌入式软件的特点如下。

（1）系统软件的高实时性是其基本要求。

（2）多任务实时操作系统成为嵌入式应用软件的必须。

（3）软件要求固态化存储。

（4）软件代码要求高质量、高可靠性。

1.3 嵌入式处理器

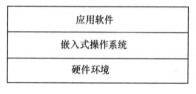

图 1-2 系统层次图

嵌入式系统是以计算机技术为基础，软件、硬件可裁剪，满足应用系统对功能、可靠性、成本、体积、功耗等严格要求的专用计算机系统。它是一种典型的软硬件混合系统，如图 1-2 所示。由下向上可分为 3 个组成部分：硬件环境、嵌入式操作系统和应用软件。

1.3.1 嵌入式处理器的分类

硬件环境是嵌入式实时操作系统和应用程序运行的硬件平台。由于嵌入式系统是嵌入于宿主设备的计算机系统，完成宿主设备的功能要求，所以，不同的应用通常会有不同的硬件环境。嵌入式系统的核心部件是嵌入式处理器，目前，全世界的处理器品种数量已经超过 1000 种，流行体系结构有 30 多个系列。根据其发展现状，大致可以分为以下 4 种类型。

（1）嵌入式微处理器（EMPU）

其基础是通用计算机中的 CPU。在应用中将微处理器装配在专门设计的电路板上，只保留和嵌入式应用有关的功能，可以大幅度减小系统体积和功耗。嵌入式 CPU 在功能上和标准 CPU 基本一致，具有体积小、质量小、成本低、可靠性高的优点，但在电路板上必须包括 ROM、RAM、总线接口和相关外设。嵌入式 CPU 及其存储器、总线、外设等被安装在一块电路板上，称为单板计算机。嵌入式 CPU 目前主要有 MIPS，ARM，PowerPC，SC-400，386EX 等。

（2）嵌入式微控制器（MCU）

嵌入式微控制器是以微处理器内核为核心，内部集成 EPROM、RAM、总线及其逻辑、定时计数器、WatchDog、I/O、串行口、脉宽调制输出 PWM、A/D、D/A、FlashRAM、EEPROM 等各种必要功能和外设。MCU 是目前嵌入式系统工业的主流，其最大的特点是单片化、体积小、成本低，最具代表性的有 51/52，96/196，C166/167，MC68HC，M16C，XA，AVR 等系列。

（3）嵌入式 DSP 处理器（DSP）

它对系统结构和指令进行了特殊设计，适合于执行 DSP 算法，编译效率高，指令执行速度很快。主要应用在数字滤波、谱分析、生物信息识别终端、实时语音压解、图像处理、网络通信、虚拟现实等高速数据处理领域。嵌入式 DSP 处理器主要是 TexasInstrument

的 TMS320 系列和 Motorola 的 DSP56000 系列。

（4）嵌入式片上系统（SoC）

随着 EDI 的推广、VLSI 设计的进步及半导体工艺的迅速发展，将整个嵌入式系统或其大部分集成到一块或几块芯片中成为现实，即片上系统（SystemonChip）。它以通用 CPU 内核为标准库，用 VHDL 等语言描述。嵌入式片上系统分为通用和专用两类，通用系列包括 Infineon 的 TriCore，Motorola 的 M-Core 等。专用的片上系统一般用于某个或者某类系统中，不为一般用户所知，目前有 Siemens 的 TriCore，Motorola 的 M-Core，英国的 ARM 核及产品化的 C8051F 等。

1.3.2 嵌入式微处理器

在应用中，将微处理器装配在专门设计的电路板上，只保留和嵌入式应用有关的母板功能，这样可以大幅度减小系统体积和功耗。嵌入式微处理器虽然在功能上和标准微处理器基本是一样的，但在工作温度、抗电磁干扰、可靠性等方面一般都有提高。

与工业控制计算机相比，嵌入式微处理器具有体积小、质量小、成本低、可靠性高的优点，但是在电路板上必须配置 ROM、RAM、总线接口和各种外设等器件，降低了系统的可靠性，技术保密性也较差。嵌入式微处理器及其存储器、总线、外设等安装在一块电路板上，称为单板计算机。

嵌入式微处理器一般具备以下 4 个特点。

① 可扩展的处理器结构，能最迅速地开展出满足应用的最高性能的嵌入式微处理器。

② 具有功能很强的存储区保护功能。这是由于嵌入式系统的软件结构已模块化，而为了避免在软件模块之间出现错误的交叉作用，需要设计强大的存储区保护功能，同时也有利于软件诊断。

③ 对实时多任务有很强的支持能力，能完成多任务并且有较短的中断响应时间，从而使内部的代码和实时内核的执行时间减少到最低限度。

④ 嵌入式微处理器功耗必须很低，尤其是用于便携式的无线及移动的计算和通信设备中靠电池供电的嵌入式系统更是如此。

1.3.3 嵌入式微控制器

微控制器是将微型计算机的主要部分集成在一个芯片上的单芯片微型计算机。微控制器诞生于 20 世纪 70 年代中期，经过 20 多年的发展，其成本越来越低，而性能越来越强大，这使其应用无处不在，遍及各个领域。例如，电机控制、消费类电子、游戏设备、楼宇安全与门禁控制、工业控制与自动化和白色家电等。

微控制器可从不同方面进行分类：根据内嵌程序存储器的类别可分为 OTP、掩膜、EPROM/EEPROM 和 Flash 闪存；根据数据总线宽度可分为 8 位、16 位和 32 位机；根据存储器结构可分为 Harvard 结构和 VonNeumann 结构；根据指令结构又可分为 CISC 和 RISC 微控制器。

针对 4 位 MCU，大部分供货商采用单生产，目前，4 位 MCU 大部分应用在儿童玩具、充电器、温湿度计、计算器、车用防盗装置、呼叫器、无线电话、遥控器等领域；8位 MCU 大部分应用在变频式冷气机、传真机、来电辨识器、电表、电动玩具机、电话录音机、CRTDisplay、键盘及 USB 等领域；16 位 MCU 大部分应用在数码相机、移动电话及摄录放映机等领域；32 位 MCU 大部分应用在 PDA、HPC、STB、Modem、GPS、Router、工作站、ISDN 电话、激光打印机与彩色传真机领域；64 位 MCU 大部分应用在高阶工作站、多媒体互动系统、高级电视游乐器及高级终端机等领域。

1.3.4 嵌入式 DSP 处理器

嵌入式 DSP 处理器是一种独特的微处理器，是以数字信号来处理大量信息的器件。它不仅具有可编程性，而且其实时运行速度可达每秒数以千万条复杂指令程序，远远超过通用微处理器，是数字化电子世界中日益重要的计算机芯片。

DSP 芯片也称数字信号处理器，是一种特别适合于进行数字信号处理运算的微处理器具，其主机应用是实时快速地实现各种数字信号处理算法。根据数字信号处理的要求，DSP 芯片一般具有如下主要特点。

① 可以并行执行多个操作。

② 程序和数据空间分开，可以同时访问指令和数据；快速的中断处理和硬件 I/O 支持。

③ 具有在单周期内操作的多个硬件地址产生器。

④ 片内具有快速 RAM，通常可通过独立的数据总线在两块中同时访问。

⑤ 具有低开销或无开销循环及跳转的硬件支持。

⑥ 支持流水线操作，使取指、译码和执行等操作可以重叠执行。

DSP 是模拟电子时代向数字电子时代前进的理论基础，而 DSP 是随着数字信号处理而专门设计的可编程处理器，是现代电子技术、计算机技术和信号处理技术相结合的产物。随着信息处理技术的飞速发展，DSP 在电子信息、通信、软件无线电、自动控制、仪器仪表、信息家电等高科技领域得到了越来越广泛的应用。DSP 不仅快速实现了各种数字信号处理算法，而且拓宽了数字信号处理的应用范围。DSP 的功能将越来越强大，应用范围也将越来越广泛。

1.3.5 嵌入式片上系统

嵌入式片上系统（SoC）是一个有专用目标的集成电路，其中包含完整系统并有嵌入软件的全部内容。同时它又是一种技术，用于实现从确定系统功能开始，到软/硬件划分，并完成设计的整个过程。从狭义角度讲，它是信息系统核心的芯片集成，是将系统关键部件集成在一块芯片上；从广义角度讲，国内外学术界一般倾向于将 SoC 定义为将微处理器、模拟 IP 核、数字 IP 核和存储器集成在单一芯片上，它通常是客户定制的，或是面向特定用途的标准产品。

系统级芯片的构成可以是系统级芯片控制逻辑模块、微处理器/微控制器 CPU 内核模块、数字信号处理器 DSP 模块、嵌入的存储器模块和外部进行通信的接口模块、含有 ADC/DAC 的模拟前端模块、电源提供和功耗管理模块，对于一个无线 SoC 还有射频前端模块、用户定义逻辑（可以由 FPGA 或 ASIC 实现）及微电子机械模块，更重要的是一个 SoC 芯片内嵌有基本软件（RDOS 或 COS 及其他应用软件）模块或可载入的用户软件等。

系统级芯片形成或产生过程包含以下两个方面。

① 再利用逻辑面积技术使用和产能占有比例有效提高，即开发和研究 IP 核生成及复用技术，特别是大容量的存储模块嵌入的重复应用等。

② 基于单片集成系统的软硬件协同设计和验证。

当前芯片设计业正面临着一系列的挑战，SoC 性能越来越强，规模越来越大。SoC 芯片的规模一般远大于普通的 ASIC。在 SoC 设计中，采用先进的设计与仿真验证方法成为 SoC 设计成功的关键。SoC 技术的发展趋势是基于 SoC 开发平台，基于平台的设计是一种可以达到最大程度系统重用的面向集成的设计方法在关注面积、延迟、功耗的基础上，向成品率、可靠性、成本、易用性等转移，使系统集成能力快速发展。

1.3.6 选择嵌入式处理器

选择嵌入式处理器应该详细考虑以下 3 个重要特征。

（1）选择专用的集成化的处理器

嵌入式微处理器与通用的微处理器最大的不同就是嵌入式微处理器多数工作在用户自己设计的系统中。为了满足日益高速增长的各类嵌入式系统设计的需求，CPU 厂商设计了许多兼有 16/32 位微处理器并集成了许多外围功能的 CPU。Motorola68360 是一个 32 位内核（CPU32+）的集成通信用 CPU，除了内建的 DMA、DRAM 控制、时钟、片选、异步串口、中断等常规微处理器功能外，它最大的特点是集成了一个通信系统，内含 4 路同步协议的协议通道，可以支持 HDLC、T1/E1、ISDN 等通信协议。

（2）选择低功耗的处理器

嵌入式微处理器最大并且增长最快的市场是手持设备、电子记事本、PDA、手机、GPS 导航器等消费类电子产品，这些产品中选购的微处理器除了要有很高的性能外，还要有极低的功率消耗。

（3）选择高性能的处理器

如果设计是面向高性能的应用，那么建议考虑某些新的处理器，其价格极为低廉，如 IBM 和 Motorola 的 PowerPC，另一种趋势就是越来越多的人在磁盘控制器、数码相机、手持电话、调制解调器等方面使用 DSP。采用 DSP 的好处是可以大大减少系统内 CPU 的数目，提高效率，并使编程简单，但是毕竟 DSP 不能完全替代 CPU 的功能。

1.4 嵌入式操作系统

为了使嵌入式系统的开发更加方便和快捷，需要有专门负责管理存储器分配、中断处理、任务调度等功能的软件模块，这就是嵌入式操作系统。

1.4.1 操作系统的概念和分类

嵌入式操作系统是用来支持嵌入式应用的系统，软件 A 是嵌入式系统极为重要的组成部分，通常包括与硬件相关的底层驱动程序、系统内核、设备驱动接口、通信协议、图形用户界面等。

嵌入式操作系统根据应用场合可以分为两大类：一类是面向消费电子产品的非实时系统 A，这类设备包括个人数字助理（PDA）、移动电话、机顶盒（STB）等；另一类则是面向控制、通信、医疗等领域的实时操作系统 A，如 WindRiver 公司的 Vx2Works、QNX 系统软件公司的 QNX 等。实时系统（RealTimeSystem）是一种能够在指定或者确定时间内完成系统功能 A 并且对外部和内部事件在同步或者异步时间内能做出及时响应的系统。

1.4.2 实时操作系统

实时操作系统（RTOS）是具有实时性且能支持实时控制系统工作的操作系统。
RTOS 与通用计算机 OS 的区别如下：
- 实时性：响应速度快，只有几微秒；执行时间确定、可预测；
- 代码尺寸小：10～100KB，节省内存空间，降低成本；
- 应用程序开发较难；
- 需要专用开发工具：仿真器、编译器和调试器等。

（1）实时操作系统的组成

根据面向实际应用领域的不同，实时操作系统的组成也有所不同，但一般实时操作系统都由以下几个重要部分组成。实时操作系统的组成如图 1-3 所示。

① 实时内核。

实时内核一般都是多任务的。它主要实现任务管理、定时器管理、存储器管理、任务间通信与同步、中断管理等功能。

② 文件系统。

对于比较复杂的文件操作应用来说，文件系统是必不可少的。它也是可裁减的网络组件。

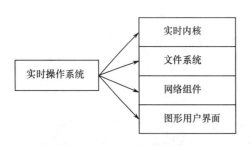

图 1-3 实时操作系统的组

③ 网络组件。

实现了链路层的 ARP/RARP 协议、PPP 及 SLIP 协议，网络层的 IP 协议，传输层的 TCP 和 UDP 协议。网络组件为应用层提供服务，它本身是可裁减的。

④ 图形用户界面（GUI）。

图形用户界面为用户提供文字和图形及中英文的显示和输入，它同样是可裁减的。

（2）实时操作系统的设计原则

实时系统与其他普通系统之间的最大差异是满足处理与时间的关系。在实时计算中，系统的正确性不仅仅依赖于计算的逻辑结果，还依赖于结果产生的时间。对于实时系统来说，最重要的就是实时操作系统必须有能力在一个事先定义好的时间限制中对外部或内部的事件进行响应和处理。

实时系统可以定义为"一个能够在事先指定或确定时间内完成系统功能和对外部或内部、同步或异步时间做出响应的系统"。由于实时系统设计与应用的关系密切，所以，有许多分类的方法。可分为硬实时和软实时：硬实时系统就是系统须及时对事件做出反应，绝对不能发生错过事件处理的期限的情况。在硬实时系统中一旦发生了这种情况就意味着巨大的损失和灾难。在软实时系统中，当系统在重负载的情况下允许发生错过期限的情况而不会造成非常大的危害。对于软实时系统，基于优先级调度的调度算法可以满足要求，提供高速的响应和大的系统吞吐率，而对于硬实时系统，则必须及时做出响应。现代实时系统一般都有实时操作系统，因为操作系统使系统的设计更加简便，保证系统的质量及能够提供其他通用操作系统所提供的服务。这样，实时的操作系统就面临着更高的设计要求。最后是实时系统的体系结构设计。实时系统的体系结构必须满足以下要求：

- 高运算速度。
- 高速的中断处理。
- 高的 I/O 吞吐率。
- 合理的处理器和 I/O 设备的拓扑连接。
- 高速可靠的和有时间约束的通信。
- 体系结构支持的出错处理。
- 体系结构支持的调度。
- 体系结构支持的操作系统。
- 体系结构支持的实时语言特性。

从计算机科学角度出发，实时系统还必须解决以下几点：

- 时间特性的指定和确定，这点与实际系统设计相同。
- 实时的调度理论。由于实时系统应用的特殊性，以往通用系统中以大吞吐量为目标的调度算法必须改进，以适应实时应用的需要。主要要求是满足时间的正确性，然后提供高度动态的、满足在线需求的、计算方法性的实时调度。
- 实时操作系统的设计和实现。在设计上的首要目标是提供保证实时性的方法，包括一系列的经典问题的针对实时系统的解决方案。实现要求操作系统的低开销，而且必须保证内核及其他关键的可重入性。
- 实时的编程语言和设计方法。
- 分布式的实时数据库。
- 系统的容错。
- 实时时钟的同步。
- 实时系统中的人工智能。

作为实时系统，其特性决定了传统的性能衡量标准是不适用的。对传统的通用系统的要求是大的系统吞吐量、合理的响应速度及对每个系统用户相对公平地进行计算资源的分配。然而在实时系统中，以上这些要求都不再适用或者是不再占重要位置。实时系统中系统的一切动作都以实时任务为中心，实时的数据吞吐取代了以吞吐量为目标的标准。对感应实时应用的优先响应取代了对每个用户的恰当的反应速度。系统的计算资源和其他外设资源必须优先满足实时应用的要求。针对实时系统新的要求，必须以实时的进程调度在实时操作系统中是一个关键性的问题。实时操作系统的实时进程调度的根本要求是保证实时任务的时间正确性。此外，实时操作系统的进程调度算法必须保证系统是可以事先定义的和易维护的。实时任务的时间正确性以实时任务是否能够总是满足期限为标准。

（3）实时操作系统的特点

实时操作系统必须具备以下几个特点：

- 支持同步。提供同步和协调共享数据的使用。
- 中断和调度任务的优先级机制。为区分用户的中断及调度任务的轻重缓急，需要有中断和调度任务的优先级机制。
- 确定的任务切换时间和中断延迟时间。确定的任务切换时间和中断延迟时间是实时操作系统区别于普通操作系统的一个重要标志，是衡量实时操作系统实时性的重要标准。
- 支持异步事件的响应。实时操作系统为了使外部事件在规定的时间内响应，要求具有中断和异步处理的能力。

1.4.3 常用的嵌入式操作系统

实时操作系统中，目前较为知名的有 VxWorks、NeutrinoRTOS、NucleusPlus、OS/9、VRTX、LinuxOS、RTLinux 和 BlueCatRT 等。

通用型操作系统的执行性能与反应速度相比实时操作系统，没有那么严格。通用型操作系统中，目前较为知名的有 WindowsCE、PalmOS、TimeSysLinux/GPL 和 BlueCatLinux 等。

（1）WindowsCE

从多年前发表 WindowsCE 开始，微软公司就开始涉足嵌入式操作系统领域，如今历经 WinCE2.0、3.0，新一代的 WinCE 呼应微软.NET 的意愿，定名为"WindowsCE.NET"（目前最新版本为 5.0）。WinCE 主要应用于 PDA 及智能电话（smartphone）等多媒体网络产品。微软于 2004 年推出了代号为"Macallan"的新版 WinCE 系列的操作系统。

WindowsCE.NET 的目的，是让不同语言所写的程序可以在不同的硬件上执行，也就是所谓的.NETCompactFramework，在这个 Framework 下的应用程序与硬件互相独立无关。而核心本身是一个支持多线程及多 CPU 的操作系统。在工作调度方面，为了提高系统的实时性，主要设置了 256 级的工作优先级及可嵌入式中断处理。

如在 PCDesktop 环境中，WindowsCE 系列在通信和网络的能力，以及多媒体方面极具优势。其提供的协议软件非常完整，如基本的 PPP、TCP/IP、IrDA、ARP、ICMP、WirelessTunableTCP/IP、PPTP、SNMP 和 HTTP 等几乎应有尽有，甚至还提供了有保密与验证的加密通信，如 PCT/SSL。而在多媒体方面，目前在 PC 上执行的 WindowsMedia 和 DirectX 都已经应用到 WindowsCE3.0 以上的平台。这些包括 WindowsMediaTechnologies4.1、WindowsMediaPlayer6.4Control、DirectDrawAPI、DirectSoundAPI 和 DirectShowAPI，其主要功能就是对图形、影音进行编码译码，以及对多媒体信号进行处理。

(2) Linux

Linux 正在嵌入式开发领域稳步发展。Linux 使用 GPL，所有对特定开发板、PDA、掌上机、可携带设备等使用嵌入式 Linux 感兴趣的人都可以从 Internet 上免费下载其内核和应用程序，并开始移植和开发。许多 Linux 改良品种迎合了嵌入式市场。

嵌入式 Linux 的发展比较迅速。NEC、索尼已经在销售个人视频录像机等基于 Linux 的消费类电子产品，摩托罗拉公司则计划在其未来的大多数手机上使用 Linux，IBM 公司也制定了在手持机上运行 Linux 的计划。

虽然大多数 Linux 系统运行在 PC 平台上，但 Linux 也是嵌入式系统的可靠主力。Linux 的安装和管理比 UNIX 更加简单灵活，这对于那些 UNIX 专家们来说又是一个优点，因为 Linux 中有许多命令和编程接口同传统的 UNIX 一样，但是对于习惯于 Windows 操作系统的人来说，需要记忆大量的命令行参数却是一个缺点。随着 Linux 社团的不断努力，Linux 的人机界面开发环境正在不断完善。

典型的 Linux 系统经过打包，在拥有硬盘和大容量内存的 PC 上运行，嵌入式系统不需要这么高的配置。一个功能完备的 Linux 内核大约需要 1MB 内存，而 Linux 微内核只占用其中很小一部分内存，包括虚拟内存和所有核心的操作系统功能在内，只需占用系统约 100KB 内存。只要有 500KB 的内存，一个有网络栈和基本实用程序的完全的 Linux 系统就可以在一台 8 位总线（SX）的 Intel386 微处理器上运行得很好了。由于内存要求常常是由需要的应用所决定的，例如，Web 服务器或者 SNMP 代理，Linux 系统甚至可以仅使用 256KB ROM 和 512KB RAM 进行工作。因此，它是一个瞄准嵌入式市场的轻量级操作系统。

与传统的实时操作系统相比（RTOS），采用像嵌入式 Linux 这样的开放源码的操作系统的另外一个好处是 Linux 开发团体比 RTOS 的供应商更快地支持新的 IP 协议和其他协议。例如，用于 Linux 的设备驱动程序要比用于商业操作系统的设备驱动程序多，如网络接口卡（NIC）驱动程序及并口和串口驱动程序。

核心 Linux 操作系统本身的微内核体系结构相当简单。网络和文件系统以模块形式置于微内核的上层。驱动程序和其他部件可在运行时作为可加载模块编译或者添加到内核。这为构造定制的可嵌入系统提供了高度模块化的构件方法，而在典型情况下该系统需结合定制的驱动程序和应用程序以提供附加功能。

嵌入式系统也常常要求通用的功能，为了避免重复劳动，这些功能的实现运用了许多现成的程序和驱动程序，它们可以用于公共外设和应用。Linux 可以在外设范围广泛的多数微处理器上运行，并早已有了现成的应用库。

Linux 用于嵌入式的 Internet 设备也是很合适的，原因是它支持多处理器系统，该特性使 Linux 具有了伸缩性。因而设计人员可以选择在双处理器系统上运行实时应用，提高整体的处理能力。例如，可以在一个处理器上运行 GUI，同时在另一个处理器上运行 Linux 系统。

在嵌入式系统上运行 Linux 的一个缺点是 Linux 体系提供实时性能时需要添加实时软件模块，而这些模块运行的内核空间正是操作系统实现调度策略、硬件中断异常和执行程序的部分。由于这些实时软件模块是在内核空间运行的，因此，代码错误可能会破坏操作系统从而影响整个系统的可靠性，这对于实时应用将是一个非常严重的弱点。已经有许多嵌入式 Linux 系统的示例，可以有把握地说，某种形式的 Linux 能在几乎任一台执行代码的计算机上运行。

（3）μC/OS-Ⅱ

μC/OS-Ⅱ是 JeanJ.Labrosse 在 1990 年前后编写的一个实时操作系统内核。名称 μC/OS-Ⅱ 来源于术语 Micro-ControllerOperatingSystem（微控制器操作系统），它通常也称为 MUCOS 或者 UCOS。

μC/OS-Ⅱ只是一个实时操作系统内核，特点如下：
- 提供任务调度、任务管理、时间管理、内存管理、任务间通信和同步等基本功能。
- 没有提供 I/O 管理、文件管理、网络等额外的服务。
- 源码开放及可扩展。
- 基于优先级调度的抢占式实时内核，在内核上提供最基本的系统服务，例如，信号量、邮箱、消息队列、内存管理和中断管理等。
- μC/OS-Ⅱ具有良好的可移植性。
- μC/OS-Ⅱ的大部分代码都是用 C 语言写成的，只有与处理器的硬件相关的一部分代码用汇编语言编写。

目前，μC/OS-Ⅱ支持 ARM、PowerPC、MIPS、68k/ColdFire 和 x86 等多种体系结构。

（4）VxWorks

VxWorks 是美国风河公司设计开发的一种嵌入式实时操作系统，是嵌入式开发环境的关键组成部分。风河公司自 1983 年推出 VxWroks 实时操作系统后，因为其良好的可靠性、卓越的实时性、高性能的内核及友好的用户开发环境，广泛应用在通信、军事、航空、航天等高端技术及实时性要求非常高的领域中。

实际上，VxWorks 已经成为嵌入式软件产品的行业标准，大量的电子设备制造商都提供了基于 VxWorks 的扩展组件。因此，VxWorks 能够支持大部分的微处理器，应用程序甚至不用做任何改动就可以运行在许多微处理器上。

VxWorks 的基本结构包括 7 个部分：WindMicro2kernel（微内核）、OperatingSystem Module（操作系统模块）、I/OSubsystem（输入/输出子系统）、NetworkingSubsystem（网络子系统）、TargetDepf.Tools（目标开发工具）、Multi-processing（多处理机制）和 VirtualMemory（虚拟内存）。其中最核心的部分就是微内核，它具有全部的实时特性，包括多任务调度、中断支持及同时支持抢占式调度和时间片轮转调度。

（5）pSOS

pSOS 是 ISI 公司研发的产品，是世界上最早的实时系统之一，也是最早进入中国市场的实时操作系统。

pSOS 是一个模块化、高性能、完全可扩展的实时操作系统。专为嵌入式微处理器设计，提供了一个完全的多任务环境，在定制的或是商业化的硬件上提供高性能和高可靠性。包含单处理器支持模块（pSOS+）、多处理器支持模块（pSOS+m）、文件管理器模块（pHILE）、TCP/IP 通信包（pNA）、流式通信模块（OpEN）、图形界面和 Java、HTTP 等。

（6）DeltaOS

DeltaOS 是电子科技大学嵌入式实时教研室和科银公司联合研制开发的全中文的嵌入式

操作系统。提供强实时和嵌入式多任务的内核，任务响应时间快速、确定，不随任务负载大小改变。绝大部分的代码由 C 语言编写，具有很好的移植性。适用于内存要求较大、可靠性要求较高的嵌入式系统。主要包括嵌入式实时内核 DeltaCORE、嵌入式 TCP/IP 组件 DeltaNET、嵌入式文件系统 DeltaFILE 及嵌入式图形用户界面 DeltaGUI 等。提供一整套的嵌入式开发套件 LamdaTOOL 和一整套嵌入式开发应用解决方案，已成功应用于通信、网络、信息家电等多个领域。

（7）eCos

eCos 是由 CygnusSolutions 公司开发的一个嵌入式可配置操作系统，最早的版本是 Cygnus 公司于 1998 年 11 月发布的 eCos1.1，当时只支持几种有限的处理器。1999 年 11 月，Cygnus 公司被 RedHat 公司收购后，eCos 得到了迅速发展并且使其成为 RedHat 公司进军嵌入式领域的关键产品之一，并于 2003 年 5 月正式发布了 eCos2.0 版本。

eCos 是一个开放源码的实时嵌入式操作系统，专门设计用于 32 位和 64 位的微处理器上，已经成功移植到 ARM（包括 StrongARM、XScale）、Intelx86、MIPS32、PowerPC 和 RenesasSuperH 等多种 CPU 体系结构上。目前，eCos 支持的 CPU 体系结构的数量还在不断增加。

eCos 不仅提供了对一般嵌入式应用（设备驱动、文件系统、TCP/IP、内存管理、异常处理等）的支持，而且还提供了对所有必要的同步原语、调度器和中断处理机制的支持。eCos 是一个实时型系统，提供了许多实时性功能，例如，充分抢占、最小中断延迟、同步原语、中断响应处理等；eCos 还提供了一个图形化集成开发环境，极大地方便了嵌入式应用程序的开发和调试。eCos 的核心是一个功能全面、灵活、可配置的实时内核，并且还包括 C 语言库和底层运行包等组件，其中，每个组件都有大量的可配置选项，所以，可以根据不同的嵌入式应用并利用 eCos 提供的配置工具，方便地进行相应的配置。

1.5 新型的嵌入式操作系统

除以上几种常见的嵌入式操作系统外，下面还引入介绍两种新型的嵌入式操作系统，该两种嵌入式操作系统在未来的嵌入式设备开发中具有不可估量的作用。

1.5.1 Android

（1）Android 的定义

Android 平台是一组面向移动设备的软件包，它包含一个操作系统、中间件和关键应用程序。开发人员可以使用 AndroidSDK 为这个平台创造应用程序。应用程序使用 Java 语言编写并在 Dalvik 内运行。Dalvik 是一款量身定制的虚拟机，它专为嵌入式应用设计，运行在 Linux 内核上层。

Android 是 Google 开发的基于 Linux 平台的开源手机操作系统。它包括操作系统、用户界面和应用程序，为移动电话工作所需的全部软件。Android 为谷歌企业战略的重要组成部分。

（2）Android 平台的组成分析

Android 不仅是一种操作系统，它更是一个开源的体系架构。Android 平台大量应用了开源社区的成果，并将其针对移动设备进行了优化。该平台包含以下重要功能特性：

- 经过 Google 剪裁和调优的 LinuxKernel。
- 经过 Google 修改的 Java 虚拟机 DalvikVM。
- 大量立即可用的类库和应用软件，例如，浏览器 WebKit，数据库 SQLite。
- Google 已开发好的大量现成的应用软件，并可直接使用很多 Google 的在线服务。
- 基于 Eclipse 的完整开发环境。
- 优化过的 2D 和 3D 图形系统。
- 多媒体方面对常见的音频、视频和图片格式提供支持。
- 支持 GSM、蓝牙、EDGE、3G、WiFi、摄像头和 GPS。

（3）Android 的架构

Android 平台的架构从上到下包含 5 个部分：应用程序、应用框架、开发库、Android 运行时环境及 Linux 内核。

- 应用程序：Android 将包含一套核心应用程序，其中包括 E-mail 客户端、短信程序、日历、地图、浏览器、通信录等。所有的应用程序都是由 Java 语言完成的。
- 应用框架：开发人员可以跟核心应用一样，拥有访问框架 APIs 的全部权限。该应用框架包括了一套可视化对象，一个资源管理器，一个消息管理器，一个活动管理器及可以通过协议来分享的数据。
- 开发库：Android 包含一套 C/C++开发库，开发库包括：libc、Media Framework、WebKit、SGL、OpenGL、ES、FreeType、SQLite 等。它们被用于 Android 系统的各种组件中。这些功能通过 Android 应用框架展现给开发人员。
- Android 运行时环境：每一个 Android 应用运行在自己的进程里，使用该应用自己的 Dalvik 虚拟机实例。Dalvik 可以让一个设备高效地运行很多个 VM。Dalvik 虚拟机执行 DalvikExe-cutable 格式的文件，该格式的文件经过优化，占用很小的内存。通过名为"dx"的工具可以将 Java 编译器生成的 class 格式转换为.dex 格式。
- Linux 内核：Android 基于 Linux2.6 内核提供系统的核心服务，如安全机制，内存管理，进程管理，网络堆栈和驱动模型。内核还作为硬件和其余的软件应用之间的一个抽象层。

从总体构架中看，Android 相比其他平台显示出了自身的特点，如集成了 WebKit 浏览器、Dalvik 虚拟机等模块。这些模块的应用也成了 Android 的焦点，开发者可以充分利用 Androd 提供的这些模块的接口，开发出更具有特色的应用程序。

（4）Android 的 API

Android 的 API 主要包含了 Views、Intents、Activity、Permissions、Resource Types、Services、Notifications、ContentProviders 及 XML 支持。比较重要的，如 Views 用于提供界面设计的接口，Services 提供了运行在后台的服务，Content-Providers 定义了一组系统级的数据库，Notifications 为用户提供提醒功能的 API 等。相信在未来几年，GoogleAndroid 将对移动产业带来较大的影响，Android 会变得更加强壮和易用。

1.5.2 MontaVista

MontaVista 是 MontaVistaSoftware 于 1999 年 7 月推出的，目前最新的版本是 3.0。它使用的是标准 Linux 内核 2.4.2，是针对嵌入式设备量身定制的实时的、专业的嵌入式操作系统。考虑到嵌入式设备处理器、存储器资源有限的情况，在不减少新内核对嵌入设备有利特性的基础上，MontaVista 公司对内核部分进行了高度裁减、配置，使 MontaVistaLinux3.0 系统性能具备稳定、突出等特点，同时还配备了一个由优先级驱动的实时调度器，从而使客户对实时性的要求得到更大的满足。

MontaVista 已经拥有超过两千多用户和数以千万计的产品在市场上销售，它们覆盖从智能手机、高清电视、机器人、无线网络设备到 3G 电信服务器等各种嵌入式应用。

MontaVista 具有以下几个特征：

- 具有更短的抢占延迟，反应速度是标准内核的 200 倍。
- 采用优先级线程实现中断服务程序的调度。
- 提供三种选择模式进行实时性的配置。
- 行业板级平台支持。
- 支持 8 种不同体系结构的处理器。
- 支持 10 种类型的 32/64 位处理。
- 高级 I/O 支持。
- 高级处理支持。
- 高级实时性支持。
- 高性能多线程设计。
- 改进的调试功能。
- 增强的开源开发工具的集成性。

1.6 嵌入式系统的应用

嵌入式系统的应用覆盖航空、通信、金融、智能电器、交通、网络、电子、智能建筑、仪器仪表、工业自动控制、数控机床、掌上电脑、智能 IC 卡等各种领域，如图 1-4 所示。

目前，最值得关注的嵌入式系统应用领域主要有如下几类。

（1）信息家电网络

智能家居是利用先进的计算机技术、网络通信技术、综合布线技术等与家居生活有关的各种子系统有机地结合在一起，通过统筹管理，让家居生活更加舒适、安全、有效。所有能够通过网络系统交互信息的家电产品，都可以称为信息家电。例如，信息家电产品如图 1-5 所示。

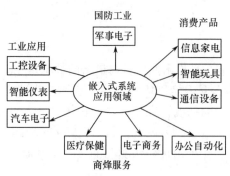
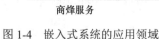

图 1-4　嵌入式系统的应用领域　　　　　　　图 1-5　信息家电产品

信息家电的特点是与 Internet 连接，用户与信息家电双向交流，应用嵌入式操作系统。家电智能化涉及家电控制、家电上网、家庭安全及家庭实现处理的有关理论与技术。以太网能与 Internet 进行无缝链接，需要比较大的带宽，能适应家庭语音、视频等数据量较大的通信场合。用于以太网组建智能家居网络平台具有其他网络无法达到的优点。嵌入式设备可以通过以太网口直接与 Internet 进行交互，无须增加额外的设备，如协议转换网关等，而且不用担心未来的技术支持问题。智能家居系统是为适应现代家庭生活而设计的家庭网络智能控制体系结构，它集成了当今的网络技术、自动化技术、计算机技术。

智能家居的一个普遍要求就是将家用电器设备、安全设施等接入 Internet。研究现代嵌入式系统网络的相关理论与技术实现家庭网络信息化，从而使主人生活在一个舒适、安全、自动化的现代家庭，成为嵌入式系统应用的一个重要方面。而解决家庭设备的网络接入问题，就是实现网络底层驱动，并把 TCP/IP 协议进行移植，实现家庭设备 Internet 的无缝接入。

在众多嵌入式操作系统中，Linux 操作系统以其自身的特色和优势成为嵌入式操作系统研究中的新特点，具有在信息家电网络中应用的优势。

- 充分满足硬件设备的实时性要求。严格要求的实时性的决定因素与中断例程本身和内核中的其他驱动程序有关，而影响延迟时间主要受中断的优先级和其他进程暂时也关闭中断响应的影响。因此，管理和驱动中断的机制必须保证实时要求，大多数嵌入式系统并不具备严格的实时性，而嵌入式 Linux 可以很好地满足实时性要求。
- 具有广泛的适应性和高度的可靠性。和其他运行于 PC 的系统相比，Linux 在适应和稳定方面性能是非常突出的，嵌入式 Linux 也是如此。嵌入式 Linux 不仅支持 x86 芯片，而且其跨平台的系统可支持包括家电业的 CPU 芯片。
- 具有小巧的功能完善的内核。一般来说，需要使用嵌入式操作系统的硬件体积都十分有限，不能像一般的计算机那样采用海量存储器进行数据存储。一般是采用软件固化的方法，将程序和操作系统嵌入到整个产品里面。在这个技术中减少操作系统的体积是关键。嵌入式 Linux 除了本身体积较小以外，还保留了 Linux 操作系统中非常有特色的一点：用户可以自己裁减内核。用户完全可以根据不同的任务来选定操作内核的模块，而将不用的部分去掉，减小体积，从根本上解决了体积和功能的矛盾。

(2) 军事国防

在 20 世纪 60 年代武器控制中就开始采用嵌入式计算机系统了,后来用于军事指挥控制和通信系统,所以,军事国防历来就是嵌入式系统的一个重要应用领域。现在各种武器控制,如坦克、舰艇、轰炸机等,陆海空各种军用电子装备,如雷达、电子对抗军事通信装备,野战指挥作战用各种专用设备等都可以看到嵌入式系统的影子。嵌入式技术的武器在伊拉克战争中就曾经被广泛使用。例如,火箭发射升空如图 1-6 所示。

图 1-6 火箭发射升空图

(3) 交通电子设备

随着中国汽车工业的发展,汽车保有量的直线上升推动着汽车电子迅速成长为一个新兴的产业,融合先进的电子、计算机和通信技术的智能交通系统也成为各方研究的热点。我国研究智能交通系统的起步较晚,但近几年理论研究与技术产品的开发也取得了很大进步。基于我国路况信息化水平较低,道路的管理系统与服务设施和发达国家还有很大差距的现实,必须开发适合中国城市特点的智能交通系统产品。国内目前关于汽车定位导航、汽车安防等方面的智能交通系统产品很多,但大多功能单一,没有形成系统服务,或者采用国外的商业操作系统,其昂贵的费用很难打开市场。

汽车智能驾驶设备、汽车模拟驾驶器、汽车喷油泵调试台、轮船智能驾驶设备等都面临更新换代,而这类新型设备都离不开嵌入式系统。中国汽车业的发展必然为汽车电子的嵌入式系统应用带来良好商机。因此,嵌入式系统在交通指挥系统、高速公路收费监控、汽车自导航、GPS 车载终端、电子警察和汽车检测中的将会拥有良好的市场前景。

交通电子设备融合了无线传输、卫星定位、现场总线等先进技术,DEMO 测试系统经严格测试,各功能实现稳定可靠、实时性好、可操作性强的特点。交通电子设备建立了用户、汽车终端、远程服务中心三位一体的智能化汽车服务体系,设计贴近生活,顺应汽车电子工业发展的时代潮流,具有很高的商业应用价值。

(4) 医疗仪器

随着科学技术的发展,越来越多的医疗仪器都需要进行高速的数据采集、分析与处理。心电图、脑电图等生理参数检测设备,各类型的监护仪器,超声波、X 射线成像、核磁共振等设备,以及各式各样的物理治疗仪都开始在各大医院广泛使用。

医疗保健行业取得很多进步都与嵌入式系统有关,医院里很多方面用到嵌入式系统,包括各种检验设备,如 X 射线机的控制部件、EEG 和 ECG、CT、超声波检测、核磁共振等设备,以及其他用于诊断检查的设备,如结肠镜和内窥镜等。现在基于计算机的 EEG 和 ECG 设备也投入使用,它们属于另一类型的嵌入式系统。此类系统使用了计算机的附加卡采集 ECG 信号并进行处理;计算机监视器用于显示,计算机的外存储设备用来存储 ECG 记录。这些计算机附加卡包括处理信号的处理器和相关电路,这些卡插在计算机主板的基于 EISA 或 PCI 体系插槽中。

除此以外,嵌入式医疗设备和保健设备也在不断地发展,如家用心电监测设备,随着医用传感器技术的发展,用于家庭远程诊断的嵌入式设备将不断地被开发出来。

(5) 工业控制

工业控制网络是由传感器、执行机构、显示和数据记录设备等组成，用于监视和控制电气设备的系统。通常除遇到系统不能自愈的故障需要人工干预排除外，均应有自动实现监控功能。在工业应用中，控制网络可以用于监视设备的状态、调节转速和流量等，采集模拟输入量、顺序开关/起停设备和与主控机通信并在显示器或专门定制的显示设备上显示各参量的大小和状态。由于工业控制系统特别强调可靠性和实时性。控制网络数据通信以引发物质或能量的运动为最终目的。用于测量与控制的数据通信的主要特点：允许对实时的事件进行驱动通信，具有很高的数据完整性。例如，工业控制网络结构如图1-7所示。

工业控制、工业设备是机电产品中最大的一类。过去应用在工业过程控制、数字机床、电力系统、电网安全、电网设备监测、石油化工系统等方面，大部分低端型设备主要采用的是 8 位单片机。随着技术发展，目前许多设备除了进行实时控制，还须将设备状态、传感器的信息等在显示屏上实时显示。例如，工业设备产品如图1-8所示。

图1-7 工业控制网络结构图

图1-8 工业设备产品

智能仪表的出现推动着工业控制网络的发展，新一代的工业控制网络呼唤功能更强大的仪表和控制器的出现，面向工业控制的嵌入式系统应势而生。

1.7 嵌入式系统的发展趋势

当前嵌入式系统的发展面临着挑战和机遇的双重冲击，嵌入式系统正处在一个飞速发展和激烈竞争的时代，未来的这种发展和竞争将达到白热化的程度。

1.7.1 嵌入式系统面临的挑战

以信息家电为代表的互联网时代嵌入式系统的发展产生新的革命，同时也对嵌入式系统技术，特别是软件技术提出了新的挑战。这主要包括支持日益更新的功能、灵活的网络连接、轻便的移动应用和多媒体信息处理，此外，还需应对更加激烈的市场竞争。

到目前为止，商业化嵌入式操作系统的发展主要受到用户对嵌入式系统的功能需求、硬件资源及嵌入式操作系统自身灵活性的制约。而随着嵌入式系统的功能越来越复杂，硬件所提供的条件越来越好，选择嵌入式操作系统也就越来越有必要了。到了高端产品的阶段，可以说采用商业化嵌入式操作系统是最经济可行的方案。

目前用得最多的还是 16 位寻址空间的嵌入式操作系统，但是它们的局限性已经日趋明显。这首先是因为很多嵌入式系统所具有的功能已经相当复杂，迫切需要具备支持 32 位地址空间、虚拟存储管理和多进程等特点的嵌入式操作系统。另外，现在的嵌入式设备需要有比以往更丰富的 CUP 来操控它们的强大功能。近几年，Linux 在嵌入式领域异军突起，成为当前风头最劲的嵌入式系统平台，由于 Linux 自身的诸多优势，吸引了许多开发商的目光，许多大型跨国企业，已经将 Linux 操作系统作为开发嵌入式产品的工具。现在国外基于嵌入式 Linux 系统的产品已经问世，如韩国三星公司的 LinuxPDA、可联网的 Linux 照相机，美国 Transmeta 公司的 Linux 手机、NetGem 的机顶盒等。但与多数技术是由大型操作系统的技术推动而不同的是，在新型的设备驱动模式这一点上嵌入式操作系统没有现成的经验可以借鉴，因此，嵌入式系统的发展现状迫切需要一种创新的嵌入式操作系统。

1.7.2 嵌入式系统的发展前景

未来嵌入式系统技术有以下几点新的发展前景。

（1）嵌入式应用软件的开发需要强大的开发工具和操作系统的支持

随着互联网技术的成熟、带宽的提高，ICP 和 ASP 在网上提供的信息内容日趋丰富，应用项目多种多样，像手机、电话座机及电冰箱、微波炉等嵌入式电子设备的功能不再单一，电气结构也更为复杂。为了满足应用功能的升级，设计师们一方面采用更强大的嵌入式处理器，如 32 位、64 位 RISC 芯片或 DSP 增强处理能力；同时还采用实时多任务编程技术和交叉开发工具技术来控制功能复杂性，简化应用程序设计，保证软件质量和缩短开发周期。

（2）联网成为必然趋势

为适应嵌入式分布处理结构和应用上网需求，面向 21 世纪的嵌入式系统要求配备标准的一种或多种网络通信接口。针对外部联网要求，嵌入式设备必须配有通信接口，相应需要 TCP/IP 协议簇软件支持；由于家用电器相互关联（如防盗报警、灯光能源控制、影视设备和信息终端交换信息）及实验现场仪器的协调工作等要求，新一代嵌入式设备还需具备 IEEE 1394、USB、CAN、Bluetooth 或 IrDA 通信接口，同时也需要提供相应的通信组网协议软件和物理层驱动软件。为了支持应用软件的特定编程模式，如 Web 或无线 Web 编程模式，还需要相应的浏览器，如 HTML、WML 等。

（3）小尺寸、微功耗和低成本

为满足这种特性，要求嵌入式产品设计者相应降低处理器的性能，限制内存容量和复用接口芯片。这就相应提高了嵌入式软件设计的技术要求。如选用最佳的编程模型和不断改进算法，采用 Java 编程模式，优化编译器性能。因此，既要软件人员有丰富经验，更需要发展先进嵌入式软件技术，如 Java、Web 和 WAP 等。

（4）提供精巧的多媒体人机界面

嵌入式设备之所以被亿万用户所接受，重要因素之一是它们与使用者之间的亲和力，自然的人机交互界面，如司机操纵高度自动化的汽车主要还是通过习惯的方向盘、脚踏板和操纵杆。人们与信息终端交互喜欢通过以 GUI 屏幕为中心的多媒体界面实现。手机的手写中文输入、语音拨号上网、收发电子邮件及彩信收发已取得初步成效。目前，一些先进的手机或 PDA 上已实现短消息语音发布，但离掌式语言同声翻译还有很大距离。

嵌入式系统的应用正在从狭窄的应用范围、单一的应用对象及简单的功能，向着未来社会需要的应用需求进行转变。社会对嵌入式系统的需求正在慢慢扩大，特别是近几年随着互联网的发展，从 PC 时代步入后 PC 时代，对信息家电的需求越来越明显。嵌入式系统在信息家电中的应用，就是嵌入式系统概念和应用范围的变革，打破了过去 PC 时代被单一微处理器厂家和单一操作系统厂家垄断的局面，出现由多芯片、多处理器占领市场的新局面。

1.8 本章小结

本章主要介绍了嵌入式系统的重要组成部分和处理器，并介绍了常见的嵌入式操作系统和新型的嵌入式操作系统。接着，介绍了嵌入式系统的应用领域。最后，描述了嵌入式系统的发展趋势。

嵌入式 Linux 系统与工程实践（第 2 版）

第 2 章　嵌入式软件开发过程与工具

　　初期的嵌入式系统只是为了实现某个控制功能，随着各种操作系统开发的简单实现及相关技术的迅速发展，设计者需要采用更强大的嵌入式处理器。而嵌入式系统资源有限，一般不具备自主开发能力，产品发布后用户通常也不能对其中的软件进行修改，这就意味着嵌入式系统的开发多数需要专门的工具和特殊的方法。

 本章内容

- 嵌入式软件开发的特殊性和开发流程的介绍。
- 介绍嵌入式软件的调试技术，重点介绍基于 JTAG 的 ARM 系统调试。
- 介绍嵌入式软件测试技术。
- 嵌入式系统集成开发环境及 ADS 集成开发环境的使用。

 本章案例

- ARM 开发环境 ADS 的使用实例

2.1　嵌入式软件开发介绍

　　嵌入式软件包括嵌入式操作系统及用户的应用程序，是嵌入式系统一个重要的部分。
　　随着对嵌入式系统应用需求的无限增大，其软件系统开发的工作量剧增，而且由于嵌入式系统的使用周期长，潜在地使软件的复杂度非常之高。
　　因其小型化，对功能、可靠性、成本及功耗的更严格要求及对嵌入式系统智能化趋势的追求，变得非常重要。如何使软件开发跟上硬件的发展，适应嵌入式系统的要求，是一个很重要的研究。

2.1.1　嵌入式软件开发的特殊性

　　嵌入式软件开发的特殊性主要有以下 5 点。

（1）规模小，开发难度大

嵌入式软件的规模一般比较小，多数在几 MB 以内，但开发的难度却很大，在桌面机上开发，在目标机上运行。例如，嵌入到手机中，就要在手机上运行，这需要开发的软件可能包括板级初始化程序、驱动程序、应用程序和测试程序等，一般都要涉及底层软件的开发，这需要在开发过程中灵活运用不同的开发手段和工具。

（2）快速启动，直接运行

上电后在几十秒内就要进入正常工作状态。因此，多数嵌入式软件事先已被固化在 NorFlash 等快速启动的主存中，上电后直接启动运行；或从 NorFlash 调入内存后直接运行；或被存储在电子盘中，上电后快速调入到 RAM 中运行。

（3）实时性和可靠性要求高

嵌入式实时软件需要对外部事件做出反应的时间短，不管当时系统内部状态如何；需要有处理异步并发事件的能力；需要有出错处理和自动复位功能，采用特殊的容错、出错处理措施，在运行出错或死机时能自动恢复先前的运行状态。

（4）程序一体化

嵌入式软件是应用程序和操作系统两种软件紧密结合在一起的一体化程序。

（5）两个平台是指开发平台和运行平台。

嵌入式软件的这两个平台是不相同的，在宿主机上开发，而在目标机上运行。

2.1.2 嵌入式软件的分类

嵌入式软件可以分为系统软件、应用软件和支撑软件三大类。

（1）系统软件

系统软件主要控制和管理嵌入式系统资源，为嵌入式应用提供支持的各种软件，如嵌入式中间件、嵌入式操作系统和设备驱动程序等。

（2）应用软件

应用软件是嵌入式系统中的上层软件，它定义了嵌入式设备的主要功能和用途，并负责和用户进行交互。应用软件是嵌入式系统功能的体现，如手机软件、电子地图软件和飞行控制软件等，一般面向特定的应用领域。

（3）支撑软件

支撑软件是指辅助软件开发的工具软件，如在线仿真工具、交叉编译器系统、分析设计工具和配置管理工具等。

在嵌入式系统中，系统软件和应用软件运行在嵌入式设备上。

2.1.3 嵌入式软件的开发流程

嵌入式软件的开发流程与通用软件的开发流程大同小异，但开发所使用的设计方法具有嵌入式开发的特点，整个开发流程可分为以下 5 个部分。

- 需求分析及规格说明。
- 选择开发方案。
- 设计与调试。

- 设计阶段。
- 测试与集成。

软件开发流程如图 2-1 所示。

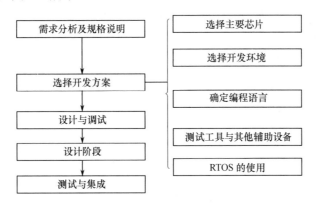

图 2-1 嵌入式软件的开发流程

(1) 需求分析及规格说明

嵌入式系统应用需求中最为突出的是注重应用的时效性，需求分析的主要任务如下。

① 对问题的识别和分析。

对用户提出的问题进行抽象识别用于产生以下的需求：功能需求、性能需求、环境需求、可靠性需求、安全需求、用户界面需求、资源使用需求、软件成本与开发进度需求。

② 需求评审。

需求评审作为系统进入下一阶段前最后的需求分析复查手段，在需求分析的最后阶段对各项需求进行评估，以保证软件需求的质量。需求评审的内容包括正确性、无歧义性、安全性、可验证性、一致性、可理解性、可修改性、可追踪性等多个方面。

规格说明主要通过制订规格说明文档实现。通过对问题的识别，产生了系统各方面的需求。通过对规格的说明，文档得以清晰、准确地描述。这些说明文档包括需求规格说明书和初级的用户手册等。

(2) 选择开发方案

选择开发方案主要包括选择主要芯片、选择开发环境、确定编程语言、测试工具与其他辅助设备及对于 RTOS 的使用。

(3) 设计与调试

嵌入式系统的设计与调试如图 2-2 所示。

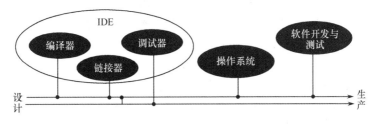

图 2-2 嵌入式系统的设计与调试

系统的设计阶段包括系统设计、任务设计和任务的详细设计。由于嵌入式系统中任务的并发性，嵌入式软件开发中引入了 DARTS 的设计方法。

DARTS 设计方法的设计步骤如下。

① 数据流分析。

② 划分任务。调试主要采用交叉调试。交叉调试又称远程调试，并具有以下特点：
- 调试器和被调试的程序运行在不同的机器上。调试器运行在 PC 或工作站上，而被调试程序运行在各式的专用目标机上。
- 调试器通过某种通信方式与目标机建立联系，如串口、并口、网络、JTAG 或者专用的通信方式。
- 在目标机上一般具有某种调试代理，这种代理能与调试器一起配合完成对目标机上运行程序的调试。这种代理可以是某种能支持调试的硬件，也可以是某种软件。
- 目标机可以是一种仿真机。通过在宿主机上运行目标机的仿真软件，仿真一台目标机，使整个调试工作只在一台计算机上进行。

③ 测试与固化。嵌入式系统开发的测试与通用软件的测试相似，分为单元测试和系统集成测试。

嵌入式系统的应用软件是针对特定的实际专业领域的，基于相应的嵌入式硬件平台，并能完成用户预期任务的计算机软件。

嵌入式软件的特点如下：
- 系统软件的高实时性是基本要求。
- 软件代码要求高质量、高可靠性。
- 软件要求固态化存储。
- 多任务实时操作系统成为嵌入式应用软件的必须。

2.1.4 嵌入式软件开发工具的发展趋势

随着嵌入式系统的发展，嵌入式软件开发环境越来越重要。它直接影响嵌入式软件的开发效率和质量，这对现有的技术和产品提出了更苛刻的要求，特别是嵌入式系统开发商要明确其发展趋势，以开发具有更高的满意度和市场竞争力的产品。

① 为了向着开放的、集成化的方向发展及缩短开发时间和控制开发成本，开发环境需要最大限度地承担重复性的工作。因此，需集成各种类型和功能强大的工具，构成统一的集成开发环境，并且要以客户服务器的系统结构为基础。具有运行系统的无关性、连接的无关性、开放的软件接口和环境的一致性等特点。

② 具有系统设计、可视化建模、仿真和验证功能，开发人员可通过功能强大的、可视化的软件开发工具对所开发的项目进行描述。建立整套系统的模型，并进行系统功能的模拟仿真和性能的分析验证，在设计阶段就能规避项目开发的很多风险，保证进度和质量。

③ 开发工具可根据系统模型提供完善的、标准化的软件说明文档，有效节省了开发工作量。提高了软件质量及软件团队的工程化能力和管理水平。

④ 具有更高的灵活性。嵌入式应用需求的个性化、多样化提升了嵌入式软件开发平台的灵活性。开发平台是否具有很强的灵活性以适应产品的不断复杂化，将直接影响到客户

的满意程度和产品的市场竞争力。

2.2 嵌入式软件的调试技术

嵌入式系统的调试器和被调试的程序往往在不同的机器上，而且应用程序最终必须在目标硬件上运行。为了向开发人员提供灵活方便的调试界面，调试器仍运行在通用的 PC 的操作系统环境中，而被调试的程序则运行在嵌入式操作系统环境中。

2.2.1 调试技术介绍

嵌入式系统的调试有以下 4 种基本方法。
- 模拟调试。
- 软件调试。
- BDM/JTAG 调试。
- 全仿真调试。

（1）模拟调试

调试工具和待调试的嵌入式软件都在主机上运行，由主机提供一个模拟的目标运行环境，可以进行语法和逻辑上的调试。

优点：简单方便，不需要目标板，成本低。

缺点：功能非常有限，无法实时调试。

大多数调试工具都提供模拟调试功能。

（2）软件调试

主机和目标板通过某种接口连接，主机上提供调试界面，待调试软件下载到目标板上运行。

这种方式的先决条件是要在 Host 和 Target 之间建立起通信联系。

优点：纯软件，价格较低，简单，软件调试能力较强。

缺点：需要事先烧制目标板，而且目标板工作正常，功能有限，特别是硬件调试能力较差。

（3）BDM/JTAG 调试

这种方式有一个硬件调试体，该硬件调试体与目标板通过 BDM、JTAG 等调试接口相连，与主机通过串口、并口、网口或 USB 口相连。待调试软件通过 BDM/JTAG 调试器下载到目标板上运行。

优点：方便、简单，无须制作目标板，软硬件均可调试。

缺点：需要目标板，且目标板工作基本正常，仅适用于有调试接口的芯片。

（4）全仿真调试

这种方式用仿真器完全取代目标板上的 MCU，因而目标系统对开发者来说是完全透明的、可控的。仿真器与目标板通过仿真头连接，与主机有串口、并口、网口或 USB 口等连接方式。由于仿真器自成体系，调试时既可以连接目标板，也可以不连接目标板。

优点：功能非常强大，软硬件均可做到完全实时在线调试。

缺点：价格昂贵。

2.2.2 基于 JTAG 的 ARM 系统调试

JTAG（Joint Test Action Group）是 IEEE 1149.1 标准。JTAG 的建立使得集成电路固定在 PCB 上，只通过边界扫描便可以被测试。这使得复杂的嵌入式处理器的板级调试成为可能。

JTAG 技术最初用于边界扫描测试，但因其灵活高效的特性逐步发展用于支持其他功能。扩充 JTAG 指令并在处理器内部增加支持片上调试功能的逻辑，使得 JTAG 技术能够用于调试。

（1）边界扫描（Boundary2Scan）

边界扫描技术的基本思想是在靠近芯片的 I/O 引脚上增加一个移位寄存器单元，也就是边界扫描寄存器（Boundary2Scan Register）。

当芯片处于调试状态时，边界扫描寄存器可以将芯片和外围的输入/输出隔离开来。通过边界扫描寄存器单元，可以实现对芯片输入/输出信号的观察和控制。对于芯片的输入引脚，可以通过与之相连的边界扫描寄存器单元把信号加载到该引脚中去；对于芯片的输出引脚，也可以通过与之相连的边界扫描寄存器捕获该引脚上的输出信号。在正常的运行状态下，边界扫描寄存器对芯片来说是透明的，所以正常的运行不会受到任何影响。这样，边界扫描寄存器提供了一种便捷的方式用于观测和控制所需调试的芯片。另外，芯片 I/O 引脚上的边界扫描寄存器单元可以相互连接起来，在芯片的周围形成一个边界扫描链（Boundary2Scan Chain）。边界扫描链可以进行输入和输出，通过相应的时钟信号和控制信号，就可以方便地观察和控制处在调试状态下的芯片。

（2）测试访问端口 TAP（Test Access Port）

- 测试数据输入 TDI（Test Data Input）：JTAG 指令和数据的串行输入端口，在 TCK 上升沿时被采样。
- 测试数据输出 TDO（Test Data Output）：JTAG 指令和数据的串行输出端口，在 TCK 下降沿时输出。
- 测试时钟 TCK（Test Clock）：为寄存器和 TAP 控制器提供输入时钟。
- 测试模式选择 TMS（Test Mode Select）：用于 TAP 控制器的状态切换，在 TCK 上升沿时被采样。
- TRST（Test Reset）：JTAG 电路的复位输入信号，低电平有效。

（3）TAP 控制器

TAP 控制器的作用是产生控制信号。一种是选链信号，即选择指令寄存器或某条数据寄存器；另一种是扫描控制信号，控制选中的寄存器进行移位和读/写的工作。TAP 控制器的核心部件是一个 16 状态的状态机。各个状态之间的转换由 TCK、TMS 和 TRST 这三个输入信号决定。

（4）指令寄存器和译码逻辑

指令寄存器的长度一般等于指令的长度，指令通过 TDI 逐位移入指令寄存器，在译码逻辑的作用下产生译码信号。译码信号主要用于数据寄存器的选择，也可根据特殊需要定义新的译码信号。

（5）数据寄存器组

JTAG 电路必须提供至少两个数据寄存器：旁路寄存器和扫描链寄存器。除此之外，用户可根据需要自行添加相应的扫描链来实现额外的功能。

（6）JTAG 指令

JTAG 指令分为公共指令和私有指令两种。公共指令是可供用户使用的 JTAG 指令，私有指令只能由芯片制造商使用。

2.3 嵌入式软件测试技术

操作系统的裁剪和应用软件的编码都是在通用的台式机或工作站上完成的，称这样的台式机为宿主机；而待开发的硬件平台通常被称为目标机。

嵌入式软件的突出特点在于其运行环境和开发环境的不一致，这一特点也导致典型的实时嵌入式软件测试要从宿主机下载到目标机上进行测试。

嵌入式软件测试的步骤是在主机上编写测试代码，然后把该代码编译加载到目标机，接着通过测试代理执行该测试目标代码。测试工具运行在宿主机上，测试所需要的信息在目标机上产生，由于目标机的资源相对匮乏，测试所得的信息在目标机上不便分析，通过主机和目标机之间的通信将测试所得信息上传回主机，再由主机中的测试结果分析工具对测试信息进行分析。嵌入式测试系统基本结构如图 2-3 所示。

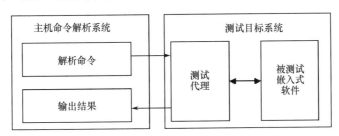

图 2-3　嵌入式测试系统基本结构

2.3.1 宿主机—目标机开发模式

这种在宿主机上完成软件功能，然后通过串口或者网络将交叉编译生成的目标代码传输并装载到目标机上，在监控程序或者操作系统的支持下利用交叉调试器进行分析和调试，最后，目标机在特定环境下脱离宿主机单独运行的系统开发模式，称为宿主机—目标机（Host-Target）模式，它是嵌入式系统常采用的一种典型开发模式。

在宿主机—目标机开发模式中，交叉编译和远程调试是系统开发的重要特征。

（1）交叉编译

宿主机上的 CPU 结构体系和目标机上的 CPU 结构体系是不同的。为了实现裁剪后的嵌入式操作系统，在移植它们之前，必须在宿主机上建立新的编译环境，进行和目标机 CPU 相匹配的编译，这种编译方式称为交叉编译。新建立的编译环境称为交叉编译环境。交叉编译环境下的编译工具在宿主机上配置编译实现，必须是针对目标机 CPU

体系的编译工具。只有这样,对源代码编译生成的可执行映像,才会被目标机的 CPU 识别。

(2)远程调试

远程调试是一种允许调试器以某种方式控制目标机上被调试进程的运行方式,并具有查看和修改目标机上内存单元、寄存器及被调试进程中变量值等各种调试功能的调试方式。

在嵌入式系统中,调试器运行在宿主机的通用操作系统之上,被调试的进程运行在目标机的嵌入式操作系统中,调试器和被调试进程通过串口或者网络进行通信,调试器可以控制、访问被调试进程,读取被调试进程的当前状态,并能够改变被调试进程的运行状态。

嵌入式系统的交叉调试可分为硬件调试和软件调试两种。硬件调试需要使用仿真调试器协助调试过程,硬件调试器是通过仿真硬件的执行过程,让开发者在调试时可以随时了解到系统的当前执行情况。而软件调试则使用软件调试器完成调试过程。

在目标机上,嵌入式操作系统、应用程序代码构成可执行映像。可以在宿主机上生成完整映像,再移植到目标机上;也可以把应用程序做成可加载模块,在目标机操作系统启动后,从宿主机向目标机加载应用程序模块。

2.3.2 目标监控器

嵌入式系统开发环境中,目标监控器对嵌入式软件的开发和调试有至关重要的意义。

嵌入式系统的调试,与一般台式机上编程调试显著不同。嵌入式调试工具是用于嵌入式系统开发中代码定制和调试的工具,分为驻留主机部分和驻留目标机部分。驻留主机部分称为调试器,驻留目标机部分称为目标监控器。目标监控器是解决嵌入式软件开发工具与这些支撑硬件的连接和通信的一个重要支持部件,是嵌入式应用开发、调试环境的核心部件,是许多功能模块实现的基础。

按照具体的实现方式的不同,可以将目标监控器分为软件监控器、硬件监控器、软件仿真器和软件模拟监控器。

(1)软件监控器

软件监控器是驻留在目标机上通过软件手段实现的调试代理。实际上,主机端的调试命令不是直接交由目标机硬件执行的,而是首先发送给软件监控器,再由软件监控器转交给目标机执行,然后将所监控的程序运行到断点处的相关信息反馈给主机端的调试器。按照对目标机硬件和软件的控制能力,软件监控器分为引导型监控器和应用型监控器。

① 引导型监控器。

引导型监控器是一种具有启动系统、加载和调试包括内核在内的程序等功能的软件监控器,它实际上是一个具有监控功能的微型操作系统。

引导型监控器应用上投资较小、功能强大,能够调试内核程序;研发上虽然有公开源码的实用系统和完善的调试器 GDB 可供配套选用,但开发引导型监控器仍然需要对目标机硬件和操作系统、编译技术的某些核心技术、实时监控、故障现场保存、应用重新加载和运行技术等进行相关的研究。

② 应用型监控器。

应用型监控器是运行在目标机操作系统之上的软件调试代理，用于调试操作系统上的应用程序。在嵌入式系统应用软件开发过程中，许多软件只要求运行于特定嵌入式操作系统之上。对于调试与硬件和内核结合不很紧密的应用，所需监控器也无需监控系统内核。

在目标机上直接运行调试器总是受资源限制的，这时可以使用一种依赖于操作系统运行的软件调试代理，为调试器提供非内核应用的调试代理服务。运行于嵌入式 Linux 之上的自由软件 GDBSERVER，是应用型软件监控器的代表。

（2）硬件监控器

硬件监控器是由硬件实现的监控器，按照硬件实现技术途径的不同，可分为 ICE、ICD 和 ROM 仿真器 3 类。

① ICE。

ICE 是一种替代 CPU 执行的设备，真正将 CPU 动作全部执行。在嵌入式系统开发环境中，可以将开发平台上的串口线或网线直接连向 ICE 装置，然后设置好端口号和通信速率，就可以代替原来的目标机进行应用程序调试了。

ICE 一般都具有中断内存、拥有大量硬件中断点、模拟内存采用双口内存和能在执行时同时看到数据的变化的特点；同时附有功能强大的分析器，可以分析状态、效率和时序等。它不但可以向前执行，还可以倒退执行，所有信息都可以记录下来，包括计时器状态、工作切换状态、内存状态、寄存器状态、变量等。更重要的是这些信息全部是实时的，不像软件方式看到的是近似停止的情况，这是软件监控器无法达到的效果。

② ICD。

ICD 是通过将监控功能直接做到目标机 CPU 上来实现的。将监控功能的接口引出来，让外部硬件能够直接接到这些引脚上去监控整个 CPU 的动作。通过这些接口，就可以利用比较便宜的调试工具和 CPU 沟通。

对具有监控功能的 CPU 来说，可以使用 ICD 实现硬件监控辅助调试的功能。ICD 速度在应用上比 ICE 慢很多；研发上受制于目标机 CPU 自身提供的监控功能、扩展功能。

③ ROM 仿真器。

ROM 仿真器就是仿真目标机上 ROM 的 RAM 装置。在结构上 ROM 仿真器是一个有两条电缆的盒子，一条电缆连接到主机串口，通过这条串行连线下载新的执行程序到 ROM 仿真器的 RAM 中；另一条电缆插在目标系统的 ROM 插座上，目标平台认为它在访问 ROM，而实际访问的是 ROM 仿真器的 RAM，该 RAM 中含有所下载的用于测试的程序。

ROM 仿真器为编辑、编译、下载、调试开发过程节省运作时间。在更新 ROM 中的程序时，一般是取下旧 PROM，将其放到 EPROM 烧结炉中，烧结新的程序，然后再插回到目标系统，这样很快就会老化。使用 ROM 仿真器，就可以生成程序，将其下载到 ROM 仿真器中，运行测试它，等到满意时再下载到目标机 ROM 或内存中。

（3）软件仿真器

软件仿真器是一种软硬件结合型的目标监控器，其安装部分或全部目标平台硬件仿真到软件环境中。与其他类型目标监控器的调试器与目标监控器分离不同的是，软件仿真器同时集成了调试器和目标监控器的功能。根据仿真程度的不同，可以分为低档软件仿真器和高档软件仿真器。

（4）软件模拟监控器

在嵌入式系统开发环境中，通常会提供软件模拟监控器。一些基本的语法和逻辑错误往往通过在开发平台上的模拟环境就可以检测出来，没必要每次都加载到目标机上；特别是，这使得在没有目标机的情况下，也能进行某些嵌入式应用的初期开发工作。

软件模拟监控器是一个软件仿真环境，它可以帮助开发者在没有实际硬件的前提下，对应用程序进行设计和调试。

软件模拟监控器具有类似于软件仿真器的仿真运行环境，同时还具有一定的监控功能，但是这种监控是针对模拟平台运行的应用，与该应用在目标机上的实际运行情况并不完全一致。所以，只能用于应用程序初期的开发调试。

2.4 嵌入式系统集成开发环境

用户选用 ARM 处理器开发嵌入式系统时，选择合适的开发工具可以加快开发的整个进程。因此，一套含有编译软件、链接软件、调试软件及函数库的集成开发环境都是不可缺少的。其中，ADS 是嵌入式系统集成开发环境的重要工具。

2.4.1 ADS 的介绍

ADS 是为嵌入式 ARM 设计的一整套软件开发工具，从最初的软件原型到最终优化的 ROM 代码。

支持的主机系统如下：
- IBMcompatiblePCswithWindows95，98，2000，MEorNT4
- SunworkstationswithSolaris2.6，2.7or2.8
- HPworkstationswithHPUX10.20，11
- RedHatLinux6.2&7.1

ADS 开发环境如图 2-4 所示。

ADS 集成开发环境的组成如下：

（1）编译器

ADS 提供多种编译器，支持 ARM 和 Thumb 指令的编译。

armcc 是 ARMC 编译器。

tcc 是 ThumbC 编译器。

armcpp 是 ARMC++编译器。

tcpp 是 ThumbC++编译器。

armasm 是 ARM 和 Thumb 的汇编器。

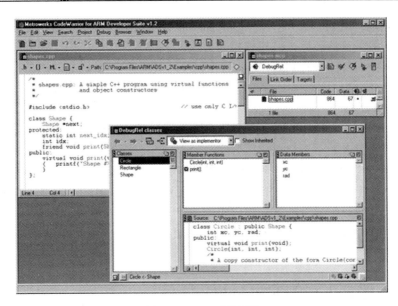

图 2-4　ADS 开发环境

（2）链接器

armlink 是 ARM 链接器。该命令既可以将编译得到的一个或多个目标文件和相关的一个或多个库文件进行链接，生成一个可执行文件，也可以将多个目标文件部分链接成一个目标文件，以供进一步的链接。

（3）符号调试器

armsd 是 ARM 和 Thumb 的符号调试器，能够进行源码级的程序调试。用户可以在用 C 语言或汇编语言写的代码中进行单步调试、设置断点、查看变量值和内存单元的内容。

（4）FromELF

FromELF 将 ELF 格式的文件转换为各种格式的输出文件，包括 BIN 格式映像文件、Motorola32 位 S 格式映像文件、Intel32 位格式映像文件和 Verilog 十六进制文件。FromELF 命令也能够为输入映像文件产生文本信息，如代码和数据长度。

（5）armar

armar 是 ARM 库函数生成器，它将一系列 ELF 格式的目标文件以库函数的形式集合在一起。用户可以把一个库传递给一个链接器以代替几个 ELF 文件。

（6）CodeWarrior

CodeWarrior 集成开发环境为管理和开发项目提供了简单多样化的图形用户界面，用户可以使用 ADS 的 CodeWarrior IDE 为 ARM 和 Thumb 处理器开发用 C、C++或者 ARM 汇编语言编写的程序代码。

（7）调试器

ADS 中包含有 3 个调试器：AXD、Armsd 和 ADW/ADU。

在 ARM 体系中，可以选择多种调试方式：Multi-ICE、ARMulator 或 Angel。

Multi-ICE 是一个独立的产品，是 ARM 公司自己的 JTAG 在线仿真器，不是由 ADS 提供的。

ARMulator 是一个 ARM 指令集仿真器，集成在 ARM 的调试器 AXD 中，提供对

ARM 处理器的指令集的仿真，为 ARM 和 Thumb 提供精确的模拟。用户可以在硬件尚未做好的情况下，开发程序代码，利用模拟器方式调试。

Angel 是 ARM 在目标机 Flash 中的监控程序，只需通过 RS-232C 串口与 PC 主机相连，就可以对基于 ARM 架构处理器的目标机进行监控器方式的调试。

（8）C 和 C++库

ADS 提供 ANSIC 库函数和 C++库函数，支持被编译的 C 和 C++代码。用户可以把 C 库中的与目标相关的函数作为自己应用程序中的一部分，重新进行代码的实现。这就为用户带来了极大的方便，针对自己的应用程序的要求，对与目标无关的库函数进行适当的裁剪。在 C 库中有很多函数是独立于其他函数的，并且与目标硬件没有任何依赖关系。对于这类函数，用户可以很容易地从汇编代码中使用。

有了这些部件，用户可以为 ARM 系列的 RISC 处理器编写和调试自己的开发应用程序。

2.4.2 ADS 建立工程的使用介绍

ADS 建立工程大体分为以下 9 个重要的步骤。

（1）建立一个新工程

① 建立工程。

运行 ADS1.2 集成开发环境。选择"File→New…"菜单，在对话框中选择 Project，如图 2-5 所示，新建一个工程文件。

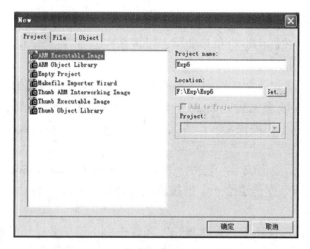

图 2-5　建立工程

选择 Creat Folder 选项后创建目录，这样可以将所有与该工程相关的文件放到该工程目录下，便于管理工程。在输入了工程名和选择了工程路经后，单击"确定"按钮，就生成一个新的工程项目。

② 新建一个源文件。

选择"File→New…"菜单，在对话框中选择 File。

在 File Name 文本框中输入新建的文件的名称。

在 Location 文本框图中输入将要建立的文件的路径，也可单击 Set 按钮，从弹出的标准文件对话框 Open 中选择将要建立的文件的路径。

进入源程序代码的编辑窗口，可在编辑窗口中输入编辑源代码，代码输入编辑完后保存文件。

若要将新建文件加入到当前工程项目中，选择 AddtoProject 复选框，在 Project 下拉列表框中选择所需加入的工程项目的名称。在 Target 列表框中选择新建立的文件加入的生成目标。

（2）配置生成目标

在 ADS 中通过 Debug Setting 对话框来设置一个工程项目中的各生成目标的生成选取项。在 Target Setting 窗口中设置的各生成选项只适应于当前的生成目标。ARM 提供的可执行的映像文件的模板包括了下面 3 个生成目标：

- Debug 生成的目标映像文件中包含了所有的调试信息，用于开发过程中使用。
- Release 生成的目标映像文件中不包含调试信息，用于生成实际发行的软件版本。
- Debug Rel 生成的目标映像文件中包含了基本的调试信息。

对程序代码进行调试时，必须选择 Debug 生成目标。

在 Debug Settings 对话框中包括下面 6 个面板，如图 2-6 所示。

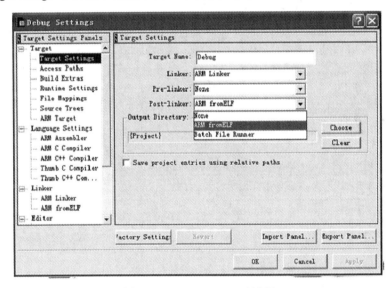

图 2-6　Debug Settings 对话框

用户可以选择某个面板设置相关的生成选项，所选的选项用于工程项目中当前生成目标。

① 生成目标基本选项设置（Target Settings）面板，用于设置当前生成目标的一些基本信息，如生成的目标名称、所使用的连接器等。

② 编程语言选项设置（Language Settings）面板，用于设置 ADS 中各语言处理工具的选项，包括汇编器的选项和编译器的选项，这些选项对于工程项目中的所有的源程序都使用，不能单独设置某一个源文件的编译选项和汇编选项。

③ 连接器选项设置（Linker）面板，用于设置与连接器相关的选项及与 FromELF 工

具相关的选项。

④ 编辑器选项设置（Editor）面板，用于设置用户个性化的关键词显示方式。

⑤ 调试器选项设置（Debugger）面板，用于设置系统中选用的调试器及相关的配置选项。

⑥ 其他选项设置（Miscellaneous Setting）面板，用于设置杂类的选项。

（3）编程语言选项设置

编程语言选项设置（Language Settings）包括汇编器选项设置和编译器选项设置，即 ARM Assembler，ARM C Compiler，ARM C++ Compiler，Thumb C Compiler，Thumb C++ Compiler 的设置。下面主要介绍 ARM Assembler，ARM C Compiler 的设置，其他设置大致相同。

① 汇编器选项设置（ARM Assembler）。

在 Debug Settings 对话框中的 Target Settings Panels 列表框中选择 Language Settings 下的 ARM Assembler 项，弹出如图 2-7 所示的汇编器选项对话框。该对话框中右边是 ARM Assembler 选项组的选项，包括 7 个选项卡，分别是 Target，ATPCS，Options，Predefines，Listing，Control 和 Extras 选项卡。

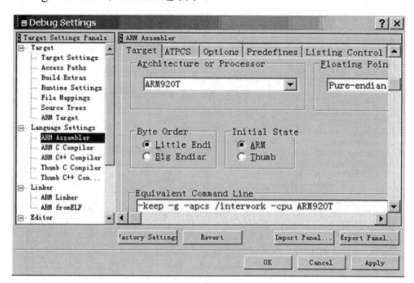

图 2-7 汇编器选项对话框

在每个选项卡中，Equivalent Command Line 列表框中列出了当前汇编器选项设置的命令行格式。有一些汇编器选项没有提供图形界面，需要使用命令行格式来设置。

② 编译器选项卡设置（ARM C Compiler）。

下面介绍 CodeWarrior IDE 中内嵌的编译器的选项设置。在 Debug Settings 对话框中的 Target Settings Panels 列表框中选择 Language Settings 下的 ARM C Compiler 项，弹出如图 2-8 所示的包含 ARM C Compiler 选项的编译器选项卡对话框。ARM C Compiler 选项组包括 8 个选项卡，分别是 Target and Source，ATPCS，Warnings，Errors，Debug and Optimization，Preprocessor，Code Generation 和 Extras 选项卡。

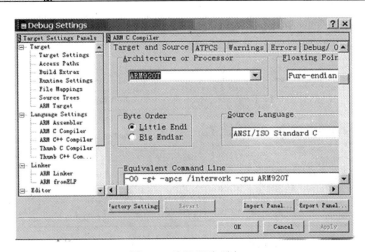

图 2-8　编译器选项卡

（4）连接器选项设置

连接器选项设置如图 2-9 所示。

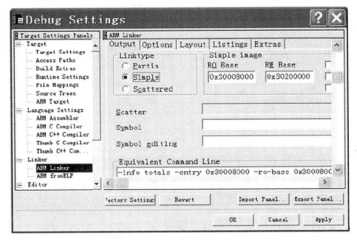

图 2-9　连接器选项

（5）FromELF 工具选项设置

FromELF 工具选项设置如图 2-10 所示。

（6）保存工程模板

设置完成后，将工程文件名改为工程项目模板名，然后在 ADS1.2 软件安装目录下的 Stationery 目录下新建模板目录，再将刚设置完的工程模板文件存放到该目录下即可。这样以后在新建工程时就能在新建工程窗口中看到该模板了。

（7）添加和编辑源程序

新建工程后，选择"Project→Add Files"菜单，把和工程相关的所有文件即除 inti 外的所有文件加入到工程中。ADS1.2 不能自动按文件类别对这些文件进行分类，用户可以选择"Project→Create Group"菜单创建文件组，然后分别将不同类的文件加入到不同的组，以方便管理，如图 2-11 所示。

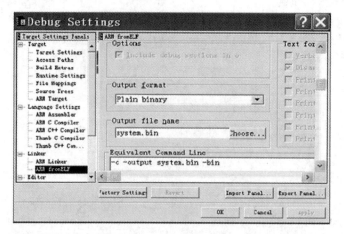

图 2-10　FromELF 工具选项

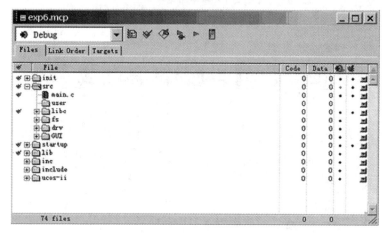

图 2-11　添加和编辑源程序

(8) 编译和连接工程

在 CodeWarrior IDE 中编译文件，具体包括下面一些操作：

① 编译当前编辑窗口中的文件。

② 对源文件进行语法检查。

③ 在 CodeWarrior IDE 中，可以选择"Project→Check Syntax"对一个源文件进行语法检查。

④ 打开需编译的工程项目。

⑤ 在工程项目窗口的 Files 视图中选择待检查的源文件或打开待检查的源文件使其进入编辑状态。

⑥ 选择"Project→Check Syntax"命令。

(9) 生成工程项目

在 CodeWarrior IDE 中，通过选择"Project→Make"命令，或者工具栏上的 Make 按钮来生成工程项目，具体的操作方法如下。

① 在工程项目窗口的 Files 视图的 Touch 栏上选择包含在生成目标中的源文件；然

后选择"Project→Make"命令。

② 在工程项目窗口中选择 Link Order 视图。

③ 在该窗口中通过拖放操作安排各源文件的顺序，也就是进行连接操作时的顺序。

④ 删除目标文件。

⑤ 选择"Project→Remove Object Code"命令，弹出删除对话框。

⑥ 若单击 All Target 按钮，则删除所有生成目标中的目标文件；若单击 Current Target 按钮，则删除当前的生成目标中的目标文件。单击 Cannel 按钮。

2.4.3 AXD 调试器的使用介绍

AXD（ARM extended Debugger）是 ADS 软件中独立于 CodeWarrior IDE 的图形软件，可从 CodeWarrior for ARM Developer Suite 中进入 AXD 下进行调试。要使用 AXD 必须首先要有生成包含调试信息的程序，即由 CodeWarrior for ARM Developer Suite 编译生成含有调试信息的可执行 ELF 格式的映像文件。

（1）在 AXD 中打开调试文件

在菜单 File 中选择"Load image…"选项，打开 Load image 对话框，找到要装入的.axf 映像文件，单击"打开"按钮，就可把映像文件装载到目标内存中，如图 2-12 所示。

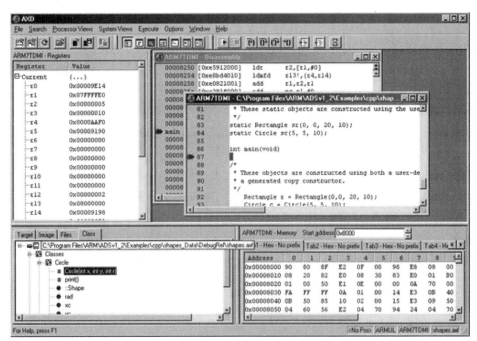

图 2-12　AXD 环境

利用菜单 Execute 中的子菜单选项可对可执行映像文件进行调试，各选项的含义如下：

■ 选择 Go 选项或按 F5 键，将全速运行代码；

■ 选择 Stop 选项或按 Shift+F5 组合键，将停止运行代码；

- 选择 Step In 选项或按 F8 键，以单步执行代码，若遇到函数，则进入函数内执行；
- 选择 Step 选项或按 F10 键，以单步执行代码，若遇到函数，则把函数看成一条语句单步执行；
- 选择 Step Out 选项或按 shift+F8 组合键，在 Step In 单步执行代码进入函数内后，若选该项，则可从函数中跳出返回到上一级程序执行；
- 选择 Run To cursor 选项或按 F7 键，以全速运行到光标处停下；
- 选择 Show Execution Context 选项，可显示执行的内容；
- 选择 Delete All Breakpoint 选项，清除所有的断点。

（2）查看寄存器、变量内容和内存内容

利用 AXD 菜单选项 Processor Views 和 System Views 中的子菜单选项可查看寄存器、变量值，还可查看某个内存单元的数值等。子菜单的各选项的含义如下：

- 选择 Registers 选项，可查看或修改目标板处理器中寄存器中的值；
- 选择 Variables 选项，可查看或修改当前可执行的映像文件中的变量值，这些变量可以是局部变量、全局变量、类属变量，可增加或删除查看或修改的变量。
- 选择 Memory 选项，可查看或修改存储器中的值。
- 选择 Watch 选项，可对处理器设置观察点，观察点可以是寄存器、地址等，但不能修改。注意：菜单选项 Processor Views 下的 Watch 只能观察处理器，而菜单选项 System Views 下的 Watch，可观察目标板上的任何资源，可增加或删除观察点。

查看寄存器窗口，如图 2-13 所示；查看变量内容，如图 2-14 所示。

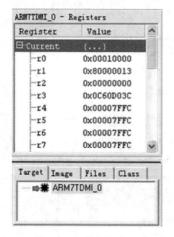

图 2-13　寄存器窗口

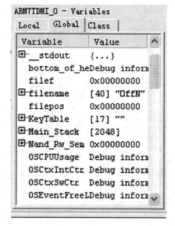

图 2-14　变量内容

查看内存内容，如图 2-15 所示。

（3）设置断点

在程序调试时经常设置断点，即在程序的某处设置断点，当程序执行到断点处即可停下，这时，开发人员可通过前面的方法查看寄存器、存储器或变量的值，以判定程序是否正常。设置断点的方法是：将光标移到需设置断点处，使用快捷键 F9 在此处设置断点。

看断点的方法：在菜单选项 System Views 下选择 breakpoint view 选项可查看各断点的状态，在断点状态对话框中，右击利用快捷菜单可增加或删除断点。按 F5 键，程序将运行到断点，如果想进入函数内了解如何运行的，可以在 Execute 菜单中选择 Step In 选项，进入到子函数内部进行单步程序的调试，如图 2-16 所示。

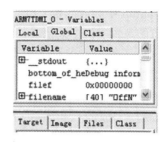

图 2-15　内存内容

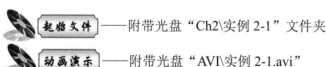

图 2-16　断点设置

实例 2-1　ARM 开发环境 ADS 的使用实例

起始文件——附带光盘"Ch2\实例 2-1"文件夹

动画演示——附带光盘"AVI\实例 2-1.avi"

通过这个实例，可以使读者熟悉 ADS 开发环境提供的各种工具，以生成可以在 ARM 上运行的二进制文件及在调试程序过程中常用的调试方法。

实例需要的工具如下。

硬件：用于 ARM920T 的 JTAG 仿真器、ARM 嵌入式开发平台、串口线。

软件：仿真器驱动程序、ARM ADS1.2 集成开发环境、超级终端通信程序。

[详细步骤]

① 启动 armJtag 驱动程序，在处理器类型中选择 ARM9。

② 用 ADS 打开程序。打开后如图 2-17 所示。

在 startup 中存放的是 CPU 启动时的启动代码，这里也是所有代码的入口。在 inc 文件夹中存放的是本实例中的头文件的目录；在 src 文件夹中存放的是实例中用到的所有源代码所在的目录；在 init 文件夹中存放的是和平台初始化相关的代码，如堆栈的初始化等。在 uhal 文件夹中存放的是硬件抽象层的代码。

③ 编译整个工程。编译完成后会在工程目录下生成一个文件夹，这里生成文件夹名为 Exp1_Data。生成的二进制文件在不同的目录下，本实例提供两个版本，即 Debug 和 Release。编译时版本的选择如图 2-18 所示。

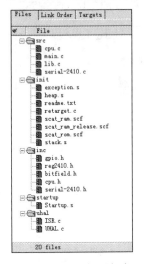
图 2-17 ADS 打开程序

图 2-18 编译工程

编译结束后，弹出如图 2-19 所示的提示窗口，包括错误信息和警告，警告不影响程序的运行。

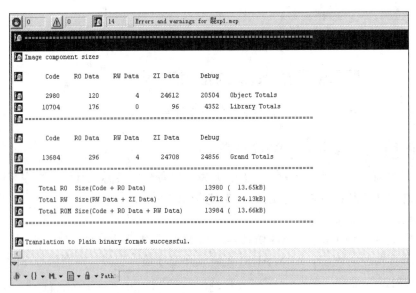
图 2-19 提示窗口

④ 调试代码。在编译无错误信息后就可以进行代码调试，单击"调试"按钮图标

，弹出如图 2-20 所示的 AXD 窗口。

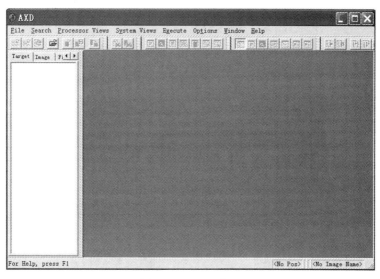

图 2-20 AXD 窗口

⑤ 选择 Options 菜单，选择 Configure Target，弹出如图 2-21 所示的 Choose Target 窗口。

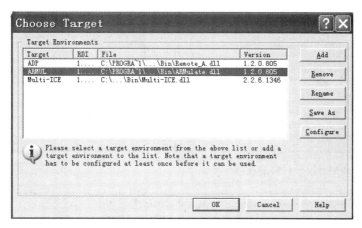

图 2-21 Choose Target 窗口

⑥ 选择 Remote_A.dll 文件，单击 Configure，弹出如图 2-22 所示的 Remote_A connection 窗口。

⑦ 单击"select..."按钮，选择 ARM ethernet driver，再单击"Configure..."按钮配置目标板 IP 地址，在弹出的对话框中输入"127.0.0.1"。单击 OK 按钮确定。然后关闭 AXD 窗口。再单击调试按钮图标 ，代码下载到开发平台后弹出如图 2-23 所示的窗口。

⑧ 在调试过程中常用的包括单步跟踪，查看内存地址，查看当前寄存器，设置断点等。菜单位置如图 2-24 所示。

⑨ 当启动查看内存、寄存器、低级符号表后显示的窗口如图 2-25 所示。

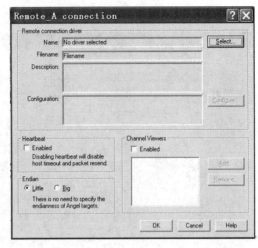

图 2-22 Remote_A connection 窗口

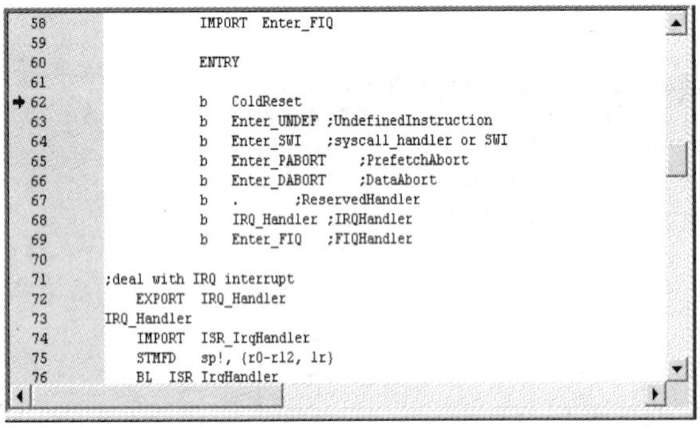

图 2-23 下载到开发平台后的窗口

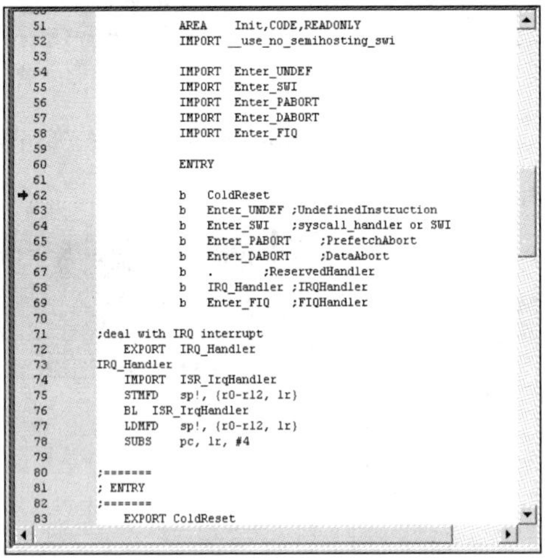

图 2-24 菜单位置

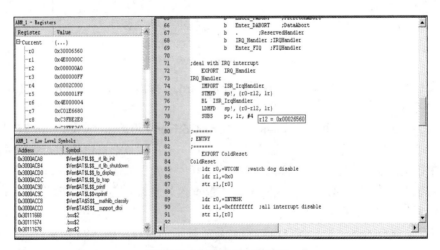

图 2-25 启动后显示的窗口

⑩ 本实例中用到的内存布局文件是 init 文件夹中 scat_ram.scf 文件。这个文件的指定位置如图 2-26 所示。

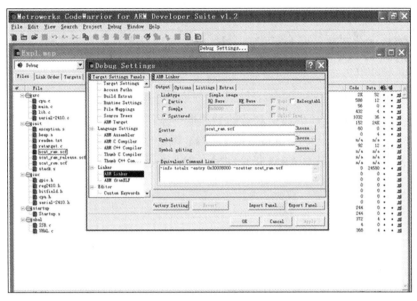

图 2-26　文件的指定位置

⑪ 单步跟踪程序的运行过程。

⑫ 启动 online Books 后，如图 2-27 所示，输入要查询的关键字即可获得帮助信息。

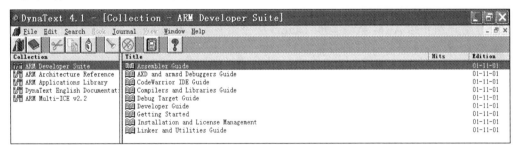

图 2-27　启动 online Books

2.5　本章小结

本章主要讲述了嵌入式软件的开发流程，介绍嵌入式软件测试技术，重点介绍基于 JTAG 的 ARM 系统调试。通过综合实例掌握 ADS 集成开发环境的使用。

嵌入式 Linux 系统与工程实践（第 2 版）

第 3 章 嵌入式处理器体系结构

ARM 为嵌入式系统设计了最受欢迎的处理器体系结构。在我国，ARM 处理器的市场占有率为 70%。本章将对 ARM 体系结构、ARM 微处理器的分类和应用选型、ARM 编程模型、ARM 指令的寻址方式、ARM 指令集及 ARM 微处理器的异常等进行详细介绍。

 本章内容

- 讲述 ARM 体系结构的组成部分和技术特征，再对 RISC 系统和 CISC 系统分别进行介绍，并对这两者进行比较分析。
- 介绍 ARM 微处理器的分类和应用选型。
- 重点以 S3C2410 处理器为例进行介绍。
- 介绍 ARM 编程模型，重点讲述处理器工作状态，处理器运行模式和寄存器组织 3 个部分。
- 详细介绍 ARM 指令 9 种寻址方式。
- 分别详细介绍 ARM 指令集和 Thumb 指令集的使用和区别。
- 最后对 ARM 微处理器的异常进行介绍。

3.1 ARM 体系结构概述

体系结构最为重要的就是处理器所提供的指令系统和寄存器组。指令系统分为 CISC（Complex Instruction Set Computer，复杂指令集计算机）和 RISC（Reduced Instruction Set Computer，精简指令集计算机）。其中，嵌入式系统中的 CPU 往往是 RISC 结构的。ARM 核就是 RISC 结构，由于其在嵌入式系统中占的比重比较大，所以，ARM 几乎成为 RISC 的代名词了。

在体系结构中，还有存储器结构。现在有两种：冯·诺依曼结构和哈佛结构。传统的计算机采用冯·诺依曼结构，是一种将程序指令存储器和数据存储器合并在一起的存储器结构。该结构的主要特点：程序和数据共用一个存储空间；程序指令存储地址和数据存储地址指向同一个存储器的不同物理位置；采用单一的地址及数据总线；程序指令和数据的宽度相同。这样，处理器在执行指令时，必须从存储器中取出指令解码，再取操作数执行运算，即使单条指令也要耗费几个甚至几十个周期，那么，在高速运算时，在传输通道上会出现瓶颈效应。哈佛结构是一种将程序指令存储和数据存储分开的存储器结构,哈佛结构是一种并行体系结构,主要特点是:程序和数据存储在不同的存储空间中,即程序存储器和数据存储器是两个相互独立的存储器,每个存储器独立编址、独立访问。与两个存储器相对应的是系统中的4套总线:程序的数据总线和地址总线,数据的数据总线和地址总线。这种分离的程序总线和数据总线可允许在一个机器周期内同时获取指令字和操作数,从而提高了执行速度,使数据的吞吐量提高了1倍。

3.1.1 ARM 体系结构简介

ARM(Advanced RISC Machines)公司是专门从事基于 RISC 技术芯片设计开发的公司,主要设计 ARM 系列 RISC 处理器内核,是授权 ARM 内核给生产和销售半导体的合作伙伴。另外也提供基于 ARM 架构的开发设计技术,如软件工具、评估板、调试工具、应用软件、总线架构和外围设备单元等。目前,全世界有几十家大的半导体公司都使用 ARM 公司的授权,使得 ARM 技术获得了更多的第三方工具、制造、软件的支持,又使整个系统成本降低,使产品更容易进入市场,更具有竞争力。

(1) ARM 微处理器的特点

采用 RISC 架构的 ARM 微处理器一般具有如下特点。
- 支持 Thumb(16 位)/ARM(32 位)双指令集,能很好兼容 8 位/16 位器件。Thumb 指令集比通常的 8 位和 16 位 CISC/RISC 处理器具有更好的代码密度。
- 指令执行采用 3 级流水线/5 级流水线技术。
- 带有指令 Cache 和数据 Cache,大量使用寄存器,指令执行速度更快。大多数数据操作都在寄存器中完成。寻址方式灵活简单,执行效率高。指令长度固定。
- 支持大端格式和小端格式两种方法存储字数据。
- 支持字节(8 位)、半字(16 位)和字(32 位)3 种数据类型。
- 支持用户、快中断、中断、管理、中止、系统和未定义 7 种处理器模式,除了用户模式外,其余的均为特权模式。
- 处理器芯片上都嵌入了在线仿真 ICE-RT 逻辑,便于通过 JTAG 来仿真调试 ARM 体系结构芯片,可以避免使用昂贵的在线仿真器。另外,在处理器核中还可以嵌入跟踪宏单元 ETM,用于监控内部总线,实时跟踪指令和数据的执行。
- 具有片上总线 AMBA。
- 采用存储器映像 I/O 的方式,即把 I/O 接口地址作为特殊的存储器地址。
- 具有协处理器接口。ARM 允许接 16 个协处理器,如 CP15 用于系统控制,CP14 用于调试控制器。
- 采用了降低电源电压,可工作在 3.0V 以下;减少门的翻转次数,当某个功能电路不需要时禁止门翻转;减少门的数目,即降低芯片的集成度;降低时钟频率等一些措施降低功耗。
- 体积小、低成本、高性能。
- ARM 微处理器包括 ARM7、ARM9、ARM9E、ARM10E、SecurCore 及 Intel 的 StrongARM、XScale 和其他厂商基于 ARM 体系结构的处理器,除了具有 ARM 体系

结构的共同特点以外，每一个系列的ARM微处理器都有各自的特点和应用领域。

（2）ARM体系结构组成

典型的ARM体系结构如图3-1所示，包含有32位ALU、31个32位通用寄存器及6个状态寄存器、32×8位乘法器、32×32位桶形移位寄存器、指令译码及控制逻辑、指令流水线和数据/地址寄存器等。

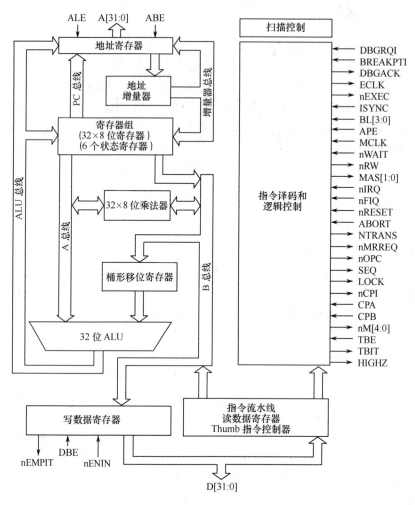

图3-1 ARM体系结构图

① ALU。

ARM体系结构的ALU与常用的ALU逻辑结构基本相同，由两个操作数锁存器、加法器、逻辑功能、结果及零检测逻辑构成。ALU的最小数据通路周期包含寄存器读时间、移位器延迟、ALU延迟、寄存器写建立时间、双相时钟间非重叠时间等几个部分。

② 桶形移位寄存器。

ARM采用了32×32位桶形移位寄存器，左移/右移n位、环移n位和算术右移n位等都可以一次完成，可以有效地减少移位的延迟时间。在桶形移位寄存器中，所有的输入端通过交叉开关（Crossbar）与所有的输出端相连。交叉开关采用NMOS晶体管来实现。

③ 高速乘法器。

ARM 为了提高运算速度，采用两位乘法的方法，两位乘法可根据乘数的两位来实现"加一移位"运算。ARM 的高速乘法器采用 32×8 位的结构，完成 32×2 位乘法也只需 5 个时钟周期。

④ 浮点部件。

在 ARM 体系结构中，浮点部件作为选件可根据需要选用，FPA10 浮点加速器以协处理器方式与 ARM 相连，并通过协处理器指令的解释来执行。

浮点的 Load/Store 指令使用频度要达到 67%，故 FPA10 内部也采用 Load/Store 结构，有 8 个 80 位浮点寄存器组，指令执行采用流水线结构。

⑤ 控制器。

ARM 的控制器采用硬接线的可编程逻辑阵列 PLA，其输入端有 14 根、输出端有 40 根，分散控制 Load/Store 多路、乘法器、协处理器及地址、寄存器 ALU 和移位器。

⑥ 寄存器。

ARM 内含 37 个寄存器，包括 31 个通用 32 位寄存器和 6 个状态寄存器。

3.1.2 ARM 体系结构的技术特征

ARM 处理器是第一个为商业用途而开发的 RISC 微处理器。ARM 所采用的体系结构，对于当时的 RISC 体系结构既有继承，又有抛弃，即完全根据实际设计的需要进行研究。ARM 的体系结构中采用了若干 Berkeley RISC 处理器设计的特征，但也放弃了其他若干特征。该体系采用的特征如下：

- Load/Store 体系结构。
- 固定的 32 位指令。
- 地址指令格式。

在 Berkeley RISC 设计采用的特征中被 ARM 设计者放弃的 RISC 的技术特征如下：

- 寄存器窗口

Berkeley RISC 处理器的寄存器堆中使用寄存器窗口，使得任何时候总有 32 个寄存器是可见的。进程进入和退出，都访问一组新的寄存器，因此，减少了因寄存器保存和恢复导致的处理器和存储器之间的数据拥塞和时间开销，这是拥有寄存器窗口的优点。但是寄存器窗口的存在以大量寄存器占用较多的芯片资源为代价，使得芯片成本增加，因此，在 ARM 处理器设计时未采用寄存器窗口。

- 延迟转移

多数 RISC 处理器采用延迟转移来改善这一问题，即在后续指令执行后才进行转移。并没有采用在原来的 ARM 中延迟转移，因为它使异常处理过程更加复杂。

- 所有指令单周期执行

ARM 被设计为使用最少的时钟周期来访问存储器，但并不是所有指令都单周期执行。数据和指令占有同一总线，使用同一存储器时，即使最简单的 Load 和 Store 指令也最少需要访问两次存储器。当访问存储器需要超过一个周期时，就多用一个周期。因此，并不是所有 ARM 指令都是在单一时钟周期内执行的，少数指令需要多个时钟周期。高性能的

ARM 使用分开的数据和指令寄存器，才有可能把 Load 和 Store 指令的指令存储器和数据访问存储器操作单周期执行。

3.1.3 CISC 的体系结构

为满足实际应用的需要，同时涉及兼容性、系列机、支持高级语言等诸多因素，微处理器的功能越来越强大，结构越来越复杂，这就是传统的 CISC 技术。CISC 技术的发展使微处理器的功能更加完善，支持高级语言的能力越来越强，处理特殊问题的效率也越来越高，程序与指令之间的距离越来越近。但是硬件更加复杂，冗余设计逐渐增加，不但浪费资源，而且使得系统复杂化。

目前的 CISC 技术具有以下特点。

■ 指令系统复杂

随着机器的更新换代，指令条数不断增加，指令种类不断丰富，寻址方式不断扩充，特殊指令越来越多，这就使指令系统越来越复杂。

■ 指令结构复杂

随着指令条数的增加，使指令的结构形式越来越长，包括的内容越来越多。

■ 指令的执行时间长

指令结构复杂，就需要更多的时间分析解释，更多的机器周期完成规定的功能。

■ CPU 结构复杂

指令复杂，功能强大，使 CPU 需要有更多的电路部件支持相应的功能，更快更完善地完成指令规定的任务。

■ 微程序控制

指令条数多，形式复杂，硬件译码难以实现。

3.1.4 RISC 的体系结构

RISC 是一种 CPU，它把微处理器能执行的指令数目减少到最低限度，以提高处理速度。RISC 体系结构的思想是把指令减少到不能再减少的地步，突出并优化最常使用的指令，以达到尽可能快的执行速度。RISC 处理器比同等的 CISC 处理器要快 50%～75%，且 RISC 处理器容易设计和纠错。

RISC 技术的主要特点如下。

■ 精心选择指令，优化指令系统

确定指令系统时，为做到精简，选取使用频度最高的一些简单指令，以及用处大又不复杂的指令。同时，采用简单的指令格式、固定的指令字长和简单的寻址方式，让指令的执行尽可能安排在一个周期内完成。

■ 采用加载（load）、存储（store）结构

只允许加载、存储指令执行存储器操作，其余指令均对寄存器操作。大大增加通用寄存器的数量以提高速度。由于内存的速度较慢，CPU 需要等待指令载入到寄存器，如上所述，不允许 CPU 出现空闲，因此，提早载入指令也是增加运算速度的一种方法。至于储存结果时，CPU 可以同时载入下一条要执行的指令。

■ 不用微码技术

由于 RISC 的设计采用简单、合理的指令系统和简化的寻址方式，所以排除了微代码设计技术，也即不采用微码只读存储器，而是直接在硬件中执行指令，这意味着省去了将机器指令转化为原始微码这一中间步骤，也就减少了执行一条指令所需的机器周期个数，节省了芯片的空间，使得可以利用省下来的芯片空间扩展微处理器功能。

■ 大寄存器堆

RISC 微处理器中大量的计算都在 ALU 高速寄存器中执行，由编译器产生、分配和优化寄存器的使用，从而简化了流水线结构，并使指令周期降到最小，同时又不访问内存，允许调用的嵌套执行，但这也增加了 ALU 周期中的寄存器存取时间和一些选址机构，因此，在任务变换中需要较高的开销。

■ 采用高速缓存结构

采用高速缓存结构，可保证指令不间断地传送给 CPU 运算器，采用硬连线控制，在 CPU 内设置了一定大小的 Cache，以扩展存储器的带宽，满足 CPU 频繁取指需求，一般有两个独立 Cache，分别存放"指令+数据"，即指令高速缓存和数据高速缓存。因此，可将存储器存取周期插入到使用高速缓存和工作寄存器的流水线存取操作中。

■ 高效的流水线操作

目前，不论什么结构的微处理器都毫无例外地采用了流水线技术，以达到高速执行指令的能力。CISC 微处理器执行指令时效率低，有时甚至会使执行过程处于短暂的停滞状态。例如，当处理器遇到一条执行时间比预定时间长的指令时，它必须延长这个指令的操作，这样就阻止其他指令在流水线中正常执行流水操作，直到这条指令完成，这种状态除了降低了执行指令效率外，还迫使设计者将微处理器的微结构在硬件设计上设计得更加复杂，以便对付这些问题。而在 RISC 微处理器设计中，它具有对指令执行时间的预测能力，因此，它能使流水线在高效率状态下运行。

■ 延迟转移

由于数据从存储器到寄存器存在速度差，转移指令要进行入口地址的计算，这使 CPU 执行速度大大受限，因此，RISC 技术为保证流水线高速运行，在它们之间允许加一条不相关的可立即执行的指令，以提高速度。

■ 硬连线控制

采用少量、简单、固定的硬连线控制逻辑替代微码以实现减少指令系统，保证短周期、单周期执行指令，但不能处理复杂指令，除在特定状态机或使用垂直微码外，不能处理多个 LOAD/STORE 指令。

■ 采用寄存器窗口技术

为了简单有效地支持高级语言，RSIC 设计者把大寄存器堆分成多个重叠寄存器窗口，用于在执行高级语言中的过程调用和返回子程序的直接转换参数，这样就减少了调用和返回访问主存所消耗的计算时间。在 RISC 机器中，复杂指令是用子程序来实现的，因此，RISC 程序的调用数量必然大大超过 CISC 程序中的调用数量。采用重叠寄存器窗口技术可以大大减少调用和返回子程序访问的次数。

■ 优化编译程序

编译程序能够分析数据流和控制流，并在这个基础上调整指令的执行顺序，巧妙安排寄存器的用法。在 RISC 的设计中，内存访问和条件转移都可能出现与流水线相关的问题，而优化编译器可以替代用复杂、昂贵的硬件来解决的难题，例如，在访问内存时引起的时间延迟，可以通过合理利用寄存器使之达到最小影响程度；当一个寄存器的内容要为随后的运算所利用，而又无需从内存取时，优化编译程序可以识别出这种状态来；当遇到这样一条指令，访问内存不可回避时，编译程序能够重新排列这些指令，使得微处理器在等待把数据调入寄存器的这个时间里，其他有效工作照常执行，并不需要等待取数据时间。类似地，一个优化编译程序也可以通过"延迟转移"的方法来处理无法预测的条件转移。

3.1.5　RISC 系统和 CISC 系统的比较

虽然 RISC 在一定程度上弥补了 CISC 的不足，但是它并不完善，存在许多问题，还需要不断地改进。在目前这种情况下可以采取一些折中的方案，如在 RISC 处理器的内部装一个将 CISC 指令代码转换成 RISC 指令代码的部件，使其能执行 CISC 复杂的指令。

RISC 系统和 CISC 系统的不同之处在于以下 4 个方面。

① 指令系统。RISC 指令等长，指令执行周期数大多为 1。没有了 CISC 中的复杂的寻址模式，提高了取指令和译码的效率。RISC 对不常用的功能，通过组合指令来完成。虽然执行效率较低，但可以通过流水线等技术来弥补这方面的不足。而 CISC 计算机的指令系统复杂，指令执行周期数平均为 4，有专用的指令来完成特定的工作。

② 程序设计。RISC 程序设计复杂，需要多条指令支持，不易设计；而 CISC 则程序设计简单，效率较高。

③ RISC 处理器的集成规模相对 CISC 处理器较小。RISC 微处理器结构简单，布局紧凑，包含较少的单元电路，面积小、功耗低；而 CISC 微处理器电路单元复杂，功能强大，因此面积大、功耗大。

④ RISC 技术能更好地支持现代处理器技术，如并行处理，虽然 RISC 有这些优点，但它至今还未完全取代 CISC。

与 CISC 相比较，RISC 有以下三大优势。

① 基于 RISC 体系结构设计的处理器管芯面积小。处理器的简单使得需要的晶体管减少和实现的硅片面积减小，节省了更大面积可集成更多的功能部件，并且也使以 RISC CPU 为核心的 SOC 上实现一个应用系统的基本功能成为可能。

② 开发时间短，开发成本低。处理器组织、结构的简单使设计人员减少、设计费用降低。

③ 容易实现高性能。RISC 体系结构具有简单性、有效性，能很容易设计出低成本、高性能的处理器。

RISC 系统和 CISC 系统的比较参见表 3-1。

表 3-1 RISC 系统和 CISC 系统的比较

CISC	RISC
复杂指令的执行需要更多的时钟周期	简单指令只需 1 个时钟周期
所有指令都可访问内存	只有 loads/stores 指令可访问内存
无流水线或流水线程度较低	流水线结构
指令由微代码翻译执行	指令直接由硬件执行
指令格式可变	指令格式固定
指令多,模式多	指令少,模式少
微代码翻译模块复杂	软件编译器复杂
寄存器少	寄存器多

3.2 ARM 微处理器的分类

ARM 微处理器目前包括下面 8 个系列,以及其他厂商基于 ARM 体系结构的处理器,除了具有 ARM 体系结构的共同特点外,每一个系列的 ARM 微处理器都有各自的特点和应用领域。

3.2.1 ARM7 微处理器

ARM7 微处理器采用了冯·诺依曼体系结构,这种体系结构将程序指令存储器和数据存储器结合在一起。ARM7 系列微处理器包括 ARM7TDMI、ARM7TDMI-S、ARM720T、ARM7EJ 4 种类型。其中,ARM7TMDI 是目前使用最广泛的 32 位嵌入式 RISC 处理器,内嵌硬件乘法器,支持 16 位压缩指令集 Thumb,嵌入式 ICE,支持片上 Debug,支持片上断点和调试点。ARM7 指令集同 Thumb 指令集扩展结合在一起,可以减少内存容量和系统成本。同时,它还利用嵌入式 ICE 调试技术来简化系统设计,并用一个 DSP 增强扩展来改进性能。

ARM7 微处理器系列具有如下特点。
- 极低的功耗,适合功耗要求较高的应用,如便携式产品。具有嵌入式 ICE-RT 逻辑,调试开发方便。
- 代码密度高并兼容 16 位的 Thumb 指令集。
- 对操作系统的支持范围广,包括 Windows CE、Linux、Palm OS 等。
- 指令系统与 ARM9 系列、ARM9E 系列和 ARM10E 系列兼容,便于用户的产品升级换代。
- 能够提供 0.9MIPS/MHz 的三级流水线结构。
- 主频最高可达 130MIPS(兆指令/s),高速的运算处理能力能胜任绝大多数的复杂应用。

ARM7 系列微处理器的主要应用领域为工业控制、Internet 设备、网络和调制解调器设备、移动电话等多种多媒体和嵌入式应用。

ARM720T 处理器内核是在 ARM7TDMI 处理器内核基础上,增加 8KB 的数据与指令 Cache,支持段式和页式存储的 MMU、写缓冲器及 AMBA 接口而构成。ARM720T 内核结构如图 3-2 所示。

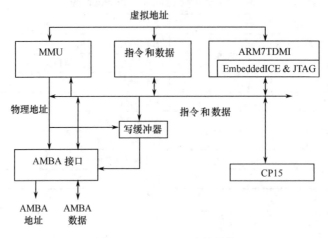

图 3-2 ARM720T 内核结构

3.2.2 ARM9 微处理器

ARM9 系列微处理器包含 ARM920T、ARM922T 和 ARM940T 3 种类型，可以在高性能和低功耗特性方面提供最佳的性能。采用 5 级整数流水线，指令执行效率更高。提供 1.1MIPS/MHz 的哈佛结构。支持数据 Cache 和指令 Cache，具有更高的指令和数据处理能力。支持 32 位 ARM 指令集和 16 位 Thumb 指令集。支持 32 位的高速 AMBA 总线接口。全性能的 MMU，支持 Windows CE、Linux、Palm OS 等多种主流嵌入式操作系统。MPU 支持实时操作系统。

ARM9 系列微处理器具有以下特点。
- 提供 1.1MIPS/MHz 的哈佛结构。
- 支持 32 位的高速 AMBA 总线接口。
- MPU 支持实时操作系统。
- 支持数据 Cache 和指令 Cache，具有更高的指令和数据处理能力。

ARM9 系列微处理器主要应用于引擎管理、仪器仪表、安全系统、机顶盒、高端打印机、PDA、网络计算机及带有 MP3 音频和 MPEG4 视频多媒体格式的智能电话中。

ARM920T 处理器是 ARM9TDMI 通用微处理器家族中的一员，主要用于把完全的存储器管理、高性能和低功耗都看得非常重要的多处理器应用领域。ARM920T 内核结构如图 3-3 所示。

3.2.3 ARM9E 微处理器

ARM9E 系列微处理器包含 ARM926EJ-S、ARM946E-S 和 ARM966E-S 3 种类型，使用单一的处理器内核提供了微控制器、DSP、Java 应用系统的解决方案。ARM9E 系列微处理器提供了增强的 DSP 处理能力，适用于需要同时使用 DSP 和微控制器的应用场合。

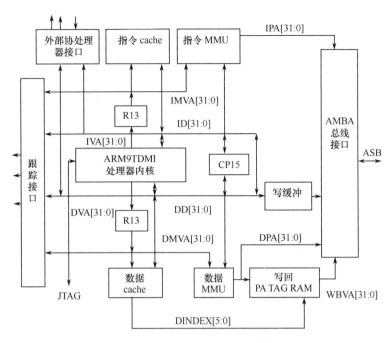

图 3-3 ARM920T 内核结构

ARM9E 系列微处理器支持 DSP 指令集，适用于需要高速数字信号处理的场合。ARM9E 系列微处理器采用 5 级整数流水线，支持 32 位 ARM 指令集和 16 位 Thumb 指令集，支持 32 位的高速 AMBA 总线接口，支持 VFP9 浮点处理协处理器，MMU 支持 Windows CE、Linux、Palm OS 等多种主流嵌入式操作系统，MPU 支持实时操作系统，支持数据 Cache 和指令 Cache，主频最高可达 300MIPS。

ARM9E 系列微处理器的主要特点如下。
- 支持 DSP 指令集，适用于需要高速数字信号处理的场合。
- 5 级整数流水线，指令执行效率更高。
- 支持 VFP9 浮点处理协处理器。
- MPU 支持实时操作系统。
- 支持数据 Cache 和指令 Cache，具有更高的指令和数据处理能力。
- 主频最高可达 300MIPS。

ARM9E 系列微处理器主要应用于下一代无线设备、数字消费品、成像设备、工业控制、存储设备和网络设备等领域。

3.2.4 ARM10E 微处理器

ARM10E 系列微处理器包含 ARM1020E、ARM1022E 和 ARM1026EJ-S 3 种类型，由于采用了新的体系结构，与同等的 ARM9 器件相比，在同样的时钟频率下，性能提高了近 50%。同时采用了两种先进的节能方式，使其功耗极低。ARM10E 处理器采用 ARMVST 体系结构，可以分为 6 级流水处理，采用指令与数据分离的 Cache 结构，平均功耗 1000mW，时钟速度为 300MHz，每条指令平均执行 1.2 个时钟周期。

ARM10E 系列微处理器的主要特点如下。
- 支持 32 位 ARM 指令集和 16 位 Thumb 指令集。
- 支持 32 位的高速 AMBA 总线接口。
- 6 级整数流水线，指令执行效率更高。
- 内嵌并行读/写操作部件。
- 全性能的 MMU，支持 Windows CE、Linux、Palm OS 等多种主流嵌入式操作系统。
- 支持数据 Cache 和指令 Cache，具有更高的指令和数据处理能力。
- 主频最高可达 400MIPS。

ARM10E 系列微处理器主要应用于下一代无线设备、数字消费品、成像设备、工业控制、通信和信息系统等领域。

3.2.5 ARM11 微处理器

ARM11 系列微处理器可以在使用 130nm 技术，小至 2.2mm^2 的芯片面积和低至 0.24mW/MHz 的前提下达到高达 500MHz 的性能表现。ARM11 系列微处理器以众多消费产品市场为目标，推出了许多新的技术，包括针对媒体处理的 SIMD、用于提高安全性能的 TrustZone 技术和智能能源管理。主要的 ARM11 系列微处理器有 ARM1136JF-S、ARM1156T2F-S、ARM1176JZF-S、ARM11 MCORE 等。

3.2.6 SecurCore 微处理器

SecurCore 系列微处理器包含 SecurCore SC100、SecurCore SC110、SecurCore SC200 和 SecurCore SC210，提供了完善的 32 位 RISC 技术的安全解决方案。

SecurCore 系列微处理器除了具有 ARM 体系结构的各种主要特点外，在系统安全方面：带有灵活的保护单元，以确保操作系统和应用数据的安全；采用软内核技术，防止外部对其进行扫描探测；可集成用户自己的安全特性和其他协处理器。

SecurCore 系列微处理器除了具有 ARM 体系结构的各种主要特点外，在系统安全方面具有如下的特点。
- 可集成用户自己的安全特性和其他协处理器。
- 采用软内核技术，防止外部对其进行扫描探测。
- 带有灵活的保护单元，以确保操作系统和应用数据的安全。

SecurCore 系列微处理器主要应用于一些对安全性要求较高的应用产品及应用系统，如电子商务、电子政务、电子银行业务、网络和认证系统等领域。

3.2.7 StrongARM 微处理器

StrongARM 微处理器是采用 ARM 体系结构高度集成的 32 位 RISC 微处理器，典型产品如 SA110 处理器、SA1100 处理器、SA1110PDA 系统芯片和 SA1500 多媒体处理器芯片等。例如，其中的 StrongARM SA-1110 微处理器是一款集成了 32 位 StrongARM RISC 处理器核、系统支持逻辑、多通信通道、LCD 控制器、存储器和 PCMCIA 控制器及通用 I/O 接口的高集成度通信控制器，该处理器最高可在 206MHz 下运行。SA-1110 有一个大的指令 Cache 和数据 Cache、内存管理单元和读/写缓存。存储器总线可以和包括 SDRAM、SMROM 和类似 SRAM 的许多器件相接。

StrongARM 处理器是便携式通信产品和消费类电子产品的理想选择。

3.2.8 XScale 微处理器

XScale 系列微处理器提供了一种全新的、高性价比、低功耗的解决方案，支持 16 位 Thumb 指令和 DSP 扩充。基于 XScale 技术开发的微处理器，可用于手机、便携式终端、网络存储设备、骨干网路由器等。

XScale 处理器的处理速度是 StrongARM 处理速度的两倍，数据 Cache 的容量从 8KB 增加到 32KB，指令 Cache 的容量从 16KB 增加到 32KB，微小数据 Cache 的容量从 512B 增加到 2KB；为了提高指令的执行速度，超级流水线结构由 5 级增至 7 级；新增乘/加法器 MAC 和特定的 DSP 型协处理器，以提高对多媒体技术的支持；动态电源管理，使 XScale 处理器的时钟可达 1GHz、功耗 1.6W，并能达到 1200MIPS。

XScale 微处理器架构经过专门设计，核心采用了 Intel 公司先进的 0.18μm 工艺技术制造；具备低功耗特性，适用范围为 0.1mW～1.6W。同时，它的时钟工作频率接近 1GHz。XScale 与 StrongARM 相比，可大幅降低工作电压并且获得更高的性能。

Xscale 处理器已使用在数字移动电话、个人数字助理和网络产品等场合。

3.3 ARM 微处理器的应用

鉴于 ARM 微处理器的众多优点，随着国内外嵌入式应用领域的逐步发展，ARM 微处理器必然会获得更高的重视和广泛的应用。所以，对 ARM 芯片做一些对比研究是十分必要的。

3.3.1 ARM 微处理器的应用选型

以下从应用的角度出发，对在选择 ARM 微处理器时所应考虑的主要问题做探讨。

（1）ARM 微处理器内核的选择

ARM 微处理器包含一系列的内核结构，以适应不同的应用领域，如果希望使用 WinCE 或标准 Linux 等操作系统以减少软件开发时间，就需要选择 ARM720T 以上带有 MMU 功能的 ARM 芯片，ARM720T、ARM920T、ARM922T、ARM946T 和 StrongARM 都带有 MMU 功能。而 ARM7TDMI 则没有 MMU，不支持 Windows CE 和标准 Linux，但目前有 μClinux 等不需要 MMU 支持的操作系统可运行于 ARM7TDMI 硬件平台之上。事实上，μClinux 已经成功移植到多种不带 MMU 的微处理器平台上，并在稳定性和其他方面都表现良好。

（2）系统的工作频率

系统的工作频率在很大程度上决定了 ARM 微处理器的处理能力。ARM7 系列微处理器的典型处理速度为 0.9MIPS/MHz，常见的 ARM7 芯片系统主时钟为 20～133MHz，ARM9 系列微处理器的典型处理速度为 1.1MIPS/MHz，常见的 ARM9 的系统主时钟频率为

100～233MHz，ARM10E 最高可以达到 700MHz。不同芯片对时钟的处理不同，有的芯片只需要一个主时钟频率，有的芯片内部时钟控制器可以分别为 ARM 核和 USB、UART、DSP、音频等功能部件提供不同频率的时钟。

（3）芯片内存储器的容量

大多数的 ARM 微处理器片内存储器的容量都不太大，需要用户在设计系统时外扩存储器，但也有部分芯片具有相对较大的片内存储空间。

（4）片内外围电路的选择

除 ARM 微处理器核外，几乎所有的 ARM 芯片均根据各自不同的应用领域，扩展了相关功能模块，并集成在芯片中，称为片内外围电路，如 USB 接口、IIS 接口、LCD 控制器、键盘接口、RTC、ADC 和 DAC、DSP 协处理器等，设计者应分析系统的需求，尽可能采用片内外围电路完成所需的功能，这样既可简化系统的设计，同时也可以提高系统的可靠性。

3.3.2 S3C2410 处理器

S3C2410 处理器是韩国三星公司推出的基于 ARM920T 内核和 AMBA 总线的微处理器，该处理器的特点如下。

- 使用 0.18μm CMOS 标准宏单元和存储器单元工艺。
- 集成 LCD、UART、IIC、SPI、IIS、USB、SD 控制器等片内外围设备。
- 支持廉价的 NAND Flash 启动。
- 适合面向手持设备应用，功耗较低。
- 适合成本敏感、应用环境较好的消费类电子产品。

S3C2410 处理器的内部模块主要有以下 8 个部分。

（1）ARM920T 内核

- ARM 公司的 16/32 位 RISC 结构处理器。
- ARMV4 指令集。
- 数据、地址总线分离的哈佛体系结构。
- 16KB 指令缓存、16KB 数据缓存。
- 支持 MMU，可运行 WinCE、Linux 等操作系统。
- 外部总线采用 AMBA 总线。
- 集成基于 JTAG 协议的片内调试（ICE）单元。

（2）AMBA 总线

- AMBA 总线规范是 ARM 公司设计的一种用于高性能嵌入式系统的总线标准。
- AMBA 总线规范是一个开放标准，可免费从 ARM 获得。
- 在基于 ARM 处理器内核的 SoC 设计中，已经成为事实上的工业标准。
- AMBA 总线是一个多总线系统。
- AHB 主要用于满足 CPU 和存储器之间的大带宽要求，而系统的大部分低速外部设备则连接在低带宽总线 APB 上。系统总线和外设总线之间用一个桥接器连接。

（3）存储器控制器

- 支持大/小端模式。

- 有 8 个 bank，每个 bank 有 128MB 的空间。
- 每个 bank 可编程为 8/16/32 位模式。
- bank7 具有可编程起始地址。
- 每个 bank 都有可编程的操作周期。
- 支持外部等待信号。
- 支持 SDRAM 自刷新模式。
- 支持 ROM 和 NAND Flash 引导。

（4）NAND Flash 控制器
- 支持使用 NAND Flash 作为系统引导存储器。
- 系统复位后，自动复制 NAND Flash 起始的 4KB 数据至内部缓冲存储器。
- 系统启动后，NAND Flash 仍然可以作为普通的外部存储器使用。

（5）中断
- 55 个中断源。
- 外部中断支持可编程电平/沿触发模式。
- 为紧急中断提供快速中断服务。

（6）DMA
- 4 个 DMA 通道。
- 2 个外部 DMA 通道。
- DMA 传输支持猝发模式。

（7）UART
- 3 个 UART 通道。
- 支持 5、6、7、8 位的数据位传输。
- 支持使用外部时钟作为 UART 运行时钟。
- 可编程波特率。
- 支持 IrDA1.0。
- 支持测试用的自回环模式。
- 每个通道有 16 字节的发送 FIFO 和 16 字节的接收 FIFO。

（8）USB
- USB 主设备：2 个，符合 OHCI 1.0 和 USB 1.1 标准。
- USB 从设备：1 个，有 5 个 Endpoint，符合 USB 1.1 标准。

3.4　存储器

存储器是 ARM 体系结构中的重要组成部分。

3.4.1　存储器简介

存储器主要分为以下几种类型。
- 按照静态和动态分类

静态 Static：SRAM，FIFO。

动态 Dynamic：SDRAM，DRAM。

- 按照易失性和非易失性分类

易失性 Volatile：RAM，SRAM，SDRAM，FIFO，Dual-PORT。

非易失性 Nonvolatile：ROM，EPROM，EEPROM，Flash。

- 按照同步和异步分类

同步 Synchronous：SDRAM。

异步 Asynchronous：DRAM。

（1）RAM

随机存储器（Random Access Memory，RAM）又称主存，俗称内存（Memory）。

RAM 称为内存条，它的技术、性能及容量等随着 CPU 的更新而不断更新与提高，以适应更快更好的 CPU 运行的需要。

RAM 的特点是可以随时存取数据，但是一旦断电，保存在其中的数据就会全部丢失。

RAM 一般分为两类：动态 RAM（Dynamic RAM，DRAM）及静态 RAM（Static RAM，SRAM）。

一个 SRAM 单元通常由 4～6 只晶体管组成，当这个 SRAM 单元被赋予"0"或者"1"的状态之后，它会保持这个状态直到下次被赋予新的状态或者断电后才会更改或者消失。SRAM 的速度相对比较快，而且比较省电，但是存储 1bit 的信息需要 4～6 只晶体管，制造成本太高。

DRAM 动态随机存储器，DRAM 必须在一定的时间内不停地刷新才能保持其中存储的数据。DRAM 只需 1 只晶体管就可以实现。

由于 SRAM 的读/写速度远大于 DRAM，所以 PC 中 SRAM 大都作为高速缓存使用，DRAM 则作为普通的内存和显示内存使用。

（2）SRAM 结构

SRAM 结构如图 3-4 所示。

- $\overline{CS}$ 是芯片选择引脚，在一个实际的系统中，会有很多芯片，所以需要选择从哪一片芯片中写入或者读取数据。
- $\overline{WE}$ 是写入启用引脚，当 SRAM 得到一个地地址后，它需要知道进行什么操作，是写入还是读取，$\overline{WE}$ 就告诉 SRAM 要写入的数据。
- Vcc 是供电引脚。
- Din 是数据输入引脚。
- Dout 是数据输出引脚。

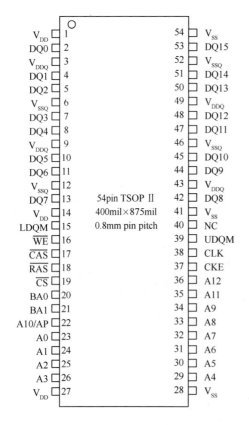

图 3-4　SRAM 结构图

- GND 是接地引脚。
- Output Enable（OE）：有的 SRAM 芯片中也有这个引脚，但是图 3-4 中并没有。这个引脚同 $\overline{\text{WE}}$ 引脚的功能是相对的，它是让 SRAM 知道要进行读取操作而不是写入操作。
- A0～A13 是地址输入信号引脚。

（3）SRAM 读取操作
- 通过地址总线把要读取的 bit 地址传送到相应的读取地址引脚。此时，$\overline{\text{WE}}$ 引脚应该没有激活，所以，SRAM 知道它不会执行写入操作。
- 激活 $\overline{\text{CS}}$，选择该 SRAM 芯片。
- 激活 $\overline{\text{OE}}$ 引脚，让 SRAM 知道是读取操作。

经过这三步操作后，要读取的数据就会从 Dout 引脚传输到数据总线。

（4）SRAM 写入操作
- 通过地址总线确定要写入信息的位置。
- 通过数据总线将要写入的数据传输到 Dout 引脚。
- 激活 $\overline{\text{CS}}$ 引脚，选择 SRAM 芯片。
- 激活 $\overline{\text{WE}}$ 引脚，通知 SRAM 执行写入操作。

经过上面的 4 个步骤后，需要写入的数据就已经放在了需要写入的地方。

（5）DRAM 读取过程
- 通过地址总线将行地址传输到地址引脚。
- $\overline{\text{RAS}}$ 引脚被激活，这样行地址被传送到行地址门闩线路中。
- 行地址解码器根据接收到的数据选择相应的行。
- $\overline{\text{WE}}$ 引脚确定不被激活，所以，DRAM 知道它不会进行写入操作。
- 列地址通过地址总线传输到地址引脚。
- $\overline{\text{CAS}}$ 引脚被激活，这样列地址被传送到行地址门闩线路中。
- $\overline{\text{CAS}}$ 引脚同样还具有 $\overline{\text{OE}}$ 引脚的功能，所以，此时 Dout 引脚知道需要向外输出数据。
- $\overline{\text{RAS}}$ 和 $\overline{\text{CAS}}$ 都不被激活，这样就可以进行下一个周期的数据操作。

（6）DRAM 刷新

DRAM 与 SRAM 最大的不同就是不能长久地保持数据。DRAM 内仅仅能短暂地保持其内存储的电荷，所以，它需要在其内的电荷消失之前就进行刷新，直到下次写入数据或者计算机断电才停止。

每次读/写操作都能刷新 DRAM 内的电荷，所以，DRAM 就被设计为有规律的读取 DRAM 内的内容。

- 仅仅使用 $\overline{\text{RAS}}$ 激活每一行就可以达到全部刷新的目的。
- 用 DRAM 控制器来控制刷新，这样可以防止刷新操作干扰有规律的读/写操作。

3.4.2 SDRAM 操作

SDRAM 主要有以下操作内容。

（1）初始化

SDRAM 在上电后，首先必须按照预定的方式进行初始化才能正常运行。一旦 V_{DD} 和 V_{DDQ} 被同时供电并且时钟稳定下来，SDRAM 就需要一个 $100\mu m$ 的延迟，在这个时间段中，COMMANDINHIBIT 和 NOP 指令有效，这个过程实际上就是内存的自检过程，一旦这个过程通过后，一个 PRECHARGE 命令就会紧紧随着最后一个 COMMANDINHIBIT 或者 NOP 指令而生效，这期间所有的内存处于空闲状态，随后会执行两个 AUTOREFRESH 周期，当 AUTOREFRESH 周期完毕后，SDRAM 为进行 Mode Register 编程做好了准备。

Mode Register 必须在所有的 bank 处于 idle 状态下才能被载入，在所有初始化工作进行完毕前，控制器必须等待一定的时间。在初始化过程中发生任何非法的操作都可能导致初始化失败，从而导致整个系统不能启动。

（2）突发长度

Read 和 Write 操作都是通过突发模式访问 SDRAM 的，突发模式的长度都是在初始化过程中载入 Mode Register 中的参数，这些参数是由厂商或者用户定义的。突发长度决定了 Read 或者 Write 命令能够访问的列地址的最大数目。对于 sequential 和 interleaved 这两种突发模式，它们的突发长度是 1、2、4、8，全页突发模式仅仅适用于 sequential 类型。

（3）SDRAM 读取状态进阶分析

当行地址选定并且相应的行被打开后，Read 命令将要开始执行。BA 引脚决定对哪个 bank 进行操作，A10 引脚的信号决定了是否进行 AUTOPRECHAGE，如果它处于高电平就说明在读取突发进行完毕之后所读取的行会进入预充电状态，该行也会从打开状态变为关闭状态。A0～A7 传输列地址数据。CS 处于低电平状态，保证对于需要操作芯片的选择。RAS 此时处于高电平，因为该行已经打开，直到执行 PRECHAGE 命令才会关闭，所以，RAS 此时处于无效状态。因为这个时候是对于列的选择，所以，CAS 处于低电平状态，进行列地址的选择。因为是读取操作，WE 是高电平，处于无效的状态。

（4）Write 过程分析

Write 突发过程是以 Write 指令的初始化开始的，在初始化过程中起始行和 bank 地址将会被确定。如果 AUTOPRECHARGE 有效，被访问的行将会在突发结束后进行预充电。

对一般的 Write 指令来说，AUTOPRECHARGE 指令是会被屏蔽的。

Write 命令写入时的状态，在这个时钟的上升沿，CS#也进行相应的芯片选择，BA 已经确定了需要进行操作的 bank，需要操作的行已经打开，直到执行下次读取操作或者 PRECHARGE 命令时，才会关闭该行，所以，此时 RAS#是高电平处于无效状态，因为需要进行列地址的选择，所以，CAS#处于低电平，因为要进行写入操作 WE#也是低电平状态。

3.4.3 Flash

Nor 和 Nand 是现在市场上两种主要的非易失闪存技术。

Intel 于 1988 年首先开发出 Nor Flash 技术，彻底改变了原来由 EPROM 和 EEPROM 一统天下的局面。Nor 的特点是在芯片内执行，这样应用程序可以直接在 Flash 闪存内运行，不必再把代码读到系统 RAM 中。

Nand 结构能提供极高的单元密度，可以达到高存储密度，并且写入和擦除的速度也很快。应用 Nand 的困难在于 Flash 的管理需要特殊的系统接口。

（1）性能比较

擦除 Nor 器件是以 64~128KB 的块进行的，执行一个写入/擦除操作的时间为 5s，与此相反，擦除 Nand 器件是以 8~32KB 的块进行的，执行相同的操作最多需要 4ms。

Nor 的读速度比 Nand 稍快一些。

Nand 的写入速度比 Nor 快很多。

Nand 的擦除单元更小，相应的擦除电路更少。

（2）容量和成本

Nand Flash 的单元尺寸几乎是 Nor 器件的 1/2，由于生产过程更为简单，Nand 结构可以在给定的模具尺寸内提供更高的容量，也就相应地降低了价格。

（3）接口差别

Nor Flash 带有 SRAM 接口，有足够的地址引脚寻址，可以很容易地存取其内部的每一个字节。

Nand 器件使用复杂的 I/O 接口串行的存取数据，各个产品或厂商的方法可能各不相同。8 个引脚用来传送控制、地址和数据信息。Nand 读和写操作采用 512 字节的块。

3.5 ARM 编程模型

ARM 编程模型主要包括数据类型、存储器格式、处理器工作状态、处理器运行模式、寄存器组织和内部寄存器 6 个方面。

3.5.1 数据类型

（1）数据分类

数据类型有以下 3 种。

① 字节（8 位）。

② 半字（16 位）。

③ 字（32 位）。

（2）符号数

① 无符号数：N 位数据使用正常的二进制格式表示，范围为 0~2N-1 的非负整数。

② 有符号数：N 位数据使用补码表示，其范围为-2N-1~2N-1-1 的整数。

（3）字对齐

① 字需要 4 字节对齐，地址的低 2 位为 00。

② 半字需要 2 字节对齐，地址的最低 2 位为 0。

结构如图 3-5 所示。

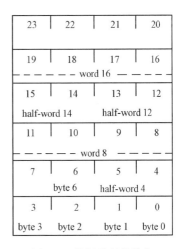

图 3-5 数据类型的结构

3.5.2 存储器格式

ARM 体系结构将存储器看作是从"0"地址开始的字节的线性组合。

从 0 字节到第 3 个字节放置第 1 个存储的字数据,从第 4 个字节到第 7 个字节放置第 2 个存储的字数据,依次排列。

作为 32 位的微处理器,ARM 体系结构所支持的最大寻址空间为 4GB。

ARM 体系结构可以用两种方法存储字数据,称为大端格式和小端格式,具体说明如下。

(1)大端格式

字数据的高字节存储在低地址中,而字数据的低字节则存储在高地址中。

大端格式存储字数据如图 3-6 所示。

(2)小端格式

与大端存储格式相反,在小端存储格式中,低地址中存储的是字数据的低字节,高地址中存储的是字数据的高字节。

小端格式存储字数据如图 3-7 所示。

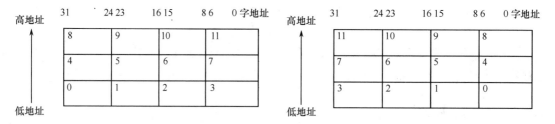

图 3-6　大端格式存储字数据　　　　图 3-7　小端格式存储字数据

3.5.3 处理器工作状态

ARM 处理器可以在两种工作状态之间切换。ARM 和 Thumb 之间状态的切换不影响处理器的模式或寄存器的内容。

① 进入 Thumb 状态。当操作数寄存器的状态位[0]为"1"时,执行 BX 指令进入 Thumb 状态。如果处理器在 Thumb 状态进入异常,则当异常处理返回时,自动转换到 Thumb 状态。

② 进入 ARM 状态。当操作数寄存器的状态位[0]为"0"时,执行 BX 指令进入 ARM 状态,处理器进行异常处理。在此情况下,把 PC 放入异常模式链接寄存器中。从异常矢量地址开始执行也可以进入 ARM 状态。

通过 BX 指令在 ARM 状态和 Thumb 状态之间切换。

```
;从 ARM 状态切换到 Thumb 状态
LDR R0,=Lable+1
BX R0
;从 Thumb 状态切换到 ARM 状态
```

```
LDR R0, =Lable
BX R0
```

其中,Lable 为跳转地址标号;地址最低位为"1",表示切换到 Thumb 状态;地址最低位为"0",表示切换到 ARM 状态。

3.5.4 处理器运行模式

ARM 微处理器支持的 7 种运行模式如下。

① usr(用户模式):ARM 处理器正常程序执行模式。

② fiq(快速中断模式):用于高速数据传输或通道处理。

③ irq(外部中断模式):用于通用的中断处理。

④ svc(管理模式):操作系统使用的保护模式。

⑤ abt(数据访问终止模式):当数据或指令预取终止时进入该模式,可用于虚拟存储及存储保护。

⑥ sys(系统模式):运行具有特权的操作系统任务。

⑦ und(未定义指令中止模式):当未定义的指令执行时进入该模式,可用于支持硬件协处理器的软件仿真。

ARM 微处理器的运行模式可以通过软件改变,也可以通过外部中断或异常处理改变。

大多数的应用程序运行在用户模式下,当处理器运行在用户模式下时,某些被保护的系统资源是不能被访问的。

除用户模式外,其余的 6 种模式称为非用户模式,或特权模式;其中除去用户模式和系统模式外的 5 种又称异常模式,常用于处理中断或异常,以及需要访问受保护的系统资源等情况。

ARM 处理器在每一种处理器模式下均有一组相应的寄存器与之对应。即在任意一种处理器模式下,可访问的寄存器包括 15 个通用寄存器(R0~R14)、1~2 个状态寄存器和程序计数器。在所有的寄存器中,有些是在 7 种处理器模式下共用的同一个物理寄存器,而有些寄存器则是在不同的处理器模式下有不同的物理寄存器。

3.5.5 寄存器组织

ARM 处理器的 37 个寄存器被安排成部分重叠的组,不是在任何模式都可以使用,寄存器的使用与处理器状态和工作模式有关。如图 3-8 所示,每种处理器模式使用不同的寄存器组。其中,15 个通用寄存器(R0~R14),1 个或 2 个状态寄存器和程序计数器是通用的。

(1)通用寄存器

通用寄存器(R0~R15)可分成不分组寄存器 R0~R7、分组寄存器 R8~R14 和程序计数器 R15。

① 不分组寄存器 R0~R7。

不分组寄存器 R0~R7 是真正的通用寄存器,可以工作在所有的处理器模式下,没有隐含的特殊用途。

	用户	系统	管理	中止	未定义	普通中断	快速中断
通用寄存器和程序控制器	R0						
	R1						
	R2						
	R3						
	R4						
	R5						
	R6						
	R7						
	R8						R8-fiq
	R9						R9-fiq
	R10						R10-fiq
	R11						R11Ofiq
	R12						R12-fiq
	R13(SP)		R13-svc	R13-abt	R13-und	R13-irq	R13-fiq
	R14(LR)		R14-svc	R14-abt	R14-und	R14-irq	R14-fiq
	R15(PC)						
状态寄存器	CPSR						
	无		SPSR-svc	SPSR-abt	SPSR-und	SPSR-irq	SPSR-fiq

图 3-8 寄存器组织

② 分组寄存器 R8~R14。

分组寄存器 R8~R14 取决于当前的处理器模式，每种模式有专用的分组寄存器用于快速异常处理。

寄存器 R8~R12 可分为两组物理寄存器。一组用于 FIQ 模式；另一组用于除 FIQ 外的其他模式。第一组访问 R8_fiq~R12_fiq，允许快速中断处理；第二组访问 R8_usr~R12_usr，寄存器 R8~R12 没有任何指定的特殊用途。

寄存器 R13~R14 可分为 6 个分组的物理寄存器。1 个用于用户模式和系统模式，而其他 5 个分别用于 svc、abt、und、irq 和 fiq 5 种异常模式。访问时需要指定它们的模式，如，R13_<mode>，R14_<mode>；其中，<mode>可以从 usr、svc、abt、und、irq 和 fiq 6 种模式中选取 1 个。

在其他情况下，将 R14 当作通用寄存器。类似地，当中断或异常出现，或当中断或异常程序执行 BL 指令时，相应的分组寄存器 R14_svc、R14_irq、R14_fiq、R14_abt 和 R14_und 用来保存 R15 的返回值。

③ 程序计数器 R15。

在 ARM 状态，位[1：0]为"0"，位[31：2]保存 PC。

在 Thumb 状态，位[0]为"0"，位[31：1]保存 PC。

（2）程序状态寄存器

寄存器 R16 用于程序状态寄存器 CPSR，在所有处理器模式下都可以访问 CPSR。CPSR 包含条件码标志、中断禁止位、当前处理器模式及其他状态和控制信息。每种异常模式都有一个程序状态保存寄存器 SPSR，当异常出现时，SPSR 用于保存 CPSR 的状态。

CPSR 和 SPSR 的格式如下。

① 条件码标志。

N、Z、C、V（Negative、Zero、Carry、oVerflow）均为条件码标识位。CPSR 中的条件码标志可由大多数指令检测以决定指令是否执行。在 ARM 状态下，绝大多数指令都是有条件执行的。条件码标志的通常含义如下：

- N：假如是带符号二进制补码，那么，若结果为负数，则 N=1；若结果为正数或零，则 N=0。
- Z：若指令的结果为"0"，则置"1"，否则置"0"。
- C：可用如下 4 种方法之一设置。

加法：若加法产生进位，则 C 置"1"，否则置"0"。

减法：若减法产生借位，则 C 置"0"，否则置"1"。

对于结合移位操作的非加法/减法指令，C 置为移出值的最后 1 位。

对于其他非加法/减法指令，C 通常不改变。

- V：可用如下两种方法设置，即

对于加法或减法指令，当发生带符号溢出时，V 置"1"，认为操作数和结果是补码形式的带符号整数。

对于非加法/减法指令，V 通常不改变。

② 控制位。

程序状态寄存器 PSR 的最低 8 位 I、F、T 和 M[4：0]用作控制位，当异常出现时改变控制位。处理器在特权模式下时，也可由软件改变。

- 中断禁止位

I：置"1"，则禁止 IRQ 中断。

F：置"1"，则禁止 FIQ 中断。

- T 位

T=0：指示 ARM 执行。

T=1：指示 Thumb 执行。

- 模式控制位

M4、M3、M2、M1 和 M0（M[4：0]）是模式位，决定处理器的工作模式，参见表 3-2。

表 3-2 M[4：0]模式控制位

M[4：0]	处理器工作模式	可访问的寄存器
10000	用户模式	PC，CPSR，R14~R0
10001	FIQ 模式	PC，R7~R0，CPSR，SPSR_fiq，R14_fiq~R8_fiq
10010	IRQ 模式	PC，R12~R0，CPSR，SPSR_irq，R14_irq，R13_irq
10011	管理模式	PC，R12~R0，CPSR，SPSR_svc，R14_svc，R13_svc
10111	中止模式	PC，R12~R0，CPSR，SPSR_abt，R14_abt，R13_abt
11011	未定义模式	PC，R12~R0，CPSR，SPSR_und，R14_und，R13_und
11111	系统模式	PC，R14~R0，CPSR

（3）Thumb 状态的寄存器集

Thumb 状态下的寄存器集是 ARM 状态下的寄存器集的子集。程序员可以直接访问 8 个通用寄存器（R0~R7）、PC、SP、LR 和 CPSR。每一种特权模式都有一组 SP、LR 和 SPSR。

- Thumb 状态 R0~R7 与 ARM 状态 R0~R7 是一致的。
- Thumb 状态 CPSR 和 SPSR 与 ARM 的状态 CPSR 和 SPSR 是一致的。
- Thumb 状态 SP 映射到 ARM 状态 R13。
- Thumb 状态 LR 映射到 ARM 状态 R14。
- Thumb 状态 PC 映射到 ARM 状态 PC。

Thumb 状态寄存器与 ARM 状态寄存器的关系如图 3-9 所示。

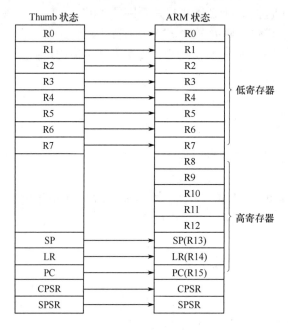

图 3-9　Thumb 状态寄存器映射到 ARM 状态寄存器

3.5.6　内部寄存器

内部寄存器主要分为 R14 寄存器和 R15 寄存器两种类型，下面分别对这两种寄存器的功能进行介绍。

（1）R14 寄存器

R14 寄存器调用步骤如下。

① 程序 A 执行过程中调用程序 B。

② 程序跳转至标号 Lable，执行程序 B。同时硬件将 BL Lable 指令的下一条指令所在地址存入 R14。

③ 程序 B 执行后，将 R14 寄存器的内容放入 PC，返回程序 A。

R14 寄存器调用如图 3-10 所示。

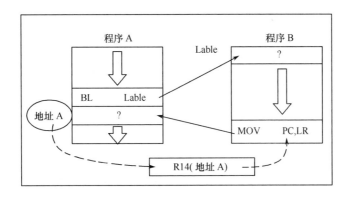

图 3-10　R14 寄存器调用

（2）R15 寄存器

① 读 R15 的限制。

正常操作时，从 R15 读取的值是处理器正在取址的地址，即当前正在执行指令的地址加上 8 字节。由于 ARM 指令总是以字为单位，所以，R15 寄存器的最低两位总是为零。

当使用 STR 或 STM 指令保存 R15 时，这些指令可能将当前指令地址加 8 字节或加 12 字节保存。偏移量是 8 还是 12 取决于具体的 ARM 芯片，但是对于一个确定的芯片，这个值是一个常量。所以，最好避免使用 STR 和 STM 指令来保存 R15，如果很难做到，那么应在程序中计算出该芯片的偏移量。

② 写 R15 的限制。

正常操作时，写入 R15 的值被当作一个指令地址，程序从这个地址处继续执行。

由于 ARM 指令以字节为边界，因此，写入 R15 的值最低两位通常为"0b00"。具体的规则取决于内核结构的版本。

在 ARM 结构 V3 版及以下版本中，写入 R15 的值的最低两位被忽略，因此，跳转地址由指令的实际目标地址和 0xFFFFFFFC 相与得到。

在 ARM 结构 V4 版及以上版本中，写入 R15 的值的最低两位为"0"，如果不是，结果将不可预测。

3.6　ARM 指令的寻址方式

寻址方式就是处理器根据指令中给出的地址信息来寻找物理地址的方式。目前，ARM 处理器有以下 9 种基本寻址方式。

3.6.1　立即寻址

在立即寻址指令中数据就包含在指令中，立即寻址指令的操作码字段后面的地址码部分就是操作数本身，取出指令也就取出了可以立即使用的操作数。立即寻址是一种特殊的寻址方式。

例如，指令：

```
ADD  R0, R0, #1 ; R0←R0＋1
```

这条指令完成，寄存器 R0 的内容加 1，结果放回 R0 中。

  ADD R0，R0，#0x3f；R0←R0+0x3f

这条指令完成，寄存器 R0 的 32 位值和 0x3f 相与，结果将 R0 的低 8 位送回 R0 中。

在以上两条指令中，第二个源操作数即为立即数，要求以"#"为前缀，对于用十六进制表示的立即数，还要求在"#"后加上"0x"或"&"。

3.6.2 寄存器寻址

操作数的值在寄存器中，指令中的地址码字段给出的是寄存器编号，寄存器的内容是操作数，指令执行时直接取出寄存器值操作。

例如，指令：

  ADD R0，R1，R2；R0←R1+R2

这条指令将寄存器 R1 和寄存器 R2 的内容相加，结果放入寄存器 R0 中。

例如，指令：

  SUB R0，R1，R2；R0←R1- R2

这条指令将寄存器 R1 的内容减去寄存器 R2 的内容，结果放入寄存器 R0 中。

3.6.3 寄存器间接寻址

指令中的地址码给出的是一个通用寄存器编号，所需要的操作数保存在寄存器指定地址的存储单元中，即寄存器为操作数的地址指针，操作数存放在存储器中。寄存器间接寻址使用一个寄存器的值作为存储器的地址。

例如，指令：

  LDR R0，[R1]；R0←[R1]

这条指令将寄存器 R1 指向的地址单元的内容加载到寄存器 R0 中。

  STR R0，[R1]；[R1]←R0

这条指令将寄存器 R0 存入寄存器 R1 指向的地址单元。

寄存器移位寻址是 ARM 指令集特有的寻址方式。第 2 个寄存器操作数在与第 1 个操作数结合之前，先进行移位操作。

例如，指令：

  MOV R0，R2，LSL #3；

这条指令完成，寄存器 R2 的值左移 3 位，结果放入 R0，即 R3←R2+8×R1。

  ANDS R1，R1，R2，LSL R3；

这条指令完成，寄存器 R2 的值左移 R3 位，然后和 R1 相与操作，结果放入 R1。

可采用的移位操作如下。

LSL：逻辑左移（Logical Shift Left），寄存器中字的低端空出的位补"0"。移位操作过程如图 3-11 所示。

LSR：逻辑右移（LogicalShiftRight），寄存器中字的高端空出的位补"0"。移位操作过程如图 3-12 所示。

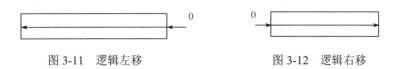

图 3-11　逻辑左移　　　　　　图 3-12　逻辑右移

ASR：算术右移（Arithmetic Shift Right），移位过程中保持符号位不变，即如果源操作数为正数，则字的高端空出的位补"0"，否则补"1"。移位操作过程如图 3-13 所示。

ROR：循环右移（Rotate Right），由字的低端移出的位填入字的高端空出的位。移位操作过程如图 3-14 所示。

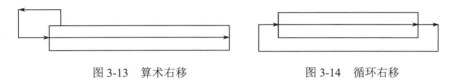

图 3-13　算术右移　　　　　　图 3-14　循环右移

RRX：带扩展的循环右移（Rotate Right extended by 1 place），操作数右移一位，高端空出的位用原 C 标志值填充。移位操作过程如图 3-15 所示。

图 3-15　带扩展的循环右移

3.6.4　相对寻址

相对寻址是变址寻址的一种变通，由程序计数器 PC 提供基准地址，指令中的地址码字段作为偏移量，两者相加后得到的地址即为操作数的有效地址。

与基址变址寻址方式类似，相对寻址以程序计数器 PC 的当前值为基地址，指令中的地址标号作为偏移量，将两者相加后，得到操作数的有效地址。

例如，指令：

```
BL    ROUTE 1；调用到 ROUTE1 子程序。
BEQ   LOOP；条件跳转到 LOOP 标号处。
LOOP  MOV R2, #2
ROUTE  1
```

3.6.5　堆栈寻址

堆栈是按 FILO 的特定顺序进行存储的存储区。堆栈寻址是隐含的，它使用一个专门的寄存器指向一块存储器区域。栈指针所指定的存储单元就是堆栈的栈顶。

存储器生长堆栈可分为以下两种。

① 向上生长：向高地址方向生长，称为递增堆栈（Ascending Stack）。

② 向下生长：向低地址方向生长，称为递减堆栈（Decending Stack）。

堆栈指针指向最后压入的堆栈的有效数据项，称为满堆栈（Full Stack）；堆栈指针指向下一个要放入的空位置，称为空堆栈（Empty Stack）。

这样就有4种类型的堆栈工作方式，ARM微处理器支持以下4种类型的堆栈工作方式。

① 满递增堆栈：堆栈指针指向最后压入的数据，且由低地址向高地址生成。如指令 LDMFA，STMFA 等。

② 满递减堆栈：堆栈指针指向最后压入的数据，且由高地址向低地址生成。如指令 LDMFD，STMFD 等。

③ 空递增堆栈：堆栈指针指向下一个将要放入数据的空位置，且由低地址向高地址生成。如指令 LDMEA，STMEA 等。

④ 空递减堆栈：堆栈指针指向下一个将要放入数据的空位置，且由高地址向低地址生成。如指令 LDMED，STMED 等。

3.6.6 块复制寻址

块复制寻址用于把块从存储器的某一位置复制到另一位置，是一个多寄存器传送指令。

例如，指令：

    STMIA R0!，{R1~R7}；

这条指令将 R1~R7 的数据保存到存储器中，存储器指针在保存第一个值后增加，增长方向为向上增长。

    STMDA R0!，{R1~R7}；

这条指令将 R1~R7 的数据保存到存储器中，存储器指针在保存第一个值后增加，增长方向为向下增长。

3.6.7 变址寻址

变址寻址就是将基址寄存器的内容与指令中给出的位移量相加，形成操作数有效地址。变址寻址用于访问基址附近的存储单元，包括基址加偏移和基址加索引寻址。寄存器间接寻址是偏移量为零的基址加偏移寻址。

（1）基址加偏移寻址

① 前索引寻址方式：基址需加或减最大4KB的偏移来计算访问的地址。

例如：

    LDR R0, [R1, #4]；R0←[R1+4]

② 后索引寻址方式：基址不带偏移作为传送的地址，传送后自动索引。

例如：

    LDR R0, [R1], #4；R0←[R1]
                     ；R1←R1+4

(2) 基址加索引寻址

指令指定一个基址寄存器,再指定另一个寄存器,其值作为位移加到基址上形成存储器地址。

例如,指令:

```
LDR  R0, [R1, R2]        ; R0←[R1+R2]
```

3.6.8 多寄存器寻址

一次可以传送几个寄存器的值,允许一条指令传送 16 个寄存器的任何子集(或所有 16 个寄存器)。例如,指令:

```
LDMIA R0, {R1, R2, R3, R4}
 ; R1←[R0]
 ; R2←[R0+4]
 ; R3←[R0+8]
 ; R4←[R0+12]
```

由于传送的数据项总是 32 位的字,基址 R1 应该字对准。这条指令将 R0 指向的连续存储单元的内容送到寄存器 R1、R2、R3 和 R4。

3.7 ARM 指令集

ARM 微处理器的指令集是加载/存储型的,即指令集仅能处理寄存器中的数据,而且处理结果都要放回寄存器中,而对系统存储器的访问则需要通过专门的加载/存储指令来完成。

ARM 指令集可以是以下任意一种。

- 32bit 长(ARM 状态)。
- 16bit 长(Thumb 状态)。

所有 ARM 指令都是 32 位长度,指令以字对准方式保存,这样 ARM 状态指令地址的最低 2 位总是零。实际上,一些指令通常使用最低有效位来判定代码是转向 Thumb 代码还是 ARM 代码。

所有 Thumb 指令都是 16 位长度,这些指令可在存储器中以半字对准方式保存。因此,指令的最低有效位在 Thumb 状态下总是零。实际上,Thumb 指令集是 32 位 ARM 指令集的功能子集。

3.7.1 ARM 指令的格式

下面首先讲述 ARM 指令的基本格式,然后具体介绍条件码的一些含义。

(1) 基本格式

```
<opcode>{<cond>}{S} <Rd>, <Rn>{, <opcode2>}
```

其中，<>内的项是必须的，{}内的项是可选的。如<opcode>是指令助记符，是必须的，而{<cond>}为指令执行条件，是可选的，如果不写则使用默认条件 AL。

- opcode 指令助记符：如 LDR，STR 等。
- cond 执行条件：如 EQ，NE 等。
- S：是否影响 CPSR 寄存器的值，书写时影响 CPSR，否则不影响。
- Rd：目标寄存器。
- Rn：第一个操作数的寄存器。
- operand2：第二个操作数。在 ARM 指令中，灵活地使用第 2 个操作数能提高代码效率。

（2）条件码

几乎所有的 ARM 指令都包含一个可选择的条件码，即{<cond>}。使用指令条件码，可实现高效的逻辑操作，提高代码效率。ARM 条件码参见表 3-3。

表 3-3 ARM 条件码

操作码	条件码助记符	标 志	含 义
0000	EQ	Z=1	相等
0001	NE	Z=0	不相等
0010	CS/HS	C=1	无符号数大于或等于
0011	CC/LO	C=0	无符号数小于
0100	MI	N=1	负数
0101	PL	N=0	正数或零
0110	VS	V=1	溢出
0111	VC	V=0	没有溢出
1000	HI	C=1，Z=0	无符号数大于
1001	LS	C=0，Z=1	无符号数小于或等于
1010	GE	N=V	带符号数大于或等于
1011	LT	N!=V	带符号数小于
1100	GT	Z=0，N=V	带符号数大于
1101	LE	Z=1，N!=V	带符号数小于或等于
1110	AL	任何	无条件执行

3.7.2 ARM 指令分类

ARM 指令主要包括 ARM 存储器访问指令、ARM 数据处理指令、ARM 跳转指令、ARM 协处理器指令、ARM 伪指令和 ARM 杂项指令。

（1）ARM 存储器访问指令

ARM 微处理器支持加载/存储指令用于在寄存器和存储器之间传送数据，加载指令用于将存储器中的数据传送到寄存器，存储指令则完成相反的操作。ARM 的加载/存储指令是可以实现字、半字、无符号/有符号字节操作；批量加载/存储指令可实现一条指令加载/存储多个寄存器的内容；SWP 指令是一条寄存器和存储器内容交换的指令，可用于信号量操作等。

ARM 处理器是冯·诺依曼存储结构，程序空间、RAM 空间及 I/O 映射空间统一编址，除对 RAM 操作以外,对外围 I/O、程序数据的访问均要通过加载/存储指令进行。

ARM 存储访问指令参见表 3-4。

表 3-4 ARM 存储访问指令

助记符	说 明	操 作	条件码位置
LDR Rd, addressing	加载字数据	Rd←[addressing], addressing 索引	LDR{cond}
LDRB Rd, addressing	加载无符号字节数据	Rd←[addressing], addressing 索引	LDR{cond}B
LDRT Rd, addressing	以用户模式加载字数据	Rd←[addressing], addressing 索引	LDR{cond}T
LDRBT Rd, addressing	以用户模式加载无符号字节数据	Rd←[addressing], addressing 索引	LDR{cond}BT
LDRH Rd, addressing	加载无符号半字数据	Rd←[addressing], addressing 索引	LDR{cond}H
STRB Rd, addressing	存储字节数据	[addressing]←Rd, addressing 索引	STR{cond}B
STRT Rd, addressing	以用户模式存储数据	[addressing]←Rd, addressing 索引	STR{cond}T
SRTBT Rd, addressing	以用户模式存储字节数据	[addressing]←Rd, addressing 索引	STR{cond}BT
STRH Rd, addressing	存储半字数据	[addressing]←Rd, addressing 索引	STR{cond}H
LDM{mode} Rn{!}, reglist	批量寄存器加载	reglist←[Rn...], Rn 回存等	LDM{cond}{more}
STM {mode} Rn{!}, reglist	批量寄存器存储	[Rn...]← reglist, Rn 回存等	STM{cond}{more}
SWP Rd, Rm, Rn	寄存器和存储器字数据交换	Rd←[Rd], [Rn]←[Rm] (Rn≠Rd 或 Rm)	SWP{cond}
SWPB Rd, Rm, Rn	寄存器和存储器字节数据交换	Rd←[Rd], [Rn]←[Rm] (Rn≠Rd 或 Rm)	SWP{cond} B

指令示例如下。

① LDR R0, [R1];将存储器地址为 R1 的字数据读入寄存器 R0。

② LDR R0, [R1, R2];将存储器地址为 R1+R2 的字数据读入寄存器 R0。

③ LDR R0, [R1, #8];将存储器地址为 R1+8 的字数据读入寄存器 R0。

④ LDR R0, [R1, R2]!;将存储器地址为 R1+R2 的字数据读入寄存器 R0,并将新地址 R1+R2 写入 R1。

⑤ LDR R0, [R1, #8]!;将存储器地址为 R1+8 的字数据读入寄存器 R0,并将新地址 R1+8 写入 R1。

⑥ LDR R0，[R1]，R2；将存储器地址为 R1 的字数据读入寄存器 R0，并将新地址 R1+R2 写入 R1。

⑦ LDR R0，[R1，R2，LSL#2]!；将存储器地址为 R1+R2×4 的字数据读入寄存器 R0，并将新地址 R1+R2×4 写入 R1。

⑧ LDRB R0，[R1，#8]；将存储器地址为 R1+8 的字节数据读入寄存器 R0，并将 R0 的高 24 位清零。

⑨ LDRH R0，[R1，R2]；将存储器地址为 R1+R2 的半字数据读入寄存器 R0，并将 R0 的高 16 位清零。

⑩ STR R0，[R1]，#8；将 R0 中的字数据写入以 R1 为地址的存储器中，并将新地址 R1+8 写入 R1。

⑪ STRB R0，[R1，#8]；将寄存器 R0 中的字节数据写入以 R1+8 为地址的存储器中。

⑫ STRH R0，[R1]；将寄存器 R0 中的半字数据写入以 R1 为地址的存储器中。

（2）ARM 数据处理指令

数据处理指令可分为数据传送指令、算术逻辑运算指令和比较指令等。数据传送指令用于在寄存器和存储器之间进行数据的双向传输。所有 ARM 数据处理指令均可选择使用 S 后缀，以影响状态标志。比较指令不需要后缀 S，它们会直接影响状态标志。算术逻辑运算指令完成常用的算术与逻辑的运算，该类指令不但将运算结果保存在目的寄存器中，同时更新 CPSR 中的相应条件标识位。比较指令不保存运算结果，只更新 CPSR 中相应的条件标识位。

ARM 数据处理指令参见表 3-5。

表 3-5　ARM 数据处理指令

助记符号	说明	操作	条件码位置
MOV Rd，operand2	数据传送	Rd←operand2	MOV {cond}{S}
MVN Rd，operand2	数据取反传送	Rd←（operand2）	MVN {cond}{S}
ADD Rd，Rn operand2	加法运算指令	Rd←Rn+operand2	ADD {cond}{S}
SUB Rd，Rn operand2	减法运算指令	Rd←Rn-operand2	SUB {cond}{S}
RSB Rd，Rn operand2	逆向减法指令	Rd←operand2-Rn	RSB {cond}{S}
ADC Rd，Rn operand2	带进位加法	Rd←Rn+operand2+carry	ADC {cond}{S}
SBC Rd，Rn operand2	带进位减法指令	Rd←Rn-operand2 -（NOT）Carry	SBC {cond}{S}
RSC Rd，Rn operand2	带进位逆向减法指令	Rd←operand2-Rn -（NOT）Carry	RSC {cond}{S}
AND Rd，Rn operand2	逻辑与操作指令	Rd←Rn&operand2	AND {cond}{S}
ORR Rd，Rn operand2	逻辑或操作指令	Rd←Rn|operand2	ORR {cond}{S}
EOR Rd，Rn operand2	逻辑异或操作指令	Rd←Rn^operand2	EOR {cond}{S}
BIC Rd，Rn operand2	位清除指令	Rd←Rn&（~operand2）	BIC {cond}{S}
CMP Rn，operand2	比较指令	标志 N、Z、C、V←Rn-operand2	CMP {cond}
CMN Rn，operand2	负数比较指令	标志 N、Z、C、V←Rn+operand2	CMN {cond}
TST Rn，operand2	位测试指令	标志 N、Z、C、V←Rn&operand2	TST {cond}
TEQ Rn，operand2	相等测试指令	标志 N、Z、C、V←Rn^operand2	TEQ {cond}

指令示例如下。

① MOV   R1，R0；将寄存器 R0 的值传送到寄存器 R1。

② MOV   PC，R14；将寄存器 R14 的值传送到 PC，常用于子程序返回。

③ MOV   R1，R0，LSL #3；将寄存器 R0 的值左移 3 位后传送到 R1。

④ MVN   R0，#0；将立即数零取反传送到寄存器 R0 中，完成后 R0= −1。

⑤ CMP   R1，R0；将寄存器 R1 的值与寄存器 R0 的值相减，并根据结果设置 CPSR 的标识位。

⑥ CMN   R1，R0；将寄存器 R1 的值与寄存器 R0 的值相加，并根据结果设置 CPSR 的标识位。

⑦ TST   R1，#0xffe；将寄存器 R1 的值与立即数 0xffe 按位与，并根据结果设置 CPSR 的标识位。

⑧ TEQ   R1，R2；将寄存器 R1 的值与寄存器 R2 的值按位异或，并根据结果设置 CPSR 的标识位。

⑨ ADD   R0，R1，R2；R0 = R1 + R2。

⑩ ADDS R0，R4，R8；加低端的字。

⑪ ADCS R1，R5，R9；加第二个字，带进位。

⑫ SUB   R0，R1，#256；R0 = R1−256。

⑬ RSB   R0，R1，R2；R0 = R2−R1。

⑭ AND   R0，R0，#3；该指令保持 R0 的 0、1 位，其余位清零。

⑮ ORR   R0，R0，#3；该指令设置 R0 的 0、1 位，其余位保持不变。

⑯ EOR   R0，R0，#3；该指令反转 R0 的 0、1 位，其余位保持不变。

（3）ARM 跳转指令

跳转指令用于实现程序流程的跳转，在 ARM 中有两种方式可以实现程序的跳转，一种是使用跳转指令直接跳转，另一种则是直接向 PC 寄存器赋值实现跳转。

通过向程序计数器 PC 写入跳转地址值，可以实现在 4GB 的地址空间中的任意跳转，在跳转之前结合使用 MOV LR，PC 等类似指令，可以保存将来的返回地址值，从而实现在 4GB 连续的线性地址空间的子程序调用。

ARM 指令集中的跳转指令可以完成从当前指令向前或向后的 32MB 的地址空间的跳转。

包括以下 4 条指令。

■ B（跳转指令）

B 指令的格式为：

　　B{条件}   目标地址

B 指令是最简单的跳转指令。一旦遇到一个 B 指令，ARM 处理器将立即跳转到给定的目标地址，在给定的目标地址中继续执行。注意存储在跳转指令中的实际值是相对当前 PC 值的一个偏移量，而不是一个绝对地址，它的值由汇编器来计算（参考寻址方式中的相对寻址）。它是 24 位有符号数，左移两位后有符号扩展为 32 位，表示的有效偏移为 26 位（前后 32MB 的地址空间）。例如，指令：

```
B    Label；程序无条件跳转到标号 Label 处执行
CMP  R1，#0；当 CPSR 寄存器中的 Z 条件码置位时，程序跳转到标号 Label 处执行
BEQ  Label
```

■ BL（带返回的跳转指令）

BL 指令的格式为：

```
BL{条件}  目标地址
```

BL 是另一个跳转指令，但跳转之前，会在寄存器 R14 中保存 PC 的当前内容，因此，可以通过将 R14 的内容重新加载到 PC 中，再返回到跳转指令后的那个指令处执行。该指令是实现子程序调用的一个基本但常用的手段。如指令：

BL   Label；当程序无条件跳转到标号 Label 处执行时，同时将当前的 PC 值保存到 R14 中。

■ BLX（带返回和状态切换的跳转指令）

BLX 指令的格式为：

```
BLX   目标地址
```

BLX 指令有两种格式。第 1 种格式记作 BLX（1）。BLX（1）从 ARM 指令集跳转到指令中所指定的目标地址，并将处理器的工作状态由 ARM 状态切换到 Thumb 状态，该指令同时将 PC 的当前内容保存到寄存器 R14 中。因此，当子程序使用 Thumb 指令集，而调用者使用 ARM 指令集时，可以通过 BLX 指令实现子程序的调用和处理器工作状态的切换。同时，子程序的返回可以通过将寄存器 R14 值复制到 PC 中来完成。第 2 种格式记作 BLX（2）。BLX（2）从 ARM 指令集跳转到指令中所指定的目标地址，目标地址的指令可以是 ARM 指令，也可以是 Thumb 指令。该指令同时将 PC 的当前内容保存到寄存器 R14 中。

■ BX（带状态切换的跳转指令）

BX 指令的格式为：

```
BX{条件}  目标地址
```

BX 指令跳转到指令中所指定的目标地址，目标地址处的指令既可以是 ARM 指令，也可以是 Thumb 指令。

（4）ARM 协处理器指令

ARM 微处理器支持协处理器操作，协处理器的控制要通过协处理器命令实现。在程序执行的过程中，每个协处理器只执行针对自身的协处理指令，忽略 ARM 处理器和其他协处理器的指令。

ARM 的协处理器指令主要用于 ARM 处理器初始化、ARM 协处理器的数据处理操作，以及在 ARM 处理器的寄存器和协处理器的寄存器之间传送数据和在 ARM 协处理器的寄存器和存储器之间传送数据。

ARM 协处理器指令参见表 3-6。

例如，指令：

① CDP P3，2，C12，C10，C3，4；该指令完成协处理器 P3 的初始化。

表 3-6 ARM 协处理器指令

助记符	说 明	操 作	条件码位置
CDP coproc，opcodel，CRd，CRn，CRm{，opcode2}	协处理器数据操作指令	取决于协处理器	CDP{cond}
LDC{L} coproc，CRd〈地址〉	协处理器数据加载指令	取决于协处理器	LDC{cond}{L}
STC{L} coproc，CRd，〈地址〉	协处理器数据存储指令	取决于协处理器	STC{cond}{L}
MCR coproc，opcodel，Rd，CRn，{，opcode2}	MCR ARM 寄存器到协处理器寄存器的数据传送指令	取决于协处理器	MCR{cond}
MRC coproc，opcodel，Rd，CRn，{，opcode2}	MCR 协处理器寄存器到 ARM 处理器寄存器的数据传送指令	取决于协处理器	MCR{cond}

② LDC P3，C4，[R0]；将 ARM 处理器的寄存器 R0 所指向的存储器中的字数据传送到协处理器 P3 的寄存器 C4 中。

③ STC P3，C4，[R0]；将协处理器 P3 的寄存器 C4 中的字数据传送到 ARM 处理器的寄存器 R0 所指向的存储器中。

④ MCR P3，3，R0，C4，C5，6；该指令将 ARM 处理器寄存器 R0 中的数据传送到协处理器 P3 的寄存器 C4 和 C5 中。

⑤ MRC P3，3，R0，C4，C5，6；该指令将协处理器 P3 的寄存器中的数据传送到 ARM 处理器寄存器中。

（5）ARM 伪指令

① ADR，将程序相对偏移或寄存器相对偏移地址加载到寄存器中。

指令格式为：

    ADR{cond} register，expr

其中，register 加载的寄存器。

    expr 程序相对偏移或寄存器相对偏移表达式。

② ADRL，将程序相对偏移或寄存器相对偏移地址加载到寄存器中。

指令格式为：

    ADR {cond} register，expr

③ LDR，用 32 位常量或一个地址加载寄存器。

指令格式为：

    LDR {cond} register，=[expr | label-expr]

其中，register 加载的寄存器。

    expr 赋值成数字常量。

    label-expr 程序相对偏移或外部表达式。

④ NOP，NOP 产生所需的 ARM 无操作代码。

NOP 不能有条件使用。执行和不执行无操作指令是一样的，因而不需要有条件执行。ALU 状态标志不受 NOP 影响。

(6) ARM 杂项指令

① SWI，引起软件中断。这意味着处理器模式变换为管理模式，CPSR 保存到管理模式的 SPSR 中，执行转移到 SWI 矢量。

指令格式为：

```
SWI {cond}  immed_24
```

其中，immed_24 为表达式，其值为在 0～224-1 范围内的整数。

② MRS，将 CPSR 或 SPSR 的内容传送到通用寄存器。

指令格式为：

```
MRS {cond}  Rd, psr
```

其中，Rd   目标寄存器。Rd 不允许为 R15。
　　　psr   CPSR 或 SPSR。

③ MSR，用立即数或通用寄存器的内容加载 CPSR 或 SPSR 的指定区域。

指令格式为：

```
MSR {cond}  <psr>_<fields>, #immed_8r
MSR {cond}  <psr>_<fields>, Rm
```

其中，<psr>   CPSR 或 SPSR。
　　　<fields> 指定传送的区域。
　　　immed_8r 值为数字常量的表达式。

④ BKPT，引起处理器进入调试模式。

指令格式为：

```
BKPT  immed_16
```

其中，immed_16 为表达式，其值为在 0～65536 范围内的整数。

3.7.3　Thumb 指令介绍

16 位 Thumb 指令集是从 32 位 ARM 指令集提取指令格式的，每条 Thumb 指令有针对相同处理器模型对应的 32 位 ARM 指令。

ARM 开发工具完全支持 Thumb 指令，应用程序可以灵活地将 ARM 和 Thumb 子程序混合编程，以便在编程的基础上提高性能或代码密度。

（1）Thumb 指令的特点
- 16 位的指令子集，代码密度小。
- 在指令集名中，含有 T 的均可执行 Thumb 指令。
- CPSR 中的 T 标识位决定是执行 Thumb 指令还是 ARM 指令，如置位，执行 Thumb 指令，否则执行 ARM 指令。
- Thumb 状态下没有协处理器指令。
- 所有 Thumb 指令均有对应的 ARM 指令。
- Thumb 是一个不完整的体系结构，不能使处理器只执行 Thumb 代码而不支持 ARM 指令集。

（2）Thumb 模式的进入和退出

■ 进入 Thumb 模式

进入 Thumb 指令模式有两种方法：一种是执行一条交换转移指令 BX，另一种是利用异常返回，也可以把微处理器从 ARM 模式转换为 Thumb 模式。

■ 退出 Thumb 模式

退出 Thumb 指令模式也有两种方法：一种是执行 Thumb 指令中的交换转移 BX 指令，可以显式地返回到 ARM 指令流；另一种是利用异常进入 ARM 指令流。

3.7.4　Thumb 指令分类

Thumb 指令主要包括 Thumb 存储器访问指令、Thumb 数据处理指令、Thumb 跳转指令、Thumb 杂项指令和 Thumb 伪指令。

（1）Thumb 存储器访问指令

Thumb 存储器访问指令参见表 3-7。

表 3-7　Thumb 存储器访问指令

功能分类	助记符	说　明	操　作
立即数偏移	LDR Rd，[Rn，#immed_5×4]	加载字数据	Rd←[Rm，#immed_5×4]；Rd，Rn 为 R0~R7
	LDRH Rd，[Rn，#immed_5×2]	加载无符号半字数据	Rd←[Rm，#immed_5×2]；Rd，Rn 为 R0~R7
	LDRB Rd，[Rn，#immed_5×1]	加载无符号字节数据	Rd←[Rm，#immed_5×1]；Rd，Rn 为 R0~R7
	STR Rd，[Rn，#immed_5×4]	存储字数据	[Rn，#immed_5×4]←Rd；Rd，Rn 为 R0~R7
	STRH Rd，[Rn，#immed_5×2]	存储无符号半字数据	[Rn，#immed_5×2]←Rd；Rd，Rn 为 R0~R7
	STRB Rd，[Rn，#immed_5×1]	存储无符号字节数据	[Rn，#immed_5×1]←Rd；Rd，Rn 为 R0~R7
寄存器偏移	LDR Rd，[Rn，Rm]	加载字数据	Rd←[Rn，Rm]；Rd，Rn，Rm 为 R0~R7
	LDRH Rd，[Rn，Rm]	加载无符号半字数据	Rd←[Rn，Rm]；Rd，Rn，Rm 为 R0~R7
	LDRB Rd，[Rn，Rm]	加载无符号字节数据	Rd←[Rn，Rm]；Rd，Rn，Rm 为 R0~R7
	LDRSH Rd[Rn，Rm]	加载有符号半字数据	Rd←[Rn，Rm]；Rd，Rn，Rm 为 R0~R7
	LDRSB Rd[Rn，Rm]	加载有符号字节数据	Rd←[Rn，Rm]；Rd，Rn，Rm 为 R0~R7
	STR Rd，[Rn，Rm]	存储字数据	[Rn，Rm]←Rd；Rd，Rn，Rm 为 R0~R7
	STRH Rd，[Rn，Rm]	存储无符号半字数据	[Rn，Rm]←Rd；Rd，Rn，Rm 为 R0~R7
	STRB Rd，[Rn，Rm]	存储无符号字节数据	[Rn，Rm]←Rd；Rd，Rn，Rm 为 R0~R7
PC 或 SP 相对偏移	LDR Rd，[PC，#immed_8×4]	基于 PC 加载字数据	Rd←{PC，#immed_8×4}；Rd 为 R0~R7
	LDR Rd，label	基于 PC 加载字数据	Rd←[label]；Rd 为 R0~R7

续表

功能分类	助记符	说 明	操 作
	LDR Rd, [SP, #immed_8×4]	基于 SP 加载字数据	Rd←[SP, #immed_8×4]；Rd 为 R0~R7
	STR Rd, [SP, #immed_8×4]	基于 SP 存储字数据	[SP, #immed_8×4]←Rd；Rd 为 R0~R7
LDMIA 和 STMIA	LDMIA Rn{!}reglist	批量加载	reglist←[Rn…]
	STMIA Rn{!}reglist	批量加载	[Rn…]←reglist
PUS 和 POP	PUSH {reglist[, LR]}	寄存器入栈指令	[SP…]←reglist[, LR]
	POP {reglist[, PC]}	寄存器入栈指令	reglist[, PC]←[SP…]

（2）Thumb 数据处理指令

Thumb 数据处理指令参见表 3-8。

表 3-8 Thumb 数据处理指令

功能分类	助记符	说 明	操 作
转送，转送非和取负	MOV Rd, #expr	数据转送	Rd←expr；Rd 为 R0~R7
	MOV Rd, Rm	数据转送	Rd←Rm；Rd、Rm 均可为 R0~R15
	MVN Rd, Rm	数据非转送指令	Rd←（-Rm）；Rd, Rm 均为 R0~R7
	NEG Rd, Rm	数据取负指令	Rd←（-Rm）；Rd, Rm 均为 R0~R7
寄存器	ADD Rd, Rn, Rm	加法运算指令	Rd←Rn+Rm；Rd, Rn, Rm 均为 R0~R7
	ADD Rd, Rn, #expr3	加法运算指令	Rd←Rn+expr#；Rd, Rn 均为 R0~R7
	ADD Rd, #expr8	加法运算指令	Rd←Rd+expr8；Rd 为 R0~R7
	SUB Rd, Rn, Rm	减法运算指令	Rd←Rn-Rm；Rd、Rn, Rm 均为 R0~R7
	SUB Rd, Rn, #expr3	减法运算指令	Rd←Rn-expr3；Rd, Rn 均为 R0~R7
	SUB Rd, #expr8	减法运算指令	RD←Rd-expr8；Rd 为 R0~R7
SP	ADD SP, #expr	SP 加法运算指令	SP←SP+expr
	SUB SP, #expr	SP 减法运算指令	SP←SP-expr

续表

功能分类	助记符	说 明	操 作
带进位加法指令和减法指令，乘法运算指令	ADC Rd，Rm	带进位加法指令	Rd←Rd+Rm+Carry； Rd，Rm 为 R0~R7
	SBC Rd，Rm	带进位减法指令	Rd←Rd-Rm-（NOT）Carry； Rd，Rm 为 R0~R7
	MUL Rd，Rm	乘法运算指令	Rd←Rd*Rm； Rd、Rm 为 R0~R7
按位逻辑指令	AND Rd，Rm	逻辑与操作指令	Rd←Rd&Rm； Rd，Rm 为 R0~R7
	ORR Rd，Rm	逻辑或操作指令	Rd←Rd|Rm； Rd，Rm 为 R0~R7
	EOR Rd，Rm	逻辑异或操作指令	Rd←Rd^Rm； Rd，Rm 为 R0~R7
	BIC Rd，Rm	位清除指令	Rd←Rd&（~Rm）； Rd，Rm 为 R0~R7
移位指令	ASR Rd，Rs	算术右移指令	Rd←Rd 算术右移 Rs 位； Rd，Rs 为 R0~R7
	LSL Rd，Rs	逻辑左移指令	Rd←Rd<<Rs； Rd，Rs 为 R0~R7
	LSR Rd，Rs	逻辑右移指令	Rd←Rd>>Rs； Rd，Rs 为 R0~R7
	ROR Rd，Rs	循环右移指令	Rd←Rm 循环右移 Rs 位； Rd，Rs 为 R0~R7
比较指令	CMP Rn，Rm	比较指令	状态标←Rn-Rm； Rn，Rm 为 R0~R15
	CMP Rn，#expr	比较指令	状态标←Rn-expr； Rn 为 R0~R7
	CMN Rn，Rm	负数比较指令	状态标←Rn+Rm； Rn，Rm 为 R0~R7
测试指令	TST Rn，Rm	位测试指令	状态标←Rn&Rm； Rn，Rm 为 R0~R7

（3）Thumb 跳转指令

分支指令用于向后转移形成循环、条件结构向前转移、转向子程序和处理器从 Thumb 状态切换到 ARM 状态。

程序相对转移，特别是条件转移与在 ARM 状态下相比，在范围上有更多的限制，转向子程序只能是无条件转移。

Thumb 跳转指令有 B、BL、BX4 和 BLX 条指令。

① B 指令。

格式 1：B <条件码> <Label>

编码结构如图 3-16 所示。

格式 2：B <Label>

编码结构如图 3-17 所示。

图 3-16 B 指令编码结构 1　　　　图 3-17 B 指令编码结构 2

② BL 指令。

格式：BL{X} <Label>

编码结构如图 3-18 所示。

③ BX、BLX 指令。

格式：　BX Rm

　　　或 BLX Rm

其中，Rm 装有目的地址的 ARM 寄存器，m=0～15。Rm 的位[0]不用于地址部分。若 Rm 的位[0]清零，则位[1]也必须清零；指令清零 CPSR 中的标志 T，目的地址的代码被解释为 ARM 代码。

编码结构如图 3-19 所示。

图 3-18 BL 指令编码结构　　　　图 3-19 BX、BLX 指令编码结构

（4）Thumb 杂项指令

Thumb 杂项指令有软件中断指令 SWI 和断点中断指令 BKPT。

（5）Thumb 伪指令

Thumb 伪指令有 ADR，LDR 和 NOP。

3.7.5　ARM 指令集和 Thumb 指令集的区别

ARM 体系结构除了支持执行效率很高的 32 位 ARM 指令集外，同时支持 16 位的 Thumb 指令集。Thumb 指令集允许指令编码为 16 位的长度。Thumb 指令集在保留 32 位代码优势的同时，大大地节省了系统的存储空间。

所有的 Thumb 指令都有对应的 ARM 指令，而且 Thumb 的编程模型也对应于 ARM 的编程模型，在应用程序的编写过程中，只要遵循一定调用的规则，Thumb 子程序和 ARM 子程序就可以互相调用。与 ARM 指令集相比较，Thumb 指令集中的数据处理指令的操作数仍然是 32 位，指令地址也为 32 位，但 Thumb 指令集为实现 16 位的指令长度。大多数的 Thumb 数据处理指令的目的寄存器与其中一个源寄存器相同。

Thumb 指令可以看作 ARM 指令压缩形式的子集，是针对代码密度的问题而提出的，它具有 16 位的代码密度，但是它不如 ARM 指令的效率高。Thumb 指令集不是一个完整的体系结构，没有协处理器指令、信号量指令及访问 CPSR 或 SPSR 的指令，没有乘加指令及

64 位乘法指令等。除了跳转指令 B 有条件执行功能外，其他指令均为无条件执行。因此，Thumb 指令只需要支持通用功能，必要时可以借助于完善的 ARM 指令集。

由于 Thumb 指令的长度为 16 位，即只用 ARM 指令一半的位数来实现同样的功能，所以，要实现特定的程序功能，所需的 Thumb 指令的条数较 ARM 指令多。一般情况下，Thumb 指令与 ARM 指令的时间效率和空间效率关系为 Thumb 代码所需的存储空间为 ARM 代码的 60%～70%，Thumb 代码使用的指令数约比 ARM 代码多 30%～40%。

Thumb 指令集与 ARM 指令的区别一般有如下 4 点。

（1）单寄存器加载和存储指令

在 Thumb 状态下，单寄存器加载和存储指令只能访问寄存器 R0～R7。

（2）批量寄存器加载和存储指令

LDM 和 STM 指令可以将任何范围为 R0～R7 的寄存器子集加载或存储。PUSH 和 POP 指令使用堆栈指令 R13 作为基址实现满递减堆栈。除 R0～R7 外，PUSH 指令还可以存储链接寄存器 R14，并且 POP 指令可以加载程序指令 PC。

（3）跳转指令

程序相对转移，特别是条件跳转与 ARM 代码下的跳转相比，在范围上有更多的限制，转向子程序是无条件的转移。

（4）数据处理指令

数据处理指令是对通用寄存器进行操作，在大多数情况下，操作的结果须放入其中一个操作数寄存器中，而不是第 3 个寄存器中。数据处理操作比 ARM 状态的更少，访问寄存器 R8~R15 受到一定限制。除 MOV 和 ADD 访问寄存器 R8～R15 外，其他数据处理指令总是更新 CPSR 中的 ALU 状态标志。访问寄存器 R8～R15 的 Thumb 数据处理指令不能更新 CPSR 中的 ALU 状态标志。

显然，ARM 指令集和 Thumb 指令集各有其优点，若对系统的性能有较高要求，应使用 32 位的存储系统和 ARM 指令集；若对系统的成本及功耗有较高要求，则应使用 16 位的存储系统和 Thumb 指令集。当然，若两者结合使用，充分发挥其各自的优点，会取得更好的效果。

3.8 ARM 微处理器的异常

异常（Exception）是指任何打断处理器正常执行，并且迫使处理器进入一个有特权的特殊指令执行的事件。

异常可分为两类：同步异常和异步异常。

（1）同步异常

由内部事件引起的异常称为同步异常，包括以下 3 个方面：在某些处理器体系结构中，对于确定的数据尺寸必须从内存的偶数地址进行读和写操作；从一个奇数内存地址的读或写操作将引起存储器存储一个错误事件并且引起一个异常；造成被零除的算术运算引发一个异常。

（2）异步异常

由外部事件引起的异常称为异步异常，一般这些外部事件与硬件信号相关，又称中断，包括以下两个方面：复位异常，按下嵌入式板上的复位按钮，触发一个异步的异常，如串口、网口等通信模块；接收数据包产生异常。

3.8.1 ARM 体系结构所支持的异常类型

异常可分为 4 类：中断、陷阱、故障和终止，参见表 3-9。

表 3-9 异常类型

类别	原因	异步/同步	返回行为
中断	来自 I/O 设备的信号	异步	总是返回到下一条指令
陷阱	有意的异常	同步	总是返回到下一条指令
故障	潜在可恢复的错误	同步	可能返回到当前指令
终止	不可恢复的错误	同步	不会返回

（1）中断

中断过程如图 3-20 所示。

（2）陷阱

陷阱是有意的异常，通常在用户程序和内核之间提供系统调用。

陷阱过程如图 3-21 所示。

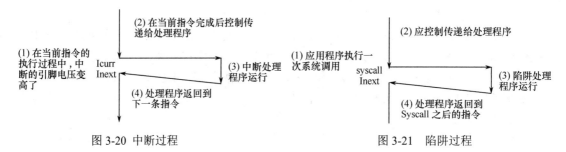

图 3-20 中断过程　　　　　　　　图 3-21 陷阱过程

（3）故障

故障是由错误情况引起的，它可以被故障处理程序修正。

故障过程如图 3-22 所示。

（4）终止

终止是不可恢复的致命错误造成的结果，如 DRAM 或 SRAM 位损坏时发生的奇偶错误。

终止过程如图 3-23 所示。

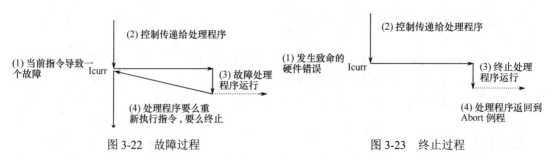

图 3-22 故障过程　　　　　　　　图 3-23 终止过程

3.8.2 异常矢量表

ARM 支持 7 种类型的异常处理，参见表 3-10。异常出现后处理器强制从异常类型所对应的固定存储器地址开始执行程序，这些存储器地址称为异常矢量。

表 3-10 异常矢量表

异常类型	模 式	正常地址	高矢量地址
复位	管理	0x00000000	0xFFFF0000
未定义指令	未定义	0x00000004	0xFFFF0004
软件中断（SWI）	管理	0x00000008	0xFFFF0008
预取中止（取指令存储器中止）	中止	0x0000000C	0xFFFF000C
数据中止	中止	0x00000010	0xFFFF0010
IRQ（中断）	IRQ	0x00000018	0xFFFF0018
FIQ（快速中断）	FIQ	0x0000001C	0xFFFF001C

① 复位：处理器上一旦有复位信号输入，ARM 处理器立刻停止执行当前指令，复位后，ARM 处理器在禁止中断的管理模式下，从地址 0x00000000 或 0xFFFF0000 开始执行程序。

② 未定义指令异常：当 ARM 处理器执行协处理器指令时，它必须等待任一个外部协处理器响应后，才能真正执行这条指令。若协处理器没有响应，就会出现未定义指令异常。另外，试图执行未定义的指令，也会出现未定义指令异常。

③ 软件中断异常：软件中断异常指令 SWI 进入管理模式，以请求特定的管理函数。

④ 预取中止：存储器系统发出存储器中止信号，响应取指激活的中止标识所取的指令无效，若处理器试图执行无效指令，则产生预取中止异常；若指令未执行，则不发生预取中止。

⑤ 数据中止：存储器系统发出存储器中止信号，响应数据访问激活中止标识的数据无效。

⑥ IRQ：通过处理器上的 IRQ 输入引脚，由外部产生 IRQ 异常。IRQ 异常的优先级比 FIQ 异常的低。当进入 FIQ 处理时，会屏蔽掉 IRQ 异常。

⑦ FIQ：通过处理器上的 FIQ 输入引脚，由外部产生 FIQ 异常。

3.8.3 异常优先级

在某时刻可能会同时出现多个异常，ARM 处理器则按优先级的高低顺序处理。异常的优先级参见表 3-11。从表中可知，复位异常的优先级最高，未定义异常和软件中断异常的优先级最低。

表 3-11 异常的优先级

优先级	异常
1（最高）	复位
2	数据中止
3	FIQ
4	IRQ
5	预取中止
6（最低）	未定义指令，软件中断

3.8.4 应用程序中的异常处理

应用程序中的异常处理包括异常的进入和异常的退出两个重要的部分。

（1）异常的进入

当处理一个异常时，ARM 完成以下动作。

① 将下一条指令的地址保存在相应的 LR 寄存器中。如果异常是从 ARM 状态进入，则保存在 LR 中的是下一条指令的地址；如果异常是从 Thumb 状态进入，则保存在 LR 中的是当前 PC 的偏移量。

② 将 CPSR 复制到相应的 SPSR 中。

③ 迫使 CPSR 模式位 M[4：0]的值设置成对应的异常模式值。

④ 迫使 PC 从相关的异常矢量取下一条指令。

⑤ 可以设置中断禁止位来阻止其他无法处理的异常嵌套。如果在异常发生时处理器是在 Thumb 状态下，那么当用中断矢量地址加载 PC 时，自动切换进入 RAM 状态。

（2）异常的退出

在完成异常处理后，ARM 完成以下动作。

① 将 LR 寄存器的值减去相应的偏移量，送到 PC 中。

② 将 SPSR 复制回 CPSR 中。

③ 清除中断禁止位标志。

表 3-12 总结了进入异常处理时保存在相应的 R14 寄存器中的 PC 值，以及在退出异常处理时推荐使用的指令。

表 3-12 R14 寄存器中的 PC 值

异常	返回指令	ARM R14_x 当前内容	Thumb R14_x 当前内容
BL	MOVS PC，R14	PC+4	PC+2
SWI	MOVS PC，R14_svc	PC+4	PC+2
UDEF	MOVS PC，R14_und	PC+4	PC+2
FIQ	SUBS PC，R14_fiq，#4	PC+4	PC+4
IRQ	SUBS PC，R14_irq，#4	PC+4	PC+4
PABT	SUBS PC，R14_abt，#4	PC+4	PC+4
DABT	SUBS PC，R14_abt，#8	PC+8	PC+8
RESET	NA	—	—

ARM 微处理器对异常的响应过程用伪码可以描述如下：

```
R14_=Return Link
SPSR_ = CPSR
CPSR[4: 0] = Exception Mode Number
CPSR[5] = 0; 当运行于 ARM 工作状态时
If == Reset or FIQ then; 当响应 FIQ 异常时，禁止新的 FIQ 异常
CPSR[6] = 1
PSR[7] = 1
PC = Exception Vector Address
```

3.8.5 各类异常的具体描述

当异常出现时，异常模式分组的 R14 和 SPSR 用于保存状态，即：

```
R14_<exception mode> = return link
SPSR_<exception_mode> = CPSR
CPSR[4: 0] = exception mode number
CPSR[5]    =0; 在 ARM 状态执行
if <exception mode> == Reset or FIQ
then CPSR[6] = 1; 禁止快速中断
CPSR[7] = 1; 禁止正常中断
PC = exception vector address
```

当处理异常返回时，将 SPSR 传送到 CPSR，R14 传送到 PC。这可用两种方法自动完成，即使用带 S 位的数据处理指令，将 PC 作为目的寄存器；使用带恢复 CPSR 的多加载指令。

（1）复位

当处理器的复位电平有效时，产生复位异常，ARM 处理器立刻停止执行当前指令。复位后，ARM 处理器在禁止中断的管理模式下，程序跳转到复位异常处理程序处执行。

处理器上一旦有复位输入，ARM 处理器立刻停止执行当前指令。复位完成下列操作：

```
R14_svc=UNPREDICTABLE value
SPSR_svc=UNPREDICTABLE value
CPSR[4: 0]=0b10011; 进入管理模式
CPSR[5]=0; 在 ARM 状态下执行
    CPSR[6]=1; 禁止快速中断
    CPSR[7]=1; 禁止正常中断
    If high vectors configured then
       PC=0xFFFF0000
    Else
       PC=0x00000000
```

复位后，ARM 处理器在禁止中断的管理模式下，从地址 0x00000000 或 0xFFFF0000 开始执行指令。

（2）未定义指令异常

当 ARM 处理器或协处理器遇到不能处理的指令时，产生未定义指令异常。当 ARM 处理器执行协处理器指令时，它必须等待任一个外部协处理器响应后，才能真正执行这条指令。若协处理器没有响应，就会出现未定义指令异常。

当 ARM7 处理器遇到一条自己和系统内任何协处理器都无法处理的指令时，ARM7 内核执行未定义指令陷阱。软件可使用这一机制通过模拟未定义的协处理器指令来扩展 ARM 指令集。

当未定义指令异常出现时，执行下列操作：

> R14_und=address of next instruction after the undefined instruction
> SPSR_und=CPSR
> CPSR[4：0]=0b11011；进入未定义模式
> CPSR[5]=0；在 ARM 状态执行
> CPSR[7]=1；禁止正常中断
> If high vectors configured then
> PC=0xFFFF0004
> Else
> PC=0x00000004

在仿真未定义指令后，使用下列指令返回，即：

> MOVS PC，R14

上面的指令恢复 PC 和 CPSR，并返回到未定义指令后的下一条指令。

（3）软件中断（SWI）异常

软件中断异常由执行 SWI 指令产生，可使用该异常机制实现系统功能调用，用于用户模式下的程序调用特权操作指令，以请求特定的管理函数。

当执行 SWI 时，完成下列操作：

> R14_svc=address of next instruction after the SWI instruction
> SPSR_svc=CPSR
> CPSR[4：0]=0b10011；进入管理模式
> CPSR[5]=0；在 ARM 状态执行
> CPSR[7]=1；禁止正常中断
> If high vectors configured then
> PC=0xFFFF0008
> Else
> PC=0x00000008

完成 SWI 操作后，使用下列指令恢复 PC 和 CPSR，并返回到 SWI 指令后的下一条指令，即：

> MOVS PC，R14_svc

这个动作恢复了 PC 并返回到 SWI 后的指令，SWI 处理程序读取操作码以提取 SWI 函数编号。

软件中断指令调用如图 3-24 所示。

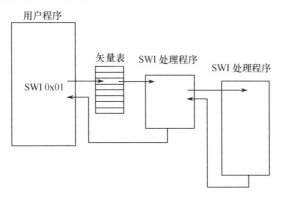

图 3-24　软件中断指令调用

（4）预取中止异常

若处理器预取指令的地址不存在，或该地址不允许当前指令访问时，存储器会向处理器发出存储器中止信号，但当预取的指令被执行时，才会产生指令预取中止异常。

当发生预取中止时，ARM 内核将预取的指令标识为无效，但在指令到达流水线的执行阶段时才进入异常。如果指令在流水线中因为发生分支而没有被执行，中止将不会发生。

当试图执行一条中止的指令时，将执行下列操作：

　　R14_abt=address of the aborted instruction + 4

　　SPSR_abt=CPSR

　　CPSR[4：0]=0b10111；进入中止模式

　　CPSR[5]=0；在 ARM 状态执行

　　CPSR[7]=1；禁止正常中断

　　If high vectors configured then

　　PC=0xFFFF000C

　　Else

　　PC=0x0000000C

确定中止原因后，使用下面指令从中止模式返回，即：

　　SUBS　PC，R14，#4

上面的指令恢复 PC 和 CPSR，并返回到中止的指令。

（5）数据中止异常

若处理器数据访问指令的地址不存在，或该地址不允许当前指令访问时，产生数据中止异常，存储器系统发出存储器中止信号。响应数据访问激活中止，标识数据为无效。在后面的任何指令或异常改变 CPU 状态之前，数据中止异常发生。

在下面的任何指令或异常改变 CPU 状态之前，数据中止异常发生。执行下列操作：

　　R14_abt=address of the aborted instruction + 8

　　SPSR_abt=CPSR

　　CPSR[4：0]=0b10111；进入中止模式

CPSR[5]=0；在 ARM 状态执行
CPSR[7]=1；禁止正常中断
If high vectors configured then
PC=0xFFFF0010
Else
PC=0x00000010

确定中止原因后，使用下列指令从中止模式返回，即：

SUBS PC, R14, #8

上面的指令恢复 PC 和 CPSR，并返回重新执行中止的指令。若中止的指令不需要重新执行，则使用下面的指令：

SUBS PC, R14, #4

（6）中断请求（IRQ）异常

处理器的外部中断请求引脚有效，且 CPSR 中的 I 位为零时，产生 IRQ 异常。系统的外设可通过该异常请求中断服务。IRQ 异常的优先级比 FIQ 低。当进入 FIQ 处理时，会屏蔽掉 IRQ 异常。

IRQ 的优先级低于 FIQ。对于 FIQ 序列它是被屏蔽的。任何时候在一个特权模式下，都可通过置位 CPSR 中的 I 位来禁止 IRQ。

通过处理器上的 IRQ 输入引脚，由外部产生 IRQ 异常。IRQ 异常的优先级比 FIQ 低。当进入 FIQ 处理时，会屏蔽掉 IRQ 异常。

若 CPSR 的 I 位置为 1，则禁止 IRQ 中断。若 I 位清零，则 ARM 在指令执行完之前检查 IRQ 输入。

只能在特权模式下改变 I 位，当检测到 IRQ 时，执行下列操作：

R14_irq=address of the aborted instruction + 4
SPSR_irq=CPSR
CPSR[4: 0]=0b10010；进入 IRQ 模式
CPSR[5]=0；在 ARM 状态执行
CPSR[7]=1；禁止正常中断
If high vectors configured then
PC=0xFFFF0018
Else
PC=0x00000018

使用下面的指令从中断服务返回，即：

SUBS PC, R14, #4

上面的指令恢复 PC 和 CPSR，并继续执行被中断的程序。

IRQ 操作流程如图 3-25 所示。

（7）快速中断请求（FIQ）异常

FIQ 适用于对一个突发事件的快速响应保护的需要。通过处理器上的 FIQ 输入引脚，由外部产生 FIQ 异常。当处理器的快速中断请求引脚有效,且 CPSR 中的 F 位为零时,产生 FIQ 异常。FIQ 支持数据传送和通道处理,并有足够的私有寄存器。

当 CPSR 的 F 位置 1 时,禁止快速中断。若 F 位清零,则 ARM 在执行指令时检查 FIQ 输入。只能在特权模式下改变 F 位,当检测到 FIQ 时,执行下列操作,即:

```
R14_fiq=address of the aborted instruction + 4
SPSR_fiq=CPSR
CPSR[4:0]=0b10001 ；进入 FIQ 模式
CPSR[5]=0；在 ARM 状态执行
CPSR[6]=1；禁止快速中断
CPSR[7]=1；禁止正常中断
If high vectors configured then
    PC=0xFFFF001C
Else
    PC=0x0000001C
```

使用下面的指令从中断服务返回,即:

```
SUBS  PC, R14, #4
```

该指令恢复 PC 和 CPSR,并继续执行被中断的程序。FIQ 矢量放在最后,允许 FIQ 异常处理程序直接放在地址 0x0000001C 或 0xFFFF001C 开始的位置,而不需要由矢量的分支指令执行跳转到异常处理程序。

FIQ 操作流程如图 3-26 所示。

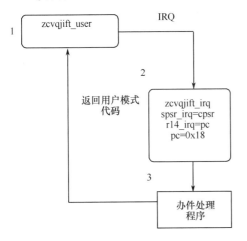

图 3-25 IRQ 操作流程

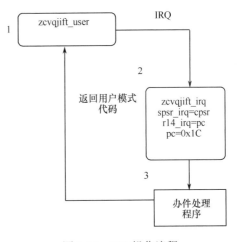

图 3-26 FIQ 操作流程

3.9 本章小结

本章主要介绍了 ARM 体系结构的组成部分和技术特征,并介绍了 ARM 微处理器的分类和应用选型。接着,重点讲述了 S3C2410 处理器。并详细介绍 ARM 编程模型、ARM 指令的寻址方式和 ARM 指令集的使用。最后,描述了 ARM 微处理器的异常。

嵌入式 Linux 系统与工程实践（第 2 版）

第二篇　Linux 开发入门

第 4 章　Linux 开发常用操作

　　Linux 是一个功能强大而稳定的操作系统，它的最大特点在于它是开放源代码的。要进行 Linux 程序设计，就必须了解 Linux 的使用方法。本章简要介绍 Linux 系统中的一些最常用的命令和编辑工具，以及 Shell 编程的使用。

本章内容

- 介绍 Linux 的概况
- 分别介绍 Linux 命令的使用
- 介绍 vi 编辑器的使用
- 讲述 Shell 程序设计语言的使用

本章案例

- vi 编辑器使用实例
- 编写清除/var/log 下的 log 文件综合实例
- 编写寻找死链接文件综合实例

4.1　Linux 系统介绍

　　Linux 属于自由软件的一种。就 Linux 的本质来说，它只是操作系统的核心，负责控制硬件、管理文件系统、程序进程等。

4.1.1 Linux 的概况

Linux 是开放源代码的操作系统。Linux 的诞生可以追溯到 1991 年，当 Linus Torvalds 还是芬兰赫尔辛基大学的一名学生时，他以 UNIX 操作系统 Minix 为开发平台，研究处理器的进程管理，编写了一段进程控制程序。之后，由于不满意 Minix 的功能，他决定自己写比 Minix 更强大的类 UNIX 操作系统来取代 Minix，后来这个类 UNIX 操作系统就是 Linux。

具体的 Linux 内核是免费的，但是 Linux 内核并不负责提供用户强大的应用程序，没有编译器、系统管理工具、网络工具、Office 套件、多媒体、绘图软件等功能，这样的系统无法发挥其强大作用，用户也无法利用这个系统很好工作，因此，生产 Linux 的厂商和程序员以 Linux 内核为核心再集成搭配各式各样的系统程序或应用工具程序组成一套完整的操作系统，经过如此组合的 Linux 套件即称为 Linux 发行版本。

Linux 操作系统由于其在核心代码开放的情况下，吸引了大量开发人员和业余兴趣爱好者，Linux 不但与 UNIX 向后兼容，还具有良好的特性。

（1）开放性

开放性是指系统遵循世界标准规范，特别是遵循开放系统互连（OSI）国际标准。凡遵循国际标准所开发的硬件和软件，都能彼此兼容，可方便地实现互连。

（2）可靠的系统安全

Linux 采取了许多安全技术措施，包括对读、写进行权限控制、带保护的子系统、审计跟踪、核心授权等，这为网络多用户环境中的用户提供了必要的安全保障。

（3）良好的用户界面

Linux 向用户提供了两种界面：命令行界面和图形用户界面。Linux 的传统用户界面是基于文本的命令行界面，即 Shell，它既可联机使用，又可脱机使用。Shell 有很强的程序设计能力，用户可方便地用它编制程序，为用户扩充系统功能。Shell 编程是指将多条 Shell 命令组合在一起，形成一个 Shell 程序，这个程序可以单独运行，也可以与其他程序同时运行。用户可以在编程时直接使用系统提供的系统调用命令。系统通过这个界面为用户程序提供低级、高效率的服务。

Linux 还为用户提供了图形用户界面。它利用鼠标、菜单、窗口、滚动条等设施，给用户呈现一个直观、易操作、交互性强的友好的图形化界面。

（4）设备独立性和可裁剪的内核

Linux 是具有设备独立性的操作系统。设备独立性是指 Linux 操作系统把所有外部设备统一当作文件来看待，只要输入 Shell 命令，安装它们的驱动程序，任何用户都可以像使用文件一样，操纵、使用这些设备，而不必知道它们的具体存在形式。设备独立性的关键在于内核的适应能力，Linux 的内核具有高度适应能力，用户可以修改内核源代码，以便适应新增加的外部设备。

Linux 用户根据应用需要自由增加和裁剪内核，为嵌入式系统提供了很好的操作系统平台。

（5）良好的可移植性

可移植性是指将操作系统从一个平台转移到另一个平台，使它仍然能按其自身的方式运行的能力。由于 Linux 内核源代码是用 C 语言编写的，可移植性很高。

Linux 是一种可移植的操作系统，能够在从微型计算机到大型计算机的任何环境中和任何平台上运行。可移植性为运行 Linux 的不同计算机平台与其他任何机器进行准确而有效的通信提供了手段，不需要另外增加特殊的、昂贵的通信接口。

（6）多用户多任务

多用户是指在 Linux 操作系统对系统资源的控制和管理下，每个用户可以在同一时间共用一台装有 Linux 系统的计算机，每个用户在使用计算机时，彼此独立，不影响其他用户使用计算机。

多任务是指计算机同时执行多个程序，各个程序的运行互相独立。程序运行的资源受操作系统管理。

（7）提供了丰富的网络功能

完善的内置网络是 Linux 的一大特点。Linux 在通信和网络功能方面优于其他操作系统。其他操作系统不包含如此紧密地和内核结合在一起的连接网络的能力，也没有内置这些联网特性的灵活性。Linux 为用户提供了完善的、强大的网络功能。

支持 Internet。Linux 免费提供了大量支持 Internet 的软件，用户可以用 Linux 与任何人通过 Internet 网络进行通信。

（8）支持文件传输

用户可以通过 Linux 命令完成内部信息或文件的传输。支持远程访问。Linux 不仅可以进行文件和程序的传输，它还为系统管理员和技术人员提供了访问其他系统的窗口。

4.1.2 Linux 操作系统的构成

Linux 操作系统由 Linux 内核、Shell 命令解释器、应用程序 3 部分构成。

（1）Shell 命令解释器

Linux 的内核不能直接接受来自终端的用户命令。Shell 为用户提供使用 Linux 操作系统的接口，即通过在终端输入 Shell 命令，操作系统响应用户输入的命令，执行操作。在 Linux 中几乎所有的操作都可以通过命令行完成，使用 Shell 编写的程序称为 Shell 脚本。

Shell 可以作为命令语言，命令解释程序及程序设计语言。当用户成功登录 Linux 系统时，系统自动启用 Shell，当在终端输入正确的 Shell 命令时，Shell 调用相应的命令和程序，通过内核负责执行用户所需要的操作。

Linux 的可用 Shell 有多种类型，在 Linux 的发行版本里一般可以提供两到三种 Shell 供使用。最常用的 Shell 包括 Bourne Shell，Bourne-Again Shell，C Shell 和 Korn Shell。UNIX/Linux 几乎都支持 Bourne Shell。Bourne Shell 在编程方面占优势，但在与用户交互方面比较差。Bourne-Again Shell 是专为 Linux 写的，在 Bourne Shell 的基础上增加了部分功能，是 Linux 默认的 Shell。C Shell 的语法类似于 C 语言，有较高的编程能力，Linux 提供了 C Shell 的扩展版本 Tcsh，Korn Shell 集合了 C Shell 和 Bourne Shell 的特点。

(2) Linux 内核

Linux 内核采用模块化的设计，它的功能也是通过增加和减少模块来实现的。这种模块化的设计方便设计者在进行系统设计时，保证系统封闭和开放与效率的平衡，避免在修剪功能时，改变系统的结构。在一定程度上既保证易于修改，又易于优化和扩展及保持良好的性能。

Linux 内核是操作系统的核心部分。它由进程管理、文件管理、存储管理、设备管理和网络管理五大部分组成。

(3) 应用程序

Linux 下的应用程序很丰富，种类也很多。随着 Linux 的发展，Linux 平台的应用越来越广。Linux 开发人员越来越多，应用程序会越来越多，各项功能也会越来越齐全。

4.1.3 Linux 常见的发行版本

Linux 常见的发行版本有 10 种，下面分别对这些版本进行介绍。

（1）Debian

Debian 使用 Linux 核心，但大部分基本工具则来自 GNU 计划，因此称为 GNU/Linux。Debian GNU/Linux 不只是个操作系统，它也包含超过 18733 个的软件包，它们是一些已经编译的软件，并包装成一个容易安装的格式。

Debian 系统分为 stable、testing 和 unstable 3 个版本。这 3 个版本分支分别对应的具体版本为 Woody、Sarge 和 Sid。其中，unstable 包括最新的软件包，但是也有相对较多的 bug，适合桌面用户；testing 的版本都经过 unstable 的测试，相对稳定；而 Woody 一般只用于服务器，上面的软件包大部分都过时，但是稳定性和安全性都非常高。

（2）Redhat/Fedora

Fedora 项目由 Red Hat 赞助。Fedora 的目标，是推动自由和开源软件更快地进步。公开的论坛，开放的过程，快速的创新，精英和透明的管理，所有这些都为实现一个自由软件能提供的最好的操作系统和平台。

目前，Red Hat 分为两个系列：由 Red Hat 公司提供收费技术支持和更新的 Red Hat Enterprise Linux，以及由社区开发的免费的 Fedora Core。

（3）Gentoo

Gentoo 是一种 Linux 发行版，它是一个现代模式的发行版。与其他发行版不同的是，Gentoo 有一个使用 Python 编写而成的软件包管理系统，能对 BSD 端口全面兼容，并对其进行管理。

Gentoo 最初由 Daniel Robbins 创建。Gentoo Linux 采用 Portage 软件包管理机制，是一种可以针对任何应用和需要而自动优化和定制的特殊的 Linux 发行版。

（4）Mandriva

Mandriva 最早由 Gael Duval 创建并在 1998 年 7 月发布。其实，Mandrake 最早的开发者是基于 Redhat 进行开发的。Redhat 默认采用 GNOME 桌面系统，而 Mandrake 将其改为 KDE。而由于当时的 Linux 普遍比较难安装，不适合第一次接触 Linux 的新手，所以，Mandrake 还简化了安装系统。Mandrake 在易用性方面投入了大量的精力，包括默认情况下的硬件检测等。

Mandrake 的开发完全透明化。当系统有了新的测试版本后，便可以在 cooker 上找到。之前 Mandrake 的新版本的发布速度很快，但从 9.0 之后便开始减缓。

（5）Knoppix

Knoppix 是一个基于 Debian 的发行版，能够非常轻松地安装到硬盘上。其强大的硬件检测能力、系统修复能力、即时压缩传输技术，都令人大加称赞。

Knoppix 是最有名的 LiveCD 发行版本，所以，作为一个基础，首先对它进行研究。Knoppix 捆绑了大量的工具，既有面向开发人员的，也有面向办公用途的。

（6）openSUSE

openSUSE 项目是由 Novell 公司资助的全球性社区计划，旨在推进 Linux 的广泛使用。这个计划提供免费的 openSUSE 操作系统。这里是一个由普通用户和开发者共同构成的社区，拥有创造世界上最好用的 Linux 发行版的共同目标。openSUSE 是 Novell 公司发行的企业级 Linux 产品的系统基础。

openSUSE 项目是由 Novell 发起的开源社区计划，旨在推进 Linux 的广泛使用。openSUSE.org 提供了由简单的方法来获得世界上最好用的 Linux 发行版 SUSELinux，openSUSE 项目为 Linux 开发者和爱好者提供了开始使用 Linux 所需要的一切。

（7）Mepis

Mepis 是 Debian Sid 和 Knoppix 结合的产物。用户既能将之作为 LiveCD 使用，也能使用常规的图形界面进行安装。Mepis 默认集成安装了 Java Runtime Environment、Flash 插件、nVidia 加速驱动等许多常用的程序。

与 Knoppix 相反，Mepis 引入了一个将其自身安装到硬盘驱动器的非常好的应用程序，但是却缺少保存 LiveCD 配置的工具及 LiveCD 环境运行时动态安装额外软件的工具。显然，Mepis 的目标是在安装之前可以进行试验，而不是创建一个根本不需要任何持久安装的轻便的运行期环境。Mepis 的引导顺序与 Knoppix 略有不同，更好的方面体现在，Mepis 提供了一个可导航的菜单来选择内核的版本。

（8）PCLinuxOS

PCLinuxOS 是一张纯英文的自启动运行光盘，PCLinuxOS 完全从一张可启动光盘运行。光盘上的数据实时地解压缩，从而使得这一张光盘上集成的应用程序多达 2GB。

PCLinuxOS 是一个完全开放的 Linux 版本，经过 PCLinuxOS 开发团队的不懈努力，越来越受到广大 Linux 爱好者的关注。PCLinuxOS 的开发团队奇迹般把普通 Linux 版本推动到 Linux 世界的巅峰，也让 Linux 的开源、自由精神绽放出极致的光彩。

（9）Slackware

Slackware 由 PatrickVolkerding 创建于 1992 年。Slackware 曾经非常流行，但是当 Linux 越来越普及，用户的技术层面越来越广，在其他主流发行版本强调易用性时，Slackware 依然固执的追求最原始的效率，所有的配置均要通过配置文件来进行。

Slackware 稳定、安全，所以，仍然有大批的忠实用户。由于 Slackware 尽量采用原版的软件包而不进行任何修改，所以，制造新 bug 的概率便低了许多。Slackware 的版本更新周期较长，但是新版本的软件仍然不间断地提供给用户下载。

（10）Ubuntu

Ubuntu 项目完全遵从开源软件开发的原则，并且鼓励人们使用、完善并传播开源软件。也就是说 Ubuntu 从始至终都是免费的。Ubuntu 的所有版本至少会提供 18 个月的安全和其他升级支持。

Ubuntu 默认桌面环境采用 GNOME，一个 UNIX 和 Linux 主流桌面套件和开发平台。Ubuntu 的版本号是根据发布一个版本的日期而定，Ubuntu 由一个快速壮大的社区进行维护。

4.1.4　Linux 内核的特点

Linux 是一种实用性很强的现代操作系统，是强有力和具有创新意义的 UNIX 类操作系统。它不仅继承了 UNIX 的特征，而且在许多方面超过了 UNIX。Linux 系统内核最注重的问题是实用和效率。Linux 内核具有下列特点。

① 整个 Linux 内核由很多过程组成，每个过程可以独立编译，然后用连接程序将其连接在一起成为一个单独的目标程序。这种结构的最大特点是内部结构简单，因此，内核的工作效率较高。另外，基于过程的结构也有助于不同的人员参与不同过程的开发。Linux 内核又是开放式的结构，允许对其进行修正、改进和完善。

② Linux 的文件系统最大特点是实现了一种抽象文件模型——VFS。使用虚拟文件系统屏蔽了各种不同文件系统的内在差别，使得用户可以使用同样的方式访问各种不同格式的文件系统，可以毫无区别地在不同介质、不同格式的文件系统之间使用 VFS 提供的统一接口交换数据。这种抽象为 Linux 带来了无限活力。

③ 为了保证方便地支持新设备、新功能，又不会无限扩大内核规模，Linux 系统对设备驱动或新文件系统等采用了模块化方式，用户在需要时可以现场动态加载，使用完毕可以动态卸载。同时对内核，用户也可以定制，选择适合自己的功能，将不需要的部分剔除出内核。这两种技术都保证了内核的紧凑性和扩展性。

④ Linux 支持内核线程。内核线程可以说是用户进程，但和一般的用户进程又有不同，它像内核一样不被换出，因此运行效率较高。

⑤ Linux 支持多种平台的虚拟内存管理。内存管理是和硬件平台密切相关的部分，为了支持不同的硬件平台而又保证虚拟存储管理技术的通用性，Linux 的虚拟内存管理为不同的硬件平台提供了统一的接口。

⑥ Linux 的进程调度方式简单而有效。对于用户进程，Linux 采用简单的动态优先级调度方式。对于内核中的例程则采用了一种独特的机制——软中断机制，这种机制保证了内核例程的高效运行。

⑦ 线程结构是说同一时间只有一个执行线程允许在内核中运行，这种内核为非抢占的，它的好处在于内核中没有并发任务，但其不利影响是非抢占特性延迟了系统响应速度，新任务必须等待当前任务在内核执行退出才能获得运行机会。

⑧ Linux 内核是一种被动调用服务对象，所谓被动是因为它为用户服务的唯一方式是用户通过系统调用来请求在内核空间运行某个函数。内核本身是一种函数和数据结构的集合，不存在运行的内核进程为用户服务。

4.2 Linux 命令的使用

Linux 有图形界面操作和命令行操作，命令行操作是 Linux 的一大优势。下面介绍 Linux 基本命令的使用。

Linux 命令的格式如下：

```
command [-options] parameter1 parameter2
```

各部分的具体内容如下。

① command 是命令或可执行文件。

② [-options]的-options 是命令的选项。各个命令的选项不尽相同。中括号代表有些命令可以不使用选项。选项可以使用多个或者单个：单个使用时可写为-t 或者-v；多个使用时可以分开写也可以连续写为-t –v 或者-tv。

③ parameters 是附加在-options 后的参数。视具体的命令写入，一般是文件名。

注意：Linux 的基本命令大小写的意思不同，要注意区分大小写。

Linux 的命令有很多，在本节中，把命令归类成 5 部分来讲解，分别是系统管理命令、文件管理命令、目录管理命令、进程管理命令和其他命令。

（1）系统管理命令

■ id

功能：显示当前用户名和组名。

例如：运行结果如图 4-1 所示。

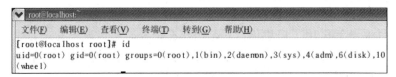

图 4-1　id 命令使用

■ who –m

功能：查看用户自己的信息。

例如：运行结果如图 4-2 所示。

■ who –q

功能：显示登录的用户名和数量。

例如：运行结果如图 4-3 所示。

图 4-2　who –m 命令使用　　　　图 4-3　who –q 命令使用

■ su

功能：切换用户的身份。输入命令后，还要输入用户的密码。输入的密码是看不见

第 4 章　Linux 开发常用操作

的，输完后按 Enter 键就可以。

登录其他账号必须退出当前的用户账号。在 Linux 中，可以在不退出当前账号的情况下登录另一个用户，并可用 su 命令在用户间进行转换。

执行 su 命令时，系统提示用户输入口令。若 su 命令后面不跟用户名，系统则默认为转换到超级用户。执行 su 命令后，当前的所有环境变量都会被传送到新用户状态下。su 命令就可以在不退出当前用户的情况下，转到超级用户中执行一些普通用户无法执行的命令，命令执行完成后可将命令执行结果带回当前用户。

格式：su 用户名

■ man ls

功能：查看 ls 的使用手册。

例如：运行结果如图 4-4 所示。

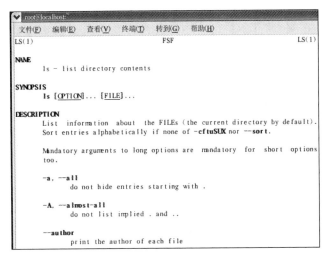

图 4-4　man ls 命令使用

■ date

功能：显示系统当前时间。

例如：运行结果如图 4-5 所示。

■ cal

功能：显示当月的日历。

cal –y 显示所输入的年的日历。

例如：运行结果如图 4-6 所示。

图 4-5　date 命令使用

```
root@localhost:~
文件(F)  编辑(E)  查看(V)  终端(T)  转到(G)  帮助(H)
[root@localhost root]# cal -y
                               2009

          一月                       二月                       三月
日 一 二 三 四 五 六        日 一 二 三 四 五 六        日 一 二 三 四 五 六
             1  2  3         1  2  3  4  5  6  7         1  2  3  4  5  6  7
 4  5  6  7  8  9 10         8  9 10 11 12 13 14         8  9 10 11 12 13 14
11 12 13 14 15 16 17        15 16 17 18 19 20 21        15 16 17 18 19 20 21
18 19 20 21 22 23 24        22 23 24 25 26 27 28        22 23 24 25 26 27 28
25 26 27 28 29 30 31                                    29 30 31

          四月                       五月                       六月
日 一 二 三 四 五 六        日 一 二 三 四 五 六        日 一 二 三 四 五 六
          1  2  3  4                        1  2            1  2  3  4  5  6
 5  6  7  8  9 10 11         3  4  5  6  7  8  9         7  8  9 10 11 12 13
12 13 14 15 16 17 18        10 11 12 13 14 15 16        14 15 16 17 18 19 20
19 20 21 22 23 24 25        17 18 19 20 21 22 23        21 22 23 24 25 26 27
26 27 28 29 30              24 25 26 27 28 29 30        28 29 30
```

图 4-6　cal 命令使用

■ df

功能：查看文件系统的各个分区的占用情况。

df –T：查看文件系统的各个分区的占用情况并显示文件类型。

例如：运行结果如图 4-7 所示。

```
root@localhost:~
文件(F)  编辑(E)  查看(V)  终端(T)  转到(G)  帮助(H)
[root@localhost root]# df -T
文件系统      类型     1K-块      已用      可用  已用% 挂载点
/dev/sda2     ext3   7558400   2710336   4464112  38% /
/dev/sda1     ext3   1510032     38160   1395164   3% /boot
none          tmpfs   127632         0    127632   0% /dev/shm
```

图 4-7　df 命令使用

```
root@localhost:~
文件(F)  编辑(E)  查看(V)  终端(T)
[root@localhost root]# du /dev
0       /dev/pts
4       /dev/ataraid
32      /dev/cciss
4       /dev/compaq
4       /dev/cpu/0
4       /dev/cpu/1
4       /dev/cpu/10
4       /dev/cpu/11
4       /dev/cpu/12
4       /dev/cpu/13
4       /dev/cpu/14
4       /dev/cpu/15
4       /dev/cpu/2
4       /dev/cpu/3
4       /dev/cpu/4
4       /dev/cpu/5
4       /dev/cpu/6
4       /dev/cpu/7
4       /dev/cpu/8
4       /dev/cpu/9
68      /dev/cpu
4       /dev/dri
32      /dev/i2o
32      /dev/ida
4       /dev/inet
4       /dev/input
4       /dev/logicalco/bci
4       /dev/logicalco/dci1300
```

图 4-8　du 命令使用

■ du

功能：查看文件与目录所占容量，默认以 KB 为单位。

格式：du 文件名或目录

例如：运行结果如图 4-8 所示。

■ finger-l

功能：显示主机系统中用户的信息。

选项：

-l：显示主机系统中用户的信息。

-s：用户名，显示用户的详细信息。

例如：运行结果如图 4-9 所示。

■ login 和 logout

功能：

login：登录或重新登录系统命令。

logout：退出或注销用户的命令。

可以直接按 Ctrl+D 组合键退出或注销用户。

■ shutdown

功能：终止或重启系统的命令。

格式：shutdown [-r] [-h] [-c] [-k]　　[[+]时间]

```
[root@localhost root]# finger -l
Login: root                              Name: root
Directory: /root                         Shell: /bin/bash
On since Wed Jun  3 15:45 (CST) on :0 (messages off)
On since Wed Jun  3 15:45 (CST) on pts/0 from :0.0
Mail last read Mon May 18 23:00 2009 (CST)
No Plan.
```

图 4-9　finger-1 命令使用

含义：

-r：系统关闭后将重新启动。

-h：系统关闭后将终止而不重新启动。

-c：取消最近一次运行的 shutdown 命令。

-k：只发出警告信息而不真正关闭系统。

[+]时间："+时间"表示过指定时间后关闭系统，而"时间"表示在指定时间关闭系统。

例如：

shutdown –r now

表示马上关闭并重新启动。

shutdown –h +5

表示 10min 后关闭并终止。

在 Linux 中，禁止直接关机或直接按面板上 Reset 键重新启动计算机。一般应先用 shutdown 命令关闭系统，然后再关机或重新启动计算机。可以按 Ctrl+Alt+Del 组合键重新启动计算机。

■ export

功能：显示当前所有环境变量的设置情况。

例如：运行结果如图 4-10 所示。

```
[root@localhost root]# export
declare -x BASH_ENV="/root/.bashrc"
declare -x COLORTERM="gnome-terminal"
declare -x DESKTOP_STARTUP_ID=""
declare -x DISPLAY=":0.0"
declare -x GDMSESSION="Default"
declare -x GNOME_DESKTOP_SESSION_ID="Default"
declare -x GTK_RC_FILES="/etc/gtk/gtkrc:/root/.gtkrc-1.2-gnome2"
declare -x G_BROKEN_FILENAMES="1"
declare -x HISTSIZE="1000"
declare -x HOME="/root"
declare -x HOSTNAME="localhost.localdomain"
declare -x INPUTRC="/etc/inputrc"
declare -x LANG="zh_CN.GB18030"
declare -x LANGUAGE="zh_CN.GB18030:zh_CN.GB2312:zh_CN"
declare -x LESSOPEN="|/usr/bin/lesspipe.sh %s"
declare -x LOGNAME="root"
```

图 4-10　export 命令使用

- **reboot**

功能：没有选项时，则重新启动系统。

格式：reboot [选项]

选项：

-d：重新启动后，系统不向/var/tmp/wtmp 文件写入记录。

-w：仅作测试，并不实际执行重新启动操作，但是命令会被写入/var/tmp/wtmp 文件中。

-f：强制系统重新启动。

- **halt**

功能：没有参数时，关闭系统，并且在/var/tmp/wtm 记录系统关闭的信息。如果系统的运行级别不是"0"或者"6"，系统调用 shoudown 来关闭系统。

格式：halt [选项]

（2）文件管理命令

- **ls**

功能：显示当前目录下的所有文件名。

例如：运行结果如图 4-11 所示。

```
[root@localhost root]# ls
?4? ???Linux??????.ppt   eg1.c      hello.h    main.o     test       test2.c    zhu
6-2                      example.c  helo.c     Makefile   test1.c    test2.h
6-3                      hello      main       star.c     test1.h    test2.o
a                        hello.c    main.c     starfun.h  test1.o    test.c
```

图 4-11 ls 命令使用

- **cat**

功能：在屏幕上显示文件内容。

格式：cat 文件名

例如：运行结果如图 4-12 所示。

- **more**

功能：当文件过长，cat 只能显示最后一页，more 命令可以逐页显示。

进入 more 状态，空白键向后移动一页；B 键向前移动一页；Enter 键向后移动一行；H 键显示帮助；Q 可以退出。

选项[-s]：选项的连续的空白行压缩成一个空白行显示。

选项[-p]：不滚屏，清屏再显示下一屏的内容。

例如：运行结果如图 4-13 所示。

- **less**

功能：more 命令的改进版，功能和 more 相似。

进入 less 状态，PageUp 向前移动一页；PageDown 键向后移动一页；Enter 键向后移动一行。

第 4 章
Linux 开发常用操作

```
[root@localhost root]# cat hello.c
#include <stdio.h>
int main(void)
{
printf("\nhello world!\n");
return 0;
}
```

图 4-12　cat 命令使用

```
[root@localhost root]# more example.c
#include <stdio.h>
int func(int data1, int data2)
{
  int result, data3;
  data3 = data1 - data2;
  result = data1 / data3;
  return result;
}
int main(int argc, char *argv[])
{
  int first, second, result, i, total;
  first = 10;
  second = 6;
  total = 0;
  for(i = 0; i < 10; i++)
  {
    result = func(first, second);
    total += result;
    second++;
```

图 4-13　more 命令使用

- **find**

功能：在指定的目录查找内容。

选项：

ctime n：查找 n 天前文件状态被修改过的所有文件。

group 用户组名：查找属于制定用户组的所有文件。

user 用户名：查找属于指定用户的所有文件。

fprint 文件名：将所有找到的文件放入文件名指定的文件中。如果该文件不存在，创建此名的新文件夹。

例如：find / -name example.c

查找一个名为 example.c 的文件，系统给出查找到的文件的代表系统的所有目录。 运行结果如图 4-14 所示。

例如：find / -name "*.c"

搜索所有目录下后缀名为.c 的文件。*也可以换成具体的文件名，就会查找到具体的文件。

例如：find /dev　-atime 10

查找/dev 目录下前面第 10 天（仅 1 天）访问过的文件。

例如：find /dev　-atime +10

查找/dev 目录下前 10 天访问过的文件。

- **grep**

功能：查找文本文件中特定的字符。

格式：grep [选项]　字符串　文件名

选项：

-I：区别比较时不区分大写和小写。

-n：在输出包含区别模式行前，加上该行行号。

-b：在输出的每一行前显示包含匹配字符串在文件的位置，用字节偏移量表示。

-c：只显示文件包含该字符的行数。

例如：运行结果如图 4-15 所示。

```
root@localhost:~
文件(F)  编辑(E)  查看(V)  终端(T)  转到(G)  帮助(H)
[root@localhost root]# find / -name example.c
find: /proc/2497/fd: 没有那个文件或目录
/root/example.c
/root/sample/example.c
/usr/share/doc/libpng-1.2.2/example.c
/usr/share/doc/libpng10-1.0.13/example.c
/usr/share/doc/zlib-devel-1.1.4/example.c
/usr/share/doc/libjpeg-devel-6b/example.c
```

图 4-14　find 命令使用

```
[root@localhost root]# grep -n result example.c
4:  int result, data3;
6:  result = data1 / data3;
7:  return result;
11:  int first, second, result, i, total;
17:    result = func(first, second);
18:    total += result;
```

图 4-15　grep 命令使用

■ tar

功能：对多个文件归档为 tar 文件。

格式：tar [选项] 归档文件和目录

选项：

-f：使用指定的存档文件，tar 命令必须选项。

-c：创建归档文件。

-u：更新归档文件。

-x：还原归档/压缩文件。

-r：向归档文件追加文件和目录。

-t：显示归档/压缩文件的内容。

■ gzip

功能：压缩和解压缩文件。没参数时，压缩后产生扩展名.gz。

格式：gzip [选项] 文件或目录

选项：

-c：将输出写到标准输出上，不删除源文件。

-d：解压缩。

-r：按递归压缩目录中的文件或解压缩。

-t：检查压缩文件的完整性。

-v：显示文件的压缩比例。

■ zip

功能：将多个文件归档后压缩。压缩方式与 Windows 系统的压缩方式相近，一般作为进行 Linux 和 Windows 互传的压缩方式。

格式：zip [选项] 压缩文件列表

选项：

-m：压缩后删除源文件。

-r：递归压缩目录中的所有文件。

■ unzip

功能：解压缩文件。

格式：unzip [选项] 压缩文件名

选项：
-l：查看压缩文件所包含文件。
-d：指定解压缩的目标目录。
-t：测试压缩文件是否已损坏。
-n：不覆盖同名文件。
-o：强制覆盖同名文件。

（3）目录管理命令

■ mkdir

功能：当前目录下新建一个名为命令中目录名的目录。

格式：mkdir 目录名

例如： 在当前目录下创建一个名为 sample 的目录，mkdir 命令使用如下。

[root@localhost root]# mkdir sample

■ rmdir

功能：在当前目录下删除一个名为命令中目录名的目录。

格式：rmdir 目录名

例如：在当前目录下删除名为 sample 的目录，rmdir 命令使用如下。

[root@localhost root]# rmdir sample

■ cd

功能：改变工作目录的命令。

格式：cd 目录名

例如：cd 命令使用如下。

[root@localhost root]# cd sample

■ pwd

功能：显示工作目录的绝对路径（从根目录到当前工作目录的路径）。

例如：pwd 命令使用如下。

[root@localhost root]# pwd

■ mv

功能：移动和重命名文件或目录。

格式： mv   [选项]   源文件或源目录目的文件或目的目录

选项：
-b：若存在同名文件，覆盖前备份原来的文件。
-f：强制覆盖同名文件。

■ cp

功能：复制文件和目录

格式：cp [选项] 源文件或源目录目的文件或目的目录

选项：
-b：若存在同名文件，覆盖前备份原来文件。
-f：强制覆盖同名文件。

操作示例如下：

```
[root@localhost root]# cp /root/example.c sample
[root@localhost root]# cd sample
[root@localhost root]# ls
```

运行结果如下：

example.c sample

（4）进程管理命令

■ ps

功能：查看当前系统中运行进程的信息。

格式：ps [选项]

选项：

-e：显示所有进程的信息。

-a：显示系统中与 tty 相关的所有进程的信息。

-r：只显示正在运行的进程信息。

-l：以长格式显示进程信息。

-f：显示进程的所有信息。

例如：显示与 tty 相关的所有进程的信息。运行结果如图 4-16 所示。

例如：详细显示所有包含其他使用者的进程。运行结果如图 4-17 所示。

```
[root@localhost sample]# ps -a
 PID TTY          TIME CMD
13362 pts/0    00:00:00 ps
```

```
[root@localhost sample]# ps -au
USER    PID %CPU %MEM   VSZ  RSS TTY    STAT START   TIME COMMAND
root   2729  0.0  0.5  5740 1280 pts/0  S    16:40   0:00 bash
root  13364  0.0  0.2  2612  664 pts/0  R    17:00   0:00 ps -au
```

图 4-16 ps 命令使用　　　　　　图 4-17 ps –au 命令使用

ps –au 格式说明如下：

  user：进程拥有者。

  pid：进程号。

  %cpu：占用的 CPU 使用率。

  %mem：占用内存的使用率。

  vsz：占用虚拟内存多少。

  rss：占用内存多少。

  tty：终端的次要装置号码。

  stat：该进程的状态。

  start：进程开始时间。

  time：执行时间。

  command：所执行的命令。

■ kill

功能：用来终止一个进程的运行，进程号就是 PID。

格式：kill [选项] 进程号

选项：

-l：显示 kill 能发送的信息种类。

-p：指定 kill 只是显示进程的 PID，不发出结束信号。

例如：运行结果如图 4-18 所示。

```
[root@localhost sample]# kill -l
 1) SIGHUP       2) SIGINT      3) SIGQUIT     4) SIGILL
 5) SIGTRAP      6) SIGABRT     7) SIGBUS      8) SIGFPE
 9) SIGKILL     10) SIGUSR1    11) SIGSEGV    12) SIGUSR2
13) SIGPIPE     14) SIGALRM    15) SIGTERM    17) SIGCHLD
18) SIGCONT     19) SIGSTOP    20) SIGTSTP    21) SIGTTIN
22) SIGTTOU     23) SIGURG     24) SIGXCPU    25) SIGXFSZ
26) SIGVTALRM   27) SIGPROF    28) SIGWINCH   29) SIGIO
30) SIGPWR      31) SIGSYS     33) SIGRTMIN   34) SIGRTMIN+1
35) SIGRTMIN+2  36) SIGRTMIN+3 37) SIGRTMIN+4 38) SIGRTMIN+5
39) SIGRTMIN+6  40) SIGRTMIN+7 41) SIGRTMIN+8 42) SIGRTMIN+9
43) SIGRTMIN+10 44) SIGRTMIN+11 45) SIGRTMIN+12 46) SIGRTMIN+13
47) SIGRTMIN+14 48) SIGRTMIN+15 49) SIGRTMAX-14 50) SIGRTMAX-13
51) SIGRTMAX-12 52) SIGRTMAX-11 53) SIGRTMAX-10 54) SIGRTMAX-9
55) SIGRTMAX-8  56) SIGRTMAX-7 57) SIGRTMAX-6  58) SIGRTMAX-5
59) SIGRTMAX-4  60) SIGRTMAX-3 61) SIGRTMAX-2  62) SIGRTMAX-1
63) SIGRTMAX
```

图 4-18　kill 命令使用

■ ps –A

功能：显示所有进程。

例如：运行结果如图 4-19 所示。

■ top

功能：实时监控进程。

格式：top　[选项] 时间值

-d：修改刷新时间。

top 命令默认 5s 刷新进程一次，可以用此命令修改刷新。

例如：用 top 显示实时监控进程。运行结果如图 4-20 所示。

```
[root@localhost sample]# ps -A
  PID TTY          TIME CMD
    1 ?        00:00:04 init
    2 ?        00:00:00 keventd
    3 ?        00:00:00 kapmd
    4 ?        00:00:00 ksoftirqd_CPU0
    9 ?        00:00:00 bdflush
    5 ?        00:00:00 kswapd
    6 ?        00:00:00 kscand/DMA
    7 ?        00:00:00 kscand/Normal
    8 ?        00:00:00 kscand/HighMem
   10 ?        00:00:00 kupdated
   11 ?        00:00:00 mdrecoveryd
   19 ?        00:00:00 kjournald
   77 ?        00:00:00 khubd
 1701 ?        00:00:00 kjournald
 2124 ?        00:00:00 syslogd
 2128 ?        00:00:00 klogd
 2138 ?        00:00:00 portmap
 2157 ?        00:00:00 rpc.statd
 2224 ?        00:00:00 apmd
 2261 ?        00:00:00 sshd
 2275 ?        00:00:00 xinetd
 2295 ?        00:00:00 sendmail
 2304 ?        00:00:00 sendmail
 2314 ?        00:00:00 gpm
 2324 ?        00:00:00 cannaserver
```

图 4-19　ps –A 命令使用

```
[root@localhost root]# top
  17:06:19  up  1:22,  2 users,  load average: 0.33, 0.19, 0.15
60 processes: 58 sleeping, 1 running, 1 zombie, 0 stopped
CPU states:    1.1% user    2.4% system   0.1% nice   0.0% iowait  96.2% idle
Mem:   255264k av,  248772k used,    6492k free,       0k shrd,   53408k buff
                   187060k actv,       0k in_d,    4260k in_c
Swap: 1228964k av,   3036k used, 1225928k free                  107420k cached

  PID USER     PRI  NI  SIZE  RSS SHARE STAT %CPU %MEM   TIME CPU COMMAND
    1 root      15   0   104   84    56 S     0.0  0.0   0:04   0 init
    2 root      15   0     0    0     0 SW    0.0  0.0   0:00   0 keventd
    3 root      15   0     0    0     0 SW    0.0  0.0   0:00   0 kapmd
    4 root      34  19     0    0     0 SWN   0.0  0.0   0:00   0 ksoftirqd_CPU
    9 root      25   0     0    0     0 SW    0.0  0.0   0:00   0 bdflush
    5 root      15   0     0    0     0 SW    0.0  0.0   0:00   0 kswapd
    6 root      15   0     0    0     0 SW    0.0  0.0   0:00   0 kscand/DMA
    7 root      15   0     0    0     0 SW    0.0  0.0   0:00   0 kscand/Normal
    8 root      15   0     0    0     0 SW    0.0  0.0   0:00   0 kscand/HighMe
   10 root      15   0     0    0     0 SW    0.0  0.0   0:00   0 kupdated
   11 root      25   0     0    0     0 SW    0.0  0.0   0:00   0 mdrecoveryd
   19 root      15   0     0    0     0 SW    0.0  0.0   0:00   0 kjournald
   77 root      25   0     0    0     0 SW    0.0  0.0   0:00   0 khubd
 1701 root      15   0     0    0     0 SW    0.0  0.0   0:00   0 kjournald
 2124 root      15   0   348  340   268 S     0.0  0.1   0:00   0 syslogd
 2128 root      15   0    52    4     0 S     0.0  0.0   0:00   0 klogd
```

图 4-20　top 命令使用

（5）其他命令
- **hostname**

功能：显示系统的主机名。

格式：hostname [选项] [主机名]

- **echo**

功能：显示内容。

格式：echo [选项] 文件名或语句

-n：输出字符串后光标不换行。

- **wc**

功能：默认情况下，对指定文本文件统计行数、字符数、字节数。

格式：wc [选项] 文件名

-c：统计字节数。

-k：统计字符数。如果将-k 标志同其他标志一起使用，那么必须包含-c 标志。否则，将会忽略-k 标志。

-l：统计行数。

-m：统计字符数。这个标志不能与-c 标志一起使用。

-w：统计字数。一个字被定义为由空白、跳格或换行字符分隔的字符串。

4.3 vi 编辑器的使用

vi 编辑器主要分为以下 3 种模式。

① 命令模式：这是执行 vi 后的默认模式，此时键盘输入当作命令，命令有大小写之分。

② 插入模式：使用 a、i、o、c、r、s 进入插入模式，用户输入的任何字符都被 vi 当作文件内容保存起来，并将其显示在屏幕上。按 Esc 键即可回到命令模式。

③ 末行模式：在 Command Line 按下即可进入该模式，用来进行保存文件、打开文档或环境的设定，命令有大小写之分。

4.3.1 vi 编辑器的进入

可以通过以下 3 种方法把 vi 编辑器从命令模式进入到插入模式。

（1）新增（append）

- a：从光标所在位置后面开始新增内容。
- A：从光标所在行最后面的地方开始新增内容。

（2）插入（insert）

- i：从光标所在位置前面开始插入内容。
- I：从光标所在行的第一个非空白字符前面开始插入资料。

（3）开始（open）

- o：在光标所在行下新增一行并进入输入模式。
- O：在光标所在行上新增一行并进入输入模式。

4.3.2 命令模式的命令

命令模式主要有以下命令。

（1）光标的移动
- h：左移一个字符。
- l：右移一个字符。
- j：下移一行。
- k：上移一行。
- w，W：跳至后一个字的开头。
- b，B：跳至前一个字的开头。
- e：移动到后一个字的末尾。
- ^：跳至本行第一个非空字符。
- $：跳至行尾。
- H：移动到当前窗口的第一列。
- M：移动到当前窗口的中间列。
- L：移动到视窗的最后一列。
-)：光标所在位置到下个句子的第一个字母。
- (：光标所在位置到该句子的第一个字母。
- }：光标所在位置到该段落的最后一个字母。
- {：光标所在位置到该段落的第一个字母。

（2）删除
- x：删除光标所在字符。
- X：删除光标前面的字符。
- s：删除光标所在字符，并进入输入模式。
- S：删除光标所在的行，并进入输入模式。
- dd：删除光标所在的行。
- d：从光标位置开始删除到行尾。
- D：与光标移动命令的组合。

（3）修改
- r：修改光标所在字符，r 后接着要修改的字符。例如，rc 可以用字符 c 替换光标所指向的当前字符。
- R：进入替换状态，新增内容会覆盖原先内容，直到按 Esc 键回到命令模式下为止。
- cc：修改光标所在行。
- C：修改从光标位置到该行末尾的内容。
- c：与光标移动命令的组合。

（4）复制和移动
- yy：将当前行复制到内存缓冲区。

- nyy：将 n 行内容复制到内存缓冲区。
- Y：与光标移动的组合。
- p：将缓冲区的内容粘贴到光标的后面。

（5）搜索字符串
- /pattern：移至下一个包含 pattern 的行。
- ?pattern：移至上一个包含 pattern 的行。
- /：往下重复查找。
- ?：往上重复查找。
- n：在同一方向重复查找。
- N：在相反方向重复查找。
- /pattern/+n：移至下一个 pattern 所在行后的第 n 行。
- ?pattern?-n：移至上一个 Pattern 所在行前的第 n 行。

4.3.3 末行模式的命令

末行模式主要有以下命令。

（1）文件的保存和退出
- w：保存。
- q：退出。
- w!：强制保存。
- q!：强制退出。
- wq：保存退出。
- wq!：强制保存退出。

（2）字符串的替换
- s/str1/str2/：用 str2 替换行中首次出现的字符串 str1。
- s/str1/str2/g：用 str2 替换行中所有出现的字符串 str1。
- $ s/str1/str2/g：用 str2 替换正文当前行到末尾所有出现的字符串 str1。

（3）编辑多个文件
- vi：file1 file2…。
- n：编辑下一个文件。
- e：filename 编辑指定文件。

实例 4-1　vi 编辑器使用实例

——附带光盘"Ch4\实例 4-1"文件夹

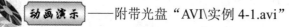——附带光盘"AVI\实例 4-1.avi"

下面用例子来说明 vi 编辑器的使用方法。在 Linux 中，输入一个名为 hello 的文件，并保存退出。

（1）启动终端

启动 Linux，再启动终端，如图 4-21 所示。

（2）启动 vi

在终端 Terminal 中输入 vi hello.c，进入文本框，当前处于命令模式。

此时，如果在当前目录下有名为 hello.c 的文件，则 vi 编辑器打开 hello.c 的文件，如果没有，则新建名为 hello.c 的文件，并打开文件 hello.c，如图 4-22 所示。

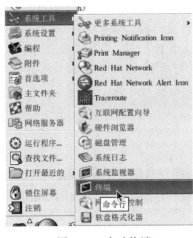

图 4-21　启动终端

图 4-22　启动 vi

（3）进入命令模式

按 Enter 键，进入 vi 编辑器命令模式，如图 4-23 所示。

图 4-23　进入 vi 编辑器命令模式

（4）进入插入模式

输入命令 a，进入插入模式，输入文字"echo hello world！"，如图 4-24 所示。

图 4-24　进入插入模式

（5）退出插入模式

按 Esc 键退出插入模式，按 wq（保存并退出命令）键，如图 4-25 所示。

图 4-25　退出插入模式

（6）保存

确认保存并退出，按 Enter 键，返回到终端界面。

4.4　Shell 编程

Shell 是 Linux 系统中的一个重要的层次，它是用户与系统交互作用的界面。

Shell 除了作为命令解释程序外，还是一种高级程序设计语言。利用 Shell 程序设计语言可以编写出功能很强，但代码简单的程序。

4.4.1　Shell 基础介绍

下面介绍 Shell 的基础知识点。

（1）Shell 的定义

Shell 既是一种命令语言，又是一种程序设计语言。作为命令语言，它交互式地解释和执行用户输入的命令；作为程序设计语言，它定义了各种变量和参数，并提供了许多在高级语言中才具有的控制结构，包括循环和分支。它虽然不是 Linux 系统核心的一部分，但它调用了系统核心的大部分功能来执行程序、建立文件并以并行的方式协调各个程序的运行。

Shell 本身是一个用 C 语言编写的程序，它是用户使用 Linux 的桥梁。

因此，对于用户来说，Shell 是最重要的实用程序，深入了解和熟练掌握 Shell 的特性及其使用方法，是用好 Linux 系统的关键。

Shell 是一个命令语言解释器，它拥有自己内建的 Shell 命令集，Shell 也能被系统中其他应用程序所调用。用户在提示符下输入的命令都由 Shell 先解释，然后传给 Linux 核心。

Shell 命令有内部命令和外部命令两种形式。

（2）Shell 的分类

目前流行的 Shell 有 bash，ksh，ash，csh，zsh 等，使用不同的 Shell 的原因在于它们都有各自的特点。

■ bash

bash 是 Linux 系统默认使用的 Shell，它由 Brian Fox 和 Chet Ramey 共同完成，是 Bourne Again Shell 的缩写，内部命令共有 40 个。

■ ksh

ksh 是 Korn Shell 的缩写，共有 42 条内部命令。该 Shell 最大的优点是几乎和商业发行版的 ksh 完全相容，这样就可以在不用花钱购买商业版本的情况下尝试商业版本的性能了。

■ ash

ash Shell 是由 Kenneth Almquist 编写的，是 Linux 中占用系统资源最少的一个小 Shell，它只包含 24 个内部命令，因而使用起来很不方便。

■ csh

csh 是 Linux 比较大的内核，它由以 William Joy 为代表的共计 47 位作者编成，共有 52 个内部命令。该 Shell 其实是指向/bin/tcsh 的一个 Shell。csh 包括命令行编辑、可编程单词补全、拼写校正、历史命令替换、作业控制和类似 C 语言的语法，它不仅和 Bash Shell 提示符兼容，而且还提供比 Bash Shell 更多的提示符参数。

■ zch

zch 是 Linux 最大的 Shell 之一，由 Paul Falstad 完成，共有 84 个内部命令。如果只是一般的用途，是没有必要安装这样的 Shell 的。

（3）Shell 启动过程

Linux 系统 Shell 的启动过程如下：

① 内核将加载至内存，直到系统关机。

② init 将扫描/etc/inittab，一旦找到活动的终端，mingetty 会给出 login 提示符和口令，mingetty 提示输入用户及口令。

③ 将用户名及口令传递给 login，login 验证用户及口令是否匹配，如果身份验证通过，login 将会自动转至其$HOME。

④ 将控制权移交到所启动的任务。如在/etc/passwd 文件中用户的 Shell 为/bin/sh。

⑤ 读取文件/etc/profile 和$HOME/.profile 中系统定义变量和用户定义变量，系统给出 Shell 提示符$PROMPT，对普通用户用"$"作提示符，对 root 用户用"#"作提示符。

⑥ 在 Shell 提示符，就可以输入命令名称及所需要的参数。Shell 将执行这些命令。

⑦ 当用户准备结束登录对话进程时，可以键入 logout 命令、exit 命令或按 Ctrl+D 组合键，结束后控制权将交给 init。

（4）Shell 特殊字符

特殊字符是 Shell 命令中的一种字符。特殊字符主要有以下 4 种。

■ 单引号

单引号将消除括在单引号中的所有特殊字符的含义。

例如：

```
$g='test'
$ echo"this is'$g'"
this is'test'
$ echo'$g'
$g
```

可见，$保持了其本身的含义，作为普通字符出现。

- 双引号

反引号用于设置系统命令的输出到变量。Shell 将反引号中的内容作为一个系统命令，并执行其内容。使用这种方法可以替换输出为一个变量。反引号可以与双引号结合使用。

例如：

```
$ echo"today is'date'"
today is Jul 7 19：30：35 CST 2009
$ echo"today is'date'"
today is date
```

- 反斜线

如果下一个字符有特殊含义，反斜线防止 Shell 误解其含义，即屏蔽其特殊含义。下述字符包含有特殊意义：&、*、+、^、$、'、"、|、?。

假如 echo 命令加*，意即以串行顺序打印当前整个目录列表，而不是一个星号*。为屏蔽星号特定含义，可使用反斜线。

例如：

```
$ echo \*
*
```

- 注释符

在 Shell 编程或 Linux 的配置文档中，经常要对某些正文行进行注释，以增加程序的可读性。在 Shell 中以字符#开头的正文行表示注释行。

4.4.2 Shell 程序的变量和参数

Shell 变量可以保存诸如路径名、文件名或者一个数字。对 Shell 来讲，所有变量的取值都是一个字符串。Shell 程序采用$var 的形式来引用名为 var 的变量的值。Shell 有以下 5 种基本类型的变量。

（1）用户定义的变量

- 说明一个变量为只读

```
readonly 变量名
```

变量默认都只是当前 Shell 的局部变量，将变量变为公共变量的格式为：

```
export 变量名
```

也可以在给变量赋值的同时使用 export 命令：export 变量名=变量值。

使用 export 说明的变量，在 Shell 以后运行的所有命令或程序中都可以访问到。

- 定义自己的变量

变量名=变量值

或${变量名=变量值}

在定义变量时，变量名前不应加符号"$"，在引用变量的内容时，则应在变量名前加"$"；在给变量赋值时，等号两边一定不能留空格，若变量中本身就包含了空格，则整个字符串都要用双引号括起来。
- 清除变量

使用 unset 命令清除变量。

例如：

```
unset varname
```

- 显示变量

使用 echo 命令可以显示单个变量取值，并在变量名前加$。

例如：

```
$ myvar="hello world"
$ echo $myvar
```

显示所有本地 Shell 变量。

使用 set 命令显示所有本地定义的 Shell 变量。

（2）Shell 定义的环境变量

Shell 在开始执行时就已经定义了一些和系统的工作环境有关的变量，这些变量用户还可以重新定义。环境变量可以在命令行中设置，但用户注销时这些值将丢失，因此，最好在.bash_profile 或/etc/profile 文件中设置环境变量。传统上，所有环境变量均为大写。

- 设置环境变量

```
VARNAME = value ; export VARNAME
```

- 清除环境变量

使用 unset 命令清除环境变量。

- 显示环境变量

使用 env 命令可以查看所有的环境变量。

（3）常用的 Shell 环境变量
- HOME：用于保存注册目录的完整路径名。
- UID：当前用户的标识符，取值是由数字构成的字符串。
- PWD：当前工作目录的绝对路径名，该变量的取值随 cd 命令的使用而变化。
- SHELL：SHELL 变量保存默认 Shell，通常在/etc/passwd 中已设置。
- PATH：用于保存用冒号分隔的目录路径名，Shell 将按 PATH 变量中给出的顺序搜索这些目录，找到的第一个与命令名称一致的可执行文件将被执行。
- TERM：终端的类型。
- LOGNAME：此变量保存登录名。

（4）预定义变量

预定义变量和环境变量相似，也是在 Shell 开始时就定义了的变量，所不同的是，用户只能根据 Shell 的定义来使用这些变量，而不能重定义，所有预定义变量都是由$符和另一个符号组成的，常用的 Shell 预定义变量有以下 6 种。
- $#：位置参数的数量。
- $*：所有位置参数的内容。
- $?：命令执行后返回的状态。

- $$：当前进程的进程号。
- $!：后台运行的最后一个进程号。
- $0：当前执行的进程名。

（5）位置参数

位置参数是一种在调用 Shell 程序的命令行中按照各自的位置决定的变量，是在程序名之后输入的参数。

位置参数之间用空格分隔，Shell 取第一个位置参数替换程序文件中的$1，第二个替换$2，依次类推。$0 是一个特殊的变量，它的内容是当前这个 Shell 程序的文件名，所以，$0 不是一个位置参数，在显示当前所有的位置参数时是不包括$0 的。

4.4.3 运行 Shell 程序

用户可以用任何编辑程序来编写 Shell 程序。按照 Shell 编程的惯例，以 bash 为例，程序的第一行一般为"#! /bin/bash"，其中，"#"表示该行是注释，"!"表示 Shell 运行"!"之后的命令并用文档的其余部分作为输入，也就是运行/bin/bash，并让/bin/bash 去执行 Shell 程序的内容。

执行 Shell 程序的方法有如下 3 种。

（1）sh Shell 程序文件名

这种方法的命令格式为：

> bash Shell 程序文件名

这实际上是调用一个新的 bash 命令解释程序，而把 Shell 程序文件名作为参数传递给它。新启动的 Shell 将去读指定的文件，可执行文件中列出的命令，当所有的命令都执行完后结束。

（2）sh

这种方法的命令格式为：

> bash< Shell 程序名

这种方式就是利用输入重定向，使 Shell 命令解释程序的输入取自指定的程序文件。

（3）chmod 命令

用 chmod 命令使 Shell 程序成为可执行。

一个文件能否运行取决于该文档的内容本身可执行且该文件具有执行权。对于 Shell 程序，当用编辑器生成一个文件时，系统赋予的许可权都是 644(rw-r-r--)，因此，当用户需要运行这个文件时，只需要直接输入文件名即可。

（4）bash 程序的调试

在编程过程中难免会出错，有时候，调试程序比编写程序花费的时间还要多，Shell 程序同样如此。Shell 程序的调试主要是利用 bash 命令解释程序的选择项。调用 bash 的格式为：

bash -选择项 Shell 程序文件名

几个常用的选择项如下：

- -e：如果一个命令失败就立即退出。
- -n：读入命令但是不执行。

- -u：置换时把未设置的变量看作出错。
- -v：当读入 Shell 输入行时把它们显示出来。
- -x：执行命令时把命令和它们的参数显示出来。

上面的所有选项也可以在 Shell 程序内部用"set -选择项"的形式引用，而"set +选择项"则将禁止该选择项起作用。如果只想对程序的某一部分使用某些选择项时，则可以将该部分用上面两个语句包围起来。

4.4.4　Shell 程序设计的流程控制

和其他高级程序设计语言一样，Shell 提供了用来控制程序执行流程的命令，包括条件分支和循环结构，用户可以用这些命令创建非常复杂的程序。

与传统语言不同的是，Shell 用于指定条件值的不是布尔运算式，而是命令和字串。

（1）测试命令

测试命令用于检查某个条件是否成立，它可以进行数值、字符和文件 3 个方面的测试。

- 数值测试

-eq：等于则为真。

-ne：不等于则为真。

-gt：大于则为真。

-ge：大于等于则为真。

-lt：小于则为真。

-le：小于等于则为真。

- 字串测试

=：等于则为真。

!=：不相等则为真。

-z 字串：字串长度伪则为真。

-n 字串：字串长度不伪则为真。

- 文件测试

-e 文件名：如果文件存在则为真。

-r 文件名：如果文件存在且可读则为真。

-w 文件名：如果文件存在且可写则为真。

-x 文件名：如果文件存在且可执行则为真。

-s 文件名：如果文件存在且至少有一个字符则为真。

-d 文件名：如果文件存在且为目录则为真。

-f 文件名：如果文件存在且为普通文件则为真。

-c 文件名：如果文件存在且为字符型特殊文件则为真。

-b 文件名：如果文件存在且为块特殊文件则为真。

- 测试时使用逻辑操作符

Shell 提供 3 种逻辑操作完成此功能。

-a：逻辑与，操作符两边均为真，结果为真，否则为假。

-o：逻辑或，操作符两边一边为真，结果为真，否则为假。

!：逻辑否，条件为假，结果为真。

其优先级为：! 最高，-a 次之，-o 最低。

（2）if 条件语句

if 语句测试条件，测试条件返回真（0）或假（1）后，可相应执行一系列语句。if 语句结构对错误检查非常有用。其格式为：

```
if 条件 1
    then 命令 1
elif 条件 2
    then 命令 2
else 命令 3
fi
```

if 语句必须以单词 fi 终止。elif 和 else 为可选项，如果语句中没有否则部分，那么就不需要 elif 和 else 部分。If 语句可以有许多 elif 部分。最常用的 if 语句是 if then fi 结构。

使用 if 语句时，必须将 then 部分放在新行，否则会产生错误。如果不分行，必须使用命令分隔符。现在简单 if 语句变为：

```
if 条件；
then 命令
fi
```

有时要嵌入 if 语句，为此需注意 if 和 fi 的相应匹配使用。而测试两个以上的条件需使用 if then else 语句的 elif 部分。

（3）case 语句

case 语句为多选择语句，可以用 case 语句匹配一个值与一个模式，如果匹配成功，执行相匹配的命令。

case 语句格式如下：

```
case 值 in
  模式 1)
      命令 1;;
  模式 2)
      命令 2;;
  ...
      其他命令行
esac
```

case 取值后面必须为 in，每个模式必须以右括号结束。取值可以为变量或常数。匹配发现取值符合某一模式后，其间所有命令开始执行直至;;。取值将检测匹配的每个模式。一旦模式匹配，则执行完匹配模式相应命令后不再继续其他模式。

（4）for 循环

for 循环对一个变量的可能的值都执行一个命令序列。赋给变量的几个数值既可以在程序内以数值列表的形式提供，也可以在程序外以位置参数的形式提供。for 循环一般格式为：

```
for 变量名 in 列表
  do
    命令1
    命令2
    …
  done
```

变量名可以是用户选择的任何字串，如果变量名是 var，则在 in 之后给出的数值将顺序替换循环命令列表中的$var。如果省略了 in，则变量 var 的取值将是位置参数。对变量的每一个可能的赋值都将执行 do 和 done 之间的命令列表。

（5）while 循环

while 和 until 命令都是用命令的返回状态值来控制循环的。while 循环的一般格式为：
while 条件（或命令）

```
  do
    命令1
    命令2
    …
  done
```

虽然通常只使用一个命令，但在 while 和 do 之间可以放几个命令。命令通常用作测试条件。只有当命令的退出状态为零时，do 和 done 之间命令才被执行，如果退出状态不为零，则循环终止。

（6）until 循环

until 循环执行一系列命令直至条件为真时停止。until 循环与 while 循环在处理方式上刚好相反。while 循环在条件为真时继续执行循环，而 until 则是在条件为假时继续执行循环。

until 循环格式为：

```
until 条件
  do
    命令1
    …
  done
```

条件可为任意测试条件，测试发生在循环末尾，因此，循环至少执行一次。

（7）case 条件选择

if 条件语句用于在两个选项中选择一项，而 case 条件选择为用户提供了根据字串或变量的值从多个选项中选择一项的方法，其格式如下：

```
case string in
   exp-1)
```

```
            若干个命令行 1
            ;;
        exp-2）
            若干个命令行 2
            ;;
            …
            其他命令行
        esac
```

Shell 通过计算字串 string 的值，将其结果依次和运算式 exp-1，exp-2 等进行比较，直到找到一个匹配的运算式为止。如果找到了匹配项，则执行它下面的命令直到遇到一对分号（;;）为止。

在 case 运算式中也可以使用 Shell 的通配符（"*"、"?"、"[ ]"）。通常用*作为 case 命令的最后运算式，以便在前面找不到任何相应的匹配项时执行"其他命令行"的命令。

（8）无条件控制语句 break 和 continue

有时需要基于某些准则退出循环或跳过循环步，Shell 提供两个命令实现此功能。

- break

break 命令允许跳出循环。break 通常在进行一些处理后退出循环或 case 语句。如果是在一个嵌入循环里，可以指定跳出的循环个数。例如，如果在两层循环内，用 break 刚好跳出整个循环。

- continue

continue 命令类似于 break 命令，只有一点重要差别，它不会跳出循环，只是跳过这个循环步。

（9）函数定义

在 Shell 中还可以定义函数。函数实际上也是由若干条 Shell 命令组成的，因此，它与 Shell 程序形式上是相似的，不同的是它不是一个单独的进程，而是 Shell 程序的一部分。函数定义的基本格式为：

```
functionname
    {
    若干命令行
    }
```

调用函数的格式为：

```
functionname param1 param2…
```

Shell 函数可以完成某些例行的工作，而且还可以有自己的退出状态，因此，函数也可以作为 if，while 等控制结构的条件。

在函数定义时不用带参数说明，但在调用函数时可以带有参数，此时 Shell 将把这些参数分别赋予相应的位置参数$1，$2，…及$*。

（10）命令分组

在 Shell 中有两种命令分组的方法：( ) 和 { }。前者当 Shell 执行（）中的命令时将再创建一个新的子进程，然后这个子进程去执行圆括弧中的命令。当用户在执行某个命令时，不想让命令运行时对状态集合的改变影响到下面语句的执行时，就应该把这些命令放在圆括弧中，这样就能保证所有的改变只对子进程产生影响，而父进程不受任何干扰。{ } 用于将顺序执行的命令的输出结果用于另一个命令的输入。当要真正使用圆括弧和花括弧时，则需要在其前面加上转义符（\），以便让 Shell 知道它们不是用于命令执行的控制所用。

（11）信号

trap 命令用于在 Shell 程序中捕捉信号，之后可以有 3 种反应方式：

- 执行一段程序来处理这一信号。
- 接受信号的默认操作。
- 忽视这一信号。

trap 对上面 3 种方式提供了 3 种基本形式：

第一种形式的 trap 命令在 Shell 接收到与 signal list 清单中数值相同的信号时，将执行双引号中的命令串。

① trap 'commands' signal-list

trap "commands" signal-list

为了恢复信号的默认操作，使用第二种形式的 trap 命令。

② trap signal-list

第三种形式的 trap 命令允许忽略信号：

③ trap " " signal-list

另外，在 trap 语句中，单引号和双引号是不同的。当 Shell 程序第一次碰到 trap 语句时，将把 commands 中的命令扫描一遍。此时若 commands 是用单引号括起来的话，那么 Shell 不会对 commands 中的变量和命令进行替换，否则 commands 中的变量和命令将用当时具体的值来替换。

4.4.5 Shell 输入与输出

执行一个 Shell 命令行时通常会自动打开 3 个标准文档，即标准输入文档，通常对应终端的键盘；标准输出文档和标准错误输出文档都对应终端的屏幕。进程将从标准输入文档中得到输入资料，将正常输出资料输出到标准输出文档，而将错误信息送到标准错误文档中。

（1）输入重定向和输出重定向

- 输入重定向

输入重定向是指把命令或可执行程序的标准输入重定向到指定的文件中。也就是说，输入可以不来自键盘，而来自一个指定的文件。所以，输入重定向主要用于改变一个命令的输入源，特别是改变那些需要大量输入的输入源。

- 输入重定向

输入重定向是指把命令的标准输出或标准错误输出重新定向到指定文档中。这样，该命令的输出就不显示在屏幕上，而是写入到指定文档中。

输出重定向比输入重定向更常用。例如，如果某个命令的输出很多，在屏幕上不能完全显示，那么将输出重定向到一个文档中，然后再用文本编辑器打开这个文档，就可以查看输出信息；如果想保存一个命令的输出，也可以使用这种方法。还有，输出重定向可以用于把一个命令的输出当作另一个命令的输入。

在表 4-1 中列出了这些方法和说明。

表 4-1 输入和输出方法和说明

命令格式	说　明
命令>文件名	把标准输出重定向到文件中
命令>>文件名	把标准输出重定向追加到文件中
命令 2>文件名	把标准错误重定向到文件中
命令 2>>文件名	把标准错误重定向追加到文件中
命令<文件名	让命令以文件作为标准输入
命令<&m	把文件描述符 m 作为标准输入
命令>&m	把标准输出重定向到文件描述符 m 中
命令<&-	关闭标准输入

（2）管道

通过使用管道符"|"来建立一个管道行。将一个程序或命令的输出作为另一个程序或命令的输入，是通过一个暂存文件将两个命令或程序结合在一起，管道可以把一系列命令连接起来，这意味着第一个命令的输出会作为第二个命令的输入通过管道传给第二个命令，第二个命令的输出又会作为第三个命令的输入，依次类推。在屏幕上的是管道行中最后一个命令的输出。常用命令格式为

#命令 1|命令 2

（3）命令替换

命令替换和重定向有些相似，但区别在于命令替换是将一个命令的输出作为另外一个命令的参数。常用命令格式为：

#命令 1`命令 2`

其中，命令 2 的输出将作为命令 1 的参数。需要注意的是这里的"`"符号，被它括起来的内容将作为命令执行，执行后的结果作为命令 1 的参数。

例如：

$ cd `pwd`

该命令将 pwd 命令列出的目录作为 cd 命令的参数，结果仍然停留在当前目录下。

（4）前台和后台

在 Shell 下面，一个新产生的进程可以通过用命令后面的符号";"和"&"分别以前台和后台的方式来执行，语法如下：

命令

产生一个前台的进程，下一个命令需等该命令运行结束后才能输入

命令 &

产生一个后台的进程，此进程在后台运行的同时，可以输入其他的命令

4.4.6 bash 介绍

下面分别对 bash 的内部命令和 bash 程序的调试进行介绍。

（1）bash 的内部命令

bash 命令解释套装程序包含了一些内部命令。内部命令在目录列表中是看不见的，它们由 Shell 本身提供，常用的内部命令如下。

- exec

格式：exec 命令参数

功能：当 Shell 执行到 exec 语句时，不会去创建新的子进程，而是转去执行指定的命令，当指定的命令执行完时，该进程就终止了，所以，Shell 程序中 exec 后面的语句将不再被执行。

- export

格式：export 变量名

或：export 变量名=变量值

功能：Shell 可以用 export 把它的变量向下带入子 Shell，从而让子进程继承父进程中的环境变量。但子 Shell 不能用 export 把它的变量向上带入父 Shell。

- eval

命令格式：eval args

功能：当 Shell 程序执行到 eval 语句时，Shell 读入参数 args，并将它们组合成一个新的命令，然后执行。

- shift 语句

功能：shift 语句按如下方式重新命名所有的位置参数变量，即$2 成为$1，$3 成为$2⋯在程序中每使用一次 shift 语句，都使所有的位置参数依次向左移动一个位置，并使位置参数$#减 1，直到减到零为止。

- wait

功能：使 Shell 等待在后台启动的所有子进程结束。wait 的返回值总是真。

- exit

功能：退出 Shell 程序。在 exit 后可有选择地指定一个数位作为返回状态。

- readonly

命令格式：readonly 变量名

功能：将一个用户定义的 Shell 变量标识为不可变。不带任何参数的 readonly 命令将显示出所有只读的 Shell 变量。

- read

命令格式：read 变量名表

功能：从标准输入设备读入一行，分解成若干字，赋值给 Shell 程序内部定义的变量。

- "."

命令格式：. Shell 程序文件名

功能：使 Shell 读入指定的 Shell 程序文件并依次执行文件中的所有语句。

- ":"

命令格式：：

功能：空命令，通常放在行的最左边，实际不作任何命令，只返回出口代码"0"。

- echo

命令格式：echo arg

功能：在屏幕上显示出由 arg 指定的字串。

（2）bash 程序的调试

Shell 程序的调试是利用 bash 命令解释程序的选项。调用 bash 的形式为

bash　-选择项　Shell 程序文件名

常用的选择项如下：

- -n：测试 Shell 脚本语法结构，只读取 Shell 脚本但不执行。
- -x：进入跟踪方式，执行命令时把命令和它们的参数显示出来。
- -I：交互方式。
- -k：从环境变量中读取命令的参数。
- -e：非交互方式，如果一个命令失败就立即退出。
- -t：执行命令后退出。
- -u：置换时把未设置的变量看作出错。
- -v：verbose，当读入 Shell 输入行时把它们显示出来。

通常使用-x 进行跟踪执行，执行并显示每一条指令。

上面的所有选项也可以在 Shell 程序内部用"set -选择项"的形式引用，而"set +选择项"则将禁止该选择项起作用。如果只想对程序的某一部分使用某些选择项时，则可以将该部分用上面两个语句包围起来。

4.5 综合实例

实例 4-2　编写清除/var/log 下的 log 文件综合实例

起始文件——附带光盘"Ch4\实例 4-2"文件夹

动画演示——附带光盘"AVI\实例 4-2.avi"

在这个实例中，编写一个最简单的脚本，其内容是用两条命令清除/var/log/message 和/var/log/wtmp 中的内容。

【详细步骤】

① 在第一行添加一个 bash 脚本的正确的开头部分，指定解释器为 bash。使用变量指定/var/log 目录，在后面使用这个变量。

② 添加权限有关语句，判断执行脚本的是否根用户，如果不是则输出出错信息，退出。

添加语句，判断是否有命令行参数，如果有，假设为 n，在后面的清除 log 时保留最后

的 n 行；如果没有，设 n=50。

③ 编写源代码。

cleanlog.sh 的源代码如下：

```bash
#!/bin/bash
####################################################################
说明：删除 logfile 的脚本
####################################################################
LOG_DIR=/var/log
ROOT_UID=0          # $UID 为零的用户才具有根用户的权限
LINES=50            # 默认的保存行数
E_XCD=66            # 不能修改目录，与下面的 E_NOTROOT 相似，用于本脚本退出返回
E_NOTROOT=67        # 非根用户


# 一定要使用根用户来运行
if [ "$UID" -ne "$ROOT_UID" ]
  then
    echo "Must be root to run this script. "
exit $E_NOTROOT
fi


# 在下面添加代码>>
# 功能：
# 判断是否有命令行参数
# 如果有则 lines 等于输入的参数，没有则使用前面定义的默认的保存行数 LINES
# 提示：
# 可以使用 if 或 case 结构
# lines 变量用于表示清除 LOG 时保存的行数

#>添加代码处<
if [ -n "$1" ] # 测试是否有命令行参数
  then
    lines=$1else
    lines=$LINES #    如果不在命令行中指定，使用默认
fi

#    可以使用下面的更好方法来检测命令行参数
#    其使用了 case 结构
#
#     E_WRONGARGS=65    # Non-numerical argument (bad arg format)
```

```
#
#       case "$1" in
#       ""          ) lines=50;;
#       *[!0-9]*) echo "Usage:     'basename $0' file-to-cleanup";   exit $E_WRONGARGS;;
#       *           ) lines=$1;;
#       esac
#
# 在下面添加代码>>
# 功能：
   # 进入 LOG_DIR 目录，如果失败，则退出，同时返回 E_XCD
# 提示：
# 可以使用 if 结构或混合命令条件执行结构(||或者&&)


#>添加代码处<
cd $LOG_DIR

if [ 'pwd' != "$LOG_DIR" ]   # 也可以用    if ["$PWD" != "$LOG_DIR" ]
                             # 查看是否在 /var/log 目录中
then
    echo "Can't change to $LOG_DIR. "
    exit $E_XCD
fi
# 在处理 log file 之前，再确认一遍当前目录是否正确

 # 更有效率的做法是：
 #
# cd /var/log || {
#    echo "Cannot change to necessary directory. " >&2
#    exit $E_XCD;
# }

tail -$lines messages > mesg.temp  # 保存 log file 消息的最后部分
 mv mesg.temp messages              # 变为新的 log 目录


cat /dev/null > wtmp
echo "Logs cleaned up. "


exit 0
#    退出之前返回 0，表示成功
```

④ 在终端运行 cleanlog.sh，清除/var/log/message 和/var/log/wtmp 中的内容。运行后的效果如图 4-26 所示。

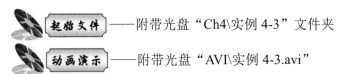

图 4-26 运行 cleanlog.sh

实例 4-3 编写寻找死链接文件综合实例

起始文件——附带光盘"Ch4\实例 4-3"文件夹

动画演示——附带光盘"AVI\实例 4-3.avi"

在这个实例中，通过建立函数 linkchk，用来检查传进来的目录或文件是否是链接和是否链接到不存在的路径，即死链接。如果是死链接，打印出它们的路径。如果传进来的目录有子目录，那么把子目录也发送到 linkchk 函数中处理，也就是递归目录。对每个从脚本传递进来的参数，都调用 linkchk 函数去处理，如果有参数不是目录，那就打印出错误消息和使用信息。

【详细步骤】

① 编写源代码。

broken-link.sh 的源代码如下：

```
#!/bin/bash
# broken-link.sh

# 说明：用来找出死链接文件并且输出它们的路径
##################################################################
```

```bash
# 如果没对这个脚本传递参数，那么就使用当前目录
# 否则就使用传递进来的参数作为目录来搜索

[ $# -eq 0 ] && directorys=`pwd` || directorys=$@

# <<在下面添加代码>>
# 功能：
# 建立函数 linkchk 来检查传进来的目录或文件是否是链接和是否链接到
# 不存在的路径，即死链接
# 如果是死链，打印出它们的路径
# 如果传进来的目录有子目录
# 那么把子目录也发送到 linkchk 函数中处理，也就是递归目录
# 提示
# 可查阅函数、循环、文件测试、混合命令条件执行等部分的知识

#>添加代码处<
linkchk () {
    for element in $1/*；  do
    [ -h "$element" -a ! -e "$element" ] && echo \"$element\"
    [ -d "$element" ] && linkchk $element
    #'-h'是测试链接，'-d'是测试目录
    done
}

# <<在下面添加代码>>
# 功能
# 把每个从脚本传递进来的参数都送到 linkchk 函数中去处理
# 如果有参数不是目录，那就打印出错误消息和使用信息

#>添加代码处<
for directory in $directorys；  do
    if [ -d $directory ]
    then linkchk $directory
    else
        echo "$directory is not a directory"
        echo "Usage：   $0 dir1 dir2 ... "
    fi
done

exit 0
```

② 在终端运行 broken-link.sh。运行后的效果如图 4-27 所示。

```
[root@localhost root]# bash -x broken-link.sh
+ alias 'rm=rm -i'
+ alias 'cp=cp -i'
+ alias 'mv=mv -i'
+ '[' -f /etc/bashrc ']'
+ . /etc/bashrc
+++ id -gn
+++ id -un
+++ id -u
++ '[' root = root -a 0 -gt 99 ']'
++ umask 022
+ '[' '' ']'
+ '[' 0 -eq 0 ']'
++ pwd
+ directorys=/root
+ '[' -d /root ']'
```

图 4-27　运行 broken-link.sh

③ 判断/root 目录下的目录或文件是否是死链接，如果是死链接，打印出它们的路径，如图 4-28 所示。

```
+ linkchk /root
+ '[' -h '/root/?4? ???Linux??????.ppt' -a '!' -e '/root/?4? ???Linux??????.ppt' ']'
+ '[' -d '/root/?4? ???Linux??????.ppt' ']'
+ '[' -h /root/6-2 -a '!' -e /root/6-2 ']'
+ '[' -d /root/6-2 ']'
```

图 4-28　判断/root 目录

④ 判断/root/sample 目录下的目录或文件是否是死链接，如果是死链接，打印出它们的路径，如图 4-29 所示。

```
+ linkchk /root/sample
+ '[' -h /root/sample/example.c -a '!' -e /root/sample/example.c ']'
+ '[' -d /root/sample/example.c ']'
+ '[' -h /root/sample/sample -a '!' -e /root/sample/sample ']'
+ '[' -d /root/sample/sample ']'
+ '[' -h /root/star.c -a '!' -e /root/star.c ']'
+ '[' -d /root/star.c ']'
+ '[' -h /root/starfun.h -a '!' -e /root/starfun.h ']'
+ '[' -d /root/starfun.h ']'
+ '[' -h /root/test -a '!' -e /root/test ']'
+ '[' -d /root/test ']'
+ '[' -h /root/test1.c -a '!' -e /root/test1.c ']'
+ '[' -d /root/test1.c ']'
+ '[' -h /root/test1.h -a '!' -e /root/test1.h ']'
+ '[' -d /root/test1.h ']'
+ '[' -h /root/test1.o -a '!' -e /root/test1.o ']'
+ '[' -d /root/test1.o ']'
+ '[' -h /root/test2.c -a '!' -e /root/test2.c ']'
+ '[' -d /root/test2.c ']'
+ '[' -h /root/test2.h -a '!' -e /root/test2.h ']'
+ '[' -d /root/test2.h ']'
+ '[' -h /root/test2.o -a '!' -e /root/test2.o ']'
+ '[' -d /root/test2.o ']'
+ '[' -h /root/test.c -a '!' -e /root/test.c ']'
+ '[' -d /root/test.c ']'
+ '[' -h /root/zhu -a '!' -e /root/zhu ']'
+ '[' -d /root/zhu ']'
```

图 4-29　判断/root/sample 目录

⑤ 判断/root/test 目录下的目录或文件是否是死链接，如果是死链接，打印出它们的路

径，如图 4-30 所示。

```
+ linkchk /root/test
+ '[' -h /root/test/star.c -a '!' -e /root/test/star.c ']'
+ '[' -d /root/test/star.c ']'
+ '[' -h /root/test/starfun.h -a '!' -e /root/test/starfun.h ']'
+ '[' -d /root/test/starfun.h ']'
+ '[' -h /root/test/test1.h -a '!' -e /root/test/test1.h ']'
+ '[' -d /root/test/test1.h ']'
+ '[' -h /root/test/test1.o -a '!' -e /root/test/test1.o ']'
+ '[' -d /root/test/test1.o ']'
+ '[' -h /root/test/test2.c -a '!' -e /root/test/test2.c ']'
+ '[' -d /root/test/test2.c ']'
+ '[' -h /root/test1.c -a '!' -e /root/test1.c ']'
+ '[' -d /root/test1.c ']'
+ '[' -h /root/test2.h -a '!' -e /root/test2.h ']'
+ '[' -d /root/test2.h ']'
+ '[' -h /root/test2.o -a '!' -e /root/test2.o ']'
+ '[' -d /root/test2.o ']'
+ '[' -h /root/test.c -a '!' -e /root/test.c ']'
+ '[' -d /root/test.c ']'
+ '[' -h /root/zhu -a '!' -e /root/zhu ']'
+ '[' -d /root/zhu ']'
```

图 4-30　判断/root/test 目录

⑥ 判断/root/book 目录下的目录或文件是否是死链接，如果是死链接，打印出它们的路径，如图 4-31 所示。

```
+ linkchk /root/book
+ '[' -h /root/book/hello.c -a '!' -e /root/book/hello.c ']'
+ '[' -d /root/book/hello.c ']'
+ '[' -h /root/book/hello.h -a '!' -e /root/book/hello.h ']'
+ '[' -d /root/book/hello.h ']'
+ '[' -h /root/book/helo.c -a '!' -e /root/book/helo.c ']'
+ '[' -d /root/book/helo.c ']'
+ '[' -h /root/book/main.c -a '!' -e /root/book/main.c ']'
+ '[' -d /root/book/main.c ']'
+ '[' -h /root/broken-link.sh -a '!' -e /root/broken-link.sh ']'
+ '[' -d /root/broken-link.sh ']'
+ '[' -h /root/cleanup.sh -a '!' -e /root/cleanup.sh ']'
+ '[' -d /root/cleanup.sh ']'
+ '[' -h /root/eg1.c -a '!' -e /root/eg1.c ']'
+ '[' -d /root/eg1.c ']'
+ '[' -h /root/example.c -a '!' -e /root/example.c ']'
+ '[' -d /root/example.c ']'
+ '[' -h /root/hello -a '!' -e /root/hello ']'
+ '[' -d /root/hello ']'
+ '[' -h /root/main -a '!' -e /root/main ']'
+ '[' -d /root/main ']'
+ '[' -h /root/main.o -a '!' -e /root/main.o ']'
+ '[' -d /root/main.o ']'
+ '[' -h /root/Makefile -a '!' -e /root/Makefile ']'
+ '[' -d /root/Makefile ']'
+ '[' -h /root/sample -a '!' -e /root/sample ']'
+ '[' -d /root/sample ']'
```

图 4-31　判断/root/book 目录

⑦ exit 退出，如图 4-32 所示。

```
+ exit 0
[root@localhost root]#
```

图 4-32　exit 退出

4.6　本章小结

本章首先讲述了 Linux 的概况。然后分别介绍 Linux 命令和 vi 编辑器的使用。接着，讲述 Shell 程序设计语言的使用。最后通过讲述编写清除/var/log 下的 log 文件和编写寻找死链接文件两个综合实例的操作使读者掌握 Shell 编程的具体使用。

第 5 章 Linux 内核介绍

在多道程序的环境下，操作系统必须能够实现资源的共享和程序的并发执行，从而使程序的执行出现并行、动态和相互制约的新特征。Linux 引入了进程这个概念，Linux 的进程是一个正在执行的程序的映像。本章通过多个实例的讲解对进程的具体使用进行详细介绍。

本章内容

- 介绍管道的分类和使用。
- 讲述信号的处理，以及信号与系统调用的关系。
- 讲述信号量的数据结构和函数，以及信号量的使用。
- 讲述共享内存的原理和对象结构，以及共享内存的使用。
- 讲述消息队列的数据结构和函数，以及消息队列的使用。

本章案例

- 管道通信实例
- 信号实例
- 信号量实例
- 共享内存实例
- 消息队列实例
- 编写多线程编程实例

5.1 进程概述

在 Linux 中，进程是正在执行的程序。每个进程包括程序代码和数据，其中，数据包含程序变量数据、外部数据和程序堆栈等。系统的命令解释程序 Shell 为了执行一条命令，就要建立一个新的进程并运行它。

一个进程对应一个程序的执行。进程是动态的概念，而程序为静态的概念。实际上，多个进程可以并发执行同一个程序。

在 Linux 中，一个进程又可以启动另一个进程，这就给 Linux 的进程环境提供了一个像文件系统目录树那样的层次结构。进程树的顶端是一个控制进程，它是一个名为 init 的程序的执行，该进程是所有用户进程的祖先。

Linux 同样向程序员提供一些进程控制方面的系统调用，其中最重要的有以下几个。

① exec()。它包括一系列的系统调用，其中每个系统调用都完成相同的功能，来实现进程的转变。各种 exec 系统调用之间的区别仅在于它们的参数构造不同。

② fork()。它通过复制调用进程来建立新的进程，它是最基本的进程建立操作。

③ exit()。这个系统调用常用来终止一个进程的运行。

④ wait()。它提供了初级的进程同步措施，能使一个进程等待，直到另一个进程结束为止。

下面将对进程进行详细的讨论。

5.1.1 进程结构

一般来说，Linux 下的进程包含以下几个关键要素：有一段可执行程序；有专用的系统堆栈空间；内核中有它的控制块，描述进程所占用的资源，这样，进程才能接受内核的调度；具有独立的存储空间。

Linux 内核利用一个数据结构 task_struct 代表一个进程，代表进程的数据结构指针形成了一个 task 数组。当建立新进程时，Linux 为新的进程分配一个 task_struct 结构，然后将指针保存在 task 数组中。task_struct 结构中包含了许多字段，可分成如下几类。

（1）标识符信息

Linux 使用用户标识符和组标识符判断用户对文件和目录的访问许可。Linux 系统中的所有文件或目录均具有所有者和许可属性，Linux 据此判断某个用户对文件的访问权限。

对一个进程而言，系统在 task_struct 结构中的记录参见表 5-1。

表 5-1 标识符

uid 和 gid	运行进程所代表的用户的用户标识号和组标识号，通常就是执行该进程的用户
有效 uid 和 gid	某些程序可以将 uid 和 gid 改变为自己私有的 uid 和 gid。系统在运行这样的程序时，会根据修改后的 uid 及 gid 判断程序的特权
文件系统 uid 和 gid	这两个标识符用于检查对文件系统的访问许可
保存 uid 和 gid	如果进程通过系统调用修改了进程的 uid 和 gid，这两个标识符则保存实际的 uid 和 gid

（2）进程状态信息

Linux 中的进程有 4 种状态，参见表 5-2。

表 5-2 进程状态

运行状态	该进程是当前正在运行的进程
等待状态	进程正在等待某个事件或某个资源。这种进程又分为可中断的进程和不可中断的进程两种。可中断的等待进程可被信号中断，而不可中断的等待进程是正在直接等待硬件状态条的进程，在任何情况下都不能被中断

	续表
运行状态	该进程是当前正在运行的进程
僵死状态	进程已终止，但在 task 数组中仍占据着一个 task_struct 结构。显然，处于这种状态的进程实际是死进程
停止状态	进程处于停止状态，通常由于接收到信号而停止

（3）文件信息

如图 5-1 所示，系统中的每个进程有两个数据结构用于描述进程与文件相关的信息。

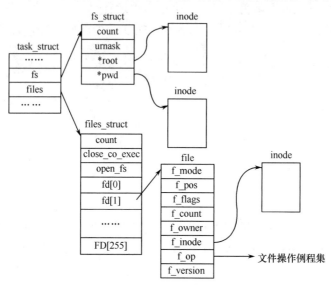

图 5-1 文件信息

其中，fs_struct 描述了上面提到的指向 VFS 两个索引节点的指针，即 root 和 pwd。另外，这个结构还包含一个 umask 字段，它是进程创建文件时使用的默认模式，可通过系统调用修改这一默认模式。另一个结构为 files_struct，它描述了当前进程所使用的所有文件信息。

Linux 进程启动时，有 3 个文件描述符被打开，它们是标准输入、标准输出和错误输出，分别对应 fs 数组的 3 个索引，即 0、1 和 2。如果启动时进行输入/输出重定向，则这些文件描述符指向指定的文件而不是标准的终端输入/输出。

5.1.2 进程的控制操作

进程的控制操作分为进程的同步和进程的终止，以及一些终止的特殊情况。

（1）进程的同步

系统调用 wait（）是实现进程同步的简单手段，它的函数声明如下：

    pid_t wait（int *status）;

在前面已经看到，当子进程执行时，wait（）可以暂停父进程的执行，使其等待。一旦子进程执行完，等待的父进程就会重新执行。如果有多个子进程在执行，那么父进程中的 wait（）在第一个子进程结束时返回，恢复父进程执行。

通常情况下，父进程调用 fork（）后要调用 wait（）。

例如：

```
pid=fork（）;
if（!pid）
{
/*子进程*/
}
else
{
/*父进程*/
wait（NULL）;
}
```

当希望子进程通过 exec 运行一个完全不同的进程时，就要进行 fork（）和 wait（）的联用。wait（）的返回值通常是结束的那个子进程的进程标识符。如果 wait（）返回"-1"，表示没有子进程结束，这时 errno 中含有出错代码 ECHILD。

wait（）有一个参数，它可以是一个指向整型数的指针，也可以是一个 NULL 指针。如果参数用了 NULL 指针，wait 就忽略它。如果参数是一个有效的指针，那么 wait（）返回时，该指针就指向子进程退出时的状态信息。

（2）进程的终止

系统调用 exit（）实现进程的终止。exit（）的函数声明如下：

```
void exit（int status）;
```

exit（）只有一个参数 status，称作进程的退出状态。exit（）的返回值通常用于指出进程所完成任务的成败。如果成功，则返回"0"；如果出错，则返回非零值。

exit（）除了停止进程的运行外，它还有一些其他作用，其中最重要的是，它将关闭所有已打开的文件。如果父进程因执行了 wait（）调用而处于睡眠状态，那么子进程执行 exit（）会重新启动父进程运行。另外，exit（）还将完成一些系统内部的清除工作。

除了使用 exit（）来终止进程外，当进程运行完其程序到达 main（）函数末时，进程会自动终止。当进程在 main（）函数内执行一个 return 语句时，它也会终止。

在 Linux 中还有一个用于终止进程的系统调用_exit（）。它的函数声明如下：

```
void_exit（int status）;
```

其使用方法与 exit（）完全相同，但是它执行终止进程的动作而没有系统内部的清除动作。

（3）进程终止的特殊情况

在前面讨论了将 wait（）和 exit（）联用，来等待子进程终止的情况。但是，还有两种进程终止情况值得讨论，这两种情况如下。

① 子进程终止时，父进程并不正在执行 wait（）调用。

② 当子进程尚未终止时，父进程却终止了。

在第一种情况中，要终止的进程处于一种过渡状态，处于这种状态的进程不使用任何内核资源，但是要占用内核中的进程处理表的那一项。当其父进程执行 wait（）等待子进程时，它会进入睡眠状态，然后把这种处于过渡状态的进程从系统内删除，父进程仍将能得到该子进程的结束状态。

在第二种情况中，一般允许父进程结束，并把它的子进程交归系统的初始化进程。

5.1.3 进程的属性

每个进程都具有一些属性，这些属性可以帮助系统控制和调度进程的运行，以及维持文件系统的安全等。我们已经接触过一个进程属性，它就是进程标识符，用于在系统内标识一个进程。另外还有一些来自环境的属性，它们确定了进程的文件系统特权。

（1）进程标识符

系统给每个进程定义了一个标识该进程的非负整数，称为进程标识符。当某一进程终止后，其标识符可以重新用作另一进程的标识符。不过，在任何时刻，一个标识符所代表的进程是唯一的。系统把标识符"0"和"1"保留给系统的两个重要进程。进程"0"是调度进程，它按一定的原则把处理机分配给进程使用。进程"1"是初始化进程，也是进程结构的最终控制者。

利用系统调用 getpid 可以得到程序本身的进程标识符。

例如：

  pid=getpid（）;

利用系统调用 getppid 可以得到调用进程的父进程的标识符。

例如：

  ppid=getppid（）;

（2）进程的组标识符

用进程的组标识符来标识进程属于哪个组。进程最初是通过 fork（）和 exec 调用来继承其进程组标识符。但是，进程可以使用系统调用 setpgrp（），自己形成一个新的组。setpgrp（）的函数声明如下：

  int setpgrp（void）；

setpgrp（）的返回值 newpg 是新的进程组标识符，它就是调用进程的进程标识符。它所建立的所有进程，将继承 newpg 中的进程组标识符。

一个进程可以用系统调用 getpgrp（）来获得其当前的进程组标识符，getpgrp（）的函数声明如下：

  int setpgrp（void）；

函数的返回值就是进程组的标识符。

（3）进程的有效标识符

每个进程都有一个实际用户标识符和一个实际组标识符，它们永远是启动该进程的用户的用户标识符和组标识符。

进程的有效用户标识符和有效组标识符也许更重要些，它们被用来确定一个用户能否访问某个确定的文件。在通常情况下，它们与实际用户标识符和实际组标识符是一致的。

但是，一个进程或其祖先进程可以设置程序文件的置用户标识符权限或置组标识符权限。这样，当通过 exec 调用执行该程序时，其进程的有效用户标识符就取自该文件的文件主的有效用户标识符，而不是启动该进程的用户的有效用户标识符。

（4）进程环境

进程的环境是一个以 NULL 字符结尾的字符串的集合。在程序中可以用一个以 NULL 结尾的字符型指针数组来表示它。系统规定，环境中每个字符串形式如下：

  name=something

Linux 系统提供了 environ 指针，通过它可以在程序中访问其环境内容。在使用 environ 指针前，应该首先声明：

  extern char **environ;

（5）进程的优先级

系统以整型变量 nice 来决定一个特定进程可得到的 CPU 时间的比例。Nice 的值从零至其最大值。进程的优先数越大，其优先权就越低。普通进程可以使用系统调用 nice（）来降低它的优先权，以把更多的资源分给其他进程。具体的做法是给系统调用 nice 的参数定一个正数，nice（）调用将其加到当前的 nice 值上。

例如：

  #include<unistd.h>

  nice（3）;

这就使当前的优先数增加了 3，显然，其对应进程的优先权降低了。

超级用户可以用系统调用 nice（）增加优先权，这时只需给 nice（）一个负值的参数。

例如：

  nice（-2）;

这就使当前的优先数减少了 2，显然，其对应进程的优先权升高了。

5.1.4 进程的创建和调度

进程的创建和调度是整个进程最为重要的两个方面。

（1）进程的创建

第一个进程在系统启动时创建。这时，只有一个进程，即是初始化进程。当系统中其他进程创建和运行时这些信息存在初始进程的 task_struct 数据结构中。在系统初始化结束时，初始进程启动一个内核线程 init，而自己则处于空循环状态。当系统中没有可运行的进程时，调度程序会运行这个空闲的进程。这个空闲进程的 task_struct 是唯一。

新的进程通过复制旧的进程而建立。内核在系统的物理内存中为新的进程分配新的 task_struct 结构，同时为新进程要使用的堆栈分配物理页。Linux 还会为新的进程分配新的进程标识符。然后，新 task_struct 结构的地址保存在 task 数组中，而旧进程的 task_struct

结构内容被复制到新进程的 task_struct 结构中。

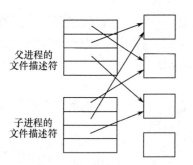

图 5-2 父进程和子进程共享打开的文件

在复制进程时，Linux 允许两个进程共享相同的资源。可共享的资源包括文件、信号处理程序和虚拟内存等。当某个资源被共享时，该资源的引用计数值会增加 1，从而只有两个进程均终止时，内核才会释放这些资源。如图 5-2 所示说明了父进程和子进程共享打开的文件。

如果旧进程的某些虚拟内存在物理内存中，而有些在交换文件中，那么虚拟内存的复制将会非常困难和费时。Linux 采用了称为写时复制的技术，只有当两个进程中的任意一个向虚拟内存中写入数据时才复制相应的虚拟内存，而没有写入的任何内存页均可在两个进程之间共享。

系统调用 fork（）是建立进程的最基本操作，它是把 Linux 变换为多任务系统的基础。fork（）的函数声明如下：

```
pid_t fork（void）；
```

如果 fork（）调用成功，就会使内核建立一个新的进程，所建的新进程是调用 fork（）的进程的副本。新建立的进程称为子进程，调用 fork（）建立此新进程的进程称为父进程。此后，父进程与子进程并发执行，它们都从 fork（）调用后的语句开始执行。

（2）进程的调度

Linux 要保证 CPU 时刻保持在使用状态，如果某个正在运行的进程等待外部设备完成工作，这时，操作系统就可以选择其他进程运行，从而保持 CPU 的最大利用率。进程之间的切换由调度程序完成。

不同用途的系统其调度算法的目标有共性，也有各自独有的特征。例如，批处理系统的目标主要是增大每小时作业量，降低作业提交和终止之间的时间，降低 CPU 利用率；而交互式系统要求对用户做出快速反应和满足用户期望；实时系统则要求不丢失数据，在多媒体系统中避免降低媒体质量等。

（3）action 行为

action 有多种行为参见表 5-3。

表 5-3 action 行为

行 为	描 述
respawn	启动并监视 process，若 process 终止则重启它
wait	执行 process，并等待它执行完毕
once	执行 process
boot	不论在哪个执行等级，系统启动时都会运行 process
bootwait	不论在哪个执行等级，系统启动时都会运行 process，且一直等它执行完毕
off	关闭任何动作，相当于忽略该配置行
ondemand	进入 ondemand 执行等级时，执行 process
initdefault	系统启动后进入的执行等级，该行不需要指定 process
sysinit	不论在哪个执行等级，系统会在执行 boot 及 bootwait 前执行 process

续表

行 为	描 述
powerwait	当系统的供电不足时执行 process，且一直等它执行完毕
powerokwait	当系统的供电恢复正常时执行 process，且一直等它执行完毕
powerfailnow	当系统的供电严重不足时执行 process
ctrlaltdel	当用户按下组合键 Ctrl+Alt+Del 时执行的操作
kbrequest	当用户按下特殊的组合键时执行 process，此组合键需在 keymaps 文件中定义

5.1.5 Linux 进程命令

Linux 管理进程的最好方法就是使用命令行下的系统命令。Linux 下面的进程命令如下。

（1）crontab 命令

作用：crontab 命令用于安装、删除或者列出用于驱动 cron 后台进程的任务表。然后，该配置由 cron 守护进程在设定的时间执行。

格式：

```
crontab [-u user] 文件
crontab [-u user] { -e | -l | -r }
```

主要选项如下：

- -e：执行文字编辑器来设定时程表，默认的文字编辑器为 vi。
- -r：删除目前的时程表。
- -l：列出目前的时程表。
- [-u user]：指定要设置的用户名称。

（2）ps 命令

作用：ps 命令主要查看系统中进程的状态。

格式：ps [选项]

主要选项如下：

- -A：显示系统中所有进程的信息。
- -e：显示所有进程的信息。
- -f：显示进程的所有信息。
- -l：以长格式显示进程信息。
- -r：只显示正在运行的进程。
- -u：显示面向用户的格式。
- -x：显示所有非控制终端上的进程信息。
- -p：显示由进程 ID 指定的进程的信息。
- -t：显示指定终端上的进程的信息。

（3）top 命令

作用：top 命令用来显示系统当前的进程状况。

格式：top [选项]

主要选项如下：

- d：指定更新的间隔，以秒计算。
- q：没有任何延迟的更新。如果使用者有超级用户，则 top 命令将会以最高的优先序执行。
- c：显示进程完整的路径与名称。
- S：累积模式，会将已完成或消失的子进程的 CPU 时间累积起来。
- s：安全模式。
- i：不显示任何闲置或无用的进程。
- n：显示更新的次数，完成后将会退出 top。
- top 命令和 ps 命令的基本作用是相同的，都显示系统当前的进程状况。但是，top 是一个动态显示过程，即可以通过用户按键来不断刷新当前状态。

（4）at 命令

作用：at 命令在指定时刻执行指定的命令序列。

格式：at [-V] [-q x] [-f file] [-m] time

主要选项如下：

- -V：显示作业将被执行的时间。
- -q：选用 q 参数则可选队列名称，队列名称可以是 a～z 和 A～Z 之间的任意字母。队列字母顺序越高则队列优先级别越低。
- -f：从文件中读取命令或 Shell 脚本，而非在提示后指定它们。
- -m：执行完作业后发送电子邮件到用户。
- time：设定作业执行的时间。
- at 命令实际上是一组命令集合，在指定时刻执行指定的命令序列。

（5）bg 命令

作用：bg 命令使一个被挂起的进程在后台执行。

格式：bg

该命令无参数。

Linux 作为一个多任务环境，用户会同时执行多项任务，例如，查看系统情况、备份资料、编辑文件和打印文件等。耗时长的任务不应该在前台任务中执行，而应该交给后台任务去执行。这样前台任务可继续正常运作其他的操作，不用等待。

（6）fg 命令

作用：fg 命令使一个被挂起的进程在前台执行。

格式：fg -[job-spec]

[job-spec]：后台任务号码。

fg 命令和 bg 命令是相对应的。如果想查看后台程序运行情况，可以使用 fg 命令把它调回前台查看。bg 命令可以将多个进程放到后台中执行。

（7）nohup 命令

作用：nohup 命令确保执行程序能在用户退出系统后继续工作。

格式：nohup 命令

一般退出 Linux 系统时，所有的程序会全部结束，包括那些后台程序。假设用户正在下载一个很大的文件，但是因事需先退出系统，希望退出系统时程序还能继续执行，这时，就可以使用 nohup 命令使进程在用户退出后仍继续执行。

（8）pstree 命令

作用：pstree 命令列出当前的进程，以及它们的树状结构。

格式：pstree [选项] [pid|user]

主要选项如下：

- -a：显示执行程序的命令与完整参数。
- -c：取消同名程序，合并显示。
- -h：对输出结果进行处理，高亮显示正在执行的程序。
- -l：长格式显示。
- -n：以 PID 大小排序。
- -p：显示 PID。
- -u：显示 UID 信息。

使用 ps 命令得到的数据精确，但非常庞大，对掌握系统整体概况来说是不容易的。pstree 可以弥补这个缺憾，它能将当前的执行程序以树状结构显示。pstree 支持指定特定程序或使用者作为显示的起始。

（9）pgrep 命令

作用：pgrep 命令查找当前运行的进程，并列出匹配给定条件的进程的 pid，所有的条件都必须匹配才会被列出。

格式：Pgrep [选项][程序名]

主要选项如下：

- -l：列出程序名和进程 ID。
- -o：进程起始的 ID。
- -n：进程终止的 ID。

（10）chkconfig 命令

作用：chkconfig 命令检查，设置系统的各种服务。

格式：chkconfig [--add][--del][--list][系统服务]

或 chkconfig [--level <等级代号>][系统服务][on/off/reset]

主要选项如下：

- --add：增加所指定的系统服务，让 chkconfig 指令得以管理，并同时在系统启动的叙述文件内增加相关数据。
- --del：删除所指定的系统服务，不再由 chkconfig 指令管理，并同时在系统启动的叙述文件内删除相关数据。
- --level<等级代号>：指定读系统服务要在哪一个执行等级中开启或关闭。

chkconfig 提供了一个简单的命令行工具用于维护/etc/rc[0-6].d 的路径层次，可以帮助系统管理员在这些路径中直接操作符号行，chkconfig 的执行是通过 chkconfig 命令激发的，此命令目前在 irix 操作系统中存在，甚至包括了维护/etc/rc[0-6].d 层次外的设置信息。chkconfig 有 5 个不同的函数：为管理器添加新服务、从管理器中移出服务、列出当前启动的服务信息、改变服务启动信息和检查特殊服务的启动状态。

（11）jobs 命令

作用：jobs 命令显示后台任务的执行情况。

格式：jobs [选项] [jobspec…]

主要选项如下：

- -l：长输出格式，显示全部内容。
- -n：不输出信息。
- -p：只输出进程号。
- -r：只输出运行的进程。
- [jobspec]：后台任务号码。

（12）sleep 命令

作用：sleep 命令的功能是使进程暂停执行一段时间。

格式：sleep number [选项]

主要选项如下：

- number：时间长度，后面可接 s、m、h 或 d。
- s：以秒为单位。
- m：以分钟为单位。
- h：以小时为单位。
- d：以天为单位。

如果没有指定时间，以秒为单位。此命令大多用于 shell 程序设计中，使两条命令执行之间停顿指定的时间。

（13）kill 命令

作用：kill 命令终止一个进程。

格式：kill [-s signal |-p] [-a]pid…

kill -l [signal]

主要选项如下：

- -s：指定发送的信号。
- -p：模拟发送信号。
- -l：指定信号的名称列表。
- pid：要终止的进程的 ID 号。
- signal：表示信号。

kill 可将指定的信息送至程序。预设的信息为 SIGTERM（15），可将指定程序终止。若仍无法终止该程序，可使用 SIGKILL（9）信息尝试强制删除程序。kill 命令的工作原理：向 Linux 系统的内核发送一个系统操作信号和某个程序的进程标志号，然后，系统内核对进程标志号指定的进程进行操作。当需要中断一个前台进程时，通常使用 Ctrl+C 组合键，但是对于一个后台进程，就不是一个组合键所能解决的了，这时就必须使用 kill 命令。

终止一个进程或终止一个正在运行的程序，一般通过 kill、killall、pkill、xkill 等进行。例如，一个程序已经死掉，但又不能退出，这时就应该考虑应用这些工具。killall 通过程序名，直接杀死所有进程，pkill 和 killall 的应用方法相近，也是直接杀死运行中的程序。如果想杀掉单个进程，用 kill 来杀掉。xkill 是在桌面用的杀死图形界面的程序。

（14）nice 命令

作用：nice 命令可以改变程序执行的优先权等级。

格式：nice [-n <优先等级>][--help][--version][命令]

主要选项如下：

- -n<优先等级>或-<优先等级>或--adjustment=<优先等级>：设置欲执行的命令的优先权等级。等级的范围为-20～19，其中，-20 为最高，19 为最低。
- --help：在线帮助。

应用程序优先权值的范围为-20～19，数字越小，优先权就越高。一般情况下，普通应用程序的优先权值（CPU 使用权值）都为零，如果让常用程序拥有较高的优先权等级，自然启动和运行速度都会快些。需要注意的是，普通用户只能在 0～19 之间调整应用程序的优先权值，只有超级用户有权调整更高的优先权值（在-20～19 之间）。

（15）renice 命令

作用：renice 命令允许用户修改一个正在运行的进程的优先权。

格式：renice priority [[-p] pids] [[-g] pgrps] [[-u] users]

主要选项如下：

- priority：优先等级。
- -p pids：改变该程序的优先权等级，此参数为预设值。
- -g pgrps：使用程序群组名称，修改所有隶属于该程序群组的程序的优先权。
- -u user：指定用户名称，修改所有隶属于该用户的程序的优先权。

renice 命令可重新调整正在执行的程序的优先权等级。默认是以程序识别码指定程序，调整其优先权，也可以指定程序群组或用户名称调整优先权等级，并修改所有隶属于该程序群组或用户的程序的优先权。等级范围为-20～19，只有超级用户可以改变其他用户程序的优先权和设置负数等级，普通用户只能对自己所有的进程使用 renice 命令。

5.2 系统调用

所有的操作系统都提供多种服务的入口点，由此程序向内核请求服务。各种版本的 UNIX 都提供经良好定义的有限数目的入口点，经过这些入口点进入内核，这些入口点被称为系统调用。系统调用是不能更改的一种 UNIX 特征。

5.2.1 系统调用概述

Linux 内核中设置了一组用于实现各种系统功能的子程序，称为系统调用。用户可以通过系统调用命令在自己的应用程序中调用它们。从某种角度来看，系统调用和普通的函数调用非常相似。区别仅仅在于，系统调用由操作系统核心提供，运行于核心态，而普通的函数调用由函数库或用户自己提供，运行于用户态。二者在使用方式上也有相似之处。

Linux 核心还提供了一些 C 语言函数库，这些库对系统调用进行了一些包装和扩展，因为这些库函数与系统调用的关系非常紧密，所以，习惯上也把这些函数称为系统调用。

在 Linux 中，系统调用的过程大致如图 5-3 所示。

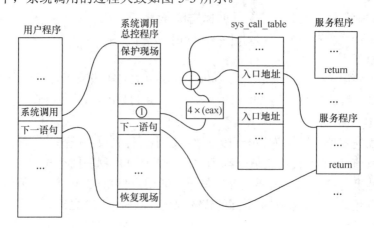

图 5-3　系统调用过程示意图

一般来说，CPU 硬件决定了进程不能访问内核所占内存空间也不能调用内核函数，这称作保护模式。系统调用是这些规则的一个例外。系统调用的原理是：进程先用适当的值填充寄存器，然后调用一个特殊的指令跳转一个事先定义的内核中的一个位置。硬件知道一旦跳到这个位置，就不是在限制模式下运行的用户，而是作为操作系统的内核。

进程可以跳转到的内核位置称为 sysem_call。这个过程检查系统调用号，该号码告诉内核进程请求哪种服务。然后，内核进程查看系统调用表找到所调用的内核函数入口地址。接着调用相应的函数，在返回后做一些系统检查，最后返回到进程。

实际上，习惯上的 C 语言标准函数在 Linux 平台上的实现都是靠系统调用完成的，所以，如果想对系统底层的原理作深入的了解，掌握各种系统调用是初步的要求。

5.2.2　系统调用的进入

系统调用的进入可分为用户程序调用系统调用总控程序和系统调用总控程序调用各个服务程序两部分。下面将分别对这两个部分进行详细说明。

① 用户程序调用系统调用总控程序的实现：Linux 的系统调用使用第 0x80 号中断矢量项作为总的入口，即系统调用总控程序的入口地址 system_call 就挂在中断 0x80 上。也就是说，只要用户程序执行 0x80 中断，就可实现"用户程序系统调用总控程序"的进入。只是 0x80 中断的执行语句 int 0x80 被封装在标准 C 库中，用户程序只需用标准系统调用函数就可以了，而不需要在用户程序中直接写 0x80 中断的执行语句 int 0x80。

② 在系统调用总控程序中，用户按照以上的对应顺序将参数放到对应寄存器中，在系统调用总控程序一开始就将这些寄存器压入堆栈；在退出总控程序前又按如上顺序堆栈；用户程序则可以直接从寄存器中复得被服务程序加工过了的参数。而对于系统调用服务程序而言，参数就可以直接从总控程序压入的堆栈中复得；对参数的修改可以直接在堆栈中进行。所以，在进入和退出系统调用总控程序时，保护现场和恢复现场的内容并不一

定相同。

5.2.3 与进程管理相关的系统调用

与进程管理相关的系统调用有以下 3 种。
（1）系统调用 chdir

> #include
> int chdir（const char *path）;

chdir 的作用是改变当前工作目录。进程的当前工作目录一般是应用程序启动时的目录，一旦进程开始运行后，当前工作目录就会保持不变，除非调用 chdir。chdir 只有 1 个字符串参数，就是要转去的路径。例如：

> chdir（"/"）;

进程的当前路径就会变为根目录。
（2）系统调用 setsid

> #include
> pid_t setsid（void）;

一个会话开始于用户登录，终止于用户退出，在此期间该用户运行的所有进程都属于这个会话，除非进程调用 setsid 系统调用。

系统调用 setsid 不带任何参数，调用后，调用进程就会成立一个新的会话，并自任该会话的组长。

（3）系统调用 umask

> #include
> mode_t umask（mode_t mask）;

系统调用 umask 可以设定一个文件权限掩码，用户可以用它来屏蔽某些权限，以防止误操作导致给予某些用户过高的权限。

5.3 管道

管道是在进程间开辟一个固定大小的缓冲区，需要发布信息的进程运行写操作，需要接收信息的进程运行读操作。管道是单向的字节流，它把一个进程的标准输出和另一个进程的标准输入连接在一起。由于发送进程和接收进程是通过管道进行通信的，又称管道通信。

5.3.1 管道系统调用

利用管道时，一个进程的输出可成为另外一个进程的输入。当输入/输出的数据量特别大时，这种 IPC 机制非常有用。可以想象，如果没有管道机制，而必须利用文件传递大量数据时，会造成许多浪费。

在 Linux 中，通过将两个 file 结构指向同一个临时的 VFS 索引节点，而两个 VFS 索引节点又指向同一个物理页而实现管道，如图 5-4 所示。

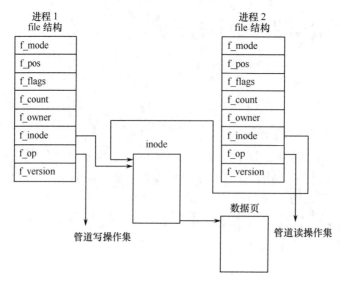

图 5-4　管道调用的结构

每个 file 数据结构定义不同的文件操作例程地址，其中一个用来向管道中写入数据，而另外一个用来从管道中读出数据。这样，用户程序的系统调用仍然是通常的文件操作，而内核却利用这种抽象机制实现了管道这一特殊操作。管道写函数通过将字节复制到 VFS 索引节点指向的物理内存而写入数据，而管道读函数则通过复制物理内存中的字节而读出数据。当然，内核必须利用一定的机制对管道同步访问，为此，内核使用了锁、等待队列和信号。

当写进程向管道中写入时，它利用标准的库函数，系统根据库函数传递的文件描述符，可找到该文件的 file 结构。file 结构中指定了用来进行写操作的函数地址，于是，内核调用该函数完成写操作。写入函数在向内存中写入数据前，必须先检查 VFS 索引节点中的信息，同时满足如下条件时，才能进行实际的内存复制工作。

① 内存中有足够的空间可容纳所有要写入的数据。
② 内存没有被读程序锁定。

如果同时满足上述条件，写入函数首先锁定内存，然后从写进程的地址空间中复制数据到内存。否则，写入进程就休眠在 VFS 索引节点的等待队列中，接下来，内核将调用调度程序，而调度程序会选择其他进程运行。写入进程实际处于可中断的等待状态，当内存中有足够的空间可以容纳写入数据，或内存被解锁时，读取进程会唤醒写入进程，这时，写入进程将接收到信号。当数据写入内存后，内存被解锁，而所有休眠在索引节点的读取进程会被唤醒。

管道的读取过程和写入过程类似，但是，进程可以在没有数据或内存被锁定时立即返回错误信息，而不是阻塞该进程，这依赖于文件或管道的打开模式。反之，进程可以休眠在索引节点的等待队列中等待写入进程写入数据。当所有的进程完成管道操作后，管道的索引节点被丢弃，而共享数据页也被释放。

5.3.2 管道的分类

管道的类型主要分为无名管道和有名管道两种。

（1）无名管道

无名管道是一个临时文件，利用 pipe（）建立起来的无名文件。只用该系统调用所返回的文件描述符来标识该文件，故只有调用 pipe（）的进程及其子孙进程才能识别此文件描述符，才能利用该管道进行通信。当这些进程不再使用此管道时，核心收回其索引节点。

管道以先进先出方式保存一定数量的数据。使用管道时一个进程从管道的一端写，另一个进程从管道的另一端读。在主进程中利用 fork（）函数创建一个子进程，这样父子进程同时拥有对同一管道的读写句柄，因为管道没有提供锁定的保护机制，所以，必须决定数据的流动方向，然后在相应进程中关闭不需要的句柄。这样，就可以使用 read（）和 write（）函数来对它进行读写操作了。使用无名管道进行进程间通信的步骤概述如下。

① 创建所需的管道。
② 生成多个子进程。
③ 关闭复制文件描述符，使之与相应的管道末端相联系。
④ 关闭不需要的管道末端。
⑤ 进行通信活动。
⑥ 关闭所有剩余的打开文件描述符。
⑦ 等待子进程结束。

由于 read（）函数和 write（）函数对管道操作自身带有阻塞作用，必须保证一个进程先进行写操作，然后另外的进程才能进行读操作，从而实现父子进程的同步。

（2）有名管道

有名管道为一个可以在文件系统中长期存在的、具有路径名的文件。它克服无名管道使用上的局限性，可让更多的进程也能利用管道进行通信。因而其他进程可以知道它的存在，并能利用路径名来访问该文件。对有名管道的访问方式与访问其他文件一样，需先用 open（）打开。

无名管道应用的一个重大限制是只能用于具有亲缘关系的进程间通信，在有名管道提出后，克服了该限制。有名管道提供一个路径名与之关联，以 FIFO 的文件形式存在于文件系统中。这样，即使与 FIFO 的创建进程不存在亲缘关系的进程，只要可以访问该路径，就能够彼此通过 FIFO 相互通信。因此，通过 FIFO，不相关的进程也能交换数据。

FIFO 管道的打开方式与普通管道有所不同，普通管道包括两个文件数据结构：对应的 VFS 索引节点及共享数据页，在进程每次运行时都会创建一次，而 FIFO 是一直存在的，需要用户打开和关闭。Linux 必须处理读进程先于写进程打开管道、读进程在写进程写入数据前读入这两种情况。除此之外，FIFO 管道的使用方式与普通管道完全相同，都使用相同的数据结构和操作。

实例 5-1 管道通信实例

——附带光盘"Ch5\实例 5-1"文件夹

——附带光盘"AVI\实例 5-1.avi"

编写程序实现进程的管道通信。用系统调用 pipe（）建立一个管道，两个子进程分别向管道各写一句话。父进程从管道中取两个来自子进程的信息。

【详细步骤】

① 编写 semtool 的源代码，保存为 pipe_test.c 文件。

```
#include <unistd.h>
#include <signal.h>
#include <stdio.h>

int pid1，pid2;

void main（）
{
int fd[2];
char out_pipe[200]，in_pipe[200];

pipe（fd）;                    /*创建管道的操作*/

while （(pid1=fork（））==-1）;

if（pid1==0）
  {
  lockf（fd[1], 1, 0）;

  sprintf（out_pipe, "It is process one!"）;

  write （fd[1], out_pipe，100）;    /*向管道写入长度为 100 字节的串*/

  sleep（10）;                  /*阻塞 10 秒*/

  lockf（fd[1], 0, 0）;

  exit（0）;
  }
else
```

```
        {
         while ((pid2=fork ()) ==-1);
         if (pid2==0)
           {
           lockf (fd[1], 1, 0);            /*互斥操作*/

           sprintf (out_pipe, "It is process two!");

           write (fd[1], out_pipe, 100);

           sleep (10);

           lockf (fd[1], 0, 0);

           exit (0);
           }
         else
           {
           wait (0);                    /*同步操作*/

           read (fd[0], in_pipe, 100);     /*从管道中读取长度为100字节的串*/

           printf ("%s/n", in_pipe);

           wait (0);

           read (fd[0], in_pipe, 100);

           printf ("%s/n", in_pipe);

           exit (0);
           }
         }
        }
```

② 运行结果。

延迟 10s 后显示：

It is process one!

再延迟 10s 后显示：

It is process two!

5.4 信号

信号主要用来向进程发送异步的事件信号。键盘中断可能产生信号，而浮点运算溢出或者内存访问错误等也可产生信号。Shell 通常利用信号向子进程发送作业控制命令。

5.4.1 常见的信号种类

在 Linux 中，信号种类的数目和具体的平台有关，因为内核用一个字代表所有的信号，因此，字的位数就是信号种类的最多数目。一个字为 32 位，因此，信号有 32 种。Linux 内核定义的最常见的信号、C 语言宏名及其用途参见表 5-4。

表 5-4 常见的信号种类

值	C 语言宏名	用途
1	SIGHUP	从终端上发出的结束信号
2	SIGINT	来自键盘的中断信号 Ctrl+C
3	SIGQUIT	来自键盘的退出信号 Ctrl+\
8	SIGFPE	浮点异常信号
9	SIGKILL	该信号结束接收信号的进程
14	SIGALRM	进程的定时器到期时，发送该信号
15	SIGTERM	kill 命令发出的信号
17	SIGCHLD	标识子进程停止或结束的信号
19	SIGSTOP	来自键盘 Ctrl+Z 或调试程序的停止执行信号

进程可以选择对某种信号所采取的特定操作，这些操作如下：

① 忽略信号。进程可忽略产生的信号，但 SIGKILL 和 SIGSTOP 信号不能被忽略。

② 阻塞信号。进程可选择阻塞某些信号。

③ 由进程处理该信号。进程本身可在系统中注册处理信号的处理程序地址，当发出该信号时，由注册的处理程序处理信号。

④ 由内核进行默认处理。信号由内核的默认处理程序处理，大多数情况下，信号由内核处理。

系统在 task_struct 结构中利用两个字分别记录当前挂起的信号及当前阻塞的信号。挂起的信号指尚未进行处理的信号，阻塞的信号是指进程当前不处理的信号。如果产生了某个当前被阻塞的信号，则该信号会一直保持挂起，直到该信号不再被阻塞为止。除了 SIGKILL 和 SIGSTOP 信号外，所有的信号均可以被阻塞，信号的阻塞可通过系统调用实现。每个进程的 task_struct 结构中还包含了一个指向 sigaction 结构数组的指针，该结构数组中的信息实际指定了进程处理所有信号的方式。如果某个 sigaction 结构中包含有处理信号的例程地址，则由该处理例程处理该信号；反之，则根据结构中的一个标志或者由内核进行默认处理，或者只是忽略该信号。通过系统调用，进程可以修改 sigaction 结构数组的信息，从而指定进程处理信号的方式。

5.4.2 系统调用函数

系统调用函数主要有 alarm（）函数、pause（）函数、setjmp（）函数和 longjmp（）函数。

（1）alarm（）函数

alarm（）是一个简单而有用的系统调用，它可以建立一个进程的报警时钟，在时钟定时器到时时，用信号向程序报告。alarm（）系统调用的函数声明如下：

> unsigned int alarm（unsigned int seconds）;

函数唯一的参数是 seconds，其以秒为单位给出了定时器的时间。当时间到达时，就向系统发送一个 SIGARLM 信号。

例如：alarm（60）;

这一调用实现在 60s 后发一个 SIGALRM 信号。alarm 不会像 sleep 那样暂停调用进程的执行，它能立即返回，并使进程继续执行，直至指定的延迟时间到达发出 SIGALRM 信号。事实上，一个由 alarm（）调用设置好的报警时钟，在通过 exec（）调用后，仍将继续有效。但是，它在 fork（）调用后中，在子进程中失效。

如果要使设置的报警时钟失效，只需要调用参数为零的 alarm（0）。

alarm（）调用也不能积累。如果调用 alarm 两次，则第二次调用就取代第一次调用。但是，alarm 的返回值规定了前一次设定的报警时钟的剩余时间。当需要对某项工作设置时间限制时，可以使用 alarm（）调用来实现。

其基本方法是：先调用 alarm（）按时间限制值设置报警时钟，然后进程作某一工作。如果进程在规定时间内完成这一工作，就再调用 alarm（0）使报警时钟失效。如果在规定时间内未能完成这一工作，进程就会被报警时钟的 SIGALRM 信号中断，然后对它进行校正。

（2）pause（）函数

系统调用 pause（）能使调用进程暂停执行，直至接收到某种信号为止。pause（）的函数声明如下：

> int pause（void）;

该调用没有任何参数。它的返回始终为-1。

（3）setjmp（）函数和 longjmp（）函数

当接收到一个信号时，希望能跳回程序中原来的一个位置执行。例如，在有的程序中，当用户按了中断键，则程序跳回到显示主菜单执行。setjmp（）能保存程序中的当前位置，longjmp（）能把控制转回到被保存的位置。在某种意义上，longjmp（）是远程跳转，而不是局部区域内的跳转。由于堆栈已经回到被保存位置这一点，所以，longjmp（）从来不返回。然而，与其对应的 setjmp（）是要返回的。

setjmp（）和 longjmp（）的定义分别如下：

> int setjmp（jmp_buf env）;
> void longjmp（jmp_bufenv, int val）;

setjmp（）只有一个参数 env，用来保存程序当前位置的堆栈环境。而 longjmp（）有两个参数：参数 env 是由 setjmp（）所保存的堆栈环境；参数 val 设置 setjmp（）的返回值。longjmp（）本身是没有返回的，但其执行后跳转到保存 env 参数的 setjmp（）调用，并由 setjmp（）调用返回，就好像程序刚刚执行完 setjmp（）一样，此时 setjmp（）的返回值就是 val。

longjmp（）调用不能使 setjmp（）调用返回零，如果 val 为零，则 setjmp（）的返回为1。

5.4.3 信号的处理

用户按中断或者退出键，就可以停止一个有问题的程序的运行，但是在大型的程序中，一些意料之外的信号会导致大问题。例如，正当在对一个重要的数据库进行修改期间，由于不小心碰到了中断键，而使程序被意外的终止，从而产生严重的后果。

signal（）能够将指定的处理函数与信号相关联。它的函数声明如下：

```
int signal（int sig, sighandler_t handler）;
```

signal（）有两个参数。参数 sig 指明了所要处理的信号类型，它可以取除了 SIGKILL 和 SIGSTOP 外的任何一种信号；参数 handler 描述了与信号关联的动作，它可以取以下 3 种值。

① 一个返回值为整数的函数地址。

此函数必须在 signal（）被调用前声明，handler 为这个函数的名字。当接收到一个类型为 sig 的信号时，就执行 handler 所指定的函数。这个函数应有如下形式的定义：

```
int func（int sig）;
```

sig 是传递给它的唯一参数。执行了 signal（）调用后，进程只要接收到类型为 sig 的信号，不管其正在执行程序的哪一部分，就立即执行 func（）函数。当 func（）函数执行结束后，控制权返回进程被中断的那一点继续执行。

② SIG_IGN 表示忽略信号。执行了相应的 signal（）调用后，进程会忽略类型为 sig 的信号。

③ SIG_DFL 表示恢复系统对信号的默认处理。

函数如果执行成功，就返回信号在此次 signal（）调用之前的关联；如果执行失败，就返回 SIG_ERR。通常只有当 sig 参数不是有效的信号时才会发生。函数不对 handler 的有效性进行检查。

5.4.4 信号与系统调用的关系

当一个进程正在执行一个系统调用时，如果向该进程发送一个信号，那么对于大多数系统调用来说，这个信号在系统调用完成前将不起作用，因为这些系统调用不能被信号打断。但是有少数几个系统调用能被信号打断，例如，wait（）、pause（）及对慢速设备的 read（）、write（）、open（）等。如果一个系统调用被打断，就返回-1，并将 errno 设为 EINTR。可以用下列代码来处理这种情况。

```
if（wirte（tfd，buf，SIZE）<0）
{
if（errno==EINTR）
{
warn（"Write interrupted."）;
…
…
}
}
```

实例 5-2　信号实例

——附带光盘"Ch5\实例 5-2"文件夹

——附带光盘"AVI\实例 5-2.avi"

下面将提供一个将信号应用于实际的例子。通过该实例，可以实现在命令行上提供信号的功能。

【详细步骤】

① 编写 sig.c 的源代码。

具体源代码如下：

```
#include<unistd.h>
#include<signal.h>
#include<sys/types.h>
#include<sys/wait.h>
main（）
{
    pid_t pid;
    int status;
    if（!（pid= fork（）））
    {
        printf（"Hi I am child process!\n"）;
        sleep（10）;
        return;
    }
    else
{
        printf（"send signal to child process　（%d）\n"，pid）;
```

```
            sleep（1）;
            kill（pid, SIGABRT）;
            wait（&status）;
            if（WIFSIGNALED（status））
            {
                printf("chile process receive signal %d\n", WTERMSIG（status）);
            }
        }
    }
```

② 执行结果。

```
Hi I am child process!
send signal to child process（5805）
chile process receive signal 6
```

5.5 信号量

信号量实际上是一个整数。进程在信号量上的操作分两种，分别称为 down 和 up。down 操作的结果是让信号量的值减 1，up 操作的结果是让信号量的值加 1。在进行实际的操作前，进程首先检查信号量的当前值，如果当前值大于零，则可以执行 down 操作，否则进程休眠，等待其他进程在该信号量上的 up 操作，因为其他进程的 up 操作将让信号量的值增加，从而它的 down 操作可以成功完成。某信号灯在经过某个进程的成功操作之后，其他休眠在该信号量上的进程就有可能成功完成自己的操作，这时，系统负责检查休眠进程是否可以完成自己的操作。

5.5.1 信号量概述

Linux 利用 semid_ds 结构来表示信号量，如图 5-5 所示。

系统中所有的信号量组成了一个 semary 链表，该链表的每个节点指向一个 semid_ds 结构。从图 5-5 可以看出，semid_ds 结构的 sem_base 指向一个信号量数组，允许操作这些信号量数组的进程可以利用系统调用执行操作。

每个操作由 3 个参数指定：信号量索引、操作值和操作标志。信号量索引用来定位信号量数组中的信号量；操作值是要和信号量的当前值相加的数值。

首先，Linux 按如下的规则判断是否所有的操作都可以成功：操作值和信号量的当前值相加大于零，或操作值和当前值均为零，则操作成功。如果系统调用中指定的所有操作中有一个操作不能成功时，则 Linux 会挂起这一进程。但是，如果操作标志指定这种情况下不能挂起进程的话，系统调用返回并指明信号量上的操作没有成功，而进程可以继续执行。如果进程被挂起，Linux 必须保存信号量的操作状态并将当前进程放入等待队列。为此，Linux 在堆栈中建立一个 sem_queue 结构并填充该结构。新的 sem_queue 结构添加到信号量对象的等待队列中。

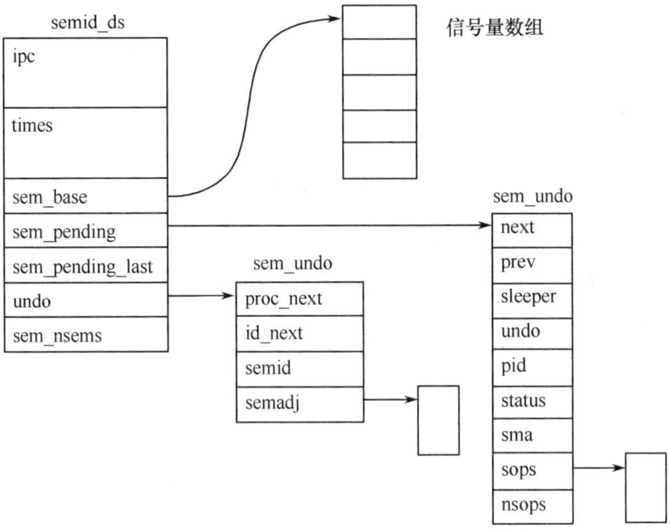

图 5-5 信号量的结构

如果所有的信号量操作都成功了，当前进程可继续运行。在此之前，Linux 负责将操作实际应用于信号量队列的相应元素。这时，Linux 检查任何等待的或挂起的进程，看它们的信号量操作是否可以成功。如果这些进程的信号量操作可以成功，Linux 就会将它们从挂起队列中移去，并将它们的操作实际应用于信号量队列。同时，Linux 会唤醒休眠进程，以便在下次调度程序运行时可以运行这些进程。当新的信号量操作应用于信号量队列后，Linux 会接着检查挂起队列，直到没有操作可成功，或没有挂起进程为止。

5.5.2 相关的数据结构

在介绍它的使用前，先介绍一些有关的数据结构。
（1）sem

前面提到，信号量对象实际上是多个信号量的集合。在 Linux 系统中，这种集合是以数组的形式实现的。数组的每个成员都是一个单独的信号量，它们在系统中是以 sem 结构的形式储存的，它的定义如下所示：

```
struct sem{
short sempid;
ushort    semval;
ushort    semncnt;
ushort    semzcnt;
};
```

其中：
sem_pid 保存了最近一次操作信号量的进程的 pid。
sem_semval 保存了信号量的计数值。
sem_semncnt 保存了等待使用资源的进程数目。

sem_semzcnt 保存了等待资源完全空闲的的进程数目。

（2）semun

semun 联合在 senctl（）函数中使用，提供 senctl（）操作所需要的信息。它的定义如下所示：

```
union semun{
    int val;
    struct semid_ds *buf;
    ushort *array;
    struct seminfo *buf;
    void *pad;
};
```

（3）sembuf

sembuf 结构被 semop（）函数用来定义对信号量对象的基本操作。它的定义如下所示：

```
struct sembuf{
    unsigned short sem_num;
    short sem_op;
    short sem_flg;
};
```

其中：

- sem_num 成员为接受操作的信号量在信号量数组中的序号。
- sem_op 成员定义了进行的操作。
- sem_flg 是控制操作行为的标志。

如果 sem_op 是负值，就从指定的信号量中减去相应的值。这对应着获取信号量所监控的资源的操作。如果没有在 sem_flg 中指定 IPC_NOWAIT 标志，那么，如果现有的信号量数值小于 sem_op 的绝对值，调用 semop（）函数的进程就会被阻塞直到信号量的数值大于 sem_op 的绝对值。

如果 sem_op 是正值，就在指定的信号量中加上相应的值。这对应着释放信号量所监控的资源的操作。

如果 sem_op 为零，那么调用 semop（）函数的进程就会被阻塞直到对应的信号量值为零。

这种操作的实质就是等待信号量所监控的资源被全部使用。利用这种操作可以动态监控资源的使用并调整资源的分配，避免不必要的等待。

（4）semid_qs

semid_qs 结构被系统用来储存每个信号量对象的有关信息。它的定义如下所示：

```
struct semid_ds{
    struct ipc_perm sem_perm;
    kernel_time_t sem_otime;
    kernel_time_t sem_ctime;
```

```
struct sem  *sem_base;
struct sem_queue *sem_pending;
struct sem_queue *sem_pending_last;
struct sem_undo *undo;
unsigned short sem_nsems;
};
```

其中：
- sem_perm 成员保存了信号量对象的存取权限及其他一些信息。
- sem_otime 成员保存了最近一次 semop（）操作的时间。
- sem_ctime 成员保存了信号量对象最近一次改动发生的时间。
- sem_base 指针保存了信号量数组的起始地址。
- sem_pending 指针保存了还没有进行的操作。
- sem_pending_last 指针保存了最后一个还没有进行的操作。
- sem_undo 成员保存了 undo 请求的数目。
- sem_nsems 成员保存了信号量数组的成员数目。

5.5.3　相关的函数

下面介绍使用信号量要用到的函数。

（1）semget（）函数

使用 semget（）函数来建立新的信号量对象或者获取已有对象的标识符，它的定义如下所示。

系统调用：semget（）

函数声明：int semget（key_tkey, int nsems, int semflg）

函数接受三个参数。函数的第二个参数 nsems 是信号量对象所特有的，它指定了新生成的信号量对象中信号量的数目，也就是信号量数组成员的个数。

（2）semop（）函数

使用这个函数来改变信号量对象中各个信号量的状态，它的定义如下所示。

系统调用：semop（）

函数声明：int semop （int semid, struct sembuf *sops, unsigned nsops）

函数的第一个参数 semid 是要操作的信号量对象的标识符；第二个参数 sops 是 sembuf 的数组，它定义了 semop（）函数所要进行的操作序列；第三个参数 nsops 保存着 sops 数组的长度，即 semop（）函数将进行的操作个数。

（3）semctl（）函数

semctl（）函数被用来直接对信号量对象进行控制，它的定义如下所示。

系统调用：semctl（）

函数声明：intsemctl（int semid, int semnum, int cmd, union semun arg）

semctl（）函数的 cmd 参数，指定了函数进行的具体操作如下。

- IPC_STAT　取得信号量对象的 semid_ds 结构信息，并将其储存在 arg 参数中 buf

指针所指内存中返回。
- IPC_SET 用 arg 参数中 buf 的数据来设定信号量对象的的 semid_ds 结构信息。和消息队列对象一样,能被这个函数设定的只有少数几个参数。
- IPC_RMID 从内存中删除信号量对象。
- GETALL 取得信号量对象中所有信号量的值,并储存在 arg 参数中的 array 数组中返回。
- GETNCNT 返回正在等待使用某个信号量所控制的资源的进程数目。GETPID 返回最近一个对某个信号量调用 semop()函数的进程的 pid。GETVA 返回对象某个信号量的数值。
- GETZCNT 返回正在等待某个信号量所控制资源被全部使用的进程数目。
- SETALL 用 arg 参数中 array 数组的值来设定对象内各个信号量的值。SETVAL 用 arg 参数中 val 成员的值来设定对象内某个信号量的值。函数的第四个参数 arg 提供了操作所需要的其他信息。

实例 5-3 信号量实例

——附带光盘"Ch5\实例 5-3"文件夹

——附带光盘"AVI\实例 5-3.avi"

下面将提供一个将信号量应用于实际的例子。使用它可以在命令行上提供信号量的功能。

【详细步骤】

① 编写信号量的源代码。

sem1.c 源代码如下:

```
#include <stdio.h>
#include <sys/mman.h>
#include <sys/types.h>
#include <sys/stat.h>
#include <fcntl.h>
#include <sys/ipc.h>
#include <sys/sem.h>
#include <signal.h>

#if (defined_GNU_LIBRARY_) && !defined(_SEM_SEMUN_UNDEFINED)

#else

union semun
{
```

```c
        int val;
        struct semid_ds *buf;
        unsigned short *array;
        struct seminfo *_buf;
};
#endif

#define PROJID 0xFF
int semid;

void terminate_handler(int signo)
{
    semctl(semid, 0, IPC_RMID);
    exit(0);
}

int main(void)
{
    char filenm[] = "shared-file";
    char zero_blk[4096];
    char * mmap_addr;
    int fd;
    key_t semkey;
    struct sembuf getsem, setsem;
    union semun seminit;
    int ret;

    semkey = ftok(filenm, PROJID);
    if (semkey ==-1)
    {
        perror("ftok error: ");
        exit(-1);
    }

    semid = semget(semkey, 2, IPC_CREAT | IPC_EXCL | 0666);
    if (semid ==-1)
    {
        perror("semget error: ");
        exit(-1);
    }
```

```c
    seminit.val = 0;
    semctl (semid, 0, SETVAL, seminit);
    semctl (semid, 1, SETVAL, seminit);

    getsem.sem_num = 1;
        getsem.sem_op =-1;
        getsem.sem_flg = SEM_UNDO;

    setsem.sem_num = 0;
        setsem.sem_op = 1;
        setsem.sem_flg = SEM_UNDO;

    signal (SIGINT, terminate_handler);
    signal (SIGTERM, terminate_handler);

    memset (zero_blk, 0, 4096);
    fd = open (filenm, O_RDWR | O_CREAT);
        if (fd ==-1)
    {
            perror ("open error: ");
            semctl (semid, 0, IPC_RMID);
            exit (-1);
    }
    write (fd, zero_blk, 4096);
    mmap_addr = (char*) mmap (0, 4096, PROT_READ|PROT_WRITE, MAP_SHARED,
        fd, 0);
    if (mmap_addr == (char *) -1)
    {
            perror ("mmap error: ");
            semctl (semid, 0, IPC_RMID);
            close (fd);
            exit (-1);
    }

    while (1)
    {
            printf ("sem1: ");
            fgets (mmap_addr, 256, stdin);
            if (strncmp ("quit", mmap_addr, 4) == 0)
        {
```

```
            if (munmap (mmap_addr, 4096) ==-1)
        {
                perror ("munmap error: ");
            }
            close (fd);
            semctl (semid, 0, IPC_RMID);
            exit (0);
        }
        mmap_addr[strlen (mmap_addr) -1] = '\0';
        ret = semop (semid, &setsem, 1);
        if (ret ==-1)
        {
                perror ("semop error: ");
            }
        ret = semop (semid, &getsem, 1);
        if (ret ==-1)
        {
                perror ("semop error: ");
            }
        printf ("sem2: %s\n", mmap_addr);
    }
}
```

sem2.c 源代码如下:

```c
#include <stdio.h>
#include <sys/mman.h>
#include <sys/types.h>
#include <sys/stat.h>
#include <fcntl.h>
#include <sys/ipc.h>
#include <sys/sem.h>

#define PROJID 0xFF
int main (void)
{
    char filenm[] = "shared-file";
    char * mmap_addr;
    int fd, semid;
    key_t semkey;
    struct sembuf getsem, setsem;
```

```c
    semkey = ftok（filenm, PROJID）;
    if（semkey == -1）{
        perror（"ftok error: "）;
        exit（-1）;
    }

    semid = semget（semkey, 0, 0）;
    if（semid == -1）{
        perror（"semget error: "）;
        exit（-1）;
    }

    getsem.sem_num = 0;
    getsem.sem_op = -1;
    getsem.sem_flg = SEM_UNDO;

    setsem.sem_num = 1;
    setsem.sem_op = 1;
    setsem.sem_flg = SEM_UNDO;

    fd = open（filenm, O_RDWR | O_CREAT）;
    if（fd == -1）{
        perror（"open error: "）;
        semctl（semid, 0, IPC_RMID）;
        exit（-1）;
    }
    mmap_addr =（char*）mmap（0, 4096, PROT_READ|PROT_WRITE, MAP_SHARED, fd, 0）;
    if（mmap_addr ==（char *）-1）{
        perror（"mmap error: "）;
        close（fd）;
        exit（-1）;
    }

    while（1）{
        semop（semid, &getsem, 1）;
        printf（"sem1: %s\n", mmap_addr）;
        printf（"sem2: "）;
        fgets（mmap_addr, 256, stdin）;
```

```
            if （strncmp ("quit", mmap_addr, 4) == 0) {
                mmap_addr[strlen (mmap_addr) -1] = '\0';
                semop （semid, &setsem, 1);
                if （munmap (mmap_addr, 4096) == -1) {
                    perror ("munmap error: ");
                }
                close (fd);
                exit (0);
            }
            mmap_addr[strlen (mmap_addr) -1] = '\0';
            semop （semid, &setsem, 1);
        }
    }
```

② 执行结果。

```
sem1: hi!
sem2: hi!
sem1: what is your name?
sem2: sem2, what about you?
sem1: sem1
```

5.6 共享内存

共享内存是被多个进程共享的内存，它在各种进程通信方法中是最快的。

5.6.1 共享内存原理

System V 共享内存把所有共享数据放在共享内存区域，任何想要访问该数据的进程都必须在本进程的地址空间新增一块内存区域，用来映射存放共享数据的物理内存页面。System V 共享内存通过 shmget 获得或创建一个 IPC 共享内存区域，并返回相应的标识符。内核保证 shmget 获得或创建一个共享内存区，初始化该共享内存区相应的 shmid kernel 结构，同时还将在特殊文件系统 shm 中创建并打开一个同名文件，并在内存中建立起该文件的相应 dentry 及 inode 结构，新打开的文件不属于任何一个进程，所有这一切都是系统调用 shmget 完成的。

在 Linux 中，每一个共享内存区都有一个控制结构 struct shmid kernel，shmid kernel 是共享内存区域中非常重要的一个数据结构，它的定义如下：

```
struct shmid kernel
{
    struct kern_ipc_perm shm_perm;
```

```
struct file* shm_file;
int id;
unsigned long shm_nattch;
unsigned long shm_segsz;
time_t shm_atim;
time_t shm_dtim;
time_t shm_ctim;
pid_t shm_cprid;
pid_t shm_lprid;
};
```

该结构中最重要的一个域为 shm_file，它存储了将被映射文件的地址。每个共享内存区对象都对应特殊文件系统 shm 中的一个文件，一般情况下，特殊文件系统 shm 中的文件是不能用 Read（）、Write（）等方法访问的，当采取共享内存的方式把其中的文件映射到进程地址空间后，可直接采用访问内存的方式对其访问。

对于 System V 共享内存区来说，kern_ipc_perm 的宿主是 shm_id kernel 结构，shm_id kernel 是用来描述一个共享内存区域的，这样内核就能够控制系统中所有的共享区域。同时，在 shm_id kerne 结构的 file 类型指针 shm_file 指向文件系统 shm 中相应的文件。这样，共享内存区域就与 shm 文件系统中的文件对应起来。

5.6.2 共享内存对象的结构

Linux 中共享内存对象的结构如图 5-6 所示。和消息队列及信号量类似，Linux 中也有一个链表维护着所有的共享内存对象。

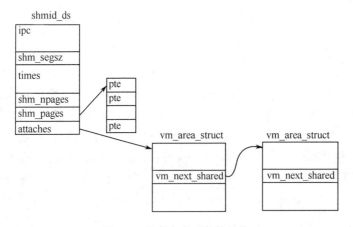

图 5-6　共享内存对象的结构

共享内存对象的结构元素说明如下：
- shm_segsz：共享内存的大小。
- times：使用共享内存的进程数目。
- attaches：描述被共享的物理内存映射到各进程的虚拟内存区域。

- shm_npages：共享虚拟内存页的数目。
- shm_pages：指向共享虚拟内存页的页表项表。

5.6.3 相关的函数

下面介绍和共享内存有关的函数。

(1) sys_shmget () 函数

使用 shmget () 函数来创建新的或取得已有的共享内存。它的定义如下所示。

系统调用：shmget ()

函数声明：intshmget（key_tkey，intsize，intshmflg）

和前面两个 IPC 对象的对应函数一样，shmget () 函数的第一个参数 key 是共享内存的关键字；第二个参数 size 是创建的共享内存的大小，以字节为单位；第三个参数 shmflg 是控制函数行为的标识量，其取值的含义和作用和 msgget () 及 semget () 函数的对应参数都是相同的。如果操作成功，函数返回共享内存的标识符。

(2) shmat () 函数

当一个进程使用 shmget () 函数得到共享内存的标识符后，就可以使用 shmat () 函数来将共享内存映射到进程自己的内存空间内。它的定义如下所示。

系统调用：shmat ()

函数声明：ntshmat（intshmid，char*shmaddr，intshmflg）

第一个参数是共享内存的标识符；第二个参数 shmaddr 指定了共享内存映射的地址。因为这样必须要预先分配内存，十分不便，所以在使用时常常将这个参数置零，这样系统会自动为映射分配一块未使用的内存。如果指定了地址，可以给第三个参数 shmflg 指定 SHM_RND 标志来强迫将内存大小设定为页面的尺寸。

如果指定了 SHM_RDONLY 参数，共享内存将被映射为只读。映射成功后，函数返回指向映射内存的指针。

(3) shmctl () 函数

和前两个 IPC 对象一样，共享内存也有一个直接对其进行操作的函数，就是 shmctl () 函数。它的定义如下所示。

系统调用：shmctl ()

函数声明：ntshmctl（intshmqid，intcmd，structshmid_ds*buf）

这个函数和 msgget () 函数十分相似，用法也相同，它支持的操作如下。

- IPC_STAT 获得共享内存的信息。
- IPC_SET 设定共享内存的信息。
- IPC_RMID 删除共享内存。

需要说明的是，当执行 IPC_RMID 操作时，系统并不是立即将其删除，而只是将其标为待删，然后等待与其连接的进程断开连接。只有当所有的连接都断开后系统才执行真正的删除操作。当然，如果执行 IPC_RMID 时没有任何的连接，将立即删除。

(4) shmdt () 函数

当一个进程不再需要某个共享内存的映射时，就应该使用 shmdt () 函数断开映射。它的定义如下所示。

系统调用：shmdt（）

函数声明：intshmdt（char*shmaddr）

shmdt（）函数唯一的参数是共享内存映射的指针。

实例 5-4　共享内存实例

起始文件——附带光盘"Ch5\实例 5-4"文件夹

动画演示——附带光盘"AVI\实例 5-4.avi"

下面提供一个将共享内存应用于实际的例子，使用它可以在命令行上提供共享内存的功能。

【详细步骤】

① 编写共享内存的源代码。

shm1.c 源代码如下：

```c
#include <stdio.h>
#include <sys/mman.h>
#include <sys/types.h>
#include <sys/stat.h>
#include <fcntl.h>
#include <sys/ipc.h>
#include <sys/sem.h>
#include <sys/shm.h>
#include <signal.h>

#if defined（_GNU_LIBRARY_）&& !defined（_SEM_SEMUN_UNDEFINED）
#else
union semun
{
    int val;
    struct semid_ds *buf;
    unsigned short *array;
    struct seminfo *_buf;
};
#endif

#define PROJID 0xFF
int semid;
int shmid;
```

```c
void terminate_handler (int signo)
{
    semctl (semid, 0, IPC_RMID);
    shmctl (shmid, IPC_RMID, NULL);
    exit (0);
}

int main (void)
{
    char filenm[] = "shared-file";
    char * shm_addr;
    key_t semkey;
    struct sembuf getsem, setsem;
    union semun seminit;
    key_t shmkey;
    int ret;

    semkey = ftok (filenm, PROJID);
    if (semkey ==-1)
    {
        perror ("ftok error: ");
        exit (-1);
    }

    semid = semget (semkey, 2, IPC_CREAT | IPC_EXCL | 0666);
    if (semid == -1)
    {
        perror ("semget error: ");
        exit (-1);
    }
    seminit.val = 0;
    semctl (semid, 0, SETVAL, seminit);
    semctl (semid, 1, SETVAL, seminit);

    getsem.sem_num = 1;
    getsem.sem_op = -1;
    getsem.sem_flg = SEM_UNDO;

    setsem.sem_num = 0;
```

```c
        setsem.sem_op = 1;
        setsem.sem_flg = SEM_UNDO;

    signal (SIGINT, terminate_handler);
    signal (SIGTERM, terminate_handler);

    shmkey = ftok (filenm, PROJID + 0x0F00);
    if (shmkey ==-1)
    {
        perror ("ftok error: ");
        exit (-1);
    }

    shmid = shmget (shmkey, 4096, IPC_CREAT | IPC_EXCL | 0666);
    if (shmid ==-1)
    {
        perror ("shmget error: ");
        exit (-1);
    }
    shm_addr = (char *) shmat (shmid, NULL, 0);
    if (shm_addr == (char *) -1)
    {
        perror ("shmat error: ");
        semctl (semid, 0, IPC_RMID);
        shmctl (shmid, IPC_RMID, NULL);
        exit (-1);
    }

    while (1)
    {
        printf ("shm1: ");
        fgets (shm_addr, 256, stdin);
        if (strncmp ("quit", shm_addr, 4) == 0)
        {
            if (shmdt (shm_addr) ==-1)
            {
                perror ("shmdt error: ");
            }
            semctl (semid, 0, IPC_RMID);
            shmctl (shmid, IPC_RMID, NULL);
```

```
            exit (0);
    }
    shm_addr[strlen (shm_addr) -1] = '\0';
    ret = semop (semid,  &setsem,  1);
    if  (ret ==-1)
{
        perror ("semop error:   ");
}
    ret = semop (semid,  &getsem,  1);
    if  (ret ==-1)
{
        perror ("semop error:   ");
}
    printf ("shm2:  %s\n",  shm_addr);
  }
}
```

shm2.c 源代码如下:

```
#include <stdio.h>
#include <sys/mman.h>
#include <sys/types.h>
#include <sys/stat.h>
#include <fcntl.h>
#include <sys/ipc.h>
#include <sys/sem.h>
#include <sys/shm.h>

#define PROJID 0xFF
int main (void)
{
    char filenm[] = "shared-file";
    char * shm_addr;
    int semid,  shmid;
    key_t semkey,  shmkey;
    struct sembuf getsem,  setsem;

    semkey = ftok (filenm,  PROJID);
    if  (semkey ==-1) {
        perror ("ftok error:   ");
        exit (-1);
```

```c
        }

        semid = semget(semkey, 0, 0);
        if (semid == -1) {
            perror("semget error: ");
            exit(-1);
        }

        getsem.sem_num = 0;
        getsem.sem_op = -1;
        getsem.sem_flg = SEM_UNDO;

        setsem.sem_num = 1;
        setsem.sem_op = 1;
        setsem.sem_flg = SEM_UNDO;

        shmkey = ftok(filenm, PROJID + 0x0F00);
        if (shmkey == -1) {
            perror("ftok error: ");
            exit(-1);
        }

        shmid = shmget(shmkey, 4096, 0);
        if (shmid == -1) {
            perror("shmget error: ");
            exit(-1);
        }
        shm_addr = (char *)shmat(shmid, NULL, 0);
        if (shm_addr == (char *)-1) {
            perror("shmat error: ");
            exit(-1);
        }

        while (1) {
            semop(semid, &getsem, 1);
            printf("shm1: %s\n", shm_addr);
            printf("shm2: ");
            fgets(shm_addr, 256, stdin);
            if (strncmp("quit", shm_addr, 4) == 0) {
                shm_addr[strlen(shm_addr) - 1] = '\0';
```

```
            semop（semid， &setsem， 1）；
            if （shmdt（shm_addr）==-1） {
                perror ("shmdt error: ")；
            }
            exit（0）；
        }
        shm_addr[strlen（shm_addr）-1] = '\0'；
        semop（semid， &setsem， 1）；
    }

}
```

② 执行结果。

```
shm1：hi!
shm2：hi!
shm1：what is your name?
shm2：shm2，what about you?
shm1：shm1
```

5.7 消息队列

消息队列就是在系统内核中保存的一个用来保存消息的队列。

5.7.1 有关的数据结构

下面认识一下常用的几个和消息队列有关的数据结构。
（1）ipc_perm
系统使用 ipc_perm 结构来保存每个 IPC 对象权限信息，它的定义如下：

```
struct ipc_perm
{
key_t key;
ushort uid;
ushort gid;
ushort cuid;
ushort cgid;
ushort mode;    /* 连接和标志相关的模式 */
ushort seq;     /* 保存顺列数字 */
};
```

结构里的前几个成员的含义是明显的，分别是 IPC 对象的关键字 uid 和 gid。然后是 IPC 对象的创建者的 uid 和 gid。接下来是 IPC 对象的存取权限。最后一个成员也许有点难以理解，是系统保存的 IPC 对象的使用频率信息。

（2）msgbuf

消息队列最大的灵活性在于可以自己定义传递给队列的消息的数据类型。不过这个类型并不是随便定义的，msgbuf 结构给了我们一个这类数据类型的基本结构定义，它的定义如下：

```
struct msgbuf {
long mtype;
char mtext[I];
};
```

它有两个成员：

mtype 是一个正的长整型量，通过它来区分不同的消息数据类型。

mtext 是消息数据的内容。

通过设定 mtype 值，可以进行单个消息队列的多向通信。这样，通过 mtype 值就可以区分这两向不同的数据。

需要注意的是，虽然消息的内容 mtext 在 msgbuf 中只是一个字符数组，但事实上，在我们定义的结构中，和它对应的部分可以是任意的数据类型，甚至是多个数据类型的集合。

（3）msg

消息队列在系统内核中是以消息链表的形式出现的，而完成消息链表每个节点结构定义的就是 msg 结构，它的定义如下：

```
/*每个消息的结构*/
struct msg {
struct msg *msg_next;
long  msg_type;
char *msg_spot;
time_t msg_stime;
short msg_ts;
};
```

- msg_next 成员是指向消息链表中下一个节点的指针，依靠它对整个消息链表进行访问。
- msg_type 和 msgbuf 中 mtype 成员的意义是一样的。
- msg_spot 成员指针指出了消息内容在内存中的位置。
- msg_ts 成员指出了消息内容的长度。

（4）msgid_ds

Linux 为系统中所有的消息队列维护一个 msgque 链表，该链表中的每个指针指向一个 msgid_ds 结构，该结构完整描述一个消息队列。当建立一个消息队列时，系统从内存中分配一个 msgid_ds 结构并将指针添加到 msgque 链表。

msgid_ds 结构的示意图如图 5-7 所示。从图中可以看出，每个 msgid_ds 结构都包含一个 ipc_perm 结构及指向该队列所包含的消息指针，显然，队列中的消息构成了一个链表。另外，Linux 还在 msgid_ds 结构中包含一些有关修改时间之类的信息，同时包含两个等待队列，分别用于队列的写入进程和队列的读取进程。

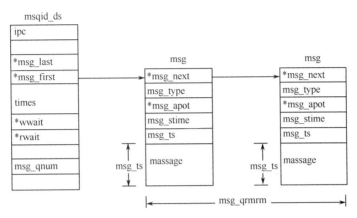

图 5-7 msgid_ds 结构的示意图

内核中存在的每个消息队列对象系统都保存一个 msgid_ds 结构的数据存放该对象的各种信息，它的定义如下：

```
/*队列对象系统的结构定义*/
struct msgid_ds {
struct ipc_perm msg_perm;
struct msg *msg_first;
struct msg *msg_last;
    kernel_time_t msg_stime;
    kernel_time_t msg_rtime;
    kernel_time_t msg_ctime;
struct wait_queue *wwait;
struct wait_queue *rwait;
unsigned short msg_cbytes;
kernel_ipc_pid_t msg_lspid;
kernel_ipc_pid_t msg_lrpid;
};
```

其中：
- msg_perm 成员保存了消息队列的存取权限及其他一些信息。
- msg_first 成员指针保存了消息队列中第一个成员的地址。msg_last 成员指针保存了消息队列中最后一个成员的地址。msg_stime 成员保存了最近一次队列接受消息的时间。
- msg_rtime 成员保存了最近一次从队列中取出消息的时间。
- msg_ctime 成员保存了最近一次队列发生改动的时间。
- wait 和 rwait 是指向系统内部等待队列的指针。msg_cbytes 成员保存着队列总共占用内存的字节数。msg_qnum 成员保存着队列里保存的消息数目。msg_qbytes 成员保存着队列所占用内存的最大字节数。
- msg_lspid 成员保存着最近一次向队列发送消息的进程的 pid。

■ msg_lrpid 成员保存着最近一次从队列中取出消息的进程的 pid。

5.7.2 相关的函数

下面介绍处理消息队列所用到的函数。

（1）msgget（）函数

msgget（）函数被用来创建新的消息队列或获取已有的消息队列，其函数定义如下。

系统调用：msgget（）

函数声明：int msgget（key_t key，int msgflg）

msgget（）函数的第一个参数是消息队列对象的关键字（key），函数将它与已有的消息队列对象的关键字进行比较，来判断消息队列对象是否已经创建。而函数进行的具体操作是由第二个参数 msgflg 控制的。它的取值如下：

■ IPC_CREAT，如果消息队列对象不存在，则创建一个，否则进行打开操作。

■ IPC_EXCL 和 IPC_CREAT 一起使用，如果消息对象不存在，则创建一个，否则产生一个错误并返回。

■ 如果单独使用 IPC_CREAT 标识，msgget（）函数要么返回一个已经存在的消息队列对象的标识符，要么返回一个新建立的消息队列对象的标识符。如果将 IPC_CREAT 和 IPC_EXCL 标识一起使用，msgget（）将返回一个新建的消息对象的标识符，或者返回-l，如果消息队列对象已存在。IPC_EXCL 标识本身并没有太大的意义，但和 IPC_CREAT 标识一起使用可以用来保证所得的消息队列对象是新创建的而不是打开的已有的对象。除了以上的两个标识外，在 msgflg 标识中还可以有存取权限控制符。这种控制符的意义和文件系统中的权限控制符是类似的。

（2）msgsnd（）函数

从函数名就可以看出，msgsnd（）函数是用来向消息队列发送消息的。它的定义如下所示。

系统调用：msgsnd（）

函数声明：int msgsnd（int msgid，struct msgbuf *msgp，int msgsz，int msgflg）

传给 msgsnd（）函数的第一个参数 msgid 是消息队列对象的标识符。

第二个参数 msgp 指向要发送的消息所在的内存。

第三个参数 msgsz 是要发送信息的长度，可以用于下的公式计算。

msgsz=sizeof（struct mymsgbuf）-sizeof（long）

第四个参数是控制函数行为的标识，可以取以下的值。

■ 0

忽略标识位。

■ IPC_NOWAIT

如果消息队列已满，消息将不被写入队列，控制权返回调用函数的线程。如果不指定这个参数，线程将被阻塞直到消息可以被写入。

（3）msgrcv（）函数

msgrcv（）和 msgsnd（）函数对应，msgrcv（）函数被用来从消息队列中取出消息。

它的定义如下所示。

系统调用：msgrcv（）

函数声明：int msgrcv（int msgid，struct msgbuf *msgp，int msgsz，long mtype，int msgflg）

函数的前三个参数和 msgsnd（）函数中对应的参数的含义是相同的。

第四个参数 mtype 指定了函数从队列中所取的消息的类型。函数将从队列中搜索类型与之匹配的消息并将之返回。不过有一个例外，如果 mtype 的值为零，函数将不做类型检查而自动返回队列中的最旧的消息。

第五个参数依然是控制函数行为的标识，可以取以下值。

- 0

表示忽略。

- IPC_NOWAIT

如果消息队列为空，则返回一个 ENOMSG，并将控制权交回调用函数的进程。如果不指定这个参数，那么进程将被阻塞直到函数可以从队列中得到符合条件的消息为止。如果一个 client 正在等待消息时队列被删除，EIDRM 就会被返回。如果进程在阻塞等待过程中收到了系统的中断信号，EINTR 就会被返回。

- MSG_NOERROR

如果函数取得的消息长度大于 msgsz，将只返回 msgsz 长度的信息，剩下的部分被丢弃了。如果不指定这个参数，EZBIG 将被返回，而消息则留在队列中不被取出。当消息从队列内取出后，相应的消息就从队列中删除了。

（4）msgctl（）函数

通过 msgctl（）函数，可以直接控制消息队列的行为，它的定义如下：

系统调用：msgctl（）

函数声明：int msgctl（int msgid，int cmd，struct msgid_ds *buf）

函数的第一个参数 msgid 是消息队列对象的标识符。

第二个参数是函数要对消息队列进行的操作，它可以是以下几个值。

- IPC_STAT

取出系统保存的消息队列的 msgid_ds 数据，并将其存入参数 buf 指向的 msgid_ds 结构中。

- IPC_SET

设定消息队列的 msgid_ds 数据中的 msg_perm 成员。设定的值由 buf 指向的 msgid_ds 结构给出。

- IPC_EMID

IPC_EMID 将队列从系统内核中删除。这三个命令的功能都是明显的，需要强调的是在 IPC_STAT 命令中队列的 msgid_ds 数据中唯一能被设定的只有 msg_perm 成员，为 ipc_perm 类型的数据。而 ipc_perm 中能被修改的只有 mode，pid 和 uid 成员，其他的都只能由系统来设定。

实例 5-5 消息队列实例

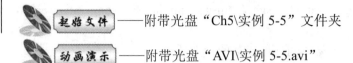

——附带光盘"Ch5\实例 5-5"文件夹

——附带光盘"AVI\实例 5-5.avi"

下面将提供一个将消息队列应用于实际的例子。使用它可以实现在命令行上提供消息队列的功能。

【详细步骤】

① 编写消息队列的源代码。

msg1.c 源代码如下：

```c
#include <stdio.h>
#include <sys/types.h>
#include <sys/stat.h>
#include <fcntl.h>
#include <sys/ipc.h>
#include <sys/msg.h>
#include <signal.h>

#define PROJID 0xFF
#define SNDMSG 1
#define RCVMSG 2
int mqid;

void terminate_handler (int signo)
{
    msgctl (mqid, IPC_RMID, NULL);
    exit (0);
}

int main (void)
{
    char filenm[] = "shared-file";
    key_t mqkey;
    struct msgbuf
    {
        long mtype;
        char mtext[256];
    }msg;
    int ret;
```

```c
        mqkey = ftok（filenm, PROJID）;
        if（mqkey ==-1）
        {
                perror（"ftok error: "）;
            exit（-1）;
        }

        mqid = msgget（mqkey, IPC_CREAT | IPC_EXCL | 0666）;
        if （mqid ==-1）
        {
                perror（"msgget error: "）;
                exit（-1）;
        }

        signal（SIGINT, terminate_handler）;
        signal（SIGTERM, terminate_handler）;

        while （1）
        {
                printf（"msg1: "）;
                fgets（msg.mtext, 256, stdin）;
                if （strncmp（"quit", msg.mtext, 4）== 0）
                {
                        msgctl（mqid, IPC_RMID, NULL）;
                        exit（0）;
                }
                msg.mtext[strlen（msg.mtext）-1] = '\0';
                msg.mtype = SNDMSG;
                msgsnd（mqid, &msg, strlen（msg.mtext）+ 1, 0）;
                msgrcv（mqid, &msg, 256, RCVMSG, 0）;
                printf（"msg2: %s\n", msg.mtext）;

        }
    }
```

msg2.c 源代码如下：

```c
    #include <stdio.h>
    #include <sys/types.h>
    #include <sys/stat.h>
    #include <fcntl.h>
```

```c
#include <sys/ipc.h>
#include <sys/msg.h>
#include <signal.h>

#define PROJID 0xFF
#define SNDMSG 1
#define RCVMSG 2

int main（void）
{
    char filenm[] = "shared-file";
    int mqid;
    key_t mqkey;
    struct msgbuf
    {
        long mtype;
        char mtext[256];
    }msg;
    int ret;

    mqkey = ftok（filenm, PROJID）;
    if （mqkey ==-1）
    {
        perror（"ftok error: "）;
        exit（-1）;
    }

    mqid = msgget（mqkey, 0）;
    if （mqid ==-1）
    {
        perror（"msgget error: "）;
        exit（-1）;
    }

    while （1）
    {
        msgrcv（mqid, &msg, 256, SNDMSG, 0）;
        printf（"msg1: %s\n", msg.mtext）;
        printf（"msg2: "）;
        fgets（msg.mtext, 256, stdin）;
```

```
                if （strncmp ("quit", msg.mtext, 4) == 0）
        {
                    exit（0）；
        }
                msg.mtext[strlen（msg.mtext）-1] ='\0';
                msg.mtype = RCVMSG；
                msgsnd（mqid, &msg, strlen（msg.mtext）+ 1, 0）；
        }
    }
```

② 执行结果。

```
msg1：hi!
msg2：hi!
msg1：what is your name?
msg2：msg2，what about you?
msg1：msg1
```

5.8 综合实例

实例 5-6 多线程编程实例

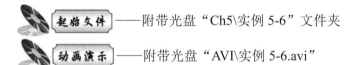

——附带光盘"Ch5\实例 5-6"文件夹

——附带光盘"AVI\实例 5-6.avi"

（1）实例内容

与传统的 UNIX 不同，一个传统的 UNIX 进程包含一个单线程，而多线程则把一个进程分成很多可执行线程，每一个线程都独立运行。

多线程可以独立运行，用多线程编程可以提高应用程序响应，使多 CPU 系统更加有效，改善程序结构，占用更少的系统资源，改善性能。

Linux 系统下的多线程遵循 POSIX 线程接口，称为 pthread。编写 Linux 下的多线程程序，需要使用头文件 pthread.h，连接时需要使用库 libpthread.a。

通过实例程序 thread.c 来进一步说明多线程编程的使用情况。

（2）实例步骤

① 编写消息队列的源代码。

thread.c 源代码如下：

```
#include <stdio.h>
#include <pthread.h> /*多线程编程中必须包含这个头文件*/
void handle（void）
{
```

```c
    int  i;
    for (i=0;  i < 10;  i++)
    {
    printf ("I am sub_thread\n");
    }
}
int main (void) {
    pthread_t id;    /*定义线程描述符号*/
    int  i ;
    int  ret;
    ret = pthread_create (&id, NULL, (void *) thread, NULL);    /*创建一个线程*/
    if (ret != 0)
    {
    printf ("Create pthread error!\n");
    exit (1);
    }
    for (i=0 ;  i < 10 ;  i++)
    {
    printf ("I am is main_thread\n");
    }
    pthread_join (id, NULL);   /*主线程等待之线程结束*/
    return (0);
}
```

② 执行结果。

```
I am is main_thread
I am sub_thread
I am is main_thread
I am sub_thread
I am is main_thread
I am sub_thread
I am is main_thread
I am is main_thread
I am sub_thread
I am sub_thread
```

5.9 本章小结

本章首先讲述了进程结构的控制操作和属性。然后分别介绍管道、信号、信号量、共享内存和消息队列的使用。最后通过多个实例的操作使读者掌握进程的具体使用。

第 6 章 Linux 开发环境的构建

由于嵌入式软件运行于特定的目标应用环境，所以，在开发时需要建立特定的开发环境。在 Linux 操作系统上使用 gcc 编辑器和 gdb 调试器。在此基础上，利用 Makefile 文件的使用，把大型的开发项目分解成为多个易于管理的部分。本章通过多个实例的讲解一一介绍这几种工具的使用。

本章内容

- 分别介绍 Cygwin 和 VMware Workstation 两种开发环境的建立和使用。
- 介绍建立交叉编译环境的主要过程。
- 讲述 gcc 的具体使用和选项的介绍。
- 讲述 gdb 调试器的使用，然后介绍在 gdb 中运行程序，最后简单介绍远程调试。
- 主要讲述 Makefile 的基本结构，Makefile 变量的使用及隐含规则的应用。
- autoconf 和 automake 的使用。

本章案例

- gcc 编译器环境的应用实例
- gdb 调试器环境的应用实例
- Makefile 的命令使用实例

6.1 建立 Linux 开发环境概述

嵌入式软件因被运行平台的软、硬件资源限制，其开发和调试不同于一般的应用软件。软件的开发在所谓的宿主机上进行，运行平台则被视为目标机。软件的调试需要通过宿主机与目标机之间的协作来交互进行。这种方式称为交叉开发。

6.1.1 Cygwin 开发环境

交叉开发条件下，整个软件开发环境运行于 PC，在目标机上运行的是在 PC 上编译连接好的程序。这时宿主机与目标机的硬件、软件环境可能都不相同。也就是说，在这种方式下，宿主机上运行的交叉开发工具与本机应用软件的开发工具可能完全不一样，其调试过程也会完全不同。调试工具运行于宿主机，通过一个运行于目标机的调试代理程序，来控制目标机上程序的调试过程。交叉开发环境如图 6-1 所示。

（1）嵌入式 Linux 交叉开发环境组成

Linux 开发离不开基本的程序编译、汇编、连接和调试等过程，对应的开发工具至少应该包括 gcc 编译器、automake 自动工程工具、autoconfigure 自动配置工具、汇编连接工具和 gdb 调试工具等，另外，还有必不可少的 C 语言动态库。在这方面已经有一些大公司做了很多的工作，提供了一些开发平台的原型，如 RedHat 公司的开源集成环境 Cygwin，就提供了基于 Windows 操作系统的类 Linux 环境，它的组成结构如图 6-2 所示。

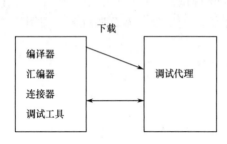

图 6-1 交叉开发环境

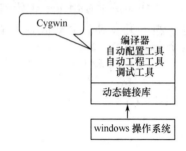

图 6-2 Cygwin 环境的组成结构

开放源码的 Cygwin 是 Windows 到 Linux 的一种中介。它提供类 Linux 的开发指令，让大部分 Linux 的开发指令可以得到识别和执行，但编译生成的最终结果只能在 Windows 操作系统下运行。Cygwin 并不能编译出 Linux 下的应用程序，它只提供了 PC 机的应用软件开发平台，因此，它不能够作为嵌入式交叉开发工具使用。

通过对 gcc 的分析和研究发现，可以利用 Cygwin 的动态链接库和它的自动配置工具、自动工程工具、调试工具，加上编译生成的交叉编译器、汇编器、连接工具和 C 函数库等共同构造 Windows 操作系统下的 Linux 交叉开发环境。

（2）交叉开发环境构造

根据以上的分析，选择一台 PC 作为宿主机进行实施，取得了比较理想的效果，开发环境构造过程如图 6-3 所示。

（3）用 Cygwin 的编译环境编译 gcc 的 Bootstrap 工具

我们需要编译出一套在 Cygwin 下运行的可以编译 Linux 应用程序的交叉工具，而 gcc 的编译过程是依赖于库文件和头文件的。用 Cygwin 自身编译工具，无法编译出运行于 Linux 环境的 C 库系统。因此，它无法直接编译出完整的 gcc 工具。这就需要另外的工具，它要既能够在 Cygwin 下运行，又可以编译出一个运行于 Linux 下的 C 库系统，然后再利用这个 C 库系统完成对 gcc 的编译，使之达到我们的要求。这个工具称为 Bootstrap gcc，它可以通过对 gcc 编译时配置实现。

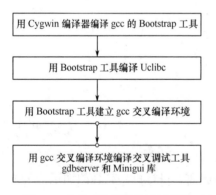

图 6-3 交叉开发环境构造过程图

配置完成后运行 make all- gcc install- gcc 即可完成 Bootstrap gcc 工具的编译和安装工作。这个工具的运行不依赖 C 库，可以直接编译 Linux 的应用程序或 C 库函数，但因其支持的函数有限，有些程序可能会编译不成功。

（4）用 Bootstrap 工具编译 uclibc 库

uclibc 库是专门为嵌入式环境开发而编写的一个自由软件包，它可以提供绝大部分标准 C 库的函数支持。

配置完成后用 make 命令进行编译，在编译过程中将会出现一些错误信息，主要是由连接工具对参数的识别和汇编工具对.S 文件中一些参数的识别差异造成的。一般来说，只要将 Makefile 文件中的连接参数中的-z 参数取消即可通过。对于有些汇编工具也无法识别的虚参数，可以将其删除。可以直接在 Linux 下进行编译，编译完成后再复制到 Cygwin 所在目标板的/usr 目录下，然后手工将所有符号连接文件在 Windows 下做成对应的快捷方式即可。

编译完成后，用 make install 命令将编译好的库文件安装到合适的目录下，默认安装目录为/usr/i386-linux-uclibc。

（5）Bootstrap 工具编译交叉编译器 gcc 工具

gcc 需要被编译成可以在 Windows 下运行，其功能却是为 Linux 环境编译应用程序，同时使用上面编译的 uclibc 库。然后运行 make install 命令，进行交叉工具的编译，如果一切正常将生成工具目录及相关的库文件目录，并且会将指定的 uclibc 库中的文件复制到其默认的目录下。可以注意到，生成的所有工具扩展名都是.exe，也就是说这些工具都是在 Windows 系统下运行的执行程序。

（6）交叉调试代理 gdbserver 的编译

现在已经拥有了在 Windows 系统下开发 Linux 程序的基本环境，但还不能对目标机上运行的程序进行调试。因为 Cygwin 虽然带有图形化的 gdb 调试工具 insight，但只能在本机上使用，而且目标机一方需要有一个能够运行于 Linux 下的调试代理程序，这个程序称为 gdbserver。

自动配置完成后使用 make 命令对 gdbserver 进行编译，这时使用的自动配置 confiure 和 make 自动工程软件是原来 Cygwin 环境中的工具，而编译、汇编、连接工具都是刚刚编译完成的交叉编译工具。这时生成的名为 gdbserver 的最终可执行文件，是一个在 Linux 环境下运行的程序，被称为调试代理。我们就可以在目标机和宿主机之间进行连接，将目标机上程序的运行状态发送到宿主机上，从而实现对应用程序的控制和调试工作。

6.1.2 VMware Workstation 开发环境

VMware Workstation 允许操作系统和应用程序在一台虚拟机内部运行。虚拟机是独立运行主机操作系统的离散环境。

VMware Workstation 软件是一个在 Windows 或 Linux 计算机上运行的应用程序，它可以模拟一个基于 x86 的标准 PC 环境。这个环境和真实的计算机一样，都有芯片组、CPU、内存、显卡、声卡、网卡、软驱、硬盘、光驱、串口、并口、USB 控制器和 SCSI 控制器等设备，提供这个应用程序的窗口就是虚拟机的显示器。下面了解在 VMware Workstation 虚拟机上安装 Linux 系统的简单应用。

① 打开 VMware Workstation 虚拟机软件，如图 6-4 所示。

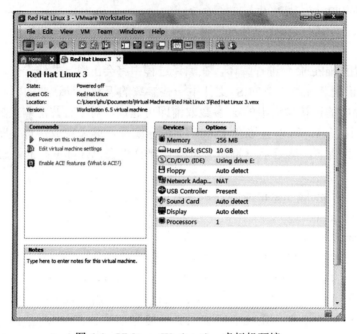

图 6-4　VMware Workstation 虚拟机环境

② 使用新建虚拟机向导安装，如图 6-5 所示。
③ 选择安装操作系统的来源，如图 6-6 所示。

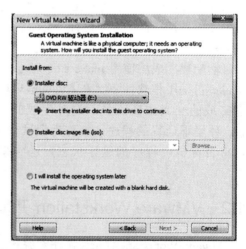

图 6-5　向导安装　　　　　　　　图 6-6　操作系统的来源

④ 选择需要安装的操作系统类型，如图 6-7 所示。
⑤ 选择操作系统所需的空间容量，如图 6-8 所示。

第 6 章
Linux 开发环境的构建

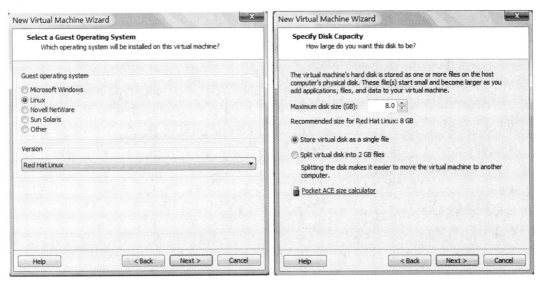

图 6-7　选择操作系统类型　　　　　图 6-8　选择空间容量

⑥ 启动 Linux 操作系统后的界面，如图 6-9 所示。

图 6-9　启动 Linux 操作系统

6.2　交叉编译的使用

GNU 交叉工具链的使用是交叉编译的一个重要的方面。

6.2.1　GNU 交叉工具链的设置

GNU 交叉工具链的设置步骤如下。

① 设置环境变量。

```
[root@localhost arm]#vi  ~/.bashrc
export PREFIX=/usr/local/arm/3.4.4
```

```
export TARGET=arm-linux
export SYSROOT=${PREFIX}/sysroot export ARCH=arm
export CROSS_COMPILE=${TARGET}-
export PATH=${PREFIX}/bin：$PATH
export SRC=/home/arm/dev_home/btools/tchain3.4.4
```

② 准备源码包。

■ binuils

名称：binutils-2.16.tar.gz

■ gcc

名称：gcc-3.4.4.tar.bz2

■ glibc

名称：glibc-2.3.5.tar.gz glibc-linuxthreads-2.3.5.tar.gz

■ linux kernel

名称：linux-2.6.14.1.tar.gz

③ 准备补丁。

■ ioperm.c.diff

作用：打修正 ioperm（）函数。

■ flow.c.diff

作用：该补丁用于产生 crti.o 和 crtn.o 文件。

■ t-linux.diff

作用：修改 gcc 一处 bug。

④ 编译 GNU binutils。

重新以 arm 用户登陆，让新设置的环境变量起作用。

```
[root@localhost arm]#su arm
[root@localhost arm]#cd ${SRC}
[root@localhost tchain3.4.4]#tar xzvf binutils-2.16.tar.gz
[root@localhost tchain3.4.4]#mkdir -p BUILD/binutils-2.16
[root@localhost binutils-2.16]#cd BUILD/binutils-2.16
[root@localhost binutils-2.16]# ../../binutils-2.16/configure --prefix=${PREFIX} --target=${TARGET} \--with-sysroot=${SYSROOT}
[root@localhost binutils-2.16]#make
[root@localhost binutils-2.16]#su root
[root@localhost binutils-2.16]#make install
[root@localhost binutils-2.16]#exit
[root@localhost binutils-2.16]#
```

⑤ 准备内核头文件。

■ 使用当前平台的 gcc 编译内核头文件。

```
[root@localhost tchain3.4.4]#cd ${KERNEL}
[root@localhost kernel]#tar xvfz linux-2.6.14.1.tar.gz
```

```
[root@localhost kernel]#cd linux-2.6.14.1
[root@localhost linux-2.6.14.1]#make ARCH=arm menuconfig
[root@localhost linux-2.6.14.1]#make
```

- 复制内核头文件。

```
[root@localhost kernel]#su root
[root@localhost kernel]#mkdir -p ${SYSROOT}/usr/include
[root@localhost kernel]#cp -a include/linux ${SYSROOT}/usr/include/linux
[root@localhost kernel]#cp -a include/asm-i386 ${SYSROOT}/usr/include/asm
[root@localhost kernel]#cp -a include/asm-generic ${SYSROOT}/usr/include/asm-generic
[root@localhost kernel]#exit
[root@localhost kernel]#
```

⑥ 编译 glibc 头文件。

```
[root@localhost kernel]#cd ${SRC}
[root@localhost chain3.4.4]#tar xvfz glibc-2.3.5.tar.gz
[root@localhost chain3.4.4]#patch -d glibc-2.3.5 -p1 < ioperm.c.diff
[root@localhost glibc-2.3.5]#cd glibc-2.3.5
[root@localhost glibc-2.3.5]#tar xvfz ../glibc-linuxthreads-2.3.5.tar.gz
[root@localhost chain3.4.4]#cd ..
[root@localhost chain3.4.4]#mkdir BUILD/glibc-2.3.5-headers
[root@localhost chain3.4.4]#cd BUILD/glibc-2.3.5-headers
[root@localhost glibc-2.3.5-headers]#../../glibc-2.3.5/configure --prefix=/usr --host=${TARGET}\
   --enable-add-ons=linuxthreads –with-headers=${SYSROOT}/usr/include
[root@localhost glibc-2.3.5-headers]#su root
[root@localhost glibc-2.3.5-headers]#make cross-compiling=yes install_root=${SYSROOT} install-
headers
[root@localhost glibc-2.3.5-headers]#touch ${SYSROOT}/usr/include/gnu/stubs.h
[root@localhost glibc-2.3.5-headers]#touch ${SYSROOT}/usr/include/bits/stdio_lim.h
[root@localhost glibc-2.3.5-headers]#exit
[root@localhost glibc-2.3.5-headers]#
```

⑦ 编译 gcc 第一阶段。

```
[root@localhost glibc-2.3.5-headers]#cd ${SRC}
[root@localhost chain3.4.4]#tar xjvf gcc-3.4.4.tar.bz2
[root@localhost chain3.4.4]#patch -d gcc-3.4.4 -p1 < flow.c.diff
[root@localhost chain3.4.4]#patch -d gcc-3.4.4 -p1 < t-linux.diff
[root@localhost chain3.4.4]#mkdir -p BUILD/gcc-3.4.4-stage1
[root@localhost chain3.4.4]#cd BUILD/gcc-3.4.4-stage1
[root@localhost gcc-3.4.4-stage1]#../../gcc-3.4.4/configure --prefix=${PREFIX} --target=$
   {TARGET}\--enable-languages=c--with-sysroot=${SYSROOT}
[root@localhost gcc-3.4.4-stage1]#make all-gcc
```

```
[root@localhost gcc-3.4.4-stage1]#su root
[root@localhost gcc-3.4.4-stage1]#make install-gcc
[root@localhost gcc-3.4.4-stage1]#exit
[root@localhost gcc-3.4.4-stage1]#
```

⑧ 编译完整的 glibc。

```
[root@localhost glibc-2.3.5]#make
[root@localhost glibc-2.3.5]#su root
[root@localhost glibc-2.3.5]#make install_root=${SYSROOT} install
[root@localhost glibc-2.3.5]#exit
[root@localhost glibc-2.3.5]#
```

⑨ 编译完整的 gcc。

```
[root@localhost glibc-2.3.5]#cd ${SRC}
[root@localhost tchain3.4.4]#mkdir BUILD/gcc-3.4.4
[root@localhost tchain3.4.4]#cd BUILD/gcc-3.4.4
[root@localhost gcc-3.4.4]#../../gcc-3.4.4/configure --prefix=${PREFIX}--target=${TARGET}\--enable-languages=c--with-sysroot=${SYSROOT}
[root@localhost gcc-3.4.4]#make
[root@localhost gcc-3.4.4]#su root
[root@localhost gcc-3.4.4]#make install
[root@localhost gcc-3.4.4]#exit
[root@localhost gcc-3.4.4]#
```

6.2.2 ARM GNU 常用汇编语言

下面分别介绍 ARM GNU 常用伪指令、ARM GNU 专有符号和操作码。

（1）ARM GNU 常用伪指令

■ abort

.abort：停止汇编。

.align abs-expr1，abs-expr2：以某种对齐方式，在未使用的存储区域填充值。第一个值表示对齐方式，4，8，16 或 32；第二个表达式值表示填充的值。

■ ltorg

.ltorg：表示当前往下的定义归于当前段，并为之分配空间。

■ include

.include "file"：包含指定的头文件，可以把一个汇编常量定义放在头文件中。

■ comm

.comm symbol，length：在 bss 段申请一段命名空间，该段空间的名称为 symbol，长度为 length。ld 连接器在连接时会为它留出空间。

■ data

.data subsection：说明接下来的定义归属于 subsection 数据段。

- equ

.equ symbol，expression：把某一个符号定义为某一个值，该指令并不分配空间。

- global

.global symbol：定义一个全局符号，通常是为 ld 使用。

- ascii

.ascii "string"：定义一个字符串，并为之分配空间。

- byte

.byte expressions：定义一个字节，并为之分配空间。

- short

.short expressions：定义一个短整型，并为之分配空间。

- int

.int expressions：定义一个整型，并为之分配空间。

- long

.long expressions：定义一个长整型，并为之分配空间。

- word

.word expressions：定义一个字，并为之分配空间。

- macro/endm

.macro：定义一段宏代码，.macro 表示代码的开始，.endm 表示代码的结束。

- req

name .req register name：为寄存器定义一个别名。

- code

.code[16|32]：指定指令代码产生的长度，16 表示 Thumb 指令，32 表示 ARM 指令。

（2）ARM GNU 专有符号

- @

表示注释从当前位置到行尾的字符。

- #

注释掉一整行。

- ;

新行分隔符。

（3）操作码

- nop

nop
空操作

- ldr

ldr<register>，=<expression>

相当于 PC 寄存器或其他寄存器的长转移。

- adr

adr<register><label>

相当于 PC 寄存器或其他寄存器的小范围转移。

- adrl

adrl\<register>\<label>

相当于 PC 寄存器或其他寄存器的中范围转移。

6.2.3 GNU 交叉工具链的常用工具

下面介绍交叉工具链的常用工具。

（1）常用工具介绍

常用工具参见表 6-1。

表 6-1 常用工具

名 称	归 属	作 用
arm-linux-as	binutils	编译 ARM 汇编程序
arm-linux-ar	binutils	把多个.o 合并成一个.o 或静态库（.a）
arm-linux-ranlib	binutils	为库文件建立索引，相当于 arm-linux-ar-s
arm-linux-ld	binutils	连接器（Linker），把多个.o 或库文件连接成一个可执行文件
arm-linux-objdump	binutils	查看目标文件（.o）和库（.a）的信息
arm-linux-objcopy	binutils	转换可执行文件的格式
arm-linux-strip	binutils	去掉 elf 可执行文件的信息，使可执行文件变小
arm-linux-readelf	binutils	读 elf 可执行文件的信息
arm-linux-gcc	gcc	编译.c 或.S 开头的 C 程序或汇编程序
arm-linux-g++	gcc	编译 C++程序

（2）arm-linux-gcc 的使用

① 编译 C 文件，生成 elf 可执行文件。

h1.c 源文件

#include \<stdio.h>

void hellofirst（void）

{

printf（"The first hello! \n"）;

}

h2.c 源文件

#include \<stdio.h>

void hellosecond（void）

{

printf（"The second hello! \n"）;

}

hello.c 源文件

```c
#include <stdio.h>
void hellosecond (void);
void hellofirst (void);

int main (int argc,   char *argv[])
{
hellofirst ();   hellosecond ();   return (0);
}
```

编译以上 3 个文件，有如下几种方法。

方法 1：

```
[root@localhost gcc]#arm-linux-gcc -c h1.c
[root@localhost gcc]#arm-linux-gcc -c h2.c
[root@localhost gcc]#arm-linux-gcc -o hello hello.c h1.o h2.o
```

方法 2：

```
[root@localhost gcc]#arm-linux-gcc -c h1.c h2.c
[root@localhost gcc]#arm-linux-gcc -o hello hello.c h1.o h2.o
```

方法 3：

```
[root@localhost gcc]#arm-linux-gcc -c -o h1.o h1.c
[root@localhost gcc]#arm-linux-gcc -c -o h1.o h1.c
[root@localhost gcc]#arm-linux-gcc -o hello hello.c h1.o h2.o
```

方法 4：

```
[root@localhost gcc]#arm-linux-gcc -o hello hello.c h1.c h2.c
```

- -c：只编译不连接。
- -o：编译且连接。

② 产生一个预处理文件，当要看一个宏在源文件中产生的结果时，比较合适。

```
[root@localhost gcc]#arm-linux-gcc -E h1.i h1.c
```

- -E：产生一个预处理文件。

③ 产生一个动态库。

动态库是在运行时需要的库。

```
[root@localhost gcc]#arm-linux-gcc -c -fpic h1.c h2.c
[root@localhost gcc]#arm-linux-gcc -shared h1.o h2.o -o hello.so
[root@localhost gcc]#arm-linux-gcc -o hello hello.c hello.so
```

把 hello.so 复制到目标板的/lib 目录下，把可执行文件复制到目标板的/tmp 目录下，在目标板上运行 hello。

```
#/tmp/hello
```

或把 hello.so 和 hello 一起复制到/tmp 目录下，并设置 LD_LIBRARY_PATH 环境变量

```
#export LD_LIBRARY_PATH =/tmp：$LD_LIBRARY_PATH
#/tmp/hello
```

（3）arm-linux-ar 和 arm-linux-ranlib 的使用

静态库是在编译时需要的库。

① 建立一个静态库。

```
[root@localhost gcc]#arm-linux-ar -r libhello.a h1.o h2.o
```

② 为静态库建立索引。

```
[root@localhost gcc]#arm-linux-ar -s libhello.a
[root@localhost gcc]#arm-linux-ranlib libhello.a
```

③ 由静态库产生可执行文件。

```
[root@localhost gcc]#arm-linux-gcc -o hello hello.c -lhello -L./
```

[root@localhost gcc]#arm-linux-gcc -o hello hello.c libhello.a hello 文件可以直接复制到/tmp 目录下运行，不需 libhello.a。

（4）arm-linux-objdump 的使用

① 查看静态库或.o 文件的组成文件。

```
[root@localhost gcc]$ arm-linux-objdump -a libhello.a
```

② 查看静态库或.o 文件的各组成部分的头部分。

```
[root@localhost gcc]$ arm-linux-objdump -h libhello.a
```

③ 把目标文件代码反汇编。

```
[root@localhost gcc]$ arm-linux-objdump -d libhello.a
```

（5）arm-linux-readelf 的使用

① 读 elf 文件开始的文件头部。

```
[root@localhost gcc]$ arm-linux-readelf -h hello
ELF Header:
Magic：7f 45 4c 46 01 01 01 61 00 00 00 00 00 00 00 00
Class：     ELF32
Data：      2's complement，  little endian
Version：   1（current）OS/ABI：        ARM
ABI Version：   0
Type：      EXEC（Executable file）Machine：    ARM
Version：   0x1
Entry point address：   0x82b4
Start of program headers：    52（bytes into file）Start of section headers：    10240（bytes into file）  Flags：   0x2，has entry point Size of this header：    52（bytes）
Size of program headers：    32（bytes）Number of program headers：6
Size of section headers：    40（bytes）Number of section headers：    28
Section header string table index：   25
```

② 读 elf 文件中所有 ELF 的头部。

  [root@localhost gcc]#arm-linux-readelf -e hello

③ 显示整个文件的符号表。

  [root@localhost gcc]#arm-linux-readelf -s hello

④ 显示使用的动态库。

  [root@localhost gcc]#arm-linux-readelf -d hello

（6）arm-linux-strip 的使用

① 移除所有的符号信息。

  [root@localhost gcc]#cp hello hello1

  [root@localhost gcc]#arm-linux-strip -strip-all hello

--strip-all：是移除所有符号信息

  [root@localhost gcc]#ll

被 strip 后的 hello 程序比原来的 hello1 程序小很多。

② 移除调试符号信息。

  [root@localhost gcc]#arm-linux-strip -g hello

  [root@localhost gcc]#ll

（7）arm-linux-copydump 的使用

生成可以执行的二进制代码。

  [root@localhost gcc]#arm-linux-copydump -O binary hello hello.bin

6.2.4 交叉编译环境

建立面向 ARM 的交叉编译环境，主要过程如下。

（1）下载源文件，准备编译的目录

建立交叉编译环境，需要将各种二进制工具程序集成工具链，其中包括如 binutils、gcc 及 glibc 等。想要选用合适的版本，必须试着找到适合的主机和目标板的组合。当然，也可以从书籍和网络上查找可用的组合。

（2）内核头文件设置

内核的每个版本都会包含两种档案：经 tar.gzip 压缩的文件和经 tar.gzip 压缩的文件。这两个文件都包含相同的内核，只是以.tar.bz2 结尾的文件比较小。这里我们使用的是.tar.gz 文件。

  #cd /home/kernel

  #tar zxvf linux -2.4.18.tar.gz

解包后，tar 命令会建立一个名为 linux 的目录来包含从安装文件中取出的档案，为了与其他版本的内核区分，最好是能对其重命名并加上版本号。

```
#mv linux linux -2.4.18
#cd linux - 2.4.18
#make ARCH = arm CROSS COMPIL E = arm-linux-menuconfig
```

变量 ARCH 和 CROSS COMPILE 的值与目标板的类型有关。鉴于使用的是 ARM 的目标板和 i386 的主机，所以结果是 ARCH=arm 及 CROSS-COMPILE = arm-linux-。Menuconfig 命令会在控制台上显示一份菜单，可由此选择内核的配置。设好内核配置后，保存，退出设置菜单。此时，一些适当的文件和链接将被建立。建立工具链所需的 include 目录，并将内核头文件复制过去。

```
#mkdir -p/home/arm-linux/include
#cp -r include/linux/ /home/arm-linux/in2clude

#cp -r include/asm-arm/ /home/arm-linux/
include/asm
#cp - r include/asm-generic/ /home/arm-linux/include
```

工具链只需要一组可供目标板使用的有效头文件，因此，不必在每次重新设定内核配置后重建工具链，这些头文件在早先的程序中就已经提供了。除非变更处理器或系统类型，否则该步不需重复。

（3）建立二进制工具（binutils）

binutils 包中的工具常用来操作二进制目标文件，该包中最重要的两个工具就是 GNU 汇编器 as 和链接器 ld。设置 binutils 包的第一步，就是解压源码，如下：

```
#cd / home/build-tools
# tar zxvf binutils-2.10.1.tar.gz
```

移到 build-binutils 目录，为跨平台开发设定包的配置，并进行安装，如下：

```
#cd build-binutils
#.../binutils-2.10.1/configure--target=/home/arm-linux--prefix=/home/tools
# make
# make install
```

configure 执行时会检查主机上是否存在某些资源，并且会为包中每个工具程序产生适当的 Makefile，还可以通过适当的选项传递给 configure 来控制 Makefile 的输出。其中，--target 选项指定这是为哪个目标板建立 binutils，--prefix 选项能够指定安装目录。最后一条 make install 命令执行完毕，则 binutils 工具建立完毕。

（4）建立初始编译器

gcc 套件只包含了一个工具程序（GNU 编译器），不过它还支持一些组件，如运行时库。本阶段将建立引导编译器，该编译器只能支持 C 语言。C 链接库编译好后，重新编译 gcc 才能提供完整的 C++ 支持。

首先解压源代码包，如下：

```
#cd /home/build-tools
# tar zxvf gcc-2.95.3.tar.gz
```

第 6 章　Linux 开发环境的构建

这里需要对源代码做一些修改，否则后面的编译会出现错误，如下：

```
#cd gcc-2.95.3/gcc/config/arm
#vi t-linux
```

接下来就可以在为引导编译器准备的目录里设定建立引导编译器的配置并进行安装，如下：

```
#cd build -boot -gcc
#.../gcc-2.95.3/configure --target=/home/arm-linux--prefix=/home/tools--without-headers--with-newlib--enable-languages=c
#make all -gcc
#make install -gcc
```

这里 configure 指定的--target 和--prefix 选项，也是分别用来指定目标板类型和安装目录的。此外，还有一些建立引导编译器时需要的选项。

-without-headers 告诉配置工具交叉编译器不需要目标板的系统头文件；--with-newlib 说明不要使用 glibc，因为 glibc 尚未针对目标板完成编译的动作；--enable-languages 选项用来告诉配置命令脚本，想让产生的编译器支持哪些程序语言。因为这是个引导编译器，所以只需要支持 C 语言。

（5）建立 C 链接库

glibc 由许多链接库组成，是极其重要的一个软件组件。目标板必须靠它来执行或开发大部分的应用程序。与之前的包一样，首先从下载的包中取出 C 链接库源码，如下：

```
# cd /home/build-tools
# tar zxvf glibc -2.2.1.tar.gz
```

这会产生包含包内容的 glibc-2.2.1 目录。除此之外，还要取出 linuxthreads 包的源码，如下：

```
#tar -zxvf glibc-linuxthreads-2.2.1.tar.gz
--directory=glibc-2.2.1
```

移到 build-glibc 目录，开始建立并安装 C 链接库，如下：

```
#cd build -glibc
#CC=arm-linux-gcc../glibc-2.2.1/con2figure--host=/home/arm-linux--prefix=/usr
--enable-add-ons--with-headers=/
home/arm-linux/include
#make
#make install root=/home/arm-linux prefix
```

在调用 configure 前，先执行 CC=arm-lin2ux-gcc。目的是将环境变量 CC 设为 arm-linux-gcc。因此，这里用来建立 C 链接库的编译器，是我们刚才建立的引导编译器。同时，以--host 选项来取代--target 选项，因为此链接库将会在目标板上执行，而不是在主机上。

--prefix 选项目的在于告诉配置命令脚本，一旦在目标板的根文件系统上时，链接库组件的位置 glibc 编译期间会将此位置在 glibc 组件中硬编码，并且在运行时使用。以--enable-add-ons 选项来要求配置命令脚本使用下载的附加包。由于此处只用到 linuxthreads 包，所以后面可以为空而不特别指定。最后，以--with-headers 选型告诉配置命令脚本，何处可找到前面设置的内核头文件。

（6）建立全套编译器

现在可以为目标板安装支持 C 和 C++的完整编译器。因为已经在"引导编译器设置"中从包中取出了编译器的源码，所以不必重复此步骤。首先移到 build-gcc，然后进行配置设定的工作，如下：

```
#cd /home/build-tools/build-gcc
#../gcc-2.95.3/configure--target=/home/arm-linux--prefix=/home/tools--en2able-languages=c++
#make all
#make install
```

此处用到的选项与建立引导编译器时用到的选项意义类似。除了 C 之外，这里还增加了对 C++的支持。

至此，整个跨平台开发工具链都已设置好，可以直接在 PC 平台上编写、编译和链接基于 ARM 的程序了。

6.3 Linux 下的 C 编程

在 Linux 操作系统下进行 C 语言编程和在 Windows 操作系统下有较大的区别，下面简单介绍 Linux 下的 C 编程。

6.3.1 Linux 程序设计特点

在进行程序设计时首先应养成良好的程序设计风格，下面是 Linux 程序和系统所共有的一些特点。

① 可反复性。使用的程序组件把应用程序的核心部分组建成一个库。带有简单而又灵活的程序设计接口并且文档齐备的函数库能够帮助其他人员开发同类的项目，或者能够把这里的技巧用在新的应用领域。

② 灵活性。因为无法预测用户会怎样使用程序，因此，在进行程序设计时，要尽可能地增加灵活性，尽量避免给数据域长度或者记录条数加上限制。

③ 简单性。许多最有用的 Linux 软件工具都是非常简单的，程序小而且易于理解。

④ 开放性。文件格式比较成功和流行的 Linux 程序所使用的配置文件和数据文件都是普通的 ASCII 文本。如果在程序开发中遵循该原则，将是一种很好的做法。它使用户能够利用标准的软件工具对配置数据进行改动和搜索，从而开发出新的工具，并通过新的函数对数据文件进行处理。

⑤ 重点性。一个所谓功能齐全的程序可能既不容易使用，也不容易维护。如果程序只用于一个目的，那么当更好的算法或更好的操作界面被开发出来时，它就更容易得到改进。在 Linux 世界里，通常会在需求出现时把小的工具程序组合到一起，来完成一项更大

的任务，而不是用一个巨大的程序预测一个用户的需求。

⑥ 过滤性。许多 Linux 应用程序可以用作过滤器，即它们可以把自己的输入转换为另一种形式的输出。在后面将会讲到，Linux 提供的工具程序能够将其他 Linux 程序组合成相当复杂的应用软件，其组合方法既新颖又奇特。当然，这类程序组合正是由 Linux 独特的开发方法支撑着的。

6.3.2　Linux 下 C 语言编码的风格

下面是基于 GNU 的编程风格，编写代码时应遵循这些基本要求。

① 函数开头的左花括号放到最左边，避免把任何其他的左花括号、左括号或者左方括号放到最左边。

② 尽力避免让两个不同优先级的操作符出现在相同的对齐方式中。

③ 每个程序都应该有一段简短地说明其功能的注释开头。

④ 请为每个函数书写注释，以说明函数做了些什么，需要哪些种类的参数，参数可能值的含义及用途。

⑤ 要在同一个声明中同时说明结构标识和变量，或者结构标识和类型定义。

⑥ 当在一个 if 语句中嵌套了另一个 if-else 语句时，应用花括号把 if-else 括起来。

⑦ 不要在声明多个变量时跨行。在每一行中都以一个新的声明开头。

⑧ 命令一个命令行选项时，给出的变量应该在选项含义的说明之后，而不是选项字符之后。

⑨ 在名字中使用下划线以分隔单词，尽量使用小写；把大写字母留给宏和枚举常量，以及根据统一的惯例使用的前缀。

⑩ 尽量避免在 if 的条件中进行赋值。

Linux 内核所要求的编程风格如下。

① 注释。注释说明代码的功能，而不是说明其实现原理。

② 命名系统。变量命名尽量使用简短的名字。

③ 将开始的大括号放在一行的最后，而将结束大括号放在一行的第一位。

④ 注意缩进格式。

⑤ 函数最好短小精悍，一个函数最好只做一件事情。

6.3.3　Linux 程序基础

对一个 Linux 开发人员来说，在使用一种编程语言编写程序前，对操作系统中程序的保存位置有一个透彻的了解是很重要的。

（1）程序安装目录

Linux 下的程序通常都保存在专门的目录里。系统软件可以在/usr/bin 子目录中找到。系统管理员为某个特定的主机系统或本地网络添加的程序可以在/usr/local/bin 子目录中找到。

系统管理员一般都喜欢使用/usr/local 子目录，因为它可以把供应商提供的文件和后来添加的程序及系统本身提供的程序隔离开来。/usr 子目录的这种布局方法在需要对操作系统进行升级时非常有用，因为只有/usr/local 子目录里的东西需要保留。建议读者编译自己的程序时，按照/usr/local 子目录的树状结构来安装和访问相应的文件。

GNU 的 C 语言编译器 gcc 通常安装在/usr/bin 或者/usr/local/bin 子目录中，但通过它运行的各种编译器支持程序一般都保存在另一个位置。这个位置是在用户使用自己的编译器时指定的，随主机类型的不同而不同。对 Linux 系统来说，这个位置通常是/usr/lib/gcc-lib/目录下以其版本号确定的某个下级子目录。

（2）头文件

在使用 C 语言和其他语言进行程序设计时，需要头文件来提供对常数的定义和对系统及库函数调用的声明。对 C 语言来说，这些头文件几乎永远保存在/usr/include 及其下级子目录中。那些赖于所运行的 UNIX 或 Linux 操作系统特定版本的头文件一般可以在/usr/include/sys 或/usr/include/linux 子目录中找到。其他的程序设计软件也可以有一些预先定义好的声明文件，它们的保存位置可以被相应的编译器自动查找到。

在调用 C 语言编译器时，可以通过给出-I 编译命令标志来引用保存在下级子目录或者非标准位置的头文件。

（3）库文件

库文件是一些预先编译好的函数的集合，那些函数都是按照可再使用的原则编写的。它们通常由一组互相关联的用来完成某项常见工作的函数构成。如用来处理屏幕显示情况的函数等。在后续章节讲述这些函数库文件。

标准的系统库文件一般保存在/lib 或者/usr/lib 子目录中。编译时要告诉 C 语言编译器（更确切地说是链接程序）应去查找哪些库文件。默认情况下，它只会查找 C 语言的标准库文件。这是从计算机速度还很慢、CPU 价格还很昂贵的年代遗留下来的问题。

库文件的名字一直以 lib 这几个字母打头，随后是说明函数库情况的部分。文件名的最后部分以一个句点开始，然后给出这个库文件的类型。

函数库一般分为静态和共享两种格式，用 ls/usr/lib 命令查一下就能看到。在通知编译器查找某个库文件时，既可以给出其完整的路径名，也可以使用-I 标志。

（1）静态库

当有程序需要用到函数库中的某个函数时，就会通过 include 语句引用对此函数做出声明的头文件。编译器和链接程序负责把程序代码和库函数结合在一起，成为一个独立的可执行程序。如果使用的不是标准的 C 语言运行库而是某个扩展库，就必须用-I 选项指定它。

静态库的文件名按惯例都以.a 结尾。自己建立和维护静态库的工作并不困难，用 ar 程序就可以做到，另外要注意的是，应该用 gcc-c 命令对函数分别进行编译。应该尽量把函数分别保存到不同的源代码文件中去。如果函数需要存取普通数据，可以把它们放到同一个源代码文件中并使用在其中声明为 static 类型的变量。

（2）共享库

静态库的缺点是假如在同一时间运行多个程序而它们又都使用着来自同一个函数库里的函数时，内存里就会有许多同一函数的备份，在程序文件本身也有许多同样的备份。这会消耗大量宝贵的内存和硬盘空间。

共享库的存放位置和静态库是一样的，但有着不同的文件后缀。在一个典型的 Linux 系统上，C 语言标准库的共享版本是/usr/lib/libc.soN，其中的 N 是主版本号。

6.3.4 Linux 下 C 编程的库依赖

在 Linux 下使用 C 语言开发应用程序时，完全不使用第三方函数库的情况是比较少见的，通常都需要借助一个或多个函数库的支持才能够完成相应的功能。从程序员的角度看，函数库实际上是一些头文件和库文件的集合。虽然 Linux 下大多数函数都默认将头文件放到/usr/include/目录下，而库文件则放到/usr/lib/目录下，但并不是所有的情况都是这样。正因如此，gcc 在编译时必须让编译器知道如何来查找所需要的头文件和库文件。

gcc 采用搜索目录的办法来查找所需要的文件，-I 选项可以向 gcc 的头文件搜索路径中添加新的目录。

如果使用了不在标准位置的库文件，那么可以通过-L 选项向 gcc 的库文件搜索路径中添加新的目录。

Linux 下的库文件分为两大类，分别为动态链接库（通常以.so 结尾）和静态链接库（通常以.a 结尾），两者的差别仅在于程序执行时所需的代码是在运行时动态加载的，还是在编译时静态加载的。默认情况下，gcc 在链接时优先使用动态链接库，只有当动态链接库不存在时，才考虑使用静态链接库。如果需要的话可以在编译时加上-static 选项，强制使用静态链接库。

6.4 gcc 的使用与开发

gcc 是用 C 语言实现的，向上可接收多种语言，向下可支持多种操作平台的可移植编译系统。

6.4.1 gcc 简介和使用

gcc 是一个集成了多种编译器的编译程序。下面介绍如何使用 gcc 来编译源程序，以及 gcc 各个命令行选项的意义和用法。

（1）gcc 编译器

gcc 是 GNU 的 C 和 C++编译器。实际上，gcc 能够编译多种语言，如 C、C++和 Object C 等。利用 gcc 命令可同时编译并连接 C 和 C++源程序，也可以对几个 C 源文件利用 gcc 编译、连接并生成可执行文件。

gcc 编译程序产生的所有的二进制文件都是 ELF 格式的文件（即使可执行文件的默认名仍然是 a.out）。较旧的 a.out 格式的程序仍然可以运行在支持 ELF 格式的系统上。

（2）gcc 的执行过程

C 和 C++编译器是集成的。他们都要用四个步骤中的一个或多个处理输入文件：预处理（preprocessing）、编译（compilation）、汇编（assembly）和连接（linking）。源文件后缀名标识源文件的语言。源文件后缀名指出语言种类及后期的操作，如下：

- .c C 源程序；预处理，编译，汇编。
- .CC++源程序；预处理，编译，汇编。
- .cc　C++源程序；预处理，编译，汇编。

- .cxx C++源程序；预处理，编译，汇编。
- .m Objective-C 源程序；预处理，编译，汇编。
- .i 预处理后的 C 文件；编译，汇编。
- .ii 预处理后的 C++文件；编译，汇编。
- .s 汇编语言源程序；汇编。
- .S 汇编语言源程序；预处理，汇编。
- .h 预处理器文件；通常不出现在命令行上。

（3）gcc 基本语法

gcc [options] [filenames]

说明：

在 gcc 后面可以有多个编译选项，同时进行多个编译操作。很多的 gcc 选项包括一个以上的字符。因此，必须为每个选项指定各自的连字符。例如，下面的两个命令是不同的：

gcc –p –gtest1.c
gcc –pg test1.c

当不用任何选项编译一个程序（假设编译成功）时，gcc 将会建立一个名为 a.out 的可执行文件。

6.4.2 gcc 选项

gcc 选项主要有以下几个。

（1）总体选项

- -xlanguage

明确指出后面输入文件的语言为 language（而不是从文件名后缀得到的默认选择）。这个选项应用于后面所有的输入文件，直到遇到下一个-x 选项。language 的可选值有 C，Objective-C，C-header，C++，assembler，和 assembler-with-cpp。

- -xnone

关闭任何对语种的明确说明，依据文件名后缀处理后面的文件。

如果只操作四个阶段（预处理、编译、汇编、连接）中的一部分，可以使用-x 选项告诉 gcc 从哪里开始，用-c，-S，或-E 选项告诉 gcc 到哪里结束。注意，某些选项组合使 gcc 不作任何事情。

- -c

编译或汇编源文件，但是不作连接。编译器输出对应源文件的目标文件。

默认情况下，gcc 通过用.o 替换源文件名后缀.c，.i，.s，等，产生目标文件名，可以使用-o 选项选择其他名字。

gcc 忽略-c 选项后面任何无法识别的输入文件。

- -S

编译后即停止，不进行汇编。对于每个输入的非汇编语言文件，输出文件是汇编语言文件。

第 6 章　Linux 开发环境的构建

默认情况下，gcc 通过用.o 替换源文件名后缀.c，.i，等，产生目标文件名。
可以使用-o 选项选择其他名字。
gcc 忽略任何不需要编译的输入文件。

■ -E

预处理后即停止，不进行编译，预处理后的代码送往标准输出。
gcc 忽略任何不需要预处理的输入文件。

（2）查找选项

gcc 一般使用默认路径查找头文件和库文件。如果文件所用的头文件或库文件不在默认目录下，则编译时要指定它们的查找路径。

■ -I 选项

指定头文件的搜索目录。
例如：

> gcc –I /export/home/st –o test1 test1.c

■ -L 选项

指定库文件的搜索目录。
例如：

> gcc –L /usr/X11/R6/lib –o test1 test1.c

（3）宏定义选项

■ -DMACRO

以字符串"1"定义 MACRO 宏。

■ -DMACRO=DEFN

以字符串"DEFN"定义 MACRO 宏。

■ -UMACRO

取消对 MACRO 宏的定义。

（4）优化选项

优化选项可以使 gcc 在耗费更多编译时间和牺牲易调试性的基础上产生更小更快的可执行文件。这些选项中最典型的是-O 和-O2 选项。

■ -O0 选项

不进行优化处理。

■ -O 选项

告诉 gcc 对源代码进行基本优化。这些优化在大多数情况下都会使程序执行的更快。

■ -O2 选项

告诉 gcc 产生尽可能小和尽可能快的代码。-O2 选项将使编译的速度比使用-O 时慢。但通常产生的代码执行速度会更快。

■ -O3 选项

比-O2 更进一步优化，包括 inline 函数。

（5）语言选项

语言选项控制编译器能够支持符合 ANSI 标准的 C 程序。这样就会关闭 GNUC 中某些不兼容 ANSIC 的特性，如 asm，inline 和 typeof 关键字，以及如 unix 和 vax 这些表明当前系统类型的预定义宏。

（6）预处理器选项

下列选项针对 C 预处理器，用在正式编译前，对 C 源文件进行某种处理。

如果指定了-E 选项，gcc 只进行预处理工作。下面的某些选项必须和-E 选项一起才有意义，因为他们的输出结果不能用于编译。

- -includefile

在处理常规输入文件前，首先处理文件 file，其结果是文件 file 的内容先得到编译。命令行上任何-D 和-U 选项必须在-includefile 前处理，而-include 和-imacros 选项按书写顺序处理。

- -imacrosfile

在处理常规输入文件前，首先处理文件 file，但是忽略输出结果。由于丢弃了文件 file 的输出内容，-imacrosfile 选项的唯一效果就是使文件 file 中的宏定义生效，可以用于其他输入文件。在处理-imacrosfile 选项前，预处理器首先处理。

- -imacros 选项

按书写顺序处理。

（7）连接器选项

下列选项用于编译器连接目标文件，输出可执行文件。如果编译器不进行连接，他们就毫无意义。

- object-file-name

如果 gcc 执行连接操作，这些目标文件将成为连接器的输入文件。

- -library

连接名为 library 的库文件。

连接器在标准搜索目录中寻找这个库文件，会当作文件名得到准确说明一样引用这个文件。

搜索目录除了一些系统标准目录外，还包括用户以-L 选项指定的路径。

一般来说用这个方法找到的文件是库文件，即由目标文件组成的归档文件。连接器处理归档文件的方法是：扫描归档文件，寻找某些成员。这些成员的符号目前已被引用，不过还没有被定义。但是，如果连接器找到普通的目标文件，而不是库文件，就把这个目标文件按平常方式连接进来。指定-l 选项和指定文件名的区别是，-l 选项用 lib 和.a 把 library 包裹起来，而且搜索一些目录。

（8）目录选项

- -Idir

在头文件的搜索路径列表中添加 dir 目录。

- -Ldir

在-l 选项的搜索路径列表中添加 dir 目录。

（9）警告选项

- -w

禁止所有警告信息。

- -Wno-import

禁止所有关于#import 的警告信息。

- -Wimplicit-int

警告没有指定类型的声明。

- -Wimplicit-function-declaration

警告在声明之前就使用的函数。

（10）调试选项

gcc 拥有许多特别选项，既可以调试用户的程序，也可以对 gcc 排错。

- -g

以操作系统的本地格式，产生调试信息。gdb 能够使用这些调试信息。

在大多数使用 stabs 格式的系统上，-g 选项启动只有 gdb 才使用的额外调试信息；这些信息使 gdb 调试效果更好，但是有可能导致其他调试器崩溃，或拒绝读入程序。

和大多数 C 编译器不同，gcc 允许结合使用-g 和-O 选项。优化的代码偶尔制造一些惊异的结果：某些声明过的变量根本不存在；控制流程直接跑到没有预料到的地方；某些语句因为计算结果是常量或已经确定而没有执行；某些语句在其他地方执行，因为他们被移到循环外面。

- -p

产生额外代码，用于输出 profile 信息，供分析程序 prof 使用。

- -pg

产生额外代码，用于输出 profile 信息，供分析程序 gprof 使用。

6.4.3　gcc 的错误类型

假设 gcc 编译器发现源程序中有错误，就无法继续进行，也无法生成最终的可执行文件。为了便于修改，gcc 给出错误信息，必须对这些错误信息逐个进行分析和处理，并修改相应的源代码，才能保证源代码的正确编译连接。gcc 给出的错误信息一般可以分为 4 种。

（1）未定义符号

错误信息：有未定义的符号。这类错误是在连接过程中出现的，可能有两种原因：一是用户自己定义的函数或者全局变量所在源代码文件，没有被编译、连接，或者还没有定义，这需要根据实际情况修改源程序，给出全局变量或者函数的定义体。二是未定义的符号是一个标准的库函数，在源程序中使用了该库函数，而连接过程中还没有给定相应的函数库的名称，或者是该档案库的目录名称有问题，这时需要使用档案库维护命令 ar 检查需要的库函数位于哪一个函数库中，确定后，修改 gcc 连接选项中的-l 和-L 项。

（2）C 语法错误

错误信息：文件 source.c 中第 n 行有语法错误。这种类型的错误，一般都是 C 语言的语法错误，应该仔细检查源代码文件中第 n 行及该行前的程序，有时也需要对该文件所包含的头文件进行检查。有些情况下，一个很简单的语法错误，gcc 会给出很多错误。

（3）档案库错误

错误信息：连接程序找不到所需的函数库。这类错误是与目标文件相连接的函数库有错误，可能的原因是函数库名错误、指定的函数库所在目录名称错误等。检查的方法是使用 find 命令在可能的目录中寻找相应的函数库名，确定档案库及目录的名称并修改程序中及编译选项中的名称。

（4）头文件错误

错误信息：找不到头文件 head.h。这类错误是源代码文件中包含的头文件有问题，可能的原因有头文件名错误、指定的头文件所在目录名错误等，也可能是错误地使用了双引号和尖括号。

排除编译、连接过程中的错误，应该说只是程序设计中最简单、最基本的一个步骤，可以说只是一个开始。这个过程中的错误，只是在使用 C 语言描述一个算法中所产生的错误，是比较容易排除的。一个稍为复杂的程序，往往要经过多次的编译、连接、测试和修改。gcc 是在 Linux 下开发程序时必须掌握的工具之一。

实例 6-1　gcc 编译器环境的应用实例

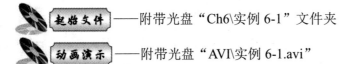
——附带光盘"Ch6\实例 6-1"文件夹
——附带光盘"AVI\实例 6-1.avi"

下面通过一个简单的实例来具体介绍 gcc 编译器的使用。学习在 Linux 下使用 gcc 编辑器来编辑源程序。

【详细步骤】

① 在 Linux 操作系统中的终端输入 shell 命令：vi hello.c，即可进入到 vi 空文档命令模式。

② 按 I 键，进入编辑状态，输入代码，如图 6-10 所示。

③ 在编辑状态下，可以按 Esc 键退到命令模式。在命令模式下按 Shift+":"组合键进入到末行模式，这时左下角有冒号（:）提示符，就可以输入命令。存盘退出为"：wq"。如图 6-11 所示。

图 6-10　编辑状态

图 6-11　命令模式

④ 在命令行状态下输入如下代码。

```
#gcc hello.c –o hello
```

生成 hello 可执行文件。

⑤ 执行"#./hello"然后按 Enter 键，就可以输出"hello world!"，如图 6-12 所示。

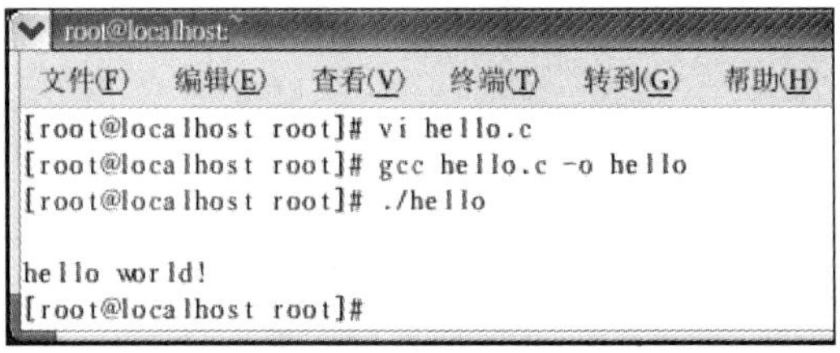

图 6-12　输出结果

6.5　gdb 调试器的介绍和使用

Linux 系统中包含了 GNU 调试程序 gdb（GNU Debugger），它是一个用来调试 C 和 C++程序的调试器。可以使程序开发者在程序运行时观察程序的内部结构和内存的使用情况。

6.5.1　gdb 调试器的使用

下面主要对 gdb 调试器的使用进行详细说明。
（1）gdb 的功能
gdb 是 GNUC 自带的调试工具，使用 gdb 可以完成下面这些功能：
- 运行程序，可以给程序加上所需的任何调试条件。
- 在给定的条件下让程序停止。
- 检查程序停止时的运行状态。
- 通过改变一些数据，可以更快地改正程序的错误。

（2）gdb 的特点
gdb 具有以下特点：
- gdb 的功能非常强大，到目前为止，gdb 已能够支持 Moduls-2、Chill、Pascal 和 FORTRAN 程序的调试。
- gdb 程序调试的对象是可执行文件，而不是程序的源代码文件。
- 如果要让产生的可执行文件可以用来调试，需在执行 gcc 指令编译程序时，加上-g 参数，指定程序在编译时包含调试信息。
- 调试信息包含程序中的每个变量的类型和在可执行文件中的地址映射及源代码的行号。
- gdb 利用这些信息使源代码和机器码相关联。

（3）gdb 的启动
在命令行上输入 gdb 并按 Enter 键就可以运行 gdb。如果一切正常，将启动 gdb。

　　gdb[filename]

将出现：

　　（gdb）

在这里，可以输入调试命令。

在可以使用 gdb 调试程序前，必须使用-g 选项编译源文件。

（4）gdb 的命令

gdb 命令分类参见表 6-2。

表 6-2 gdb 命令

指 令	解 释
file	载入程序。如 file hello。当然，程序的路径名要正确
quit	退出 gdb
run	执行载入后的要调试的程序。可以输入参数
info	查看程序的信息。多用来查看断点信息。可以用 help info 来查看具体帮助 info sourc 查看当前文件的名字，路径，所使用的程序语言等信息 info stack 查看调用栈 info local 查看局部变量信息 info br 是断点 break 的缩写，用这条指令，可以得到所设置的所有断点的详细信息
list	list FUNCTION 列出被调试程序某个函数 list LINENUM 以当前源文件的某行为中间显示一段源程序 list 接着前一次继续显示 list FILENAME：FUNCTION 显示另一个文件的一段程序
break	最常用和最重要的命令：设置断点。Break FUNCTION 在函数入口设置断点。 break LINENUM 在当前源文件的某一行上设置断点 break FILENAME：LINENUM 在另一个源文件的某一行上设置断点 break ADDRESS 在某个地址上设置断点
watch	监视某个表达式或变量，当它被读或被写时让程序断下 格式如下： watch EXPRESSION
set	修改变量值 格式如下： set varible=first
step	单步执行，进入遇到的函数
next	单步执行，不进入函数调用，即视函数调用为普通语句
continue	恢复中断的程序执行
help	通过下面的方法获得帮助，下例为获得 list 指令 help list

6.5.2 在 gdb 中运行程序

在 gdb 中运行程序主要涉及以下 4 个方面：运行程序前的设置、改变程序的执行、查看栈信息和源程序的查看。

（1）运行程序前的设置

当以 gdb <program>方式启动 gdb 后，gdb 会在 PATH 路径和当前目录中搜索<program>的源文件。在 gdb 中，运行程序使用 run 命令。程序的运行，有可能需要设置下面 4 个步骤。

■ 程序运行参数

set args 可指定运行时参数。

show args 命令可以查看设置好的运行参数。

■ 运行环境

path <dir>可设定程序的运行路径。

show paths 查看程序的运行路径。

set environment varname [=value]设置环境变量。

■ 工作目录

cd <dir>相当于 shell 的 cd 命令。

pwd 显示当前的所在目录。

■ 程序的输入/输出

info terminal 显示程序用到的终端的模式。

使用重定向控制程序输出。

(2)改变程序的执行

当程序开始运行后,可以动态地在 gdb 中更改当前被调试程序的运行。这个强大的功能能够让用户更好地调试程序。

■ 跳转执行

一般来说,被调试程序会按照程序代码的运行顺序依次执行。gdb 提供了乱序执行的功能,即 gdb 可以修改程序的执行顺序,可以让程序执行随意跳跃。这个功能可以由 gdb 的 jump 命令来实现。

jump <linespec>

指定下一条语句的运行点。<linespce>可以是文件的行号,可以是+num 这种偏移量格式。表示下一条运行语句从哪里开始。

jump <address>

这里的<address>是代码行的内存地址。

jump 命令不会改变当前的程序栈中的内容,所以,从一个函数跳到另一个函数时,当函数运行完返回进行弹栈操作时必然会发生错误,可能结果还是非常奇怪的。所以最好是在同一个函数中进行跳转。

■ 强制函数返回

如果调试断点在某个函数中,还有语句没有执行完,可以使用 return 命令强制函数并返回。

return <expression>

使用 return 命令取消当前函数的执行,并立即返回。如果指定了<expression>,那么该表达式的值会被当作函数的返回值。

■ 强制调用函数

call <expr>

表达式中也可以是函数,以达到强制调用函数的目的,显示函数的返回值。

(3) 查看栈信息

当程序被停止时，需要做的第一件事就是查看程序是在哪里停止的。当程序调用了一个函数时，函数的地址、函数参数、函数内的局部变量都会被压入栈中。可以用 gdb 命令来查看当前的栈中的信息。

- backtrace

查看函数调用栈信息的 gdb 命令。

- frame

查看当前栈层的信息

- info frame

显示出这些信息：栈的层编号，当前的函数名，函数参数值，函数所在文件及行号，函数执行到的语句。

- info args

显示出当前函数的参数名及值。

- info locals

显示出当前函数中所有局部变量及值。

- info catch

显示出当前函数中的异常处理信息。

(4) 源程序的查看

gdb 可以打印出所调试程序的源代码，当然，在程序编译时一定要加上-g 参数，把源程序信息编译到执行文件中，否则，就看不到源程序了。当程序停下来后，gdb 会报告程序停在了程序的第几行上。可以用 list 命令来显示程序的源代码。下面介绍查看源代码的 gdb 命令。

- ）list <linenum>

显示程序第 linenum 行的周围的源程序。

- list <function>

显示函数名为 function 的函数的源程序。

- set listsize <count>

设置一次显示源代码的行数。

- forward-search <regexp>

向前面搜索。

- reverse-search <regexp>

全部搜索。

- dir <dirname ... >

加一个源文件路径到当前路径的前面。

- directory

清除所有的自定义的源文件搜索路径信息。

6.5.3 暂停和恢复程序运行

调试程序中，暂停程序运行是必需的，gdb 可以方便地暂停程序的运行。可以设置程序在哪行停止，在什么条件下停止，以便于用户查看运行时的变量。

当进程被 gdb 停止时，可以使用 info program 来查看程序是否在运行。

在 gdb 中，有几种暂停方式：断点（BreakPoint）、观察点（WatchPoint）、捕捉点（CatchPoint）。

如果要恢复程序运行，可以使用 continue 命令。

（1）设置断点

用 break 命令来设置断点。设置断点的方法如下：

- break

该命令没有参数时，表示在下一条指令处停止。

- break <function>

在进入指定函数时停止。

- break <linenum>

在指定行号停止。

- break filename：linenum

在源文件 filename 的 linenum 行处停止。

- break filename：function

在源文件 filename 的 function 函数的入口处停止。

- break *address

在程序运行的内存地址处停止。

- info break [n]

查看断点时，可使用 info 命令。

（2）设置观察点

观察点一般用来观察某个表达式的值是否变化。如果有变化，马上停止程序。设置观察点方法如下：

- watch <expr>

为表达式（变量）expr 设置一个观察点。一旦表达式值有变化时，马上停止程序。

- rwatch <expr>

当表达式（变量）expr 被读时，停止程序。

- awatch <expr>

当表达式（变量）的值被读或被写时，停止程序。

- info watchpoints

列出当前设置的所有观察点。

（3）设置捕捉点

可设置捕捉点来捕捉程序运行时的一些事件。如载入共享库或是 C++的异常。设置捕捉点的格式如下：

catch <event>

只设置一次捕捉点，当程序停止后，该点被自动删除。

（4）维护停止点

上面介绍了如何设置程序的停止点，gdb 中的停止点也就是上述的三类。在 gdb 中，如果觉得已定义好的停止点没有用了，可以使用下面几个命令来进行维护。

- Clear

清除所有的已定义的停止点。

- clear \<function>

清除所有设置在函数上的停止点。

- clear \<linenum>

清除所有设置在指定行上的停止点。

- delete [breakpoints] [range...]

删除指定的断点，breakpoints 为断点号。如果不指定断点号，则表示删除所有的断点。

disable 为所指定的停止点，breakpoints 为停止点号。如果什么都不指定，表示 disable 所有的停止点。

- enable [breakpoints] [range...]

enable 为所指定的停止点，breakpoints 为停止点号。

（5）为停止点设定运行命令

可以使用 gdb 提供的 command 命令来设置停止点的运行命令。即当运行的程序在被停止时，可以让其自动运行其他命令，这样有利于自动化调试。

```
commands [bnum]

    …command-list…

    end
```

为断点号 bnum 指定一个命令列表。当程序被该断点停止时，gdb 会依次运行命令列表中的命令。

如果要清除断点上的命令序列，只要简单地执行 commands 命令，并直接输入 end 就可以了。

（6）恢复程序运行和单步调试

当程序被停止后，可以用 continue 命令恢复程序的运行直到程序结束，或下一个断点到来。也可以使用 step 或 next 命令单步跟踪程序。

- continue [ignore-count]

恢复程序运行，直到程序结束，或是下一个断点到来。ignore-count 表示忽略其后的断点次数。

- step \<count>

单步跟踪，如果有函数调用，它会进入该函数。进入函数的前提是，此函数被编译有 debug 信息。

- next \<count>

同样单步跟踪，如果有函数调用，它不会进入该函数。后面可以加 count 也可以不加，不加表示一条条地执行，加表示执行后面的 count 条指令，然后再停止。

■ set step-mode on

打开 step-mode 模式。在进行单步跟踪时,程序不会因为没有 debug 信息而不停止。这个参数有利于查看机器码。

■ set step-mod off

关闭 step-mode 模式。

■ finish

运行程序,直到当前函数完成返回,并打印函数返回时的堆栈地址和返回值及参数值等信息。

6.5.4 远程调试

下面主要讲述远程调试原理,存在的问题及 gdb 远程调试的功能 3 个方面。

(1)远程调试原理

gdb 的远程调试主要分为 3 个部分:宿主机 gdb、目标机调试桩及信息的通信。目标机上运行由 gcc 编译生成的程序,并在编译选项中加入-g,以便产生调试信息供 gdb 使用。宿主机需要有一份包含中间文件和符号表的完整程序来对应来自目标机的信息。目标机首先进入上电启动,进入调试状态等待宿主机的 gdb 对其进行控制。之后,gdb 激活通信介质与目标机上的调试桩进行同步,获取目标机的信息,包括寄存器、堆栈、地址等,然后根据用户的需求查看这些信息,并根据用户的指示再通过通信介质将命令发送给目标机的调试桩。

通用的桌面操作系统与嵌入式操作系统在调试环境上存在明显的差别。远程调试的调试器运行于通用桌面操作系统的应用程序,被调试的程序则运行于基于特定硬件平台的嵌入式操作系统。

(2)远程调试存在的问题

■ 调试器与被调试程序如何通信。

■ 被调试程序产生异常如何及时通知调试器。

■ 调试器如何识别有关被调试程序的多任务信息并控制某一特定任务。

■ 调试器如何处理某些与目标硬件平台相关的信息。

(3)gdb 远程调试功能

如果需要调试的程序和 gdb 所运行的环境不同,或者说需要调试的环境无法运行 gdb,就需要使用远程调试功能,指定需要调试的远程机器的方法是使用 target remote 命令。

实例 6-2 gdb 调试器环境的应用实例

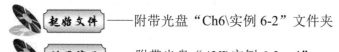

——附带光盘"Ch6\实例 6-2"文件夹

——附带光盘"AVI\实例 6-2.avi"

本实例通过对一个带有调试错误的源文件进行调试,学习对 gdb 调试器命令的使用。

下面是一个有错误的 C 源程序。

```
#include<stdio.h>
#include<stdlib.h>
Static char buff[256];
Static char *string;
int main（）
{printf（"Please input string："）;
gets（string）;
printf（"\n Your string is： %s\n", string）;}
```

上面这个程序非常简单，其目的是接受用户的输入，然后将用户的输入打印出来。该程序使用了一个未经过初始化的字符串地址 string，因此，编译并运行后，将出现错误提示，如图 6-13 所示。

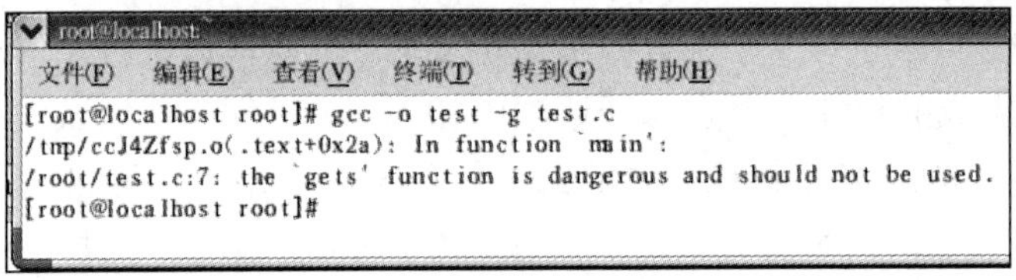

图 6-13 错误提示

为了查找该程序中出现的问题，利用 gdb 进行检错。

【详细步骤】

实例的检错步骤如下。

① 运行 gdb bugging 命令，装入 bugging 可执行文件，如图 6-14 所示。

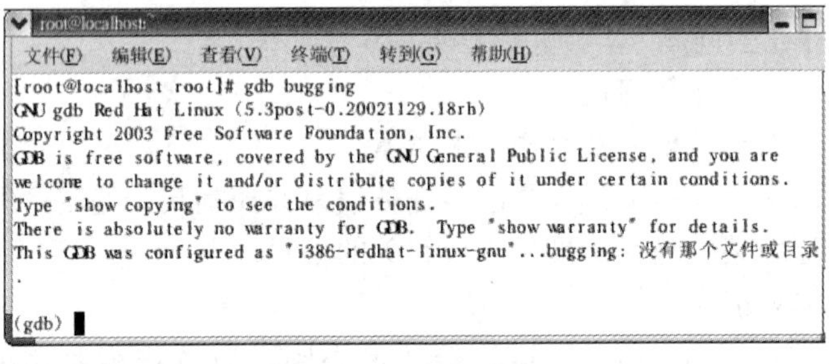

图 6-14 装入 bugging 可执行文件

② 执行装入的 bugging 命令，如图 6-15 所示。

③ 使用 where 命令查看程序出错的地方，如图 6-16 所示。

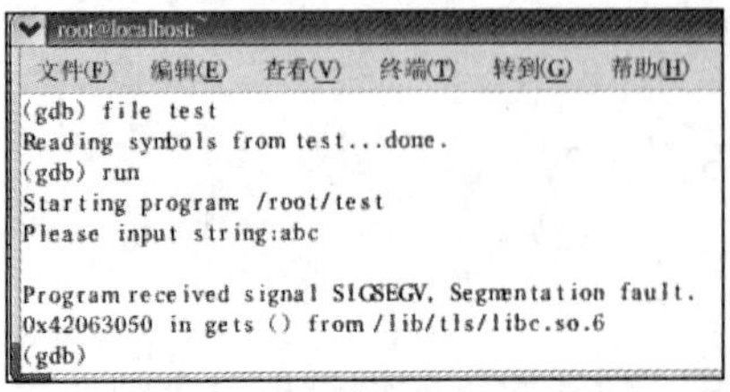

图 6-15 执行装入的 bugging 命令　　　　图 6-16 使用 where 命令

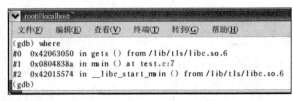

④ 利用 list 命令查看调用 gets 函数附近的代码，如图 6-17 所示。

⑤ 唯一能够导致 gets 函数出错的因素就是变量 string。用 print 命令查看 string 的值，如图 6-18 所示。

图 6-17　list 命令

图 6-18　print 命令

⑥ 在 gdb 中，可以直接修改变量的值，只要将 string 取一个合理的指针值就可以了，为此，在第 6 行处设置断点，如图 6-19 所示。

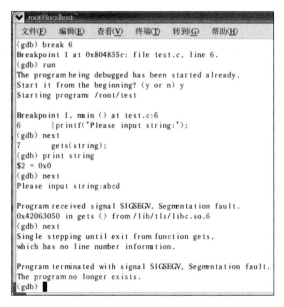

图 6-19　设置断点

⑦ 程序重新运行到第 6 行处停止，通过这些检错步骤，可以发现错误出现的地方。

6.6　GNU make 和 Makefile 的使用

在大型的开发项目中，人们通常利用 make 工具来自动完成编译工作。这些工作包括：

① 如果仅修改了某几个源文件，则只重新编译这几个源文件。

② 如果某个头文件被修改了，则重新编译所有包含该头文件的源文件。

③ 利用这种自动编译可大大简化开发工作，避免不必要的重新编译。

实际上，make 工具通过一个称为 Makefile 的文件来完成并自动维护编译工作。Makefile 需要按照某种语法进行编写，其中说明了如何编译各个源文件并连接生成可执行文件，并定义了源文件之间的依赖关系。当修改了其中某个源文件时，如果其他源文件依赖于该文件，则也要重新编译所有依赖该文件的源文件。

6.6.1 Makefile 的基本结构

Makefile 的基本结构包括 Makefile 的定义和功能,以及 Makefile 的工作过程。

(1) Makefile 的定义和功能

Makefile 是一个文本形式的数据库文件,其中包含一些规则来告诉 make 处理哪些文件及如何处理这些文件。

Makefile 中通常包含如下内容。

- 需要由 make 工具创建的目标体,通常是目标文件或可执行文件。
- 要创建的目标体所依赖的文件。
- 创建每个目标体时需要运行的命令。

规则主要是描述哪些文件(target 目标文件,不要和编译时产生的目标文件相混淆)是从哪些别的文件(dependency 依赖文件)中产生的,以及用什么命令(command)来执行这个过程。

依靠这些信息,make 会对磁盘上的文件进行检查,如果目标文件的生成或被改动时的时间(称为该文件时间戳)至少比它的一个依赖文件还旧,make 就执行相应的命令,以更新目标文件。

目标文件不一定是最后的可执行文件,可以是任何一个中间文件并可以作为其他目标文件的依赖文件。

Makefile 规则的一般形式如下:

```
target:dependency dependency
    (tab)<command>
```

一个 Makefile 文件主要含有一系列的规则,每条规则包含以下内容。

- 一个目标(target),即 make 最终需要创建的文件,如可执行文件和目标文件;目标也可以是要执行的动作,如 clean。
- 一个或多个依赖文件(dependency)列表,通常是编译目标文件所需要的其他文件。
- 一系列命令(command),是 make 执行的动作,通常是把指定的相关文件编译成目标文件的编译命令,每个命令占一行,且每个命令行的起始字符必须为 TAB 字符。
- 除非特别指定,否则 make 的工作目录就是当前目录。target 是需要创建的二进制文件或目标文件,dependency 是在创建 target 时需要用到的一个或多个文件的列表,命令序列是创建 target 文件所需要执行的步骤,如编译命令。
- 以#开头的为注释行。

```
test: program1.o program2.o
    gcc –o test program1.o program2.o
program1.o: program1.c file1.h file2.h
    gcc –c program1.c –o program1.o
program2.o: program2.c file2.h
    gcc –c program2.c –o program2.o
```

```
        clean:
                rm –f *.o
```

上面的 Makefile 文件中共定义了 4 个目标：test、program1.o、program2.o 和 clean。

目标从每行的最左边开始写，后面跟一个冒号（:），如果有与这个目标有依赖性的其他目标或文件，把它们列在冒号后面，并以空格隔开。

另起一行开始写实现这个目标的一组命令。

（2）Makefile 的工作过程

现在介绍 make 做的如下工作。

① make 按顺序读取 Makefile 中的规则。

② 检查该规则中的依赖文件与目标文件的时间戳哪个更新，如果目标文件的时间戳比依赖文件还早，就按规则中定义的命令更新目标文件。如果该规则中的依赖文件又是其他规则中的目标文件，那么依照规则链不断执行这个过程，直到 Makefile 文件的结束，至少可以找到一个不是规则生成的最终依赖文件，获得此文件的时间戳。

③ 从下到上依照规则链执行目标文件的时间戳比此文件时间戳旧的规则，直到最顶层的规则。

通过以上的分析过程，可以看到 make 的优点，因为.o 目标文件依赖.c 源文件，源码文件中一个简单改变都会造成那个文件被重新编译，并根据规则链依次由下到上执行编译过程，直到最终的可执行文件被重新连接。

6.6.2 Makefile 的变量

Makefile 的变量主要包括预定义变量、PHONY 目标和多目标。

（1）变量的定义和使用

Makefile 中的变量就像一个环境变量。事实上，环境变量在 make 中也被解释成 make 的变量。这些变量对大小写敏感，一般使用大写字母。几乎可以从任何地方引用定义的变量。

在 Makefile 中的变量定义有两种方式：一种是递归展开方式；另一种是简单方式。

① 递归展开方式的定义格式为 VAR=var。

② 简单扩展方式的定义格式为 VAR：=var。

Make 中的变量无论采用哪种方式定义使用时，格式均为$（VAR）。

make 解释规则时，VAR 在等式右端展开为定义它的字符串。

变量一般都在 Makefile 的头部定义。按照惯例，所有的 Makefile 变量都应该是大写。如果变量的值发生变化，就只需要在一个地方修改，从而简化了 Makefile 的维护。

现在利用变量把前面的 Makefile 重写一遍，例如：

```
    OBJS=program1.o program2.o
    CC=gcc
     test：${ OBJS }
            ${ CC } –o test ${ OBJS }
    program1.o：program1.c file1.h file2.h
```

```
            ${ CC } –c program1.c –o program1.o
program2.o:  program2.c file2.h
            ${ CC } –c program2.c –o program2.o
clean:
            rm –f *.o
```

(2) GNU make 的主要预定义变量
- $*　不包含扩展名的目标文件名称。
- $+　所有的依赖文件，以空格分开，并以出现的先后为序，可能包含重复的依赖文件。
- $<　第一个依赖文件的名称。
- $?　所有的依赖文件，以空格分开，这些依赖文件的修改日期比目标的创建日期晚。
- $@　目标的完整名称。
- $^　所有的依赖文件，以空格分开，不包含重复的依赖文件。
- $%　如果目标是归档成员，则该变量表示目标的归档成员名称。例如，如果目标名称为 mytarget.so（image.o），则 $@ 为 mytarget.so，而 $% 为 image.o。

(3) PHONY 目标

PHONY 目标并非实际的文件名，只是在显示请求时执行命令的名字。
如果编写一个规则，并不产生目标文件，则其命令在每次 make 该目标时都执行。
例如：

```
clean：
    rm *.o temp
```

因为 rm 命令并不产生 clean 文件，则每次执行 make clean 时，该命令都会执行。如果目录中出现了 clean 文件，则规则失效：没有依赖文件，文件 clean 始终是最新的，命令永远不会执行；为避免这个问题，可使用.PHONY 指明该目标。例如：

```
.PHONY :  clean
```

这样执行 make clean 会忽略 clean 文件存在与否。
已知 PHONY 目标并非是由其他文件生成的实际文件，make 会跳过隐含规则搜索。这就是声明 PHONY 目标会改善性能的原因，即使并不担心实际文件存在与否。
完整的例子如下：

```
.PHONY :  clean
clean ：
    rm *.o temp
```

PHONY 目标不应是真正目标文件的依赖。如果这样，每次 make 在更新此文件时，命令都会执行。只要 phony 目标不是真正目标的依赖，规则的命令只有在指定此目标时才执行。
PHONY 目标可以有依赖关系。当一个目录中有多个程序时，将其放在一个 Makefile 中会更方便。因为默认目标是 Makefile 中的第一个目标，通常将这个 PHONY 目标称为 all，其依赖文件为各个程序，例如：

```
all : program1 program2 program3
.PHONY : all
program1 : program1.o file1.o
        gcc -o program1 program1.o file1.o
program2 : program2.o
        gcc -o program2 program2.o
program3 : program3.o file1.o file2.o
        gcc -o program3 program3.o file1.o file2.o
```

（4）多目标

Makefile 文件规则中的目标可以不止一个，其支持多目标。有可能多个目标同时依赖于一个文件，并且其生成的命令大体类似，于是就能把其合并起来。当然，多个目标的生成规则的执行命令是同一个，这可能会带来麻烦，不过可以使用一个自动化变量$@。这个变量表示目前规则中所有目标的集合，这样说可能很抽象，例如：

```
program1 program2：file1.o

generate file1.o -$（subst output，$@）> $@
```

上述规则等价于下面：

```
program1 : file1.o

generate file1.o > program1

program2 : file1.o

generate file1.o > program2
```

其中，-$（subst output，$@）中的$表示执行一个 Makefile 文件的函数，函数名为 subst，后面的为参数。$@表示目标的集合。就像一个数组，$@依次取出目标，并执行命令。

6.6.3 Makefile 的隐含规则

下面首先介绍隐含规则的定义，然后介绍常用的隐含规则及涉及的一些变量使用。

（1）隐含规则介绍

在使用 Makefile 时，有一些语句经常使用，而且使用频率非常高的东西，隐含规则能够告诉 make 使用默认的方式来完成编译任务。这样，当使用它们时就不必详细指定编译的具体细节，而只需把目标文件列出即可。Make 会自动按隐含规则来确定如何生成目标文件。

在上面的例子中，几个产生目标文件的命令都是从".c"的 C 语言源文件和相关文件通过编译产生".o"目标文件，这也是一般的步骤。实际上，make 可以使工作更加自动化，也就是说，make 知道一些默认的动作，它有一些称作隐含规则的内置的规则，这些规则告诉 make 当没有完整地给出某些命令时，应该怎样执行。

例如，把生成 program1.o 和 program2.o 的命令从规则中删除，make 将会查找隐含规则，然后会找到并执行一个适当的命令。由于这些命令会使用一些变量，因此，可以通过改变这些变量来定制 make。如在前面的例子中所定义的那样，make 使用变量 CC 来定义编译器，并且传递变量 CFLAGS、CPPFLAGS、TARGET_ARCH 给编译器，然后加上参数-c，后面跟变量$<（第一个依赖文件名），然后是参数-o 加变量$@（目标文件名）。

在上面的例子中，利用隐含规则，可以简化如下：

```
OBJS=program1.o program2.o
CC=gcc
test: ${OBJS}
        ${CC} –o $@ $^
program1.o:  program1.c file1.h file2.h
program2.o:  program2.c file2.h
clean:
        rm –f *.o
```

（2）常用的隐含规则

这里将讲述所有预先设置的隐含规则。如果不明确地写下规则，make 就会在这些规则中寻找所需要的规则和命令。

下面介绍常用的隐含规则。

■ 编译 C 程序的隐含规则

<n>.o 的目标的依赖目标会自动推导为<n>.c，并且其生成命令是$（CC）–c $（CPPFLAGS）$（CFLAGS）。

■ 编译 C++程序的隐含规则

<n>.o 的目标的依赖目标会自动推导为<n>.cc 或是<n>.C，并且其生成命令是$（CXX）–c $（CPPFLAGS）$（CFLAGS）。

■ 编译 Modula-2 程序的隐含规则

<n>.sym 的目标的依赖目标会自动推导为<n>.def，并且其生成命令是$（M2C）$（M2FLAGS）$（DEFFLAGS）。

<n.o>的目标的依赖目标会自动推导为<n>.mod，并且其生成命令是$（M2C）$（M2FLAGS）$（MODFLAGS）。

■ Lex Ratfor 程序时的隐含规则

<n>.r 的依赖文件自动推导为 n.l，其生成命令是$（LEX）$（LFALGS）。

■ 从 C 程序、Yacc 文件或 Lex 文件创建 Lint 库的隐含规则

<n>.ln （lint 生成的文件）的依赖文件自动推导为 n.c，其生成命令是：$（LINT）$（LINTFALGS）$（CPPFLAGS）-i。

对于<n>.y 和<n>.l 也是同样的规则。

■ 汇编和汇编预处理的隐含规则

<n>.o 的目标的依赖目标会自动推导为<n>.s，默认使用编译品 as，并且其生成命令是$（AS）$（ASFLAGS）。

<n>.s 的目标的依赖目标会自动推导为<n>.S，默认使用 C 预编译器 cpp，并且其生成命令是$（AS）$（ASFLAGS）。

- 链接 Object 文件的隐含规则

<n>目标依赖于<n>.o，通过运行 C 的编译器来运行链接程序生成，其生成命令是$（CC）$（LDFLAGS）<n>.o $（LOADLIBES）$（LDLIBS）。

这个规则对于只有一个源文件的工程有效，同时也对多个 Object 文件有效。如果没有一个源文件和目标名字相关联，最好写出自己的生成规则，不然，隐含规则会报错。

- Yacc C 程序时的隐含规则

<n>.c 的依赖文件自动推导为 n.y，其生成命令是$（YACC）$（YFALGS）。

Lex C 程序时的隐含规则

<n>.c 的依赖文件自动推导为 n.l，其生成命令是$（LEX）$（LFALGS）。

（3）隐含规则使用的变量

在隐含规则的命令中，基本上都使用了一些预先设置的变量。可以在 Makefile 文件中改变这些变量的值，或是在 make 的命令行中传入这些值，或是在环境变量中设置这些值。只要设置了这些特定的变量，就会对隐含规则起作用。

可以把隐含规则中使用的变量分成两种：一种是命令相关的，如 CC；一种是参数相关的，如 CFLAGS。下面是所有隐含规则中会用到的变量。

关于命令的变量，例如：

- AS   汇编语言编译程序。
- AR   函数库打包程序。
- CXX   C++语言编译程序。默认命令是 g++。
- CO   从 RCS 文件中扩展文件程序。
- CPP   C 程序的预处理器。默认命令是$（CC）–E。
- CC   C 语言编译程序。
- YACC   Yacc 文法分析器。
- YACCR   Yacc 文法分析器。
- MAKEINFO   转换 Texinfo 源文件到 Info 文件程序。
- CTANGLE   转换 C Web 到 C。
- RM   删除文件命令。默认命令是 rm –f。
- FC   Fortran 和 Ratfor 的编译器和预处理程序。
- GET   从 SCCS 文件中扩展文件的程序。
- LEX   Lex 方法分析器程序。
- PC   Pascal 语言编译程序。

下面的变量都是与上面的命令相关的参数，例如：

- ARFLAGS   函数库打包程序 AR 命令的参数。默认值是 rv。
- ASFLAGS   汇编语言编译器参数。
- CFLAGS   C 语言编译器参数。
- COFLAGS   RCS 命令参数。
- CPPFLAGS   C 预处理器参数。

- FFLAGS   Fortran 语言编译器参数。
- GFLAGS   SCCS get 程序参数。
- LDFLAGS   链接器参数。
- LFLAGS   Lex 文法分析器参数。
- PFLAGS   Pascal 语言编译器参数。
- RFLAGS   Ratfor 程序的 Fortran 编译器参数。
- YFLAGS   Yacc 文法分析器参数。
- CXXFLAGS   C++语言编译器参数。

6.6.4 Makefile 的命令使用

命令行参数的设置和如何在目录中搜寻文件是 Makefile 命令使用的重点内容。

（1）Makefile 的命令行参数

直接在 make 命令的后面键入目标名可建立指定的目标，如果直接运行 make，则建立第一个目标。还可以用 make -f myMakefile 命令指定 make 使用特定的 Makefile，而不是默认的 GNUMakefile 或 Makefile。

GNU make 命令还有一些其他选项，下面是 GNU make 命令的常用命令行选项含义。

- C DIR   在读取 Makefile 前改变到指定的目录 DIR。
- f FILE   以指定的 FILE 文件作为 Makefile。
- h   显示所有的 make 选项。
- i   忽略所有的命令执行错误。
- I DIR   当包含其他 Makefile 文件时，可利用该选项指定搜索目录。
- n   只打印要执行的命令，但不执行这些命令。
- p   显示 make 变量数据库和隐含规则。
- s   在执行命令时不显示命令。
- w   在处理 Makefile 前显示工作目录。
- W FILE   假设文件 FILE 已经被修改。

（2）make 如何解析 Makefile 文件

GUN make 的执行过程分为两个步骤。

① 读取所有的 Makefile 文件，内建所有的变量、明确规则和隐含规则，并建立所有目标和依赖之间的依赖关系结构链表。

② 根据第一步已经建立的依赖关系结构链表决定哪些目标需要更新，并使用对应的规则来重建这些目标。

理解 make 执行过程的两个阶段是很重要的。它能帮助我们更深入的了解执行过程中变量及函数是如何被展开的。变量和函数的展开问题是书写 Makefile 时容易犯的错误。首先，明确以下基本的概念：在 make 执行的第一步中如果变量和函数被展开，此时所有的变量和函数被展开在需要构建的结构链表的对应规则中。这些变量和函数不会被立即展开，而是直到后续某些规则需要使用时或者在 make 处理的第二步它们才会被展开。

(3) Makefile 在目录中搜寻文件

在一些大的工程中，有大量的源文件，一般是把这些源文件存放在不同的目录中。当 make 需要去找寻文件的依赖关系时，可以在文件前加上路径。但最好的方法是把一个路径告诉 make，让 make 自动去找。Makefile 文件中的特殊变量 VPATH 就是完成这个功能的。如果没有指明这个变量，make 只会在当前的目录中去找寻依赖文件和目标文件；如果定义了这个变量，make 就会在当前目录找不到的情况下，到所指定的目录中去找寻文件。例如：

> VPATH = boot…/program1

上面指定了两个目录：boot 和…/program1。make 会按照这个顺序进行搜索。目录由冒号分隔。另一个设置文件搜索路径的方法是使用 make 的 vpath 关键字，这不是变量，这是一个 make 的关键字，这和上面提到的 VPATH 变量类似，但是它更为灵活。它可以指定不同的文件在不同的搜索目录中。这是一个很灵活的功能，它的使用方法有如下 3 种。

- vpath \<pattern> \<directories>

为符合模式\<pattern>的文件指定搜索目录\<directories>。

- vpath \<pattern>

清除符合模式\<pattern>的文件搜索目录。

- vpath

清除所有已被设置好的文件搜索目录。

如果连续的 vpath 语句中出现了相同的\<pattern>，或是被重复了的\<pattern>，make 会按照 vpath 语句的先后顺序来执行搜索。例如：

> vpath %.c boot
> vpath %   src

其表示.c 结尾的文件，先在 boot 目录进行搜索，然后在 src 目录进行搜索。

6.6.5　Makefile 的函数使用

在 Makefile 文件中可以使用函数来处理变量，从而让命令或是规则更为灵活。

（1）函数的调用语法

函数调用很像变量的使用，也是以$来标识的，其语法如下：

> $（\<function> \<arguments>）

其中，\<function>是函数名，make 支持的函数不多。\<arguments>是函数的参数，参数间以逗号分隔，函数调用于$开头。

（2）文件操作函数

下面要介绍的函数主要是处理文件名的，每个函数的参数字符串都会当作一个或一系列的文件名来对待。

- $（dir \<names...>）

从文件名序列\<names>中取出目录部分。目录部分是指最后一个反斜杠"/"之前的部分。如果没有反斜杠，返回"./"。结果返回文件名序列\<names>的目录部分。

- $（notdir <names...>）

从文件名序列<names>中取出非目录部分。非目录部分是指最后一个反斜杠"/"之后的部分。结果返回文件名序列<names>的非目录部分。

- $（join <list1>，<list2>）

把<list2>中的单词对应地加到<list1>的单词后面。如果<list1>的单词个数比<list2>多，<list1>中多出来的单词将保持原样。如果<list2>的单词个数比<list1>多，<list2>中多出来的单词将被复制到<list2>中。结果返回连接过后的字符串。

- $（basename <names...>）

从文件名序列<names>中取出各个文件名的前缀部分。结果返回文件名序列<names>的前缀序列，如果文件没有前缀，则返回空字串。

- $（suffix <names...>）

从文件名序列<names>中取出各个文件名的后缀。结果返回文件名序列<names>的后缀序列，如果文件没有后缀，则返回空字串。

- $（addprefix <prefix>，<names...>）

把前缀<prefix>加到<names>中的每个单词后面。结果返回加过前缀的文件名序列。

- $（addsuffix <suffix>，<names...>）

把后缀<suffix>加到<names>中的每个单词后面。结果返回加过后缀的文件名序列。

（3）控制 make 的函数

make 提供了一些函数来控制 make 的运行。通常，需要检测一些运行 Makefile 文件时的运行时信息，并且根据这些信息来决定是让 make 继续执行，还是停止。

```
$（error <text ...>）
```

产生一个致命的错误，<text ...>是错误信息。注意，error 函数不会在刚被使用时就产生错误信息，所以，如果把其定义在某个变量中，并在后续的脚本中使用这个变量，也是可以的。例如：

```
ERR = $（error found an error）
    .PHONY:  err


    err:  ;  $（ERR）
```

这个函数很像 error 函数，它并不会让 make 退出，只是输出一段警告信息，而 make 继续执行。

（4）origin 函数

origin 函数不像其他的函数，它并不操作变量的值，只是告诉这个变量是哪里来的。其语法如下：

```
$（origin <variable>）
```

Origin 函数会以其返回值来告诉这个变量的出生情况。下面是 origin 函数的返回值：

- undefined

如果<variable>从来没有定义过，origin 函数返回值为 undefined。

- default

  如果<variable>是一个默认的定义，如 CC 这个变量。

- environment

  如果<variable>是一个环境变量，并且当 Makefile 文件被执行时，-e 参数没有被打开。

- file

  如果<variable>这个变量被定义在 Makefile 文件中。

- command line

  如果<variable>这个变量是被命令行定义的。

- override

  如果<variable>是被 override 指示符重新定义的。

- automatic

  如果<variable>是一个命令运行中的自动化变量。

（5）call 函数

call 函数是一个可以用来创建新的参数化的函数。可以写一个非常复杂的表达式，这个表达式中，可以定义许多参数，然后可以用 call 函数来向这个表达式传递参数。其语法如下：

```
$（call <expression>，<parm1>，<parm2>，<parm3>...）
```

当 make 执行这个函数时，<expression>参数中的变量，会被参数<parm1>，<parm2>，<parm3>依次取代。而<expression>的返回值就是 call 函数的返回值。

（6）shell 函数

shell 函数不像其他函数，它的参数应该是操作系统 Shell 的命令。即 shell 函数把执行操作系统命令后的输出作为函数返回。于是，可以用操作系统命令及字符串处理命令 awk，sed 等命令来生成一个变量。例如：

```
contents : = $（shell cat foo）

files : = $（shell echo *.c）
```

这个函数会新生成一个 Shell 程序来执行命令。如果 Makefile 文件中有一些比较复杂的规则，并大量使用了这个函数，对于系统性能是不利的。

6.6.6　Makefile 文件的运行

一般来说，最简单的就是直接在命令行下输入 make 命令，make 命令会查找当前目录的 Makefile 文件来执行。但有时也许只想让 make 重编译某些文件，而有时有几套编译规则，以便在不同时使用不同的编译规则。

（1）make 的退出码

make 命令执行后有 3 个退出码：

- 0 表示成功执行。
- 1 如果 make 运行时出现错误，其返回值为 1。

■ 2 如果使用了 make 的-q 选项，并且 make 使得一些目标不需要更新，返回 2。

（2）指定 Makefile 文件

可以给 make 命令指定一个特殊名字的 Makefile 文件。要实现这个功能，需要使用 make 的-f 或是--file 参数。例如，有一个 Makefile 文件的名字是 amake.mk，可以让 make 来执行这个文件，例如：

```
make –f amake.mk
```

如果在 make 的命令行中不只一次地使用了-f 参数，所有指定的 Makefile 文件将会被连在一起传递给 make 执行。

（3）指定目标

一般来说，make 的最终目标是 Makefile 文件中的第一个目标，而其他目标一般是由这个目标连带出来的，这是 make 的默认行为。当然，Makefile 文件中的第一个目标由许多目标组成，可以指示 make，让其完成所指定的目标。要实现这一目的很简单，只要在 make 命令后直接跟目标的名字就可以完成。

既然 make 可以指定所有 Makefile 文件中的目标，也包括伪目标，于是可以根据这种性质使 Makefile 文件根据指定的不同目标来完成不同的事。可以参照这种规则来书写 Makefile 文件中的目标。

下面说明一些常用的伪目标的功能。

- ■ all   这个伪目标是所有目标的目标，其功能一般是编译所有的目标。
- ■ install   这个伪目标功能是安装已编译好的程序，其实就是把目标执行文件复制到指定的目标中去。
- ■ tar   这个伪目标的功能是把源程序打包备份。也就是一个 tar 文件。
- ■ dist   这个伪目标的功能是创建一个压缩文件，一般是把 tar 文件压缩成 Z 文件，或是 gz 文件。
- ■ print   这个伪目标的功能是列出改变过的源文件。
- ■ clean   这个伪目标功能是删除所有被 make 创建的文件。
- ■ TAGS   这个伪目标用于更新所有的目标，以备完整地重编译使用。
- ■ check 和 test   这两个伪目标一般用来测试 Makefile 文件的流程。

（4）检查规则

有时，不想让 Makefile 文件中的规则执行，只想检查一下命令，或是执行的序列。于是可以使用 make 命令的下述参数：

■ -n

不执行 Makefile 中的参数，这些参数只是打印命令，不管目标是否更新，把规则和连带规则下的命令打印出来，但不执行，这些参数对于调试 Makefile 文件很有用处。

■ -t

--touch

这个参数是把目标文件的时间更新，但不更改目标文件。也就是说，make 假装编译目标，但不是真正编译目标，只是把目标变成已编译过的状态。

- -q

--question

这个参数的行为是找目标，如果目标存在，其什么也不会输出，当然也不会执行编译；如果目标不存在，其会打印出一条出错信息。

- -W <file>

--assume-new=<file>

这个参数需要指定一个文件，一般是源文件（或依赖文件），make 会根据规则推导来运行依赖于这个文件的命令。一般来说，可以和-n 参数一同使用，来查看这个依赖文件所发生的规则命令。

6.6.7 Makefile 规则书写命令

规则的命令由一些 Shell 命令行组成，它们被逐条执行。规则中除了第一条紧跟在依赖列表之后使用分号隔开的命令以外，其他的每一行命令行必须以[Tab]字符开始。多个命令行之间可以有空行和注释行，在执行规则时空行被忽略。

通常系统中可能存在多个不同的 Shell。但在 make 处理 Makefile 过程时，如果没有明确指定，那么对所有规则中命令行的解析使用"/bin/sh"来完成。

执行过程所使用的 Shell 决定了规则中的命令的语法和处理机制。当使用默认的"/bin/sh"时，命令中出现的字符"#"到行末的内容被认为是注释。"#"可以不在此行的行首，此时"#"之前的内容不会被作为注释处理。

（1）命令回显

通常，make 在执行命令行前会把要执行的命令行输出到标准输出设备，称为"回显"，与在 Shell 环境下输入命令执行时相同。

但是，如果规则的命令行以字符"@"开始，则 make 在执行这个命令时就不会回显这个将要被执行的命令。典型的用法是在使用"echo"命令输出一些信息时。

例如：

@echo 开始编译×××模块......

执行时，将会得到"开始编译×××模块......"这条输出信息。如果在命令行前没有字符"@"，那么，make 的输出如下：

echo 编译×××模块......

编译×××模块......

另外，如果使用 make 的命令行参数"-n"或"--just-print"，那么 make 执行时只显示所要执行的命令，但不会真正执行这些命令。只有在这种情况下 make 才会打印出所有 make 需要执行的命令，其中也包括了使用"@"字符开始的命令。这个选项对于调试 Makefile 非常有用，使用这个选项可以按执行顺序打印出 Makefile 中所有需要执行的命令。

而 make 参数"-s"或"—slient"则是禁止所有执行命令的显示，与所有的命令均行使用"@"开始相同。在 Makefile 中使用没有依赖的特殊目标".SILENT"也可以禁止命令的回显，但是它不如使用"@"灵活。

(2) 命令的执行

规则中,当目标需要被重建时,此规则所定义的命令将会被执行,如果是多行命令,那么每一行命令将在一个独立的子 Shell 进程中被执行。因此,多行命令之间的执行是相互独立的,相互之间不存在依赖。

在 Makefile 中书写在同一行中的多个命令属于一个完整的 Shell 命令行,书写在独立行的一条命令是一个独立的 Shell 命令行。因此,在一个规则的命令中,命令行"cd"改变目录不会对其后的命令的执行产生影响。即其后的命令执行的工作目录不会是之前使用"cd"进入的那个目录。如果要实现这个目的,就不能把"cd"和其后的命令放在两行书写。而应该把这两条命令写在一行上,用分号分隔。这样才是一个完整的 Shell 命令行。

make 对所有规则命令的解析使用环境变量"Shell"所指定的那个程序,在 GNU make 中,默认的程序是"/bin/sh"。不像其他绝大多数变量,它们的值可以直接从同名的系统环境变量中获得。make 的环境变量"Shell"没有使用系统环境变量的定义。因为系统环境变量"Shell"指定那个程序被用来作为用户和系统交互的接口程序,显然,它对于不存在直接交互过程的 make 不合适。在 make 的环境变量中"Shell"会被重新赋值;它作为一个变量也可以在 Makefile 中明确地给它赋值,变量"Shell"的默认值是"/bin/sh"。

(3) 并发执行命令

GNU make 支持同时执行多条命令。通常情况下,同一时刻只有一个命令在执行,下一个命令只有在当前命令执行完成后才能够开始执行。不过可以通过 make 的命令行选项"--job"来告诉 make 在同一时刻可以允许多条命令同时被执行。

如果选项"-j"后存在一个整数,其含义是告诉 make 在同一时刻可允许同时执行命令的数目。这个数字被称为"jobslots"。当"-j"选项后没有出现数字时,那么同一时刻执行的命令数目没有要求。使用默认的"jobslots",值为 1。表示 make 将串行的执行规则的命令。

并行执行命令所带来的问题如下。

① 多个同时执行命令的输出信息将同时被输出到终端。当出现错误时很难根据一大堆凌乱的信息来区分是哪条命令执行错误。

② 在同一时刻可能会存在多个命令执行进程同时读取标准输入,但是对于标准输入设备来说,在同一时刻只能存在一个进程访问它。就是说在某个时间点,make 只能保证此刻正在执行的进程中的一个进程读取标准输入流,而其他进程的标准输入流将置无效。因此,在同一时刻多个执行命令的进程中只能有一个进程获得标准输入,而其他需要读取标准输入流的进程由于输入流无效而导致致命错误。

③ 会导致 make 的递归调用出现问题。可参考 5.6make 的递归执行一节。当 make 在执行命令时,如果某一条命令执行失败,且该条命令产生的错误不可忽略,那么其他的用于重建同一目标的命令执行也将会被终止。此种情况下,如果 make 没有使用"-k"或"--keep-going"选项,make 将停止执行而退出。如果 make 在执行时,由于某种原因被中止,此时它的子进程正在运行,那么 make 将等到所有这些子进程结束后才真正退出。

执行 make 时,如果系统运行于重负荷状态下,需要控制系统在执行 make 时的负荷。可以使用"-l"选项告诉 make 限制当前运行的任务的数量。一般"-l"或"--max-load"选项后需要跟一个浮点数。

更为准确的是，每一次，make 在启动一项任务前，首先 make 会检查当前系统的负荷；如果当前系统的负荷高于通过"-l"选项指定的值，那么 make 就不会在其他任务完成前启动任何任务。默认情况下没有负荷限制。

（4）命令执行的错误

通常，规则中的命令在运行结束后，make 会检测命令执行的返回状态，如果返回成功，那么就启动另外一个子 Shell 来执行下一条命令。规则中的所有命令执行完成后，这个规则就执行完成了。如果一个规则中的某一个命令出错，make 就会放弃对当前规则后续命令的执行，也有可能会终止所有规则的执行。

一般情况下，规则中一个命令的执行失败并不代表规则执行的错误。例如，使用"mkdir"命令来确保存在一个目录。当此目录不存在时就建立这个目录，当目录存在时"mkdir"就会执行失败。其实，我们并不希望 mkdir 在执行失败后终止规则的执行。

在执行 make 时，如果使用命令行选项"-i"或者"—ignore-errors"，make 将忽略所有规则中命令执行的错误。没有依赖的特殊目标".IGNORE"在 Makefile 中有同样的效果。但是，".IGNORE"的方式已经很少使用，因为它没有在命令行之前使用"-"的方式灵活。

当使用 make 的"-i"选项或者使用"-"字符来忽略命令执行的错误时，make 始终把命令的执行结果作为成功来对待。但会提示错误信息，同时提示这个错误被忽略。当不使用这种方式来通知 make 忽略命令执行的错误时，那么在错误发生时，就意味着定义这个命令规则的目标不能被正确重建，同样，和此目标相关的其他目标也不会被正确重建。由于先决条件不能建立，那么后续的命令将不会被执行。在发生这种情况时，通常 make 会立刻退出并返回一个非零状态，表示执行失败。

可以使用 make 的命令行选项"-k"或者"--keep-going"来通知 make，在出现错误时不立即退出，而是继续后续命令的执行。直到无法继续执行命令时才异常退出。例如，使用"-k"参数，在重建一个.o 文件目标时出现错误，make 不会立即退出。虽然 make 已经知道因为这个错误而无法完成终极目标的重建，但还是继续完成其他后续的依赖文件的重建。直到执行最后链接时才错误退出。

一般 make 的"-k"参数在实际应用中的主要用途是：当同时修改了工程中的多个文件后，"-k"参数可以帮助我们确认对哪些文件的修改是正确的，哪些文件的修改是不正确的。

通常情况下，执行失败的命令一旦改变了它所在规则的目标文件，则这个改变了的目标可能就不是一个被正确重建的文件。但是这个文件的时间戳已经被更新过了。因此下一次执行 make 时，由于时间戳更新它将不会被重建，将最终导致终极目标不能被正确重建。为了避免这种错误的出现，应该在一次 make 执行失败后使用"make clean"来清除已经重建的所有目标，再执行 make。也可以让 make 自动完成这个动作，只需要在 Makefile 中定义一个特殊的目标".DELETE_ON_ERROR"。但是这个做法存在不兼容。推荐的做法是：在 make 执行失败时，修改错误之后执行 make 之前，使用"make clean"明确的删除第一次错误重建的所有目标。

（5）中断 make 的执行

make 在执行命令时如果收到一个致命信号，那么 make 将会删除此过程中已经重建的那些规则的目标文件。其依据是此目标文件的当前时间戳和 make 开始执行时此文件的时间戳是否相同。

删除这个目标文件的目的是为了确保下一次 make 时目标文件能够被正确重建。其原因 6.6.6 节已经有所讨论。假设正在编译时键入"Ctrl+C",此时编译器已经开始写文件"foo.o",但是"Ctrl+C"产生的信号关闭了编译器。这种情况下文件"foo.o"可能是不完整的,但这个内容不完整的"foo.o"文件的时间戳比源程序"foo.c"的时间戳新。如果在 make 收到终止信号后不删除文件"foo.o"而直接退出,那么下次执行 make 时此文件被认为已是最新的而不会去重建它。最后在链接生成终极目标时由于某一个.o 文件的不完整,可能出现一堆令人难以理解的错误信息,或者产生了一个不正确的终极目标。

(6) make 的递归执行

make 的递归过程:在 Makefile 中使用"make"作为一个命令来执行本身或者其他 makefile 文件的过程。递归调用在一个存在有多级子目录的项目中非常有用。例如,当前目录下存在一个"subdir"子目录,在这个子目录中有描述此目录编译规则的 makefile 文件,在执行 make 时需要从上层目录开始并完成它所有子目录的编译。

① 变量和递归。

在 make 的递归执行过程中,上层 make 可以明确指定将一些变量的定义通过环境变量的方式传递给子 make 过程。没有明确指定需要传递的变量,上层 make 不会将其所执行的 Makefile 中定义的变量传递给子 make 过程。使用环境变量传递上层所定义的变量时,上层所传递给子 make 过程的变量定义不会覆盖子 make 过程所执行 makefile 文件中的同名变量定义。

如果子 make 过程所执行 Makefile 中存在同名变量定义,则上层传递的变量定义不会覆盖子 Makefile 中定义的值。即如果上层 make 传递的变量和子 make 所执行的 Makefile 中存在重复的变量定义,则以子 Makefile 中的变量定义为准。除非使用 make 的"-e"选项。

在本节第一段中提到,上层 make 过程要将所执行的 Makefile 中的变量传递给子 make 过程,需要明确地指出。在 GNU make 中,实现此功能的指示符是"export"。当一个变量使用"export"进行声明后,变量和它的值将被加入到当前工作的环境变量中,以后在 make 执行的所有规则的命令都可以使用这个变量。而当没有使用指示符"export"对任何变量进行声明的情况下,上层 make 只将那些已经初始化的环境变量和使用命令行指定的变量传递给子 make 程序,通常这些变量由字符、数字和下划线组成。

有些 Shell 不能处理那些名字中包含除字母、数字、下划线以外的其他字符的变量。

存在两个特殊的变量"Shell"和"MAKEFLAGS",对于这两个变量除非使用指示符"unexport"对它们进行声明,它们在整个 make 的执行过程中始终被自动的传递给所有的子 make。另外一个变量"MAKEFILES",如果此变量有值,那么同样它会被自动的传递给子 make。在没有使用关键字"export"声明的变量,make 执行时它们不会被自动传递给子 make,因此,下层 Makefile 中可以定义和上层同名的变量,不会引起变量定义冲突。

需要将一个在上层定义的变量传递给子 make,应该在上层 Makefile 中使用指示符"export"对此变量进行声明。

格式如下:

```
export VARIABLE...
```

当不希望将一个变量传递给子 make 时,可以使用指示符"unexport"来声明这个变量。
格式如下:

> unexport VARIABLE...

以上两种格式,指示符"export"或者"unexport"的参数,如果它是对一个变量或者函数的引用,这些变量或者函数将会被立即展开。并赋值给 export 或者 unexport 的变量。

例如:

> Y=Z
> export X=$(Y)

即"export X=Z"。export 时对变量进行展开,是为了保证传递给子 make 的变量值有效。

② 命令行选项和递归。

在 make 的递归执行过程中。最上层 make 的命令行选项"-k"、"-s"等会被自动的通过环境变量"MAKEFLAGS"传递给子 make 进程。传递过程中变量"MAKEFLAGS"的值会被主控 make 自动的设置为包含执行 make 时的命令行选项的字符串。如果在执行 make 时通过命令行指定了"-k"和"-s"选项,那么"MAKEFLAGS"的值会被自动设置为"ks"。子 make 进程在处理时,会把此环境变量的值作为执行的命令行参数,因此,子 make 过程同样也会有"-k"和"-s"这两个命令行选项。

同样,执行 make 时命令行中给定的一个变量定义,此变量和它的值也会借助环境变量"MAKEFLAGS"传递给子 make 进程。可以借助 make 的环境变量"MAKEFLAGS"传递在主控 make 所使用的命令行选项给子 make 进程。

Make 命令行选项中一个比较特殊的是"-j"选项。在支持这个选项的操作系统上,如果给它指定了一个数值"N",那么主控 make 和子 make 进程会在执行过程中使用通信机制来限制系统在同一时刻所执行任务的数目不大于"N"。另外,当使用的操作系统不能支持 make 执行过程中的父子间通信,那么无论在执行主控 make 时指定的任务数目"N"是多少,变量"MAKEFLAGS"中选项"-j"的数目会都被设置为"1",通过这样来确保系统的正常运转。

执行多级的 make 调用,当不希望传递"MAKEFLAGS"给子 make 时,需要在调用子 make 时对这个变量进行赋空。

例如:

> subsystem:
> cd subdir &&$(MAKE) MAKEFLAGS=

此规则取消了子 make 执行时对父 make 命令行选项的继承。

③ -w 选项。

在多级 make 的递归调用过程中,选项"-w"或者"--print-directory"可以让 make 在开始编译一个目录之前和完成此目录的编译之后给出相应的提示信息,方便开发人员跟踪 make 的执行过程。例如,在"/u/gnu/make"目录下执行"make-w",将会看到如下的一些信息。

在开始执行前将看到：

> make: Entering directory '/u/gnu/make'

而在完成之后同样将会看到：

> make: Leaving directory '/u/gnu/make'

通常，选项"-w"会被自动打开。在主控 Makefile 中，如果使用"-C"参数来为 make 指定一个目录或者使用"cd"进入一个目录时，"-w"选项会被自动打开。主控 make 可以使用选项"-s"来禁止此选项。另外，make 的命令行选项"--no-print-directory"，将禁止所有关于目录信息的打印。

（7）定义命令包

书写 Makefile 时，可能有多个规则会使用相同的一组命令。就像 C 语言程序中需要经常使用到函数"printf"。这时就会想能不能将这样一组命令进行类似 C 语言函数一样的封装，以后在需要用到的地方可以通过它的名字来对这一组命令进行引用。这样就可减少重复工作，提高了效率。在 GNU make 中，可以使用指示符"define"来完成这个功能。通过"define"来定义这样一组命令，同时用一个变量来代表这一组命令。通常把使用"define"定义的一组命令称为一个命令包。定义一个命令包的语法以"define"开始，以"endef"结束。

使用"define"定义的命令包中，命令体中变量和函数的引用不会展开。它和 C 语言中宏的使用方式一样。命令包是使用一个变量来表示的。因此可以按使用变量的方式来使用它。当在规则的命令行中使用这个变量时，命令包所定义的命令体就会对它进行替代。由于使用"define"定义的变量属于递归展开式变量，因此，命令包中所有命令中对其他变量的引用，在规则被执行时会被完全展开。

例如：

> foo.c: foo.y
> $（run-yacc）

当在一个规则中引用一个已定义的命令包时，命令包中的命令体会被原封不动的展开在引用它的地方。这些命令就成为规则的命令。因此，也可在定义命令包时使用前缀来控制单独的一个命令行。

（8）空命令

有时可能存在这样的一个需求，需要定义一个什么也不做的规则。前面已经有过这样的用法。这样的规则，只有目标文件而没有命令行。

例如，下列定义：

> target: ;

这就是一个空命令的规则，为目标"target"定义了一个空命令。也可以使用独立的命令行格式来定义，需要注意的是独立的命令行必须以[Tab]字符开始。一般在定义空命令时，建议不使用命令行的方式，因为看起来空命令行和空行在感觉上没有区别。

定义一个没有命令的规则。其唯一的原因是，空命令行可以防止 make 在执行时试图为重建这个目标去查找隐含命令。这一点和伪目标有相同之处。使用空命令的目标时，如果需要实现一个不是实际文件的目标,只是需要通过使用这个目标来完成对它所依赖的文件的重建动作。首先应该想到伪目标而不是空命令目标。因为一个实际不存在的目标文件的依赖文件,可能不会被正确重建。

因此,对于空命令规则,最好不要给它指定依赖文件。避免特殊情况下产生错误的情况。定义一个空命令规则,建议使用上例的格式。

实例 6-3　Makefile 的命令使用实例

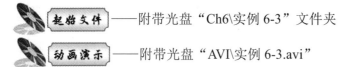

——附带光盘"Ch6\实例 6-3"文件夹

——附带光盘"AVI\实例 6-3.avi"

本次实例使用 Makefile 来管理项目。学习在 Linux 下的 Makefile 过程。

本实例用于下 5 个源程序文件,然后分别编写 3 种不同的 Makefile 文件。

```
/*main.c*/
#include "test1.h"
#include "test2.h"
#include <stdio.h>
int main ( )
{
        test1_func ("hello test1!");
        test2_func ("hello test2!");
        return 0;
}
/*test1.c*/
#include "test1.h"
#include <stdio.h>

void test1_func (char *str)
{
        printf ("This is test1 :   %s ", str);
}
/*test1.h*/
#ifndef _TEST_1_H
#define _TEST_1_H
        void test1_func (char *str);
#endif
/*test2.c*/
#include "test2.h"
#include <stdio.h>
```

```c
void test2_func（char *str）
{
        printf（"This is test2 :   %s", str）;
}
/*test2.h*/
#ifndef _TEST_2_H
#define _TEST_2_H
        void test2_func（char *str）;
#endif
```

【详细步骤】

① 写出第一个 Makefile。

```
main: main.o test1.o test2.o
    gcc -o main main.o test1.o test2.o
mian.o: main.c test1.h test2.h
    gcc -c main.c
test1.o: test1.c test1.h
    gcc -c test1.c
test2.o: test2.c test2.h
    gcc -c test2.c
clean:
    rm -f *.o main
```

在 shell 提示符下输入 make，执行显示：

```
gcc -c main.c
gcc -c test1.c
gcc -c test2.c
gcc -o main main.o test1.o test2.o
```

执行结果如下：

```
[armlinux@lqm makefile-easy]$ ./main
This is test1 :   hello test1!
This is test2 :   hello test2!
```

② 使用环境变量来对这个 Makefile 进行改进。

```
OBJS=main.o test1.o test2.o
main: $（OBJS）
    gcc -o main $（OBJS）
mian.o: main.c test1.h test2.h
    gcc -c main.c
test1.o: test1.c test1.h
    gcc -c test1.c
```

```
        test2.o: test2.c test2.h
                gcc -c test2.c
        clean:
                rm -f *.o main
```

③ 使用自动变量来对这个 Makefile 进行改进。Makefile 有 3 个非常有用的变量，分别是$@代表目标文件，$^代表所有的依赖文件，$<代表第一个依赖文件。

```
        CC=gcc
        OBJS=main.o test1.o test2.o
        main: $（OBJS）
                $（CC）-o $@ $^
        mian.o: main.c test1.h test2.h
                $（CC）-c $<
        test1.o: test1.c test1.h
                $（CC）-c $<
        test2.o: test2.c test2.h
                $（CC）-c $<
        .PHONY: clean
        clean:
                rm -f main $（OBJS）
```

6.7 autoconf 和 automake 的使用

下面主要介绍 autoconf 和 automake 的使用，Makefile.am 的编写，使用 automake 和 autoconf 产生 Makefile 的方法及自动生成 Makefile 的方法。

6.7.1 autoconf 的使用

以下主要介绍 autoscan、aclocal 和 autoconf 的使用。

（1）autoscan

autoscan 命令是用来扫描指定的源代码目录，并生成文件 configure.in 的蓝本。autoscan 可以用目录名作为参数。但如果不用参数，将对当前的目录进行扫描。

先把 configure.scan 更名为 configure.in，并定义 configure.in 中的一些宏。但所有宏的最前面和最后面分别加上两个宏 AC_INIT 和 AC_OUTPUT。

- AC_INIT（file）

这个宏是用来检查源文件 file 所在的目录是否存在。

- AM_INIT_AUTOMAKE

当使用 make dist 时，它会生成一个名叫 44bmon-1.0.tar.gz 的软件包。

- AM_PROG_AS

这个宏将检查系统所用的 as 汇编器，在工程中含有汇编文件时，这个宏是非常有用的。

- **AC_PROG_CC**

这个宏将检查系统所用的 c 编译器。

- **AC_SUBST（MACRO）**

这个宏带有一个参数，使得系统将清除对 MACRO 的默认定义。如果在 configure.in 中有新的定义，则使用新的定义。如在 configure.in 中加入如下的指令：

```
CC='arm-elf-gcc'
AC_SUBST（CC）CFLAGS='-g -O2 -elf2flt'
AC_SUBST（CFLAGS）CCDEPMODE='depmode=gcc'
```

这样就会解决自动生成 Makefile 时有关编译器及其参数的问题。

- **AC_OUTPUT（FILE）**

这个宏中的参数 FILE 是要生成的 Makefile 的名字，如果需要输出多个 Makefile，可以使用 AC_OUTPUT（Makefile dir1/Makefile dir1/dir2/Makefile）。

（2）aclocal

aclocal 是一个 perl 脚本程序。由于 automake 工具最终会用到 AM_INIT_AUTOMAKE 中宏定义的内容，但是这个宏并不是一个标准的 utoconf 宏，因此，它的定义需要在 aclocal.m4 中被置换。当没有参数执行 aclocal 命令时，aclocal 会根据 configure.in 中的一些宏定义，生成一个合适的 aclocal.m4 文件。这样就通知下一个命令 autoconf 如何找到所用的宏。

（3）autoconf

autoconf 是一个用于生成可以自动地配置软件源代码包的工具。由 autoconf 生成的配置脚本在运行时与 autoconf 是无关的。

由 autoconf 生成的配置脚本在运行时不需要用户的手工干预；通常它们甚至不需要通过给出参数以确定系统的类型。相反，它们对软件包可能需要的各种特征进行独立的测试。

对于每个使用了 autoconf 的软件包，autoconf 从一个列举了该软件包需要的，或者可以使用的系统特征的列表的模板文件中生成配置脚本。在 shell 代码识别并响应了一个被列出的系统特征后，autoconf 允许多个可能使用该特征的软件包共享该特征。如果后来因为某些原因需要调整 shell 代码，就只要在一个地方进行修改；所有的配置脚本都将被自动地重新生成以使用更新了的代码。

Metaconfig 包在目的上与 autoconf 很相似，但它生成的脚本需要用户的手工干预，在配置一个大的源代码树时这是十分不方便的。不像 Metaconfig 脚本，如果在编写脚本时小心谨慎，autoconf 可以支持交叉编译。

autoconf 目前还不能完成几项使软件包可移植的工作。其中包括为所有标准的目标自动创建 Makefile 文件，包括在缺少标准库函数和头文件的系统上提供替代品。目前正在为在将来添加这些特征而工作。

（4）创建 configure 脚本

由 autoconf 生成的配置脚本通常称为 configure。在运行时，configure 创建一些文件，在这些文件中以适当的值替换配置参数。由 configure 创建的文件如下：

- 一个或者多个 Makefile 文件，在包的每个子目录中都有一个。
- 一个名为 config.status 的 shell 脚本，在运行时，它将重新创建上述文件。
- 一个名为 config.cache 的 shell 脚本，它储存了许多测试的运行结果。
- 一个名为 config.log 的文件，它包含了由编译器生成的许多消息，以便于在 configure 出现错误时进行调试。

（5）用 autoscan 创建 configure.in

程序 autoscan 可以帮助为软件包创建 configure.in 文件。如果在命令行中给出了目录，autoscan 就在给定目录及其子目录树中检查源文件，如果没有给出目录，就在当前目录及其子目录树中进行检查。它搜索源文件以寻找一般的移植性问题并创建一个文件 configure.scan。

在把 configure.scan 改名为 configure.in 前，应该手工地检查它，它可能需要一些调整。autoscan 偶尔会按照相对于其他宏的错误的顺序输出宏，为此 autoconf 将给出警告。需要手工地移动这些宏。还有，如果希望包使用一个配置头文件，必须添加一个对 AC_CONFIG_HEADER 的调用。可能还必须在程序中修改或者添加一些#if 指令以使得程序可以与 autoconf 合作。

autoscan 使用一些数据文件，它们是随发布的 autoconf 宏文件一起安装的，以便当它在包中的源文件中发现某些特殊符号时决定输出那些宏。这些文件都具有相同的格式。每一个都是由符号、空白和在符号出现时应该输出的 autoconf 宏。以#开头的行是注释。

只有在安装了 Perl 的情况下才安装 autoscan，autoscan 接受如下选项：

- --help

打印命令行选项的概述并且退出。

- --macrodir=dir

在目录 dir 中，而不是在默认安装目录中寻找数据文件。还可以把环境变量 AC_MACRODIR 设置成一个目录。本选项将覆盖该环境变量。

- --verbose

打印它检查的文件名称及在这些文件中发现的可能感兴趣的符号。它的输出可能很冗长。

- --version

打印 autoconf 的版本号并且退出。

（6）用 autoconf 创建 configure

为了从 configure.in 生成 configure，不带参数地运行程序 autoconf。autoconf 使用 autoconf 宏的 m4 宏处理器处理 configure.in。如果为 autoconf 提供了参数，它读入给出的文件而不是 configure.in 并且把配置脚本输出到标准输出而不是 configure。

autoconf 宏在几个文件中定义。在这些文件中，有些是与 autconf 一同发布的，autoconf 首先读入它们，而后它在包含了发布的 autoconf 宏文件的目录中寻找可能出现的文件 acsite.m4，并且在当前目录中寻找可能出现的文件 aclocal.m4。这些文件可以包含站点的或者包自带的 autoconf 宏定义。如果宏在多于一个由 autoconf 读入了的文件中被定义，那么后面的定义将覆盖前面的定义。

autoconf 接受如下参数。

① --help
-h
输出命令行选项的概述并且退出。
② --localdir=dir
-l dir
在目录 dir 中，而不是当前目录中寻找包文件 aclocal.m4。
③ --macrodir=dir
-m dir
在目录 dir 中寻找安装的宏文件。还可以把环境变量 AC_MACRODIR 设置成一个目录；本选项将覆盖该环境变量。

6.7.2 Makefile.am 的编写

生成 configure 脚本后，还需要作一些与 Makefile 有关的操作。首先新建一个 Makefile.am 文件，该文件是用来生成 Makefile.in 的，需要手工书写。

- AUTOMAKE_OPTIONS=foreign

这个是 automake 的选项，在执行 automake 时，它会检查目录并复制 GNU 软件包中应具有的各种文件，如 AUTHORS，Changelog，NEWS 等文件。如果该项没有设置成 foreign 或者书写错误时，会产生找不到文件 AUTHORS，Changelog，NEWS 的错误。

- bin_PROGRAMS=44bmon

这个是指定所要产生的可执行文件的文件名。如果要产生多个可执行文件，各个文件名称之间用空格隔开。

- SUBDIRS

如果在当前目录下还有子目录，那么加入该选项，各个子目录名用空格隔开。

6.7.3 automake 的使用

automake 是一个从文件 Makefile.am 自动生成 Makefile.in 的工具。每个 Makefile.am 基本上是一系列 make 的宏定义（make 规则也会偶尔出现）。生成的 Makefile.in 服从 GNU Makefile 标准。

典型的 automake 输入文件是一系列简单的宏定义。处理所有这样的文件以创建 Makefile.in。在一个项目（project）的每个目录中通常包含一个 Makefile.am。

automake 命令是根据手写的 Makefile.am 生成 Makefile.in 文件的。每个 Makefile.am 文件都是基于 make 的一系列宏定义。automake 先读取 Makefile.am 文件，把该文件中的宏定义和各种目标直接复制到生成的文件中。如一个 bin_PROGRAMS 的宏定义就会生成一个用于编译和连接的目标。在 Makefile.am 或在 configure.in 中经过 AC_SUBST 处理的宏将会覆盖由 automake 原始生成的宏定义。如编译器要使用 arm-elf-gcc，并在 CFLAGS 加入 -elf2flt 选项，在 configure.in 中的内容如下：

```
CC = 'arm-elf-gcc'
AC_SUBST （CC）
CFLAGS = '-g -O2 -elf2flt'
AC_SUBST （CFLAGS）
```

Makefile.in 是符合 GNU Makefile 的惯例的，接下来只需要执行 configure 脚本就可以产生合适的 Makefile 文件了。

执行 automake 时需要加入选项--add-missing。

6.7.4 使用 automake 和 autoconf 产生 Makefile

在开始使用 automake 和 autoconf 前，先确认系统已经安装以下的软件：
- GNU automake
- GNU autoconf
- GNU m4
- Perl
- GNU Libtool

使用 autoconf 及 automake 来产生 Makefile 文件的步骤如下。

① autoscan 产生一个 configure.in 的模板，执行 autoscan 后会产生一个 configure.scan 的文件，可以用它作为 configure.in 文件的模板。

② 编辑 configure.scan 文件，如下所示，并且把文件名改成 configure.in。

③ 执行 aclocal 和 autoconf，分别会产生 aclocal.m4 及 configure 两个文件。

④ 编辑 Makefile.am 文件，内容如下。

执行 automake --add-missing，automake 会根据 Makefile.am 产生一些文件，包含最重要的 Makefile.in。

⑤ 执行./configure。

6.7.5 自动生成 Makefile 的方法

自动生成 Makefile 的步骤如下。

① 修改汇编伪指令。由于整个程序是移植过来的，arm-elf-gcc 编译器不认识其中的汇编伪指令，就需要把其中的汇编伪指令修改为 GNU 风格的伪指令。

② 执行 autoscan 命令，生成 configure.in 的蓝本。

```
$autoscan
```

③ 修改 configure.scan，改名称为 configure.in，并编辑该文件，根据编译 ARM 应用程序的要求，修改其中的内容。

必要的内容如下：

```
AC_INIT（44bmon.c）AM_INIT_AUTOMAKE
AC_PROG_CC CC='arm-elf-gcc'
```

AC_SUBST（CC）CFLAGS='-g -O2 -elf2flt'
AC_SUBST（CFLAGS）CCDEPMODE='depmode=gcc' AC_OUTPUT

④ 执行 aclocal 命令。

$aclocal

⑤ 执行 autoconf 命令。

$autoconf

⑥ 编辑 Makefile.am 文件。

$vi Makefile.am

内容如下：

AUTOMAKE_OPTIONS=foreign bin_PROGRAMS=44bmon44bmon_SOURCES=44binit.s 44blib_a.s
44blib.c 44bmon.c glib.c Lcd.c Lcdlib.c Slib.c

⑦ 执行 automake 命令。

$automake --add-missing

⑧ 执行 configure 命令。

$./configure

⑨ 执行 make 编译命令。

6.8 综合实例

实例 6-4　gcc 编译器的综合实例

起始文件——附带光盘"Ch6\实例 6-4"文件夹

动画演示——附带光盘"AVI\实例 6-4.avi"

本次实例使用 Linux 操作系统环境的开发库及编译器。新建一个目录，编写几个源文件，用 gcc 编辑器来编辑源程序。学习在 Linux 下的编程和编译过程。

【详细步骤】

① 使用 vi 编辑器完成以下 4 个文件的内容输入。

hello.h
starfun.h
hello.c
star.c

starfun.h 文件内容如下：

/*****starfun.h*****/
#ifndef STARFUN_H

```
#define STARFUN_H

#define NUM 8
#define NUMBER 5

intstar1（）{
    inti，j，k;
    for（k=1; k<=NUM; ++k）{
        for (i=1; i<= (NUM-k); ++i)
            printf（""）;
        for (j=1; j<= (2*k-1); ++j)
            printf（"*"）;
        printf（"\n"）;
    }
    return0;
}

int star2（）{
    int i，j，k;
    for（k=NUMBER; k>=0; --k）{
        for (i=1; i<= (NUMBER-k+1); ++i)
        printf（""）;
        for (j=1; j<= (2*k-1); ++j)
            printf（"*"）;
        printf（"\n"）;
    }
    return0;
}

#endif
```

hello.h 文件内容如下：

```
/*hello.h*/
#ifndef HELLO_H
#define HELLO_H

void hello（）{
    star1（）;
    printf（"hello，my friends\n"）;
}
```

```
#endif
```

hello.c 文件内容如下：
```
void show hello () {
    hello ();
}
```

star.c 文件内容如下：
```
#include"starfun.h"
#include"hello.h"
#include<stdio.h>

int main () {
    star1 ();
    star2 ();
    showhello ();
    return0;
}
```

② 使用 gcc 编译器，编译程序。

第一种方法：分步进行。

由 star.cstarfun.h 文件生成 star.o 目标文件。

```
gcc –c star.c –o star.o
```

由 hello.c hello.h starfun.h 生成 hello.o 目标文件。

```
gcc –c hello.c –o hello.o
```

由 hello.o star.o 生成应用程序 myprog。

```
gcc star.o hello.o –o myprog
```

如图 6-20 所示。

图 6-20 分步运行界面

```
[root@localhost01_hello]#./myprog
    *
   ***
  *****
 *******
  *****
```

```
    ***
     *
     *
    ***
   *****
  *******
hello，my friends
```

第二种方法：一条命令完成以上操作。

```
gcc star.c hello.c -o myprog
```

实例 6-5　gdb 调试器的综合实例

起始文件——附带光盘"Ch6\实例 6-5"文件夹

动画演示——附带光盘"AVI\实例 6-5.avi"

本次实例使用 Linux 操作系统环境的 gdb 调试器。通过对一个带有调试错误的源文件进行调试，学习对 gdb 调试器命令的使用。

【详细步骤】

（1）编译

开始调试前，必须用程序中的调试信息编译要调试的程序。这样，gdb 才能够调试所使用的变量、代码行和函数。在 gcc 下使用-g 选项来编译程序。

```
gcc -g example.c -o example
```

（2）运行 gdb

在 shell 中，可以使用 gdb 命令并指定程序名作为参数来运行 gdb。或者在 gdb 中，可以使用 file 命令来装入要调试的程序。这两种方式都假设是在包含程序的目录中执行命令。装入程序后，可以用 gdb 命令 run 来启动程序。

```
代码示例 example.c
#include <stdio.h>
int func（int data1， int data2）
{
    int result， data3；
    data3 = data1 - data2；
    result = data1 / data3；
    return result；
}
int main（int argc， char *argv[]）
{
    int first， second， result， i， total；
```

```
        first = 10;
        second = 6;
        total = 0;
        for (i = 0;  i < 10;  i++)
        {
            result = func (first,  second);
            total += result;
            second++;
            first--;
        }
        printf ("%d by %d equals %d\n",  first,  second,  total);
        return 0;
    }
```

这个程序将运行 10 次 for 循环,使用 func() 函数计算出累积值,最后打印出结果。

在文本编辑器中输入这个程序,保存为 example.c,使用 gcc -g example.c -o example 进行编译,并用 gdb example 启动 gdb。

运行界面如图 6-21 所示。

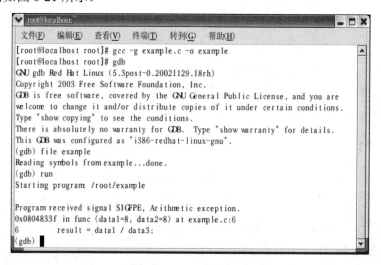

图 6-21 gdb 启动界面

gdb 指出在程序第 6 行发生一个算术异常,通常它会打印这一行及 func() 函数的自变量值。要查看第 6 行前后的源代码,使用 list 命令,它通常会打印 10 行。再次输入 list,将列出程序的下 10 行。从 gdb 消息中可以看出,第 6 行中的除法运算出现错误,程序在这一行中将变量 data1 除以 data3。

要查看变量的值,使用 gdb print 命令并指定变量名。输入 print data1 和 print data2,可以看到 data1 和 data2 的值,结果如图 6-22 所示。

图 6-22　查看变量

gdb 指出 data1 等于 8，data2 等于 8，data3 等于 0。根据这些值和第 6 行中的语句，可以推断出算术异常是由除数为零的除法运算造成的。清单显示了第 6 行计算的变量 data3，可以打印 data3 表达式，来重新估计这个变量。gdb 告诉我们 func 函数的这两个自变量都等于 8，于是要检查调用 func（）函数的 main（）函数，以查看这是在什么时候发生的。在允许程序自然终止的同时，使用 continue 命令告诉 gdb 继续执行，如图 6-23 所示。

图 6-23　继续执行

（3）使用断点

为了查看在 main（）中发生了什么情况，可以在程序代码中的某一特定行或函数中设置断点，这样 gdb 会在遇到断点时中断执行。可以使用命令 break main 在进入 main（）函数时设置断点，或者可以指定其他任何感兴趣的函数名来设置断点。然而，只希望在调用 func（）函数前中断执行。输入 list main 将打印从 main（）函数开始的源码清单，再次按 Enter 键将显示第 17 行上的 func（）函数调用。要在那一行上设置断点，只需输入 break17。以显示它已在请求的行上设置了 1 号断点。run 命令将从头重新运行程序，直到 gdb 中断为止。发生这种情况时，gdb 会生成一条消息，指出它在哪个断点上中断，以及程序运行到何处，如图 6-24 所示。

图 6-24　使用断点

发出 print first 和 print second 将会显示在第一次调用 func（）时，变量分别等于 10 和 6，而 print i 将会显示 0，如图 6-25 所示。

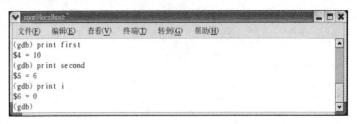

图 6-25 打印变量值

gdb 将显示所有局部变量的值,并使用 info locals 命令保存大量输入信息。

从以上的调查中可以看出,当 first 和 second 相等时就会出现问题,因此,输入 continue 执行,直到下一次遇到 1 号断点。info locals 显示了 first=9 和 second=7。

与其再次继续,还不如使用 next 命令单步调试程序,以查看 first 和 second 是如何改变的,如图 6-26 所示。

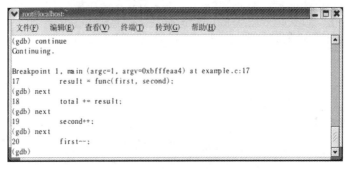

图 6-26 单步调试

再按两次 Enter 键将显示第 17 行,func() 调用。info locals 将显示目前 second 等于 first,这就意味着将发生问题。如果有兴趣,可以使用 step 命令来继续执行 func() 函数,以再次查看除法错误,然后使用 next 来计算 result。

在确认完成调试后,可以使用 quit 命令退出 gdb。由于程序仍在运行,这个操作会终止它的运行。

实例 6-6　Makefile 的综合实例

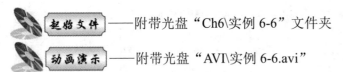

——附带光盘"Ch6\实例 6-6"文件夹

——附带光盘"AVI\实例 6-6.avi"

本次实例使用 Linux 操作系统环境安装 arm-linux 的开发库及编译器。编写几个源文件,用 Makefile 来管理项目,学习在 Linux 下的 Makefile 编译过程。

【详细步骤】

(1) 编写程序源代码

本综合实例仍用 gcc 编译器的综合实例的 4 个源程序文件如下:

hello.h

starfun.h

```
hello.c
star.c
```

具体的程序源代码参考实例 6-6。

（2）编写 Makefile 文件

使用 3 个不同程序的 Makefile 文件。

Makefile_01 文件的源程序如下：

```
myprog： star.o hello.o
    gcc star.o hello.o -o myprog
star.o ：  star.c starfun.h
    gcc -c star.c -o star.o
hello.o ：  hello.c hello.h starfun.h
    gcc -c hello.c -o hello.o
```

Makefile_02 文件的源程序如下：

```
OBJS=star.o hello.o
CC=gcc
CFLAGS= -Wall -O -g
EXEC=myprog
$（EXEC）: $（OBJS）
    $（CC）$（OBJS） -o $（EXEC）
star.o ：  star.c starfun.h
    $（CC）$（CFLAGS）-c star.c -o star.o
hello.o ：  hello.c hello.h starfun.h
    $（CC）$（CFLAGS）-c hello.c -o hello.o
clean：
    rm -f *.o .out $（EXEC）
```

Makefile_03 文件的源程序如下：

```
CC=gcc
#CC=/up-techpxa270/arm-linux-tools/gcc-3.4.6-glibc-2.3.6/arm-linux/bin/arm-linux-gcc
CFLAGS= -Wall -O -g
EXEC=myprog
COMPILE=$（CC）$（CFLAGS）-c

SOURCES ： = $（wildcard *.c *.cc）
OBJS ： = $（patsubst %.c，%.o，$（patsubst %.cc，%.o，$（SOURCES）））
DEPS ： = $（patsubst %.c，%.d，$（patsubst %.cc，%.o，$（SOURCES）））


all： $（EXEC）


$（EXEC）: $（DEPS）$（OBJS）
```

```
                $（CC）-o $（EXEC）$（OBJS）

        %.d : %.c
                $（CC）-M $< > $@
                $（CC）-M $<  | sed s/\\.o/.d/ >> $@

        %.o: %.c
                $（COMPILE）-o $@ $<

        clean:
                rm -f $（OBJS）$（DEPS）$（EXEC）


        -include $（DEPS）
```

其中，Makefile_01 文件的源程序是一般的 Makefile 文件；Makefile_02 文件的源程序是使用环境变量的 Makefile 文件；Makefile_03 文件的源程序是使用环境变量和隐含规则的 Makefile 文件。

（3）编译应用程序

在 shell 提示符下输入 make clean，清除旧文件；输入 make，执行生成命令。

（4）下载调试

在宿主 PC 上启动 NFS 服务，并设置好共享的目录，之后在开发板上运行如下：

```
        mount -o nolock    192.168.0.121：/up-techpxa270    /mnt/nfs
```

实际 IP 地址要根据实际情况修改，挂接宿主机的根目录。成功之后在开发板上进入/mnt 目录，便相应进入宿主机的/up-techpxa270 目录，再进入开发程序目录运行刚编译好的 hello 程序，查看运行结果。

开发板挂接宿主计算机目录只需要挂接一次便可，只要开发板没有重启，就可以一直保持连接。这样可以反复修改、编译、调试，不需要下载到开发板运行，当然当调试好程序后，也可以下载到开发板运行。

6.9 本章小结

本章首先讲述了 Cygwin 和 VMware Workstation 两种开发环境的建立，介绍建立交叉编译环境的主要过程。然后分别介绍 gcc 编辑器和 gdb 调试器的使用方法。最后详细讲解 Makefile 变量的使用及隐含规则的应用。通过多个实例的操作使读者掌握 Linux 开发环境的建立。

第三篇 嵌入式系统移植与构建

第 7 章 Bootloader 的使用

对于计算机系统来说，从开机上电到操作系统启动需要一个引导过程。嵌入式 Linux 系统同样离不开引导程序，这个引导程序就称为 Bootloader。要移植 Linux 到其他开发板，编写 Bootloader 是一个不可避免的过程。本章将深入讨论如何有效地使用 Bootloader。

 本章内容

- 介绍 Bootloader 的工作模式，包含启动加载和下载这两种不同的工作模式。
- Bootloader 的启动方式和流程。
- 讲述 vivi 的常用命令和文件结构。
- 详细介绍 vivi 代码的两个阶段。并重点介绍 vivi 的配置与编译。
- 介绍 U-boot 常用命令和源代码目录结构，以及支持的主要功能。
- 讲述 U-boot 的启动模式和启动流程，分析 U-boot 的移植和使用。
- 介绍 U-boot 的调试。
- 其他常见的 Bootloader，了解各种的 Bootloader。

 本章案例

- vivi 编译实例
- U-boot 在 S3C2410 上的移植实例
- Bootloader 设计实例

视频教学

7.1 Bootloader 概述

引导加载程序是系统加电后运行的第一段软件代码。Bootloader 的主要运行任务就是将内核映象从硬盘上读到 RAM 中,然后跳转到内核的入口点去运行,即开始启动操作系统。

简单地说,Bootloader 就是在操作系统内核运行前运行的一段小程序。通过这段小程序,我们可以初始化硬件设备、建立内存空间的映射图,从而将系统的软硬件环境设置成一个合适的状态,以便为最终调用操作系统内核准备好正确的环境。

7.1.1 Bootloader 的作用

Bootloader 主要有以下的作用。

(1) 初始化硬件设备

Bootloader 是依赖于底层硬件而实现的,因此,建立一个通用的嵌入式系统 Bootloader 几乎是不可能的。固态存储设备的典型空间分配结构如图 7-1 所示。

图 7-1 固态存储设备的典型空间分配结构图

(2) 引导操作系统的运行

在 PC 中,主板的 BIOS 和位于硬盘零磁道上的主引导记录中的引导程序,两者一起的作用就相当于 Bootloader 在嵌入式系统中的作用,即实现整个系统的启动引导,并最终引导操作系统的运行。

(3) 初始化串口

处理器工作在嵌入式系统中,Bootloader 对嵌入式设备中的主要部件(如 CPU、SDRAM、Flash、串口等)进行了初始化,这样可以使 Bootloader 通过串口下载各种文件到设备的 SDRAM 中或者烧录 Flash,然后将操作系统内核读写到内存中或者直接跳转到内核的入口点,从而实现操作系统的引导。现在有些 Bootloader 把对以太网的支持等功能也加进去了,这样一个功能比较强大的 Bootloader 实际上就已经相当于一个微型的操作系统了。

(4) 初始化各种硬件

Bootloader 从第一条指令跳转后,就开始初始化各种最重要的硬件,如 CPU 的工作频率、定时器、中断、看门狗、检测 RAM 大小和 Flash 等。一般,硬件初始化的这段程序是用汇编语言编写的,其后就用 C 语言编写。总体上 Bootloader 主要完成以下工作。

① 初始化 CPU 速度。

② 初始化内存，包括启用内存库，初始化内存配置寄存器等。
③ 初始化中断控制器，在系统启动时，关闭中断，关闭看门狗。
④ 初始化串行端口。
⑤ 启用指令/数据高速缓存。
⑥ 设置堆栈指针。
⑦ 设置参数区域并构造参数结构和标识，即引导参数。
⑧ 执行 POST 来标识存在的设备并报告有何问题。
⑨ 为电源管理提供挂起/恢复支持。
⑩ 传输操作系统内核镜像文件到目标机。也可以将操作系统内核镜像文件事先存放在 Flash 中，这样就不需要 Bootloader 和主机传输操作系统内核镜像文件，这通常是在做成产品的情况下使用。而一般在开发过程中，为了调试内核的方便，不将操作系统内核镜像文件固化在 Flash 中，这就需要主机和目标机进行文件传输。
⑪ 跳转到内核的开始，在此又分为 ROM 启动和 RAM 启动。所谓 ROM 启动就是用 XIP 技术直接在 Flash 中执行操作系统镜像文件。所谓 RAM 启动就是指把内核镜像从 Flash 复制到 RAM 中，然后再将 PC 指针跳转到 RAM 中的操作系统启动地址。
⑫ 在嵌入式 Linux 软件系统的开发中，一般将软件分为启动引导程序（Bootloader）、操作系统内核（OS Kernel）、根文件系统（File System）、图形窗口系统（GUI）和应用程序（AP）等几个部分，其中前三部分是一个可运行的嵌入式系统必不可少的，它们在开发的过程中，被分别独立地编译链接或打包为一个二进制目标文件，然后下载到嵌入式系统的 ROM 中。如果后两部分有，通常也是和根文件系统一起打包后烧录到 Flash 中。因此，在 Bootloader 阶段，也提供了对 Flash 设备的分区格式化的支持，其空间分配通常如图 7-2 所示。

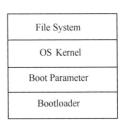

图 7-2 空间分配图

7.1.2 Bootloader 的功能

Bootloader 的功能有多种，主要有以下 5 种重要的功能。

（1）启动设备
如系统储存、I/O 外设的工作模式及中断的配置。
（2）装载、执行主要的软件组件
■ 装载内核启动参数：设置内核的方式。
■ 装载操作系统映像：Linux 内核 zImage 映像。
（3）设备测试功能
■ LCD、Flash 测试。
■ 内存读写测试。
（4）文件下载功能
■ 串口下载：如 XMODEM、ZMODEM 协议的支持。
■ 网络下载：如 TFTP 协议、基本的网卡驱动。

（5）Flash 烧写功能

如 Flash 驱动及 mtd 支持。

7.1.3 Bootloader 的种类

嵌入式系统世界已经有各种各样的 Bootloader，种类划分也有多种方式。除了按照处理器体系结构不同划分外，还有功能复杂程度的不同。

表 7-1 列出了 Linux 的开放源码引导程序及其描述。

表 7-1 Linux 的开放源码引导程序及其描述

Bootloader	描述
GRUB	GNU 的 LILO 替代程序
LILO	Linux 磁盘引导程序
Loadlin	从 DOS 引导 Linux
RedBoot	基于 eCos 的引导程序
U-boot	通用引导程序
BLOB	LART 等硬件平台的引导程序
LinuxBIOS	完全替代 BUIS 的 Linux 引导程序
Etherboot	通过以太网卡启动 Linux 系统的固件
ROLO	从 ROM 引导 Linux 而不需要 BIOS

对于每种体系结构，都有一系列开放源码 Bootloader 可以选用。

（1）ARM

ARM 处理器的芯片商很多，所以每种芯片的开发板都有自己的 Bootloader。最早有为 ARM720 处理器的开发板的固件，又有了 ARMBOOT，StrongARM 平台的 BLOB，还有 S3C2410 处理器开发板上的 vivi 等。现在 ARMBOOT 已经并入了 U-boot，所以，U-boot 也支持 ARM/XSCALE 平台。U-boot 已经成为 ARM 平台事实上的标准 Bootloader。

（2）MIPS

MIPS 公司开发的 YAMON 是标准的 Bootloader，也有许多 MIPS 芯片商为自己的开发板写了 Bootloader。现在，U-boot 也已经支持 MIPS 平台。

（3）PowerPC

PowerPC 平台的处理器有标准的 Bootloader，就是 PPCBOOT。PPCBOOT 在合并 ARMBOOT 等之后，创建了 U-boot，成为各种体系结构开发板的通用引导程序。U-boot 仍然是 PowerPC 平台的主要 Bootloader。

（4）X86

X86 的工作站和服务器上一般使用 LILO 和 GRUB。LILO 是 Linux 发行版主流的 Bootloader。不过 Redhat Linux 发行版已经使用了 GRUB，GRUB 比 LILO 有更有好的显示界面，使用配置也更加灵活方便。

在某些 X86 嵌入式单板机或者特殊设备上，会采用其他 Bootloader，如 ROLO。这些 Bootloader 可以取代 BIOS 的功能，能够从 FLASH 中直接引导 Linux 启动。现在 ROLO 支持的开发板已经并入 U-boot，所以，U-boot 也可以支持 X86 平台。

（5）SH

SH 平台的标准 Bootloader 是 sh-boot。Redboot 在这种平台上也很好用。

（6）M68K

M68K 平台没有标准的 Bootloader。Redboot 能够支持 m68k 系列的系统。

7.1.4　Bootloader 的工作模式

对于嵌入式系统的开发人员而言，Bootloader 通常包含启动加载和下载这两种不同的工作模式。当然，这两种工作模式的区别一般只对于开发人员才有意义，而对最终用户来说，Bootloader 的作用就是用来加载操作系统，从而启动整个嵌入式系统。

启动加载（Boot loading）模式：正常启动模式。Boot Loader 从目标机上的某个固态存储设备上将操作系统加载到 RAM 中运行，整个过程并没有用户的介入。因此，在嵌入式产品发布时，Bootloader 显然必须工作在这种模式下。

下载（Down loading）模式：提供给开发人员或者技术支持人员使用。在这种模式下，目标机上的 Bootloader 将通过串口连接或网络连接等通信手段从宿主机 Host 下载文件，如下载内核映像和根文件系统映像等。从主机下载的文件通常首先被 Bootloader 保存到目标机的 RAM 中，然后再被 Bootloader 写到目标机上的 Flash 类固态存储设备中。Bootloader 的这种模式通常在第一次安装内核与根文件系统时被使用；工作于这种模式下的 Bootloader 通常都会向它的终端用户提供一些简单的命令行接口。

7.1.5　Bootloader 的启动方式

Linux 系统是通过 Bootloader 引导启动的。一上电，就要执行 Bootloader 来初始化系统。系统加电或复位后，所有 CPU 都会从某个地址开始执行，这是由处理器设计决定的。如 X86 的复位矢量在高地址端，ARM 处理器在复位时从地址 0x00000000 取第一条指令。嵌入式系统的开发板都要把板上 ROM 或 Flash 映射到这个地址。因此，必须把 Bootloader 程序存储在相应的 Flash 位置。系统加电后，CPU 将首先执行它。

主机和目标机之间一般有串口可以连接，Bootloader 软件通常会通过串口来输入输出。如输出出错或者执行结果信息到串口终端，从串口终端读取用户控制命令等。

Bootloader 启动过程通常是多阶段的，这样既能提供复杂的功能，又有很好的可移植性。如从 Flash 启动的 Bootloader 多数是两阶段的启动过程。

因为 Bootloader 的主要功能是引导操作系统启动，所以，详细讨论一下各种启动方式的特点。

（1）网络启动

这种方式开发板不需要配置较大的存储介质，但是使用这种启动方式前，需要把 Bootloader 安装到板上的 EPROM 或者 Flash 中。Bootloader 通过以太网接口远程下载 Linux 内核映像或者文件系统。

使用这种方式也有前提条件，就是目标板有串口、以太网接口或者其他连接方式。串口一般可以作为控制台，同时可以用来下载内核影像和 RAMDISK 文件系统。串口通信传输速率过低，不适合用来挂接 NFS 文件系统。所以，以太网接口成为通用的互联设备，一般的开发板都可以配置 10M 以太网接口。

TFTP 服务为 Bootloader 客户端提供文件下载功能，把内核映像和其他文件放在 /tftpboot 目录下。这样 Bootloader 可以通过简单的 TFTP 协议远程下载内核映像到内存。

大部分引导程序都能够支持网络启动方式。如 BIOS 的 PXE，功能就是网络启动方式，U-boot 也支持网络启动功能。

（2）磁盘启动

传统的 Linux 系统运行在台式机或者服务器上，这些计算机一般都使用 BIOS 引导，并且使用磁盘作为存储介质。如果进入 BIOS 设置菜单，可以探测处理器、内存、硬盘等设备，可以设置 BIOS 从软盘、光盘或者某块硬盘启动。即 BIOS 并不直接引导操作系统。那么在硬盘的主引导区，还需要一个 Bootloader。这个 Bootloader 可以从磁盘文件系统中把操作系统引导起来。

Linux 传统上是通过 LILO 引导的，后来又出现了 GNU 的软件 GRUB，熟悉它们有助于配置多种系统引导功能。

GRUB 是 GNU 计划的主要 Bootloader。GRUB 最初是由 Erich Boleyn 为 GNU Mach 操作系统撰写的引导程序。后来有 Gordon Matzigkeit 和 Okuji Yoshinori 接替 Erich 的工作，继续维护和开发 GRUB。GRUB 能够使用 TFTP 和 BOOTP 或者 DHCP 通过网络启动，这种功能对于系统开发过程很有用。

（3）Flash 启动

大多数嵌入式系统都使用 Flash 存储介质。Flash 有很多类型，包括 NOR Flash、NAND Flash 和其他半导体盘。其中，NOR Flash 使用最为普遍。

NOR Flash 可以支持随机访问，所以，代码是可以直接在 Flash 上执行的。Bootloader 一般是存储在 Flash 芯片上的。另外，Linux 内核映像和 RAMDISK 也可以存储在 Flash 上。通常需要把 Flash 分区使用，每个区的大小应该是 Flash 擦除块大小的整数倍。Bootloader 和内核映像及文件系统的分区表如图 7-3 所示。

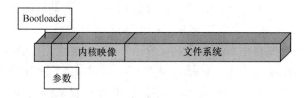

图 7-3 Flash 存储示意图

Bootloader 一般放在 Flash 的底端或者顶端，这要根据处理器的复位矢量设置。要使 Bootloader 的入口位于处理器上电执行第一条指令的位置。

接下来分配参数区，这里可以作为 Bootloader 的参数保存区域。

然后内核映像区。Bootloader 引导 Linux 内核，就是要从这个地方把内核映像解压到 RAM 中去，然后跳转到内核映像入口执行。

最后是文件系统区。如果使用 RAMDISK 文件系统，则需要 Bootloader 把它解压到 RAM 中。如果使用 JFFS2 文件系统，将直接挂接为根文件系统。

除了 NOR Flash，还有 NAND Flash、Compact Flash、DiskOnChip 等。这些 Flash 具有芯片价格低、存储容量大的特点。但是这些芯片一般通过专用控制器的 I/O 方式来访问，不能随机访问，因此，引导方式与 NOR Flash 也不同。在这些芯片上，需要配置专用的引导程序。

7.1.6 Bootloader 的启动流程

Bootloader 的启动流程分为 stage1 和 stage2 两个阶段。

一般依赖于 CPU 体系结构的代码，如设备初始化代码等，都放在 stage1 中，而且通常都用汇编语言来实现，以达到短小精悍且启动快的目的；而 stage2 则通常用 C 语言来实现，这样可以实现各种复杂的功能，如串口、以太网接口的支持等。

（1）Bootloader 的第一阶段

① 硬件设备初始化。

② 为加载 Bootloader 的 stage2 准备 RAM 空间。

③ 复制 Bootloader 的 stage2 到 RAM 空间中。

④ 设置好堆栈。

⑤ 跳转到 stage2 的 C 入口点 main（）函数处。

如图 7-4 所示。

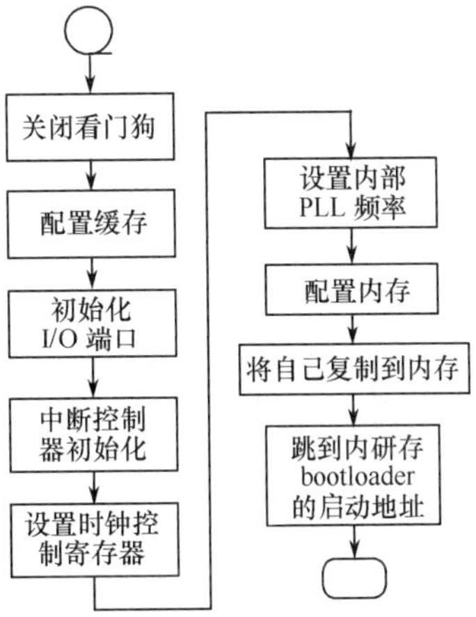

（2）Bootloader 的第二阶段

① 初始化本阶段要使用到的硬件设备。

② 检测系统内存映射。

③ 将 kernel 映像和根文件系统映像从 Flash 上读到 RAM 空间中。

④ 为内核设置启动参数。

⑤ 调用内核。

图 7-4 第一阶段流程图

7.1.7 Bootloader 与主机的通信

最常见的情况是目标机上的 Bootloader 通过串口与主机之间进行文件传输，传输可以简单的采用直接数据收发，当然在串口上也可以采用 xmodem/ymodem/zmodem 协议。传输的速度为 115200bps，比较慢。

通过以太网传输是个好方法。TFTP 协议是最常见的方式。

7.2 vivi 的移植

vivi 是韩国 mizi 公司专门为 ARM 处理器系列设计的一个 Bootloader，由于其结构简单、易于扩展，因而被很多底层程序员所采用。vivi 支持 S3C2410 处理器，vivi 的代码包括 arch、init、lib、drivers 和 include 等几个目录，共 200 多个文件。

vivi 主要包括下面几个目录：arch 目录包括了所有 vivi 支持的目标板的子目录，如 s3c2410 目录；drivers 包括了引导内核需要的设备的驱动程序。MTD 目录下分 map、nand 和 nor 3 个目录。init 这个目录只有 main.c 和 version.c 两个文件。与普通的 C 程序一样，vivi 将从 main 函数开始执行。lib 为一些平台公共的接口代码，如 time.c 中的 udelay（）和 mdelay（）。include 为头文件的公共目录，其中的 s3c2410.h 定义了这块处理器的一些寄存器。platform/smdk2410.h 定义了与开发板相关的资源配置参数，往往只需要修改这个文件就可以配置目标板的参数，如波特率、引导参数和物理内存映射等。

在下载模式下，vivi 为用户提供一个命令行人机接口，通过这个人机接口可以使用 vivi 提供的一些命令。如果嵌入式系统没有键盘和显示，那么可以利用 vivi 中的串口，将其和宿主机连接起来，利用宿主机中的串口软件来控制。

7.2.1 vivi 的常用命令和文件结构

下面分别对 vivi 的常用命令和文件结构进行介绍。

（1）vivi 常用的命令
- Load

把二进制文件载入 Flash 或 RAM。
- Part

操作 MTD 分区信息。显示、增加、删除、复位、保存 MTD 分区。
- Param

设置参数。
- Boot

启动系统。
- Flash

管理 Flash，如删除 Flash 的数据。

（2）vivi 文件结构

代码包括 arch、init、lib、drivers 和 include 等几个目录，共 200 多条文件。

（3）vivi 的启动流程

① 初始化文件系统。

② 装载组件。

  boot_kernel.c；

  copy_kernel_img（to，（char*）from，size，media_type）。

③ 运行装载后文件。

boot_kernel.c；

call_linux（0，mach_type，to）。

启动流程如图 7-5 所示。

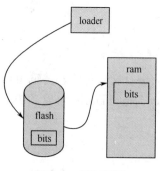

图 7-5　启动流程

7.2.2 vivi 第一阶段的分析

vivi 第一阶段的流程如图 7-6 所示，通常包括以下步骤。

① 关闭看门狗：每次上电后，看门狗默认是开着的。

② 禁止所有中断：vivi 中没用到中断，为中断提供服务通常是 OS 设备驱动程序的责任，因此，在 Bootloader 的执行全过程中可以不必响应任何中断。中断屏蔽可以通过写 CPU 的中断屏蔽寄存器或状态寄存器来完成。

③ 初始化系统时钟：启动 MPLL，使 FCLK=200MHz，HCLK=100MHz，PCLK=50MHz，并将 CPU bus mode 改为 Asynchronous bus mode。

④ 初始化内存控制寄存器，包括正确设置系统的内存控制器及各内存库控制寄存器等。

⑤ 检查是否从掉电模式唤醒，若是，则调用 Wakeup Start 函数进行处理。

⑥ 点亮所有 LED。典型地通过 GPIO 来驱动 LED，其目的是表明系统的状态是 OK 还是 EORROR。如果板子上没有 LED，那么也可以初始化 UART 向串口打印 Bootloader 的 Logo 字符信息来完成。

⑦ 初始化 UART0

设置 GPIO，选择 UART0 使用的引脚。

初始化 UART0，设置工作方式、波特率等。

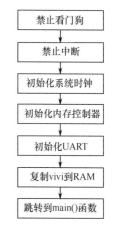

图 7-6 vivi 第一阶段的流程

⑧ 将 vivi 所有代码从 NAND Flash 复制到 SDRAM。

设置 NAND Flash 控制寄存器。

设置堆栈指针，调用 C 函数时必须先设置堆栈。

设置即将调用的函数 NAND-read-ll 的参数：r0=目的地址，r1=源地址，r2=复制的长度。

调用 NAND-read-ll 进行复制。

进行一些检查工作，上电后 NAND Flash 最开始的 4K 代码被自动复制到一个称为 Steppingstone 的内部 RAM 中。在执行 NAND read-ll 后，4K 代码同样被复制到 SDRAM 中。比较这两处的 4K 代码，如果不同则表示出错。

⑨ 跳到 Bootloader 的 stage2 运行。

下面对文件 head.S 的主要代码进行分析。

```
#include "config.h"
#include "linkage.h"
#include "machine.h"


        @ Start of executable code
```

ENTRY（_start）
ENTRY（ResetEntryPoint）   // ENTRY 为定义在 linkage.h 中的宏

下面是 S3C2410 CPU 硬件上支持的中断矢量表。每种类型的中断会有一个固定的中断矢量，通常在这个地址放一条跳转指令，以跳到中断服务子程序中。

```
@ Exception vector table （physical address = 0x00000000）
@ 0x00:    Reset
    b      Reset                       //复位

@ 0x04:    Undefined instruction exception    //未定义的指令异常
UndefEntryPoint:
    b      HandleUndef

@ 0x08:    Software interrupt exception       //软件中断异常
SWIEntryPoint:
    b      HandleSWI

@ 0x0c:    Prefetch Abort （Instruction Fetch Memory Abort）  //内存操作异常
PrefetchAbortEntryPoint:
    b      HandlePrefetchAbort

@ 0x10:    Data Access Memory Abort   //数据异常
DataAbortEntryPoint:
    b      HandleDataAbort

@ 0x14:    Not used    //未使用
NotUsedEntryPoint:
    b      HandleNotUsed

@ 0x18:    IRQ（Interrupt Request）exception   //慢速中断异常
IRQEntryPoint:
    b      HandleIRQ

@ 0x1c:    FIQ（Fast Interrupt Request）exception//快速中断异常
FIQEntryPoint:
    b      HandleFIQ
```

下面是固定位置存放环境变量。

```
@ vivi magics
@ 0x20:    magic number so we can verify that we only put
    .long  0
```

```
@ 0x24：
    .long    0
@ 0x28： where this vivi was linked, so we can put it in memory in the right place
    .long    _start
@ 0x2C： this contains the platform, cpu and machine id
    .long    ARCHITECTURE_MAGIC
@ 0x30： vivi capabilities
    .long    0
#ifdef CONFIG_PM    //电源管理，vivi 中并没有使用
@ 0x34：
    b    SleepRamProc
#endif
#ifdef CONFIG_TEST
@ 0x38：
    b    hmi
#endif

@ Start vivi head//功能子程序的开始
@
Reset：    //复位中断服务子程序
    @ disable watch dog timer    //禁止看门狗计时器
    mov    r1,    #0x53000000
    mov    r2,    #0x0
    str    r2,    [r1]

#ifdef CONFIG_S3C2410_MPORT3
    mov    r1,    #0x56000000
    mov    r2,    #0x00000005
    str    r2,    [r1,    #0x70]
    mov r2,    #0x00000001
    str    r2,    [r1,    #0x78]
    mov    r2,    #0x00000001
    str r2,    [r1,    #0x74]
#endif

    @ disable all interrupts//禁止全部的中断
    mov    r1,    #INT_CTL_BASE
    mov    r2,    #0xffffffff
    str    r2,    [r1,    #oINTMSK]
    ldr    r2,    =0x7ff
```

```
            str     r2, [r1, #oINTSUBMSK]

            @ initialise system clocks    //初始化系统时钟
            mov    r1, #CLK_CTL_BASE
            mvn    r2, #0xff000000
            str    r2, [r1, #oLOCKTIME]

            @ldr   r2, mpll_50mhz
            @str   r2, [r1, #oMPLLCON]
#ifndef CONFIG_S3C2410_MPORT1

            @ 1: 2: 4
            mov r1, #CLK_CTL_BASE
            mov r2, #0x3
            str    r2, [r1, #oCLKDIVN]

            mrc p15, 0, r1, c1, c0, 0       @ read ctrl register
            orr  r1, r1, #0xc0000000        @ Asynchronous
            mcr p15, 0, r1, c1, c0, 0       @ write ctrl register

            @ now,  CPU clock is 200 Mhz    //CPU 的频率改为 200MHz
            mov r1, #CLK_CTL_BASE
            ldr   r2, mpll_200mhz
            str   r2, [r1, #oMPLLCON]
#else
            @ 1: 2: 2
            mov r1, #CLK_CTL_BASE
            ldr r2, clock_clkdivn
            str r2, [r1, #oCLKDIVN]

            mrc p15, 0, r1, c1, c0, 0       @ read ctrl register
            orr r1, r1, #0xc0000000         @ Asynchronous
            mcr p15, 0, r1, c1, c0, 0       @ write ctrl register

            @ now,   CPU clock is 100 Mhz   //否则，CPU 的频率改为 100MHz
            mov r1, #CLK_CTL_BASE
            ldr r2, mpll_100mhz
            str r2, [r1, #oMPLLCON]
#endif
            bl    memsetup
```

```
#ifdef CONFIG_PM    //vivi 考虑不需要使用电源管理
    @ Check if this is a wake-up from sleep //查看状态
    ldr    r1,    PMST_ADDR
    ldr    r0,    [r1]
    tst    r0,    #（PMST_SMR）
    bne    WakeupStart
#endif

#ifdef CONFIG_S3C2410_SMDK           //SMDK 开发板使用
    @ All LED on                     //点亮开发板上的 LED
    mov r1,    #GPIO_CTL_BASE
    add    r1,    r1,    #oGPIO_F
    ldr    r2,    =0x55aa
    str    r2,    [r1,    #oGPIO_CON]
    mov r2,    #0xff
    str    r2,    [r1,    #oGPIO_UP]
    mov r2,    #0x00
    str    r2,    [r1,    #oGPIO_DAT]
#endif

#if 0
    @ SVC
    mrs    r0,    cpsr
    bic    r0,    r0,    #0xdf
    orr    r1,    r0,    #0xd3
    msr    cpsr_all,    r1
#endif

    @ set GPIO for UART //设置串口
    mov r1,    #GPIO_CTL_BASE
    add    r1,    r1,    #oGPIO_H
    ldr    r2,    gpio_con_uart
    str    r2,    [r1,    #oGPIO_CON]
    ldr    r2,    gpio_up_uart
    str    r2,    [r1,    #oGPIO_UP]
    bl     InitUART

#ifdef CONFIG_DEBUG_LL      //调试信息
    @ Print current Program Counter
```

```
        ldr    r1,  SerBase
        mov    r0,  #'\r'
        bl     PrintChar
        mov    r0,  #'\n'
        bl     PrintChar
        mov    r0,  #'@'
        bl     PrintChar
        mov    r0,  pc
        bl     PrintHexWord
#endif

#ifdef CONFIG_BOOTUP_MEMTEST
        @ simple memory test to find some DRAM flaults
        bl     memtest
#endif

#ifdef CONFIG_S3C2410_NAND_BOOT       //从 NAND Flash 启动
        bl     copy_myself

        @ jump to ram
        ldr    r1,  =on_the_ram
        add    pc,  r1,  #0
        nop
        nop
1:      b      1b           @ infinite loop


on_the_ram:
#endif

#ifdef CONFIG_DEBUG_LL
        ldr    r1,  SerBase
        ldr    r0,  STR_STACK
        bl     PrintWord
        ldr    r0,  DW_STACK_START
        bl     PrintHexWord
#endif

        @ get read to call C functions
        ldr    sp,  DW_STACK_START  @ setup stack pointer
        mov    fp,  #0              @ no previous frame,  so fp=0
```

```
            mov     a2, #0              @ set argv to NULL

            bl      main                @ call main

            mov     pc, #flash_BASE     @ otherwise, reboot

@
@ End vivi head //文件结束
```

7.2.3 vivi 第二阶段的分析

vivi 第二阶段的流程如图 7-7 所示，通常包括以下步骤。

① 调用 reset_handler（）函数。

```
reset_handler 用于将内存清 0，代码在 lib/reset-handle.c 中。
reset_handler（void）
{
int pressed;
pressed=is-pressed-pw-btn（）;
if（pressed==PWBT-PRESS-LEVEL）{
DPRINTK（"HARD RESET\r\n"）;
hard-reset-handle（）;
}
else{

DPRINTK（"SOFT RESET\r\n"）;
soft_reset_handle（）;
}
```

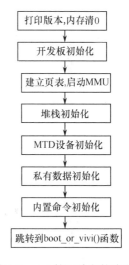

图 7-7 vivi 第二阶段的流程

② 调用 board_init（）函数。

board_init 调用两个函数用于初始化定时器和设置各 GPIO 引脚功能，代码在 arch/s3c2410/smdk.c 中。

```
int board_init（void）
{
init_time（）;
set_gpios（）;
return 0;
}
```

init_time（）只是简单的令寄存器 TCFG0=0xf00，vivi 未使用定时器，这个函数可以忽略。set_gpios（）用于选择 GPA-GPH 端口各引脚的功能及是否使用各引脚的内部上拉电阻，并设置外部中断源寄存器 EXTINT0-2。set_gpios（）源代码如下：

```
void set_gpios (void)
{
    GPACON  = vGPACON;
    GPBCON  = vGPBCON;
    GPBUP   = vGPBUP;
    GPCCON  = vGPCCON;
    GPCUP   = vGPCUP;
    GPDCON  = vGPDCON;
    GPDUP   = vGPDUP;
    GPECON  = vGPECON;
    GPEUP   = vGPEUP;
    GPFCON  = vGPFCON;
    GPFUP   = vGPFUP;
    GPGCON  = vGPGCON;
    GPGUP   = vGPGUP;
    GPGDAT |= (1<<12);
    GPHCON  = vGPHCON;
    GPHUP   = vGPHUP;
    EXTINT0 = vEXTINT0;
    EXTINT1 = vEXTINT1;
    EXTINT2 = vEXTINT2;
}
```

③ 建立页表和启动 MMU。

其中，mem_map_init 函数用于建立页表，vivi 使用段式页表，只需要一级页表。它调用 3 个函数，代码在 arch/s3c2410/mmu.c 中。

④ 调用 heap_init () 函数。

```
int heap_init (void)
{
    return mmalloc_init ((unsigned char *)(HEAP_BASE), HEAP_SIZE);
}
```

内存动态分配函数 mmalloc_init 就是从 heap 中划出一块空闲内存的，mfree 则将动态分配的某块内存释放回 heap 中。

```
static inline int mmalloc_init (unsigned char *heap, unsigned long size)
{
    if (gHeapBase != NULL) return -1;

    DPRINTK ("malloc_init (): initialize heap area at 0x%08lx, size = 0x%08lx\n",
        heap, size);
```

```
            gHeapBase = (blockhead *)(heap);
            gHeapBase->allocated=FALSE;
            gHeapBase->signature=BLOCKHEAD_SIGNATURE;
            gHeapBase->next=NULL;
            gHeapBase->prev=NULL;
            gHeapBase->size = size - sizeof(blockhead);

            return 0;
        }
```

⑤ 调用 mtd_dev_init() 函数。

```
    int mtd_dev_init(void)
    {
        int ret = 0;

    #ifdef CONFIG_DEBUG
        printk("Initialize MTD device\n");
    #endif
        ret = mtd_init();

    #ifdef CONFIG_MTD_CFI
        add_command(&flash_cmd);
    #endif
        return ret;
    }
```

⑥ 调用 init_priv_data() 函数。
⑦ 调用 misc() 和 init_builtin_cmds() 函数。
这两个函数都是简单地调用 add_command() 函数，给一些命令增加相应地处理函数。
⑧ 调用 boot_or_vivi() 函数。
此函数根据情况，或者启动 vivi_shell，进入与用户进行交互的界面，或者直接启动 Linux 内核。上述过程主要由 vivi/init/main.c 来完成。

7.2.4　vivi 的配置与编译

在配置编译前，首先要建立交叉编译环境，是由配套编译器、链接器和 libc 库等组成的开发环境。关于交叉编译，简单地说是指在一个平台上可以生成能在另一个平台上运行的代码。在 S3C2410 中，编译 vivi 使用 cross-2.95.3.tar.bz2 工具，在/usr/local/arm 下执行。

```
#tar -jxvf cross-2.95.3.tar.bz2
# mv 2.95.3/usr/local/arm
#./setup.sh
```

至此，交叉编译环境建立，可以进行相关程序的编译了。vivi 支持 menuconfig 文本模式选项驱动的配置界面，因此，使用工具 menuconfig 在命令行模式下执行下面的命令。

make menuconfig 会出现相关的界面，然后选择 Load an Alternate configuration File，就会出现选择配置 arch/def-con2figs/smdk2410 信息。现在分析 arch/def-configs/smdk2410 配置文件。

- System Type：选择支持的 CPU。
- Implementations：配置文件为 smdk2410 和 NAND Flash 启动。
- General Setup：选择配置项。
- Private Data：是否支持自定义数据。
- Serial Port：是否支持串口、串口提示符和串口协议。
- Memory Technology Device（MTD）：是否支持 MTD 技术。
- NOR Flash chip drivers：是否支持 NOR Flash。
- Mapping drivers for chip access：支持的 NAND Flash 驱动。
- NAND Flash Device Drivers：支持 NAND Flash。
- Add Built - in Commands：支持的命令选项。
- System hacking：是否支持 test 程序。
- Debugging messages：是否支持调试信息。

修改需要的支持的选项，填写 arch/def-configs/smdk2410，并按 Enter 键。接着开始编译 make，则在 vivi 下生成 vivi 的 bin 文件。最后通过开发板 JTAG 口和 PC 机并口建立连接，把 vivi 移植到开发板上，重新加电，则可通过 Linux 下的 minicom 看到相关运行信息，这说明 vivi 已经在开发板上运行起来。

7.3 U-boot 的移植

U-boot 是 PowerPC、ARM9、Xscale 等系统通用的 Boot 方案。U-boot 是在 PPCBOOT 及 ARMBOOT 的基础上发展而来，相当的成熟和稳定，已经在许多嵌入式系统开发过程中被采用。由于其开发源代码，其支持的开发板众多。

显然可以将 Linux 直接烧录 Flash，从而不需要额外的引导装载程序。但是从软件升级及程序修补的角度来说，软件的自动更新非常重要。事实上，引导装载程序的用途不仅如此，但仅从软件的自动更新的需要就说明我们的开发是必要的。

同时，U-boot 移植的过程也是一个对嵌入式系统包括软硬件及操作系统加深理解的一个过程。

7.3.1 U-boot 常用命令和源代码目录结构

下面分别对 U-boot 常用命令和源代码目录结构进行介绍。

（1）U-boot 常用命令

U-boot 在下载模式下，提供了许多有用的命令，主要有以下的命令。

- U-boot 环境变量命令

printenv：查看环境变量。

saveenv：保存当前的环境变量。

setenv：设置当前的环境变量。

- U-boot 存储类命令

md：读内存。

mm：修改内存。

mw：写内存。

cp：内存复制，可以在 RAM 和 Flash 中交换数据。

- U-boot 下载类命令

tftp：透过网络功能下载文件。

loadb：透过串口下载二进制格式的文件。

loads：透过串口下载 S-Record 格式的文件。

- U-boot 启动类命令

boot：预先设定的启动命令并且启动。

bootm：从某个地址启动内核。

- U-boot Flash 专用命令

erase：擦除 Flash 内容，必须以扇区为单位进行擦除。

flinfo：查看 Flash 的信息。

- U-boot Flash 信息类命令

help：帮助命令。用于查询 U-boot 支持的命令。

bdinfo：查看目标系统参数和变量，目标板的硬件配置。

coninfo：显示控制台设备和信息。

flinfo：获取 Flash 存储器的信息。

- U-boot Cache 类命令

icache：开启和关闭指令 Cache。

dcachd：开启关闭数据 Cache。

- askenv（F）命令

在标准输入（stdin）获得环境变量。

- autoscr 命令

从内存（Memory）运行教本。

- base 命令

打印或者设置当前指令与下载地址的地址偏移。

- bdinfo 命令

打印开发板信息

- bootp 命令

通过网络使用 Bootp 或者 TFTP 协议引导镜像文件。

- bootelf 命令

默认从 0x30008000 引导 elf 格式的文件。

■ bootd（=boot）命令

引导的默认命令，即运行 U-boot 中在 "include/configs/smdk2410.h" 中设置的 "bootcmd" 中的命令。

■ TFTP（TFTPboot）命令

将内核镜像文件从 PC 中下载到 SDRAM 的指定地址，然后通过 bootm 来引导内核，前提是所用 PC 要安装设置 TFTP 服务。

■ bootm 命令

内核的入口地址开始引导内核。

■ cmp 命令

对输入的两段内存地址进行比较。

■ coninfo 命令

打印所有控制设备和信息。

■ iminfo 命令

打印和校验内核镜像头，内核的起始地址由 CFG_LOAD_ADDR 指定。

■ loadb 命令

从串口下载二进制文件。

■ md 命令

显示指定内存地址中的内容。

■ mm 命令

顺序显示指定地址往后的内存中的内容，可同时修改，地址自动递增。

■ mtest 命令

简单的 RAM 检测。

■ mw 命令

向内存地址写内容。

■ nm 命令

修改内存地址，地址不递增。

■ printenv 命令

打印环境变量。

■ reset 命令

复位 CPU。

■ run 命令

运行已经定义好的 U-boot 的命令。

■ saveenv（F）命令

保存设定的环境变量。

■ setenv 命令

设置环境变量。

■ sleep 命令

命令延时执行时间。

- version 命令

打印 U-boot 版本信息。

- Nand info 命令

打印 Nand Flash 信息。

- Nand device <n>命令

显示某个 Nand 设备。

- Nand erase 命令

Nand erase FlAddr size

FlAddr：Nand Flash 的起始地址。

size：从 Nand Flash 中擦除数据块的大小。

- Nand write 命令

Nand write InAddr FlAddr size

InAddr：写到 Nand Flash 中的数据在内存的起始地址。

FlAddr：Nand Flash 的起始地址。

size：数据的大小。

（2）U-boot 源代码目录结构

U-boot 主要的源代码目录如下。

- board：一些已有开发板相关的文件，主要包含一些与具体目标板配置的硬件和地址分配文件，如 SDRAM、Flash 驱动。
- common：与体系结构无关的文件，如内存大小探测与故障检测。
- cpu：与处理器相关的文件，其中的子目录都是以 U-boot 所支持的 CPU 为名，如子目录 arm920t，mips，mpc8260 和 nios 等，在每个特定的子目录中都包括 cpu.c，interrupt.c，start.S 和 serial.c 文件。
- disk：disk 驱动分区处理代码。
- doc：U-boot 的说明文档。
- drivers：通用设备驱动程序，如各种网卡、支持 CFI Flash 和 USB 总线等。
- examples：可在 U-boot 下运行的示例程序，如 hello_world.c，timer.c。
- fs：支持文件系统的文件，U-boot 支持 cramfs，fat，fdos，jffs2，ext2 和 reiserfs。
- include：U-boot 头文件，其 configs 子目录下与目标板相关的配置头文件是移植过程中经常要修改的文件。
- lib_xxx：处理器体系相关的文件，如 lib_ppc，lib_arm 目录分别包含与 PowerPC、ARM 体系结构相关的文件。
- net：与网络功能相关的文件目录，如 BOOTP，TFTP，RARP 和 NFS 的实现。
- post：上电自检文件目录。
- rtc：RTC 驱动程序。
- lib_arm：与 ARM 体系结构相关的代码。
- tools：用于创建 U-boot S-Record 和 BIN 镜像文件的工具。

7.3.2　U-boot 支持的主要功能

U-boot 支持的主要功能如下。
- 系统引导

① 支持 NFS 挂载、RAMDISK 形式的根文件系统。
② 从 Flash 中引导压缩或非压缩系统内核。
- 基本辅助功能

① 强大的操作系统接口功能，可灵活设置，传递多个关键参数给操作系统，适合系统在不同开发阶段的调试要求与产品发布，尤其对 Linux 支持最为强劲。
② 支持目标板环境参数的多种存储方式，如 Flash，NVRAM，EEPROM。
③ CRC32 校验，可校验 Flash 中内核、RAMDISK 镜像文件是否完好。
- 设备驱动

包括串口、SDRAM、Flash、以太网、LCD、NVRAM、EEPROM、键盘、USB、PCMCIA、PCI、RTC 等驱动支持。
- 上电自检功能

包括 SDRAM、Flash 大小自动检测，SDRAM 故障检测，CPU 型号检测。
- 特殊功能

主要是 XIP 内核引导。

7.3.3　U-boot 的编译和添加命令

下面分别对 U-boot 的编译和添加命令进行介绍。

（1）U-boot 的编译

U-boot 的源码是通过 gcc 和 Makefile 组织编译的。顶层目录下的 Makefile 首先可以设置开发板的定义，然后递归地调用各级子目录下的 Makefile，最后把编译过的程序链接成 U-boot 映像。

- 目录下的 Makefile

它负责 U-boot 整体配置编译。按照配置的顺序阅读其中关键的几行。

执行配置 U-boot 的命令 make smdk2410_config，通过 ./mkconfig 脚本生成 include/config.mk 的配置文件，文件内容正是根据 Makefile 对开发板的配置生成的。

```
ARCH=arm
CPU=arm920t
BOARD=smdk2410
SOC=s3c24x0
```

上面的 include/config.mk 文件定义了 ARCH、CPU、BOARD、SOC 这些变量。这样硬件平台依赖的目录文件可以根据这些定义来确定，SMDK2410 平台相关目录如下。

```
board/smdk2410/
cpu/arm920t/
```

```
cpu/arm920t/s3c24x0/
lib_arm/
include/asm-arm/
include/configs/smdk2410.h
```

再回到顶层目录的 Makefile 文件开始的部分，其中下列几行包含了这些变量的定义。

```
# load ARCH, BOARD, and CPU configuration
include include/config.mk
export ARCH CPU BOARD VENDOR SOC
```

Makefile 的编译选项和规则在顶层目录的 config.mk 文件中定义。各种体系结构通用的规则直接在这个文件中定义。通过 ARCH、CPU、BOARD、SOC 等变量为不同硬件平台定义不同选项。顶层目录的 Makefile 中还要定义交叉编译器，以及编译 U-boot 所依赖的目标文件。

```
ifeq ($(ARCH), arm)
CROSS_COMPILE = arm-linux-      //交叉编译器的前缀
#endif

export CROSS_COMPILE
...
# U-boot objects....order is important （i.e. start must be first）
OBJS=cpu/$(CPU)/start.o          //处理器相关的目标文件
...

LIBS  = lib_generic/libgeneric.a  //定义依赖的目录，每个目录下先把目标文件连接成*.a 文件
LIBS += board/$(BOARDDIR)/lib$(BOARD).a
LIBS += cpu/$(CPU)/lib$(CPU).a

ifdef SOC
LIBS += cpu/$(CPU)/$(SOC)/lib$(SOC).a
endif

LIBS += lib_$(ARCH)/lib$(ARCH).a
...
```

Makefile 默认的编译目标为 all，包括 U-boot.srec、U-boot.bin、System.map。U-boot.srec 和 U-boot.bin 又依赖于 U-boot。U-boot 就是通过 ld 命令按照 U-boot.map 地址表把目标文件组装成 U-boot。

■ 配置头文件

除了编译过程 Makefile 外，还要在程序中为开发板定义配置选项或者参数。这个头文

件是 include/configs/<board_name>.h。<board_name>用相应的 BOARD 定义代替。

这个头文件中主要定义了两类变量。

选项：前缀是 CONFIG_，用来选择处理器、设备接口、命令、属性等。

参数：前缀是 CFG_，用来定义总线频率、串口波特率、Flash 地址等参数。

■ 编译

根据对 Makefile 的分析，编译分为两步。配置：make smdk2410_config。编译：执行 make 就可以。

编译完成后，可以得到 U-boot 各种格式的映像文件和符号表，参见表 7-2。

表 7-2 U-boot 编译生成的映像文件

文件名称	说明
U-boot.srec	U-boot 映像的 S-Record 格式
U-boot.bin	U-boot 映像原始的二进制格式
U-boot	U-boot 映像的 ELF 格式
System.map	U-boot 映像的符号表

U-boot 的 3 种映像格式都可以烧写到 Flash 中，但需要看加载器能否识别这些格式。一般 U-boot.bin 最为常用，直接按照二进制格式下载，并且按照绝对地址烧写到 Flash 中就可以。

■ U-boot 工具

在 tools 目录下还有 U-boot 的工具。这些工具有的也经常用到。表 7-3 说明了几种工具的用途。

表 7-3 U-boot 工具

工具名称	说明
mkimage	转换 U-boot 格式映像
updater	U-boot 自动更新升级工具
bmp_logo	制作标识的位图结构体
envcrc	校验 U-boot 内部嵌入的环境变量
gen_eth_addr	生成以太网接口 MAC 地址
img2srec	转换 SREC 格式映像

（2）添加 U-boot 命令

如果开发板需要很特殊的操作，可以添加新的 U-boot 命令。

U-boot 的每一个命令都是通过 U_Boot_CMD 宏定义的。这个宏在 include/command.h 头文件中定义，每一个命令定义一个 cmd_tbl_t 结构体。这样每一个 U-boot 命令有一个结构体来描述。

基于 U-boot 命令的基本框架，来分析一下简单的 icache 操作命令，就可以知道添加新命令的方法。

① 定义 CACHE 命令。

在 include/cmd_confdefs.h 中定义了所有 U-boot 命令的标识位。

#define CFG_CMD_CACHE 0x00000010ULL

② 实现 CACHE 命令的操作函数。

下面是 common/cmd_cache.c 文件中 icache 命令部分的代码。

```c
#if（CONFIG_COMMANDS&CFG_CMD_CACHE）

static int on_off（const char *s）
{//这个函数解析参数，判断是打开 cache，还是关闭 cache
if（strcmp（s，"on"）==0）
{
 return（1）;
 }
else if（strcmp（s，"off"）==0）
{
return（0）;
 }
return（-1）;
}

int do_icache（cmd_tbl_t *cmdtp，int flag，int argc，char *argv[]）
{//对指令 cache 的操作函数
switch（argc）
{
case 2：//参数个数为 1，则执行打开或者关闭指令 cache 操作
  switch（on_off（argv[1]））
  {
  case 0：icache_disable（）; //打开指令 cache
  break;
  case 1：icache_enable（）; //关闭指令 cache
  break;
  }
case 1：//参数个数为零，则获取指令 cache 状态
printf（"Instruction Cache is %s\n"，icache_status（）?"ON"："OFF"）;
return 0;
default：//其他默认情况下，打印命令使用说明
printf（"Usage：\n%s\n"，cmdtp->usage）;
return 1;
}
return 0;
}
...
#endif
```

③ 打开命令标识位。

打开 CONFIG_COMMANDS 选项的命令标识位。这个程序文件开头有#if 语句需要预处理是否包含这个命令函数。CONFIG_COMMANDS 选项在开发板的配置文件中定义。

按照这 3 步，就可以添加新的 U-boot 命令。

7.3.4 U-boot 的启动介绍

下面分别对 U-boot 的启动模式和启动流程进行介绍。

（1）U-boot 的启动模式

U-boot 提供启动加载和下载两种工作模式。启动加载模式也称自主模式，一般是将存储在目标板 Flash 中的内核和文件系统的镜像装载到 SDRAM 中，整个过程无须用户的介入。在使用嵌入式产品时，一般工作在该模式下。工作在下载模式时，目标板往往受外设的控制，从而将外设中调试好的内核和文件系统下载到目标板中去。在烧写、调试 U-boot 时就是工作在此模式下，进入该模式可以对 Flash 进行操作，如写保护、擦写，也可以设定环境变量等。U-boot 允许用户在这两种工作模式间进行切换。通常目标板启动时，会延时等待一段时间，如果在设定的延时时间范围内，用户没有按键，U-boot 就进入启动加载模式。

（2）U-boot 的启动流程

Bootloader 是系统加电后运行的第一段代码，其最终目标是正确地调用内核来执行。通过这段小程序，可以初始化硬件设备，建立内存空间的映射图，从而将系统的软硬件环境带到一个合适的状态，以便为最终调用内核和应用程序准备好正确的环境。

Bootloader 的实现依赖于 CPU 的体系结构，因此，大多数 Bootloader 的执行都可分为两个阶段。第一阶段通常都是用汇编语言来实现，而第二阶段通常是用 C 语言来实现，以实现复杂的功能，而且代码有更好的可读性和可移植性。第一阶段的代码是在 Flash 中运行的，而第二阶段的代码是将其从 Flash 复制到 RAM 中运行的。

其第一阶段完成的任务如下。

① 硬件设备初始化。

② 为加载 U-boot 的第二阶段代码准备 RAM 空间。

③ 复制 U-boot 的第二阶段代码到 RAM 空间中。

④ 设置好堆栈。

⑤ 跳转到第二阶段代码的 C 入口点。

第一阶段的启动流程如图 7-8 所示。

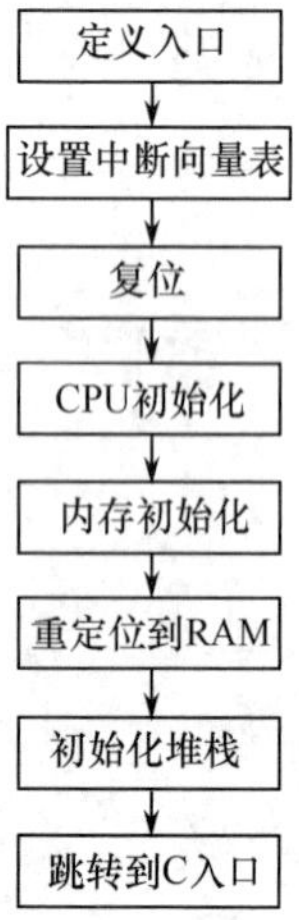

第二阶段完成的任务包括如下。

① 初始化本阶段要使用到的硬件设备。

② 检测系统内存映射。

③ 将内核映像和根文件系统映像从 Flash 上读到 RAM 空间中。

图 7-8 第一阶段启动流程图

④ 为内核设置启动参数。

⑤ 启动内核。

start_armboot（）是 U-boot 执行的第一个 C 语言函数，完成系统初始化工作，即该阶段所用的硬件设备的初始化和命令控制台的初始化，其中设备初始化如 serial_init（）、cpu_init（）、flash_init（）、eth_init（）等，而命令控制台初始化主要由 main_loop（）函数来完成，该函数主要是处理命令控制台，包括初始化命令控制台、接收命令输入、自动延时等待、自动执行 Bootmcmd 命令等。main_loop（）函数主要用于设置延时等待，从而确定目标板是进入下载操作模式还是装载镜像文件启动内核。在设定的延时时间范围内，目标板将在串口等待输入命令。

7.3.5 U-boot 的移植和使用

下面分别对 U-boot 的移植和使用进行介绍。

（1）U-boot 的移植步骤

为了使 U-boot 支持新的开发板，一种简便的做法是在 U-boot 已经支持的开发板中选择一种和目标板接近的，并在其基础上进行修改，代码修改的步骤如下。

① 在 board 目录下创建 smdk2410 目录，添加 smdk2410.c、flash.c、memsetup.s、u-boot.lds 和 config.mk 等。

② 在 cpu 目录下创建 arm920t 目录，主要包含 start.s、interrupts.c、cpu.c、serial.c 和 speed.c 等文件。

③ 在 include/configs 目录下添加 smdk2410.h，它定义了全局的宏定义等。

④ 修改 U-boot 根目录下的 Makefile 文件，如下：

smdk2410_config：$（@：_config=）arm arm920t smdk2410

⑤ 运行 make smdk2410_config，如果没有错误，就可以开始进行与硬件相关的代码移植工作。

（2）U-boot 的使用

下面对烧写 U-boot 到 Flash 和 U-boot 的环境变量分别进行介绍。

■ 烧写 U-boot 到 Flash

新开发的电路板没有任何程序可以执行，也就不能启动，需要先将 U-boot 烧写到 Flash 中。

如果主板上的 EPROM 或者 Flash 能够取下来，就可以通过编程器烧写。计算机 BIOS 就存储在一块 256KB 的 Flash 上，通过插座与主板连接。但是多数嵌入式单板使用贴片的 Flash，不能取下来烧写。这种情况可以通过处理器的调试接口，直接对板上的 Flash 编程。

处理器调试接口是为处理器芯片设计的标准调试接口，包含 BDM，JTAG 和 EJTAG 3 种接口标准。这 3 种硬件接口标准定义有所不同，但是功能基本相同，下面都统称为 JTAG 接口。

JTAG 接口需要专用的硬件工具来连接。无论从功能、性能角度，还是从价格角度，这些工具都有很大差异。

最简单方式就是通过 JTAG 电缆，转接到计算机并口连接。这需要在主机端开发烧写程序，还需要有并口设备驱动程序。开发板上电或者复位时，烧写程序探测到处理器并且开始通信，然后把 Bootloader 下载并烧写到 Flash 中。

烧写完成后，复位实验板，串口终端应该显示 U-boot 的启动信息。

■ U-boot 的环境变量

可以通过 printenv 命令查看环境变量的设置。

```
U-boot>printenv
bootdelay=3
baudrate=115200
netmask=255.255.0.0
ethaddr=12：34：56：78：90：ab
bootfile=uImage
bootargs=console=ttyS0，115200 root=/dev/ram rw initrd=0x30800000，8M
bootcmd=tftp 0x30008000 zImage；go 0x30008000
serverip=192.168.1.1
ipaddr=192.168.1.120
stdin=serial
stdout=serial
stderr=serial


Environment size：350/132456 bytes
U-boot>
```

表 7-4 是常用环境变量的含义解释。通过 printenv 命令可以打印出这些变量的值。

表 7-4 U-boot 环境变量的解释说明

环境变量	说　明
bootfile	定义默认的下载文件
ethaddr	定义以太网接口的 MAC 地址
netmask	定义以太网接口的掩码
baudrate	定义串口控制台的波特率
bootdelay	定义执行自动启动的等候秒数
bootargs	定义传递给 Linux 内核的命令行参数
bootcmd	定义自动启动时执行的几条命令
serverip	定义 TFTP 服务器端的 IP 地址
ipaddr	定义本地的 IP 地址
stdin	定义标准输入设备，一般是串口
stdout	定义标准输出设备，一般是串口
stderr	定义标准出错信息输出设备，一般是串口

U-boot 的环境变量都可以有默认值，也可以修改并且保存在参数区。U-boot 的参数区一般有 EEPROM 和 Flash 两种设备。

7.3.6 U-boot 的启动过程

U-boot 的启动过程主要有以下 3 个步骤。

（1）运行 start.s

程序首先在 Flash 中运行 CPU 入口函数/cpu/arm920t/start.s。具体工作包括：设置异常的入口地址和异常处理函数；配置 PLLCON 寄存器，确定系统的主频；屏蔽看门狗和中断；初始化 I/O 寄存器；关闭 MMU 功能；调用/board/smdk2410 中的 memsetup.s，初始化存储器空间，设置刷新频率；将 U-boot 的内容复制到 SDRAM 中；设置堆栈的大小，ldr pc, _start_armboot。

board/s3c2410 中 config.mk 文件用于设置程序编译连接的起始地址，在程序中要特别注意与地址相关指令的使用。

当程序在 Flash 中运行时，执行程序跳转时必须要使用跳转指令，而不能使用绝对地址的跳转。如果使用绝对地址，那么，程序的取指是相对于当前 PC 位置向前或者向后的 32MB 空间内，而不会跳入 SDRAM 中。

（2）跳转到 start_armboot（）函数

程序跳转到 SDRAM 中执行/lib_arm/board.c 中的 start_armboot（）函数，该函数将完成如下工作。

① 设置通用端口 rGPxCON；rGPxUP；设置处理器类型 gd->bd->bi_arch_number = 193；设置启动参数地址 gd->bd->bi_boot_params = 0x30000100。

② env_init：设置环境变量，初始化环境。

③ init_baudrate：设置串口的波特率。

④ serial_init：设置串口的工作方式。

⑤ Flash_init：设置 ID 号、每个分页的起始地址等信息，将信息送到相应的结构体中。

⑥ dram_init：设置 SDRAM 的起始地址和大小。

⑦ env_relocate：将环境变量的地址送到全局变量结构体中（gd->env_addr=（ulong）&（env_ptr->data））。

⑧ enable_interrupts：开启中断。

⑨ main_loop：该函数主要用于设置延时等待，从而确定目标板是进入下载操作模式还是装载镜像文件启动内核。在设定的延时时间范围内，目标板将在串口等待输入命令，当目标板接到正确的命令后，系统进入下载模式。在延时时间到达后，如果没有接收到相关命令，系统将自动进入装载模式，执行 bootm 30008000 30800000 命令，程序进入 do_bootm_linux（）函数，调用内核启动函数。

（3）执行 do_bootm_linux（）函数

装载模式下系统将执行 do_bootm_linux（）函数，0x30008000 是内核在 SDRAM 中的起始地址；0x30800000 是 Ramdisk 在 SDRAM 中的起始地址；0x40000 是内核在 Flash 中的位置，0x100000 是数据块的大小；0x140000 是 Ramdisk 在 FLASH 中的位置，0x440000 是数据块的大小。系统调用 memcpy（）函数将内核从 Flash 和 Ramdisk 复制到 SDRAM 中，具体如下：

memcpy((void*)0x30008000,(void*)0x40000,0x100000); //复制数据块
memcpy((void*)0x30800000,(void*)0x140000,0x440000); //复制数据块

通常，将内核参数传递给 Linux 有两种方法：采用 struct param_struct 结构体或标识列表。一个合法的标识列表开始于 ATAG_CORE，结束于 ATAG_NONE。ATAG_CORE 可以为空，在本系统中，传递参数时分别调用了以下 tag：

```
setup_start_tag（bd）; //标识列表开始
setup_memory_tags（bd）; //设置内存的起始位置和大小
setup_commandline_tag（bd, commandline）;
```

Linux 内核在启动时可以命令行参数的形式来接收信息，利用这一点可以向内核提供那些内核不能检测的参数信息，或者重载内核检测到的信息。

```
setup_Ramdisk_tag（bd）; //表示内核解压后 Ramdisk 的大小
setup_initrd_tag（bd, initrd_start, initrd_end）; //设置 Ramdisk 的大小和物理起始地址
setup_end_tag（bd）; //标识列表结束
```

其中，bd_t *bd = gd->bd 是指向 bd_t 结构体的指针，在该结构体中存放了关于开发板配置的基本信息。标识列表应该放在内核解压和 initrd 的 bootp 程序都不会覆盖的内存区域，同时又不能和异常处理的入口地址相冲突。建议放在 RAM 起始的 16K 大小处，在本系统中即为 0x30000100 处。

7.3.7 U-boot 的调试

新移植的 U-boot 需要调试，调试 U-boot 离不开工具。为了正确地调试 U-boot 源码，必须理解 U-boot 启动过程。

（1）硬件调试器

仿真器可以通过处理器的 JTAG 等接口控制板子，直接把程序下载到目标板内存，或者进行 Flash 编程。如果板上的 Flash 是可以拔插的，就可以通过专用的 Flash 烧写器来完成。仿真器还有一个重要的功能就是在线调试程序，这对于调试 Bootloader 和硬件测试程序很有用。

从最简单的 JTAG 电缆，到 ICE 仿真器，再到可以调试 Linux 内核的仿真器。复杂的仿真器可以支持与计算机间的以太网或者 USB 接口通信。

使用 BDI2000 调试 U-boot 的方法如下。

① 配置 BDI2000 和目标板初始化程序，连接目标板。
② 添加 U-boot 的调试编译选项，重新编译。
③ 下载 U-boot 到目标板内存。

通过 BDI2000 的下载命令 LOAD，把程序加载到目标板内存中，然后跳转到 U-boot 入口。

④ 启动 GDB 调试。

启动 GDB 调试，这里是交叉调试的 GDB。GDB 与 BDI2000 建立链接，然后就可以设置断点执行了。

```
$arm-linux-gdb u-boot
（gdb）target remote 192.168.1.100：2001
（gdb）stepi
（gdb）b start_armboot
 （gdb）c
```

（2）软件跟踪

可以通过开发板上的 LED 指示灯判断 U-boot 执行到什么地方。

开发板上最好设计安装 8 段数码管等 LED，可以用来显示数字或者数字位。

U-boot 可以定义函数 show_boot_progress（int status），用来指示当前启动进度。在 include/common.h 头文件中声明这个函数。

```
#ifdef CONFIG_SHOW_BOOT_PROGRESS
void show_boot_progress（int status）;
#endif
```

CONFIG_SHOW_BOOT_PROGRESS 是需要定义的。

函数 show_boot_progress（int status）的实现与开发板关系密切，所以，一般在 board 目录下的文件中实现。观察 CSB226 在 board/csb226/csb226.c 中的实现函数。

```
/*设置CSB226板的0、1、2三个指示灯的开关状态*/
void csb226_set_led（int led，int state）
{
switch（led）
{
  case 0： if （state==1）
{
            GPCR0 |= CSB226_USER_LED0;
            }
else if （state==0）
{
            GPSR0 |= CSB226_USER_LED0;
            }
  break;
  case 1： if （state==1）
{
            GPCR0 |= CSB226_USER_LED1;
            }
else if （state==0）
{
            GPSR0 |= CSB226_USER_LED1;
            }
    break;
```

```
        case 2: if (state==1)
            {
                    GPCR0 |= CSB226_USER_LED2;
            }
        else if (state==0)
            {
                    GPSR0 |= CSB226_USER_LED2;
            }
            break;
        }
        return;
}
/**显示启动进度函数,在比较重要的阶段,设置三个灯为亮的状态(1,5,15)*/
void show_boot_progress (int status)
{
switch (status)
{
  case 1: csb226_set_led (0, 1); break;
  case 5: csb226_set_led (1, 1); break;
  case 15: csb226_set_led (2, 1); break;
 }
return;
}
```

这样,在 U-boot 启动过程中就可以通过 show_boot_progresss 指示执行进度。例如,hang() 函数是系统出错时调用的函数,这里需要根据特定的开发板给定显示的参数值。

```
void hang (void)
{
puts ("### ERROR ### Please RESET the board ###\n");

#ifdef CONFIG_SHOW_BOOT_PROGRESS
 show_boot_progress (-30);
#endif
for (;;);
}
```

7.4 其他常见的 Bootloader

除 vivi 和 U-boot 两种常见的 Bootloader 外,还有一些相对比较少见的 Bootloader 类型。
(1) WinCE 的 Bootloader
Nboot 和 Eboot 是 WinCE 的 Bootloader。Nboot 是 NAND Flash Bootloader 的简

写，CPU 可以直接从 NAND Flash 启动，但是其代码大小不能超过 4KB，功能有限；Eboot 则支持 ethernet network，功能强大，用于 Ehternet 在线调试和下载。Eboot 提供的命令参见表 7-5。

（2）BLOB

BLOB 是 Bootloader Object 的缩写，是一款功能强大的 Bootloader，目前常用于 Intel 推出的 Xscale 架构的 CPU 的引导。

BLOB 的代码也可以分为两个阶段。第一阶段从 start.s 文件开始，这也是开机执行的第一阶段代码，这部分代码在 Flash 中运行，主要功能包括对 S3C2410 的一些寄存器的初始化和将 BLOB 第二阶段代码从 Flash 复制到 SDRAM 中。这一阶段的代码被编译后最大不能超过 1KB。

表 7-5　Eboot 提供的命令

命　令	说　　　明
Help	列出所有支持的命令并加以说明
Eboot	从宿主机上通过网线下载 CE 映像并加载
Write	向某一内存地址写入数据
Read	显示某一内存地址的数据
Jump	跳转到某一地址执行程序
Xmodem	从计算机的超级终端接收以 Xmodem 协议传送的文件
Toy	测试平台 CPU 的计数器是否运转
Flash	擦除或者更新 Flash 中的数据
Tlbread	显示 CPU 的所有 TLB 表
Tlbwrit	设置 CPU 的 TLB
Macaddr	设置 CPU 的 MAC 地址
Seti	设置平台的 IP 地址

第二阶段的起始文件为 trampoline.s，被复制到 SDRAM 后，就从第一阶段跳到这个文件开始执行，先进行一些变量设置、堆栈的初始化等工作后，跳转到 main.c 进入 C 函数。第二阶段最大为 63KB。

（3）ARMBOOT

ARMBOOT 是一个 ARM 平台的开源固件项目，它特别基于 PPCBOOT，一个为 PowerPC 平台上的系统提供类似功能的项目。鉴于对 PPCBOOT 的严重依赖性，已经与 PPCBOOT 项目合并，新的项目为 U-boot。

ARMBOOT 支持的处理器构架有 StrongARM，ARM720T，PXA250 等，是为基于 ARM 或者 StrongARM CPU 的嵌入式系统所设计的。

ARMBOOT 的目标是成为通用的、容易使用和移植的引导程序，非常轻便地运用于新的平台上。ARMBOOT 是 GPL 下的 ARM 固件项目中唯一支持 Flash 内存，BOOTP，DHCP，TFTP 网络下载，PCMCLA 寻线机等多种类型来引导系统的。特性如下：

- 支持多种类型的 Flash。
- 允许映像文件经由 BOOTP，DHCP，TFTP 从网络传输。

- 支持串行口下载 S-record 或者 binary 文件。
- 允许内存的显示及修改支持 jffs2 文件系统等。

ARMBOOT 对 S3C2410 板的移植相对简单，在经过删减完整代码中的一部分后，只需要完成初始化、串口收发数据、启动计数器和 Flash 操作等步骤，就可以下载引导 uCLinux 内核完成板上系统的加载。总的来说，ARMBOOT 介于大、小型 Bootloader 之间，相对轻便，基本功能完备，缺点是缺乏后续支持。

7.5 综合实例

下面章节主要通过 3 个综合实例让读者对 Bootloader 的具体使用有更深一步的了解。

实例 7-1 vivi 编译实例

起始文件——附带光盘"Ch7\实例 7-1"文件夹

动画演示——附带光盘"AVI\实例 7-1.avi"

通过添加 mytest 命令和对 vivi Bootloader 的下载，增加对 Bootloader 基本原理的了解，熟悉 vivi 启动 Linux 的原理。

vivi Bootloader 的框架如图 7-9 所示。

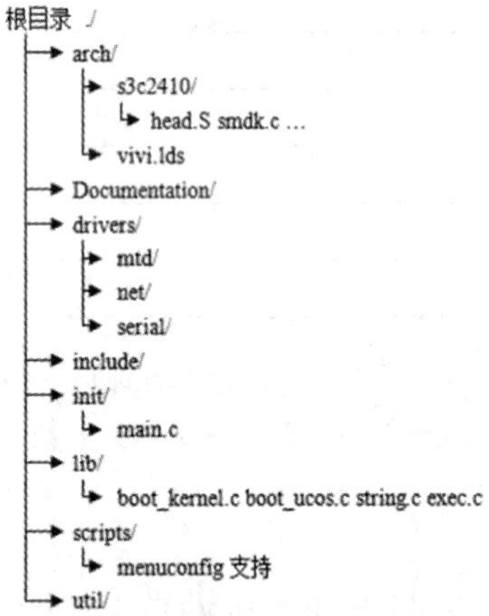

【详细步骤】

vivi 编译主要通过添加 mytest 命令和 vivi Bootloader 的下载两个步骤实现。

（1）添加 mytest 命令

命令初始化流程

```
main.c
init_builtin_cmds
add_command
```

添加命令的流程示例

```
cp -af ./arch/s3c2410/smdk2410_test.c ./lib/my_test.c
```

第一步：编辑 ./lib/Config_cmd.in。

```
bool 'built-in my test command' CONFIG_MY_TEST
```

图 7-9 vivi Bootloader 的框架

第二步：编辑 ./lib/Makefile。

```
obj-$（CONFIG_MY_TEST）+= my_test.o
```

第三步：编辑 my_test.c 文件。

在 ./lib/command.c 文件中的 init_builtin_cmds 中添加命令。

```
extern user_command_t my_test_cmd
add_command（&my_test_cmd）
```

第四步：make menuconfig 中添加命令的配置。

    built-in my test command

（2）vivi Bootloader 的下载

    load flash ucos x

使用 x-modem 协议下载

bootucos

help 命令：

    mytest //Test functions

mytest 命令：

    vivi> mytest
    Usage：
        test sleep //Test sleep mode
        test int //Test external interrupt
        test led // Test LEDs

实例 7-2　U-boot 在 S3C2410 上的移植实例

——附带光盘"Ch7\实例 7-2"文件夹

——附带光盘"AVI\实例 7-2.avi"

    介绍 U-boot 在 S3C2410 开发板上的移植与运行，使读者可以熟悉 U-boot 的移植过程。

【详细步骤】

    为了使 U-boot 支持新的开发板，一种简便的做法是在 U-boot 已经支持的开发板中选择一种和目标板接近的，并在其基础上进行修改，代码修改的步骤如下。

    ① 在 board 目录下创建 smdk2410 目录，添加 smdk2410.c，flash.c，memsetup.s，u-boot.lds 和 config.mk 等。

    在 board/目录下创建 s3c2410 目录，然后复制 smdk2410 目录下所有文件到 s3c2410 目录下，共有如下 6 个文件：

flash.c：关于 Nor Flash 操作的函数。

lowlever_init.S：汇编语言写的内存初始化程序，在 start.s 中调用。

smdk2410.c：smdk2410 目标板初始化等函数。

config.mk：指定 U-boot 代码重新加载的基址 TEXT_BASE。

U-boot.lds：对应的链接文件。

Makefile：定义了一系列的规则来指定哪些文件需要先编译，哪些文件需要后编译，哪些文件需要重新编译。

    ② 在 cpu 目录下创建 arm920t 目录，主要包含 start.s，interrupts.c，cpu.c，serial.c 和 speed.c 等文件。

③ 在 include/configs 目录下添加 smdk2410.h，它定义了全局的宏定义等。

④ 修改 U-boot 根目录下的 Makefile 文件。

修改 Makefile 文件在 U-boot/Makefile 中 ARM92xT Systems 注释下面加入以下 2 行：
smdk2410_config: unconfig@./mkconfig $（@：_config=）arm arm920t smdk2410

其中，arm 是 CPU 的种类；arm920t 是 ARMCPU 对应的代码目录；S3C2410 是自己开发板对应的目录。在第 2 行@前面的空格是 Tab 键，不能用空格来代替，因为是用它来识别命令的。

⑤ 运行 make smdk2410_config，如果没有错误，就可以开始进行与硬件相关的代码移植工作。

⑥ 生成目标文件并进行测试。

依次运行以下命令：

```
# make clean
# make s3c2410_config
# make
```

成功后会生成 3 个文件：U-boot—ELF 格式的文件，可以被大多数 Debug 程序识别；U-boot.bin 二进制文件，纯粹的 U-boot 二进制执行代码，不保存 ELF 格式和调试信息。这个文件一般用于烧录到用户开发板中。

串口输出以上信息表明，CPU 和串口已正常工作。通过 U-boot 提供的命令 flinfo 和 mtest 可以测试 Flash 和 RAM。经过测试，可以正确地读出 Flash 信息及读写 RAM，表明 Flash 和 SDRAM 已正确初始化。用 tftpboot 命令传输宿主机 tftpboot 目录下任一小文件到 SDRAM 成功，说明网卡芯片也成功驱动。

⑦ 程序首先在 Flash 中运行 CPU 入口函数/cpu/arm920t/start.s。具体工作包括：设置异常的入口地址和异常处理函数；配置 PLLCON 寄存器，确定系统的主频；屏蔽看门狗和中断；初始化 I/O 寄存器；关闭 MMU 功能；调用/board/smdk2410 中的 memsetup.s，初始化存储器空间，设置刷新频率；将 U-boot 的内容复制到 SDRAM 中。

board/s3c2410 中 config.mk 文件用于设置程序编译连接的起始地址，在程序中要特别注意与地址相关指令的使用。

当程序在 Flash 中运行时，执行程序跳转时必须使用跳转指令，而不能使用绝对地址的跳转。如果使用绝对地址，那么，程序的取指是相对于当前 PC 位置向前或者向后的 32MB 空间内，而不会跳入 SDRAM 中。

⑧ 程序跳转到 SDRAM 中执行/lib_arm/board.c 中的 start_armboot（）函数。该函数将完成如下工作：

设置通用端口 rGPxCON：rGPxUP；设置处理器类型 gd->bd->bi_arch_number=193；设置启动参数地址 gd->bd->bi_boot_params=0x30000100。

env_init：设置环境变量，初始化环境。

init_baudrate：设置串口的波特率。

serial_init：设置串口的工作方式。

flash_init：设置 ID 号、每个分页的起始地址等信息，将信息送到相应的结构体中。

dram_init：设置 SDRAM 的起始地址和大小。

env_relocate：将环境变量的地址送到全局变量结构体中（gd->env_addr=（ulong）&（env_ptr->data））。

enable_interrupts：开启中断。

main_loop：该函数主要用于设置延时等待，从而确定目标板是进入下载操作模式还是装载镜像文件启动内核。在设定的延时时间范围内，目标板将在串口等待输入命令，当目标板接到正确的命令后，系统进入下载模式。在延时时间到达后，如果没有接收到相关命令，系统将自动进入装载模式，执行 bootm 30008000 命令，程序进入 do_bootm_linux（）函数，调用内核启动函数。

⑨ 装载模式下系统将执行 do_bootm_linux（）函数，0x30008000 是内核在 SDRAM 中的起始地址；0x30800000 是 RAMDISK 在 SDRAM 中的起始地址；0x40000 是内核在 Flash 中的位置，0x100000 是数据块的大小；0x140000 是 RAMDISK 在 FLASH 中的位置，0x440000 是数据块的大小。系统调用 memcpy（）函数将内核从 Flash 和 RAMDISK 复制到 SDRAM 中。

具体如下：

```
memcpy（（void *）0x30008000，（void *）0x40000，0x100000）；//复制数据块
memcpy（（void *）0x30800000，（void *）0x140000，0x440000）；//复制数据块
```

实例 7-3 Bootloader 设计实例

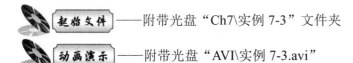

起始文件——附带光盘"Ch7\实例 7-3"文件夹

动画演示——附带光盘"AVI\实例 7-3.avi"

一般 Bootloader 分为 stage1 和 stage2 两个阶段。stage1 阶段建立一个 2410init.S 文件，这是一个汇编语言文件，其文件功能是 S3C2410 启动代码、配置存储器、ISR、堆栈、初始化 C 矢量地址等。具体所做的工作是初始化看门狗和外围电路、初始化存储器、初始化堆栈、初始化数据区、跳转到 C 程序的 Main（）函数。

编写简单的 Bootloader 程序，用 ADS 开发环境烧写到 ROM 中验证 flashvivi 软件的使用方法。

这里的 Bootloader 主要是完成了引导系统的最基本的功能，这是每个 Bootloader 都要实现的基本功能，过程还是很简单的。下面结合 S3C2410 处理器介绍 Bootloader 的编写思路。汇编部分代码主要完成软硬件的设置，C 代码部分主要完成用 XMODEM 协议通过串口下载数据到内存及对 Flash 的操作。

【详细步骤】

（1）Bootloader 的存放及运行在 SDRAM 中的布局

在开发板上只有一片 64M 的 NAND Flash，Bootloader 没什么选择只能放到 NAND Flash 的起始位置，这是因为 2410 处理器在上电时会自动将 NAND Flash 的前 4K 的内容复制到处理器自带的内部 4K 的 Steppingstone 中，这是 S3C2410 处理器内部的 SRAM。运行

环境可以使用的内存空间是从零地址空间开始的前 4K 和外扩的 64M 的 SDRAM，SDRAM 的起始地址是 0x30000000～0x34000000，一共是 64M。

（2）Bootloader 运行过程描述

初始化硬件环境就是对处理器的各种寄存器进行设置，如为了在初始化期间防止外界的干扰，在开始运行程序时就要关闭所有的中断，包括看门狗、设置时钟、设置存储器。

（3）软件初始化

主要是对代码的运行的软件环境进行设置，如清内存、设置堆栈，这里关于内存的布局使用了分散加载的模式，也可以用 simple 的模式。因为在 S3C2410 中内部带有 4K 的 SRAM，开发平台在引导时使用了内部的 SRAM，所以，在 Bootloader 的汇编代码中有很大的一部分工作是在借助 SARM 完成 Bootloader 从 NAND Flash 到 SDRAM 的复制工作。因为内部 SARM 的 4K 代码对于 Bootloader 来说太小，不能容纳全部的 Bootloader，所以，要在 4K 的 SRAM 中完成这个复制过程。

这里的关键是要保证在 Bootloader 编译后形成的二进制映象的前 4K 中包含完整的复制代码，就是指在处理器内部的 SRAM 中运行的代码，这个复制过程可以保证代码从上电后的零地址空间开始运行的代码顺利过渡到 SDARM 中继续运行。在汇编中用 BL 跳转指令完成从汇编跳转到 C 代码，目的是在 C 代码执行结束后可以跳转回到调用 C 代码的下一条指令，继续汇编代码的执行。

接下来的代码就是验证，验证内部 SRAM 的 4K 内容和复制到 SDRAM 中的前 4K 的内容是否一致。若一致，说明从 NAND Flash 中复制到 SDRAM 中的工程是正确的。到这里 Bootloader 的汇编部分代码就全部结束了，下一步就是从 4K 的 SRAM 跳转到 SDRAM 中，就是一条跳转到地址标号 on_the_ram 的指令。接下来就是跳转到主函数运行了。

（4）主函数

这里的代码和一般的 C 应用就没什么区别了，主要是做了串口的初始化，其他的时钟设置和汇编中的一样，在这里也可以不进行重新设置。另外开启了指令缓存。加入了用 x_modem 协议从串口下载映像文件到内存，再从内存读出文件写入 Flash。最后是跳转到映像文件下载到内存的地址空间即 0x30008000 运行映像文件。开发平台将应用代码放在了 Flash 中的地址 0X3F30000 中，正好是 Flash 的第 4044 块的起始位置。每块的大小是 16K，根据要下载的文件的大小计算要从 NAND Flash 读到 SDRAM 的块数。

主程序的流程如图 7-10 所示。

（5）目录结构说明

为了便于组织代码将代码分成下面几个目录，main 文件夹是存放主函数的目录，uart 文件夹是存放和串口相关的代码目录，mmu 是存放和内存管理相关代码的目录，startup 是存放最基本的硬件初始化和配置文件及启动时相关的代码，init 下的几个文件是 ADS 环境下配置存储器及堆

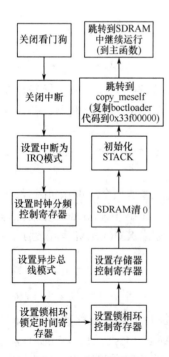

图 7-10 主程序流程

栈的，inc 下存放的是头文件，xmodem 下存放的是使用 xmodem 协议串口下载的代码。

实例步骤如下：

① 在编译环境下新建工程，将源码加入到工程中，需要注意的是，代码是在 SDRAM 中运行的，SRAM 中的代码只是为了将运行在 SDRAM 中的代码从 NAND Flash 中复制到 SDRAM 中。所以，编译的地址空间要设定在内存中，为 0x30000000～0x34000000，本实例将地址定在 0x33f00000。由于 Flash 中每个块的大小是 16K，所以 0x33f00000 正好是第 4044 个块的位置。还有就是可以通过调整代码的连接顺序调整代码在编译结果中的位置。

② 可以通过点灯或者用仿真器等方式来跟踪代码的运行，在汇编中保留了本实例在调试过程中的点灯代码，灯是从板子上的扩展插槽处引出的。

③ 使用 flashvivi 烧写编译的二进制文件，需要注意的是，这个二进制文件名一定要是 vivi。

④ 重复②、③步，用仿真器或者点灯的方式观察实例现象并修改代码，直到可以运行到主函数，然后可以启用串口打印来调试 C 代码部分。

7.6 本章小结

本章首先介绍 Bootloader 的工作模式，讲述了 Bootloader 的启动方式和流程。然后详细介绍 vivi 代码的两个阶段，并重点介绍 vivi 的配置与编译。并介绍 U-boot 常用命令和源代码目录结构，讲述 U-boot 的启动模式和启动流程。并且对 U-boot 在 S3C2410 上的移植进行重点介绍。最后简单介绍其他常见的 Bootloader。通过多个实例的操作使读者掌握 Bootloader 的使用。

第 8 章　Linux 内核裁剪与移植

　　Linux 刚出现时，它只能运行在一个体系结构上，是没有可移植性可言的，由于 Linux 源码的公开性，以及人们为了应用 Linux 解决具体的问题，需要针对具体的目标平台对 Linux 作必要的改写后，安装到该目标平台并使其正确运行，这样，Linux 的移植就出现了，本章中将深入讨论 Linux 系统的移植性。

 本章内容

- Linux 可移植性发展。
- 讲述 Linux 内核的组成及各组成部分的关系。
- 介绍 Linux 内核源码。
- 介绍 Linux 内核配置。
- 讲述 Linux 移植的两大部分和移植所需要的环境。
- Linux 内核文件的修改。

 本章案例

- Linux 内核配置实例
- 编译 Linux 内核应用实例
- Linux 内核烧写实例
- Linux 内核调试实例

8.1　Linux 移植简介

　　所谓 Linux 移植，就是针对具体的目标平台对 Linux 作必要的改写后，安装到该目标平台并使其正确运行的过程。基本内容包括：

　　① 获取某一版本的 Linux 内核源码。

　　② 根据具体的目标平台，对源码进行必要的改写，然后添加一些驱动，打造一款适合目标平台的新的操作系统。

　　③ 对该系统进行针对目标平台的交叉编译，生成一个内核映像文件。

④ 将该映像文件烧写、安装到目标平台中。

8.1.1　Linux 可移植性发展

当 Linux 最初把 Linux 带到这个无法预测的大千世界时，它只能在 i386 上运行，尽管这个操作系统通用性很强，代码写得很好，可是可移植性在那时算不上是一个关注焦点。实际上，Linux 一度还建议让 Linux 只在 i386 体系结构上驰骋。不过，人们还是在 1993 年开始把 Linux 向 Digital Alpha 体系结构上移植了。Digital Alpha 是一种高性能现代计算机体系结构，它支持 RISC 和 64 位寻址。这与 Linux 最初选的 i386 无疑天壤之别。虽然如此，最初的这次移植工作最终花了将近一年终于完成了，Alpha 机成为了 i386 后第一个被官方支持的体系结构。万事开头难，这次移植的挑战性是最大的，为了提高可移植性，内核中不少代码都重写了。

尽管第一个发行版只支持 Intel x86，但 1.2 版的内核就可以支持 Digital Alpha、Intel x86、MIPS 和 SPARC，虽然支持的不是很完善，带试验性质。

在 2.0 版内核中，加入了对 Motorola 68k 和 PowerPC 的官方支持，而原 1.2 版支持的体系结构也纳入了官方支持的范畴，并且稳定下来了。

2.2 版内核加入了对更多体系结构的支持，新增了对 ARMS、IBM S390 和 UltraSPARC 的支持。没过几年，2.4 版内核支持的体系结构就达到了 15 个，像 CRIS、IA_64、64 位 MIPS、HP PA_RISC、64 位 IBM S390 和 Hitachi SH 都被加进来了。

当前的 2.6 内核把这个数字进一步提高到了 20，有不含 MMU 的 Motorola 68k、M32xxx、H8/300、IBM POWR、v850、x86-64，甚至还提供了用户模式 Linux——一个在 Linux 虚拟机上运行的内核版本。把 64 位 S390 的支持和 32 位 S390 的支持放在了一起，移去了重复之处。

值得注意的是，每一种体系结构本身就可以支持不同的芯片和机型。像被支持的 ARM 和 PowerPC 等体系结构，它们就可以支持很多不同的芯片和机型。所以说，尽管 Linux 移植到了 20 种基本体系结构上，但实际上可以运行它的机器的数目要大得多。

8.1.2　Linux 的移植性

自从 Linux 向 Digital Alpha 体系结构上移植成功后，Linux 移植性可谓飞速发展，如今，Linux 已变成一个可移植性非常好的操作系统，它广泛支持了许多不同体系结构的计算机。

Linux 这种可移植性不是凭空得来的——它需要在做设计时就为此付出诸多努力。现在，这种努力已经开始得到回报了，移植 Linux 到新的系统上就很容易完成。

有些操作系统在设计时把可移植性作为头等大事之一，尽可能少地涉及与机器相关的代码。汇编代码用得少之又少，为了支持各种不同类别的体系结构，界面和功能在定义时都尽最大可能地具有普遍性和抽象性。这么做最显著的回报就是需要支持新的体系结构时，所需完成的工作要容易得多。一些移植性非常高而本身又比较简单的操作系统在支持新的体系结构时，可能只需要为此体系结构编写几百行专门的代码就可以了。问题在于，体系结构相关的一些特性往往无法被支持，也不能对特定的机器进行手动优化。选择这种设计,就是利用代码的性能优化能力换取代码的可移植性。Minix,NetBSD 和许多研究用的系统就是这种高度可移植操作系统的实例。

与之相反,还有一种操作系统完全不顾及可移植性,它们尽最大的可能需求代码的性能表现,尽可能地使用汇编代码,就是为在一种硬件体系结构使用。内核特性都是围绕硬件提供的特性设计的,因此,将其可移植到其他体系结构就等于从头再重新编写一个新的操作内核。这种系统往往比移植性好的系统难以维护。虽然目前看来这些系统对性能的要求不见得比对可移植性要求更强,不过它们还是愿意牺牲可移植性,而不乐意让设计打折扣。

Linux 在可移植性方面走的是中间路线。大部分接口和核心代码都是独立于硬件体系结构的 C 语言。但是,在对性能要求严格的部分,内核的特性会根据不同的硬件体系进行调整。举例来说,需要快速执行和底层的代码都是与硬件相关并且是用汇编语言写成的,这种实现方式使 Linux 在保持可移植性的同时兼顾对性能的优化。当可移植性妨碍性能发挥时,往往性能会被优先考虑。除此之外,代码就一定要保证可移植性。

一般来说,暴露在外的内核接口往往是与硬件体系结构无关的,如果函数的任何部分需要针对特殊的体系结构提供支持时,这些部分就会被安置在独立的函数中,等待调用。每种被支持的体系结构都实现了一个与体系结构相关的函数,而且会被链接到内核映像中。

对于 Linux 支持的每种体系结构,它们的 switch_to()和 switch_mm()实现各不相同。所以,当 Linux 需要移植到新的体系结构上时,只需要中心编写和提供这样的函数就可以。

8.2　Linux 内核结构

操作系统内核的结构模式可分为以下两种。
(1)整体式的单内核模式

单内核也叫集中式操作系统。以提高系统执行效率为设计理念,缺点是系统升级比较困难。Linux 采用的是此模式。

(2)层次式的微内核模式

微内核是指把操作系统结构中的内存管理、设备管理、文件系统等高级服务功能尽可能地从内核中分离出来,变成几个独立的非内核模块,而在内核中只保留少量最基本的功能,使内核变得简洁可靠。

8.2.1　Linux 内核组成

Linux 内核主要由 5 个子系统组成:进程调度、内存管理、虚拟文件系统、网络接口、进程间通信。除了这 5 个主要组成部分之外,内核还包含设备驱动程序和一些一般性的任务和机制,这些任务和机制可使 Linux 内核的各个部分有效地组合在一起,是上述主要部分高效工作的必要保证,如图 8-1 所示。

进程调度、内存管理和进程间通信在前面章节已经介绍过,设备驱动程序将在以后章节介绍，这里将详细介绍虚拟文件系统和网络接口。

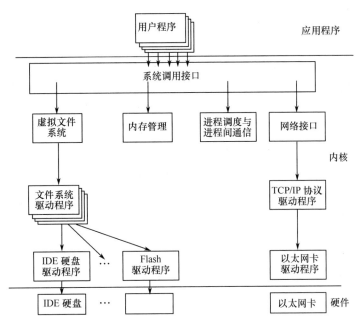

图 8-1　Linux 内核组成

（1）进程调度子系统

内核负责控制进程对 CPU 的访问。当需要选择下一个进程运行时，由调度程序选择最值得运行的进程。可运行进程实际上是等待 CPU 资源的进程，如果某个进程在等待其他资源，则该进程是不可运行进程。Linux 使用了比较简单的基于优先级的进程调度算法选择新的进程。

（2）进程间通信子系统

支持进程间各种通信机制。处于中心位置的进程调度，所有其他的子系统都依赖它，因为每个子系统都需要挂起或恢复进程。一般情况下，当一个进程等待硬件操作完成时，它被挂起；当操作真正完成时，进程被恢复执行。例如，当一个进程通过网络发送一条消息时，网络接口需要挂起发送进程，直到硬件成功地完成消息的发送，当消息被成功地发送出去后，网络接口为进程返回一个代码，表示操作的成功或失败。其他子系统以相似的理由依赖于进程调度。

（3）内存管理子系统

内核所管理的另外一个重要资源是内存。使用内存的策略是影响整个系统性能的关键。为了提高效率，如果由硬件管理虚拟内存，内存是按照所谓的内存页方式进行管理的。Linux 包括了管理可用内存的方式，以及物理和虚拟映射所使用的硬件机制。Linux 提供了对 4KB 缓冲区的抽象，如 slab 分配器。这种内存管理模式使用 4KB 缓冲区为基数，然后从中分配结构，并跟踪内存页使用情况，如哪些内存页是满的，哪些页面没有完全使用，哪些页面为空。这样就允许该模式根据系统需要来动态调整内存使用。

图 8-2 给出了内存管理子系统的各个机制示意图。

（4）虚拟文件子系统

现在的系统大多都在系统内核和文件系统之间提供一个标准的接口，真实的文件系统通过一个接口层从操作系统和系统服务中分离出来，这样不同文件结构之间的数据可以十分方便地交换。Linux 也在系统内核和文件系统之间提供了一种叫做虚拟文件系统 VFS 的标准接口。VFS 允许 Linux 支持多文件系统，每一个都向 VFS 表现一个通用的软件接口。Linux 文件系统的所有细节都通过软件进行转换，所以，所有的文件系统对于 Linux 核心的其余部分和系统中运行的程序显得一样。在 VFS 上面，是对诸如 open、close、read 和 write 之类的函数的一个通用 API 抽象。在 VFS 下面是文件系统抽象，它定义了上层函数的实现方式。文件系统层下是缓冲区缓存，它为文件系统层提供了一个通用函数集。这个缓存层通过将数据保留一段时间从而优化了对物理设备的访问。

VFS 的实现，主要是引入了一个通用的文件模型，这个模型的核心是对 4 个对象模型，即超级块对象、索引节点对象、文件对象和目录项对象。它们都是内核空间中的数据结构，是 VFS 的核心，不管各种文件系统的具体格式是什么样的，其数据结构在内存中的影响都要和 VFS 的通用文件模型打交道。

如图 8-3 所示为 Linux 系统中 VFS 文件系统和具体文件系统的层次示意图。

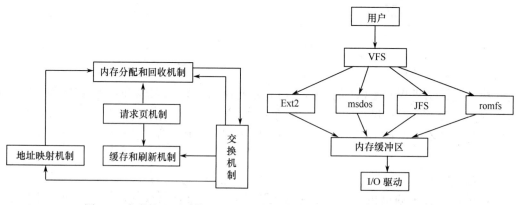

图 8-2　内存管理子系统　　　　图 8-3　层次示意图

（5）网络接口子系统

提供了对各种网络标准的存取和各种网络硬件的支持。网络接口可分为网络协议和网络驱动程序。网络协议部分负责实现每一种可能的网络传输协议。网络设备驱动程序负责与硬件设备通信，每一种可能的硬件设备都有相应的设备驱动程序。

Linux 的网络接口分为 4 部分：网络设备接口、网络接口核心、网络协议族及网络接口 Socket 层。

网络设备接口部分主要负责从物理介质接受和发送数据，实现的文件在 linux/driver/net 目录下网络接口核心部分是整个网络接口的关键部位，它为网络协议提供统一的发送接口，屏蔽各种各样的物理介质，同时又负责把来自下层的包向合适的协议配送。其主要实现文件在 linux/net/core 目录下，其中，linux/net/core/dev.c 为主要管理文件。

网络协议族是各种具体协议实现的部分。Linux 支持 TCP/IP，IPX，X.25，AppleTalk 等协议，各种具体协议实现的源码在 linux/net/ 目录下。

网络接口 Socket 层为用户提供网络服务的编程接口。主要的源码在 linux/net/socket.c 目录下。

(1) TCP/IP 协议栈 4 层模型

TCP/IP 协议遵守一个 4 层的模型概念：网络接口层、互联层、传输层和应用层。

网络接口层：模型的基层是网络接口层，该层负责数据帧的发送和接收。帧是独立的网络信息传输单元。网络接口层将帧放在网上，或者从网上把帧取下来。

互联层：互联协议将数据包封装成 Internet 数据包，并运行必要的路由算法。这里有 4 个互联协议。

- 网际协议 IP：负责在主机和网络之间寻址和路由数据包。
- 地址解析协议 ARP：获得统一物理网络中的硬件主机地址。
- 网际控制消息协议 ICMP：发送消息，并且报告有关数据包的传送错误。
- 互联组管理协议 IGMP：一种旨在防止多点传送通信在网络中泛滥的控制数据包，即只允许数据包发送到请求它的计算机。

传输层：传输协议在计算机之间提供通信会话。传输协议的选择根据数据传输方式而定。传输层使用的传输协议如下：

传输控制协议 TCP：为应用程序提供可靠的通信连接。适合一次传输大批数据的情况，并适用于要求得到相应的应用程序。

用户数据包协议 UDP：提供无连接通信，且不对传送包进行可靠保证。适合一次传输少量数据的情况，可靠性则由应用层来负责。

应用层：应用程序通过这一层访问网络。

(2) 套接字

Socket 接口是 TCP/IP 网络的 API，定义了许多函数或例程，可以用它们来开发 TCP/IP 网络上的应用程序。套接字基本上有 3 种类型，分别是数据流套接字、数据包套接字和原始套接字。

① 数据流套接字。

数据流 Socket 是一种面向连接的套接字，针对面向连接的 TCP 服务应用。它有以下特点：TCP 提供可靠的连接，当 TCP 另外一端想发送数据时，它要求对方返回一个确认回答，如果没有收到确认，则会等待一段时间后重新发送，在数次重发失败后，TCP 才会放弃发送；TCP 为发送的数据进行排序，如发送 2048 字节，TCP 可能将它分成大小为 1024 字节的两个段，并分别进行编号为 "1" 和 "2"。接收端将根据编号对数据进行重新排序并判断是否重复数据；TCP 提供流量控制，TCP 会通知对方自己能够接收数据的容量，称为窗口，这样就确保不会发生缓冲区溢出的情况；TCP 的连接是双工的。给定连接上的应用进程在任何时刻既可以发送也可以接收数据。

在 TCP 中相当重要的一个概念就是建立 TCP 连接，也就是 3 次握手过程，如下：

第一步，请求客户端发送一个包含 SYN 标志的 TCP 报文，SYN 同步报文会指明客户端使用的端口及 TCP 连接的初始序号。

第二步，服务器在接到客户端的 SYN 报文后，将返回一个 SYN+ACK 的报文，表示客户端的请求被接受，同时 TCP 序号加 1。

第三步，客户端也返回一个确认报文 ACK 给服务器端，TCP 序列号同样加 1，至此一个 TCP 连接完成。

许多广泛应用的程序都使用数据流套接字，如 Telnet 和 www 浏览器使用的 Http 协议等。

② 数据包套接字。

数据包 Socket 是一种无连接的套接字，对应无连接的 UDP 服务应用，相应协议 UDP。

UDP 提供无连接的服务，即 UDP 客服与服务器不必保持长期的连接关系。UDP 所面临的问题就是缺乏可靠性。因为它没有例如确认超时重传等复杂机制，不能保证数据的到达的次序。

每个程序在 UDP 上都有自己的协议，如果在一定时间内没有收到对方发挥的确认应答，它将重新发送，直到得到 ACK。

UDP 实现过程比较简单，因此，在一定程度上效率较高，对于一些数据量小，无须交互的通信情况还是适用的。使用 UDP 的 ingyong 程序有 tftp，bootp 等。

③ 原始套接字。

除了上面两种常用的套接字类型外，还有一类原始套接字，在某些网络应用中担任重要角色。如平时想看网络是否通达，就用 Ping 命令测试一下。Ping 命令用的是 ICMP 协议，因此，不能通过建立一个 SOCK_STREAM 或者 SOCK_DGRAM 来发送这个包，而只能亲自构建 ICMP 包来发送。另外一种情况是，许多操作系统只实现了几种常用的协议，而没有实现其他如 OSPE，GGP 等协议。如果用户需要编写位于其上的应用，就必须借助原始套接字处理。

原始套接字主要有以下三个方面的作用。

- 通过原始套接字来接收和发送 ICMP 协议包。
- 接收发向本机的但 TCP/IP 栈不能处理的 IP 包。
- 用来发送一些指定了源地址的特殊作用的 IP 包。

8.2.2 子系统相互间的关系

进程调度与内存管理之间的关系：这两个子系统互相依赖。在多道程序环境下，程序要运行必须为之创建进程，而创建进程的首要工作就是将程序和数据装入内存。

进程间通信与内存管理的关系：进程间通信子系统要依赖内存管理支持共享内存通信机制，这种机制允许两个进程除了拥有自己的私有空间，还可以存取共同的内存区域。

虚拟文件系统与网络接口之间的关系：虚拟文件系统利用网络接口支持网络文件系统，也利用内存管理支持 RAMDISK 设备。

内存管理与虚拟文件系统之间的关系：内存管理利用虚拟文件系统支持交换，交换进程定期由调度程序调度，这也是内存管理依赖于进程调度的唯一原因。当一个进程存取的内存映射被换出时，内存管理向文件系统发出请求，同时，挂起当前正在运行的进程。

除了这些依赖关系外，内核中的所有子系统还要依赖于一些共同的资源。这些资源包括所有子系统都用到的过程。例如，分配和释放内存空间的过程，打印警告或错误信息的过程，还有系统的调试例程等。

8.2.3 系统数据结构

在 Linux 的内核的实现中，有一些数据结构使用频率较高。

（1）task_struct

Linux 内核利用一个数据结构代表一个进程，代表进程的数据结构指针形成了一个 task 数组，这种指针数组有时也称为指针矢量。这个数组的大小由 NR_TASKS（默认为 512），表明 Linux 系统中最多能同时运行的进程数目。当建立新进程时，Linux 为新进程分配一个 task_struct 结构，然后将指针保存在 task 数组中。调度程序一直维护着一个 current 指针，指向当前正在运行的进程。

（2）mm_struct

每个进程的虚拟内存由一个 mm_struct 结构来代表，该结构实际上包含了当前执行映像的有关信息，并且包含了一组指向 vm_area_struct 结构的指针，vm_area_struct 结构描述了虚拟内存的一个区域。

（3）Inode

虚拟文件系统中的文件、目录等均由对应的索引节点代表。每个 VFS 索引节点中的内容由文件系统专属的例程提供。VFS 索引节点只存在于内核内存中，实际保存于 VFS 的索引节点高速缓存中。如果两个进程用相同的进程打开，则可以共享 inode 的数据结构，这种共享是通过两个进程中数据块指向相同的 inode 完成。

8.2.4 Linux 内核源代码

通常对内核源码的改写难度较大，这不仅要求对内核结构非常熟悉，而且也要对目标平台的硬件相当了解，对于读者来说，只需要了解内核结构及学会读取内核代码即可。

（1）学习源码的意义

- Linux 的最大好处之一就是它的源码公开。同时，公开的核心源码吸引无数的电脑爱好者和程序员把解读和分析 Linux 的核心源码作为自己最大的兴趣，把修改 Linux 源码和改造 Linux 系统作为自己对计算机技术要求的最大目标。
- 通过学习内核代码，可以学习到如何来保证庞大代码的清晰性、兼容性、可移植性、可维护性、可升级性。
- 可以安装好 Linux 或者从网上获取 Linux 某版本的源码，通常对内核源码的改写难度较大，因为这不仅要求对内核结构非常熟悉，而且也要对目标平台的硬件结构相当了解。
- 可以学习到一个优秀操作系统的整体结构及宏观设计的方法和技巧。
- Linux 内核源码是很具吸引力的，这种吸引力来源于 Linux 内核源码的高水平和高层次。
- 通过对内核代码的分析，不但可以学习到很多和硬件底层相关的知识，同时还可以通过实践更深层次地理解虚拟存储的实现机制、多任务机制、系统保护机制等。

- 可以学习 Linux 内核是如何把大部分的设备驱动处理成相对独立的内核模块的，这样不但减小了内核运行的开销，而且增强了内核代码的模块独立性。
- Linux 是全世界计算机高手的杰作，通过学习它的内核，可以学习到很多具体问题实现的巧妙方法。
- 通过学习内核代码可以明确地了解内核如何为上层应用提供一个和硬件不相关的平台。
- 可以学习内核代码如何将代码分为与体系结构和硬件相关的部分和可移植的部分。

（2）多版本的内核源代码

对不同的内核版本，系统调用一般是相同的。新版本也许可以增加一个新的系统调用，但旧的系统调用将依然不变，这对于保持向后兼容是非常必要的——一个新的内核版本不能打破常规的过程。在大多数情况下，设备文件将仍然相同，而另一方面，版本之间的内部接口有所变化。

Linux 内核源代码有一个简单的数字系统，任何偶数内核是一个稳定的版本，而奇数内核是正在发展中的内核。这本书是基于稳定的 2.4.16 源代码树。发展中的内核总是有最新的特点，支持最新的设备，尽管它们还不稳定，也不是你所想要的，但它们是发展最新而又稳定的内核的基础。

目前，较新而又稳定的内核版本是 2.2.x 和 2.4.x，因为版本之间稍有差别，因此，如果想让一个新驱动程序模块既支持 2.2.x，也支持 2.4.x，就需要根据内核版本对模块进行条件编译。

对内核源代码的修改是以补丁文件的形式发布的。patch 实用程序用来对内核源文件进行一系列的修订，例如，如果有 2.4.9 内核源代码，而想移到 2.4.16，可以获得 2.4.16 的补丁文件，应用 patch 来修订 2.4.9 源文件，例如：

```
$ cd /usr/src/linux
$ patch -p1 < patch-2.4.16
```

（3）Linux 内核源代码的结构

Linux 内核源代码位于/usr/src/linux 目录下，其结构分布如图 8-4 所示。每一个目录或子目录可以看作一个模块，其目录之间的连线表示"子目录或子模块"的关系。下面是对每一个目录的简单描述。

- include/子目录包含了建立内核代码时所需的大部分包含文件，这个模块利用其他模块重建内核。
- init/子目录包含了内核的初始化代码，这是内核开始工作的起点。
- arch/子目录包含了所有硬件结构特定的内核代码。
- drivers/目录包含了内核中所有的设备驱动程序，如块设备，scsi 设备驱动程序等。
- fs/目录包含了所有文件系统的代码，如：ext2，vfat 模块的代码等。
- net/目录包含了内核的联网代码。
- mm/目录包含了所有的内存管理代码。
- ipc/目录包含了进程间通信的代码。
- kernel/目录包含了主内核代码。

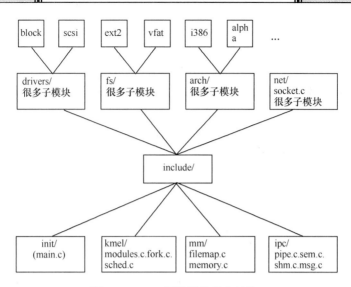

图 8-4　Linux 源代码的分布结构

图 8-4 显示了 8 个目录，即 init、kernel、mm、ipc、drivers、fs、arch 及 net 的包含文件都在"include/"目录下。在 Linux 内核中包含了 drivers，fs，arch 及 net 模块，这就使得 Linux 内核既不是一个层次式结构，也不是一个微内核结构，而是一个"整体式"结构。因为系统调用可以直接调用内核层，因此，该结构使得整个系统具有较高的性能，其缺点是内核修改起来比较困难，除非遵循严格的规则和编码标准。

在图中所显示的模块结构，代表了一种工作分配单元，利用这种结构，期望 Linus Torvalds 能维护和增强内核的核心服务，即，init/、kernel/、mm/ 及 ipc/，其他的模块 drivers，fs，arch 及 net 也可以作为工作单元，例如，可以分配一组人对块文件系统进行维护和进一步的开发，而另一组人对 scsi 文件系统进行完善。图 8-4 类似于 Linux 的志愿者开发队伍一起工作来增强和扩展整个系统的框架。

（4）阅读源代码的方法

像 Linux 内核这样庞大而复杂的程序看起来确实让人望而生畏，它像一个很大的球，没有起点和终点。在读源代码的过程中，会遇到这样的情况，当读到内核的某一部分时又会涉及其他更多的文件，当返回到原来的地方想继续往下读时，又忘了原来读的内容。下面给出阅读源代码的一些线索。

■ 系统的启动和初始化

在基于 Intel 的系统上，当 loadlin.exe 或 LILO 把内核装入内存并把控制权传递给内核时，内核开始启动。关于这一部分，看 arch/i386/kernel/head.S，head.S 进行特定结构的设置，然后跳转到 init/main.c 的 main（）例程。

■ 内存管理

内存管理的代码主要在 /mm 中，但特定结构的代码在 arch/*/mm 中。缺页中断处理的代码在 mm/memory.c 中，而内存映射和页高速缓存器的代码在 mm/filemap.c 中。缓冲器高速缓存在 mm/buffer.c 中实现，而交换高速缓存在 mm/swap_state.c 和 mm/swapfile.c 中实现。

■ 内核

内核中，特定结构的代码在 arch/*/kernel 中，调度程序在 kernel/sched.c 中，fork 的代码在 kernel/fork.c 中，task_struct 数据结构在 include/linux/sched.h 中。

- PCI

PCI 驱动程序在 drivers/pci/pci.c 中，其定义在 include/linux/pci.h 中。每一种结构都有一些特定的 PCI BIOS 代码，Intel 代码在 arch/alpha/kernel/bios32.c 中。

- 进程间通信

所有 System V IPC 对象权限都包含在 ipc_perm 数据结构中，这可以在 include/linux/ipc.h 中找到。System V 消息在 ipc/msg.c 中实现，共享内存在 ipc/shm.c 中，信号量在 ipc/sem.c 中，管道在 ipc/pipe.c 中实现。

- 中断处理

内核的中断处理代码是几乎所有的微处理器特有的。中断处理代码在 arch/i386/kernel/irq.c 中，其定义子在 include/asm-i386/irq.h 中。

- 设备驱动程序

Linux 内核源代码的很多行是设备驱动程序。Linux 设备驱动程序的所有源代码都保存在/driver 中，根据类型可进一步划分为：

/block：块设备驱动程序，如 ide。如果想看包含文件系统的所有设备是如何被初始化的，应当看 drivers/block/genhd.c 中的 device_setup（），device_setup（）不仅初始化了硬盘，当一个网络安装 nfs 文件系统时，它也初始化网络。块设备包含了基于 IDE 和 SCSI 的设备。

/char：这是看字符设备驱动程序的地方。

/cdrom：Linux 的所有 CDROM 代码都在其中，如在其中可以找到 Soundblaster CDROM 的驱动程序。注意：ide CD 的驱动程序是 ide-cd.c，放在 drivers/block 中，SCSI CD 的驱动程序是 scsi.c，放在 drivers/scsi 中。

/pci：这是 PCI 驱动程序的源代码，在其中可以看到 PCI 子系统是如何被映射和初始化的。

/scsi：在其中可以找到所有的 SCSI 代码及 Linux 所支持的 SCSI 设备的所有设备驱动程序。

/net：在其中可以找到网络设备驱动程序，如 DECChip 21040 PCI 以太网驱动程序在 tulip.c 中。

/sound：这是所有声卡驱动程序的所在地。

- 文件系统

EXT2 文件系统的源代码全部在 fs/ext2/ 目录下，而其数据结构的定义在 include/linux/ext2_fs.h，ext2_fs_i.h 及 ext2_fs_sb.h 中。虚拟文件系统的数据结构在 include/linux/fs.h 中描述，而代码是在 fs/*中。缓冲区高速缓存与更新内核的守护进程的实现是在 fs/buffer.c 中。

- 网络

网络代码保存在/net 中，大部分的 include 文件在 include/net 中，BSD 套节口代码在 net/socket.c 中，IP 第 4 版本的套节口代码在 net/ipv4/af_inet.c 中。一般的协议支持代码在 net/core 中，TCP/IP 联网代码在 net/ipv4 中，网络设备驱动程序在/drivers/net 中。

- 模块

内核模块的代码部分在内核中，部分在模块包中，前者全部在 kernel/modules.c 中，而数据结构和内核守护进程 kerneld 的信息分别在 include/linux/module.h 和 include/linux/

kerneld.h 中。如果想看 ELF 目标文件的结构，它位于 include/linux/elf.h 中。

8.3 Linux 内核配置

用户配置内核，一般可能出于以下原因。
① 学习与体验。
② 需要使用新内核中的功能。
③ 修补系统新发现的安全漏洞与程序缺陷，维护系统的正常使用与运行。
④ 提高系统性能，包括升级新内核，修改现有内核等。
⑤ 硬件设备发生了变动，需要在内核中进行相应的调整。

配置内核是 Linux 移植过程中很重要的一步，也是非常复杂的一步，配置时一定要小心，否则操作系统将无法运行。配置内核的目的是剪裁不必要的文件和目录，获得一个最简单，又能满足用户开发的操作系统，以解除嵌入式开发过程中所遇到的存储空间有限的困扰。

通常有 4 种主要的配置内核的方法。

（1）make cofig

提供了一个命令行接口方式来配置内核，它会逐个地询问每个选项，这个方式相对烦琐，因为有太多的选项要进行配置，并且不知道何时才能配置结束，直到配置完最后一个，所以在实践中很少应用该方法。如果已经有了.config 配置文件，它将根据配置文件来设置询问选项的默认值。

（2）make oleconfig

会使用一个已有的.config 配置文件，提示行会提示那些之前还没有配置过的选项；它与 make config 相比要简单很多，因为它需要配置的不再是所有的选项，而是.config 配置文件中没有的配置选项。

（3）make meinuconfig

显示一个基于文本的图像化终端配置菜单，目前被公认为是使用最广的配置方法。如果一个.config 文件已经存在，它将使用该文件设置那些默认值。

（4）make xconfig

显示一个基于 X 窗口的配置菜单，用户可以通过图形用户界面和鼠标来对内核进行配置，使用该方法时必须支持 X Windows 系统。如果.config 文件已经存在，它将使用该文件设置那些默认值。

以上 4 种配置内核的方法都有各自的优点，用户可以根据自己的相关情况选择最适合自己的开发的方法。此处只对 make menconfig 这种最为常用的方法做详细介绍。

实例 8-1　Linux 内核配置实例

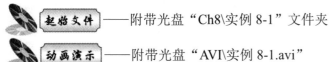

起始文件——附带光盘"Ch8\实例 8-1"文件夹

动画演示——附带光盘"AVI\实例 8-1.avi"

选择相应的配置时，有三种选择，它们分别代表的含义如下：

① Y：将该功能编译进内核。
② N：不将该功能编译进内核。
③ M：将该功能编译成可以在需要时动态插入到内核中的模块。

【详细步骤】

（1）启动内核配置窗口

进入被配置的内核的根目录

命令：

```
#cd /2440/linux_kernel
# ls
```

如图8-5所示。

```
[root@men ~]# cd
[root@men ~]# ls
2440                install.log         公共    视频    文档    音乐
anaconda-ks.cfg  install.log.syslog     模板    图片    下载    桌面
[root@men ~]# cd 2440
[root@men 2440]# ls
linux_kernel
[root@men 2440]# cd linux_kernel
[root@men linux_kernel]# ls
arch                COPYING         MAINTAINERS     uImage_240x320_mouse    vmlinux
config_240320_mouse CREDITS         Makefile        uImage_240x320_ts       zImage_240x320_mouse
config_240320_ts    crypto          mm              uImage_320x240_mouse    zImage_240x320_ts
config_320240_mouse Documentation   Module.symvers  uImage_320x240_ts       zImage_320x240_mouse
config_320240_ts    drivers         net             uImage_480x272_mouse    zImage_320x240_ts
config_480272_mouse fs              README          uImage_480x272_ts       zImage_480x272_mouse
config_480272_ts    include         REPORTING-BUGS  uImage_480x290_mouse    zImage_480x272_ts
config_480290_mouse init            scripts         uImage_480x290_ts       zImage_480x290_mouse
config_480290_ts    ipc             security        uImage_800x480_mouse    zImage_480x290_ts
config_800480_mouse kernel          sound           uImage_800x480_ts       zImage_800x480_mouse
config_800480_ts    lib             System.map      usr                     zImage_800x480_ts
[root@men linux_kernel]#
```

图8-5 内核的根目录

使用make menuconfig命令启动内核配置窗口，如图8-6所示。

```
#make menuconfig
```

图8-6 启动内核配置窗口

按Enter键进入配置界面，如图8-7所示。

（2）配置内核

配置工作是比较繁杂的事情，很多新手都不清楚到底该如何选取这些选项。实际上在配置时，大部分选项可以使用其默认值，只有小部分需要根据用户不同的需要选择。其选择的原则是将与内核其他部分关系较远且不经常使用的部分功能代码编译成为可加载模块，有利于减小内核的长度，减小内核消耗的内存，简化该功能相应的环境改变时对内核的影响；不需要的功能就不要选；与内核关心紧密而且经常使用的部分功能代码直接编译到内核中。

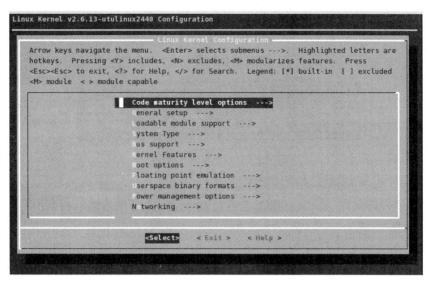

图 8-7 配置界面

按 Enter 键进入下一个目录，使用 Space 键选中或取消对某一项的选择，"*"表示已被选中。

菜单选项的内容十分丰富，下面只给出一些主要的内容进行介绍。

- Loadable module support 是否提供动态载入模块的功能，如果某些驱动要采用动态方式装载，则要将次项选中。
- Processor type 或 System type CPU 处理器的内核选择，如 i386.ARM 等，除此之外，还可以提供具体型号的选择。
- Parallel port suppor 并口的设备支持，如并口的打印机等设备。
- Networking support 网络设置的选择与支持。
- System Vipc 是否使内核支持 System V 的进程间通信的功能。
- Kernel support for ELF binaries 是否提供 ELF 格式存储的可执行文件，ELF 是目前 Linux 的可执行文件，目标文件和系统函数库的标准格式。
- Character devices Linux 提供了很多特殊的字符设备的支持，如串口、鼠标、键盘、游戏杆、摄像头等。
- Filesystems 各种文件系统的选择的支持，如 EXT2/3，Jffs2，Cramfs 等。
- Console drivers 一般至少应该支持 VGA text console，否则无法用控制台的方式来使用 Linux。
- Sound 声卡驱动。最好能在列表中找到声卡驱动，否则就试试 OSS。
- USB support USB 支持很多 USB 设备，如鼠标、调制解调器、打印机、扫描仪等。
- Kernel hacking 配置了这个，即使在系统崩溃时，也可以进行一定的工作。
- Code maturity level options 代码成熟等级。此处只有一项：prompt for development and/or incomplete code/drivers，如果要试验现在仍处于实验阶段的功能，如 khttpd、IPv6 等，就必须把该项选择为 Y；否则可以把它选择为 N。
- Memory Technology Device（MTD） MTD 设备支持。

■ Parallel port support 串口支持。如果不准备使用串口，就不会用到。

（3）保存配置

当内核配置完毕后，按 Esc 键，如图 8-8 所示。

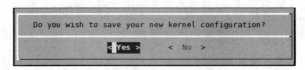

图 8-8 保存配置好的内核

选择 Yes 项，以把配置好的内核文件保存起来。

至此，整个内核配置已完成，接下来可以编译已配置好的内核，得到所需的内核二进制 zImage。

8.4 Linux 操作系统移植介绍

Linux 与 Windows 不同，前者的内核和系统是可以分开的，它们的开发、移植、下载，甚至运行都是可以分开的，Linux 操作系统移植是一个比较复杂的任务，也是嵌入式系统开发中非常重要的一个过程。

8.4.1 Linux 系统移植的两大部分

对于系统移植而言，Linux 系统实际上由两个比较独立的部分组成，即内核部分和系统部分。在 Linux 启动过程中，内核部分初始化和控制所有硬件设备，为内存管理、进程管理、设备读写等工作做好一切准备。系统部分加载必需的设备，配置各种环境以便用户可以使用整个。

（1）内核移植

Linux 系统采用了相对来说并不是很灵活的单一内核机制，但这丝毫没有影响 Linux 系统的平台无关性和可扩展性。Linux 使用了两种途径分别解决这些问题，一方面，分离硬件相关代码和硬件无关代码，使上层代码永远不必关心低层换用了什么代码，如何完成了操作。不论在 x86 上还是在 Alpha 平台上分配一块内存，对上层代码而言没什么不同。硬件相关部分的代码不多，占总代码量的很少一部分。所以对更换硬件平台来说，没有什么真正的负担。另一方面，Linux 使用内核机制很好地解决了扩展的问题，一堆代码可以在需要时轻松地加载或卸下。

Linux 内核 5 个功能部分有着复杂的调用关系，但在移植中不会触及太多，因为 Linux 内核良好的分层结构将硬件相关的代码独立出来。何谓硬件相关，何谓硬件无关？以进程管理为例，对进程的时间片轮转调度算法在所有平台的 Linux 中都是一样的，它是与平台无关的；而用来在进程中切换的实现在不同的 CPU 上是不同的，因此，需要针对该平台编写代码，这就是平台相关的。上面所讲的 5 个部分的顺序不是随便排的，从前到后分别代表着它们与硬件设备的相关程度。越靠前越高，后面的两个虚拟文件系统和网络则几乎与平台无关，它们由设备管理中所支持的驱动程序提供底层支持。因此，在做系统移植时，需要改动的就是进程管理、内存管理和设备管理中被独立出来的那部分，即硬件相关部分的代码。在 Linux 代码树下，这部分代码全部在 arch 目录下。

如果目标平台已经被 Linux 核心所支持，因为已经没有太多的工作要做。只要交叉编译环境是正确的，只需要简单的配置、编译就可以得到目标代码。否则，需要去编写，或修改一些代码。只需修改平台相关部分的代码即可。但需要对目标平台，主要是对 CPU 的透彻理解。在 Linux 的代码树下，可以看到，这部分的典型代码量为：2 万行左右 C 代码和 2 千行左右的汇编，这部分工作量是不可小看的。它包含了对绝大多数硬件的底层操作，涉及 IRQ、内存页表、快表、浮点处理、时钟、多处理器同步等问题，频繁的端口编程意味着需要将目标平台的文档用 C 语言重写一遍。这就是为什么说目标平台的文档极其重要的原因。

代码量最大的部分是被核心直接调用的底层支持部分，这部分代码在 arch/xxx/kernel 下（xxx 是平台名称）。这些代码重写了内核所需调用的所有函数。因为接口函数是固定的，所以这里更像为硬件平台编写 API。不同的系统平台，主要有以下几方面的不同：

- 进程管理底层代码

从硬件系统的角度来看，进程管理就是 CPU 的管理。在不同的硬件平台上，这有很大的不同。CPU 中用的寄存器结构不同，上下文切换的方式、现场的保存和恢复、栈的处理都不同，这些内容主要由 CPU 开发手册所描述。通常来说，CPU 的所有功能和状态对于 Linux 不一定有意义。实现时，需要在最小的开发代价和最好的系统性能之间加以权衡。

- BIOS 接口代码

这一名称似乎并不太准确，因为它沿用了 PC 一贯的叫法，但在不致引起混淆的情况下还是这么叫它。在通用平台上，通常有基本输入输出系统供操作系统使用，在 PC 上是 BIOS，在 SPARC 上是 PROM，在很多非通用系统上甚至并没有这样的配置。多数情况下，Linux 不依赖基本输入输出系统，但在某些系统中，Linux 需要通过基本输入输出系统中得到重要的设备参数。移植中，这部分代码通常需要完全改写。

- 时钟、中断等板上设备支持代码

即使在同一种 CPU 的平台上，也会存在不同的板上外设，异种 CPU 平台上更是如此。不同的系统组态需要不同的初始化代码。很典型的例子就是 MIPS 平台，观察 arc/mips/的代码，与其他系统比较一下就知道。因为 MIPS 平台被 OEM 用得最广，在嵌入式领域应用最多，甚至同一种 MIPS 芯片被不同厂家封装再配上不同的芯片组。因此，要为这些不同的 MIPS 平台分别编写不同的代码。

- 特殊结构代码

如多处理器支持等。其实每一种 CPU 都是十分特殊的，熟悉 x86 平台的人都知道 x86 系列 CPU 著名的实模式与虚模式的区别，而在 SPARC 平台上根本就没有这个概念。这就导致了很大的不同：PC 上的 Linux 在获得控制权后不久就开始切换到虚模式，SPARC 机器上则没有这段代码。又如电源管理的支持更是多种多样，不同的 CPU 有着不同的实现方式。在这种情况下，除非放弃对电源管理的支持，否则必须重写代码。

还有一部分代码量不多，但不能忽视的部分是在 arch/xxx/mm/下的内存管理部分。所有与平台相关的内存管理代码全部在这里。这部分代码完成内存的初始化和各种与内存管理相关的数据结构的建立。Linux 使用了基于页式管理的虚拟存储技术，而 CPU 发展的趋势是：为了提高性能，实现内存管理的功能单元统统被集成到 CPU 中。因此，内存管理成为一个与 CPU 十分相关的工作。同时内存管理的效率也是最影响系统性能的因素之一。内存可以说是计算机系统中最频繁访问的设备，如果每次内存访问时多占用一个时钟周期，那就有可能将系统性能降低到不能承受。在 Linux 系统中，不同平台上的内存管理代码的差异程度是最大的。不同的 CPU 有不同的内存管理方式，同一种 CPU 还会有不同的内存管理模式。Linux 是从 32 位硬件平台上发展起来的操作系统，但是现在已经有数种 64 位平台出现。在 64 位平台上，可用内存范围增大到原来的 232 倍。鉴于这部分代码的重要性和复杂性，移植工作在这里变得相当谨慎。有些平台上甚至只是用最保守的内存管理模式。如在 SPARC 平台上的页面大小可以是多种尺寸，为了简单和可靠起见，SPARC 版的 Linux 只是用了 8K 页面这一种模式。这一状况直到 2.4 版才得以改善。

除了上面所讲的之外，还有一些代码需要考虑，但相对来说次要一些。如浮点运算的支持。较好的做法是对 FPU 编程，由硬件完成浮点运算。但在某些时候，浮点并不重要，甚至 CPU 根本就不支持浮点。这时就可以根据需求来取舍。

（2）系统移植

当内核移植完毕后，可以说所有的移植工作就已经完成大半了。当内核在交叉编译成功后，加载到目标平台上正常启动，并出现类似 VFS：Can't mount root file system 的提示时，则表示可以开始系统移植方面的工作了。系统移植实际上是一个最小系统的重建过程。许多 Linux 爱好者有过建立 Linux 系统应急盘的经验，与其不同的是，需要使用目标平台上的二进制代码生成这个最小系统。包括：init、libc 库、驱动模块、必需的应用程序和系统配置脚本。一旦这些工作完成，移植工作就进入联调阶段了。

一个比较容易的系统部分移植办法是：先建立开发平台上的最小系统，保证这套最小系统在开发平台上正确运行。这样可以避免由于最小系统本身的逻辑错误而带来的麻烦。由于最小系统中是多个应用程序相互配合工作，有时出现的问题不在代码本身而在系统的逻辑结构上。

Linux 系统移植工作至少要包括上述的内容，除此之外，有一些看不见的开发工作也是不可忽视的，如某个特殊设备的驱动程序，为调试内核而做的远程调试工作等。另外，同样的一次移植工作，显然符合最小功能集的移植和完美移植是不一样的；向 16 位移植和向 64 位移植也是不一样的。

在移植中通常会遇见的问题是试运行时锁死或崩溃，在系统部分移植时要好办些，因为可以容易地定位错误根源，而在核心移植时却有些困难。虽然可以通过串口对运行着的内核进行调试，但是在多任务情况下，有很多现象是不可重现的。例如，在初始化的开始，很多设备还没法确定状态，甚至串口还没有初始化。对于这种情况没有什么很好的解决办法，好的开发/仿真平台很重要，另外要多增加反映系统运行状态的调试代码；其次，要深入了解硬件平台的文档。硬件平台厂商的专业支持也是很重要的。

还有一点很重要：Linux 本身是基于 GPL 的操作系统，移植时，可以充分发挥 GPL 的优势，让更多的爱好者参与进来，向共同的目标前进。

8.4.2 内核文件的修改

内核文件的修改主要步骤如下。

(1)设置目标平台和指定交叉编译器

在源代码的最上层根目录下的 Makefile 文件中,指定所移植的硬件平台,以及所使用的交叉编译器。修改如下:

```
ARCH : = arm
CROSS_COMPILE = /home/host/armv41/bin/armv41-unknown-linux-
```

其中,"ARCH:= arm"说明目标是 ARM 体系结构,默认的 ARCH 一般是指宿主机的体系结构 i386;"CROSS_COMPILE = /home/host/armv41/bin/armv41-unknown-linux-"说明交叉编译器是存放在目录/home/host/armv41/bin/下的 armv41-unknown-linux-xxx 等工具。

(2)arch/arm 目录下 Makefile 修改

内核系统的启动代码是通过此文件产生的。在 linux-2.4.18 内核中要添加如下代码:

```
Ifeq($(CONFIG_ARCH_S3C2410), y)
TEXTADDR = 0Xc0004000
MACHINE = s3c2410
Endif
```

这里 TEXTADDR 确定内核开始运行的虚拟地址,即内核映像在 RAM 中下载的位置,该值由电路设计来决定;MACHINE 则设定 CPU 处理器的型号。

(3)arch/arm 目录下 Config.in 修改

Config.in 文件是用来设置后面介绍的 menuconfig 配置菜单的,它们是一一对应关系。这里把嵌入式目标板的 CPU 平台加在相应的地方,这样在配置 Linux 内核时就能够选择是否支持该平台了。最初标准的 2.4.18 内核中没有 S3C2410 的相关信息,所以,需要在该文件中进行有效的配置,以加入支持 S3C2410 处理器的相关信息。

■ 添加 CONFIG_ARCH_S3C2410 子选项

移植后如下:

```
if["$ CONFIG_ARCH_S3C2410" = "y"];
then
    Comment 'S3C2410 Implementation'
    Dep_bool    'SMDK(MERI TECH BOARD)'
CONFIG_S3C2410_SMDK//
    $ CO NFIG_ARCH_S3C2410

//其他需要的选项
    fi
```

■ 其他选项

移植前如下:

```
if["$ CONFIG_FOOTBRIDGE_HOST" = "y"-o\
    "$ CONFIG_ARCH_SHARK"= "y"-o\
    "$ CONFIG_ARCH_CLPS7500" = "y"-o\
    "$ CONFIG_ARCH_EBSA110" = "y"-o\
```

```
"$ CONFIG_ARCH_CDB86712" = "y"-o\
"$ CONFIG_ARCH_EDB7211" = "y"-o\
"$ CONFIG_ARCH_SA1100" = "y"-o\]; then
```
define_bool CONFIG_ISA y
else
define_bool CONFIG_ISA n
fi

移植后如下：

```
if["$ CONFIG_FOOTBRIDGE_HOST" = "y"-o\
  "$ CONFIG_ARCH_SHARK" = "y"-o\
  "$ CONFIG_ARCH_CLPS7500" = "y"-o\
  "$ CONFIG_ARCH_EBSA110" = "y"-o\
  "$ CONFIG_ARCH_CDB86712" = "y"-o\
  "$ CONFIG_ARCH_EDB7211" = "y"-o\
  "$ CONFIG_ARCH_S3C2410" = "y"-o\      //添加项
  "$ CONFIG_ARCH_SA1100"= "y"-o\]; then
```
define_bool CONFIG_ISA y
else
define_bool CONFIG_ISA n
fi

这样，在 Linux 内核配置时就可以选择刚刚加入的 S3C2410 处理器平台了。

（4）arch/arm/boot 目录下 Makefile 修改

编译出来的内核存放在该目录下。这里用来指定内核解压到实际硬件内存系统中的物理地址。一般如果内核无法正常启动，很可能是这里的地址设置不正确。

```
Ifeq（$（CONFIG_ARCH_S3C2410），y）
ZTEXTADDR = 0x30004000
ZRELADDR = 0x30004000
Endif
```

ZTEXTADDR 设定内核解压后数据输出的地址。ZRELADDR 为 Bootloader 的压缩内核文件烧录 Flash 的起始地址，即从哪个位置开始执行 Bootloader。若启动时直接执行，则将其设为零；若自带 BIOS 可以跳到想要的地址，则可以改为所要的位置。

（5）arch/arm/boot/compressed 目录下 Makefile 修改

该文件从 vmlinux 中创建一个压缩的 vmlinuz 镜像文件。该文件中用到的 SYSTEM，ZTEXTADDR，ZBSSADDR 和 ZRELADDR 是从 arch/arm/boot/Makefile 文件中得到的。为加入 head-s3c2410.S，添加如下代码：

```
Ifeq（$ （CONFIG_ARCH_S3C2410），y）
OBJS+=head-s3c2410.o
Endif
```

第 8 章 Linux 内核裁剪与移植

（6）arch/arm/boot/compressed 目录下添加 head-s3c2410.s

该文件主要用来初始化处理器

（7）arch/arm/def-configs 目录

这里定义了一些平台的 config 文件，如 lart 和 assert 等。把配置好的 S3C2410 的配置文件复制到这里即可。

（8）arch/arm/kernel 目录下 Makefile 修改

该文件主要用来确定文件类型的依赖关系。修改如下：

移植前：

```
No-irq-arch：=$（CONFIG_ARCH_INTEGRATOR）
$（CONFIG_ARCH_CLPS711X）$ （CONFIG_FOOTBRIDGE）
$（CONFIG_ARCH_EBSA110）$ （CONFIG_ARCH_SA1100）
$（CONFIG_ARCH_CAMELOT）$ （CONFIG_ARCH_MX1ADS）
```

移植后：

```
No-irq-arch：=$（CONFIG_ARCH_INTEGRATOR）
$（CONFIG_ARCH_CLPS711X）$ （CONFIG_FOOTBRIDGE）
$（CONFIG_ARCH_EBSA110）$ （CONFIG_ARCH_SA1100）
$（CONFIG_ARCH_CAMELOT）$ （CONFIG_ARCH_S3C2400）
$（CONFIG_ARCH_S3C2410）$ （CONFIG_ARCH_MX1ADS）
$（CONFIG_ARCH_PXA）
```

（9）arch/arm/kernel 目录下的文件 debug-armv.s 修改

在该文件中添加如下代码，目的是关闭外围设备的时钟，以保证系统正常运行。此文件修改如下：

```
#elif defined（CONFIG_ARCH_S3C2410）
        .macro    addruart, rx
        mrc       p15, 0, \rx, c1, c0
        test      \rx, #1                @ MMU enabled?
        moveq     \rx, # 0x50000000      @ physical base address
        movne     \rx, #0xf0000000       @virtual address
        .endm
        .macro    senduart, rd, rx
        str       \rd, [\rx, #0x20]      @ UTXH
        .endm
        .macro    waituart, rd, rx
        .endm
        .macro    busyuart, rd, rx
1001:   ldr \rd, [\rx, #0x10]            @read UTRSTAT
        tst       \rd, #1<< 2            @TX_EMPTY?
        beq       1001b
        .endm
```

(10) arch/arm/kernel 目录下的文件 entry-armv.s 修改

在适当的地方加入如下代码,此为 CPU 初始化时的处理中断的汇编代码。

```
#elif defined（CONFIG_ARCH_S3C2410）
#include<asm/hardware.h>
.macro disable_fiq
.endm
.macro get_irqnr_and_base, irqnr, irqstat, base, tmp
  mov r4, #INTBASE      @virtual address of IRQ registers
  ldr  \irqnr, [r4, #0x8]      @read INTMSK
  ldr  \irqstat, [r4, #0x10]        @ read INTPND
  bics \irqstat, \irqstat, \irqnr
  bics \irqstat,   \irqstat, \irqnr
  beq 1002f
  mov \irqnr, #0
1001:                tst\irqstat, #1
  bne 1002f@ found   IRQ
  add \irqnr, \irqnr, #1
  mov \irqstat, \irqstat, lsr #1
  cmp \irqnr, #32
bcc 1001b
1002:
  .endm
  .macro   irq_prio_table
  .endm
```

(11) arch/arm/mm 目录下的相关文件

此目录下的文件是和 ARM 平台相关的内存管理内容,只有 mm-armv.c 文件需要移植。在 mm-armv.c 中,使"init_maps->bufferable=1;"即可。Init_maps 是一个 map_desc 型的数据结构,map_desc 的定义在/include/asm-arm/mach/map.h 文件中。

(12) arch/arm/mach-s3c2410 目录下的相关文件

这个目录在 2.4.18 版本的内核中是不存在的,但在高版本中已经添加了对这款处理器的支持,不过发布的内核只是对处理器的基本信息提供支持。

8.4.3 系统移植所必需的环境

在一种计算机环境中运行的编译程序,能编译出在另外一种环境下运行的代码,称这种编译器支持交叉编译,这个编译过程就叫交叉编译。简单地说,就是在一个平台上生成另一个平台上的可执行代码。这里需要注意的是所谓平台,实际上包含两个概念:体系结构和操作系统。同一个体系结构可以运行不同的操作系统;同样,同一个操作系统也可以在不同的体系结构上运行。举例来说,常说的 x86 Linux 平台实际上是 Intel x86 体系结构和 Linux for x86 操作系统的统称;而 x86 WinNT 平台实际上是 Intel x86 体系结构和 Windows

第 8 章
Linux 内核裁剪与移植

NT for x86 操作系统的简称。

有时是因为目的平台上不允许或不能够安装所需要的编译器，而又需要这个编译器的某些特征；有时是因为目的平台上的资源贫乏，无法运行所需要编译器；有时又是因为目的平台还没有建立，连操作系统都没有，根本谈不上运行什么编译器。

交叉编译这个概念的出现和流行是和嵌入式系统的广泛发展同步的。常用的计算机软件，都需要通过编译的方式，把使用高级计算机语言编写的代码编译成计算机可以识别和执行的二进制代码。例如，在 Windows 平台上，可使用 Visual C++开发环境，编写程序并编译成可执行程序。这种方式下，使用 PC 平台上的 Windows 工具开发针对 Windows 本身的可执行程序，这种编译过程称为 native compilation，中文可理解为本机编译。然而，在进行嵌入式系统的开发时，运行程序的目标平台通常具有有限的存储空间和运算能力，如常见的 ARM 平台，其一般的静态存储空间大概是 16M～32MB，而 CPU 的主频大概在100M～500MHz。这种情况下，在 ARM 平台上进行本机编译就不太可能了，这是因为一般的编译工具链需要很大的存储空间，并需要很强的 CPU 运算能力。为了解决这个问题，交叉编译工具就应运而生了。通过交叉编译工具，可以在 CPU 能力很强、存储控件足够的主机平台上编译出针对其他平台的可执行程序。

交叉编译是嵌入式开发过程中的一项重要技术，它的主要特征是某机器中执行的程序代码不是在本机编译生成，而是由另一台机器编译生成，一般把前者称为目标机，后者称为主机。采用交叉编译的主要原因在于，多数嵌入式目标系统不能提供足够的资源供编译过程使用，因而只好将编译工程转移到高性能的主机中进行。

Linux下的交叉编译环境主要包括以下几个部分。

① 针对目标系统的编译器 gcc。
② 针对目标系统的二进制工具binutils。
③ 目标系统的标准 c 库 glibc。
④ 目标系统的 Linux 内核头文件。

其中，binutils 为二进制文件的处理工具，它主要包括一些辅助开发工具，例如，readelf 可显示 elf 文件信息及段信息；nm 可列出程序的符号表；strip 将不必要的代码去掉以减小可执行文件，objdump 可用来显示反汇编代码等，GCC 是 GNU 提供的支持多种输入高级语言与多种输出机器码的编译器，是 Linux 操作系统的配套编译器，支持 Linux 所采用的扩展 C 语言。glibc 是连接和运行库，由于此链接和运行库需运行在目标开发板上，所以必须用先前建立的交叉编译器对其进行编译。还可以使用 uclibc 等其他链接和运行库作为 glibc 的替代品，此外，若不是从硬盘启动，则还需为 Linux 制作 ramdisk。在 ramdisk上，除了要安放/dev（放置 Linux 操作系统所需要的设备文件）、/etc（放置 Linux 系统配置文件）、/lib（放置交叉编译后生成的库文件）等目录及其下的文件外，还需要在/bin 和/sbin下放置各种系统必需的命令程序，如 shell，init，vi 等，为此需要 BusyBox 或者 tinylogin等专为 Linux 操作系统提供的标准工具程序。凡此均可以在 GNU 旗下的网站下载并自由修改其源代码。

交叉编译环境的建立步骤如下。

（1）下载源代码

下载包括 binutils，gcc，glibc 及 Linux 内核的源代码。需要注意的是，glibc 和内核源代码的版本必须与目标机上实际使用的版本保持一致,并设定 shell 变量 PREFIX 指定可执行程序的安装路径。

(2)编译 binutils

首先运行 configure 文件,并使用--prefix=$PREFIX 参数指定安装路径,使用--target=arm-linux 参数指定目标机类型,然后执行 make install。

(3)配置 Linux 内核头文件

首先执行 make mrproper 进行清理工作,然后执行 make config ARCH=arm 进行配置,这一步需要根据目标机的实际情况进行详细的配置,所进行的实验中目标机为 HP 的 ipaq-hp3630 PDA,因而设置 system type 为 SA11X0,在 SA11X0 Implementations 中选择 Compaq iPAQ H3600/H3700。

配置完成后,需要将内核头文件复制到安装目录:cp -dR include/asm-arm $PREFIX/arm-linux/include/asm cp -dR include/linux $PREFIX/arm-linux/include/linux。

(4)第一次编译 gcc

首先运行 configure 文件,使用--prefix=$PREFIX 参数指定安装路径,使用--target=arm-linux 参数指定目标机类型,并使用--disable-threads、--disable-shared、--enable-languages=c 参数,然后执行 make install。这一步将生成一个最简的 gcc。由于编译整个 gcc 是需要目标机的 glibc 库的,它现在还不存在,因此,首先需要生成一个最简的 gcc,它只需要具备编译目标机 glibc 库的能力即可。

(5)交叉编译 glibc

这一步骤生成的代码是针对目标机 CPU 的,因此它属于一个交叉编译过程。该过程要用到 Linux 内核头文件,默认路径为 $PREFIX/arm-linux/sys-linux,因而需要在 $PREFIX/arm-linux 中建立一个名为 sys-linux 的软链接,使其内核头文件所在的 include 目录或者在接下来要执行的 configure 命令中使用--with-headers 参数指定 Linux 内核头文件的实际路径。

configure 的运行参数设置如下(因为是交叉编译,所以要将编译器变量 CC 设为 arm-linux-gcc):

```
CC=arm-linux-gcc
./configure
  --prefix=$PREFIX/arm-linux
  --host=arm-linux
  --enable-add-ons
```

最后,按以上配置执行 configure 和 make install,glibc 的交叉编译过程就算完成了,这里需要指出的是,glibc 的安装路径设置为$PREFIXARCH=arm/arm-linux,如果此处设置不当,第二次编译 gcc 时可能找不到 glibc 的头文件和库。

(6)第二次编译 gcc

运行 configure,参数设置为--prefix=$PREFIX --target=arm-linux --enable-languages=c,c++。

运行 make install。

第 8 章
Linux 内核裁剪与移植

至此,整个交叉编译环境就完全生成了。

8.5 综合实例

实例 8-2 编译 Linux 内核应用实例

起始文件——附带光盘"Ch8\实例 8-2"文件夹

动画演示——附带光盘"AVI\实例 8-2.avi"

通过编译 Linux 内核,熟悉 Linux 内核编译的过程。使新编译的内核能够正常启动,为后续的实验、修改内核甚至是操作系统构成实验打下基础。

在原来 Linux 内核的基础上,编译一个属于自己版本的内核,建立双系统,并均能正常启动。建立双系统的目的是:如果自己所编译的内核出现问题,不能正常进入,可以从原先的版本进入。

编译内核通常也需要几个步骤:一是清除以前编译通过的残留文件;二是编译内核 image 文件和可加载模块;三是安装模块。在编译内核前,可先参考内核的方法,changes 文件主要给出编译和运行内核需要的最低工具软件列表。由于是基于 ARM 处理器平台移植,所以,还可以参考 Documentation/arm/README 文件,该文档主要说明编译 ARM Linux 内核的基本方法。

【详细步骤】

下面具体介绍编译内核的基本步骤。

① make dep 命令用在内核 2.4 前,用于建立源文件之间的依赖关系,在执行内核配置命令之后使用,不过在 2.6 内核中已经取消该命令,该功能有内核配置命令实现。在 2.6 内核中输入此命令,如图 8-9 所示。

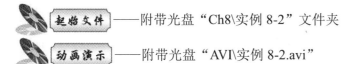

图 8-9 执行 make dep 命令

② make clean 命令用于删除前面留下来的中间文件,该命令不会删除.config 等配置文件。

如图 8-10 所示,这个步骤是可选的,它的目的是清除原先编译过而残留的.com 和.o。如果是刚下载的源代码,那么这一步就可以省略了,但是,如果是已经编译多次内核,这一步就是必要的,否则后面可能会出现很多莫名其妙的问题。

③ make zImage 命令用于编译生成压缩形式的内核映像,如图 8-11 所示。

④ 如果要编译在 uboot 下使用的内核,将 make zImage 替换成 make uImage 即可,当编译成功后,如图 8-12 所示。就会在 arch\arm\boot\目录下生成 zImage 文件,大小一般为几百 KB,如图 8-13 所示。

对于嵌入式 Linux 内核而言,直接将生成的 zImage 下载到嵌入式目标板的 Flash 中即可。对于较大的内核,如果用 make zImage 编译,系统会提示使用 make bzImage 命令来编译,bzImage 是 big zImage 的缩写,可用于生成较大点的压缩内核,如桌面 Linux

系统内核。

```
[root@men linux_kernel]# make clean
  CLEAN   arch/arm/boot
  CLEAN   arch/arm/kernel
  CLEAN   drivers/char
  CLEAN   drivers/video/logo
  CLEAN   init
  CLEAN   lib
  CLEAN   usr
  CLEAN   include/asm-arm/constants.h include/asm-arm/mach-types.h include/asm-arm/arch inc
sm-arm/.arch vmlinux System.map .tmp_kallsyms1.o .tmp_kallsyms1.S .tmp_kallsyms2.o .tmp_kal
.S .tmp_vmlinux1 .tmp_vmlinux2 .tmp_System.map
[root@men linux_kernel]#
```

图 8-10 执行 make clean 命令

```
[root@men linux_kernel]# make zImage
  CHK     include/linux/version.h
  HOSTCC  scripts/basic/fixdep
  HOSTCC  scripts/basic/split-include
  HOSTCC  scripts/basic/docproc
  CC      scripts/mod/empty.o
  HOSTCC  scripts/mod/mk_elfconfig
  MKELF   scripts/mod/elfconfig.h
  HOSTCC  scripts/mod/file2alias.o
  HOSTCC  scripts/mod/modpost.o
  HOSTCC  scripts/mod/sumversion.o
scripts/mod/sumversion.c: 在函数'parse_file'中:
```

图 8-11 执行 make zImage 命令

```
  AR      arch/arm/lib/lib.a
  GEN     .version
  CHK     include/linux/compile.h
  UPD     include/linux/compile.h
  CC      init/version.o
  LD      init/built-in.o
  LD      .tmp_vmlinux1
  KSYM    .tmp_kallsyms1.S
  AS      .tmp_kallsyms1.o
  LD      .tmp_vmlinux2
  KSYM    .tmp_kallsyms2.S
  AS      .tmp_kallsyms2.o
  LD      vmlinux
  SYSMAP  System.map
  SYSMAP  .tmp_System.map
  OBJCOPY arch/arm/boot/Image
  Kernel: arch/arm/boot/Image is ready
  AS      arch/arm/boot/compressed/head.o
  GZIP    arch/arm/boot/compressed/piggy.gz
  AS      arch/arm/boot/compressed/piggy.o
  CC      arch/arm/boot/compressed/misc.o
  LD      arch/arm/boot/compressed/vmlinux
  OBJCOPY arch/arm/boot/zImage
  Kernel: arch/arm/boot/zImage is ready
[root@men linux_kernel]#
```

图 8-12 编译成功

⑤ 如果在配置菜单的过程中，有些选项被选择为模块的，即选项前为[M]，并且在回答 Enable loadable module support （CONFIG_MODULES）时选了 Yes 的，则接下来就还要用命令 make modules 来编译这些可加载模块，并用 make modules_install 将 make modules 生成的模块文件复制到相应目录。桌面 Linux 内核一般是在/lib/modules 目录下，而对于嵌入式 Linux 内核，由于利用了交叉编译器编译，并且应用在目标板上，所以，需要安装的模块一般不在默认的路径下，通常可以利用选项 INSTLL_MOD_PATH=$TARGETSIR 来制定要安装的位置。这两个命令完成后，系统就会在/lib/modules 目录下生成一个以内核版本号为名字的子目录，其中存在着新内核 zImage 或 bzImage 的所有可加载模块。

⑥ 如果是直接升级 PC 桌面 Linux 系统的内核，那么接下来还要用 make install 命令来安装新内核。如果是嵌入式 Linux 内核，则只需要将 make zImage 命令所生成的 zImage 下载到嵌入式目标板的 Flash 中。

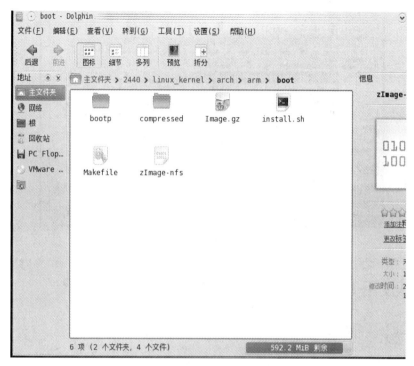

图 8-13 生成 zImage 文件

实例 8-3 Linux 内核的烧写实例

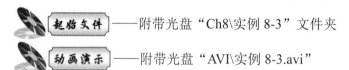

起始文件——附带光盘"Ch8\实例 8-3"文件夹

动画演示——附带光盘"AVI\实例 8-3.avi"

内核的烧写就是将内核映像文件下载到目标板上,内核的烧写前提是在目标板上,下载了相关的 Bootloader 程序,此部分已在前面的章节中做了详细的介绍,此处不再赘述。下面通过例子直接讲解内核的烧写。

【详细步骤】

① 启动超级终端(波特率为 115200Bps),连好串口线,在开机的瞬间快速地按空格键,就进入 uboot 控制台命令行下。

② 在 Windows 下安装 TFTP 软件,立即选择要发送的文件,如 uImage 文件,这里 Linux 环境下源代码 arch/arm/boot 目录下的 uImage 内核映像文件已转移到 Windows 的某个目录下。同时要选择合适的 Xmodem 协议。

③ 在 uboot 命令行输入:run install-kernel,按 Enter 键后会提示等待。

④ 下载完成后,重启开发板,如果能出现图 8-14 所示的提示,则表示下载内核成功。但此时按 Enter 键后,还不会进入到控制台下,控制台时需要移植文件系统后才会进入。

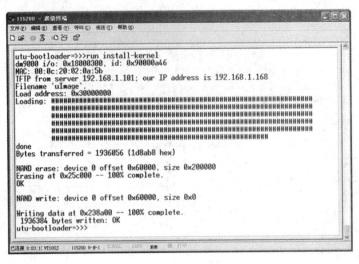

图 8-14 烧写成功

实例 8-4　使用 KGDB 构建 Linux 内核调试环境

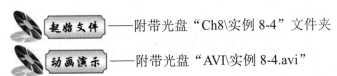

——附带光盘 "Ch8\实例 8-4" 文件夹

——附带光盘 "AVI\实例 8-4.avi"

调试是软件开发过程中一个必不可少的环节，在 Linux 内核开发的过程中也不可避免地会面对如何调试内核的问题。但是，Linux 系统的开发者出于保证内核代码正确性的考虑，不愿意在 Linux 内核源代码树中加入一个调试器。他们认为内核中的调试器会误导开发者，从而引入不良的修正。所以，对 Linux 内核进行调试一直是一个令内核程序员感到棘手的问题，调试工作的艰苦性是内核级的开发区别于用户级开发的一个显著特点。

尽管缺乏一种内置的调试内核的有效方法，但是 Linux 系统在内核发展的过程中也逐渐形成了一些监视内核代码和错误跟踪的技术。同时，许多的补丁程序应运而生，它们为标准内核附加了内核调试的支持。尽管这些补丁有些并不被 Linux 官方组织认可，但它们确实功能完善，十分强大。调试内核问题时，利用这些工具与方法跟踪内核执行情况，并查看其内存和数据结构将是非常有用的。

（1）Kgdb 构建 Linux 内核的介绍

本实例将首先介绍 Linux 内核上的一些内核代码监视和错误跟踪技术，这些调试和跟踪方法因所要求的使用环境和使用方法而各有不同，然后重点介绍使用 Kgdb 构建 Linux 内核调试环境。

printk（）是调试内核代码时最常用的一种技术。在内核代码中的特定位置加入 printk（）调试调用，可以直接把所关心的信息打印到屏幕上，从而可以观察程序的执行路径和所关心的变量、指针等信息。Linux 内核调试器（Linux kernel debugger，kdb）是 Linux 内核的补丁，它提供了一种在系统能运行时对内核内存和数据结构进行检查的办法。Oops，KDB 在《掌握 Linux 调试技术》中有详细介绍，可以参考。Kprobes 提供了一个强行进入任何内核例程,并从中断处理器无干扰地收集信息的接口。使用 Kprobes 可以轻松地收集处理器寄存器和全局数据结构等调试信息,而无须对 Linux 内核频繁编译和启动,具体使用方法,请参考使用 Kprobes 调试内核。

以上介绍了进行 Linux 内核调试和跟踪时的常用技术和方法。当然,内核调试与跟踪的方法还不止以上提到的这些。这些调试技术的一个共同的特点在于它们都不能提供源代码级的有效的内核调试手段,有些只能称为错误跟踪技术,因此,这些方法都只能提供有限的调试能力。下面将介绍使用 Kgdb 构建 Linux 内核调试环境。

Kgdb 提供了一种使用 gdb 调试 Linux 内核的机制。使用 Kgdb 可以像调试普通的应用程序那样,在内核中进行设置断点、检查变量值、单步跟踪程序运行等操作。使用 Kgdb 调试时需要两台机器,一台作为开发机,另一台作为目标机,两台机器之间通过串口或者以太网口相连,如图 8-15 所示。串口连接线是一根 RS-232 接口的电缆,在其内部两端的第 2 脚(TXD)与第 3 脚(RXD)交叉相连,第 7 脚(接地脚)直接相连。调试过程中,被调试的内核运行在目标机上,gdb 调试器运行在开发机上。

目前,Kgdb 发布支持 i386、x86_64、32-bit PPC、SPARC 等几种体系结构的调试器。

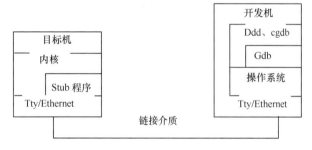

图 8-15　Kgdb 调式内核示意图

(2) Kgdb 的调试原理

安装 Kgdb 调试环境需要为 Linux 内核应用 Kgdb 补丁,补丁实现的 gdb 远程调试所需要的功能包括命令处理、陷阱处理及串口通信 3 个主要的部分。Kgdb 补丁的主要作用是在 Linux 内核中添加了一个调试 Stub,调试 Stub 是 Linux 内核中的一小段代码,提供了运行 gdb 的开发机和所调试内核之间的一个媒介。gdb 和调试 stub 之间通过 gdb 串行协议进行通信。gdb 串行协议是一种基于消息的 ASCII 码协议,包含了各种调试命令。当设置断点时,Kgdb 负责在设置断点的指令前增加一条 trap 指令,当执行到断点时控制权就转移到调试 stub 中去。此时,调试 stub 的任务就是使用远程串行通信协议将当前环境传送给 gdb,然后从 gdb 处接受命令。gdb 命令告诉 stub 下一步该做什么,当 stub 收到继续执行的命令时,将恢复程序的运行环境,把对 CPU 的控制权重新交还给内核。

【详细步骤】

下面将以 Linux2.6.7 内核为例详细介绍 Kgdb 调试环境的建立过程。

(1) 软硬件准备

取表 8-1 所示的软硬件配置进行试验的系统配置情况:

Kgdb 补丁的版本遵循如下命名模式:Linux-A-Kgdb-B,其中 A 表示 Linux 的内核版本号,B 为 Kgdb 的版本号。以试验使用的 Kgdb 补丁为例,Linux 内核的版本为 Linux-

2.6.7，补丁版本为 Kgdb-2.2。

表 8-1 系统软硬件配置表

硬　件	目　标　机	开　发　机	备　注
IP 地址	192.168.5.13	192.168.6.13	——
连接端口	Com1	Com1	试验选用串口连接，调用端口的选用于太网口
操作系统	Fedora3	Fedora3	选用 redhat7.3 或以后版本
Linux 内核	Linux2.6.7		——
Kgdb 内核补丁	Linux-2.6.7-Kgdb-2.2.tar.tar		下载与 Linux 内核版本相对应的 Kgdb 补丁
串口线	使用调制解调器电缆		或者按要求自己制作串口电缆

物理连接好串口线后，使用于下命令来测试两台机器之间串口连接情况，stty 命令可以对串口参数进行设置，如下：

在 development 机上执行：

> stty ispeed 115200 ospeed 115200 -F /dev/ttyS0

在 target 机上执行：

> stty ispeed 115200 ospeed 115200 -F /dev/ttyS0

在 developement 机上执行：

> echo hello > /dev/ttyS0

在 target 机上执行：

> cat /dev/ttyS0

如果串口连接正常，将在 target 机的屏幕上显示"hello"。

（2）安装与配置

下一步需要应用 Kgdb 补丁，到 Linux 内核设置内核选项并编译内核。下面的工作在开发机上进行，以上面介绍的试验环境为例，某些具体步骤在实际的环境中可能要做适当的改动。首先介绍内核的配置与编译，如下：

> [root@lisl tmp]# tar -jxvf linux-2.6.7.tar.bz2
> [root@lisl tmp]#tar -jxvf linux-2.6.7-Kgdb-2.2.tar.tar
> [root@lisl tmp]#cd linux-2.6.7

参照目录补丁包中文件 README 给出的说明，执行对应体系结构的补丁程序。由于试验在 i386 体系结构上完成，所以只需要安装补丁 core-lite.patch、i386-lite.patch、8250.patch、eth.patch、core.patch、i386.patch。应用补丁文件时，遵循 Kgdb 软件包内 series 文件所指定的顺序，否则可能会带来预想不到的问题。eth.patch 文件是选择以太网口作为调试的连接端口时需要运用的补丁。

应用补丁的命令如下所示：

> [root@lisl tmp]#patch -p1 <../linux-2.6.7-Kgdb-2.2/core-lite.patch

如果内核正确，那么应用补丁时应该不会出现任何问题。为 Linux 内核添加了补丁后，需

第 8 章 Linux 内核裁剪与移植

要进行内核的配置。内核的配置可以选择配置 Linux 内核的任意一种方式。

    [root@lisl tmp]#make menuconfig

在内核配置菜单的 Kernel hacking 选项中选择 Kgdb 调试项，例如：

    [*] Kgdb： kernel debugging with remote gdb
    Method for Kgdb communication （Kgdb： On generic serial port （8250））--->
    [*] Kgdb： Thread analysis
    [*] Kgdb： Console messages through gdb
    [root@lisl tmp]#make

编译内核前应注意 Linux 目录下 Makefile 中的优化选项，默认的 Linux 内核的编译都以-O2 的优化级别进行。在这个优化级别下，编译器要对内核中的某些代码的执行顺序进行改动，所以，在调试时会出现程序运行与代码顺序不一致的情况。可以把 Makefile 中的-O2 选项改为-O，但不可去掉-O，否则编译会出问题。为了使编译后的内核带有调试信息，注意在编译内核时需要加上-g 选项。

当选择"Kernel debugging->Compile the kernel with debug info"选项后配置系统将自动打开调试选项。另外，选择"kernel debugging with remote gdb"后，配置系统将自动打开"Compile the kernel with debug info"选项。

内核编译完成后，使用 scp 命令进行将相关文件复制到目标机上。

    [root@lisl tmp]#scp arch/i386/boot/bzImage root@192.168.6.13：/boot/vmlinuz-2.6.7-Kgdb
    [root@lisl tmp]#scp System.map root@192.168.6.13：/boot/System.map-2.6.7-Kgdb

如果系统启动使所需要的某些设备驱动没有编译进内核的情况下，那么还需要执行如下操作：

    [root@lisl tmp]#mkinitrd /boot/initrd-2.6.7-Kgdb 2.6.7
    [root@lisl tmp]#scp initrd-2.6.7-Kgdb root@192.168.6.13：/boot/ initrd-2.6.7-Kgdb

下面介绍 Kgdb 的启动。在将编译出的内核复制到 target 机器后，需要配置系统引导程序，加入内核的启动选项。表 8-2 是 Kgdb 内核引导参数的说明。

表 8-2 Kgdb 内核引导参数

启动参数	含 义
Kgdboe=@local-ip/，@remote-ip/	当使用网络接口作为调试作为启动参数告诉 stub，指定 target 机和 develop 机的 IP 地址
2.0 版本以前的 Kgdb：gdb gdbttyS=1 gdbbaud=115200	
Gdb	内核启动时等待 gdb 连接
gdbttyS	该选项指定 Kgdb stub 使用哪一个串口进行通信。取值为 0～3 分别代表 ttyS0 到 ttyS3 端口
Gdbbaud	指定串口的波特率，波特率范围为 9600～115200
2.0 版本以后的 Kgdb：Kgdbwait Kgdb8250=0，115200	
Kgdbwait	内核启动时等待 gdb 连接
Kgdb8250=<port number>，<port spread>	该选项指定 Kgdb stub 使用哪一个串口进行通信，取值为 0～3。并指定端口的波特率，所支持的波特率为 9600，19200，38400，57600 和 115200

如表中所述，在 Kgdb 2.0 版本后内核的引导参数已经与以前的版本有所不同。使用 grub 引导程序时，直接将 Kgdb 参数作为内核 vmlinuz 的引导参数。下面给出引导器的配置示例。

```
title 2.6.7 Kgdb
root （hd0，0）
kernel /boot/vmlinuz-2.6.7-Kgdb ro root=/dev/hda1 Kgdbwait Kgdb8250=1，115200
```

在使用 lilo 作为引导程序时，需要把 Kgdb 参数放在由 append 修饰的语句中。下面给出使用 lilo 作为引导器时的配置示例。

```
image=/boot/vmlinuz-2.6.7-Kgdb
label=Kgdb
read-only
root=/dev/hda3
append="gdb gdbttyS=1 gdbbaud=115200"
```

保存好以上配置后重新启动计算机，选择启动带调试信息的内核，内核将在短暂的运行后、创建 init 内核线程前停下来，打印出以下信息，并等待开发机的连接。

```
Waiting for connection from remote gdb...
```

在开发机上执行如下：

```
gdb
file vmlinux
set remotebaud 115200
target remote /dev/ttyS0
```

其中，vmlinux 是指向源代码目录下编译出来的 Linux 内核文件的链接，是没有经过压缩的内核文件，gdb 程序从该文件中得到各种符号地址信息。

这样，就与目标机上的 Kgdb 调试接口建立了联系。一旦建立链接后，对 Linux 内的调试工作与对普通的运用程序的调试就没有什么区别了。任何时候都可以通过键入 Ctrl+C 打断目标机的执行，进行具体的调试工作。

在 Kgdb 2.0 前的版本中，编译内核后在 arch/i386/kernel 目录下还会生成可执行文件 gdbstart。将该文件复制到 target 机器的/boot 目录下，此时无需更改内核的启动配置文件，直接使用命令如下：

```
[root@lisl boot]#gdbstart -s 115200 -t /dev/ttyS0
```

可以在 Kgdb 内核引导启动完成后建立开发机与目标机之间的调试联系。

（3）通过网络接口进行调试

Kgdb 也支持使用于太网接口作为调试器的连接端口。在对 Linux 内核应用补丁包时，需应用 eth.patch 补丁文件。配置内核时在 Kernel hacking 中选择 Kgdb 调试项，配置 Kgdb 调试端口为以太网接口，例如：

```
[*]Kgdb:   kernel debugging with remote gdb
Method for Kgdb communication   (Kgdb:   On ethernet)--->
```

（　）Kgdb： On generic serial port　（8250）

（X）Kgdb： On ethernet

另外使用 eth0 网口作为调试端口时，grub.list 的配置如下：

```
title 2.6.7 Kgdb
root （hd0，0）
kernel /boot/vmlinuz-2.6.7-Kgdb ro root=/dev/hda1 Kgdbwait Kgdboe=@192.168
5.13/，@192.168. 6.13/
```

其他的过程与使用串口作为连接端口时的设置过程相同。

注意：尽管可以使用于太网口作为 Kgdb 的调试端口，使用串口作为连接端口更加简单易行，Kgdb 项目组推荐使用串口作为调试端口。

（4）模块的调试方法

内核可加载模块的调试具有其特殊性。由于内核模块中各段的地址是在模块加载进内核时才最终确定的，develop 机的 gdb 无法得到各种符号地址信息。所以，使用 Kgdb 调试模块所需要解决的一个问题是需要通过某种方法获得可加载模块的最终加载地址信息，并把这些信息加入到 gdb 环境中。下面分别介绍在 Linux2.4 和 Linux2.6 后的内核模块调试方法。

在 Linux2.4.x 内核中，可以使用 insmod -m 命令输出模块的加载信息，例如：

```
[root@lisl tmp]# insmod -m hello.ko >modaddr
```

查看模块加载信息文件 modaddr 如下：

```
.this       00000060    c88d8000    2**2
.text       00000035    c88d8060    2**2
.rodata     00000069    c88d80a0    2**5
……
.data       00000000    c88d833c    2**2
.bss        00000000    c88d833c    2**2
……
```

在这些信息中，注意 4 个段的地址：.text、.rodata、.data、.bss。在 development 机上将以上地址信息加入到 gdb 中，就可以进行模块功能的测试了。

（gdb）Add-symbol-file hello.o 0xc88d8060 -s .data 0xc88d80a0 -s
.rodata 0xc88d80a0 -s .bss 0x c88d833c

这种方法也存在一定的不足，它不能调试模块初始化的代码，因为此时模块初始化代码已经执行过了。而如果不执行模块的加载又无法获得模块插入地址，更不可能在模块初始化之前设置断点了。对于这种调试要求可以采用于下替代方法。

在 target 机上用上述方法得到模块加载的地址信息，然后再用 rmmod 卸载模块。在 development 机上将得到的模块地址信息导入到 gdb 环境中，在内核代码的调用初始化代码之前设置断点。这样，在 target 机上再次插入模块时，代码将在执行模块初始化之前停下来，这样就可以使用 gdb 命令调试模块初始化代码了。

另外一种调试模块初始化函数的方法是：当插入内核模块时，内核模块机制将调用函数 sys_init_module（kernel/modle.c）执行对内核模块的初始化，该函数将调用所插入模块的初始化函数，程序代码如下：

```
…… ……
if（mod->init != NULL）
ret = mod->init（）;
…… ……
```

在该语句上设置断点，也能在执行模块初始化前停下来。

如果是 Linux2.6 以后的内核，调试内核过程中，由于 module-init-tools 工具的更改，insmod 命令不再支持-m 参数，只有采取其他的方法来获取模块加载到内核的地址。通过分析 ELF 文件格式，知道程序中各段的意义如下：

- .text（代码段）：用来存放可执行文件的操作指令，即它是可执行程序在内存中的镜像。
- .data（数据段）：数据段用来存放可执行文件中已初始化的全局变量，也就是存放程序静态分配的变量和全局变量。
- .bss（BSS 段）：BSS 段包含了程序中未初始化的全局变量，在内存中 bss 段全部置零。
- .rodata（只读段）：该段保存着只读数据，在进程映象中构造不可写的段。

通过在模块初始化函数中放置代码，可以很容易地获得模块加载到内存中的地址。

```
……
int bss_var;
static int hello_init（void）
{
printk（KERN_ALERT "Text location .text（Code Segment）: %p\n", hello_init）;

static int data_var=0;
printk（KERN_ALERT "Data Location .data（Data Segment）: %p\n", &data_var）;
printk（KERN_ALERT "BSS Location:  .bss（BSS Segment）: %p\n", &bss_var）;
……
}
Module_init（hello_init）;
```

这里，通过在模块的初始化函数中添加一段简单的程序，使模块在加载时打印出在内核中的加载地址。.rodata 段的地址可以通过执行命令 readelf -e hello.ko，取得.rodata 在文件中的偏移量并加上段的 align 值得出。

为了能够更好地进行模块的调试，Kgdb 项目还发布了一些脚本程序能够自动探测模块的插入并自动更新 gdb 中模块的符号信息。这些脚本程序的工作原理与前面解释的工作过程相似。

（5）硬件断点

Kgdb 提供对硬件调试寄存器的支持。在 Kgdb 中可以设置三种硬件断点：执行断点

第 8 章
Linux 内核裁剪与移植

（Execution Breakpoint）、写断点（Write Breakpoint）、访问断点（Access Breakpoint）但不支持 I/O 访问的断点。目前，Kgdb 对硬件断点的支持是通过宏来实现的，最多可以设置 4 个硬件断点，这些宏的用法参见表 8-3。

表 8-3　Kgdb 硬件断点宏

硬 件 宏	含　　义	用　　法
Hwebrk	设置执行断点	Hwebrk breakpointno address
Hwwbrk	设置写断点	Hwwbrk breakpointno length address
hwabrk	设置访问断点	Hwabrk breakpointno length address
Hwrmbrk	现实断点信息	
Exinfo	显示断点信息	
Breakpointno：0-3　length0-3 address 十六进制表示的内存地址		

（6）虚拟机之间的串口连接

虚拟机中的串口连接可以采用两种方法。一种是指定虚拟机的串口连接到实际的 COM 上，例如，开发机连接到 COM1，目标机连接到 COM2，然后把两个串口通过串口线相连接。另一种更为简便的方法是：在较高一些版本的 VMware 中都支持把串口映射到命名管道，把两个虚拟机的串口映射到同一个命名管道。例如，在两个虚拟机中都选定同一个命名管道\\.\pipe\com_1，指定 target 机的 COM 口为 server 端，并选择"The other end is a virtual machine"属性；指定 development 机的 COM 口端为 client 端，同样指定 COM 口的"The other end is a virtual machine"属性。对于 I/O mode 属性，在 target 上选择"Yield CPU on poll"复选择框，development 机不选。如图 8-16 所示，这样，可以无需附加任何硬件，利用虚拟机就可以搭建 Kgdb 调试环境。既降低了使用 Kgdb 进行调试的硬件要求，也简化了建立调试环境的过程。

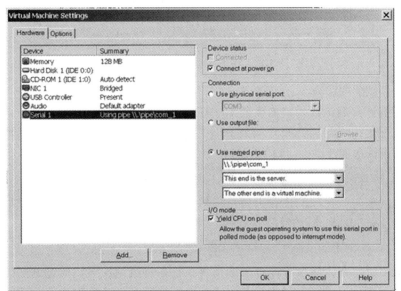

图 8-16　两个虚拟机中都选定同一个命名管道

(7) 在 Linux 下的虚拟机中使用 Kgdb

VMware 虚拟机是比较占用资源的，尤其是像上面那样在 Windows 中使用两台虚拟机。因此，最好为系统配备 512M 以上的内存，每台虚拟机至少分配 128M 的内存。这样的硬件要求，对目前主流配置的 PC 而言并不是过高的要求。出于系统性能的考虑，在 VMware 中尽量使用字符界面进行调试工作。同时，Linux 系统默认情况下开启了 sshd 服务，建议使用 SecureCRT 登录到 Linux 进行操作，这样可以有较好的用户使用界面。

在 Linux 下面使用 VMware 虚拟机，从原理上而言，只需要在 Linux 下创建一台虚拟机作为 target 机，开发机的工作可以在实际的 Linux 环境中进行，搭建调试环境的过程与上面所述的过程类似。由于只需要创建一台虚拟机，所以，使用 Linux 下的虚拟机搭建 Kgdb 调试环境对系统性能的要求较低。还可以使用一些其他的调试工具，如功能更强大的 cgdb、图形界面的 DDD 调试器等，以方便内核的调试工作，如图 8-17 所示。

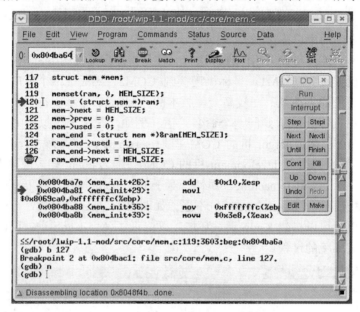

图 8-17　图形界面的 DDD 调试器

(8) 内核调试配置选项

为了方便调试和测试代码，内核提供了许多与内核调试相关的配置选项。这些选项大部分都在内核配置编辑器的内核开发菜单项中。在内核配置目录树菜单的其他地方也还有一些可配置的调试选项，下面将对它们进行介绍。

Page alloc debugging：CONFIG_DEBUG_PAGEALLOC：

不使用该选项时，释放的内存页将从内核地址空间中移出。使用该选项后，内核推迟移出内存页的过程，因此能够发现内存泄漏的错误。

Debug memory allocations：CONFIG_DEBUG_SLAB：

打开该选项时，在内核执行内存分配前将执行多种类型检查，通过这些类型检查可以发现诸如内核过量分配或者未初始化等错误。内核将会在每次分配内存前后时设置一些警戒值，如果这些值发生了变化，那么，内核就会知道内存已经被操作过并给出明确的提示，从而使各种隐含的错误变得容易被跟踪。

Spinlock debugging：CONFIG_DEBUG_SPINLOCK：

打开此选项时，内核将能够发现 spinlock 未初始化及各种其他的错误，能用于排除一些死锁引起的错误。

Sleep-inside-spinlock checking：CONFIG_DEBUG_SPINLOCK_SLEEP：

打开该选项时，当 spinlock 的持有者要睡眠时会执行相应的检查。实际上即使调用者目前没有睡眠，而只是存在睡眠的可能性时也会给出提示。

Compile the kernel with debug info：CONFIG_DEBUG_INFO：

打开该选项时，编译出的内核将会包含全部的调试信息，使用 gdb 时需要这些调试信息。

Stack utilization instrumentation：CONFIG_DEBUG_STACK_USAGE：

该选项用于跟踪内核栈的溢出错误，一个内核栈溢出错误的明显的现象是产生 oops 错误却没有列出系统的调用栈信息。该选项将使内核进行栈溢出检查，并使内核进行栈使用的统计。

Driver Core verbose debug messages：CONFIG_DEBUG_DRIVER：

该选项位于"Device drivers-> Generic Driver Options"下，打开该选项使得内核驱动核心产生大量的调试信息，并将它们记录到系统日志中。

Verbose SCSI error reporting（kernel size +=12K）：CONFIG_SCSI_CONSTANTS：

该选项位于"Device drivers/SCSI device support"下。当 SCSI 设备出错时内核将给出详细的出错信息。

Event debugging：CONFIG_INPUT_EVBUG：

打开该选项时，会将输入子系统的错误及所有事件都输出到系统日志中。该选项在产生了详细的输入报告的同时，也会导致一定的安全问题。

以上内核编译选项需要读者根据自己所进行的内核编程的实际情况，灵活选取。使用 Kgdb 构建 Linux 内核调试环境一般需要选取 CONFIG_DEBUG_INFO 选项，以使编译的内核包含调试信息。

8.6 本章小结

本章主要介绍了 Linux 操作系统移植知识，着重讲述了 Linux 内核结构和操作系统移植，通过多个综合实例使得读者掌握 Linux 操作系统的移植技术。

第 9 章 Linux 根文件系统的构建

文件系统是操作系统中最直观的部分,用户可以通过文件直接地和操作系统进行交互。另外,操作系统为计算机提供的数据计算、数据存储的数据都通过文件系统直观的存储在介质上,对其进行管理。Linux 内核在系统启动期间进行的最后操作之一就是安装根文件系统。本章的主要内容包括 Linux 文件系统的概述、使用 BusyBox 生成工具集及构建根文件系统。

 本章内容

- Linux 根文件目录结构及根文件目录的内容。
- Linux 根文件的属性。
- 介绍 BusyBox 进程和用户程序启动过程。
- BusyBox 的编译/安装。
- 根文件系统的制作流程。
- yaffs 文件系统设置和测试。

 本章案例

- 用 BusyBox 建立简单的文件系统
- 构建根文件系统
- 制作 yaffs 文件系统映像文件
- 制作 jffs2 文件系统映像文件

9.1 Linux 文件系统概述

Linux 文件系统与常使用的 Windows 文件系统有较大的差别,它拥有自身的许多特点。这一节中,主要介绍嵌入式系统的一些基本特点、目录结构及属性。

9.1.1 Linux 文件系统的特点

在 Linux 操作系统中,内核映像文件、内核启动后运行的第一个程序、给用户提供操

第 9 章 Linux 根文件系统的构建

作界面的 Shell 程序等这些系统启动所必需的文件合称为根文件系统，它们存放在一个分区中。Linux 系统启动后首先挂接这个分区，称为挂接（mount）根文件系统。其他分区上所有目录、文件的集合，也称为文件系统。

Linux 以树状结构管理所有目录、文件，其他分区挂接在这个目录上，这个目录被称为挂接点或安装点（mount point），然后就可以通过这个目录来访问这个分区上的文件。

为了对各类文件系统进行统一管理，Linux 引入了虚拟文件系统 VFS（Virtual File System），为各类文件系统提供一个统一的操作界面和应用编程接口。不同的文件系统类型有不同的特点，因而根据存储设备的硬件特性、系统需求等有不同的应用场合。在嵌入式 Linux 应用中，主要的存储设备为 RAM 和 ROM，常用的基于存储设备的文件系统类型包括：jffs2，yaffs，cramfs，romfs，ramdisk，ramfs/tmpfs 等。Linux 的文件结构如图 9-1 所示。

Linux 系统支持很多的文件系统，因此，Linux 可以与其他操作系统很友好的共存，这也是 Linux 广泛应用的关键因素之一。Linux 早期的文件系统有 ext，ext2，vfat 等 15 种，后来又被开发者增加了很多。现在常用的文件系统有 jffs2 和 yaffs。

下面介绍一下它们各自的特点。

（1）jffs2 文件系统简介

jffs2 文件系统是瑞典 Axis 通信公司开发的一种基于 Flash 的日志文件系统，它在设计时充分考虑了 Flash 的读写特性和用电池供电的嵌入式系统的特点，在这类系统中必须确保在读取文件时，如果系统突然掉电，其文件的可靠性不受到影响。对 Red Hat 的 Davie Woodhouse 进行改进后，形成了 jffs2。主要改善了数据存储策略以提高闪存的抗疲劳性，同时也优化了碎片整理性能，增加了数据压缩功能。

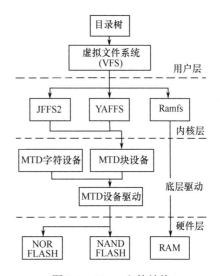

图 9-1 Linux 文件结构

jffs2 是一个日志结构的文件系统，其功能就是管理在 MTD 设备上实现的日志型文件系统。它提供了崩溃/掉电安全保护，克服了 jffs2 的一些缺点：使用基于哈希表的日志节点结构，大大加快了对节点的操作速度；支持数据压缩；提供了"写平衡"支持；支持多种节点类型；提高了对闪存的利用率，降低了内存的消耗。这些特点使 jffs2 文件系统成为目前 Flash 设备上最流行的文件系统格式，它的缺点是当文件系统已满或接近满时，jffs2 运行会变慢，这主要是碎片收集引起的。

jffs2 的底层驱动主要完成文件系统对 Flash 芯片的访问控制，如读、写、擦除操作。在 Linux 中，这部分功能是通过调用 MTD（memory technology device 内存技术设备）驱动实现的。

（2）yaffs 文件系统简介

yaffs 是专门为 Nand 闪存设计的嵌入式文件系统，适用于大容量的存储设备。它是日志结构的文件系统，提供了损耗平衡和掉电保护，可以有效地避免意外掉电对文件系统一致性和完整性的影响。yaffs 文件系统是按层次结构设计的，分为文件系统管理层接口、

yaffs 内存实现层和 Nand 接口层，这样就简化了其与系统的接口设计，可以方便地集成到系统中去。与 jffs2 相比，它减少了一些功能，速度更快，占用内存更少。

yaffs 充分考虑了 Nand，根据 Nand 闪存以单位存取的特点，将文件组织成固定大小的数据段。利用 Nand 闪存提供的每个页面 16 字节的备用空间来存放 ECC（Error Correction Code）和文件系统的组织信息，不仅能够实现错误检测和坏块处理，也能够提高文件系统的加载速度。yaffs 采用一种多策略混合的垃圾回收算法，结合了贪心策略的高效性和随机选择的平均性，达到了兼顾损耗平均和系统开销的目的。

9.1.2 其他常见的嵌入式文件系统

文件系统都会被烧录在某一存储设备上。在嵌入式设备上很少使用大容量的 IDE 硬盘作为自己的存储设备，嵌入式设备往往选用 ROM、闪存等作为它的主要存储设备。

（1）闪存技术

目前市场上的 Flash 从结构上大体可以分为 Nor 和 Nand 两种。其中，Nor 的特点为随机读取快、功耗低、相对电压低、稳定性高，而 Nand 的特点为回写速度快、芯片面积小、容量大。

Nor 的特点是可在芯片内执行，这样程序可以直接在 Flash 内存内运行，不必再把代码读到系统 RAM 中。Nor 的传输效率很高，但写入和探险速度较低。而 Nand 结构能提供极高的单元密度，并且写入和擦除的速度也很快，是高数据存储密度的最佳选择。下面对这两种结构的性能进行比较。

- Nand 的写入速度比 Nor 快很多。
- Nand 的擦除单元更小，相应的擦除电路也更加简单。
- Nand 的擦除速度远比 Nor 快。
- Nor 的读速度比 Nand 稍快一些。
- Nand 闪存中每个块的最大擦写次数是百万次，而 Nor 的擦写次数是 10 万次。

此外，Nand 的实际应用方式要比 Nor 复杂得多。Nor 可以直接使用，并在上面直接运行代码。而 Nand 需要 I/O 接口，因此使用时需要驱动程序。不过当今流行的操作系统对 Nand Flash 都有支持，Linux 内核也对 Nand Flash 提供了很好的支持。

（2）tmpfs

当 Linux 运行于嵌入式设备上时，该设备就成为功能齐全的单元，许多守护进程会在后台运行并生成许多日志消息。另外，所有内核日志记录机制会在/var 和/tmp 目录下生成许多消息。由于这些进程产生了大量数据，所以，允许将所有这些写操作都发生在闪存是不可取的。由于在重新引导时这些消息不需要持久存储，所以，这个问题的解决方案是使用 tmpfs。

tmpfs 是基于内存的文件系统，它主要用于减少对系统的不必要的闪存写操作这个唯一目的。日志消息写入 RAM 而不是闪存中，在重新引导时不会保留它们。tmpfs 还使用磁盘交换空间来存储，并且当为存储文件而请求页面时，使用虚拟内存子系统。

tmpfs 的优点如下：

- 因为 tmpfs 驻留在 RAM，所以，读和写几乎都是瞬时的。即使以交换的形式存储文件，I/O 操作的速度仍然非常快。
- 文件系统大小可以根据被复制、创建或删除的文件或目录的数量来缩放，使得能够最理想地使用内存。

（3）cramfs

在嵌入式环境下，内存和外存资源都需要节约使用。如果使用 ramdisk 方式来使用文件系统，那么在系统运行后，首先要把外存上的映像文件解压缩到内存中，构造起 ramdisk 环境，才可以开始运行程序。在正常情况下，同样的代码不仅在外存中占据了空间，而且还在内存中占用了更大的空间，这违背了嵌入式环境下尽量节省资源的要求。

cramfs 是一个压缩式的文件系统，它并不需要一次性地将文件系统中的所有内容都解压缩到内存中，而只是在系统需要访问某个位置的数据的时候，需要计算出该数据在 cramfs 中的位置，将其实时地解压缩到内存中，然后通过对内存的访问来获取文件系统中需要读取的数据。cramfs 中的解压缩及解压缩后的内存中数据存放位置都是由 cramfs 文件系统本身进行维护的，用户并不需要了解具体的实现过程，因此，这种方式增强了透明度，对开发人员来说，既方便，又节省了存储空间。

cramfs 具有以下一些特点。
- 支持组标识，但是 mkcramfs 只将组标识的低 8 位保存下来，因此，只有这 8 位是有效的。
- cramfs 的数据都是经过处理、打包的，对其进行先写操作有一定困难。所以，cramfs 不支持写操作，这个特性刚好适合嵌入式应用中使用 Flash 存储文件系统的场合。
- 在 cramfs 中，文件最大不能超过 16MB。
- 支持硬链接，但是 cramfs 并没有完全处理好，硬链接的文件属性中，链接数仍然为 1。
- 采用实时解压缩方式，但解压缩的时候有延迟。

（4）Ext2fs 文件系统

Ext2fs 是 Linux 事实上的标准文件系统。Extfs 支持的文件大小最大为 2GB，支持的最大文件名称大小为 255 个字符，而且它不支持索引节点。Ext2fs 做得更好，它的优点如下：
- Ext2fs 文件名称最长可以到 1012 个字符。
- 当创建文件系统时，管理员可以选择逻辑块的大小。
- Ext2fs 支持达 4TB 的内存。
- Ext2fs 实现了快速符号链接，不需要为此目的而分配数据块，并且将目标名称直接存储在索引节点表中。这使性能有所提高，特别是在速度上。

由于 Ext2 文件系统的稳定性、可靠性和健壮性，所以，几乎在所有基于 Linux 的系统上都使用 Ext2 文件系统。然而，当在嵌入式设备中使用 Ext2fs 时，它有以下的缺点：
- Ext2 文件系统没有提供对基于扇区的擦除/写操作的良好管理。在 Ext2fs 中，为了在一个扇区中擦除单个字节，必须将整个扇区复制到 RAM，然后擦除，重写入。
- Ext2fs 是为像 IDE 设备那样的块设备设计的，这些设备的逻辑块大小是 512 字节、1K 字节等这样的倍数。这不太适合于扇区大小因设备不同而不同的闪存设备。
- 在出现电源故障时，Ext2fs 不是防崩溃的。Ext2 文件系统不支持损耗平衡，因此，缩短了扇区/闪存的寿命。Ext2fs 没有特别完美的扇区管理，这使设计块驱动程序十分困难。

由于这些原因,通常相对于 Ext2fs,在嵌入式环境中使用 MTD/jffs2 组合是更好的选择。

9.1.3 Linux 根文件目录结构

为了在安装软件时能够预知文件、目录的存放位置,同时也为了使用户能够方便地找到不同类型的文件,在构造文件系统时,一般都遵循 FHS 标准(Filesystem Hierarchy Standard,文件系统层次标准)。Linux 文件系统中各主要目录的存放内容参见表 9-1。

表 9-1 Linux 文件系统主要目录内容

目录	目录内容
/bin	bin 就是二进制英文缩写。主要存放 Linux 常用操作命令的可执行文件,如 su、ls、mkdir 等
/boot	这个目录下存放操作系统启动时所要用到的内核文件和其他一些信息,如 initrd.img、vmlinuz 等
/dev	该目录中包含了所有 Linux 系统中使用的外部设备文件和其他的特殊文件
/etc	该目录现存放了系统管理是要用到的各种配置文件和子目录。系统在启动过程中需要读取其参数进行相应的配置
/home	该目录是 Linux 系统中默认的用户工作根目录,包括提供服务账号所使用的主目录,如 FTP。在使用过程中,用户的数据一般放在其主目录中
/lib	该目录是用来存放必要的系统链接库文件,如 C 链接库、内核模块等
/mnt	该目录是软驱和光驱的挂载点,用于暂时安装文件系统
/opt	该目录是存放附加的软件套件
/proc	该目录是用来提供内核与进程信息的虚拟文件信息,该目录的文件存放在系统内存中
/root	该目录是超级用户 root 的默认主目录
/sbin	该目录是用来存放必要的系统管理员的常用命令
/tmp	该目录是用来存放不同程序执行时产生的临时文件
/usr	该目录用来存放在第二层包含对大多数用户都有用的大量应用程序和文件,包括 X 服务器
/var	该目录用来存放一些系统记录文件和配置文件

对于用途单一的嵌入式系统,上边的一些用于多用户的目录可以省略,如/home、/opt、/root 目录等。而/bin、/dev、/etc、/lib、/proc、/sbin 和/usr 目录,几乎是每个系统必备的目录,也是不可或缺的目录。

下面根据 FHS 标准描述 Linux 根文件系统的目录结构,如图 9-2 所示。

9.1.4 Linux 文件属性介绍

下面主要对 Linux 中的文件属性及其相关功能进行分析。

(1)文件属性

Linux 中的文件属性有 3 种不同的访问权限。

- r:可读。

- w：可写。
- x：可执行。

（2）用户级别

文件有三个不同的用户级别。

- 文件拥有者（u）。
- 所属的用户组（g）。
- 和系统中的其他用户（o）。

（3）字符显示文件的类型

第一个字符显示文件的类型。

- "-"表示普通文件。
- "l"表示链接文件。
- "c"表示字符设备。
- "b"表示块设备。
- "p"表示命名管道，如 FIFO 文件。
- "f"表示堆栈文件，如 LIFO 文件。
- "d"表示目录文件。

（4）字符组

第一个字符后有三个三位字符组。

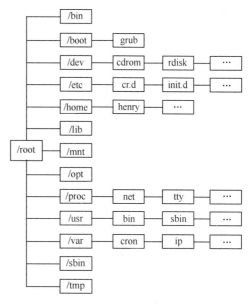

图 9-2　根目录的树形结构

- 第一个三位字符组表示对于文件拥有者（u）对该文件的权限。
- 第二个三位字符组表示文件用户组（g）对该文件的权限。
- 第三个三位字符组表示系统其他用户（o）对该文件的权限。

若该用户组对此没有权限，一般显示"-"字符。

9.2　使用 BusyBox 生成工具集

Linux 具有丰富的命令集，而标准的工作站或服务器发行配件都配备大量的二进制命令文件，而且不同发行套件提供的命令各不相同，为了解决这个难题，将命令集尽可能浓缩成仅仅实现必要功能的极少数应用程序，BusyBox 应运而生。下面就 BusyBox 进行简单的讲解。

9.2.1　BusyBox 概述

BusyBox 由 Debian GNU/Linux 的 Brue Perens 首先开发，目的在于协助 Debian 发行套件建立安装磁盘。后来又有许多 Debian 开发人员加入。从 1999 年开始，BusyBox 的维护由 uClibc 的维护者 Erik Andersen 接手。BusyBox 之所以受到热烈的欢迎是因为它能够以一个极小型的应用程序来提供整个命令集的功能。这其中包括小型的 vi 编辑器，/sbin/init 程序，以及 cat、chmod、cpio、pwd、mkdi、rmount、more 等。BusyBox 还支持多种体系的架构，如处理器架构、ISA，它可以用静态和动态的方式链接 glibc 或 uClibc 库以满足不同用户的需求，也可以修改 BusyBox 默认的编译配置，移除不需要使用的命令。

BusyBox 在设计上充分考虑了硬件资源受限的特殊工作环境。它采用一种很巧妙的办法减少自己的体积：所有的命令都通过插件的方式集中到一个可执行文件中，在实际应用过程中通过不同的符号链接来确定到底要执行哪个操作。例如，最终生成的可执行文件为 BusyBox，当为它建立一个符号链接 ls 时，就可以通过执行这个新命令实现列目录的功能。采用单一执行文件的方式最大限度地共享了程序代码，甚至是文件头、内存中的程序控制块等其他操作系统资源都可以共享，这些非常适合资源比较紧张的系统。

9.2.2 BusyBox 进程和用户程序启动过程

BusyBox 的功能很强大，除基本的命令外，BusyBox 还支持 init 功能。BusyBox 的 init 可以处理系统的启动工作。BusyBox 的 init 可以为嵌入式系统提供所需的大部分 init 功能。因此，在现在的嵌入式系统中很多使用 BusyBox 的 init。当然，并不是所有的系统都适合 BusyBox 的 init，如需要它提供运行级别功能的系统就不适合。

系统需要执行 init 进程时，BusyBox 会立即跳转到 init 进程。

（1）init 进程

BusyBox 的 init 进程的流程如下。

① 为 init 设置信号处理过程。
② 初始化控制台。
③ 剖析 /etc/inittab 文件。
④ 执行系统初始化命令行，默认情况下会使用 /etc/init.d/rcS。
⑤ 执行所有导致 init 暂停的 inittab 命令。
⑥ 执行所有仅执行一次的 inittab。
⑦ 执行所有终止时必须重新启动的 inittab 命令。
⑧ 执行所有终止时必须重新启动，但启动前必须询问用户的 inittab 命令。

初始化控制台后，BusyBox 会检查 /etc/inittab 文件是否存在，如果此文件不存在，BusyBox 会使用默认的 inittab 配置，它主要为系统重引导，系统挂起及 init 重启动设置默认的动作，此外，它还会为 4 个虚拟控制台（tty1～tty4）设置启动 Shell 的动作。如果未建立这些设备文件，BusyBox 会报错。

（2）inittab 文件的格式

inittab 文件中每一行的格式如下所示。

id：runlevel：action：process

① id：inittab 文件中条目的唯一标识，限于 1～4 个字符。

对于 getty 或其他的注册进程，id 必须是响应的终端线路的 tty 后缀，如 1 响应 tty1，否则，注册过程不能正常的工作。

② runlevels 域可以包含表示不同运行级的多个字符，如 123 表示本进程在运行级为 1，2 和 3 时都要启动。用于 ondemand 条目的 runlevels 域可以包含 A，B，或 C。用于 sysinit，boot，和 bootwait 条目的 runlevels 域被忽略。当改变运行级时，在新运行级中没有给出的那些正在运行的进程被杀死，先使用 SIGTERM 信号，然后是 SIGKILL。

③ action 域可以使用的动作。

■ respawn：该进程只要终止就立即重新启动。

- wait：要进入指定的运行级就启动本进程，并且 init 等待该进程的结束。
- once：只要进入指定的运行级就启动一次本进程。
- boot：在系统引导期间执行本进程。runlevels 域被忽略。
- bootwait：在系统引导期间执行本进程，并且 init 等待该进程的结束。runlevels 域被忽略，off 什么也不做。
- ondemand：在进入 ondemand 运行级时才会执行标识为 ondemand 的那些进程。无论怎样，实际上没有改变运行级。
- initdefault：initdefault 条目给出系统引导完成后进入的运行级，如果不存在这样的条目，init 就会在控制台询问要进入的运行级。process 域被忽略。
- sysinit：系统引导期间执行此进程。本进程会在 boot 或 bootwait 条目前得到执行。runlevels 域被忽略。
- powerwait：本进程在电源不足时执行。通常在有进程把 UPS 和计算机相连时通知 init 进程，init 在继续其他工作前要等待此进程结束。
- powerfail：类似 powerwait，但是 init 不等待此进程完成。
- powerokwait：在 init 收到电源已经恢复的通知后立即执行此进程。
- powerfailnow：本进程在 init 被告知 UPS 电源快耗尽同时外部电源失败时被执行。
- ctrlaltdel：在 init 收到 SIGINT 信号时执行此进程。
- kbrequest：本进程在 init 收到一个从控制台键盘产生的特殊组合按键信号时执行。

④ Process：要执行的进程。如果 process 域以一个"+"开头，init 不会在 utmp 和 wtmp 文件中为此进程记帐。这是由于 getty 自己主持 utmp/wtmp 记帐的需要。

9.2.3 编译/安装 BusyBox

编译/安装 BusyBox 主要步骤如下。

（1）下载源码和解压缩

可以从 BusyBox 的官方网站下载源代码自己编译。下载源码后，将其解压缩。

```
#cd/root/tars
#tar zxvy BusyBox-1.11.1.tar.bz2
```

（2）配置 BusyBox

配置 BusyBox 命令如下：

```
#cd BusyBox-1.11.1
#make menuconfig
```

如图 9-3 所示。

（3）进入 BusyBox 的配置选项

经上述操作后，就可以进入 BusyBox 的配置选项，如图 9-4 所示。

（4）Build Options 设置

Build Options：可以选择静态库编译方式，设置步骤如图 9-5、图 9-6、图 9-7 和图 9-8 所示。

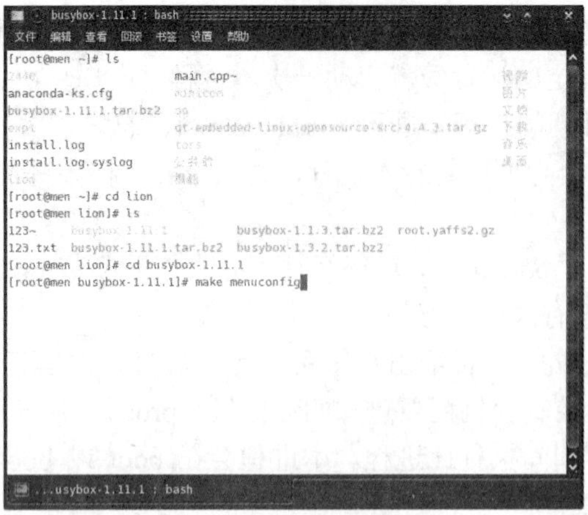

图 9-3 配置 BusyBox

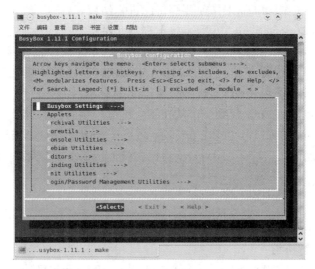

图 9-4 BusyBox 的配置选项

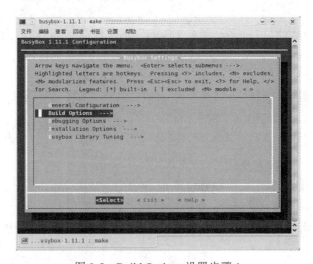

图 9-5 Build Options 设置步骤 1

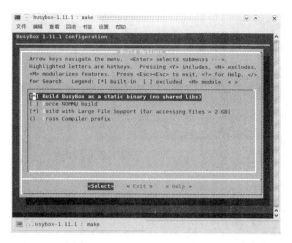

图 9-6　Build Options 设置步骤 2

图 9-7　Build Options 设置步骤 3

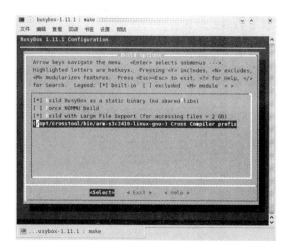

图 9-8　Build Options 设置步骤 4

(5) arm-linux-gcc 配置

还需要使用带 glibc 库的支持的交叉编辑器 arm-linux-gcc，如图 9-9 所示。

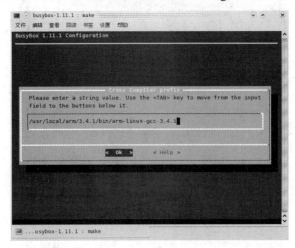

图 9-9　arm-linux-gcc 配置

(6) Installation Options 设置

进入 Installation Options，选择 Don't use/usr。选择这个选项后，make install 会在 BusyBox 目录下生成一个-install 的目录，其中含有 BusyBox 和指向它的链接，如图 9-10 和图 9-11 所示。

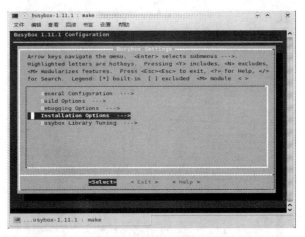

图 9-10　Installation Options 设置步骤 1

(7) 配置完成和保存

配置完成并进行保存，如图 9-12 所示。

(8) 编译

编译如下：

```
#make dep
#make
#make install
```

第 9 章　Linux 根文件系统的构建

图 9-11　Installation Options 设置步骤 2

图 9-12　配置完成

实例 9-1　用 BusyBox 建立简单的根文件系统

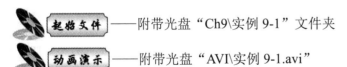

　　起始文件——附带光盘 "Ch9\实例 9-1" 文件夹

　　动画演示——附带光盘 "AVI\实例 9-1.avi"

通过前面的讲述，下面利用 BusyBox 来建立一个简单的根文件系统，以加深对 BusyBox 的理解。

【详细步骤】

① BusyBox 的源码可以从 http：//www.BusyBox.net/downloads 下载。配置 BusyBox 时是基于默认配置之上来配置的；先 make defconfig 就是把 BusyBox 配置成默认，然后再 make menuconfig 来配置 BusyBox。

② 解压。

```
#cd/root/tars
#tar zxvy BusyBox-1.11.1.tar.gz
#cd BusyBox-1.11.1
#make menuconfig
```

③ 配置时，基于默认配置，再配置它为静态编译，安装时不要/usr 路径，把 Miscellaneous Utilities #下的"taskset"选项去掉，否则会出错。

```
Busybox setting
->builds options
->
build BusyBox as a static binary
->installitation options
->
don't use /usr
Miscellaneous Utilities —>
    [ ] taskset
```

④ 保存和编译。

```
#make dep
#make
#make install
```

⑤ 建立一个名为 floppy-linux 的根文件目录，然后进入。

```
#mkdir floppy-linux
#cd floppy-linux
#mkdir dev etc/rc.d bin proc mnt tmp var
#chmod 755 dev etc etc/rc.d bin mnt tmp var
#chmod 555 proc
#ln –s sbin bin
#mknod tty c 5 0
#mkdir console c 5 1
#chmod 666 tty console
```

⑥ 进入到/floppy-linux/etc/目录下，编辑 inittab，rc.d/rc.sysinit，fstab 三个文件，内容如下。

```
inittab
：：sysint：/etc/rc.d/rc.sysinit
：：askfirst：/binb/sh
rc.sysinit
#!/bin/sh
mount –a
```

```
fstan
proc /proc proc defaults 0 0
```

⑦ 修改 inittab，rc.sysinit，fstab 三个文件的权限。

```
#chmod 644 inittab
#chmod 755 rc.sysinit
#chmod 644 fstab
```

⑧ 制作常用命令。

```
#cp BusyBox /floppy-linux/bin/init
#ln –s init ls
#ln –s init cp
#ln –s init mount
#ln –s init more
#ln –s init sh
```

9.3 构建根文件系统

安装根文件系统是系统启动期间需要进行的操作之一，制作根文件系统文件是本章的主要内容，本节则主要讲述根文件系统的制作流程，然后通过具体的实例来构建根文件系统。

9.3.1 根文件系统制作流程

根文件系统的构建比较简单，一般需要以下 4 个步骤。

（1）建立基本的目录结构

```
# mkdir rootfs
# cd rootfs
# mkdir bin dev etc lib proc sbin tmp usr var
# chmod 1777 tmp
# mkdir usr/bin usr/lib usr/sbin
# mkdir var/lib var/lock var/log var/run var/tmp
# chmod 1777 var/tmp
```

建立的目录必须符合能够让嵌入式 Linux 系统上可以找到的大多数应用程序正常运行这个最基本的要求。FHS 和应用程序提供的文档可以找到实际需求。

依照 Unix 的传统，在 Linux 系统中任何对象都可以视为文件。在 Linux 根文件系统中，所有的设备文件都放在/dev 目录中。因为嵌入式 Linux 系统是个定制的的系统，所以目标板的/dev 目录中并不需要像 Linux 工作站和服务器那样填入那么多条目。事实上，只需建立让系统正常操作的必要条目即可。

如果没有可供参考的信息，很难判断需要哪些条目。如果选择用 devfs 来取代固定的静态设备文件，则可免去寻找设备信息的麻烦。然而，devfs 并没有得到广泛采用，静态的设备仍是标准。

前面也介绍过静态设备主要和次要编号的信息。

表 9-2 列出了 /dev 目录中需要填入的最基本条目。根据设备情况，或许应该加入若干额外的条目。在某些情况下，甚至可能需要使用下表以外的条目。如在某些系统上第一个串行端口不是 ttyS0，则 StrongARM-base 系统的第一个串行端口是 ttySAC0。

表 9-2 基本的 /dev 条目

文件名	说明	类型	主编号	次编号	权限位
mem	物理内存	字符	1	1	660
null	黑洞	字符	1	3	666
zero	以 null byte 为数据来源	字符	1	5	666
randm	真随机产生器	字符	1	8	644
tty0	现行的虚拟控制台	字符	4	0	600
tty1	第一个虚拟控制台	字符	4	1	600
ttyS0	第一个 UART 串行端口	字符	4	64	600
tty	现行的 TTY 设备	字符	5	0	666
console	系统控制台	字符	5	1	600

（2）交叉编译 BusyBox

配置、编译和安装 BusyBox-1.11.1。

```
#tar jxvf BusyBox-1.11.1.tar.bz2
#cd BusyBox-1.11.1
#make menuconfig
General configuration--->
Build Options--->
[ ] Build BusyBox as a static binary   (no shared libs)
[ ] Do you want to build BusyBox with a Cross Compiler?
…
```

对 BusyBox 进行适当配置后，就需要对其进行编译。

```
# make
# make install
```

（3）创建配置文件

根文件系统需要一些配置文件，这些配置文件主要有：linuxrc，/etc/profile，/etc/init，/usr/etc/init。linuxrc 文件是内核首先调用的，需要在制作根文件系统时配置默认首先执行 linuxrc，其他的配置文件都是通过 linuxrc 来调用的。其中，/etc/profile 主要是一些与环境变量相关的配置，/etc/init 主要是一些与系统相关的配置，通常是一些设备的挂载，网络初始化等才做。

通常需要在 linuxrc 中添加一个额外的脚本，这个脚本执行 mnt 或者将会被挂在 yaffs 的地方，需要检测给文件是否存在，然后再判断是否执行。

下面介绍主要的配置。

① Linuxrc 文件。

在内核启动完后，系统会首先运行/linuxrc。

```
#!/bin/sh
echo "mount /etc as ramfs"
/bin/mount -n -t ramfs ramfs /etc
/bin/cp -a /mnt/yaffs/etc/* /etc
echo "re-create the /etc/mtab entries"
# re-create the /etc/mtab entries
/bin/mount -f -t cramfs -o remount, ro /dev/mtdblock/2 /
/bin/mount -f -t ramfs ramfs /etc
exec /sbin/init
```

② rcS 文件。

rcS 的内容：

```
#! /bin/sh
/bin/mount –a
/sbin/ifconfig 192.168.0.1
/bin/echo "Hello Kitty!"
```

mount -a 命令会依据/etc/fstab 来进行挂载的操作。

③ /etc/fstab 文件。

```
#/etc/fstab
none  /proc  proc defaults 0 0
none  /dev/pts devpts mode=0622 0 0
tmpfs  /dev/shm tmpfs defaults 0 0
```

（4）复制 lib 文件

glibc 套件包含若干链接库。可以在套件建立期间列出 lib 目录的内容，检查它所安装的所有链接库。此目录中主要包含 4 种类型的文件。

■ 实际的共享链接库

这类文件的文件格式为 libLIBRARY_NAME_GLIBC_VERSION.so，其中，LIBRARY_NAME 是链接库的名称，GLIBC_VERSION 是使用的 glibc 套件的版本编号。

■ 主修订版本的符号链接

主修改版本的编号方式与实际的 glibc 版号不同。主修订版本的符号链接的名称格式为 libLIBRARY_NAME.so.MAJOR_REVISION_VERSION，其中，MAJOR_REVISION_VERSION 是链接库的主修订版本编号。程序一旦链接了特定的链接库，它将会参用其符号链接。程序启动时，加载器程序之前，会因此加载该文件。

■ 与版本无关的符号链接指向主修订版本的符号链接

这些符号链接的主要功能，是为需要链接特定链接库的所有程序提供一个通用的条目，与主修订版本的编号或 glibc 涉及的版本无关。这些符号链接典型的格式为 libLiBRARY_

NAME.so。

■ 静态链接库包文件

选择静态方式链接库的应用程序时会使用这些包文件。这些包的文件名格式为 libLIBRARY_NAME.a。

以上描述的 4 种类型的文件，一般只需其中两种：实际的共享链接库和主修订版本的符号链接。其余两种类型的文件只有在链接执行文件时才会用到，执行应用程序时并不需要。

除了链接库文件，还需要复制动态链接器及其符号链接。在向目标板的根文件系统实际复制任何 glibc 组件前，必须先找出应用程序需要哪些 glibc 组件。

表 9-3 提供了 glibc 中所有组件的简短说明，以及每个组件的引用提示。

表 9-3 glibc 的链接库组件

链接库组件	内 容	引用提示
ld	动态链接器	必要
libBrokenLocale	修正进程，让 locale 特性有问题的应用程序得以正常执行。经由预先加载来覆盖应用程序的预设值	很少用到
libSegFault	用来捕捉内存区段错误及进行回溯的进程	很少用到
libanl	异步名称查询进程	很少用到
libc	主 C 链接库进程	必要
libcrypt	密码学进程	大多数涉及认证应用程序需要用到
libdl	用来动态加载共享目的文件的进程	使用 dlopen() 之类函数的应用程序需要用到
libm	数学进程	数学函数需要用到
libmemusage	用来进行堆栈很少用到内存统计的进程	很少用到
libnsl	NIS 网络服务链接库进程	很少用到
libnss_compat	NIS 与 NSS 兼容的进程	由 glibc NSS 自动加载
libnss_dns	DNS 的 NSS 进程	由 glibc NSS 自动加载
libnss_files	文件查询的 NSS 进程	由 glibc NSS 自动加载
libnss_hesiod	Hesiod 名称服务的 NSS 进程	由 glibc NSS 自动加载
libnss_nis	NIS 的 NSS 进程	由 glibc NSS 自动加载
libnss_nisplus	NIS plus 的 NSS 进程	由 glibc NSS 自动加载
libpcprofile	程序计数器统计进程	很少用到
libpthread	Linux 的 POSIX 1003.1c 多线程	多线程设计需要用到
libresolv	名称解析器进程	名称解析需要用到
librl	异步 I/O 进程	很少用到
libpthread_db	多线程调试进程	对使用多线程的应用程序进行调试时，由 gdb 自动加载。事实上，任何应用程序都不会链接此链接库
libutil	登录进程，它是用户记录数据库的一部分	终端联机需要用到

除了记下应用程序链接哪些链接库，通常还可以使用 ldd 或 readelf 命令列出应用程序要依存哪些动态链接库。

决定需要哪些链接库组件后，将这些链接库组件和相关的符号链接复制到目标板根文件系统中的 lib 目录中。

实例 9-2　构建根文件系统

 ——附带光盘"Ch9\实例 9-2"文件夹

 动画演示——附带光盘"AVI\实例 9-2.avi"

利用 BusyBox 构建一个根文件系统。

【详细步骤】

① 解压 BusyBox。

```
#tar zxvy BusyBox-1.11.1.tar.bz2
```

② 编译 BusyBox。

```
#make menuconfig
```

修改如下：

```
Busybox Settings --->
Build Options ---
[*] Build BusyBox as a static binary （no shared libs）
    （/opt/crosstool/bin/arm-s3c2410-linux-gnu-）Cross Compiler prefix
Installation Options --->
[*] Don't use /usr
```

保存退出，如下：

```
#make
#make install。
```

③ 创建根文件系统的目录结构。

用 Shell 脚本创建根文件系统的目录结构，并在想要建立根文件系统的地方运行此脚本。

用 root 用户登陆，可直接创建设备节点。

```
# vim makedir.sh
#!/bin/sh
echo "makeing rootdir"
mkdir rootfs
cd rootfs
echo "makeing dir:    bin dev etc lib proc sbin sys usr"
mkdir bin dev etc lib proc sbin sys usr #8 dirs
mkdir usr/bin usr/lib usr/sbin lib/modules
#Don't use mknod,    unless you run this Script as
```

```
mknod -m 600 dev/console c 5 1
mknod -m 666 dev/null c 1 3
echo "making dir:  mnt tmp var"
mkdir mnt tmp var
chmod 1777 tmp
mkdir mnt/etc mnt/jiffs2 mnt/yaffs mnt/data mnt/temp
mkdir var/lib var/lock var/log var/run var/tmp
chmod 1777 var/tmp
echo "making dir:  home root boot"
mkdir home root boot
echo "done"
```

④ 把 BusyBox 源码目录下的 etc 的内容复制到/etc 下。

```
# cd etc/
# cp -a /home/lion/BusyBox-1.11.1/examples/bootfloppy/etc/* ./
```

⑤ 修改复制过来的 profile 文件。

```
# vi profile
# /etc/profile:  system-wide .profile file for the Bourne Shells
echo "Processing /etc/profile"
# no-op
#设置 search library path
echo "Set search library path"
export LD_LIBRARY_PATH=/lib: /usr/lib
# 设置 user path
echo " Set user path"
PATH=/bin: /sbin: /usr/bin: /usr/sbin
export PATH
# 设置 PS1
echo "Set PS1"
HOSTNAME="/bin/hostname"
echo "All done! "
echo
```

⑥ 修改初始化文件 inittab 和 fstab。

```
# vi inittab ::  sysinit: /etc/init.d/rcS
::  respawn: -/bin/sh
::  restart: /sbin/init
tty2::  askfirst: -/bin/sh
::  ctrlaltdel: /bin/umount -a –r
::  shutdown: /bin/umount -a –r
::  shutdown: /sbin/swapoff –a
```

```
# vi fstab proc /proc proc defaults 0 0
none /tmp ramfs defaults 0 0
mdev /dev ramfs defaults 0 0
sysfs /sys sysfs defaults 0 0
```

⑦ 修改初始化的脚本文件 init.d/rcS。

```
# vi init.d/rcS #! /bin/sh
echo "Processing etc/init.d/rc.S"
#hostname ${HOSTNAME}
echo "Mount all"
/bin/mount -a
echo "Start mdev.... "
/bin/echo /sbin/mdev > proc/sys/kernel/hotplug
mdev -s
echo
```

⑧ 创建一个空的 mdev.conf 文件。
mdev.conf 文件在挂载根文件系统时会用到如下：

```
# touch mdev.conf
```

⑨ 从本机复制 passwd，shadow，group 文件。

```
# cp /etc/passwd
# cp /etc/shadow
# cp /etc/group
```

修改 passwd 文件，把第一行和最后一行的 bash 修改成 ash。

⑩ 复制文件。

把 BusyBox 默认安装目录中的文件全部复制到 rootfs 中。会发现多了 linuxrc->bin/BusyBox 文件，这是挂载文件系统需要执行的。

```
# cd ..
# cp -Rfv /home/jacky/BusyBox-1.11.1/_install/ ./
```

由上，BusyBox 创建了一个基本的文件系统。

9.4 配置 yaffs 文件

yaffs 代码包括 yaffs_ecc.c，yaffs_fileem.c，yaffs_fs.c，yaffs_guts.c，yaffs_mtdif.c，yaffs_ramem.c。Yaffs 文件系统源代码相关文件及功能描述参见表 9-4。

表 9-4　Yaffs 文件系统源代码相关文件及功能

文件名	功　能
yaffs_ecc.c	ECC 校验算法

续表

文件名	功能
yaffs_fileem.c	测试 Flash
yaffs_fs.c	文件系统接口函数
yaffs_guts.cYaffs	文件系统算法
yaffs_mtdif.c	Nand 函数
yaffs_ramem.c	Ramdisk 实现

9.4.1 yaffs 文件系统设置

① 内核中没有 yaffs，所以需要自己建立 yaffs 目录，并把下载的 yaffs 代码复制到该目录下面。

```
#mkdir fs/yaffs
#cp *.c（yaffs source code）fs/yaffs
```

② 修改 fs/Kconfig，使得可以配置 yaffs。

```
source "fs/yaffs/Kconfig"
```

③ 修改 fs/makefile，添加如下内容。

```
obj-$（CONFIG_YAFFS_FS）+=yaffs/
```

④ 在 fs 目录下生成 yaffs 目录，并在其中生成一个 makefile 和 Kconfig。
Makefile 内容如下。

```
yaffs-objs：=yaffs_fs.o yaffs_guts.o yaffs_mtdif.o yaffs_ecc.o
EXTRA_CFLAGS += $（YAFFS_CONFIGS）-DCONFIG_KERNEL_2_6
```

Kconfig 内容如下：

```
#yaffs file system configurations
```

⑤ 在/arch/arm/mach-s3c2410/mach-smdk2410.c 中找到 smdk_default_nand_part 结构，结合 vivi 修改 nand 分区。

```
struct mtd_partition smdk_default_nand_part[] = {
[0] = {
.name="vivi",
.size=0x00020000，
.offset=0x00000000，
},
[1] = {
.name="param",
.size=0x00010000，
.offset=0x00020000，
},
```

```
[2] = {
.name="kernel",
.size=0x00100000,
.offset=0x00030000,
},
[3] = {
.name="root",
.size=0x01900000,
.offset=0x00130000,
},
[4] = {
.name="user",
.size=0x025d0000,
.offset=0x01a30000,
}
};
```

⑥ 配置内核时选择 MTD 支持。

```
Memory Technology Devices（MTD）--->
<*>Memory Technology Device（MTD）support
[*]MTD partitioning support
 …
--- User Modules And Translation Layers
<*>Direct char device access to MTD devices
<*>Caching block device access to MTD devices
 …
Nand Flash Device Drivers--->
<*>Nand Device Support
<*>Nand Flash support for S3C2410 SoC
[*]S3C2410 Nand driver debug
```

⑦ 配置内核时选择 yaffs 支持。

```
File systems --->
Miscellaneous filesystems--->
<*>Yet Another Flash Filing System（yaffs）file system support
[*]Nand mtd support
[*]Use ECC functions of the generic MTD-Nand driver
[*]Use Linux file caching layer
[*]Turn off debug chunk erase check
[*]Cache short names in RAM
```

⑧ 编译内核并将内核下载到开发板的 Flash 中。

9.4.2 yaffs 文件系统测试

① 如果在内核中添加了 proc 文件系统的支持,那么在 proc 中可以看到有关 yaffs 的信息。

```
# cat  proc/filesystemo
nodev   sysfs
nodev   rootfs
nodev   bdev
nodev   proc
nodev   sockfs
nodev   pipefs
nodev   futexfs
nodev   tmpfs
nodev   eventpollfs
nodev   devpts
nodev   ramfs
vfat
nodev   devfs
nodev   nfs
yaffs
nodev   rpc_pipefs
```

② 查看 dev 目录下相关目录可以看到。

```
# ls dev/mtd –al
drwxr-xr-x   1 root   root      0 Jan  1 00: 00
drwxr-xr-x   1 root   root      0 Jan  1 00: 00 ..
crw-rw-rw-   1 root   root    90,  0 Jan  1 00: 00 0
cr--r--r--   1 root   root    90,  1 Jan  1 00: 00 0ro
crw-rw-rw-   1 root   root    90,  2 Jan  1 00: 00 1
cr--r--r--   1 root   root    90,  3 Jan  1 00: 00 1ro
crw-rw-rw-   1 root   root    90,  4 Jan  1 00: 00 2
cr--r--r--   1 root   root    90,  5 Jan  1 00: 00 2ro
crw-rw-rw-   1 root   root    90,  6 Jan  1 00: 00 3
cr--r--r--   1 root   root    90,  7 Jan  1 00: 00 3ro
crw-rw-rw-   1 root   root    90,  8 Jan  1 00: 00 4
cr--r--r--   1 root   root    90,  9 Jan  1 00: 00 4ro
# ls dev/mtdblock/ -al
drwxr-xr-x   1 root   root      0 Jan  1 00: 00
drwxr-xr-x   1 root   root      0 Jan  1 00: 00 ..
brw-------   1 root   root    31,  0 Jan  1 00: 00 0
```

第 9 章
Linux 根文件系统的构建

```
brw-------    1 root    root    31,   1 Jan 1 00: 00 1
brw-------    1 root    root    31,   2 Jan 1 00: 00 2
brw-------    1 root    root    31,   3 Jan 1 00: 00 3
brw-------    1 root    root    31,   4 Jan 1 00: 00 4
```

③ mount 和 umount。

建立 mount 目录如下:

    #mkdir /mnt/flash0

    #mkdir /mnt/flash1

mount block device 设备:

    #mount –t yaffs /dev/mtdblock/3 /mnt/flash0

    #mount –t yaffs /dev/mtdblock/4 /mnt/flash1

    #cp 1.txt /mnt/flash0

    #cp 2.txt /mnt/flash1

④ 查看 mount 上的目录，可以看到该目录下有刚才复制的文件，将其 umount 后，再次 mount 上来可以发现复制的文件仍然存在，这时删除该文件，然后 umount，再次 mount 后，可以发现复制的文件已经被删除，由此该分区可以正常读写。

在 Flash 上建立根文件系统:

    # mount –t yaffs /dev/mtdblock/3 /mnt/flash0

    #cp （your rootfs）/mnt/flash0

    #umount /mnt/flash0

⑤ 重新启动，改变启动参数。

    param set linux_cmd_line "noinitrd root=/dev/mtdblock3 init=/linuxrc console=ttySAC0"

重新启动，开发板就可以从 Flash 启动根文件系统了。

9.5 综合实例

实例 9-3 制作/使用 yaffs 文件系统映像文件

——附带光盘 "Ch9\实例 9-3" 文件夹

——附带光盘 "AVI\实例 9-3.avi"

结合前面所学的命令，制作 yaffs 文件系统映像文件。

【详细步骤】

① 建立基本目录树。

    # pwd

    /work/rootfs/fs_mini_mdev

    # mkdir bin dev etc lib mnt proc sbin sys root tmp usr

```
# mkdir mnt/etc
# mkdir usr/bin usr/sbin usr/lib
# touch linuxrc
```

② 配置 BusyBox。

```
#make menuconfig
```

编译安装 BusyBox。

修改 Makefile 文件，使用交叉编译器：

```
# make CONFIG_PREFIX=/work/rootfs/fs_mini_mdev install
```

③ 使用 glibc 库。

```
# cd /work/tools/gcc-3.4.5-glibc-2.3.6/arm-linux/lib
# cp *.so* /work/rootfs/fs_mini_mdev/lib -d
```

④ 创建 etc/inittab 文件。

```
# /etc/inittab
::sysinit:/etc/init.d/rcS
s3c2410_serial0::askfirst:-/bin/sh
::ctrlaltdel:/sbin/reboot
::shutdown:/bin/umount -a -r
```

⑤ 创建 etc/init.d/rcS 文件。

```
#!/bin/sh
ifconfig eth0 192.168.1.17
mount -a
mkdir /dev/pts
mount -t devpts devpts /dev/pts
echo /sbin/mdev > /proc/sys/kernel/hotplug
mdev -s
```

⑥ 改变其属性。

```
#chmod +x etc/init.d/rcS
```

⑦ 创建 etc/fstab 文件。

#device	mount-point	type	options	dump	fsck order
proc	/proc	proc	defaults	0	0
tmpfs	/tmp	tmpfs	defaults	0	0
sysfs	/sys	sysfs	defaults	0	0
tmpfs	/dev	tmpfs	defaults	0	0

⑧ mdev 是通过 init 进程来启动的，在使用 mdev 构造/dev 目录前，init 至少要用到设备文件/dev/console 和/dev/null，所以，建立这两个设备文件。

```
# cd dev/
```

```
# sudo mknod console c 5 1
# sudo mknod null c 1 3
# ls
console null
```

⑨ 修改制作 yaffs 映像文件的工具。

在 yaffs 源码中有个 utils 目录，其中是工具 mkyaffsimage 和 mkyaffs2image 的源代码，前者用来制作 yaffs1 映像文件，后者用来制作 yaffs2 映像文件。目前 mkyaffsimage 工具只能生成老格式的 yaffs1 映像文件，需要修改才能支持新格式。

```
# pwd
/work/rootfs
# mkyaffsimage fs_mini_mdev fs_mini_mdev.yaffs
```

实例 9-4　制作/使用 jffs2 文件系统映像文件

——附带光盘"Ch9\实例 9-4"文件夹

——附带光盘"AVI\实例 9-4.avi"

结合前面所学的命令，制作 jffs2 文件系统映像文件。

【详细步骤】

① 配置 MTD。

```
#make menuconfig
进入 Memory Technology Devices （MTD）--->
<*> Memory Technology Device （MTD）suppor
Debugging
MTD partitioning support
Command line partition table parsing
Direct char device access to MTD devices
Caching block device access to MTD devices
RAM/ROM/Flash chip drivers ----->
<*> Detect non-CFI AMD/JEDEC-compatible flash chips
<*> Support for AMD/Fujitsu flash chips
Mapping drivers for chip access --->
Support non-linear mappings of flash chips
Self-contained MTD device drivers --->
Support for AT45... DataFlash
Nand Flash Device Drivers ---->
Nand Device Support
Support for Nand Flash /SmartMedia on AT91
File systems ---->
```

```
<*> Second extended fs support
    Inotify file change notification support
    Inotify support for user space
<*> Filesystem in Userspace support
    Miscellaneous filesystems
<*> Journalling Flash File System v2 （jffs2）support
    jffs2 write-buffering support
<*> Compressed ROM file system support （cramfs）
```

配置完成，查看目录：

```
# make all
```

② 制作 mtd-util 工具。

解压缩：

```
#cd zlib-1.2.3
# ./configure –prefix=/usr/local/arm/3.4.1/arm-linux ——shared
```

修改 Makefile 如下：

```
CC=arm-linux-gcc
LDSHARED=arm-linux-ld –shared
# make all
#make install
```

③ 交叉编译 mtd 工具。

由于交叉编译 mtd 工具时需要 zlib.h 文件，所以，在编译前先安装 zlib 库文件。

解压缩，如下：

```
#cd mtd/util
```

修改该目录下的 Makefile：

```
CROSS=arm-linux-
# make all
```

然后将该目录下生成的 flash_erase，flash_eraseall，mkfs.jffs2 工具放在 ramdisk 文件系统中，另外，在 ramdisk 文件系统的 dev 目录下要保证有 mtd0～mtd9，mtdblock0～mtdblock9 设备，如果没有可参考 ramdisk 文件系统的制作，也可从 PC 相同目录下复制，要加上文件属性。

另外，需要将 /arm-linux/lib 目录下的 libz.so，libz.so.1，libz.so.1.2.3 文件复制到 ramdisk 文件系统的/lib 目录下，否则 mkfs.jffs2 工具不能使用。

④ 启动开发板。

将新生成的 uImage 和 ramdisk 文件下载到板子上，起动系统，使用命令：

```
#cat /proc/mtd
dev: size erasesize name
mtd0: 00040000 00020000 "Partition 1"
```

mtd1：0ffc0000 00020000 "Partition 2"

mtd2：00420000 00000210 "spi0.0-AT45DB321x"

mtd0，mtd1 是 nandflash 上的分区；mtd2 是 dataflsh 上的分区，该分区上放有 u-boot、uImage.img、ramdisk.img，所以，这里可以使用空的 nandflash 上的两个分区。使用前要先用工具 flash_erase 或者 flash_eraseall 擦除 nandflas。

⑤ 制作 jffs2 映像。

```
# cd /var/tmp
# mkdir jffs2
# mkfs.jffs2 –d jffs2/ -o jffs2.img
# cp /var/tmp/jffs2/jffs2.img /dev/mtdblock1
# mount -t jffs2 /dev/mtdblock1 /mnt/mtd
```

⑥ 使用结束，卸载。

```
# umount /mnt/mtd
```

9.6 本章小结

本章先通过对文件系统进行讲述，然后利用 BusyBox 构建根文件系统，使读者对根文件系统有了全面的了解。

嵌入式 Linux 系统与工程实践（第 2 版）

第四篇　嵌入式系统开发

第 10 章　设备驱动程序开发

　　Linux 操作系统设备管理的主要任务是控制设备完成输入输出操作，所以，又称输入/输出（I/O）子系统。在操作系统的各个管理功能中，设备管理一般比较复杂。这主要是因为计算机系统使用的设备种类繁多，每种设备有着不同的物理特性，而作为操作系统的任务就是必须把各种硬件设备的复杂物理特性的操作屏蔽起来，提供一个对各种不同设备使用统一的方式进行操作的接口。本章将深入讨论如何有效地设计设备驱动程序。

本章内容

- 介绍 Linux 设备驱动程序功能。
- Linux 设备驱动程序的分类，包括字符设备、块设备、网络设备。
- 驱动程序在 Linux 中的层次结构和其特点。
- 设备驱动程序与文件系统的关系。
- 介绍 Linux 设备驱动程序的接口。
- Linux 驱动程序的加载方法及其步骤。
- 讲述设备驱动程序的使用、网络设备的基础知识，包括网络协议和网络设备接口基础。
- 分别讲述网络设备驱动程序的体系结构、模块分析和实现模式。
- 讲述网络驱动程序的两个数据结构。

本章案例

- 键盘驱动开发实例
- I2C 总线驱动的编写实例
- TFT-LCD 显示驱动实例

视频教学

10.1 设备驱动程序概述

Linux 设备驱动程序在 Linux 的内核源代码中占有很大的比例,源代码的长度日益增加,主要是驱动程序的增加。在 Linux 内核的不断升级过程中,驱动程序的结构相对稳定。在 2.0.××~2.2.××的变动中,驱动程序的编写做了一些改变,但是从 2.0.××的驱动~2.2.××的移植只需做少量的工作。

10.1.1 驱动程序的简介

系统调用是操作系统内核和应用程序之间的接口,而设备驱动程序是操作系统内核和机器硬件之间的接口。设备驱动程序实际是处理和操作硬件控制器的软件,从本质上讲,是内核中具有最高特权级的、驻留内存的、可共享的底层硬件处理例程。设备驱动程序为应用程序屏蔽了硬件的细节,这样在应用程序看来,硬件设备只是一个设备文件,应用程序可以像操作普通文件一样对硬件设备进行操作。设备驱动程序是内核的一部分,它完成以下的功能:
① 对设备初始化和释放。
② 把数据从内核传送到硬件和从硬件读取数据。
③ 读取应用程序传送给设备文件的数据和回送应用程序请求的数据。
④ 检测和处理设备出现的错误。

10.1.2 设备分类

Linux 系统的设备分为字符设备、块设备和网络设备 3 种。字符设备是指存取时没有缓存的设备。块设备的读写都有缓存来支持,并且块设备必须能够随机存取,字符设备则没有这个要求。

在 3 类设备中,UNIX 看待设备的方式有所区别,每种方式是为了不同的任务。Linux 可以以模块的形式加载每种设备类型,因此,允许用户在最新版本的内核上实验新硬件,跟随内核的开发过程。

驱动程序有如下 3 种类型。

(1) 字符设备

可以像文件一样访问字符设备,字符设备驱动程序负责实现这些行为。这样的驱动程序通常会实现 open、close、read 和 write 系统调用。通过文件系统节点可以访问字符设备,如/dev/tty1 和/dev/lp1。在字符设备和普通文件系统间的唯一区别是:普通文件允许在其上来回读写,而大多数字符设备仅仅是数据通道,只能顺序读写。

(2) 块设备

在大多数 UNIX 系统中,只能将块设备看作多个块进行访问,一个块设备通常是 1KB 数据。Linux 允许像字符设备那样读取块设备,允许一次传输任意数目的字节。结果是,块设备和字符设备只在内核内部的管理上有所区别,因此,也就是在内核/驱动程序间的软件接口上有所区别。就像字符设备一样,每个块设备也通过文件系统节点来读写数据,它们之间的不同对用户来说是透明的。块设备驱动程序和内核的接口和字符设备驱动程序的接口是一样的，它也通过一个传统的面向块的接口与内核通信，但这个接口对用户来说是不可见的。

（3）网络设备

任何网络事务处理都是通过接口实现的，即可以和其他宿主交换数据的设备。通常，接口是一个硬件设备。网络设备是由内核网络子系统驱动的，它负责发送和接收数据包，而且无需了解每次事务是如何映射到实际被发送的数据包。

由于不是面向流的设备，所以，网络接口不能像/dev/tty1 那样简单地映射到文件系统的节点上。UNIX 调用这些接口的方式是给它们分配一个独立的名字。这样的名字在文件系统中并没有对应项。内核和网络设备驱动程序之间的通信与字符设备驱动程序和块设备驱动程序与内核间的通信是完全不一样的。内核不再调用 read，write，它调用与数据包传送相关的函数。

字符设备和块设备的主要区别是：在对字符设备发出读/写请求时，实际的硬件 I/O 一般就紧接着发生了，块设备则不同，它利用一块系统内存作缓冲区，当用户进程对设备请求能满足用户的要求时，就返回请求的数据，否则就调用请求函数来进行实际的 I/O 操作。块设备主要是针对磁盘等慢速设备设计的，以免耗费过多的 CPU 时间来等待。

网络设备在 Linux 中做专门的处理。在系统和驱动程序之间定义有专门的数据结构进行数据的传递。系统中支持对发送数据和接收数据的缓存，提供流量控制机制，提供对多协议的支持。

Linux 是 UNIX 操作系统的一种变种，在 Linux 下编写驱动程序的原理和思想完全类似于其他的 UNIX 系统，但是 DOS 或 Windows 环境下的驱动程序有很大的区别。在 Linux 环境下设计驱动程序，思想简洁，操作方便，功能也很强大，但是支持函数少，只能依赖 kernel 中的函数，有些常用的操作要自己来编写，而且调试也不方便。

10.1.3 设备号

传统方式中的设备管理中，除了设备类型外，内核还需要一对称作主次设备号的参数，才能唯一标识一个设备。主设备号相同的设备使用相同的驱动程序，次设备号用于区分具体设备的实例。如 PC 中的 IDE 设备，一般主设备号使用 3，Windows 下进行的分区，一般主分区的次设备号使用 1，扩展分区的次设备号使用 2、3、4，逻辑分区使用 5、6 等。

每个字符设备和块设备都必须有主、次设备号，主设备号相同的设备是同类设备。这些设备中，有些设备是对实际存在的物理硬件的抽象，而有些设备则是内核自身提供的功能。

用户进程是通过设备文件与实际的硬件打交道。每个设备文件都有其文件属性，表示是字符设备还是块设备。另外，每个文件都有两个设备号，第一个是主设备号，标识驱动程序；第二个是从设备号，标识使用同一个设备驱动程序的不同的硬件设备，如有两个软盘，就可以用从设备号来区分他们。设备文件的主设备号必须与设备驱动程序在登记时申请的主设备号一致，否则用户进程将无法访问到驱动程序。

10.1.4 设备节点

访问一个设备的标识符。在 Linux 系统中，这个标识符一般是位于/dev 目录下的文件，称为设备节点。正常情况下，/dev 目录下的每一个设备节点对应一个设备，对于查看/dev 目录下的设备的主次设备号，可以使用 ls -l 来查看这些文件的属性，如图 10-1 所示。

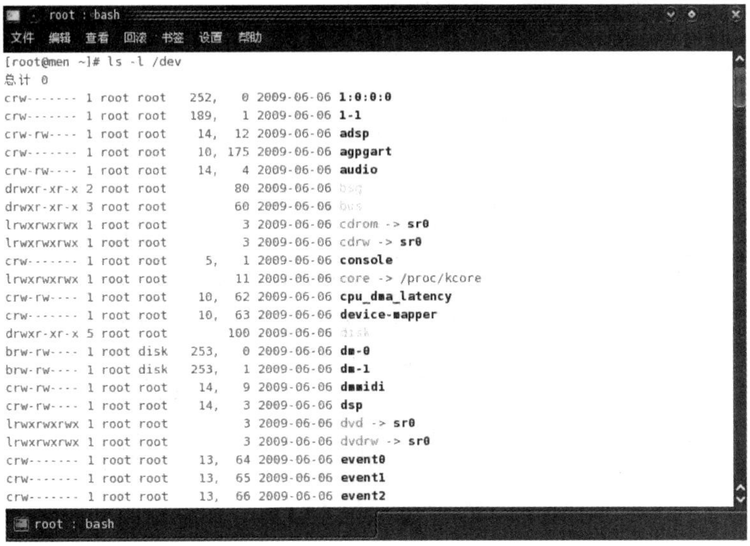

图 10-1 查看文件的属性

上述中是用 b 和 c 来标识是块设备还是字符设备，数字 22 和 6 分别表示它们的主设备号，1 和 0 分别表示它们的次设备号。

10.1.5 驱动层次结构

Linux 中，只要涉及驱动程序，就会运用这样的功能划分。软盘驱动程序是设备无关的，这不仅表现在磁盘是一个连续读写的字节数组上。

在写驱动程序时，应该特别留心这样的基本问题：要写内核代码访问硬件，但由于不同用户有不同需要，不能强迫用户采用什么样的特定策略。设备驱动程序应该只处理硬件，将如何使用硬件的问题留给应用程序。如果在提供获得硬件能力的同时没有增加限制，就说驱动程序是灵活的。不过，有时必须要做一些决策策略。

可以从不同侧面来观察驱动程序：它是位于应用层和实际设备之间的软件。驱动程序的程序员可以选择这个设备应该怎样实现：不同的驱动程序可以提供不同的能力，甚至相同的设备也可以提供不同能力。实际驱动程序设计应该是在众多需求之间的一个平衡。

设备驱动程序是内核代码的一部分。驱动程序的地址空间是内核的地址空间。驱动程序的代码直接对设备硬件进行控制。应用程序通过操作系统的系统调用执行相应的驱动程序函数。中断则直接执行相应的中断程序代码。设备驱动程序的 file_operations 结构体的地址被注册到内核中的设备链表中，如图 10-2 所示。

驱动程序的作用是应用程序与硬件之间的一个中间软件层，驱动程序应该为应用程序展现硬件的所有功能，不应该强加其他的约束，对于硬件使用的权限和限制应该由应用程序层控制。但是有时驱动程序的设计是跟所开发的项目相关的，这时就可能在驱动层加入一些与应用相关的设计考虑，主要是因为在驱动层的效率比应用层高，同时为了项目的需要可能只强化或优化硬件的某个功能，而弱化或关闭其他一些功能；到底需要展现硬件的哪些功能全都由开发者根据需要而定位。驱动程序有时会被多个进程同时使用，这时要考虑如何处理并发的问题，就需要调用一些内核的函数使用互斥量和锁等机制。

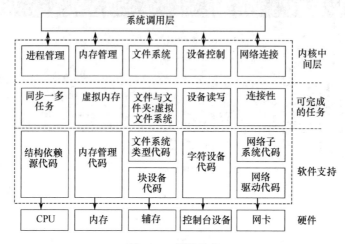

图 10-2　模块功能

驱动程序与应用程序存在一定的区别。应用程序一般有一个 main 函数，从头到尾执行一个任务；驱动程序却不同，它没有 main 函数，通过使用宏 module_init，将初始化函数加入内核全局初始化函数列表中，在内核初始化时执行驱动的初始化函数，从而完成驱动的初始化和注册，之后驱动便停止等待被应用软件调用。驱动程序中有一个宏 moudule_exit 注册退出处理函数。它在驱动退出时被调用。

10.1.6　设备驱动程序的特点

世界各地都有人在钻研 Linux 内核，大多是在写设备驱动程序。尽管每个驱动程序都不一样，而且还要知道自己设备的特殊性，但是这些设备驱动程序的许多原则和基本技术技巧都是一样的。

Linux 中的设备驱动程序有如下的特点。

（1）内核代码

设备驱动程序是内核的一部分，如果驱动程序出错，则可能导致系统崩溃。

（2）内核接口

设备驱动程序必须为内核或者其子系统提供一个标准接口。例如，一个终端驱动程序必须为内核提供一个文件 I/O 接口；一个 SCSI 设备驱动程序应该为 SCSI 子系统提供一个 SCSI 设备接口，同时 SCSI 子系统也必须为内核提供文件的 I/O 接口及缓冲区。

（3）内核服务

使用标准的内核服务。如内存分配、中断和等待队列等。

（4）可装载

大多数的 Linux 操作系统设备驱动程序都可以在需要时装载进内核，在不需要时从内核中卸载。

（5）可设置

Linux 操作系统设备驱动程序可以集成为内核的一部分，并可以根据需要把其中的某一部分集成到内核中，只需要在系统编译时进行相应的设置即可。

（6）动态性

在系统启动并且各个设备驱动初始化后，驱动程序将维护其控制的设备。如果该设备驱动程序控制的设备不存在也不影响系统的运行，那么此时的设备驱动程序只是多占了一点系统内存。

10.2 设备驱动程序与文件系统

Linux 操作系统的特点不仅提供了使用各种设备的统一接口，而且它把对设备的管理与文件管理系统统一起来。Linux 把设备看作特殊的文件，系统通过处理虚拟文件系统 VFS 来管理和控制各种设备。

10.2.1 设备驱动程序与文件系统的关系

在<linux/fs.h>中定义的 struct file 是设备驱动程序所适用的又一个最重要的数据结构。file 与用户程序中的 FILE 没有任何关联。FILE 是在 C 库中定义且从不出现在内核代码中。而 struct file 是一个内核结构，从不出现在用户程序中。

file 结构代表一个打开的文件。它有内核在 open 时创建而且在 close 前作为参数传递给如何操作在设备上的函数。在文件关闭后，内核释放这个数据结构。在内核源码中，指向 struct file 的指针通常称为 file 或 filp。为了与这个结构相区分，将一直称指针为 filp，而 file 是结构本身。

10.2.2 设备驱动程序与操作系统的关系

设备驱动程序在操作系统中的位置如下。

① 设备驱动程序是内核代码的一部分。

② 驱动程序的地址空间是内核的地址空间。

③ 驱动程序的代码直接对设备硬件。

④ 应用程序通过操作系统的系统调用执行相应的驱动程序函数。中断则直接执行相应的中断程序代码。

⑤ 设备驱动程序的 file_operations 结构体的地址被注册到内核中的设备链表中。

⑥ 块设备和字符设备以设备文件的方式建立在文件系统中的/dev 目录下，而且每个设备都有一个主设备号和一个次设备号。

10.2.3 Linux 设备驱动程序的接口

设备类型、主次设备号是内核与设备驱动程序通信时所使用的,但是对于开发应用程序的用户来说比较难以理解和记忆,所以,Linux 使用了设备文件的概念来统一对设备的访问接口,在引入设备文件系统前,Linux 将设备文件放在/dev 目录下,设备的命名一般为设备文件名+数字或字母表示的子类,如/dev/hda1,/dev/hda2 等。

而 通常所说的设备驱动程序接口,是指通过 file_operations 数据结构来完成的,它定义在 include/linux/fs.h 中。驱动程序与系统引导的接口,这部分利用驱动程序对设备进行初始化。驱动程序与设备的接口,这部分描述了驱动程序愈合与设备进行交互,这与具体设备密切相关。主要包括驱动程序的注册与注销,设备的打开与释放,设备的读写操作,设备的控制操作,设备的中断和轮询处理几个部分。

设备驱动程序源代码的基本结构:

```
#ifndef __KERNEL__
#define __KERNEL__
//表明这个模块将用于内核,也可以在编译时通过-D 选项指定


#endif
#ifndef MODULE
// MODULE 表明这个驱动程序将以模块的方式编译,也可以在编译时通过-D 选项指定
#define MODULE
#endif


#include <linux/config.h>
#include <linux/module.h>
// config.h 和 module.h 是内核头文件,需要根据具体驱动程序和用到的内核模块确定
...
#include <asm/arch/hardware.h>
```

驱动程序中使用的各种函数的原型声明。标准的做法是将函数原型声明放在一个头文件中,然后在该文件开始处使用#include 引用,并在该文件中定义。这里将函数的声明和定义放在一起。所以下面的代码既是函数的声明,也是函数的定义。

■ read 函数

```
static ssize_t spioc_read(struct file *filp, char *buff, size_t cnt, loof_t *off)
{
    /* 这里是 read 函数的代码 */
    return ret;
}
```

■ write 函数

```
static ssize_t spioc_write(struct file *filp, char *buff, size_t cnt, loff_t *off)
```

```
{
    /* 这里是 write 函数的代码 */
    return ret;
}
```

- ioctl 函数

```
static int spioc_ioctl（struct inode *inode， struct file *filp，unsigned int cmd， unsigned long arg）
{
    /* 这里是 ioctl 函数的代码，它的一般格式为一个 switch 分支语句
     *   switch（cmd）{
     *   case CMD1：
     *       ...
     *       break；
     *   ...
     *   case CMDn：
     *       ...
     *       break
     *   default：
     *       ...
     *       break；
     *   }
     */
    return ret;
}
```

ioctl（）函数用于控制驱动程序本身的一些特性和参数，如设定驱动程序使用的缓冲区的大小，设定串行通信的速率等。

- open 函数

```
static int spioc_open（struct inode *inode， struct file *filp）
{
    /* 这里是 open 函数的代码 */
    return ret;
}
```

- close 函数

```
static int spioc_close（struct inode *inode， struct file *filp）
{
    /* 这里是 close 函数的代码 */
    return ret;
}
```

上述 5 个函数，即 read（），write（），ioctl（），open（），close（），是一个字符设备驱动程序最基本的需要由驱动程序的作者完成的函数。

这 5 个函数将对应于相应的 5 个系统调用：

```
read（） -> spioc_read（）;
write（） -> spioc_write（）;
ioctl（） -> spioc_ioctl（）;
open（） -> spioc_open（）;
close（） -> spioc_close（）;
```

1. file_operations 数据结构说明

file_operations 是一个结构体类型，定义在 include/linux/fs.h 中。

```
static struct file_operations spioc_fops = {
    read:       spioc_read,
    write:      spioc_write,
    ioctl:      spioc_ioctl,
    open:       spioc_open,
    release:    spioc_close,
};
```

上述代码定义了一个 file_operations 类型的结构体 spioc_fops，并将其中的一些成员赋了初值。由于 spioc_fops 是一个静态变量，所以，其他成员的初值是零。

结构体 spioc_fops 将作为一个参数在注册一个设备驱动程序时传递给内核。内核使用设备链表维护各种注册的设备。不同类型的设备使用不同的链表。

（1）file_operations 数据结构说明

```
struct file_operations {
    struct module *owner;
    loff_t  (*llseek)(struct file *, loff_t, int);
    ssize_t (*read)(struct file *, char *, size_t, loff_t *);
    ssize_t (*write)(struct file *, const char *, size_t, loff_t *);
    int     (*readdir)(struct file *, void *, filldir_t);
    unsigned int (*poll)(struct file *, struct poll_table_struct *);
    int     (*ioctl)(struct inode *, struct file *, unsigned int, unsigned long);
    int     (*mmap)(struct file *, struct vm_area_struct *);
    int     (*open)(struct inode *, struct file *);
    int     (*flush)(struct file *);
    int     (*release)(struct inode *, struct file *);
    int     (*fsync)(struct file *, struct dentry *, int datasync);
    int     (*fasync)(int, struct file *, int);
    int     (*lock)(struct file *, int, struct file_lock *);
```

```
    ssize_t  (*readv)(struct file *,  const struct iovec *,  unsigned long,  loff_t *);
    ssize_t  (*writev)(struct file *,  const struct iovec *,  unsigned long,  loff_t *);
    ssize_t  (*sendpage)(struct file *,  struct page *,  int,  size_t,  loff_t *,  int);
    unsigned long  (*get_unmapped_area)(struct file *,  unsigned long,  unsigned long,
    unsigned long,  unsigned long);
};
```

file_operations 结构是整个 Linux 内核的重要数据结构，file_operations 结构中主要的成员参见表 10-1。

表 10-1　file_operations 结构

结　　构	主要作用
Owner	module 的拥有者
Lseek	重新定位读写位置
Read	从设备中读取数据
Write	向字符设备中写入数据
Readdir	只用于文件系统，对设备无用
Ioctl	控制设备，除读写操作外的其他控制命令
Mmap	将设备内存映射到进程地址空间，通常只用于块设备
Open	打开设备并初始化设备
Flush	清除内容，一般只用于网络文件系统中
Release	关闭设备并释放资源
Fsync	实现内存与设备的同步，如将内存数据写入硬盘
Fasync	实现内存与设备之间的异步通信
Lock	文件锁定，用于文件共享时的互斥访问
Readv	在进行读操作前要验证地址是否可读
Writev	在进行写操作前要验证地址是否可写

（2）file 数据结构说明

```
struct file {
    struct list_head   f_list;
    struct dentry      *f_dentry;
    struct vfsmount    *f_vfsmnt;
    struct file_operations  *f_op;
    atomic_t           f_count;
    unsigned int       f_flags;
    mode_t             f_mode;
    loff_t             f_pos;
    unsigned long   f_reada, f_ramax, f_raend, f_ralen, f_rawin;
    struct fown_struct    f_owner;
```

```
    unsigned int           f_uid,    f_gid;
    int                    f_error;
    unsigned long          f_version;
    /* needed for tty driver, and maybe others */
    void                   *private_data;
    /* preallocated helper kiobuf to speedup O_DIRECT */
    struct kiobuf          *f_iobuf;
    long                   f_iobuf_lock;
};
```

file 结构中与驱动相关的重要成员说明参见表 10-2。

表 10-2 file 结构中与驱动相关的成员

相关成员	主要作用
f_mode	标识文件的读写权限
f_pos	当前读写位置，类型为 loff_t 是 64 位的数，只能读不能写
f_flag	文件标志，主要用于进行阻塞/非阻塞型操作时检查
f_op	文件操作的结构指针，内核在 OPEN 操作时对此指针赋值
private_data	Open 系统调用在调用驱动程序的 open 方法前，将此指针值 NULL，驱动程序可以将这个字段用于任何目的，一般用它指向已经分配的数据，但在内核销毁 file 结构前要在 release 方法中释放内存
f_dentry	文件对应的目录项结构，一般在驱动中用 filp->f_dentry->d_inode 访问索引节点时用到它

（3）设备初始化和撤销

```
static int __init spioc_init（void）
{
    /* 设备初始化代码等 */
    if（register_chrdev（SPIOC_MAJOR, "spioc", &spioc_fops））
    {
        printk（KERN_ERR "spioc.c: unable to register the device with major %d.\n",
        SPIOC_MAJOR）;
        return –EIO;
    }
    /* 其他初始化代码 */
    return ret;
}

static void __exit spioc_exit（void）
{
    /* 设备撤消代码 */
    if（unregister_chrdev（SPIOC_MAJOR，"spioc"））
    {
```

```
            printk（KERN_ERR "spioc.c:   unable to remove the device with major %d.\n",
            SPIOC_MAJOR）;
            return;
        }
        /* 其他设备撤消代码 */
        return;
    }
    module_init（spioc_init）;
    module_exit（spioc_exit）;
```

函数 module_init（）和 module_exit（），用于告诉内核，当一个驱动程序加载和退出时，需要执行的操作。不同驱动程序在加载和退出时，除了基本的向内核注册设备驱动程序外，还有各自的针对具体设备的操作。

10.2.4 设备驱动程序开发的基本函数

设备开发的基本函数有 I/O 口函数、内存操作函数和复制函数。

（1）I/O 口函数

在申请了 I/O 端口后，可以借助 asm/io.h 中的如下几个函数来访问 I/O 端口：

```
inline unsigned int inb（unsigned short port）;      //读取某个端口的值
inline unsigned int inb_p（unsigned short port）;
inline void outb（char value,  unsigned short port）;  //向某个端口赋值
inline void outb_p（char value,  unsigned short port）;
```

其中，inb_p 和 outb_p 插入了一定的延时以适应某些慢速的 I/O 端口。

可以查询/proc/ioports 文件获得当前已经分配的 I/O 地址。

（2）内存操作函数

#include /linux/kernel.h 中声明了 kmalloc（）和 kfree（），用于在内核模式下申请和释放内存。

- void * kmalloc（unsigned int len, int priority）
- void kfree（void * obj）

其中，len 为申请的字节数，obj 为要释放的内存指针，priority 为分配内存操作的优先级。

与用户模式下的 malloc（）不同，kmalloc（）申请空间有大小限制，长度是 2 的整次方，可以申请的最大长度也有限制。另外 priority 参数，通常使用时可以为 GFP_KERNEL，如果在中断中调用，则用 GFP_ATOMIC 参数，因为使用 GFP_KERNEL 则调用者可能进入 sleep 状态，在处理中断时是不允许的。kfree（）释放的内存必须是 kmalloc（）申请的。如果知道内存的大小，也可以用 kfree_s（）释放。

（3）复制函数

在用户程序调用时，因为进程的运行状态由用户态变为核心态，地址空间也变为核心地址空间。由于 read（）和 write（）函数中参数 buf 是指向用户程序的私有地址空间的，

所以不能直接访问，必须通过下面两个系统函数来访问用户程序的私有地址空间。

```
# include <asm/segment.h>
void memcpy_fromfs（void * to，const void * from，unsigned long n）；
void memcpy_tofs（void * to，const void * from，unsigned long n）；
```

memcpy_fromfs 由用户程序地址空间往核心地址空间复制，memcpy_tofs 则相反。参数 to 为复制的目的指针，from 为源指针，n 为要复制的字节数。

10.2.5 Linux 驱动程序的加载

操作系统通过各种驱动程序来驾驭硬件设备，它为用户屏蔽了各种各样的设备，驱动硬件是操作系统最基本的功能，并且提供统一的操作方式。硬件驱动程序是操作系统最基本的组成部分，在 Linux 内核源程序中也占有较高的比例。

Linux 内核中采用可加载的模块化设计，一般情况下编译的 Linux 内核是支持可插入式模块的，也就是将最基本的核心代码编译在内核中，其他的代码可以选择是在内核中，或者编译为内核的模块文件。

如果需要某种功能，如需要访问一个 NTFS 分区，就加载相应的 NTFS 模块。这种设计可以使内核文件不至于太大，但是又可以支持很多的功能，必要时动态地加载。这是一种和微内核设计不太一样，但却是切实可行的内核设计方案。

（1）内核和驱动模块

Linux 的驱动开发调试有两种方法，一种是直接编译到内核，再运行新的内核来测试；二是编译为模块的形式，单独加载运行调试。第一种方法效率较低，但在某些场合是唯一的方法。模块方式调试效率很高，它使用 insmod 工具将编译的模块直接插入内核，如果出现故障，可以使用 rmmod 从内核中卸载模块。不需要重新启动内核，这使驱动调试效率大大提高。

常见的驱动程序就是作为内核模块动态加载的，如声卡驱动和网卡驱动等，而 Linux 最基础的驱动则编译在内核文件中。有时也把内核模块称为驱动程序，只不过驱动的内容不一定是硬件罢了，如 ext3 文件系统的驱动。理解这一点很重要。因此，加载驱动时就是加载内核模块。

下面介绍有关模块的命令，在加载驱动程序时要用到 lsmod，modprob，insmod，rmmod，modinfo。

■ lsmod

lsmod 列出当前系统中加载的模块，例如：

```
#lsmod
Module Size Used by Not tainted
radeon 115364 1
agpgart 56664 3
nls_iso8859-1 3516 1  （autoclean）
loop 12120 3  （autoclean）
smbfs 44528 2  （autoclean）
parport_pc 19076 1  （autoclean）
```

```
lp 9028 0  (autoclean)
parport 37088 1  (autoclean) [parport_pc lp]
autofs 13364 0  (autoclean) (unused)
ds 8704 2
yenta_socket 13760 2
pcmcia_core 57184 0 [ds yenta_socket]
tg3 55112 1
sg 36940 0  (autoclean)
sr_mod 18104 0  (autoclean)
microcode 4724 0  (autoclean)
ide-scsi 12208 0
scsi_mod 108968 3 [sg sr_mod ide-scsi]
ide-cd 35680 0
cdrom 33696 0 [sr_mod ide-cd]
nls_cp936 124988 1  (autoclean)
nls_cp437 5148 1  (autoclean)
vfat 13004 1  (autoclean)
fat 38872 0  (autoclean) [vfat]
keybdev 2976 0  (unused)
mousedev 5524 1
hid 22212 0  (unused)
input 5888 0 [keybdev mousedev hid]
ehci-hcd 20104 0  (unused)
usb-uhci 26412 0  (unused)
usbcore 79392 1 [hid ehci-hcd usb-uhci]
ext3 91592 2
jbd 52336 2 [ext3]
```

上面显示了当前系统中加载的模块，左边数第一列是模块名，第二列是该模块大小，第三列则是该模块使用的数量。

如果后面为 unused，则表示该模块当前没在使用。如果后面有 autoclean，则该模块可以被 rmmod -a 命令自动清洗。rmmod -a 命令会将目前有 autoclean 的模块卸载，如果这时某个模块未被使用，则将该模块标识为 autoclean。如果在行尾的[ ]括号内有模块名称，则括号内的模块就依赖于该模块。

系统的模块文件保存在/lib/modules/2.4.×××/kerne 目录中，根据分类分别在 fs，net 等子目录中，它们的互相依存关系则保存在/lib/modules/2.4.×××/modules.dep 文件中。

该文件不仅写入了模块的依存关系，同时内核查找模块也是在这个文件中，使用 modprobe 命令，可以智能插入模块，它可以根据模块间依存关系，以及/etc/modules.conf 文件中的内容智能插入模块。

■ insmod

insmod 也是插入模块的命令，但是它不会自动解决依存关系，所以，一般加载内核模块时使用的命令为 modprobe。

■ rmmod

rmmod 可以删除模块，但是它只可以删除没有使用的模块。

■ modinfo

modinfo 用来查看模块信息，如 modinfo -d cdrom，在 Red Hat Linux 系统中，模块的相关命令在 modutils 的 RPM 包中。

（2）使用/proc 目录中的文件监视驱动程序的状态

驱动程序中间有一个桥梁，那就是 proc 文件系统，它一般会被加载到/proc 目录。访问设备文件时，操作系统通常会通过查找/proc 目录下的值，确定由哪些驱动模块来完成任务。如果 proc 文件系统没有加载，访问设备文件时就会出现错误。

Linux 系统中 proc 文件系统是内核虚拟的文件系统，其中所有的文件都是内核中虚拟出来的，各种文件实际上是当前内核在内存中的参数。它就像是专门为访问内核而打开的一扇门，如访问/proc/cpuinfo 文件，实际上就是访问目前的 CPU 的参数，每一次系统启动时系统都会通过/etc/fstab 中设置的信息自动将 proc 文件系统加载到/proc 目录下。

```
# grep proc /etc/fstab
none /proc proc defaults 0 0
```

此外，也可以通过 mount 命令手动加载：

```
# mount -t proc none /proc
```

通过/proc 目录下的文件可以访问或更改内核参数，可以通过/proc 目录查询驱动程序的信息。如图 10-3 所示。

图 10-3　查询驱动程序信息

需要知道的是，这些文件都是实时产生的虚拟文件，访问它们就是访问内存中真实的数据。这些数据是实时变化产生的，可以通过以下命令来查看文件的具体值，如图 10-4 所示。

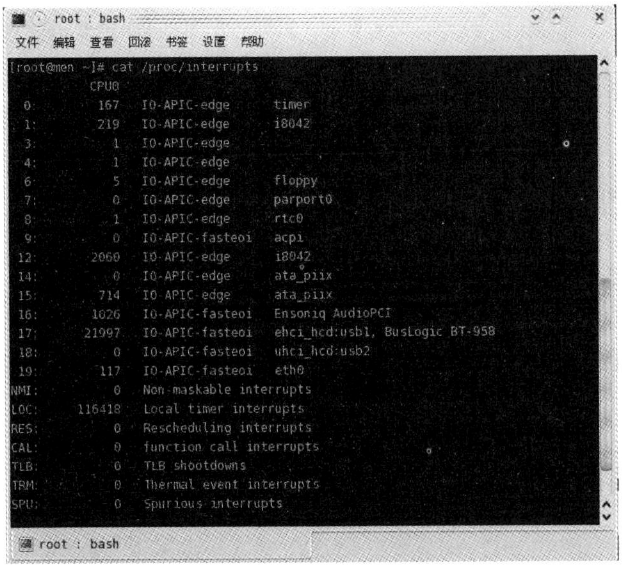

图 10-4　查看文件具体值

/proc/sys 目录下的文件一般可以直接更改，相当于直接更改内核的运行参数，例如：

　　# echo 1 > /proc/sys/net/ipv4/ip_forward

上面代码可以将内核中的数据包转发功能打开。

（3）定制引导盘

当 Linux 安装光盘启动时，加载位于光盘上 isolinux 中的内核文件 vmlinuz，内核运行完毕后，又将 initrd.img 的虚拟文件系统加载到内存中。这个文件为 ext2 文件系统的镜像，经过 gzip 压缩，可以通过以下命令查看该镜像中的内容。

```
# mount /mnt/cdrom
# mkdir /mnt/imgdir
# gunzip < /mnt/cdrom/isolinux/initrd.img > /ext2img
# mount -t ext2 -o loop /ext2img /mnt/imgdir
# cd /mnt/imgdir
# ls –F
bin@
dev/
etc/
linuxrc@
lost+found/
modules/
proc/
sbin/
tmp/
var/
# cd modules
```

```
# ls
module-info
modules.cgz
modules.dep
modules.pcimap
pcitable
```

其中，modules.dep 为模块的注册文件，同时有各种模块的依存关系。modules.cgz 为 cpio 的打包文件，实际的各种驱动模块就在该文件中。可以通过以下命令解包：

```
# cpio -idmv < modules.cgz
```

由此可以看到，解包出来的目录 2.4.21-4XXX。进入该目录下的 i386 目录，就可以看到当前启动盘中支持的所有驱动程序。

```
# ls
3c59x.o
3w-xxxx.o
8139cp.o
8139too.o
8390.o
aacraid.o
acenic.o
aic79xx.o
```

若希望在系统中加入需要的驱动程序，可以相应地修改这些文件，如在 modules.dep 中加入该模块的名字和依存关系，将编译好的驱动模块文件加入 modules.cgz 中，这样就可以制定自己的安装光盘。

10.3 设备驱动程序的使用

设备驱动程序的使用包括驱动程序模块的加载、创建设备文件和使用设备 3 个方面。

10.3.1 驱动程序模块的加载

驱动程序模块的加载分为静态和动态两种。
① 设备驱动程序被静态编译到内核中的情况。
module_init（）指示内核在启动过程中运行设备的初始化函数，如 spioc_init（）函数。驱动程序的加载随内核的启动一起完成。
静态编译的内核模块不能被动态卸载，只有到系统关闭时由内核执行相应的卸载函数，如 spioc_exit（）。
嵌入式操作系统一般使用静态内核模块以减少系统的尺寸和复杂性。
② 设备驱动程序被动态加载到内核中的情况。

首先,驱动程序需要被编译成目标文件,如 spioc.o。
在操作系统运行后,使用 insmod 命令将驱动程序模块动态加载到内核中。

```
$ insmod spioc.o
```

使用 insmod 命令动态加载的内核模块可以使用 rmmod 命令动态地从内核中卸载。

```
$ rmmod spioc.o
```

使用内核的动态模块加载/卸载功能需要内核支持 kmod 功能。

10.3.2 创建设备文件

Linux 操作系统将字符设备和块设备作为一种特殊的文件对待,这就是设备文件。
使用 mknod 命令建立设备文件。如图 10-5 所示。

10.3.3 使用设备

使用一个设备一般需要执行如下一些操作。

① 打开设备文件。

② 对设备进行必要的设置,如设置串口速率。

③ 对设备进行读、写等操作,如通过串口收发数据。

④ 结束对设备的使用前,如果改变了设备的某些设置,则将其恢复到默认状态,保证设备停用后没有任何副作用。

⑤ 关闭设备。

一个设备如何被使用属于"策略",应该由应用程序决定,而不是设备驱动程序。设备驱动程序应该只实现"机制"。

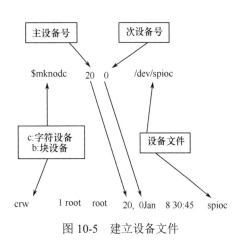

图 10-5 建立设备文件

10.4 网络设备基础知识

对网络设备驱动程序设计有重要作用的网络设备基础包括网络协议和网络设备接口基础。

10.4.1 网络协议

下面主要对 TCP/IP 协议和 TCP/IP 协议工作原理进行介绍。

(1) TCP/IP 协议介绍

TCP/IP 协议是 Internet 的标准协议。TCP/IP 协议实际上由许多协议组成,其中的主要协议有网际协议 IP、传输控制协议 TCP、用户数据报协议 UDP、Internet 控制报文协议 ICMP 和地址解析协议 ARP 等。在 Linux 中,协议就是向 socket 层提供服务的一组代码。

TCP/IP 实际是以协议组的形式存在的，TCP/IP 协议层次结构如图 10-6 所示。

从图 10-6 可看出，TCP/IP 映射为 4 层的结构化模型，划分为网络接口层、网际层、传输层和应用层 4 层。

① 网络接口层负责和网络的直接通信。它必须理解正在使用的网络结构，并且还要提供允许网际层与之通信的接口。网际层负责和网络接口层之间的直接通信。

② 网际层主要完成利用网际协议的路由和数据包传递。传输层上的所有协议均要使用 IP 发送数据。网际协议定义如下规则：如何寻址和定向数据包；如何处理数据包的分段和重新组装；如何提供安全性信息等。

③ 传输层负责提供应用程序之间的通信。这种通信可以是基于连接的，也可以是非基于连接的。这两种连接类型的主要差别在于是否跟踪数据及是否确保数据发送到目标等。传输控制协议是基于连接的协议，能提供可靠的数据传输；而用户数据报协议是非基于连接的协议，不能确保数据的正确传输。

④ 应用层作为应用程序和网络组件之间的接口而存在，其中有许多协议，包括简单网络管理协议 SNMP、文件传输协议 FTP、简单邮件传输协议 SMTP 等。

（2）TCP/IP 协议工作原理

TCP 数据包在网际协议组中的传输情况如图 10-7 所示。

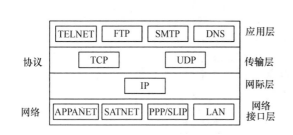

图 10-6　TCP/IP 协议层次结构

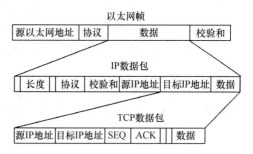

图 10-7　TCP 数据包的传输

TCP 利用 IP 数据包传输它的数据包，这时，IP 数据包中的数据是 TCP 数据包本身。UDP 也利用 IP 数据包进行数据的传输，在这种情况下，接收方的 IP 层必须能够知道接收到的 IP 数据包要发送给传输层中的哪个协议。为此，每个 IP 数据包头中包含一个字节，专门用作协议标识符。接收方的 IP 层利用这一标识符决定将数据包发送给传输层的哪一个协议处理。和上面的情况类似，同一台主机上利用同一协议进行通信的应用程序可能有许多，因此，也需要一种机制来标识应由哪一个应用程序处理同一种数据包。为此，应用程序利用 TCP/IP 协议进行通信时，不仅要指定目标 IP 地址，还要指定应用程序的端口地址。

IP 协议层可利用许多不同的物理介质传输 IP 数据包。IP 数据包进一步包装在以太网数据帧中传输。除以太网外，IP 数据包还可以在令牌环网等其他物理介质上传输。以太网数据帧头中包含了数据帧的目标以太网地址，以太网地址实际就是以太网卡的硬件地址或物理地址，一般由 6 位整数组成。以太网卡的物理地址是唯一的，一些特殊的物理地址保留用于广播等目的。因为以太网数据帧和 IP 数据包一样，可以传输不同的协议数据，因此，数据帧中也包含一个标识协议的整数。

跨越不同子网的数据传输通过网关或路由器实现。当 TCP/IP 软件发现数据传输的目标主机处于其他子网时，它首先将数据发送到网关，然后由网关选择适当的路径传输，直到数据到达目标主机为止。Linux 维护一个路由表，每个目标 IP 地址均对应一个路由表项。利用路由表项，Linux 可以将跨子网的 IP 数据包发送到一个适当的主机。系统中的路由表实际是动态的，并随着应用程序的网络使用情况和网络拓扑结构的变化而变化。

10.4.2 网络设备接口基础

网络设备是指可以在网络上接收和发送包的设备或接口。

（1）网络接口基本结构

网络接口核心部分是整个网络接口的关键部位，它为网络协议提供统一的发送接口，屏蔽各种各样的物理介质，同时负责把来自下层的包向合适的协议配送。它是网络接口的中枢部分。

Linux 支持 TCP/IP，IPX，X.25 等的协议，各种具体协议实现的源码在 linux/net/相应的名称目录下。

网络接口 Socket 层为用户提供网络服务的编程接口。所有的 Linux 网络设备使用相同的函数接口。在 drivers/net/skeleton.c 中包含了一个网络设备的轮廓。每个网络设备处理数据从协议层到物理介质的传输并从硬件上接收数据，接收到的数据被放到网络层，由 netif_rx（）完成，改函数去掉帧头以被高层协议使用。每一个设备提供了一套方法来处理停止、开始、控制和物理封装包，如图 10-8 所示。

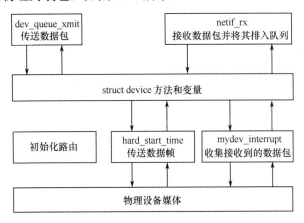

图 10-8　Linux 网络设备的函数接口

（2）网络设备数据结构

设备所有的一般性信息都放在 struct device 中，要创建一个设备需要对其进行初始化。struct device 的数据结构包括：

设备的名字：这是一个字符串指针，也可以是 4 个空格，这样内核会自动分配一个 ethn 的名字，但最好不要使用这一功能。

总线接口参数：用于维护网络设备在物理上的一些参数。

协议层参数：关于协议层的一些数据。

(3) 网络设备接口

网络设备接口要负责具体物理介质的控制，从物理介质接收及发送数据，并对物理介质进行诸如最大数据包之类的各种设置。网卡最主要的任务是完成数据的接收和发送，下面讨论接收和发送的过程。

发送相对来说比较简单，el_start_xmit()函数就是实际向以太网卡发送数据的函数，具体的发送工作是对一些寄存器的读写，源码的注释很清楚。

接收的工作比较复杂。当一个新的包到了，或者一个包发送完成了，都会产生一个中断。在 el_interrupt()函数，前半部分处理的是包发送完以后的汇报，后半部分是当接收到了新的数据，对一个新来的包的处理。el_interrupt()函数并没有对新的包进行太多的处理，就交给了接收处理函数 el_receive()。el_receive()首先检查接收的包是否正确。

由下往上的关系，是通过驱动程序调用 netif_rx()函数实现的，驱动程序通过这个函数把接到的数据交给上层，所有的网卡驱动程序都需要调用这个函数，这是网络接口核心层和网络接口设备联系的桥梁。

由上往下的关系稍为复杂一些。网络接口核心层需要知道有多少网络设备可以用，以及每个设备的函数的入口地址等，以将可以发送数据包的设备组成一个队列。

(4) 网络接口核心

网络接口核心层的上层是具体的网络协议，下层是驱动程序。网络接口核心层和网络协议族部分的关系也是接收和发送的关系。

网络接口核心层通过 dev_queue_xmit()函数向上层提供统一的发送接口。无论是 IP，还是 ARP 协议，通过这个函数把要发送的数据传递给这一层，想发送数据时就调用这个函数。dev_queue_xmit()做的工作最后落实到 dev->hard_start_xmit()，dev->hard_start_xmit()调用实际的驱动程序来完成发送的任务。

在接收的情况下，网络接口核心层通过函数 netif_rx()接收上层发送来的数据，把数据包往上层发送。所有的协议族的下层协议都需要接收数据，这时的情形和与下层的关系很相似。

IP 协议接收数据是通过 ip_rcv()函数的，而 ARP 协议是通过 arp_rcv()的，网络接口核心层通过这个数组就可以把数据交给上层函数了。

网络接口核心层通过函数 netif_rx()接收上层发送来的数据后，由于在中断的服务中，不能够处理太多的事务，剩下的事务就通过 cpu_raise_softirq（this_cpu、NET_RX_SOFTIRQ）交给软中断处理，从 open_softirq（NET_RX_SOFTIRQ，net_rx_action，NULL）可以知道，NET_RX_SOFTIRQ 软中断的处理函数是 net_rx_action()。net_rx_action()根据数据包的协议类型在数组 ptype_base[16]中找到相应的协议，并从中知道了接收的处理函数，然后把数据包交给处理函数，这样就交给了上层处理，实际调用处理函数是通过 net_rx_action()中的 pt_prev->func()执行的。

(5) 网络协议接口

协议的真正实现是在网络协议接口层。Linux 的 BSD Socket 定义了多达 32 个支持的协议族，其中，PF_INET 是最常见的 TCP/IP 协议族。下面以这个协议族为例，观察这层是怎么工作的。

在 Linux 中，实现了 TCP/IP 协议族中的 IGMP，TCP，UDP，ICMP，ARP 和 IP 协

议。在这些协议中，IP 和 ARP 协议是需要直接和网络设备接口打交道的协议，也就是需要从网络核心模块接收数据和发送数据。而其他协议是需要直接利用 IP 协议的，需要从 IP 协议接收数据，以及利用 IP 协议发送数据，同时还要向上层 Socket 层提供直接的调用接口。可以看到 IP 层是一个核心的协议，向下需要和下层打交道，又要向上层提供所有的传输和接收的服务。

在 IP 协议层中，网络核心模块如果接收到 IP 层的数据，通过 ptype_base[ETH_P_IP]数组的 IP 层的项所指向的 IP 协议的 ip_packet_type->ip_rcv（）函数把数据包传递给 IP 层，即 IP 层通过函数 ip_rcv（）接收数据。ip_rcv（）函数只对 IP 数据包做了一些 checksum 的检查工作，如果包是正确的就把包交给下一个处理函数 ip_rcv_finish（）。此后，ip_rcv_finish（）函数就要完成一些 IP 层的实际工作了。IP 层的主要工作就是路由，即决定把数据包往哪里送。路由的工作是通过函数 ip_route_input（）实现的。对于进来的包，可能的路由有如下几种。

- 属于本地的数据。
- 需要转发的数据包。
- 不可能路由的数据包。

如果数据是本地数据，ip_route_input（）调用 ip_route_input_slow（），在 ip_route_input_slow（）中的 rth->u.dst.input=ip_local_deliver，就是判断 IP 包是本地的数据包，并把本地数据包处理函数的地址返回。在路由工作完成后，返回到 ip_rcv_finish（）。ip_rcv_finish（）最后调用 skb->dst->input，这其实是调用了 ip_local_deliver（）函数，ip_local_deliver（）接着调用 ip_local_deliver_finish（）。就可以往上层传递数据包。

10.5 网络设备驱动程序的架构

下面分别讲述网络设备驱动程序体系结构、模块分析和实现模式。

10.5.1 网络设备驱动程序体系结构

Linux 网络驱动程序的体系结构如图 10-9 所示。可以划分为 4 层，从上到下分别为协议接口层、网络设备接口层、提供实际功能的设备驱动功能层及网络设备和网络媒介层。

在设计网络驱动程序时，最主要的是完成设备驱动功能层，使其满足系统所需的功能。在 Linux 中，把所有网络设备都抽象为一个接口。这个接口提供了对所有网络设备的操作集合。由数据结构 struct device 来表示网络设备在内核中的运行情况，即网络设备接口。它既包括纯软件网络设备接口，如环路，也可以包括硬件网络设备接口，如以太网卡。它由以 dev_base 为头指针的设备链表来集中管理所有

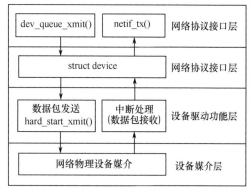

图 10-9　Linux 网络驱动程序的体系结构

网络设备。该设备链表中的每个元素代表一个网络设备接口。

数据结构 device 中有很多供系统访问和协议层调用的设备方法,包括供设备初始化和系统注册用的 init 函数、打开和关闭网络设备的 open 和 stop 函数、处理数据包发送的函数 hard_start_xmit,以及中断处理函数等,每一个设备的方法被调用时的第 1 个参数就是这个设备对象本身。这样这个方法就可以存取自身的数据。

网络设备的初始化主要是由 device 数据结构中的 init 函数指针所指的初始化函数来完成的。当内核启动或加载网络驱动模块时,就会调用初始化过程。这个过程将首先检测网络物理设备是否存在。它通过检测物理设备的硬件特征来完成,然后再对设备进行资源配置。最后向 Linux 内核注册该设备并申请内存空间。

10.5.2 网络设备驱动程序模块分析

网络设备提供一些函数供系统访问。正是这些有统一接口的方法,掩蔽了硬件的具体细节,让系统对各种网络设备的访问都采用统一的形式,做到硬件无关性。

(1) 初始化设备

驱动程序必须有一个初始化方法,在把驱动程序载入系统时会调用这个初始化程序,它做以下 4 方面的工作。

① 检测设备。

在初始化程序时可以根据硬件的特征检查硬件是否存在,然后决定是否启动这个驱动程序。

② 配置和初始化硬件。

在初始化程序时完成对硬件资源的配置,如即插即用的硬件就可以在这时进行配置。配置或协商好硬件占用的资源后,就可以向系统申请这些资源。有些资源是可以和别的设备共享的,如中断,有些是不能共享的,如 I/O,DMA。

③ 初始化 device 结构中的变量。

④ 让硬件正式开始工作。

网络设备的初始化主要是由 device 数据结构中的 init 函数指针所指的初始化函数来完成的。当内核启动或加载网络驱动模块时,就会调用初始化过程。这个过程将首先检测网络物理设备是否存在。它通过检测物理设备的硬件特征来完成,然后再对设备进行资源配置。这些完成后就要构造设备的 device 数据结构,用检测到的数值来对 device 中的变量初始。最后向 Linux 内核注册该设备并申请内存空间。

网络设备在激活前必须满足两个条件,一是确实存在相应的硬件设备,二是这个设备已经被正确地登记在 base_dev 指向的结构链表中。接口函数 init() 的任务就是完成这两项工作,函数定义如下:

```
int（*init）（struct device *dev）;
```

参数是指向需初始化设备的 dev,正常返回值为零。在实际驱动程序中这个函数映射为一个实际的函数。

如果驱动程序采用模块化加载方法,模块初始化过程中 register_netdev() 调用 init() 的映射函数完成初始化;如果驱动程序是内核加载型,init() 的映射函数加入到系统网络设备的 Space.c 中在内核初始化时被调用。

  Init（）函数具体实现功能包含以下几方面：检测设备是否存在；自动检测该设备的 I/O 接口和中断号；填写该设备 net_device 结构的大部分域段；用 kmalloc（）分配所需的内存空间。若初始化失败，该设备的 net_device 结构就不会被链接到全局的网络设备表上。

```
static int _init DM9000_probe（struct net_device *dev, unsigned int ioaddr）
```

完成相关工作，下面结合代码片段说明功能实现。

```
int _init DM9000_init（struct net_device *dev）
{
int i;
unsigned int irq_gpio_pin;
int base_addr = dev ? dev->base_addr：0;

PRINTK2（"CARDNAME：DM9000_init\n"）;
irq_gpio_pin = IRQ_TO_GPIO_2_80（IRQ_DM9000）;
GPDR（irq_gpio_pin）&= ~GPIO_bit（irq_gpio_pin）;

set_GPIO_IRQ_edge（irq_gpio_pin, GPIO_RISING_EDGE）;
set_GPIO_mode（GPIO15_nCS_1_MD）;
MSC0 &= 0x0000ffff;
MSC0 |= 0x7ff90000;
}
```

  以上代码确定 IRQ 中断，由硬件连接映射到相应的中断矢量中去，并设置相关寄存器，这是嵌入式系统的一个特点，由于网络芯片的中断信号和 CPU 硬件相连，所以 IRQ 号是固定的。

```
for（i = 0; DM9000_portlist[i]; i++）
{
printk（"i=%x\n", i）;
dev->irq = DM9000_irqlist[i];

if（DM9000_probe（dev, DM9000_portlist[i]）==0）
return 0;
return -ENODEV;
}
```

  以上代码通过循环，只要基地址数组不为空，就不断调用 DM9000_probe（）函数进行硬件侦测，接着给出适当的返回值。从代码中可以看出，DM9000_init（）除了做中断和基地址映射外，把大量初始化工作交给了 DM9000_probe（）函数。

  （2）打开设备

open 在网络设备驱动程序中是在网络设备被激活时被调用的。所以，实际上很多在 initialize 中的工作可以放到这里来进行。如资源的申请、硬件的激活。如果 dev->open 返回非零，则硬件的状态还是 down。在 open 方法中要调用 MOD_INC_USE_COUNT 宏。

（3）激活和关闭设备

在实际使用网络设备前需要激活网络设备，可以使用 ifconfig 命令把一个设备设为 up 时就调用激活函数激活网络设备，激活函数原形定义如下：

```
int (*open)(struct device *dev);
```

所以，又经常把激活函数称为 open () 函数，不过它和字符和块设备的 open 函数并不相同。与 open () 函数对应，网络设备也有关闭函数，其原形定义如下：

```
int (*stop)(struct device *dev);
```

它执行和 Open 完全相逆的工作。激活函数主要工作包括登记一些需要的系统资源，如 IRQ，DMA，I/O 接口等；把硬件复位；如果是模块方式加载，还要把 module 使用数量加 1。因为在函数初始化时已经登记了要使用的资源，所以，这里激活函数的主要任务就是硬件复位了。从 DM9000_init () 函数代码可知，在驱动程序中 open 函数实际映射为 DM9000_open ()，下面结合代码简述其功能实现。

```
static int DM9000_open (struct net_device *dev)
{
    memset (dev->priv, 0, sizeof (struct DM9000_local));
    netif_start_queue (dev);

#ifdef MODULE
    MOD_INC_USE_COUNT;
#endif

    DM9000_reset (dev);
    DM9000_enable (dev);
    DM9000_phy_configure (dev);
    return 0;
}
```

该段代码比较简单地调用了几个硬件操作函数完成硬件复位工作。DM9000_reset ()，DM9000_enable () 和 DM9000_phy_configure () 主要是对芯片内部寄存器进行设置操作。在这里还需要说明的是 netif_start_queue () 系列函数，这些函数包括：

```
netif_start_queue ()
netif_stop_queue ()
netif_wake_queue ()
```

这几个函数是内核提供的用于控制网络设备发送队列，作用是告诉上层协议可以进行的操作，如开始向网络设备发送数据，暂停对网络设备发送数据等。

（4）发送数据

在系统调用驱动程序的 xmit 时，发送的数据放在一个 sk_buff 结构中。一般的驱动程序把数据传给硬件发送出去，也有一些特殊的设备把数据组合成一个接收数据再回送给系统。

要通过网卡发送数据时，上层协议实体调用函数 hard_start_xmit（），在驱动程序中这个函数被映射成 DM9000_wait_to_send_packet（）函数，这个函数只完成了等待发送的工作，实际的发送是调用 DM9000_hardware_send_packet（）函数完成的，这也是前面提到的 buffer 分配机制的一种体现。

在具体介绍这两个函数前，先介绍 DM9000 芯片发送数据的工作原理。为了增加网络吞吐量，DM9000 芯片内部集成了 8K 的 buffer，芯片对这些 buffer 采用了内存页面管理方式，每页 256 字节，内部寄存器支持简单的内存分配指令。对于内核来说，发送数据只是把数据从内核送到芯片的 buffer 中去，实际向物理媒介上的发送和相关的控制是由芯片自主完成的。完成情况通过中断的方式通知内核。

在数据发送中用到两个函数。函数 DM9000_wait_to_send_packet（）一方面实现和上层协议接口，另一方面检查 buffer 分配是否成功，如果成功就调用 DM9000_hardware_send_packet（）将数据传送到 buffer 中去，如果不成功，则打开相关中断，在分配成功时由中断控制程序调用 DM9000_hardware_send_packet（）完成数据传送。这两个函数都用到 Linux 网络协议栈中很重要的一个数据结构 sk_buff，在讲接收程序时再详细介绍。下面结合代码片段分析这两个函数的功能实现。

```
static int DM9000_wait_to_send_packet（struct sk_buff* skb, struct net_device * dev）
{
    struct DM9000_local *lp =（struct DM9000_local *）dev->priv；
    word length；
    unsigned short numPages；
    word time_out；
    word status；

    lp->saved_skb = skb；
    length = ETH_ZLEN < skb->len ? skb->len : ETH_ZLEN；

    numPages =（（length & 0xfffe）+ 6）；
    numPages >>= 8；
    DM9000_SELECT_BANK（2）；
    outw（MC_ALLOC | numPages，MMU_CMD_REG）；
}
```

以上代码从 skb 中读出数据长度做一些处理后，换算出所需的页面数。然后向芯片发出分配 buffer 的请求，MC_ALLOC 和 MMU_CMD_REG 都是在头文件中定义的宏，MC_ALLOC 是分配 buffer 空间的寄存器指令，而 MMU_CMD_REG 是 MMU 命令寄存器的地址。

```
time_out = MEMORY_WAIT_TIME；
```

```
do
{
    status = inb (INT_REG);
    if (status & IM_ALLOC_INT)
    {
        break;
    }
}
while (--time_out);
```

这段代码是检查 buffer 分配是否成功，检查的方法很特别。需说明一下，在系统初始化时 buffer 分配中断是被屏蔽的，所以，即使分配成功也不会产生物理中断信号，但是中断状态寄存器仍然会有相应标志。这段代码正是利用这个特性，在一个时间范围内检查中断状态寄存器，检查分配是否成功，这是一种忙等待，但因为 time_out 设得很小，所以有时它比中断方式效率高。

```
if (!time_out)
{
    DM9000_ENABLE_INT (IM_ALLOC_INT);
    return 0;
}
```

如果超时，证明 buffer 忙，打开 buffer 分配中断，待分配成功时由中断程序完成有关操作。

如果不超时，直接调用 DM9000_hardware_send_packet () 完成发送。下面介绍 DM9000_hardware_send_packet () 函数，它的主要功能：一是把数据从 sk_buff 结构中传输到芯片 buffer 区；二是进行传输后处理。数据传输部分涉及一些特殊问题处理。

```
static void DM9000_hardware_send_packet (struct net_device * dev)
{
    outsw (DATA_REG, buf, (length) >>1);
    /*对相关寄存器进行操作，将数据传送到芯片 buffer*/

    DM9000_ENABLE_INT ((IM_TX_INT|IM_TX_EMPTY_INT));
    lp->saved_skb = NULL;
    dev_kfree_skb_any (skb);
    dev->trans_start = jiffies;
    netif_wake_queue (dev);
    return;
}
```

传送后处理，具体为打开传送相关的异常情况中断，释放 skb 空间，设置发送时间、唤醒网络设备等待队列。

（5）接收数据

第 10 章
设备驱动程序开发

接收函数主要完成几个方面的工作：一是检查接收到的数据包是否正确；二是根据数据包长度在内核空间为数据包申请一个 sk_buff；三是把数据包复制到 sk_buff，填写相关域段和统计信息并且把 sk_buff 插入相应的输入队列；四是释放数据包占用的芯片bufffer。下面结合代码片段讲述其功能实现。

```
static void DM9000_rcv (struct net_device *dev)
{
struct DM9000_local *lp = (struct DM9000_local *) dev->priv;
int packet_number;
word status;
word packet_length;
}
```

变量定义部分：

```
status = inw (DATA_REG);
packet_length = inw (DATA_REG);
```

设置指针位置，读取状态和数据包长度信息，代码如下：

```
packet_length &= 0x07ff;
if (! (status & RS_ERRORS)) {
struct sk_buff* skb;
byte * data;

skb = dev_alloc_skb (packet_length);
if (skb == NULL)
{
printk (KERN_NOTICE "%s: Low memory, packet dropped.\n", dev->name);
lp->stats.rx_dropped++;
goto done;
}

skb_reserve (skb, 2);
skb->dev = dev;
insw (DATA_REG, data, packet_length >> 1);
skb->protocol = eth_type_trans (skb, dev);
netif_rx (skb);
lp->stats.rx_packets++;
}
```

如果数据包接收正确，申请 sk_buff 空间，把数据复制到 skb。insw 为宏指令，完成数据从芯片 buffer 到 data 起头内存的复制。eth_type_trans (skb, dev) 是内核函数，用于从以太网数据包中提取网络协议内容，并把它放到 skb 结构的相应位置。netif_rx (skb) 也是内核函数，作用是根据 skb 的信息把它插入相应的输入队列。

数据包接收错误的处理：

  outw（MC_RELEASE，MMU_CMD_REG）;

传输命令给芯片，释放已处理的接收数据包占用的 buffer。

（6）其他接口函数

在驱动程序中，还有其他几个接口函数需简要说明，分别是 tx_timeout（）函数、get_stats（）函数和 set_multicast_list 函数。

■ tx_timeout（）函数

tx_timeout（）函数被映射为 DM9000_timeout（），主要用于内核调用它解决发送超时的问题，超时可能的原因是设备故障或者传输中线路中断等，解决的方法大多是把硬件设备复位。

■ get_stats（）函数

get_stats（）函数被映射为 DM9000_query_statistics（）函数，它主要用于向内核提供网卡相关的统计数据，这些数据一般保存在 net_device 的 Priv 结构中，用结构 net_device_stats 来表示。前面曾多次提到的更新统计数据指的就是用 net_device_stats 来表示这部分数据。该函数用于读出相关的统计数据。

■ set_multicast_list（）函数

set_multicast_list（）映射为 DM9000_set_multicast_list（），该函数只有系统要支持多播协议时才用到，它实际是在芯片内设置一张多播地址表，保证多播数据包能够被正确地接收。

10.5.3 网络设备驱动程序的实现模式

Linux 下的设备驱动程序可以按照两种方式进行编译，一种是直接静态编译成内核的一部分；另一种则是编译成可以动态加载的模块。如果编译进内核，会增加内核的大小，还要改动内核的源文件，而且不能动态地卸载，考虑到系统的要求，一般考虑选择使用模块的方式。

模块设计是 Linux 中特有的技术，它使 Linux 内核功能更容易扩展。采用模块来设计 Linux 网络设备驱动程序会很轻松，并且能够形成固定的模式。任何人只要依照这个模式去设计，都能设计出优良的网络驱动程序。设计模块加载网络驱动程序，首先通过模块加载命令 insmod 把网络设备驱动程序插入到内核中；然后 insmod 调用 init_module（）函数对网络设备的 init 函数指针初始化，再通过调用 register_netdev（）函数在 Linux 系统中注册该网络设备。如果成功，调用 init 函数指针所指的网络设备初始化函数对设备初始化，将设备的 device 数据结构插入到 dev_base 链表的末尾。当不需要该模块时可以通过执行模块卸载命令 rm2mod 调用网络驱动程序中的

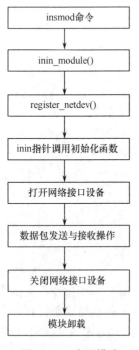

图 10-10 实现模式

cleanup_module()函数,对网络驱动程序模块进行卸载。具体实现过程如图10-10所示。

通过模块初始化网络接口在编译内核时标识为模块。系统在启动时并不知道该接口的存在,需要用户在/etc/rc1d/目录中定义的初始启动脚本中写入命令或手动将模块插入内核空间来激活网络接口。这就为在何时加载网络设备驱动程序提供了灵活性。

10.5.4 网络设备驱动程序的数据结构

网络驱动程序的两个数据结构。

（1）网络设备数据结构 devic

其中包括设备初始化时调用的 init 函数、打开和关闭网络设备的 open 和 stop 函数、处理数据包发送的 hard_start_xmit 函数等。

（2）套接字缓冲区 sk_buff

TCP/IP 中不同协议层间,以及与网络驱动程序之间数据包的传递都是通过 sk_buff 结构体来完成的,这个结构体主要包括传输层、网络层、连接层需要的变量,决定数据区位置和大小的指针,以及发送接收数据包所用到的具体设备信息等。

① device 数据结构。

net_device 数据结构为 IP 层访问该设备提供接口。

数据结构 device 操作的数据对象数据包是通过数据结构 sk_buff 来封装的。

主要的源代码如下:

```
struct net_device
{
char name[IFNAMSIZ];
/*网络设备特殊文件,每一个名字表示其设备类型,以太网设备号为/dev/eth0 和/dev/eth1*/
unsigned long    rmem_end;      /* rmem 域段表示接收内存末地址*/
unsigned long    rmem_start;    /* rmem 域段表示接收内存首地址*/
unsigned long    mem_end;       /* mem 域段表示发送内存末地址*/
unsigned long    mem_start;     /* mem 域段表示发送内存首地址*/
unsigned long    base_addr;     /* 设备 I/O 地址*/
unsigned int     irq;           /* 设备 IRQ 号*/
unsigned char    if_port;  /* 记录哪个硬件 I/O 接口正在被接口所用*/
unsigned char    dma;           /* DMA 通道*/
unsigned long    state;
struct net_device *next;         /*指向下一个网络设备*/
int    (*init)(struct net_device *dev); /*指向驱动程序的初始化方法*/

struct net_device *next_sched;   /*指向下一个调度*/
int    ifindex;                  /*设备标识符*/
int    iflink;
struct net_device_stats* (*get_stats)(struct net_device dev);
/*返回一个 enet_statistic 结构,包括发送、接收的统计计信息*/
```

```
struct iw_statistics*  (*get_wireless_stats)(struct net_device *dev);
unsigned long        trans_start;  /*记录最后一次发送成功的时间*/
unsigned long        last_rx;      /*记录最后一次接收成功的时间*/
unsigned short       flags;        /*接口标示*/
unsigned short       gflags;
unsigned short       unused_alignment_fixer;
unsigned             mtu;
unsigned short       type;         /*物理硬件类型*/
unsigned short       hard_header_len;  /*硬件帧头的长度*/
void                 *priv;        /*私有区间指针*/
struct net_device *master;         /*接口地址信息*/
unsigned char        broadcast[MAX_ADDR_LEN];  /*广播网地址*/
unsigned char        dev_addr[MAX_ADDR_LEN];   /*硬件地址*/
unsigned char        addr_len;     /*地址长度*/
struct dev_mc_list   *mc_list;     /* mac 地址列表*/
…
}
```

② sk_buff 数据结构。

Linux 网络各层之间的数据传送，都是通过这个套接字缓冲区 sk_buff 结构体来完成的，这个结构体主要包括传输层、网络层、连接层需要的变量，决定数据区位置和大小的指针，以及发送接收数据包所用到的具体设备信息等。根据网络应用的特点，对链表的操作主要是删除链表头的元素和添加元素到链表尾。sk_buff 数据结构在/include/linux/ skbuff.h 文件中定义。

主要的源代码如下：

```
struct sk_buff
{
struct sk_buff   * next;
//*next 指向 sk_buff 双向链表的后缓冲区结点*/
struct sk_buff   * prev;   /* Prev 指向前一个缓冲区结点*/
struct sk_buff_head * list; /* sk_buff_head 链表*/
struct sock *sk;           /* 拥有的 Socket 套接口*/
struct timeval   stamp;    /* 到达时间*/
struct net_device *dev;    /* 涉及的设备*/

union            /* 传输层数据包头*/
{
    struct tcphdr   *th;
    struct udphdr   *uh;
```

```c
        struct icmphdr    *icmph;
        struct igmphdr    *igmph;
        struct iphdr *ipiph;
        struct spxhdr     *spxh;
        unsigned char     *raw;
    } h;

    union
    {         /* 网络层数据包头 */
        struct iphdr *iph;
        struct ipv6hdr    *ipv6h;
        struct arphdr     *arph;
        struct ipxhdr     *ipxh;
        unsigned char     *raw;
    } nh;

    union
    {/* 链路层数据包头 */
        struct ethhdr     *ethernet;
        unsigned char     *raw;
    } mac;

    struct   dst_entry *dst;      /* 发送地址*/
    char     cb[48];              /* 一般存放每层的控制指令和控制数据*/
    unsigned int    len;   /* 数据包长度*/
    unsigned int    data_len;
    unsigned int    csum;         /* 校验和*/
    unsigned char   __unused, /* 坏死区域，可以重新使用*/
    cloned,   pkt_type,  ip_summed;
    __u32            priority;
    atomic_t   users;
    unsigned short   protocol;    /* 包协议*/
    unsigned short   security;    /* 包的安全等级*/
    unsigned int     truesize;    /* 缓冲区大小*/
    unsigned char    *head;       /* 缓冲区头*/
    unsigned char    *data;       /* 数据头指针*/
    unsigned char    *tail;       /* 数据尾指针*/
    unsigned char    *end;        /* 结束指针（地址）*/
```

```
            void  (*destructor)(struct sk_buff *);   /* 销毁器功能*/

    #ifdef CONFIG_NETFILTER
      unsigned long  nfmark;
      __u32          nfcache;
    struct nf_ct_info *nfct;
    #ifdef CONFIG_NETFILTER_DEBUG
         unsigned int nf_debug;
    #endif
    #endif /*CONFIG_NETFILTER*/


    #if defined (CONFIG_HIPPI)
         Union
    {
             __u32      ifield;
         } private;
    #endif


    #ifdef CONFIG_NET_SCHED
      __u32           tc_index;          /* 传输控制索引 */
    #endif
    };
```

在 Linux 的内核中定义了如下所述的一些对 sk_buff 操作的方法，通过这些方法可以控制 sk_buff。

- alloc_skb（）申请一个 sk_buff 并对它初始化。返回的是申请到的 sk_buff。
- dev_alloc_skb（）类似 alloc_skb，在申请好缓冲区后，保留 16 字节的帧头空间。主要用在 Ethernet 驱动程序。
- kfree_skb（）释放一个 sk_buff。
- skb_clone（）复制一个 sk_buff，但不复制数据部分。
- skb_copy（）完全复制一个 sk_buff。
- skb_dequeue（）从一个 sk_buff 链表中取出第一个元素。返回取出的 sk_buff，如果链表空，则返回 NULL。这是常用的一个操作。
- skb_queue_head（）在一个 sk_buff 链表头放入一个元素。
- skb_queue_tail（）在一个 sk_buff 链表尾放入一个元素。网络数据的处理主要是对一个先进先出队列的管理，skb_queue_tail（）和 skb_dequeue（）完成这个工作。
- skb_insert（）在链表的某个元素前插入一个元素。
- skb_append（）在链表的某个元素后插入一个元素。一些协议（如 TCP）对没按顺序到达的数据进行重组时用到 skb_insert（）和 skb_append（）。

- skb_reserve（）在一个申请好的 sk_buff 的缓冲区中保留一块空间。这个空间一般是用作下一层协议的头空间的。
- skb_put（）在一个申请好的 sk_buff 的缓冲区中为数据保留一块空间。在 alloc_skb 后，申请到的 sk_buff 的缓冲区都是处于空（free）状态，有一个 tail 指针指向 free 空间，实际上开始时 tail 就指向缓冲区头。
- skb_reserve（）在 free 空间中申请协议头空间，skb_put（）申请数据空间。
- skb_push（）把 sk_buff 缓冲区中数据空间往前移，即把 Head room 中的空间移一部分到 data area。
- skb_pull（）把 sk_buff 缓冲区中 Data area 中的空间移一部分到 Head room 中。
- sk_buff 的控制方法都很短小以尽量减少系统负荷。

10.6　综合实例

经过前面章节的学习，已了解了 Linux 驱动的基本步骤。字符设备作为最基本的 Linux 系统设备。下面以 3 个比较常见的字符设备作为设备驱动的讲解。

实例 10-1　键盘驱动开发实例

——附带光盘"Ch10\实例 10-1"文件夹

——附带光盘"AVI\实例 10-1.avi"

Linux 中的大多数驱动程序都采用了层次型的体系结构，键盘驱动程序也不例外。在 Linux 中，键盘驱动被划分成两层来实现。其中，上层是一个通用的键盘抽象层，完成键盘驱动中不依赖于底层具体硬件的一些功能，并且负责为底层提供服务；下层则是硬件处理层，与具体硬件密切相关，主要负责对硬件进行直接操作。键盘驱动程序的上层公共部分都在 driver/keyboard.c 中。

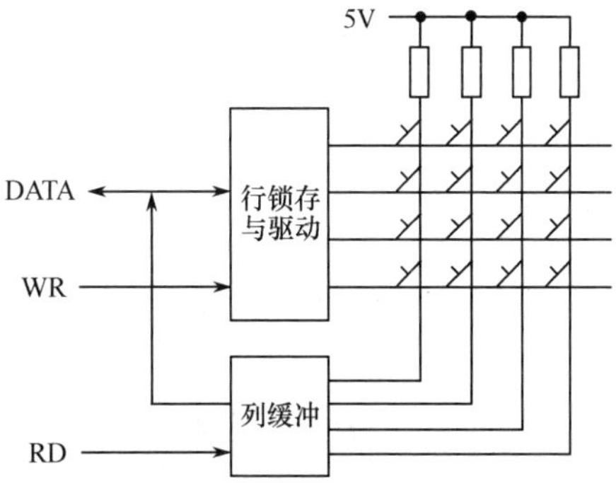

图 10-11　键盘的基本连接电路

【详细步骤】

键盘是在所有驱动中最为简单的一种，但它却包含了驱动的基本框架。键盘的基本连接电路如图 10-11 所示。

① 检测编译环境。

在开始编写驱动前，可以执行以下命令：

```
arm-Linux-gcc –v
```

可以检测该编译器安装是否成功，如图 10-12 所示。

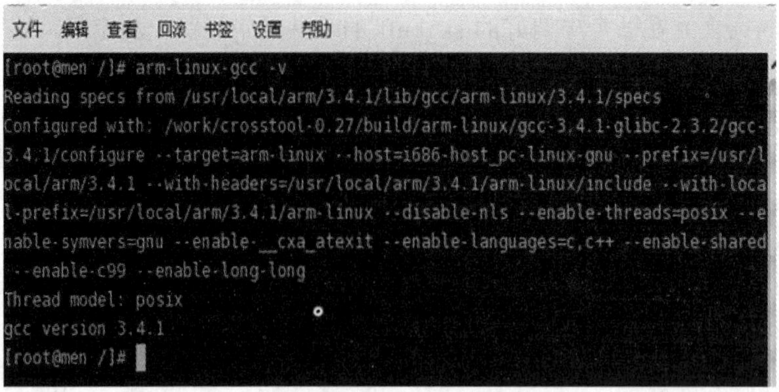

图 10-12 检测该编译器安装

② 编写键盘驱动主要代码。

Kbd7279_Close 函数，实现关闭键盘设备功能。

```
static int Kbd7279_Close（struct inode * inode，struct file * file）
{
printk（"Close successful\n"）;
kbd_isopen = 0;
return 0;
}
```

Kbd7279_Open 函数，实现打开键盘设备

```
static int Kbd7279_Open（struct inode * inode，struct file * file）
{
printk（"Open successful\n"）;
kbd_isopen++;
return 0;
}
```

Kbd7279_Read 函数，实现打开键盘设备

```
static int Kbd7279_Read（struct file *fp, char *buf, size_t count）
{
put_user（kbd_buf, buf）;
kbd_buf = 0xFF;
return 1;
}
```

Kbd7279_getkey 函数，实现获取一个键值

```
static int kbd7279_getkey（void）
{
int i, j;
```

```
enable_irq（33）;
KeyValue = 0xff;
for （i=0; i<3000; i++）
for （j=0; j<900; j++）;
return KeyValue;
}

Kbd7279_ISR 函数，实现键盘服务子程序
*/static void Kbd7279_ISR（int irq, void* dev_id, struct pt_regs * regs）
{
int i;
disable_irq（33）;
for（i=0; i<100; i++）;
KeyValue = read7279（cmd_read）;

switch（KeyValue）
{
case 8:
KeyValue = 0x4;
break;
case 9:
KeyValue = 0x5;
break;
case 10:
KeyValue = 0x6;
break;
case 11:
KeyValue = 0x7;
break;
case 4:
KeyValue = 0x8;
break;
case 5:
KeyValue = 0x9;
break;
case 6:
KeyValue = 0xa;
break;
case 7:
KeyValue = 0xb;
```

```
            break;
        default:
            break;
    }
    write7279（decode1+5，KeyValue/16*8）;
    write7279（decode1+4，KeyValue & 0x0f）;
    kbd_buf =（unsigned char）KeyValue;
    printk（"KeyValue = %d\n"，KeyValue）;
}

    read7279 函数，实现读键盘指令程序
    unsigned char read7279（unsigned char comand）
{
    send_byte（comand）;
    return （receive_byte（））;
}

    write7279 函数，实现写键盘指令程序
    void write7279（unsigned char cmd，unsigned char date）
{
    send_byte（cmd）;
    send_byte（date）;
}

    Kbd7279_Close 函数，实现关闭键盘设备
    void exit Kbd7279_Exit（void）
{
    unregister_chrdev（KEYBOARD_MAJOR，"Kbd7279"）;
    free_irq（33，"88"）;
    send_byte（cmd_reset）;
}
```

③ 将驱动程序编译到内核。

④ 将应用程序添加到内核。

⑤ 编译内核，并将编译后的影像文件 image.rom 下载到开发板，运行应用程序，就可以看到程序中定义的效果。

实例 10-2　I2C 总线驱动的编写实例

——附带光盘"Ch10\实例 10-2"文件夹

 ——附带光盘"AVI\实例 10-2.avi"

(1) I2C 总线概述

I2C 总线在传送数据过程中共有三种类型信号,分别是:开始信号、结束信号和应答信号。

开始信号:SCL 为高电平时,SDA 由高电平向低电平跳变,开始传送数据。

结束信号:SCL 为低电平时,SDA 由低电平向高电平跳变,结束传送数据。

应答信号:接收数据的 IC 在接收到 8Bit 数据后,向发送数据的 IC 发出特定的低电平脉冲,表示已收到数据。CPU 向受控单元发出一个信号后,等待受控单元发出一个应答信号,CPU 接收到应答信号后,根据实际情况作出是否继续传递信号的判断。若未收到应答信号,则判断为受控单元出现故障。

(2) Linux 的 I2C 驱动架

Linux 中 I2C 总线的驱动分为两个部分:总线驱动和设备驱动。其中,总线驱动的职责是为系统中每个 I2C 总线增加相应的读写方法。

设备驱动则是与挂在 I2C 总线上的具体的设备通信的驱动。通过 I2C 总线驱动提供的函数,设备驱动可以忽略不同总线控制器的差异,不考虑其实现细节地与硬件设备通信。

为了更方便和有效地使用 I2C 设备,可以为一个具体的 I2C 设备开发特定的 I2C 设备驱动程序,在驱动中完成对特定的数据格式的解释及实现一些专用的功能。I2C 的工作流程如图 10-13 所示。

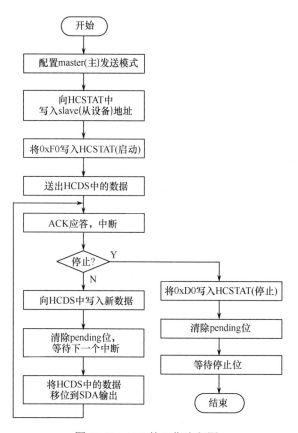

图 10-13 I2C 的工作流程图

【详细步骤】

① 编写 I2C 的主要文件 I2C_led.c 代码。

LED 设置时间的函数如下：

```c
static void led_set_time (void)
{
RTCCON = 0X01;
BCDYEAR = 0x04;
BCDMON = 0x09;
BCDDATE = 0x26;
BCDHOUR = 0x11;
BCDMIN = 0x49;
BCDSEC = 0x30;
RTCCON = 0X00;
}
```

LED 获取时间的函数如下：

```c
static void led_get_time (struct my_time *tempt)
{
tempt->second = BCDSEC;
tempt->minute = BCDMIN;
tempt->hour = BCDHOUR;
tempt->date = BCDDATE;
tempt->month = BCDMON;
tempt->year = BCDYEAR;
}
```

LED 时间格式的函数如下：

```c
static void led_time_format (struct my_time *tempt)
{
sec_buf_l[3] = (tempt->second & 0x0f);
sec_buf_h[3] = (tempt->second & 0x70) >> 4;
min_buf_l[3] = (tempt->minute & 0x0f) | 0x80;
min_buf_h[3] = (tempt->minute & 0x70) >> 4;
hour_buf_l[3] = (tempt->hour & 0x0f) |0x80;
hour_buf_h[3] = (tempt->hour & 0x30) >> 4;
date_buf_l[3] = (tempt->date & 0x0f);
date_buf_h[3] = (tempt->date & 0x30) >> 4;
mon_buf_l[3] = (tempt->month & 0x0f) | 0x80;
mon_buf_h[3] = (tempt->month & 0x10) >> 4;
```

```c
        year_buf_2[3] = (tempt->year) / 10;
        year_buf_3[3]= (tempt->year) % 10 | 0x80;
    }
```

接口打开操作的函数如下：

```c
    static int led_open(void)
    {
    led_reg_init();
    led_set_time();
    return 0;
```

写操作的界面如下：

```c
    static ssize_t led_write(struct file *file, signed char *buf, size_t count, loff_t *ppos)
    {
    led_get_time(&led_time);
    printk("led_get_time!\n");
    led_time_format(&led_time);
    printk("led_time_format!\n");
    //显示时间
    if (date_time_turn == TIME_TURN)
    {
    led_send_cmd(sec_buf_l);
    led_send_cmd(sec_buf_h);
    led_send_cmd(blank_buf_l);
    led_send_cmd(min_buf_l);
    led_send_cmd(min_buf_h);
    led_send_cmd(blank_buf_h);
    led_send_cmd(hour_buf_l);
    led_send_cmd(hour_buf_h);
    time_s++;

    if(time_s >= 10)
        {
    time_s = 0;
    date_time_turn = DATE_TURN;
        }
    }
    //显示日期
    else if (date_time_turn == DATE_TURN)
    {
```

```
led_send_cmd (date_buf_l);
led_send_cmd (date_buf_h);
led_send_cmd (mon_buf_l);
led_send_cmd (mon_buf_h);
led_send_cmd (year_buf_0);
led_send_cmd (year_buf_1);
led_send_cmd (year_buf_2);
led_send_cmd (year_buf_3);
date_s++;

if（date_s >= 3）
{
date_s = 0;
date_time_turn = TIME_TURN;
}
}
return count;
}
```

② 将驱动程序编译到内核。

③ 将应用程序添加到内核。

④ 编译内核，并将编译后的影像文件 image.rom 下载到开发板，运行应用程序，就可以看到程序中定义的效果。

实例 10-3　TFT-LCD 显示驱动实例

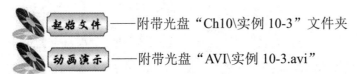

——附带光盘"Ch10\实例 10-3"文件夹

——附带光盘"AVI\实例 10-3.avi"

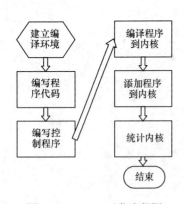

图 10-14　LCD 开发流程图

S3C2410 是三星公司生产的基于 ARM920T 内核的 RISC 微处理器，主频可达 203MHz，适用于信息家电、SmartPhone、Tablet、手持设备、移动终端等领域。其中，集成的 LCD 控制器具有通用性，可与大多数的 LCD 显示模块接口。CJM10C0101 是一种用非晶硅 TFT 作为开关器件的有源矩阵液晶显示器，该模块包括 TFT-LCD 显示屏、驱动电路和背光源，其接口为 TTL 电平。分辨率为 640×480 像素，用 18Bit 数据信号能显示 262144 色，6 点视角是最佳视角。

在编写驱动程序前，先介绍帧缓冲区 FrameBuffer，FrameBuffer 是出现在 Linux 2.2.xx 及以后版本内核中的一种驱动程序接口，这种接口将显示设备抽象为帧缓冲区设备区。它允许上层应用程序在图形模式下直接对显示缓冲区进行读写操作。这种操作是抽象的、统一的，用户不必关心物理显存的位置、换页机制等具体细节。这些都由 Framebufer 设备驱动来完成。

如果系统有多个显示卡，Linux 下还可支持多个帧缓冲设备，最多可达 32 个。当然在嵌入式系统中支持一个显示设备就够了。在使用 Framebuffer 时，Linux 是将显卡置于图形模式下的。在应用程序中，一般通过将 Frame-Buffer 设备映射到进程地址空间的方式使用，对于帧缓冲来说，可以把它看成是一段内存，用于读写内存的函数均可对这段地址进行读写，只不过这段内存被专门用于放置要在 LCD 上显示的内容，其目的就是通过配置 LCD 寄存器在一段指定内存与 LCD 之间建立一个自动传输的通道。这样，任何程序只要修改这段内存中的数据，就可以改变 LCD 上的显示内容。具体开发流程如图 10-14 所示。

根据以上对 LCD 分析得出的结果，开发了基于 FrameBuffer 机制的 S3C2410 驱动程序。

【详细步骤】

下面是具体的实例步骤。

① 编写驱动程序源代码。

CloseLCD 函数，实现 LCD 关闭实现功能。

```c
static void CloseLCD（struct inode * inode，struct file * file）
{
printk（"LCD is closed\n"）;
return 0;
}
```

OpenLCD 函数，实现 LCD 打开功能。

```c
static int OpenLCD（struct inode * inode，struct file * file）
{
printk（"LCD is open\n"）;
return 0;
}
```

LCDIoctl 函数，实现 LCD 控制输出功能。

```c
static int LCDIoctl（struct inode *inode, struct file * file, unsigned long cmd, unsigned long arg）
{
struct para
{
unsigned long a;
unsigned long b;
unsigned long c;
unsigned long d;
}*p_arg;

switch（cmd）
```

```c
{
case 0:
    printk("set color\n");
    Set_Color(arg);
    printk("LCD_COLOR =%x\n", LCD_COLOR);
    return 1;
case 1:
    printk("draw h_line\n");
    p_arg = (struct para *) arg;
    LCD_DrawHLine(p_arg->a, p_arg->b, p_arg->c);
    LCD_DrawHLine(p_arg->a, p_arg->b+15, p_arg->c);
    LCD_DrawHLine(p_arg->a, p_arg->b+30, p_arg->c);
    return 1;
case 2:
    printk("draw v_line\n");
    p_arg = (struct para *) arg;
    LCD_DrawVLine(p_arg->a, p_arg->b, p_arg->c);
    LCD_DrawVLine(p_arg->a+15, p_arg->b, p_arg->c);
    LCD_DrawVLine(p_arg->a+30, p_arg->b, p_arg->c);
    return 1;
case 3:
    printk("drwa circle\n");
    p_arg = (struct para *) arg;
    LCD_DrawCircle(p_arg->a, p_arg->b, p_arg->c);
    return 1;
case 4:
    printk("draw rect\n");
    p_arg = (struct para *) arg;
    LCD_FillRect(p_arg->a, p_arg->b, p_arg->c, p_arg->d);
    return 1;
case 5:
    printk("draw fillcircle\n");
    p_arg = (struct para *) arg;
    LCD_FillCircle(p_arg->a, p_arg->b, p_arg->c);
    return 1;
case 6:
    printk("LCD is clear\n");
    LCD_Clear(0, 0, 319, 239);
    return 1;
case 7:
```

```
            printk ("draw rect\n");
            p_arg = (struct para *) arg;
            LCD_FillRect (p_arg->a, p_arg->b, p_arg->c, p_arg->d);
            return 1;
    default:
            return -EINVAL;
    }
    return 1;
}
```

file_operations LCD_fops 函数，实现文件结构功能。

```
static struct file_operations LCD_fops =
{
ioctl:   LCDIoctl,
open:    OpenLCD,
release: CloseLCD,
};
```

LCD_SetBkColor 函数，实现设定颜色功能。

```
void LCD_SetBkColor (U16 PhyColor)
{
LCD_BKCOLOR = PhyColor;
}
```

LCD_Init 函数，实现注册 LCD 设备功能。

```
int LCD_Init (void)
{
int result;

Setup_LCDInit ();
printk ("Registering S3C2410LCD Device\t--- >\t");
result = register_chrdev (LCD_MAJOR, "S3C2410LCD", &LCD_fops); //注册设备

if (result<0)
    {
    printk (KERN_INFO" [FALLED:  Cannot register S3C2410LCD_driver!]\n");
    return -EBUSY;
    }
else
printk (" [OK]\n");
```

```c
        printk（"Initializing S3C2410LCD Device\t--- >\t"）;
        printk（"[OK]\n"）;
        printk（"S3C2410LCD Driver Installed.\n"）;
        return 0;
    }
```

② 编写 LCD 应用程序。

LCD_Refresh 函数，实现更新区域功能。

```c
    void LCD_Refresh（int *fbp）
    {
    int i, j;
    U32 lcddata;
    U32 pixcolor;
    U8* pbuf = （U8*）LCDBuffer[0];

    for（i=0; i<LCDWIDTH*LCDHEIGHT/4; i++）
    {
        lcddata = 0;

        for（j=24; j>=0; j-=8）
        {
            pixcolor = （pbuf[0]&0xe0）|（(pbuf[1]>>3）&0x1c）|（pbuf[2]>>6）;
            lcddata |= pixcolor<<j;
            pbuf+= 4;
        }
        *（fbp+i）= lcddata;
    }
    }
```

main 主函数，实现异常及中断控制器的初始化功能。

```c
    int main（void）
    {
    int fb;
    int cmd;
    unsigned char*   fb_mem;

    if（(fb = open（"/dev/fb0", O_RDWR））< 0)
    {
        printf（"cannot open /dev/fb0\n"）;
        exit（0）;
    };
```

```
fb_mem=（unsigned char*）mmap（NULL，640 *480，PROT_READ|PROT_WRITE,
MAP_SHARED, fb, 0）;
memset（fb_mem, 0，640 *480）;
Test_Cstn256（fb_mem）;
cmd = getchar（）;
munmap（fb,   640*480）;
close（fb）;
return 0;
}
```

③ 将驱动程序编译到内核，如图 10-15 所示。

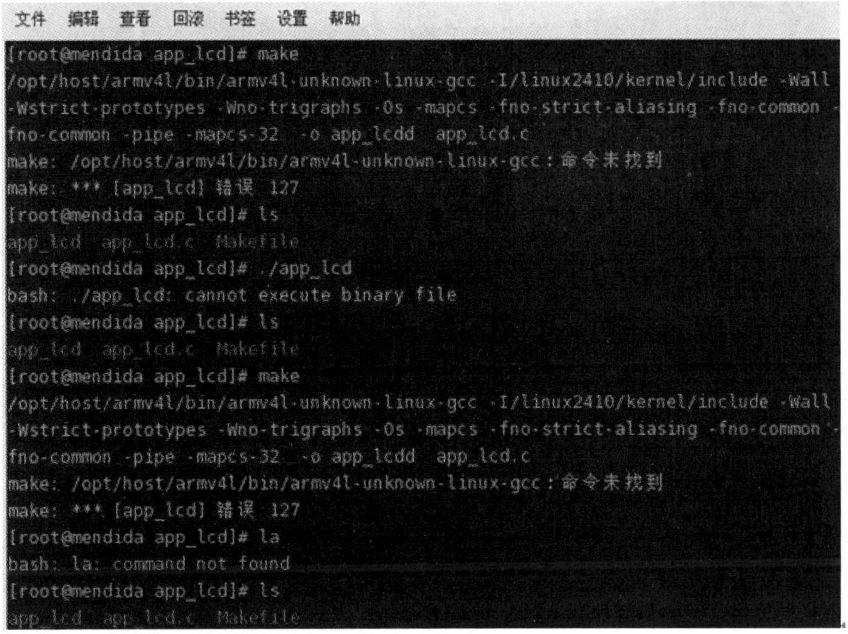

图 10-15 驱动程序编译到内核

④ 将应用程序添加到内核。

⑤ 编译内核，并将编译后的影像文件 image.rom 下载到开发板，运行 LCD 应用程序，就可以看到程序中定义的显示效果。

10.7 本章小结

本章首先讲述了 Linux 设备驱动程序的分类，包括字符设备、块设备、网络设备；驱动程序在 Linux 中的层次结构和其特点。然后对设备驱动程序与文件系统的关系，Linux 设备驱动程序的接口，Linux 驱动程序的加载方法及其步骤进行分析。接着，讲述设备驱动程序的使用。介绍网络设备的基础知识，然后分别讲述网络设备驱动程序的体系结构、模块分析和实现模式。最后通过多个实例的操作使读者掌握设备驱动程序的具体使用。

嵌入式 Linux 系统与工程实践（第 2 版）

第 11 章　嵌入式常用 GUI 开发

图形用户接口（Graphics Uers Interface，GUI）又称桌面系统、窗口管理系统、图形用户界面、图形操作环境等，是操作系统和用户的人机接口。GUI 使非专业用户不再需要死记硬背大量的命令，而直接可以通过窗口、菜单方便地进行操作。

随着嵌入式系统的日益发展及 ARM 处理及图形设备的广泛应用，嵌入式产品对 GUI 的需求越来越多。因此，图形用户界面已成为嵌入式应用系统研制的重点之一。目前较为流行的嵌入式 GUI 有 Nano-X（Micro Windows）、MiniGUI、Qt/Embedded、Tiny X 和 openGUI 等。

嵌入式 GUI 库设计主要包括以下 3 个方面：

1）硬件设计，通过 LCD 控制器将 LCD 显示器和开放系统连接起来。

2）驱动程序设计，为输入输出设备设计驱动程序（如 LCD），驱动硬件并移植嵌入式 GUI 系统，为上层程序设计提供图形函数库。

3）用户界面程序设计，根据嵌入式提供的函数库进行图形化程序设计。

本章内容

- 常见的嵌入式 GUI 及其各种嵌入式 GUI 的优缺点。
- 介绍 MiniGUI 在嵌入式系统中的实现，重点介绍在 S3C2410 处理器上的移植过程。
- 详细介绍 Qt/Embedded 开发环境的安装、底层支持及相关的编程。
- 讲述了 Qtopia 的移植，包括 Qtopia 的交叉编译、安装和 Qtopia 程序的移植。
- Qt/Embedded 的开发流程。

本章案例

- Qt/Embedded 图形开发应用实例
- Qtopia 移植应用实例
- Qt/Embedded 实战演练
- Hello，Qt/Embedded 应用程序实例
- 基本绘图应用程序的编写实例

视频教学

11.1 嵌入式系统中的 GUI 简介

嵌入式 GUI 为嵌入式系统提供了一种应用于特殊场合的人机交互接口。嵌入式 GUI 要求简单、直观、可靠、占用资源小且反应快速，以适应系统硬件资源有限的条件。另外，由于嵌入式系统硬件本身的特殊性，嵌入式 GUI 应具备高度可移植性与可裁减性，以适应不同的硬件条件和使用需求。总体来讲，嵌入式 GUI 具备以下特点：体积小；运行时耗用系统资源小；上层接口与硬件无关，高度可移植；高可靠性；在某些应用场合应具备实时性。

11.1.1 嵌入式 GUI 系统的介绍

下面分别对嵌入式 GUI 系统的作用、层级结构和设计原则进行讲解。
（1）GUI 的作用

在嵌入式系统发展的初级阶段，GUI 系统的应用相对较少。例如，在相对简单的、以单片机为核心的简单工控系统中，人机交互通常以 LED 和按键相结合的方式，随后才有了简单的屏幕。这些只是简单的输入、输出系统，不能被称为 "GUI 系统"。

随着嵌入式系统的发展和普及，GUI 在嵌入式系统中的作用越来越突出。当智能手机、PDA 等系统出现后，嵌入式系统已经不是仅仅给个别专业操作人员所使用的，而需要适用于很广泛的群众。虽然在传统的嵌入式控制领域，人机交互的内容并不是很复杂，但是使用者同样需要更友好的界面。因此，GUI 在嵌入式系统中的普及是大势所趋。

GUI 系统需要最终向用户提供输出和输入两个方面。在输出方面，GUI 系统向用户提供一个图形化的界面，在输入方面，GUI 系统需要接受用户的操作，从而达到通过界面控制系统的目的。

（2）GUI 的层级结构

嵌入式系统的设计一般秉承精简、高效的原则，其软件的层次结构相对简单。自下而上，一般可以分为硬件层、操作系统层、中间件、应用层等几个层次。

嵌入式系统的硬件分为处理器、内存、板级硬件几个部分。CPU 涉及了特定体系结构的运算和控制单元，如 ARM、MIPS 等，在整个系统的软件开发中，一般都要基于该体系结构的编译工作。片内设备是处理器内部的硬件模块，比较重要的包括内存管理器、中断控制器、定时器、GPIO 等。嵌入式系统的内存 RAM 主要通过 SRAM 和 SDRAM 实现，可固化的存储器主要应用 Nor Flash 和 Nand Flash。板级的硬件包含了嵌入式系统中需要，但是处理器片内没有集成的部分。

嵌入式的操作系统建立在硬件之上。嵌入式系统的操作系统一般都具有一定的可移植性，可以建立在不同的硬件平台上。操作系统的移植层通常包括对某种体系结构 CPU 的支持，需要涉及定时器、中断控制器、系统内存等硬件。驱动程序是操作系统和硬件的接口，大量的硬件需要通过操作系统框架内的驱动程序，向上层提供控制硬件的接口。

中间件一般提供了一些相对底层的软件层次的功能。它的实现一般不包括应用程序的逻辑，而是向上层软件提供了各种方便的应用程序接口（API）。中间件需要通过对操作系统的调用来建立，常常需要控制硬件。在嵌入式系统中，常用的中间件包含文件系统、网络协议、图形用户系统等几种，它们一般都需要控制特定的硬件来实现。此外，数据库（Database）等不需要控制硬件的下层软件，通常也作为中间件的形式出现。

应用层包含了应用程序的逻辑，它通过调用中间件和操作系统来实现。应用层的软件程序也可以由上下若干层和不同的模块组成。

GUI 系统的核心库通常作为嵌入式系统的中间件，而使用 GUI 核心库的 GUI 应用程序属于应用程序层的程序。

（3）GUI 的设计原则

在嵌入式系统中，GUI 系统是实现图形化界面的核心。由于嵌入式系统的特殊性。在设计原则方面，嵌入式的 GUI 系统应该具有以下几个特点。

① 可配置性高。

在嵌入式应用中，由于不同的系统相差较大，因此，嵌入式 GUI 系统最好具有一定的可配置型，从而适应不同系统的需求。成功的嵌入式 GUI 系统需要适应不同嵌入式应用的需求。

可配置性通常包括可裁减性、界面特性配置、皮肤和主题配置等方面。在裁剪性方面，GUI 系统可以提供很多的功能，但是并不是所有的功能都要在某种特定系统上使用，可以去掉不相关的功能来节省系统的开销。对于界面的特性配置，需要适应不同的解决方案需求。

② 系统开销少。

相对 PC 系统，嵌入式系统的资源都是相对有限的。系统的资源包括处理器的频率、Flash 的空间和 RAM 空间等几个部分。在嵌入式系统中，不但资源有限，而且通常还运行着一些比 GUI 系统更重要的程序。因此，嵌入式 GUI 系统必须具有开销小的特点，不能抢占系统过多的资源。从编译的角度，GUI 子系统代码规模要有限制，避免占用太多的 Flash；从运行的角度，GUI 子系统的处理器开销和内存开销也是需要严格限制的。如果占用系统资源太多，不但 GUI 系统将无法正常运行，甚至造成整个系统无法工作。

可配置性的实现通常有两种手段；一种是通过条件编译来实现；一种是通过配置文件实现运行时的配置。

③ 可移植性好。

相比通用计算机系统统一的软硬件结构，各个不同的嵌入式系统之间相差较大。作为一款成功的嵌入式 GUI 系统，应该能在不同的嵌入式平台中运行，这就需要嵌入式 GUI 系统具有较高的可移植性。

可移植性体现在操作系统和硬件结构两个方面。

在操作系统方面，由于嵌入式 GUI 系统需要建立在操作系统提供的一定机制上面，而不同的操作系统提供的机制完全不同。为了能在不同的操作系统中运行，嵌入式 GUI 就需要具有一定的可移植层来支持不同的操作系统。

硬件方面又包括了 CPU 体系结构、输出设备、输入设备等方面。适应不同 CPU 体系结构，需要嵌入式 GUI 系统的代码可以在不同的编译器上编译，一般来说，C 语言实现的系统可以满足这个要求，但使用特定体系结构汇编的实现就不能适应这种需求；输出设备和输入设备在不同的嵌入式系统中相差也很大，这也要求嵌入式 GUI 系统可以支持不同系统的硬件接口。

④ 稳定性好。

嵌入式系统对稳定性和可靠性有很严格的要求。个人 PC 的崩溃可以通过重新启动等方式弥补，但是嵌入式系统的崩溃就可能导致无法挽回的严重后果。因此，嵌入式 GUI 系统，需要具有更强的稳定性。

事实上，在一些嵌入式系统中，缺少了不同任务的保护机制，整个系统运行在一个内存空间内，因此，由于一个子系统的问题导致整个系统崩溃的概率更高。对于嵌入式 GUI 系统，一方面需要有较高的稳定性，减少崩溃的概率；另一方面，在 GUI 系统已经崩溃的情况下，也需要确保尽量较少影响其他子系统的工作，将问题控制在一定范围内。

11.1.2　基于嵌入式 Linux 的 GUI 系统底层实现基础

要使一个嵌入式 GUI 系统能够移植到多种硬件平台上，应该至少抽象出两类设备：基于输入设备的输入抽象层 IAL（Input Abstract Layer）和基于图形显示设备的图形抽象层 GAL（Graphic Abstract Layer）。GAL 层完成系统对具体的显示硬件设备的操作，极大程度上隐蔽各种不同硬件的技术实现细节，为程序开发人员提供统一的图形编程接口。IAL 层则需要实现对于各类不同输入设备的控制操作，提供统一的调用接口。GAL 层与 IAL 层的设计概念，可以极大程度地提高嵌入式 GUI 的可移植性，参见表 11-1。

表 11-1　一种可移植嵌入式 GUI 的实现结构

API 编程接口	
嵌入式 GUI	
GAL 层	IAL 层
图形显示设备	输入设备

目前，应用于嵌入式 Linux 系统中比较成熟，功能也比较强大的 GUI 系统底层支持库有 SVGA lib、LibGGI、X Window、FrameBuffer 等。

11.1.3　嵌入式 GUI 系统的分析与比较

嵌入式系统对实时性的要求很高，因此对 GUI 的要求也更突出。通常，这些系统不希望建立在非常消耗系统资源的操作系统和 GUI 上，如 Windows 或 X Window，太过于庞大和臃肿。另外，GUI 也必须是可定制的。嵌入式系统往往是一种定制设备，它们对 GUI 的需求也各不相同。有些系统只要求一些图形功能，而有些系统要求完备的 GUI 支持。嵌入式系统对 GUI 的基本要求包括轻型、占用资源少、高性能、高可靠性及可配置。尽管实时嵌入式系统对 GUI 的需求越来越明显，但目前 GUI 的实现方法各有不同。

- 某些大型厂商有能力自己开发满足自身需要的 GUI 系统。
- 某些厂商没有将 GUI 作为一个软件层从应用程序中剥离，GUI 的支持逻辑由应用程序自己来负责。
- 采用某些比较成熟的 GUI 系统，如 MiniGUI、MicroWindows 或者其他 GUI 系统。

下面简单介绍一些比较常见的 GUI 系统。

（1）MiniGUI

MiniGUI 由原清华大学教师魏永明先生开发，目标是为基于 Linux 的实时嵌入式系统提供一个轻量级的图形用户界面支持系统。它可以运行在任何一种具有 POSIX 线程支持的

POSIX 兼容系统上，主要运行于 Linux 控制台。MiniGUI 同时也是国内最早出现的几个自由软件项目之一。

MiniGUI 开发的主要目标就是为基于 Linux 的实时嵌入式系统提供一个轻量级的图形用户界面支持系统。MiniGUI 为应用程序定义了一组轻量级的窗口和图形设备接口。利用这些接口，每个应用程序可以建立多个主窗口，然后在这些主窗口中创建按钮、编辑框等控件。MiniGUI 还为用户提供了丰富的图形功能，帮助你显示各种格式的位图并在窗口中绘制复杂图形。

MiniGUI 分为底层的 GAL（图形抽象层）和 IAL（输入抽象层），向上为基于标准 POSIX 接口中 pthread 库的 Mini-Thread 架构和基于 Server/Client 的 Mini-Lite 架构。其中 Mini-Thread 受限于 Thread 模式，对于整个系统的可靠性影响——进程中某个 Thread 的意外错误可能导致整个进程的崩溃，该架构应用于系统功能较为单一的场合。Mini-Lite 应用于多进程的应用场合，采用多进程运行方式设计的 Server/Client 架构能够较好地解决各个进程之间的窗口管理、Z 序剪切等问题。MiniGUI-Lite 上的每个程序是单独的进程，每个进程也可以建立多个窗口。

MiniGUI 的 GAL 层技术是基于 SVGA Lib、LibGDI 库、FrameBuffer 的 native 图形引擎。IAL 层则支持 Linux 标准控制台下的 GPM 鼠标服务、触摸屏及标准键盘等。

MiniGUI 下丰富的控件资源也是 MiniGUI 的特点之一。其主要有以下特点。

- 支持 Windows 兼容的资源文件，如位图、图标、光标等。
- 支持各种流行图像文件，包括 JPEG、GIF、PNG、TGA、BMP 等。
- 支持多种键盘布局。MiniGUI 除支持常见的 PC 键盘布局之外，还支持法语、德语等西欧语种的键盘布局。
- 借鉴著名的跨平台游戏和多媒体函数库 SDL 的新 GAL 接口即 NEWGAL。提供了更快、更强的位块操作，视频加速支持及 Alpha 混合等功能。
- 增强的新 GDI 函数，包括光栅操作、复杂区域处理、椭圆、圆弧、多边形及区域填充等函数。在提供数学库的平台上，还提供有高级二维绘图函数，可设置线宽、线型及填充模式等。
- 利用 GAL 和 IAL，MiniGUI 可以在许多图形引擎上运行，并且可以非常方便地将 MiniGUI 移植到其他系统上，而这只需要根据抽象层接口实现新的图形引擎即可。
- 支持对话框和消息框。
- 提供了完备的多窗口机制和消息传递机制。
- 提供常用的控件类，包括静态文本框、按钮、单行和多行编辑框、列表框、组合框、进度条、属性页、工具栏、拖动条和树型控件等。
- 支持汉字输入法，包括内码、全拼、智能拼音等。还可以从飞漫软件获得五笔、自然码等输入法支持。
- 还有一些针对嵌入式系统的特殊支持，包括一般性的 I/O 流操作，字节序相关函数等。
- 包含其他 GUI 辅助元素，包括菜单、加速键、插入符及定时器等。
- 支持界面皮肤。可通过皮肤获得外观华丽的图形界面。
- 通过两种不同的内部软件结构支持低端显示设备和高端显示设备，后者在前者的基础上提供了更加强大的图形功能。

（2）MicroWindows

MicroWindows 是一个著名的开放源码的嵌入式 GUI 软件，系统基于 Server/Clinent 体系结构，基本分为三层：最高层分别提供兼容于 X Window 和 ECMA APIW 的 API；中间层提供底层硬件的抽象接口，并进行窗口管理；最底层是面向图形显示和键盘、鼠标或触摸屏的驱动程序。MicroWindows 提供了现代图形窗口系统的一些特性。MicroWindows API 接口支持类 Win32 API，接口视图和 Win32 完全兼容。它还实现了一些 Win32 用户模块功能。MicroWindows 基本上用 C 语言实现。MicroWindows 已经支持 Intel 16 位和 32 位 CPU、MIPS R4000 以及 ARM 芯片；MicroWindows 也有一些通用的窗口控件，但其图形引擎存在许多问题。

（3）OpenGUI

OpenGUI 是用 C++编写的，只提供 C++接口。OpenGUI 基于一个用汇编实现的 x86 图形内核，提供了一个高层的 C/C++图形/窗口接口。OpenGUI 提供了二维绘图原语、消息驱动的 API 及 BMP 文件格式支持。OpenGUI 功能强大，使用方便。OpenGUI 支持鼠标和键盘的事件，在 Linux 上基于 Framebuffer 或者 SVGALib 实现绘图。由于其基于汇编实现的内核并利用 MMX 指令进行了优化，OpenGUI 运行速度非常快。由于其内核用汇编实现，可移植性受到了影响。通常在驱动程序一级，性能和可移植性是相互矛盾的。

最初 OpenGUI 只支持 256 色的线性显存模式，目前支持其他显示模式，并且支持多种操作系统平台，如 MS-DOS、QNX 和 Linux 等，不过目前只支持 x86 硬件平台。OpenGUI 分为三层：最低层是由汇编语言编写的快速图形引擎；中间层提供了图形绘制 API，并且兼容 Borland 的 BGIAPI；第三层用 C++编写，提供了完整的 GUI 对象库。另外，OpenGUI 还提供了二维绘图原语、消息驱动的 API 及 BMP 文件格式支持等，使用较为方便。OpenGUI 同样支持鼠标和键盘事件，在 Linux 上基于 Frambuffer 或 SVGALib 实现绘图。

（4）Qt/Embedded

Qt/Embedded 是著名的 Qt 库开发商 Trolltech 的面向嵌入式系统的 Qt 版本，同样是 Server/Client 结构。由于 Qt 是 KDE 等项目使用的 GUI 支持库，因此，Qt/Embedded 具有较好的可移植性，许多基于 Qt 的 X Window 程序可以非常方便地移植到嵌入式系统，但是该系统的源码不是开放的。具体的特点在后面有作详细的介绍。

11.2 嵌入式系统下 MiniGUI 的实现

嵌入式产品在使用 MiniGUI 之前，必须在装有 Linux 操作系统的 PC 上安装 MiniGUI，然后利用 PC 来编写和调试 MiniGUI 程序，最后就可以将 MiniGUI 及应用程序移植到目标产品。

11.2.1 图形用户界面 MiniGUI 简介

MiniGUI 是由北京飞漫软件技术有限公司主持的一个自由软件项目，是一种面向嵌入式系统或者实时系统的图形用户界面支持系统。

（1）MiniGUI 的体系结构

MiniGUI 为应用程序定义了一组轻量级的窗口和图形设备接口。利用这些接口，每个应用程序可以建立多个窗口，而且可以在这些窗口中绘制图形。用户也可以利用 MiniGUI 建立菜单、按钮、列表框等常见的 GUI 元素。MiniGUI 的体系结构如图 11-1 所示。

MiniGUI 的底层的 Linux 控制台或者 X Window 上的图形接口及输入接口都是 GAL（图形引擎）和 IAL（输入引擎）提供的，而 Pthread 用于提供内核级线程支持的 C 函数库。使用 GAL 和 IAL，大大提高了 MiniGUI 的可移植性，并且降低了程序的开发和调试的难度。MiniGUI 程序可以在 X Window 上开发和调试，然后重新编译就可以让 MiniGUI 应用程序运行在特殊的嵌入式硬件平台上。

图 11-1　MiniGUI 的实现架构

将 MiniGUI 可以被用户配置成"MiniGUI-Lite"或者"MiniGUI-Threads"。运行在 MiniGUI-Lite 上的每个程序是单独的进程，每个进程也可以建立多个窗口。而运行在 MiniGUI-Threads 上的程序恰好相反，可以在不同的线程中建立多个窗口，但所有的窗口只在一个进程中运行。

（2）MiniGUI 提供的功能特性

MiniGUI 隐藏硬件平台和底层操作系统之间的差别，并对上层应用程序提供一致的功能特性。这些功能特性主要有：

- 界面皮肤支持。
- 提供了完备的多窗口机制，包括多个单独线程中运行的多窗口和单个线程中主窗口的附属。
- 对话框和预定义的控件类（按钮、单行和多行编辑框、列表框、进度条及工具栏等）。
- 消息传递机制。
- 支持 BMP、GIF、JPEG 及 PCX 等常见图像文件。
- Windows 的资源文件支持，如位图、图标、光标、插入符、定时器及加速键等。
- 多字符集和多字体支持，目前支持 ISO8859-1、GB2312 及 Big5 等字符集，并且支持各种光栅字体和 TrueType、Type1 等矢量字体。
- 支持全拼和五笔等汉字输入法。
- 多种键盘布局支持。

（3）MiniGUI 的优势

MiniGUI 与其他嵌入式图形界面支持系统相比，具有的优势如下：

- 小巧。包含全部功能的库文件大小为 300KB 左右。
- 可配置。可根据项目需求进行定制配置和编译。
- 高稳定性和高性能。MiniGUI 已经在 Linux 发行版安装程序、CNC 系统及蓝点嵌入式系统等关键应用程序中得到了实际应用。
- 可移植性好。目前，MiniGUI 可以在 X Window 和 Linux 控制台上运行。

11.2.2 MiniGUI 的发布版本

自从 1998 年 MiniGUI 项目建立后，它就一直在不断的发展和进步。MiniGUI 推出了众多的版本和相关组件。

MiniGUI 广泛使用的版本包括 MiniGUI1.6、MiniGUI 2.0 和 MiniGUI 3.0。

（1）MiniGUI 1.6

MiniGUI 1.6 主要针对实时操作系统。在这些实时操作系统上，MiniGUI 主要以多线程模式运行。其主要技术特性描述如下。

■ 硬件适配性

可支持各种 32 位处理器架构，如 x86、ARM、MIPS、PowerPC、Blackfin、ColdFire 等。

支持低端显示设备和高端显示设备。通过 MiniGUI 的图形抽象层及图形引擎技术，还可以支持特殊的显示设备，如 YUV 显示设备。对显示设备分辨率无最大和最小限制。

副屏支持。当系统中有多个视频设备时，可将一个作为 MiniGUI 的主屏，实现完整的多窗口系统。

可支持各种输入设备，如 PC 键盘、PC 鼠标、小键盘、触摸屏、遥控器等。

■ 资源消耗

MiniGUI 的静态存储随配置选项的不同而不同，最少需占用 700KB 静态存储空间。

■ 操作系统适配性

支持 VxWorks 5/6、Nucleus、OSE、ThreadX、pSOS、eCos、uC/OS-II 等实时操作系统，也可以运行在 Linux/uClinux 操作系统之上。

针对嵌入式系统的特殊支持，包括一般性的 I/O 流操作，字节序相关函数等。

■ 窗口子系统特性

完备的多窗口机制和消息传递机制。可在不同任务及线程中创建主窗口，并完成线程间或任务间的消息传递。

对话框和消息框支持。

提供常用的控件类，包括静态文本框、按钮、菜单按钮、进度条、滑块、属性页、工具栏、月历控件、旋钮控件等。

其他 GUI 元素，包括菜单、加速键、插入符、定时器等。

■ 图形子系统特性

提供有增强 GDI 函数，包括光栅操作、复杂区域处理、椭圆、圆弧、多边形及区域填充等函数。通过 MiniGUI 的图形抽象层及图形引擎技术，也可以让上述高级 GDI 接口在低端显示屏上实现。

Windows 的资源文件支持，如位图、图标、光标等。

输入法支持，用于提供各种可能的输入形式；内建有适合 PC 平台的汉字输入法支持，包括内码、全拼、智能拼音、五笔及自然码等。

（2）MiniGUI 2.0

MiniGUI 2.0 为嵌入式 Linux 系统提供了完整的图形系统支持。MiniGUI 2.0 为嵌入式

Linux 系统提供了完整的多进程支持。

MiniGUI 2.0 的主要技术特性描述如下。

■ 硬件适配性

可运行于各种含有 MMU 的 32 位处理器架构之上，如 i386、ARM、MIPS、PowerPC 等。

支持低端显示设备和高端显示设备。通过 MiniGUI 的图形抽象层及图形引擎技术，还可以支持特殊的显示设备，如 YUV 显示设备。对显示设备分辨率无最大和最小限制。

副屏支持。当系统中有多个视频设备时，可将一个作为 MiniGUI 的主屏，实现完整的多窗口系统；而其他设备作为副屏，在其上通过 MiniGUI 的图形接口来实现文字渲染、图形显示等功能。

可支持各种输入设备，如 PC 键盘、PC 鼠标、小键盘、触摸屏、遥控器等。

多种键盘布局的支持。MiniGUI 除支持常见的美式 PC 键盘布局之外，还支持法语、德语等西欧语种的键盘布局。

■ 资源消耗

MiniGUI 的静态存储随配置选项的不同而不同，最少需占用 1MB 静态存储空间。

MiniGUI 启动后，初始占用 1MB 动态存储空间。建议系统内存为 8MB 以上。

■ 操作系统适配性

支持 Linux 操作系统，可以使用 MiniGUI-Processes、MiniGUI-Threads 或者 MiniGUI-Standalone 三种运行模式运行。

内建资源支持。可以将 MiniGUI 所使用的资源，如位图、图标和字体等编译到函数库中，该特性可提高 MiniGUI 的初始化速度，并且非常适合无文件系统支持的实时嵌入式操作系统。

针对嵌入式系统的特殊支持，包括一般性的 I/O 流操作，字节序相关函数等。

■ 窗口子系统特性

完备的多窗口机制和消息传递机制。使用 MiniGUI-Threads 运行模式时，可在不同线程中创建主窗口，并支持线程间的消息传递；使用 MiniGUI-Processes 运行模式时，支持完整的多进程窗口系统，如对话框和消息框等。

提供常用的控件类，包括静态文本框、按钮、单行和多行编辑框、列表框、组合框、菜单按钮、进度条、滑块、属性页、工具栏、树型控件、月历控件、旋钮控件、酷工具栏、网格控件、动画控件等。

其他 GUI 元素，包括菜单、加速键、插入符、定时器等。

■ 图形子系统特性

提供有增强 GDI 函数，包括光栅操作、复杂区域处理、椭圆、圆弧、多边形及区域填充等函数。在提供有兼容于 C99 规范的数学库平台上，还提供有高级二维绘图函数，可设置线宽、线型及填充模式等。通过 MiniGUI 的图形抽象层及图形引擎技术，也可以让上述高级 GDI 接口在低端显示屏上实现。

各种流行图像文件的支持，包括 Windows BMP、GIF、JPEG、PNG 等。

Windows 的资源文件支持，如位图、图标、光标等。

输入法支持，用于提供各种可能的输入形式；内建有适合 PC 平台的汉字输入法支持，包括内码、全拼、智能拼音、五笔及自然码等。

(3) MiniGUI 3.0

MiniGUI 3.0 是 MiniGUI 的最新版本。MiniGUI 3.0 在保持与旧版本接口兼容的同时，增加了一些新的特性和相关组件。

MiniGUI 3.0 提供的新功能主要分成两个部分：一个是 MiniGUI 核心库的新功能；另一个是新增的一些组件。

MiniGUI 3.0 核心库在保持原有 API 功能的使用情况下，增加了一些新的功能。这些新功能主要体现在以下几个方面：外观渲染器；双向文本的显示与输入；不规则窗口；字体增强；桌面可定制；透明控件；独立的滚动条控件。

MiniGUI 3.0 的核心库保持了原有的框架和基本的接口的情况，这些新增的功能可以附加在原始功能上使用。其中外观渲染器是一个最重要的特性，它为 MiniGUI 的程序的外观提供了相当灵活的配置方式，并可以让所有的窗口元素统一在一种皮肤外观上。

MiniGUI 3.0 中的主窗口双缓冲区技术也是一项重要的特性。该特性使得开发 UI 特效更加容易，如类似 iPhone 那样的 UI 特效。

(4) MiniGUI 3.0 的新组件

在 MiniGUI 编程的体系结构中，除了可使用 MiniGUI 的核心库之外，还可使用 MiniGUI 提供组件的来获得附加的功能。MiniGUI 组件的名称一般以 mG 为开头，它们可以视为对 MiniGUI 功能的扩展和增强。在 MiniGUI 3.0 中，提供两个新的组件，它们是 mGUtils 和 mGPlus。

■ mGUtils 组件

mGUtils 组件为用户提供了几个功能模板，有了这些模板，就不用为一些常用的功能，再去编写代码了。本组件提供的功能模板有以下几个。

字体设置对话框：此对话框提供了一个和 Windows 的一模一样字体设置对话框。字体对话框在应用开发中的作用，每个开发者都很清楚。

颜色设置对话框：此对话框模板在你需要为应用层客户提供调色板时，绝对派得上用场。颜色对话框也分为简洁模式和标准 PC 模式。

信息设置对话框：此对话框提供了一个显示特性信息的对话框模板。有了这个模板，用户就不用为了显示一些弹出信息而专门去写一个对话框了。

普通文件对话框：此对话框模板具有文件打开，保存及另存为功能。有两种外观模式：简洁模式和 PC 模式。

■ mGPlus 组件

组件是对 MiniGUI 图形绘制接口的一个扩充和增强，主要提供对二维矢量图形和高级图形算法的支持。

颜色组合：每一个应用开发者都希望能够开发出非常漂亮精致的用户界面，以获得用户的第一好感。颜色组合可谓是这方面的利器，它能够实现图片之间千变万化的组合，让界面获得意想不到的效果。MiniGUI 3.0 实现了 12 种组合模式。

路径：路径是由一组有严格的顺序折线和曲线组成的。可以使用路径进行填充和剪切。通过提供对路径的支持，可以实现矢量图形的绘画，可以支持对矢量图形的无极缩放、旋转等功能，同时还能对矢量字体提供更好的支持。

渐变填充：渐变填充是指使用一个颜色线性渐变或者按某个路径渐变的画刷，在某个指定区域，或者路径区域内，或者图形进行填充。有了渐变填充，就可以实现更加漂亮的更有立体感的控件了。

11.2.3 MiniGUI 在 S3C2410 处理器上的移植过程

自 MiniGUI 推广以来，因其小巧、可配置、高稳定性、高性能和可移植性好等优点而被广泛应用于包括 PDA、机顶盒、DVD 等高端设备中，因此，利用 MiniGUI 开发出优秀的人机交互界面已成为嵌入式开发中的迫切需求，下面具体介绍 MiniGUI 向 S3C2410 开发版的移植工程。

（1）PC 机上配置、编译、安装 MiniGUI

① 激活 Framebuffer。

MiniGUI 默认配置使用 GUI，而这个引擎是建立在 Framebuffer 基础上，激活 VESE Framebuffer 驱动程序，需要修改/boot/frub/menu.lst 文件。

打开终端，输入命令 gedit 编辑 menu.lst 文件。

```
#cd/boot/grub
#gedit menu.lst
```

并在以 Kernel 开头的一行添加 vga=0x0317，如下：

```
#gryb.conf generated by anaconda
#Note that you do not have to return grub after making changes to this file
#NOTICE：You do not have a?boot partition。This means that
#all kernel and initrd paths are relative to/，eg
#root（hd0，0）
#kernel/boot/vmlinuz-version root=/dev/hda1
#boot=/dev/had
default=0
timeout=10
splashimage=（hd0，0）/boot/grub/splash/xpm/gz
title Red Hat Linux（2.3.20-8，FrameBuffer）
root（hd0，0）
kernel/boot/vmlinuz-2.4.20-8=/dev/hda1 vga=0x0317
initrd/boot/initrd-2.4.20-8.img
title Red Hat Linux（2.4.20-8）
root（hd0.0）
kernel/boot/vmlinuz-2.4.20-8 root=/dev/hda1
initrd/boot/initrd-2.4.20-8.Img
```

修改了/boot/grub/menu.lst 文件之后，重新启动系统，如果一切正常，屏幕左上角将出现一个企鹅的图标，这样就完成了对 Framebuffer 的配置。但要注意的是，若使用其他的引导程序，配置有所不同。

② 在 PC 机上编译并安装 MiniGUI 开发包。

● 在 PC 机上编译并安装 libminigui

使用解压缩命令解开 libminigui-1.6.9-linux.tar.bz2 软件包，如下：

```
$ tar –jxvf libminigui-1.6.9-linux.Tar.bz2
```

为了与下面编译在开发板上运行的库区别，这里将该目录重命名为 libminigui-1.6.9-linux
-host，进入改名后的目录，并运行./configure 命令，如下：

```
$mv libmimigui-1.6.9-linux libminigui-1.6.9-linux-host
$cd libminigui-1.6.9-linux-host
$./configure
```

上面运行成功就可以继续运行 make 和 make install 命令，编译并安装 libminigui 的库文件：

```
$make
$make install
```

默认情况下，MiniGUI 的函数库将安装在/usr/local/lib 目录中，因此要确保该目录已经列在/etc/ld/so/conf 文件中。修改/etc/ld.so.conf 文件，将/usr/local/lib 目录添加到该文件的最后一行。修改后类似如下：

```
/usr/lib
/usr/X11R6/lib
.usr/i486-linux-libc/lib
/usr/local/lib
```

之后运行 ldconfig 命令，刷新系统的共享库搜索缓存如下：

```
su–c/sbin/ldconfig
```

● 在 PC 机上安装 MiniGUI 的资源

MiniGUI 资源的安装比较简单，只需解开软件包并以 root 身份运行 make install 命令即可。

```
$tar –jxvf minigui-res-str-1.6.tar.bz2
$cd res
$make install
```

③ 编译应用程序例子。

编译和安装 mg-samples-1.6.9.tar.bz2 的过程与 lib.tar.bz2 类似。

```
$tar –jxvf mg-samples-1.6.9.tar.bz2
$mv mg-samples-1.6.9 mg-samples-1.6.9-host
$cd mg-samples-1.6.9-host
$./configure
$make
```

④ 在 Redhat 上运行 MiniGUI。

按住组合键 Ctrl+Alt 的同时，按 F1-F6 的任意一个键启动控制台，然后登录系统，进入 samples 目录，直接运行即可。

（2）交叉编译，并在嵌入式目标机上运行 MiniGUI

① 配置库文件。

在移植到 S3C2410 的情形下，必须对库文件进行配置。

交叉编译 libminigui，使用解压缩命令 tar 解开 libminigui-1.6.9-linux.tar.bz2 压缩包。

```
$tar –jxvf libminigui-1.6.9-linux.tar.bz2
```

改变其目录为 libminigui1.6.9-linux-target，进入改变后的目录，键入命令 make menuconfig 进行配置：

```
# makemenuconfig
```

库文件的配置参见表 11-2。

表 11-2 库文件的配置

系统全局选项	选中 Unit of timer is 10ms，其他不选
GAL 引擎选项	选中 Native GAL engine on linux Frambuffer console 和 Have console on Linux Framebuffer，其他为不选
IAL 引擎选项	选中 ADS Graphic Client，其他为不选
字体选项	选中 Raw bitmap fonts，Ture Type font 和 Adobe Type font，其他为不选
字符集选项	Latin 9charset，BUC encoding of GB2312charset 和 BIG5 charset，其他不选
键盘布局选项	各配置项均不选
图像文件支持选项	选中 Includes SaveBitmap-related functions，其他不选
输入法选项	各配置项均不选
外观选项	各配置项均不选
其他选项	选中所有配置项
控件选项	选中所有配置项
扩展库选项	除 FullGIF98a surpport 和 skin surpport 以外，其余均选中
开发环境设置选项	在 platform 项中选择 Linux 环境；在 Compiler 项中选择 armv4l-unknown-linux-gcc 工具；在 Libc 项中选择 glibc 库环境；在 Path prefix 项中设定 MiniGUI 安装路径为 /opt/host/armv4l/armv4l-unknown-linux；在 CFLAGS 项中设定路径为 -I/opt/host/armv4l/armv4l-unknown-linux.include；在 LDFLAGS 项中设定路径为 /opt/host/armv4l/armv4l-unknown-linux/lib

② 编译安装。

以上成功，就可以进行编译安装（默认情况下，MiniGUI 的交叉编译库文件将安装到 /opt/host/armv4l/armv4l-unknown-linux/lib 目录下）。

```
$make
$ make install
```

安装 MiniGUI 资源文件（默认情况下，MiniGUI 的资源文件将安装到/opt/host/armv4l/armv4l-unknown-linux/lib/minigui/）。

```
$tar –jxvf minigui-res-str-1.6.tar.bz2
$cd res
```

> $make install

③ 编译应用程序实例。

使用解压缩命令 tar 解开 mg-samples-1.6.9.tar.bz2 压缩包。

> $tar –jxvf mg-samples-1.6.9.tar.bz

改变其目录为 mg-samples-1.6.9-target。

> $cd mg-samples-1.6.9-target

进入改变后的目录，并运行 build-upnet2410-4000 进行配置。

> $./build-upnet2410-4000

以上正常，就可以进行编译。

> $make

④ 在嵌入式目标机上运行 MiniGUI。

将应用程序复制到/arm2410/demos 目录下，接着就可以通过 Redhat 的 minicom 或 Windows 的超级终端链接开发板运行程序。以下介绍的是用 minicom 链接开发板的方法。

先打开 minicom 通信终端

> #minicom

然后连接主机和开发板，打开开发板的电源，通过 nfs 方式将主机的/arm2410s 挂载到开发板上，具体如下：

> [/mnt/yaffs]mount-t nfs 172.0.0.1：/arm2410/host

上面的 172.0.0.1 为主机的 IP 地址，完成以上操作后就可以执行 MiniGUI 应用程序。

11.3 Qt/Embedded 嵌入式图形开发基础

Qt/Embedded（Qt/E）同样也是嵌入式 GUI 软件，库文件与前面介绍的 miniGui 有很大的区别。它是著名的 Qt 库开发商 TrollTech 发布的面向嵌入式系统的 Qt 版本。Qt/E 延续了 Qt 在 X 上的强大功能，采用 FrameBuffer 作为底层图形接口，其类库完全采用 C++封装。

11.3.1 Qt/Embedded 开发环境的安装

一般来说，于 Qt/Embedded 开发的应用程序最终会发布到安装有嵌入式 Linux 操作系统的小型设备上，所以使用装有 Linux 操作系统的 PC 或者工作站来完成 Qt/Embedded 开发当然是最理想的环境，尽管 Qt/Embedded 也可以安装在 Unix 和 Windows 系统上。下面将介绍如何在一台装有 Linux 操作系统的机器上建立 Qt/Embedded 开发环境。

（1）软件安装包的选择规则

首先，用户需要拥有三个软件安装包：tmake 工具安装包、Qt/Embedded 安装包、Qt 的 X11 版的安装包。由于上述这些软件安装包有许多不同的版本，可能会导致这些软件在使用时出现冲突，为此先介绍一些基本的安装原则：当选择或下载了 Qt/Embedded 的某个版本的安装包之后，下一步要选择安装的 Qt for X11 的安装包的版本必须比用户最先下载的 Qt/Embedded 的版本要旧，这是因为 Qt for X11 的安装包的两个工具 uic 和 Designer 产生的源文件会和 Qt/Embedded 的库一起被编译链接，本着向前兼容的原则，Qt for X11 的版本应比 Qt/Embedded 的版本旧。下面介绍如何在一台装有 Linux 操作系统的机器上建立 Qt/Embedded 开发环境。

（2）安装步骤

以下面所列版本的安装包，一步一步介绍 Qt/Embedded 开发环境建立的过程：
- tmake1.11 或更高版本；（生成 Qt/Embedded 应用工程的 Makefile 文件）
- Qt/Embedded2.3.7；（Qt/Embedded 安装包）
- Qt2.3.2 for X11；（Qt 的 X11 版的安装包，它将产生 X11 开发环境所需要的两个工具）

① 安装 tmake。

在 Linux 命令模式下运行以下命令：

```
tar xfz tmake-1.11.tar.gz
export TMAKEDIR=$PWD/tmake-1.11
export TMAKEPATH=$TMAKEDIR/lib/qws/linux-x86-g++
export PATH=$TMAKEDIR/bin：$PATH
```

② 安装 Qt/Embedded2.3.7。

当有了 ARM9 的 linux 编译器之后，就可以使用这个编译器交叉编译 Qt/Embedded 库的源代码，从而产生一个以 ARM9 为目标代码的 Qt/Embedded 库。具体过程如下：

解包 Qt/Embedded（以 Qt/Embedded2.3.7 为例）。解包这个 Qt/Embedded2.3.7 压缩包时，应把它解压缩到不同于您的机器的处理器使用 Qt/Embedded2.3.7 的安装路径。在 Linux 命令模式下运行以下命令：

```
tar xfz qt-embedded-2.3.7.tar.gz
```

配置 Qt/Embedded2.3.7 的安装 Qt/Embedded 的安装选项有很多个，您可以在命令行下直接输入 "./configure" 来运行配置，这时安装程序会一步一步提示你输入安装选项。您也可以在 "./configure" 后输入多个安装选项直接完成安装的配置。在这些选项中有一个选项决定了编译 Qt/Embedded 库的范围，即可以指定以最小、小、中、大、完全 5 种方式编译 Qt/Embedded 库。另外 Qt/Embedded 的安装选项还允许我们自己定制一个配置文件，来选择编译 Qt/Embedded 库，这个安装选项是 "-qconfig local"；当指定这个选项时，Qt/Embedded 库在安装过程中会寻找 qt-2.3.7/src/tools/qconfig-local.h 这个文件，如找到这个文件，就会以该文件里面定义的宏，来编译链接 Qt/Embedded 库。

具体过程如下，在 Linux 命令模式下运行以下命令：

```
cd qt-2.3.7
export QtDIR=$PWD
export QtEDIR=$QtDIR
cp /配置文件所在路径/qconfig-local.h ./src/tools
    make clean
    ./configure -xplatform linux-arm-g++ -shared -debug
    -qconfig local -qvfb -depths 4，8，16，32
```

```
Make
cd ..
```

对于没有配置文件的 Embedded2.3.7 安装可以采用于下步骤。

解包 Qt/Embedded 及其配置的安装如下：

```
tar xfz qt-embedded-2.3.7.tar.gz
cd qt-2.3.7
export QtDIR=$PWD
export QtEDIR=$QtDIR
export PATH=$QtDIR/bin：$PATH
export LD_LIBRARY_PATH=$QtDIR/lib：$LD_LIBRARY_PATH
./configure -qconfig -qvfb -depths 4，8，16，32
make sub-src
cd ..
```

上述命令./configure-q config -qvfb -depths 4，8，16，32 指定 Qt 嵌入式开发包生成虚拟缓冲帧工具 qvfb，并支持 4，8，16，32 位的显示颜色深度。另外，我们也可以在 configure 的参数中添加-system-jpeg 和 gif，使 Qt/Embedded 平台能支持 jpeg、gif 格式的图形。上述命令 make sub-src 指定按精简方式编译开发包，也就是说有些 Qt 类未被编译。Qt 嵌入式开发包有 5 种编译范围的选项，使用这些选项，可控制 Qt 生成的库文件的大小，但是您的应用所使用到的一些 Qt 类将可能因此在 Qt 的库中找不到链接。编译选项的具体用法可运行./configure -help 命令查看。

-qconfig local 这个参数是说明编译时用自带的一个配置文件 qconfig-local，需要先将其复制到 qt-2.3.7/src/tools/下，或者 configure 用这句也可：

```
./configure-no-xft -qvfb -depths 4，8，16，32
/******************************************************************
** qconfig-local
******************************************************************/
#ifndef Qt_H
#endif // Qt_H
// Note that disabling more features will produce a libqte that is not
// compatible with other libqte builds。
#ifndef Qt_DLL
#define Qt_DLL // Internal
#endif
#define Qt_QWS_IPAQ
// Platforms where mouse cursor is never required。
#if defined（Qt_QWS_IPAQ）|| defined（Qt_QWS_CASSIOPEIA）|| defined（Qt_QWS_SL5XXX）
# define Qt_NO_QWS_CURSOR
# define Qt_NO_QWS_MOUSE_AUTO
```

```
#endif
```

上述命令 make sub-src 指定按精简方式编译开发包,也就是说有些 Qt 类未被编译。Qt 嵌入式开发包有 5 种编译范围的选项,使用这些选项,可控制 Qt 生成的库文件的大小,但是您的应用所使用到的一些 Qt 类将可能因此在 Qt 的库中找不到链接。编译选项的具体用法可运行 ./configure -help 命令查看。

(3) 安装 Qt/X112.3.2

在 Linux 命令模式下运行以下命令:

```
tar xfz qt-x11-2.3.2.tar.gz
```

重命名软件名:

```
# mv qt-2.3.2 qt-x11-2.3.2
```

进入解压后文件,进行环境变量设置:

```
#cd qt-x11-2.3.2
#export QtDIR=/root/qt-x11-2.3.2
```

在配置之前,通过命令查看配置选项:

```
#./configure –help
```

需要的配置和平台:

```
#./configure –platform linux-x86-g++ -thread –system–jpeg –gif –no-xft
```

输入上面的命令后,会出现以下提示:

```
Type'Q'to view the Qpublic License
Type'G'to view the General Public License
Type'yes'to accept this license offer
Type'no'to decline this license offer

Do you accept the terms of the license?
yes
```

生成 makefile 后,就可以进行安装:

```
make
```

安装成功后,将会有以下打印信息:

```
The Qt library is now built in ./lib
The Qt example are built in the directories in ./example
The Qt tutorials are built in the directories in ./tutorial

Note:   be sure to set $QtDIR to point to here or to wherever
        You move these directorise


Enjoy!    -the Trolltech team
```

根据开发者的开发环境，也可以在 configure 的参数中添加别的参数，如-no-opengl 或-no-xfs，可以键入./configure -help 来获得一些帮助信息。

11.3.2　Qt/Embedded 底层支持及实现代码分析

Qt/Embedded 的开发人员多为 KDE 项目的核心开发人员，许多基于 Qt 的 X Window 程序可以非常方便地移植到 Qt/Embedded 上，与 X11 版本的 Qt 在最大程度上接口兼容，延续了在 X 上的强大功能，在底层彻底摒弃了 X lib，仅采用 FrameBuffer 作为底层图形接口。

（1）底层支持分析

Qt/Embedded 的底层图形引擎是基于帧缓冲（FrameBuffer），帧缓冲是出现在 2.2.x 以上内核的版本当中的一种驱动程序接口。这种接口采用 mmap 系统调用，将显示设备抽象为帧缓冲区。可以将它看成是显示内存的一个映像，将其映射到进程地址空间以后，就可以直接进行读/写操作了，而写操作可以立即反映在屏幕上。帧缓冲驱动程序是最重要的驱动程序之一，正是这个驱动程序才能使系统屏幕显示内容，其实现分为两个方面：一是对 LCD 及其相关部件的初始化，包括画面缓冲区的创建和对 DMA 通道的设置；二是对画面缓冲区的读写，具体到代码为 read，write 等系统调用接口。

帧缓冲是 Linux 为图形设备提供的一个抽象接口，它允许上层应用程序在图形模式下直接对显示缓冲区进行读/写操作。这种操作是抽象的、统一的。应用程序不必关心物理显存的位置、换页机制等具体细节。这些都是由帧缓冲设备驱动来完成的。帧缓冲设备对应的设备文件通常为/dev/fb031，Linux 的帧缓冲设备的驱动主要基于两个文件：

① linux/include/linux/fb.h。
② linux/drivers/video/fbmem.c。

帧缓冲设备属于字符设备，采用"文件层-驱动层"的接口方式。

帧缓冲设备在驱动层所要做的工作仅仅是对 Linux 为帧缓冲的驱动层接口 fb-info 进行初始化，然后调用这两个函数对其注册或注销。帧缓冲设备驱动层接口直接对 LCD 设备硬件进行操作，而 fbmem.c 可以记录和管理多个底层设备驱动。

文件 fbmem.c 中定义了帧缓冲设备的文件层接口 file-operations 结构体，它对应用程序可见，该结构体的定义如下：

```
static structfile-operations fb-fops=
{
owner: THIS-MODULE,
read: fb-read, /*读操作*/
write: fb-write, /*写操作*/
ioctl: fb-ioctl, /*控制操作*/
mmap: fb-mmap, /*映射操作*/
open: fb-open, /*打开操作*/
release: fb-release, /*关闭操作*/
};
```

在这个结构体中功能函数 open（）和 release（）不需要底层的支持，而 read（），

write()，mmap()则需要调用 fb-get-fix()，fb-get-var()，fb-set-var()（这些函数位于结构体 fb-info 中指针 fbops 指向的结构体变量中）等与底层 LCD 硬件相关的函数的支持。另一个功能函数是 ioctl()，ioctl()是设备驱动程序中对设备的 I/O 通道进行管理的函数，应用程序应用 ioctl()系统调用来调用 fb-get-fix()，fb-get-var()，fb-set-var()等方法来获得和设置结构体 fb-info 中 var，fix 和 cmap 等变量的信息。在 fbmem.c 中给出了 ioctl()命令和 fb-info 中结构体 fb-ops 的成员函数的对应关系如下：

```
FBIOGET-VSCREENINFO  fb-get-var
FBIOPUT-VSCREENINFO  fb-set-var
FBIOGET-FSCREENINFO  fb-get-fix
FBIOPUTCMAP          fb-set-cmap
FBIOGETCMAP          fb-get-cmap
FBIOPAN-DISPLAY      fb-pan-display
```

用户应用程序只需要调用 FBIOXXXX 来操作 LCD 硬件。

（2）底层实现代码分析

Qt/Embedded 发布方式有两种，分别是在 GPL 协议下发布的 free 版与专门针对商业应用的 Commercial 版本。两者仅仅是发布方式不同，其源码没有任何区别。当前比较主流的版本为应用 Qtopia 中的 2.x 系列与 3.x 系列。其中，2.x 系列较多地应用于采用 Qtopia 作为高档 PDA 主界面的应用中，而 3.x 系列则主要应用于功能相对单一，但需要高级 GUI 图形支持的场合。Qt/Embedded 的实现结构如图 11-2 所示。

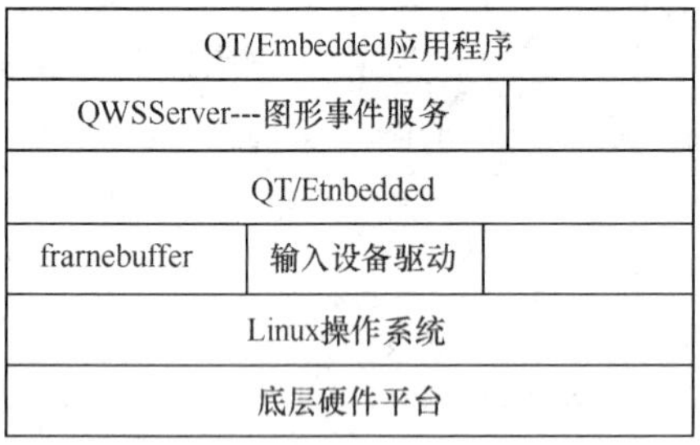

QT/Embedded应用程序	
QWSServer---图形事件服务	
QT/Etnbedded	
frarnebuffer	输入设备驱动
Linux操作系统	
底层硬件平台	

图 11-2　Qt/E 的实现结构

3.x 系列几乎包含了 2.x 系列版本中的原有类库，极大地缩短应用软件的开发时间，扩大了 Qt/Embedded 的应用范围。Qt/Embedded 运用了 C++独特的机制，其代码的实现非常灵活。但由于追求与多种系统或硬件兼容，因此，代码补丁较多，风格不太规范。

11.3.3　Qt/Embedded 信号和插槽机制

Qt/Embedded 使系统获得高效的工作性能是它拥有一个重要机制——信号与槽机制。信号和槽是一种高级接口，应用于对象之间的通信，是 Qt 的核心特性，也是区别于其他工具包的地方。信号和槽能携带任意数量和类型的参数，是类型完全安全的，不像回调函数那样会产生内核泄露。

（1）信号和槽机制的实现机制主要分为两种方式

① 所有从 QObject 或其子类派生的类都能够包含信号和槽。

当对象改变其状态时，信号就由该对象发射出去，接收方未知。这就是真正的信息封装，它确保对象被当作一个真正的软件组件来使用。槽用于接收信号，但它们是普通的对象成员函数。一个槽并不知道是否有任何信号与自己相连接。可以将很多信号与单个的槽进行连接，也可以将单个的信号与很多的槽进行连接，甚至将一个信号与另外一个信号相连接也是可能的，这时无论第一个信号什么时候发射系统都将立刻发射第二个信号。

② 对于非 QObject 派生类，另有一套处理方法。

信号与插槽机制提供了对象间的通信机制，它易于理解和使用，并完全被 Qt 图形设计器所支持。图形用户接口的应用需要对用户的动作做出响应。例如，当用户单击了一个菜单项或是工具栏的按钮时，应用程序会执行某些代码。大部分情况下，我们希望不同类型的对象之间能够进行通信。程序员必须把事件和相关代码联系起来，这样才能对事件做出响应。以前的工具开发包使用的事件响应机制是易崩溃的，不够健壮的，同时也不是面向对象的。

Trolltech 已经创立了一种新的机制，叫做"信号与插槽"。信号与插槽是一种强有力的对象间通信机制，它完全可以取代原始的回调和消息映射机制；信号与插槽是迅速的、类型安全的、健壮的、完全面向对象并用 C++来实现的一种机制。在以前，当使用回调函数机制来把某段响应代码和一个按钮的动作相关联时，通常把那段响应代码写成一个函数，然后把这个函数的地址指针传给按钮，当那个按钮被按下时，这个函数就会被执行。对于这种方式，以前的开发包不能够确保回调函数被执行时所传递进来的函数参数就是正确的类型，因此容易造成进程崩溃，另外一个问题是，回调这种方式紧紧的绑定了图形用户接口的功能元素，因而很难把开发进行独立的分类。

Qt 的信号与插槽机制是不同的。Qt 的窗口在事件发生后会激发信号。例如，一个按钮被单击时会激发一个"clicked"信号。信号与插槽机制并不要求类之间互相知道细节，这样就可以相对容易的开发出代码可高重用的类。信号与插槽机制是类型安全的，它以警告的方式报告类型错误，而不会使系统产生崩溃。例如，如果一个退出按钮的 clicked（）信号被连接到了一个应用的退出函数 quit（）插槽。那么按退出键将使应用程序终止运行。上述的连接过程用代码写出来就是这样 connect（button，SIGNAL（clicked（）），qApp，SLOT（quit（）））；可以在 Qt 应用程序的执行过程中增加或是减少信号与插槽的连接。

信号与插槽的实现扩展了 C++的语法，同时也完全利用了 C++面向对象的特征。信号与插槽可以被重载或者重新实现，它们可以定义为类的公有，私有或是保护成员。

（2）信号与插槽机制的结构

如图 11-3 所示。

（3）信号与插槽机制特点

通常在处理函数调用时是采用回调技术。但回调技术不是类型安全的，其次回调和处理函数是非常强有力地联系在一起的。Qt 采用信号与插槽机制与回调技术有很大的区别，其特点有：

- 类型安全。
- 信号和槽是宽松地联系在一起的。
- 速度慢。
- 信号和槽用于对象间的通信。信号/槽机制是 Qt 的一个中心特征并且也许是 Qt 与其他工具包最不相同的部分。

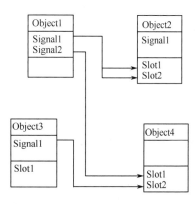

图 11-3　信号与插槽机制的结构

(4) 信号与插槽的定义

现在以举例的形式介绍信号与插槽机制

如果一个类要使用信号与插槽机制，它就必须是从 QObject 或者 QObject 的子类继承，而且在类的定义中必须加上 Q_OBJECT 宏。信号被定义在类的信号部分，而插槽则定义在 public slots、 protected slots 或者 private slots 部分。

下面定义一个使用到信号与插槽机制的类。

```cpp
class BankAccount: public QObject
{
Q_OBJECT
public:
BankAccount（） { curBalance = 0; }
int balance（） const { return curBalance; }
public slots:
void setBalance（int newBalance）;
signals:
void balanceChanged（int newBalance）;
private:
int curBalance;
};
```

和大部分的 C++的类一样，BankAccount 类有一个构造函数，还有一个取值的函数 balance（），一个设置值的函数 setBalance（int newBalance）。

这个类有一个信号 balanceChanged（），这个信号声明了它在 BankAccount 类的成员 curBalance 的值被改变时产生。信号不需要被实现，当信号被激发时，和该信号连接的插槽将被执行。

上面用来设置值的函数 setBalance（int newBalance）定义在类的"public slots"部分，因此它是一个插槽。插槽是一个需要实现的标准的成员函数，它可以像其他函数一样被调用，也可以和信号相连接。

下面就是该插槽函数 setBalance（int newBalance）的实现代码：

```cpp
void BankAccount:: setBalance（int newBalance）
{
if（newBalance!=curBalance）
{
curBalance=newBalance;
emit balanceChanged（curBalance）;
}
}
```

其中的一段代码 emit balanceChanged（curBalance），它的作用是当 curBalance 的值被改变后，将新的 curBalance 的值作为参数去激活 balanceChanged（）信号。对于关键词"emit"，它和信号、插槽一样是由 Qt 提供的，这些关键词都会被 C++的预处理机制转换为 C++代码。

一个对象的信号可以被多个不同的插槽连接,而多个信号也可以被连接到相同的插槽。当信号和插槽被连接起来时,应当确保它们的参数类型是相同的,如果插槽的参数个数小于和它连接在一起的信号的参数个数,那么从信号传递插槽的多余的参数将被忽略。

11.3.4 Qt/Embedded 窗口部件

Qt 提供了丰富的满足不同需求的窗体,使用起来很灵活,容易被子类化。窗口部件是用户界面的一个原子。可用于创建用户界面的可视元素。Qt 的窗口部件不能任意地分为控件和容器。窗口部件是 QWidget 或其子类的实例,用户自定义的窗口通过子类化得到。其类的继承如图 11-4 所示。

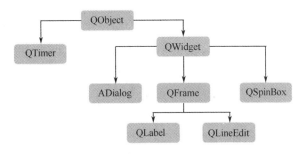

图 11-4 类的继承图

Qt 拥有众多的窗口部件,如按钮、菜单、滚动条和应用程序窗口等,它们组合起来可以创建各种用户界面。QWidget 是所有用户界面对象的基类,窗口部件是 QWidget 或其子类的实例。

(1)创建主窗口部件

创建主窗口先要在 main.cpp 函数中创建 QApplication 类型的对象。QApplication 类管理图形用户界面应用程序的控制流和主要设置,它包含主事件循环,在其中来自窗口系统和其他资源的所有事件被处理和调度,它也处理应用程序的初始化和结束,并提供对话管理。对于任何一个使用 Qt 图形用户界面应用程序,都正好存在一个 QApplication 对象。然后定义主窗口变量,并通过 QApplication 类型的函数调用主窗口变量来启动主窗口。

创建主窗口部件最常用的方法是基于 QWidget 或 QDialog 类创建一个用户类。QDialog 类是对话框窗口的基类,主要用于短期任务,以及和用户进行简要通信的顶级窗口。在本程序中使用 QWidget 类创建用户类,并使用户类通过公有继承派生于 Qwidget 类。

(2)用户界面的风格与布局

在构建窗口时需要注意用户界面的风格和布局。Qt 提供了 Windows、WindowsXP、Motif、MotifPlus、CDE、Platinum、SGI 和 Mac 的内置风格。自定义风格可以通过继承 QStyle、QCommonStyle 或其他 QCommenStyle 类来完成。应用程序的风格可以如下设置:

QApplication::setStyle(new MyCustomStyle);

在布局上 Qt 提供了布局管理器来组织父部件区域中的子部件,Qt 内建的布局管理器有 QHBoxLayout，QVBoxLayout 和 QGridLayout，而且布局也可以嵌套在任意层。例如，使用 QHBoxLayout（按行放置部件）的部件管理器为例在窗口水平放置两个按钮 B1 和 B2 的代码如下：

```
QHBoxLayout *hbox = new QHBoxLayout（this）;
Hbox->addWidget（B1）;
Hbox->addWidget（B2）;
```

① 创建按钮实现对应用程序的调用。

Qt 部件与用户的交互方式不同于其他的 GUI 工具包，其他的 GUI 工具包使用回调函数创建用户交互，但是 Qt 提供了信号/槽通信机制描述对象间的无缝通信。槽是标准的成员函数，它能够连接到信号，每当槽所连接的信号被发射时，槽就被执行。信号是一种特殊类型的函数，都是返回 void 型，它们被定义为当某个事件发生时就被发射，之后执行所有被连接的槽。当定义信号时必须使用 Qt 的宏 SIGNAL（），定义槽时必须使用宏 SLOT（）。

通过调用 QObject 对象的 connect 函数可以将某个对象的信号与另一个对象的槽相关联，这样当发射对象发射信号时，接收对象的槽将被调用。该函数定义如下：

```
bool QObject：connect（const QObject *sender, const char *signal, const QObject *receiver, const char *member）
```

与这个函数对应的 disconnect 函数，可以将信号和槽断开连接。

本例使用了 Qt 库提供的按钮 clicked（）信号，自定义了槽函数 run（）来实现对应用程序的调用，并且定义了槽函数 mycall（）调用已经使用了特定参数的 run（）函数。

例如当一个按钮 B1 被单击时，它就发送 "clicked" 信号，通过 connect（）函数将信号与槽 "mycall" 连接起来，调用/opt/qt/examples/clock/下的应用程序 "clock" 的代码如下：

```
void MyMainWindow：mycall（）
{
MyMainWindow：run（"（cd /opt/qt/examples/clock; exec ./clock;）"）;
}
connect（B1, SIGNAL（clicked（）），this, SLOT（mycall（）））;
```

② 图像背景显示。

为了在 Qt 中装载和显示所支持的图像格式，需要创建一个 QPixmap 对象。QPixmap 本质上是一个"屏幕外的部件（off-screen）"，图像可以先复制到一个 QPixmap 对象上，然后传送到 QWidget。

QWidget 部件使用如下的成员函数来为窗口添加图像背景：

```
Public Members
const QPixmap* backgroundPixmap（）const
virtual void setBackgroundPixmap（const QPixmap &）
```

如有一幅名为 flower.png 的图片，将其设为背景的代码如下：

```
QPixmap picture（"flower.png"）
```

SetbackgroundPixmap（picture）

③ 中文显示。

Qt 的中文显示是 Qt 国际化的一部分，"国际化"简称为 i18n，用来提供一个架构，让同样的代码可以适用于各种语种习惯和编码系统，程序设计人员只要利用这个架构的机制、准则编写应用程序，就可以在不新编译代码的情况下，支持各种语言。

Qt 支持 Unicode——国际标准字符集，程序员可以在程序里自由的混用英语、汉语和其他 Unicode 所支持的语言。为 Qt 增加一种编码只需要增加该编码和 Unicode 的转化编码就可以了，Qt 支持中文的 GBK/Big5 编码。

Qt 支持的字体常用的是 ttf 和 qpf。qpf 是 Qt/Embedded 专用的一种适合嵌入式应用的字体，它属于位图字体，不可以缩放，而 ttf 字体可以缩放。默认情况下 Qt/Embedded 在 lib/fonts 目录下提供了一种可以显示中文的字体库 UniFont，但是该字体库中没有 ttf 的字体。为了使用 ttf 字体显示中文，本文采取如下的方法：复制一种支持 unicode 编码的 ttf 字体到 lib/fonts 目录下，例如，Windows 系统下的宋体 simsun.ttf；同时还需要在此目录的 fontdir 脚本中添加下面一行：

simsun simsun.ttf FTn 500su

fontdir 脚本用来向系统注册所支持的字体，它的每一行定义了一种字体的设置，其格式如下：

<字体名称><字体文件名><字体渲染类型><是否斜体><尺寸><字体标志>[尺寸列表]

在程序设计中，首先指定编码方式以支持中文：

QtextCodec *code=QtextCodec：：codecForName（"GBK"）

接着为部件（如 Mywidget）执行 Unicode 的转化编码：

QString uniStr=cod ->toUnicode（"要显示的中文字符"）
Mywidget->setFont（QFont（"simsun", 20, QFont：：Bold））
Mywidget->setText（uniStr）

（3）窗口部件的创建例子

下面以举例的方式来介绍如何创建一个窗口部件，描述如何控制一个窗口部件的最小大小和最大大小，并且介绍了窗口部件的名称。

这个程序比较简单，并且也是只使用一个单一的父窗口部件和一个独立的子窗口部件。以下就是创建一个窗口部件的代码：

```
#include <qapplication.h>
#include <qpushbutton.h>
#include <qfont.h>

class MyWidget: public Qwidget
{
public:
/*创建一个继承 QWidget 的类*/
MyWidget（QWidget *parent=0, const char *name=0）;
```

```
};

/*构造函数的实现*/
MyWidget::MyWidget(QWidget *parent, const char *name)
    : QWidget(parent, name)
{
/*确定窗口部件的大小*/
setMinimumSize(200, 120);
setMaximumSize(200, 120);
/*创建名为 quit 的窗口部件,并进行设置*/
QPushButton *quit = new QPushButton("Quit", this, "quit");
quit->setGeometry(62, 40, 75, 30);
quit->setFont(QFont("Times", 18, QFont::Bold));
connect(quit, SIGNAL(clicked()), qApp, SLOT(quit()));
}

int main(int argc, char **argv)
{
QApplication a(argc, argv);
MyWidget w;
w.setGeometry(100, 100, 200, 120);
setMainWidget(&w);
w.show();
return a.exec();
}
```

11.3.5 Qt/Embedded 图形界面编程

Qt/Embedded 图形界面编程是一种可视化的编程,包含画布模块、SQL 模块、网络模块块及多线程编程,缩短了程序的开发周期,提高了开发的效率。

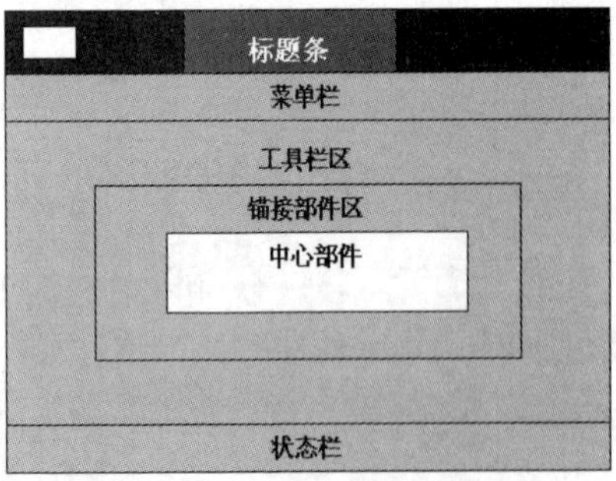

（1）主窗口类

QmainWindow 提供了一个应用程序主窗口框架,一个主窗口包括一组标准窗体的组合,包括一个菜单栏（menu bar）、多个工具栏（tool bars）、一个状态栏（status bar）、多个锚接部件（dock widgets）及一个中心部件（central widget）。主窗口的架构布局如图 11-5 所示。

图 11-5 Qt 主窗口框架布局

（2）菜单类

菜单是一系列命令的列表。一个主窗口最多只有一个菜单栏。每个菜单项可以有一个图标，一个复选框和一个加速器（快捷键）。Qt 使用动作（Action）把一组相关联的动作菜单分立成组，实现菜单、工具按钮、键盘快捷方式等命令的一致性。

当一个菜单项被选中，和它相关的插槽将被执行。菜单栏由 QmenuBar 类实现，菜单项可以被动态使能，失效，添加和删除。通过子类化 QcustomMenuItem，用户可以建立客户化外观和功能的菜单项。

（3）工具栏

工具栏是由一系列类似于按钮的动作排列而成的面板，可以被移动到中心部件的上、下、左、右四个方向。一个主窗口可以包含多个工具栏。QtoolButton 类实现了具有一个图标，一个可选标签和一个 3D 框架的工具栏。通常它由一些经常使用的命令组成。

（4）状态栏

状态栏通常显示 GUI 应用程序的一些状态信息。它位于主窗口的最下面。一个主窗口最多只含一个状态栏。

（5）锚接部件

锚接部件当作容器来使用，以包容其他部件来实现某些功能。它的位置和工具栏的位置一样，位于主窗口的四周。一个主窗口可以有多个锚接部件。

11.3.6　Qt/Embedded 对话框设计

对话框是窗口的特殊形式，里面可以有各种的控件：文本框、按钮、图片等。对话框为用户提供一种同应用程序进行交互的便捷方式。对话框类图如图 11-6 所示。

Qt 使用布局管理自动的设置窗体与别的窗体之间相对的尺寸和位置，这样可以确保对话框能够最好的利用屏幕上的可用空间。使用布局管理意味着按钮和标签可以根据要显示的文字自动的改变自身大小，而用户完全不用考虑文字是哪一种语言。使用 Qt 图形设计器这个可视化设计工具用户可以建立自己的对话框，具体步骤如下。

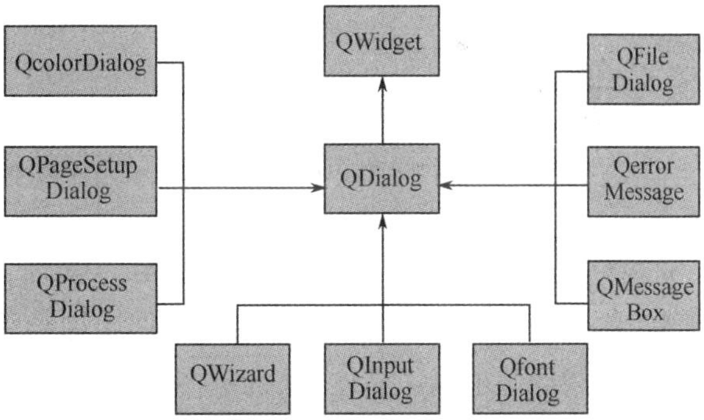

图 11-6　对话框类图

（1）布局

Qt 的部件管理用于组织管理一个父窗体区域内的子窗体。可以自动的设置子窗体的大小和位置。程序员在开发时，使用布局管理，不需再对代码进行重复编写，大大减少了开发的工作量，它的特性有：

① 内建布局管理器。

Qt 提供了 3 种用于布局管理的类，分别是 QHBoxLayout，QVBoxLayout 和 QgridLayout。各个类的作用参见表 11-3。

表 11-3　Qt 布局管理类的作用

类　名	作　用
QHBoxLayout	把窗体按照水平方向从左到右排成一行
QVBoxLayout	把窗体按照垂直方向从上到下排成一列
QgridLayout	以网格的方式排列窗体，一个窗体可以占据多个网格

② 可以任意嵌套布局。

③ 可以自定义布局。

（2）Designer 图形设计器

输入命令 designer，方可打开 Qt 图形设计器软件，如图 11-7 所示。

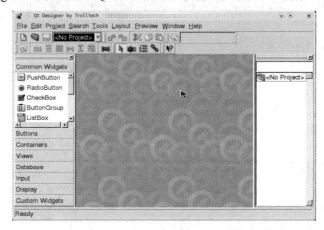

图 11-7　Qt 图形设计器界面

11.3.7　数据库

由于在开发程序时常常会访问数据库，为此我们对 Qt 下数据库的有关知识进行简要地介绍。

Qt 提供的 QtSql 模块是专门用于数据库的访问，实现了数据库与 Qt 应用程序的无缝集成，同时提供了一套与平台和具体所用数据库均无关的调用接口。该模块由驱动层、Sql 接口层和用户接口层组成，具体的结构参见表 11-4。

表 11-4　QtSql 模块的组成结构

层　次	描　述
驱动层	驱动层实现了特定数据库与 SQL 接口的底层桥接，包括的支持类有 QsqlDriver；QsqlDriverCreator<T>，QsqlDriverCreatorBase，QsqlDriverPlugin 和 QsqlResult
Sql 接口层	Sql 接口层提供了数据库访问类。数据库连接操作由 QsqlQurery 类提供了与数据库的交互操作；其他支持类还包括：QsqlError，QsqlField，QsqlTabelModel 和 QsqlRecord
用户接口层	用户接口层提供从数据库数据到用于数据表示的窗体的映射，包括的支持类有 QsqlQueryModel，QsqlTableModel 和 QsqlRelationalTableModel。这些类均以 Qt 的模型/视图结构设计

QtSql 模块具有丰富的数据库操作类,适用于不同层次的用户。例如,QtSqltQuery 类为习惯使用 SQL 的用户提供了直接执行任意 SQL 语句并处理返回结果的方法,而 QsqlTabelModel 和 QsqlRelationalTableModel 类则为那些避免使用 SQL 语句而倾向于使用较高层数据库接口的用户提供了合适的对象。

表 11-5 Qt 支持的驱动插件

驱　动	数据库管理系统
QDB2	IBM DB2 或其以上的版本
QIBASE	Borland InterBase
QMYSQL	MySQL
QOCI	Oracle Call Interface Driver
QtDS	Sybase Adaptive Server
QSQLITE2	SQLilte 版本 2
QSQLITE	SQLite 版本 2 以上的版本
QPSQL	PostgreSQL 版本 6.x 和 7.x
QODBC	ODBC

(1)连接数据库

首先必须建立与数据库的连接,才能对数据库进行操作。QtSql 模块通过使用驱动插件与不同的数据库接口进行通信,这些驱动插件包含了所有与数据库相关的代码,目前,Qt 中支持的驱动插件参见表 11-5。

如果上表的驱动不能满足需求,还可以自己参考 Qt 的源代码编写数据库驱动。

① 在头文件中加入语句。

```
#include <QtSql>
```

② 在工程的.Pro 文件中加入语句。

```
Qt+=sql
```

③ 添加数据库连接的代码。

```
//addDatabase()函数的第一个参数为驱动名,第二个为连接名。
QsqlDatabase db= QsqlDatabase::addDatabase("QOCI","connA");
//设置主机名
db.setHostName("redflag");
//设置数据库名
db.setDatabaseName("qtsql");
//设置用户名
db.setUserName("fan");
//设置用户密码
db.setPassword("123");
//打开连接
db.open();
```

(2)常用数据库操作

① 使用 SQL 语句。

在连接建立的基础上,就可以使用 QsqlQuery 类库进行 SQL 语句的操作。使用 QsqlQuery 类仅需要创建一个 QsqlQuery 对象,然后调用 QsqlQuery::exec()函数,具体如下:

```
QsqlQuery query;
query.exec(SELECT * FROM carinfo WHERE number<10);
```

② 事务操作。

通过 QsqlDatabase 对象上调用 transaction（）函数开始一个事务操作，然后调用 commit（）或 rollback（）函数结束一个事务操作。如下所示：

> QsqlDatabase：：database（）.Transaction（）;
> QsqlQuery query；
> Query.Exec（SELECT * FROM carinfo WHERE number<10）;
> QsqlDatabase：：database（）.rollback（）;

③ 使用 SQL 模型类。

Qt 除了提供 QsqlQuery 类之外，还提供了三种用于访问数据库的高层类，包括 QSqlQueryModel、QSqlTabelModel、QSqlRelationalTabelModel。这三个类均从 QabstractTabelModel 类继承，其中 QsqlQueryModel 用于基于任意 SQL 语句的只读模型；QsqlTabelModel 用于基于单个表的读写模型；而 QsqlRelationalTabelModel 是 QsqlTabelModel 的子类，增加了外键的支持。在不涉及数据的图形表示时可以单独使用。程序员在编程时使用它们可以容易采用不同的数据源。

（3）Qt 数据库的应用

① 使用嵌入式数据库。

通常采用各种数据库来实现对数据库的存储、查询等功能。但实际上，很多应用仅仅利用这些数据库的基本特性，这样在特殊场合的应用中，这些数据库难免会有些臃肿。因此，Qt 提供了一种进程内数据库—SQLite。它是一个轻量级的数据库，其优点如下。

- SQLite 的设计目的是嵌入式 SQL 数据库引擎，它基于纯 C 语言代码。
- SQLite 是无须独立运行的数据库引擎。
- 开放源代码。
- 少于 250KB 的内存占用（GCC 编译下）。
- 支持视图、触发器、事务，支持嵌套 SQL 功能。
- 提供虚拟机用于处理 SQL 语句。
- 不需配置、安装、管理员。
- 支持大部分 ANSI SQL92 标准。
- 大部分应用速度快。
- 编程接口简单。

② 使用 Oracle 数据库。

Oracle 数据库是目前最常用的数据库产品之一，Qt 使用 OCI 插件提供对 Oracle 数据库的支持（开源版没有此插件）。可以使用商业版或评估版来访问 Oracle 数据库，其步骤如下：

- 在 Linux 下安装 Oracle 客户端。
- 在用户根目录下的 Bashrc 文件中加入 ORACLE_HOME 变量。

具体如下：

ORACLE_HOME=/opt/oracle/product/10.2.0/client_1;

export ORACLE_HOME。

- 运行 oemapp console 命令，配置 Oracle 数据库连接。
- OCI 插件源码由两部分组成。一部分在 driver/oci 目录下的 qsql_oci.cpp 和 qsql_oci.h

文件，另一部分在 sqldrivers/oci 目录下的 main.cpp 和 oci.pro 文件。
- 用 Kdevelop 导入工程，目录选择为"QtSRC/src/plugins/sqldriver/oci"
- 配置子工程选项，在工程上单击鼠标右键，选择"子工程选项"，在"Includes"选项中的"Directories Ourside Project"中添加 Oracle 客户端目录"/opt/oracle/ product/10.20/c-lient_1/rdbms/public"；在"Libraries"选项中的"External Libraries"中添加为"opt/oracle/o-racle/product/10.20/client_1/lib/"。
- 在 KDevelop 中进行编译，然后在 Kdevelop 中的 Konsole 中运行 make install 进行安装。

实例 11-1　Qt/Embedded 图形开发应用实例

起始文件——附带光盘"Ch11\实例 11-1"文件夹

动画演示——附带光盘"AVI\实例 11-1.avi"

编写一个改变鼠标外观的 Qt/E 程序，可以任意选择鼠标的外观。本例主要运用了信号与插槽机制和 setCursor() 函数。

【详细步骤】

① 首先用 Designer 新建一个名为 cursor.pro 的工程，新建一个 Dialog，在工具栏中选择相应的工具添加到 Dialog 窗体上，并改变其相关的属性值，如图 11-8 所示。

图 11-8　添加了相应工具后的窗体

② 右键单击 arrow 按钮选择 connections，为其建立信号与插槽关联。

新建槽函数 slotArrow()，具体的代码如下：

```
void Cursor::soltArrow()
{
    serCurosr(Qt::ArrowCursor);
}
```

同理为其他按钮添加相应的槽函数，其相应的操作内容参见表 11-6。

表 11-6　每个按钮对应的槽函数

按钮名称	对应的指针形状	按钮名称	对应的指针形状
arrow	Qt::ArrowCursor	busy	Qt::BusyCursor
closehand	Qt::ClosehandCursor	cross	Qt::CrossCursor
forbidden	Qt::ForbiddenCursor	hand	Qt::PointingHandCursor
splith	Qt::SplitHCursor	ibeam	Qt::IBeamCursor
openhand	Qt::OpenHandCursor	sizeall	Qt::SizeAllCursor
sizebdiag	Qt::SizeDiagCursor	sizefdiag	Qt::SizeFDiagCursor
sizehor	Qt::SizeHorCursor	sizever	Qt::SizeVerCursor
uparrow	Qt::UpArrowCursor	splitv	Qt::SplitVCursor
wait	Qt::WaitCursor	whatthis	Qt::WhatsThisCursor

③ 完成后保存工程，进入工程保存的目录，输入 qmake –o makefile cursor.pro 命令生成一个 makefile 文件，然后输入 make 进行编译。

④ 进入 qt/x11 的安装目录，打开 qvfb，然后 zai linux 命令模式下输入./cursor 执行程序，其结果如图 11-9 所示。

图 11-9 改变鼠标外观实例的最终结果

11.4 Qtopia 移植

消费电子设备而开发的综合应用平台，它是基于 Qt/Em2bedded 图形界面库。Qtopia 包括了窗口操作系统、游戏和多媒体、输入法、工作辅助应用程序等特性。

11.4.1 Qtopia 简介

Qtopia 是基于 Qt 的一个桌面程序，往其中安装应用程序需要一个桌面文件，图标文件及相应的可执行文件。

Qtopia 是一个面向嵌入式 Linux 的全方位应用程序开发平台，同时也是用于基于 Linux 的 PDA（个人数字助理），智能电话（Smartphone）及其他移动设备的用户界面。Qtopia 实质上是一组关于 PDA 和智能电话的应用程序结合，如果需要开发这类产品可以在这组程序的基础上迅速构建出 PDA 或者智能电话。Qtopia 实质上依赖 Qt/Embedded。

Qtopia 是一个构建于 Qt/E 之上的类似桌面系统的应用环境。相比之下，Qt/E 是基础类库。

Qtopia 的特性参见表 11-7。

表 11-7 Qtopia 的特性

窗口操作系统	游戏和多媒体	工作辅助应用程序
同步框架	PIM 应用程序	Internet 应用程序
开发环境	输入法	Java 集成
本地化支持	个性化选项	无线支持

11.4.2 交叉编译、安装 Qtopia

通过前面的介绍，我们对 Qtopia 有了初步的认识。下面着重介绍 Qtopia 的交叉编译和安装，对其进一步地学习。

（1）交叉编译

Qtopia 的交叉编译同 Qt/Embedded 一样，首先需要先修改 Qtopia 的配置文件，将 GCC，C++编译器和链接器设置为前文编译安装的交叉编译工具链。

接着是设置 Qtopia 环境变量，因为 Qtopia 是基于 Qt/Embedded 库的，因此，需要方才交叉编译的动态链接库的支持，需要同时设置 Qt 的环境变量。

```
exportQtDIR=/linuette/host/Qt/embedded/qt-2.3.6
exportLD-LIBRARY-PATH=/usr/lib: /lib: $QtDIR/lib:
$LD-LIBRARY-PATH
exportQPEDIR=/linuette/host/Qt/qpe/qpe-1.6.2
exportPATH=/opt/host/armv4l/bin: $PATH
exportTMAKEPATH=/usr/lib/tmake/lib/qws/linux-linuette-g++
```

最后配置 Qtopia，将 Qtopia 配置为动态 SO 库形式：

```
./configure-xplatformlinux-arm-g++-shared
```

编译：

```
make
```

此时会出现/bin/uic：Commandnotfound 的错误，这是因为没有指定 Qt/Embedded 的 uic 工具，uic 的工具是 Qt 专门用来将 ui（ui 文件是 Qt 图形界面文件，支持所见即所得）文件生成.h 和.cpp 文件的。这里可以直接使用 Qt/X11 的 uic 工具，方法如下：在/qt-2.3.6/bin 目录下建立到 RedHat9.0 自带的 QtX11 的 uic 工具的链接。

可以使用 RedHat9.0 下 Qt Designer 的应用程序开发嵌入式系统下的所见即所得的图形界面应用程序。

（2）设置环境变量

编译通过后会在 Qt/Embedded 的路径/qt-2.3.6/lib 下生成 libqpe1.6.2 的动态链接库，同样将这些库文件复制到目标板文件系统中（/s3c2410pro/root/usr/qt/lib）。在目标板文件系统目录/s3c2410pro/root/usr 下新建 qpe 文件夹，将 /qpe-1.6.2/apps，/qpe-1.6.2/pics，/qpe-1.6.2/docs，/qpe-1.6.2/sounds 复制到该文件夹下。最后修改目标板 Linux 的/profile 文件，设置 Qtopia 的环境变量如下：

```
exportPATH=/usr/qpe/bin: $PATH
exportQWS-SIZE=6403480
exportPATH=/usr/qpe/bin: $PATH
```

（3）运行 Qtopia

运行 Qtopia 有两种方式。

① 通过 nfs 方式。

启动后输入以下命令：

```
mount -o nolock 172.21.69.151: / /mnt
cd /mnt/arm-target/board-target
export QtDIR=$PWD
export QPEDIR=$PWD
export LD_LIBRARY_PATH=$PWD/lib: $LD_LIBRARY_PATH
cd bin
./qpe
```

完成后即可在 LCD 显示器上看到 Qtopia 的启动界面。

② 把 Qtopia 烧写到 Flash 中运行。具体的操作在此就不作介绍，开发板启动后就会运行 Qtopia 图形界面了。

实例 11-2　Qtopia 移植应用实例

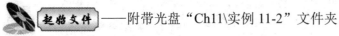——附带光盘"Ch11\实例 11-2"文件夹

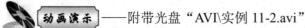——附带光盘"AVI\实例 11-2.avi"

如前所述，已经安装好了 Qtopia 应用环境。下面介绍如何添加应用程序到 Qtopia，在 Qtopia 里添加编写的应用程序（camera）例子，具体 Qt 程序的编写不在本文内容之内。

【详细步骤】

（1）建立 camera 程序的图标文件

制作一个 32×32 大小的 PNG 格式的图标文件，将此文件存放在 Qtopia/pic/inline 目录下，然后我们要用到 qt-x11-free-3.3.3 里的一个工具 qembed 将 Qtopia/pics/inline 下所有的图形文件转换成一个 C 语言的头文件，此头文件包含了该目录下的图形文件的 rgb 信息。

（2）重新交叉编译 Qtopia

（3）建立.desktop 文件

将其保存在 Qtopia/apps/applications 目录下，具体内容可参考 Qtopia 自带应用的.desktop 文件。

（4）制作文件系统映像

用户需要利用原有的文件系统映像，把新建的应用程序的相关文件加入其中。根目录下除 opt 以外的文件目录都来自原有文件系统。首先需要把新建的应用程序的相关文件（包括启动器文件，包含了图标的库文件 libqte.so.*和应用程序的可执行文件）复制到 qpe 的对应的目录下。接下来通过 JFFS2 工具 mkfs.jffs2 创建生成新的文件系统映像。利用 bootloader 将生成的文件系统映像下载后写入 Flash，从而为内核启动做好了根文件挂载的准备。

（5）自动运行

对嵌入式系统上的 Linux 启动过程进行研究发现，若要使 qpe 能够自动运行，需要对其脚本文件 etc/profile 进行改写。

（6）脚本文件的改写

重新运行 Qtopia，就可以看到添加的应用图标，双击此图标就可以运行此应用程序了。如图 11-10 所示是我们编写的 Camera 程序在 Qtopia 下的截图。

图 11-10　添加 Camera 程序后的 Qtopia

11.5 Qt/Embedded 应用开发

经过前面的学习，对 Qt/Embedded 有了一定的基础，现在通过学习其应用开发，更深一步来认识 Qt/E。

11.5.1 嵌入式硬件开发平台的选择

嵌入式系统是以应用为中心，以计算机技术为基础，采用可剪裁软硬件，适用于对功能、可靠性、成本、体积、功耗等有严格要求的专用计算机系统。因此，在开发项目时选择合适的硬件开发平台至关重要。

（1）硬件考虑因素

嵌入式系统一般由嵌入式微处理器、外围硬件设备、嵌入式操作系统及用户的应用程序等四个部分组成，其核心部件是各种类型的嵌入式处理器，据目前不完全的统计，全世界嵌入式处理器的品种总量已经超过一千种，流行体系结构有三十几个系列，如何在种类纷繁的嵌入式处理器中选择什么样适合应用需求的处理器呢？在应用的需求分析过程中，有几项因素决定了应该选择什么样的嵌入式处理器：嵌入式处理器能否在技术上实现应用；嵌入式处理器的成本是否符合应用要求。对于嵌入式处理器能否在技术上实现应用需求要考虑到应用在运行时的特点，如应用对实时性的要求。对计算量和计算速度的要求，对外围接口电路的要求，对图形用户接口的要求等。当选定了一个嵌入式处理器之后，还要选定操作系统，在选择操作系统时也要注意嵌入式处理能否被所选的操作系统支持，有没有合适的编译器能够生成支持这种操作系统和嵌入式处理器的二进制目标代码。

概括来说有以下几点。

① 处理器的选择要考虑的主要因素。
- 处理性能
- 技术指标
- 功耗
- 软件支持工具
- 是否内置调试工具
- 供应商是否提供评估板

② 硬件选择的其他因素。
- 生产规模
- 开发的市场目标
- 软件对硬件的依赖性
- 只要可能，尽量选择使用普通的硬件

（2）决定因素

以下是对几个主要决定因素进行简要的介绍。

① 成本问题。

成本问题是每个厂商最关注的，成本也会涉及最终成品。成本包括产品的开发成本，所花费的时间成本,还有运行成本,以及产品推向市场维护成本。特别是运行成本,很多人都觉得 Linux 是免费的,当真正开发一个产品时,会发现 Linux 平台上面要最终完成商业化的产品。很多国内的厂商在前几年都开始进入 Linux 推向市场,一方面有开发技术上的难度,另外对于运行成本来讲除了 OS 本身要集成很多应用,还会涉及很多其他方面的中间段,每一个物件都是需要钱的,如 DRM、Bluetooth,有些媒体的操作系统同样还要去购买实时的,像每一个部件,每一个应用都是从第三方购买的。一方面本身是买,还要与各个厂商去协调,根据各个企业的沟通和整合方面的困难,其他方面不再做过多的解释。第三点是用户围绕这一个平台,跟它相关的生态系统。所有参与这一个生态,这个相关行业的一些合作伙伴,刚才也提到像芯片操作商,工作系统集成商,以及在平台上做应用开发的厂商,DRM 厂商,还有提供运营软件的及相关的服务的这些厂商,像这些厂商用户看真正所需要的所进入的目标市场是不是说具有最强大的一个生态系统可以帮助用户在这个市场上成功。

② 平台供应商的品牌。

平台供应商的品牌也相当重要,例如,手机像刚才所列的几大手机操作系统里面,相信除了技术支持与合作伙伴,微软也是在市场营销方面唯一一家跟手机厂商来一起开拓市场的,其他像 TOM 及 Linux 没有哪一家厂商从市场营销方面来跟手机来配合。

③ 知识产权所所带来的一些潜在的风险。

这一点也许很少有国内的厂商能够关注到知识产权所带来的一些简单的东西,这些东西针对 Linux 的一些平台,很多 Linux 的软件包括相关的元代码,很多情况下并不知道是谁开发的,这里面都涉及知识产权,一开始未必有人会关注用户,一开始开发没有人追的,但是当真正你产品推向市场时,当你变大,别人就会追的,包括中间线或者软件的驱动,这方面,一开始很多企业都没有意识到,但是这里面是有可能是一个非常大的陷阱。

④ 操作系统的供应商。

选择操作系统的一个供应商,我想也会跟其他所有的产品合作一样,都希望能够找到一个供应商能够跟自己这个企业长远发展,能够双方并肩一起,能够走得越远。

(3) S3C2410

近几年,随着 EDI 的推广和 VLSI 设计的普及化及半导体工艺的迅速发展,在一个硅片上实现一个更为复杂的系统的时代已来临,这就是 System On Chip(SOC)。各种通用处理器内核将作为 SOC 设计公司的标准库,和许多其他嵌入式系统外设一样,成为 VISI 设计中一种标准的器件,用标准的 VHDL 等语言描述,存储在器件库中,用户只需定义整个应用系统,仿真通过后就可以将设计图交给半导体工厂制作样品,这个除个别无法集成的器件以外,整个嵌入式系统大部分均可集成到一块或几块芯片中去,应用系统电路板将变得很简洁,对于减小体积和功耗,提高可靠性非常有利。

由于 SOC 芯片集成了处理器和许多常用的外围接口芯片,使它的功能变得很强大,能够应用的领域和场合变得很广,所以嵌入式开发板的厂商选择 SOC 作为开发板的核心芯片,三星的 S3C2410 就是这样一款带有 ARM920T 处理器内核的 SOC 芯片,由于主频高,内置 LCD 和触摸屏控制器,以及声音控制器等外围电路,因而用在对图形用户接口有较高要求的场合是非常合适的,因为支持 ARM9 处理器的 linux 编译器早已发布,所以 S3C2410 可以很好地支持 linux 和 Qt/Embedded 的运行。

以下是对 S3C2410X 进行简单的介绍。

S3C2410X 是三星公司的基于 ARM920T 的 S3C2410X 芯片。S3C2410X 集成了一个 LCD 控制器（支持 STN 和 TFT 带有触摸屏的液晶显示屏）、SDRAM、触摸屏、USB、SPI、SD 和 MMC 等控制器，4 个具有 PWM 功能的计时器和 1 个内部时钟，8 通道的 10 位 ADC，117 位通用 I/O 接口和 24 位外部中断源，8 通道 10 位 AD 控制器，处理器工作频率最高达到 203MHz。S3C2410 中的 LCD 控制器可支持单色/彩色 LCD 显示器。支持彩色 TFT 时，可提供 4/8/12/16 位颜色模式，其中 16 位颜色模式下可以显示 65536 种颜色。配置 LCD 控制器重要的一步是指定显示缓冲区，显示的内容就是从缓冲区中读出的，其大小由屏幕分辨率和显示颜色数决定。文中采用的是台湾元太 V16C6448AC TFT 显示模块，在 640*480 分辨率下可提供 16 位彩色显示。

硬件平台基于 Samsung 公司的 S3C2410X 处理器开发平台，主要由以下几个部分组成：S3C2410X 处理器 ARM920T 内核 16/32bit R ISC CPU；系统时钟，使用外部 12MHz 晶振，CPU 内部倍频至 200MHz+；SDRAM，64MB（32MB×2）；2MB/4MB NOR Flash，AM29LV 160DB/320DB，Intel Strata Flash，E28F128J3A16M；TFT/STN LCD 接口，TSP 触摸屏控制器；SD 卡/MMC 卡主机控制器。可以通过串口、网口、USB 口、SPI 口与外部交换信息和数据，通过 LCD 显示，通过 JTAG 口对开发板进行调试。硬件开发板框架如图 11-11 所示。

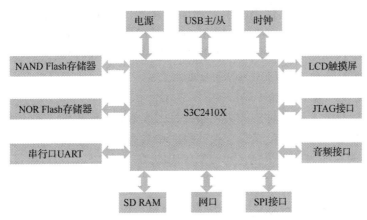

图 11-11　S3C2410X 硬件开发板框架

11.5.2　Qt/Embedded 常用工具的介绍

Qt/Embedded 的应用程序也可以使用标准工具在用户熟悉的环境下的工具开发，如 Window 平台下的 Visual C++和 Borland C++ Builder，Unix 平台下的 KDevelop 等。在 Unix 平台下编译 Qt/Embedded 应用程序，可以在独立的控制台模式，也可以用 X11 应用程序虚拟的帧缓存。通过指定目标设备的长、宽和色深，虚拟帧缓存可以点对点的模拟物理设备，免除了调试过程中反复擦写闪存，加快了编译、链接、运行的环节。Qt/Embedded 提供许多支持嵌入式开发的工具，其中两个非常重要的 Qt 工具 Qmake 和 Qt Designer。Qmake 可以为 Qt/Embedded 链接库和应用程序生成 makefile 文件。Qmake 可以从项目文件

(.pro)为多种平台生成 makefile 文件，通过不同设置可以使应用程序方便地在多种平台间移植。Qt Designer 可以使用可视化的方式设计对话框、窗口，替代了设计代码手工编写。在 Qt Designer 中还可以使用布局管理器来平滑的设置窗口部件的布局，使用代码编写器编写代码且整合了 qmake。

Qt 包含了许多支持嵌入式系统开发的工具，其中一些工具我们会在别的地方介绍。最实用的工具有 tmake、Qt Designer（图形设计器）、uic 和 moc。

（1）tmake

tmake 是一个为编译 Qt/Embedded 库和应用而提供的 Makefile 生成器。它能够根据一个工程文件（.pro）产生不同平台下的 Makefile 文件。开发者可以使用 Qt 图形设计器可视化地设计对话框而不需编写一行代码。使用 Qt 图形设计器的布局管理可以生成具有平滑改变尺寸的对话框，tmake 和 Qt 图形设计器是完全集成在一起的。

（2）Qt Designer

Qt Designer 是设计窗口组件（Widget）的应用程序，在安装 Qt 的 bin 目录下输入./designer 命令，就启动一个包含很多 Qt 组件的可视化界面。在此组织应用程序的各组建分布很方便，最后生成一个 file.ui 和 main.cpp 文件；file.ui 是用 XML 语言编写的一个文本。

（3）uic

uic 是从 XML 文件生成代码的用户界面编译器，用来将 file.ui 文件生成 file.h 和 file.cpp 文件（命令如：uic -o file.h file.ui uic -o file.cpp file.ui），但生成的这两个文件不是标准的纯 C++代码，通常称为 Qt 的 C++扩展，因为 Qt 的对象间运用了信号和插槽的通信机制，在文件中用 Q_OBJECT 宏来标识。

（4）moc（元对象编译器）

moc 用来解析一个 C++文件中的类声明并且生成初始化对象的 C++代码，moc 在读取 C++源文件，如果发现其中一个或多个类的声明中含有 Q_OBJECT 宏，就给出这个使用 Q_OBJECT 宏的类生成另外一个包含元对象代码的 C++元文件；元对象代码对信号插槽机制、运行时的类型信息和动态属性系统是需要的。

11.5.3 交叉编译 Qt/Embedded 的库

开发居于 Qt/Embedded 的应用程序要使用 Qt/Embedded 的库，要编写的 Qt 嵌入式应用程序最终是在 S3C2410 开发板上运行的，因此，在把 Qt 嵌入式应用程序编写成支持 S3C2410 的目标代码之前，需要两样东西，一个是 arm9 的 linux，编译器，另一个是 arm9 的 linux 编译器编译过的 Qt/Embedded 的库。

（1）安装交叉编译工具

用 arm9 的 linux 编译器去编译工程并产生 arm9 处理器的目标代码，却在一台 PC 机或工作站上使用编译器，这个过程称为交叉编译，交叉编译的定义是在一个处理器平台上编译产生工程代码的另外一个处理器的目标代码。

（2）交叉编译 Qt/Embedded 库

当有了 arm9 的 linux 编译器之后，就可以使用这个编译器交叉编译 Qt/Embedded 库的源代码，从而产生一个以 arm9 为目标代码的 Qt/Embedded 库，具体过程如下。

解包 Qt/Embedded（以 Qt/Embedded2.3.7 为例）。

解压这个 Qt/Embedded2.3.7 压缩包时，应把它解压缩到不同于用户的机器的处理器使用的 Qt/Embedded2.3.7 的安装路径。

在 linux 命令模式下运行以下命令：

```
tar xfz qt-embedded-2.3.7.tar.gz
```

11.5.4 Qt/E 程序的编译与执行

下面重点介绍如何编写及执行 Qt/Embedded 程序。

（1）设置 TMAKE 与 Qt/E LIB 环境

在 Qt/E 编译与执行前要先设置 TMAKE 与 Qt/E LIB 环境，具体方法如下：

```
[root@localhost tmake-1.8]# export TMAKEDIR=$PWD
[root@localhost tmake-1.8]# export TMAKEPATH=$TMAKEDIR/lib/qws/linux-x86-g++\
[root@localhost tmake-1.8]# export PATH=$TMAKEDIR/bin：$PATH
[root@localhost qt-2.3.7]# export QtDIR=$PWD
[root@localhost qt-2.3.7]#export QtEDIR=$QtDIR
[root@localhost qt-2.3.7]#export PATH=$QtDIR/bin：$PATH
[root@localhost qt-2.3.7]#export LD_LIBRARY_PATH=$QtDIR/lib：$LD_LIBRARY_PATH
```

（2）转换文件格式

如果是用 DESIGNER 工具设计的界面，则要将*.ui 文件转换成*.h 文件和*.cpp 文件。转换方法如下：

```
uic –o test.h test.ui
uic –o test.cpp –i test.h test.ui
```

（3）编写工程文件

编写一个*.pro 文件（用来生成 Makefile 文件用），该文件格式比较固定。

如 test.pro 文件基本格式如下（以 test.cpp，test.h main.cpp 为例子）：

```
EMPLATE = app
CONFIG+= qt warn_on release
HEADERS= test.h
SOURCES = test.cpp \ main.cpp
TARGET = hello
DEPENDPATH=/home/wangxl/QtE/qt-2.3.7/include
REQUIRES=
...
```

（4）生成 Makefile 文件

方法为：tmake-o Makefile test.pro

（5）编译生成可执行文件

输入 make 命令

（6）打开 qvfb

进入安装 Qt/X11 所在目录，在 BIN 目录下执行程序 qvfb。

有时需要修改 qvfb 执行时的 deptb 参数才能够执行 Qt/E 程序。可以直接在 qvfb 打开窗口的 Configure 菜单项中选择，也可以用如下命令执行 qvfb：

./qvfb –width ** -height ** -depth **

（7）执行 Qt/E 程序

如./TEST

在 qvfb 程序打开的窗口中将出现 TEST 程序的显示。

实例 11-3　Qt/Embedded 实战演练

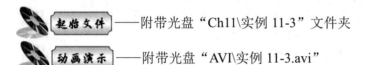

——附带光盘"Ch11\实例 11-3"文件夹

——附带光盘"AVI\实例 11-3.avi"

通过制作简单的运算器，熟悉建立 Qt/E 程序的过程，进一步深入理解信号与插槽机制。

【详细步骤】

（1）建立工程

建立工程可以有两种方法：通过 Designer 生成；手动编写。下面的例子是采用 Designer 生成方法。

首先，在命令行中输入#designer，打开 Qt Designer，单击"文件-新建"，如图 11-12 所示。

图 11-12　Qt Designer 的初始界面

选择 C++Project 图标，单击 OK 按钮，修改工程名称及路径，如图 11-13 所示。

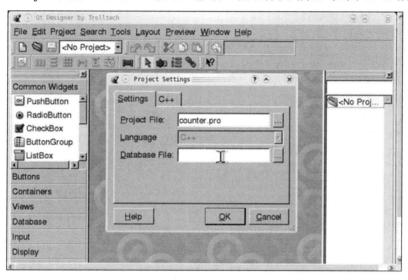

图 11-13　新建 counter.pro 工程

单击 OK 按钮，新建了一个 counter 工程，由于该例子比较简单，在这里只建立一个 Dialog，选择 Dialog 图标，单击 OK 按，出现如图 11-14 所示的窗体。

选择工具栏中相应的组件，改变其属性，相关操作参见表 11-8。

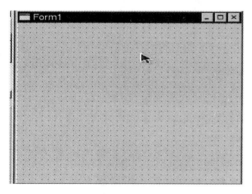

图 11-14　添加 dialog 后出现的窗体

表 11-8　组件相应的属性

修改前名称	修改后名称
LineEdit1	firstlineEdit
LineEdit2	secondlineEdit
LineEdit3	resultlineEdit
pushButton1	addpushButton
pushButton2	subtractpushButton
pushButton3	timespushButton
pushButton4	divpushButton
pushButton5	clearpushButton
pushButton6	quitpushButton

其中 resultlineEdit 的 rendonly 的属性值改成 ture。

修改后的窗体如图 11-15 所示。

接着建立按钮的相关联，右键单击 quit 按钮后，单击 connections，建立 quitPushButton 的相关联，出现图 11-16 所示的窗体。

单击 Edit Slots 按钮，建立新的槽函数，如图 11-17 所示。

单击右边 counter.ui.h，为新建的槽函数添加相应的代码，如图 11-18 所示。

同理，为其他按钮添加相应的槽函数，如图 11-19 所示。

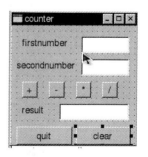

图 11-15　修改后的窗体

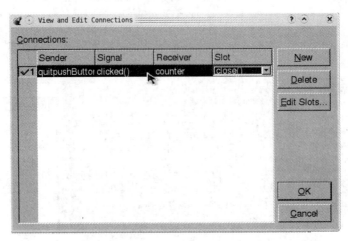

图 11-16　建立信号与插槽的窗体

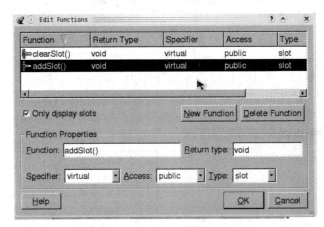

图 11-17　添加槽函数的窗体

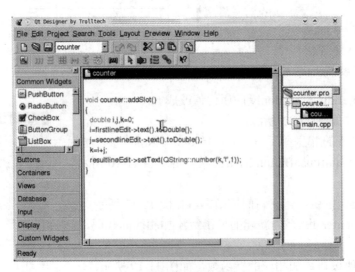

图 11-18　添加槽函数的相应代码

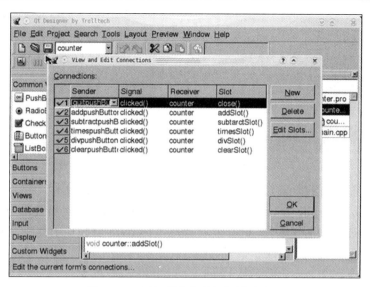

图 11-19　添加所有信号与插槽的关联

其对应的槽函数代码如下所示。

```
void counter：：subtracSolt（）
{
    double  i，j，k=0；
    i=firstlineEdit->text（）.Double（）；
    j=secondlineEdit->text（）.Doubel（）；
    k=i-j；
    resultlineEdit->setText（Qstring：：number（k,'f',1））；
}

void counter：：timesSolt（）
{
    double  i，j，k=0；
    i=firstlineEdit->text（）.Double（）；
    j=secondlineEdit->text（）.Doubel（）；
    k=i*j；
    resultlineEdit->setText（Qstring：：number（k,'f',1））；
}
void counter：：divSolt（）
{
    double  i，j，k=0；
    i=firstlineEdit->text（）.Double（）；
    j=secondlineEdit->text（）.Doubel（）；
    k=i/j；
    resultlineEdit->setText（Qstring：：number（k,'f',1））；
```

```
    }
    void counter::cleanSolt()
    {
        firstlineEdit->clean();
        secondlineEdit->clean();
        resultlineEdit->clean();
    }
```

（2）编译、运行程序

完成以上步骤之后保存所有文件。为工程生成一个 makefile 文件，在 linux 命令模式下输入命令 qmake-o makefile counter.pro。接着输入 make 命令。然后进入 qt/x11 的安装目录，打开 qvfb 程序，最后输入./counter 执行程序，在 qvfb 就会显示程序 counter 的运行结果，结果如图 11-20 所示。

（3）测试

对程序进行简单的测试，如图 11-21 所示为测试的结果。

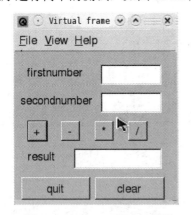　　　　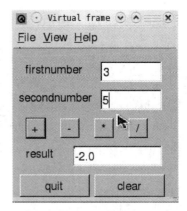

图 11-20　counter 的运行结果　　　　图 11-21　counter 的测试结果

11.6　综合实例

实例 11-4　Hello，Qt/Embedded 应用程序

起始文件——附带光盘"Ch11\实例 11-4"文件夹

动画演示——附带光盘"AVI\实例 11-4.avi"

通过介绍一个只显示 HelloWorld 的简单 Qt/E 程序，对建立和执行 Qt/E 程序的步骤进行最后的回顾。

【详细步骤】

① 在 Linux 命令模式下运行以下命令，创建 HelloWorld 目录。

```
#mkdir HelloWorld
```

② 输入命令 cd HelloWorld，进入 HelloWorld 目录。

③ 接着在 Linux 模式命令下输入 designer 命令，打开 Qt Designer 软件。打开 Qt Designer，界面如图 11-22 所示。

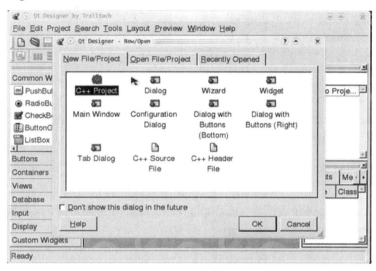

图 11-22　Qt Designer 的初始界面

④ 选择 C++project，单击 OK 按钮，出现如下图所示对话框，修改工程名称为 HelloWorld.pro，单击 OK 按钮，如图 11-23 所示。

⑤ 单击文件菜单，在弹出来的菜单中选择新建，弹出如图 11-24 所示对话框，选择 Dialog，单击 OK 按钮。

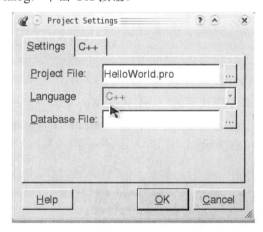

图 11-23　添加 HellWorld 工程

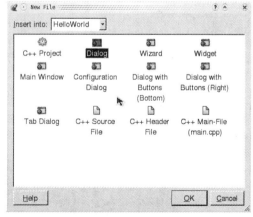

图 11-24　添加 Dialog

⑥ 接下来，在 Qt Designer 视图左边的工具箱中，选择文本输出用的 Text Label。选定后在窗体的任何一个位置双击左键或者拖动，就可以创建一个新的 Text Label，如图 11-25 所示。可以双击 Text Label 对 Text Label 进行编辑，这里不做修改。

⑦ 同理，单击文件菜单，选择新建，在弹出来的窗体中选择 C++ Main-File（main.cpp），单击 OK 按钮。在 main.cpp 中添加代码，如图 11-26 所示。

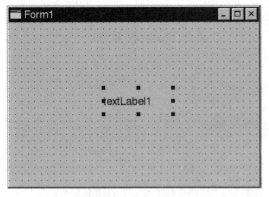
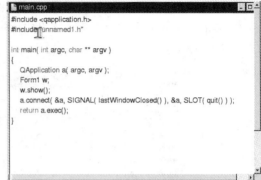

图 11-25　添加 textLabel1 后的窗体　　　　图 11-26　自动生成主函数代码

其中 Qapplication 管理了各种各样的应用程序的广泛资源。

⑧ 在工程浏览器中单击 unnamed.ui.h，在相应位置添加代码，如图 11-27 所示。

⑨ 完成以上工作，保存该工程。在 HelloWorld 目录中应有如图 11-28 所示的文件：

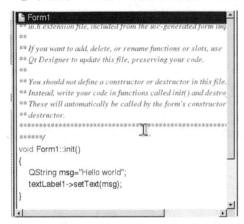
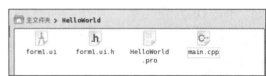

图 11-27　在 unnamed.ui.h 文件中添加相应的代码　　　图 11-28　工程保存后的文件

⑩ 完成后就可以对其进行编译，在 Linux 命令模式下运行 cd HelloWorld 命令，进入 HelloWorld 目录，输入 qmake HelloWorld.pro -o makefile 命令，生成 makefile 文件。输入 make clean 命令，删除 main 和 *.o 文件，如图 11-29 所示。

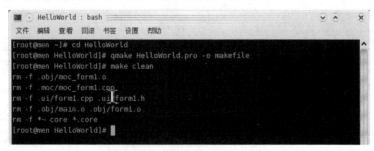

图 11-29　生成 makefile 文件

⑪ 运行 make 命令，gcc/g++ 将自动按照 Makefile 完成编译，生成可执行文件。如果有错误，将中止编译或按照指令忽略错误继续编译，如图 11-30 所示。

图 11-30 编译程序

完成后，HellWorld 目录应有如图 11-31 所示的文件。

⑫ 进入 qt/x11 的安装目录，打开 qvfb，修改其窗体大小。最后输入 ./HelloWorld 命令执行 HelloWorld 程序，结果如图 11-32 所示。

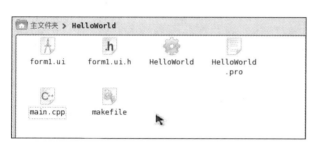

图 11-31 编译后的文件

图 11-32 HelloWorld 程序的运行结果

实例 11-5　基本绘图应用程序的编写

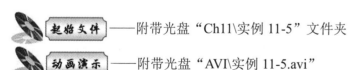

起始文件——附带光盘 "Ch11\实例 11-5" 文件夹

动画演示——附带光盘 "AVI\实例 11-5.avi"

在前面的章节中并没有涉及画图相关的内容，那是因为 Qt 已经做好了，现在回到基本的画图上来，下面以动态显示正弦波为例介绍基本绘图方法。

【详细步骤】

通过前面的学习，相信大家对 Qt/E 程序的编写与执行过程都相当熟悉，在此就不作重复地介绍，以下只给出主要的代码：

```
Drawdemo.h
/***************/
#ifndef DRAWDEMO_H
```

```
#define DRAWDEMO_H

#include <qwidget.h>
#include<qcolor.h>
#include<qpainter.h>
#include<qtimer.h>
#include<qframe.h>
#include<math.h>

class DrawDemo: public QWidget
{
Q_OBJECT
public:
    DrawDemo(QWidget*parent=0, const char *name=0);
protected:
    virtual void paintEvent(QPaintEvevt *);
    /*定义一个私有槽，用于刷新缓存区*/
private slots:
    void flushBuff();
private:
    int buffer[200];        /*定义一个缓存区，大小为 200 字节，用于存储画图数据作为显存*/
    Qtimer *timer;          /*创建一个 Qtimer 类的对象*/
    QFrame *frame;          /*QFrame 类是有框架的窗口部件的基类，创建它的一个对象*/
};
#endif


 drawdemo.cpp
/*********/
#define PI3.1415926      /*宏定义了Π的值*/


#include<stdio.h>
#include "drawdemo.h"

DrawDemo:: DrawDemo(QWidget *parent, const char *name)
        : QWidget(parent, name)
{
    /*设置窗口的标题*/
    setCaption("OURS_qt_Example");
    /*对 QFrame 定义的对象 frame 进行设置*/
    frame=new QFrame(this, "frame");
```

```cpp
frame->setBackgroundColor（back）;

frame->setGeometry（QRect（40，40，402，252））;
/*为长为200字节的显存填充数据*/
for（int i=0；i<200；i++）
{
buffer[i]=（int）（sin（(i*PI）/100）*100）;
}
/*定义一个Qtimer，每30ms刷新以下显存的数据*/
Qtimer *timer=new Qtimer（this，"timer"）;
connect（timer，SIGNAL（timeout（）），this.SLOT（flushBuff（）））;
timer->start（30）;
}

/*flushBuff（）为刷新显存的函数，每刷新一次，就循环移位一次*/
void DrwaDemo：：flushBuff（）
{
int tmp=buffer[0];
int I;
for（i=0；i<200；i++）
{
buffer[i]=buffer[i+1];
}
buffer[199]=tmp;
repaint（0，0，480，320，TRUE）;
}
void DrawDemo：：paintEvent（QPaintEvent *）
{
   frame->erase（0，0，400，320）;
QPainter painter（frame）;
/*定义画图的起始点和结束点*/
QPoint beginPoint;
QPoint endpoint;
 /*设置画笔的颜色为blue*/
painter.setpen（blue）;
/*画正弦波图形*/
for（int i=0；i<199；i++）
{
     beginPoint.setX（2*i）;
     beginPoint.setY（buffer[i]+125）;
```

```
                endPoint.setX（2*i+1）;
                endpoint.setY（buffer[i+1]+125）;
                painter.drwaLine（beginPoint，endPoint）;
            }
        }


    main.cpp
    /************************/
    #include<qapplication.h>
    #include "drawdemo.h"
    int main（int argc，char**argv）
    {
      QApplication app（argc，argv）;
      DrawDemo *drawdemo=new DrawDemo（0）;
      drawdemo->setGeometry（10，20，480，320）;
      app.setMainwidget（drawdemo）;
      drawdemo->show（）;
      int result=app.exe（）;
      return result;
    }
```

Qt 用 Qpainter 来管理图形设备场景。绘图工具提供了高度优化的函数以满足大部分绘制图形用户界面程序的需要。Qpainter 既可以绘制简单的线条，也可以绘制排列的文本和像素映射。

Qpainter 的核心功能是绘制，表 11-9 是比较常用的绘图函数。

表 11-9 常用的绘图函数

函数名	功　能
drawPoint（）	绘制单一的一个点
drawPoint（）	绘制一组点
drawPoint（）	绘制一条直线
drawRect（）	绘制一个矩形
drawWinFocusRect（）	绘制一个窗口焦点矩形
drawRoundRect（）	绘制一个原型矩形
drawEllipse（）	绘制一个椭圆
drawArc（）	绘制一个弧
drawPie（）	绘制一个饼图
drawChord（）	绘制一条弦
drawLineSegments（）	绘制 n 条分隔线
drawPolyline（）	绘制由 n 个点组成的多边形

第 11 章 嵌入式常用 GUI 开发

续表

函数名	功　能
drawPolygon（）	绘制由 n 个点组成的凹多边形
drawConvexPolygon（）	绘制由 n 个点组成的凸多边形
drawCubicBezier（）	绘制三次贝塞尔曲线
brush（）	当前设置的画刷，用来填充颜色或者调色板
pen（）	当前设置的画笔，用来画点线等

参考实例 11-4 的步骤编写和执行此程序，结果如图 11-33 所示。

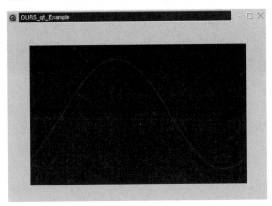

图 11-33　绘图程序的最终结果

11.7　本章小结

本章主要介绍了各种嵌入式 GUI 的相关知识，包括 MiniGUI 的实现，Qt/E 的界面编程和 Qtopia 移植等。大部分的知识点后面都有相关的实例，介绍其内容的具体应用。通过本章的学习，应该掌握如何建立 Qt/Embedded 的开发环境及编写 Qt/Embedded 或 Qtopia 程序的开发流程。

第 12 章 嵌入式系统工程实例

本章开始介绍如何应用前面的知识构建真正的嵌入式项目，重点包括几个真实的构建例子，主要有 4 个，分别是文件系统的构建和烧写，一个数码相框，以及一个在软件上相对投入较多的实例 Linux 下应用 MPlayer 解码的 MP3 播放器，还有一个非常详尽的 GPS 开发实例，综合了 Linux 开发环境的构建，Qt 程序的编写。还有 GIS（Geography Information System 地理信息系统）的应用，同时也综合了 Linux 下数据库的应用。另有这两个实例，一个偏重来自硬件信息处理，另一个偏重软件解码，可以为广大读者提供一个详细的参考，同时在开发这些工程实例的过程中，熟悉 Linux 系统在嵌入式的应用，熟悉其他章节的内容在开发中的具体应用。

本章内容

- 构建真正的嵌入式项目。
- 了解嵌入式开发的流程。
- 实践中熟悉嵌入式系统的开发。

本章案例

- 文件系统的生成和烧写
- 基于 Linux 的数码相框
- 基于 Linux 的 MPlayer 解码播放器
- 基于 Linux 的 GPS 导航系统的开发

12.1 文件系统的生成与烧写

——附带光盘 "Ch12\实例 12-1" 文件夹

——附带光盘 "AVI\实例 12-1.avi"

文件系统的生成与烧写分为 yaffs 文件系统和 jffs2 文件系统两部分。

12.1.1 yaffs 文件系统的制作与生成

这里重点讲如何生成文件系统。yaffs 文件系统有两种，一种是 yaffs1，另一种是 yaffs2。所用到的工具是 mkyaffsimge 和 mkyaffs2age 的源代码，前者用来制作 yaffs1，后者用来制作 yaffs2。

1．yaffs 文件系统制作与生成的步骤

① 这里已经建立根文件系统，已经编译好。把它复制到 Linux 系统中，放到任意一个文件夹中。

这里以 yaffs 文件夹为例：

tar –xzvf myroot.tar.gz

② 创建一个文件夹 mkdir yaffs-files，然后把解压的 myroot 文件复制到 yaffs-files 中。回到 yaffs 文件夹中，把 mkyaffsimage 复制到 yaffs 目录下。并用 chmod 777 mkyaffsimage 命令修改权限。

③ 然后编译，进入 yaffs 文件夹。

运行：./mkyaffsimage yaffs-files test.yaffs

按回车键以后，yaffs 的映像文件 test.yaffs 在当前目录下生成了，如图 12-1 所示。

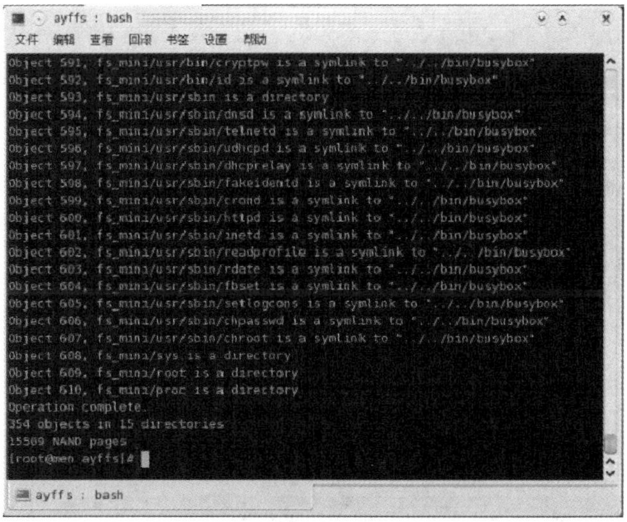

图 12-1 生成 yaffs 的映像文件

2．mkyaffsimge 源代码

如果编译不成功，可能是 mkyaffsimge 出错，要自己去修改。mkyaffsimge 是一个已经编译好的工具源代码。

3．创建根文件

如果想自己建立根文件系统的话，可以用 busybox 建立，既然要使用 busybox，那么就要面对一个难题，就是 busybox 与交叉编译器版本的问题。而且据说编译 busybox 的交叉编译器版本必须与编译内核的版本一致才能挂载上内核。所以建议采用别人所编译成功的组合，以下是一些组合。

busybox1.1.3+arm-linux-3.3.2
busybox1.2.2.1+arm-linux-3.3.2
busybox-1.2.2.1＋arm-linux-3.4.1
busybox-1.1.3＋arm-linux-3.4.1
busybox-1.5.1+arm-linux-4.1.2

所采用的是在 fedora 下的 busybox-1.10.1＋arm-linux-3.4.1，busybox-1.10.1 算是比较旧的版本了，现在有很多新的版本出来。

下载后，要如下解压：

#tar xjf busybox-1.10.1.tar.bz2

解压后，进入 busybox-1.10.1 目录，如下：

cd busybox-1.10.1

配置 busybox，输入如下：

make menuconfig

运行后，如图 12-2 所示。

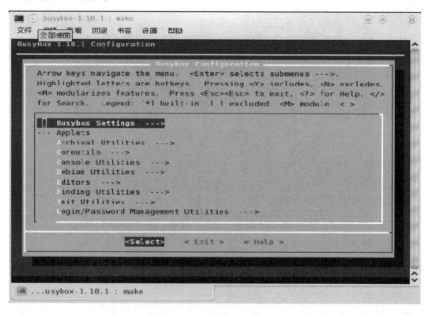

图 12-2　配置 busybox

4．busybox 的配置与编译

>Make menuconfig，进入配置界面，一定把以下内容选上。

① Support for devfs
② Build busybox as a static binary（no share dlibs）//将 busybox 编译成静态链接
③ Do you want to build busybox with a Cross Compile?

(/usr/local/arm/3.3.2/bin/arm-linux-) Cross Compile prefix //指定交叉编译器
④ init
⑤ Support reading an inittab file //支持 init 读取/etc/inittab 配置文件
⑥ （X）ash 选中 ash //建立的 rcS 脚本才能执行
⑦ ash
⑧ cp cat ls mkdir mv   //可执行命令工具的选择
⑨ mount
⑩ umount
⑪ Support loopback mounts
⑫ Support for the old /etc/mtab file
⑬ insmod
⑭ Support version 2.2.x to 2.4.x Linux kernels
⑮ Support version 2.6.x Linux kernels

以上内容必须选上，其他可按默认值。如果要支持其他功能，如网络支持等，可按需选择。然后执行>make install，如图 12-3 所示。

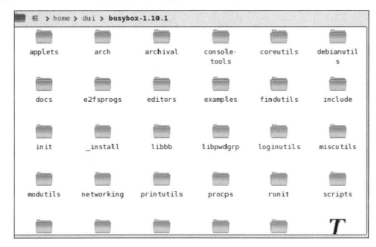

图 12-3　执行 make install

修改后再编译，在 busybox 的目录下就会生成_install 目录。

创建初始化文件，其中包括了最重要的三个文件：/etc/Inittab、/etc/fstab 和/etc/Init.d/rcS。

Inittab 文件：

```
#System initialization.
:: sysinit: /etc/init.d/rcS
:: askfirst: /bin/sh
```

fstab 文件：

```
none /proc proc defaults 0 0
none /dev/pts devpts mode=0622 0 0
```

tmpfs /dev/shm tmfs defaults 0 0

Init.d/rcS 文件

```
#!/bin/sh
PATH=/sbin：/bin：/usr/sbin：/usr/bin：/usr/local/bin：
runlevel=S
prevlevel=N
umask 022
export PATH runlevel prevlevel

#Charactor modules
/bin/mknod /dev/pts/0 c 136 0
/bin/ln -s /dev/v4l/video0 /dev/video0
/bin/ln -s /dev/fb/0 /dev/fb0
/bin/ln -s /dev/vc/0 /dev/tty1
/bin/ln -s /dev/scsi/host0/bus0/target0/lun0/part1 /dev/sda1

/bin/mount -t proc none /proc
/bin/mount -t tmpfs none /tmp
/bin/mount -t tmpfs none /var

/bin/mkdir -p /var/lib
/bin/mkdir -p /var/run
/bin/mkdir -p /var/log

/sbin/ifconfig lo 127.0.0.1
/sbin/ifconfig eth0 192.168.0.27 up
```

制作 yaffs 文件系统，只需执行以下程序：

```
>mkyaffsimage myroot myroot.img
```

所创建出的 myroot.img 就是 yaffs 文件系统镜像文件。

5. 烧写 yajjs 文件系统

首先安装软件 TFTPdwin。
把文件系统复制到软件安装的根目录下，重命名为 filesystem.yaffs，然后启动开发板。
在 utu-bootloader 命令行输入：

```
run install-filesystem
```

运行后，如图 12-4 所示。
###表示一直在传送数据，此时 TFTP 软件界面显示如图 12-5 所示。

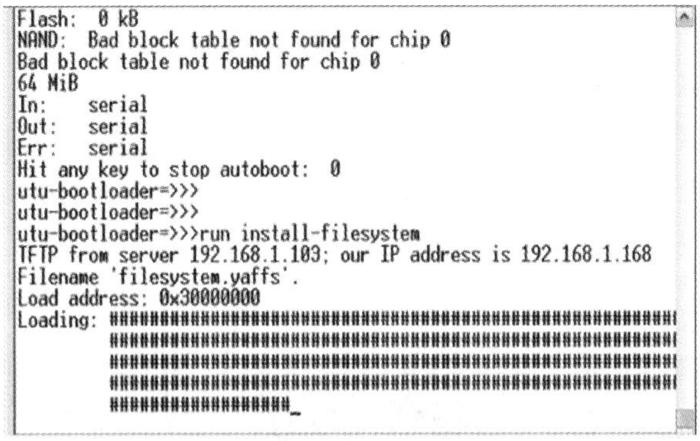

图 12-4 启动开发板

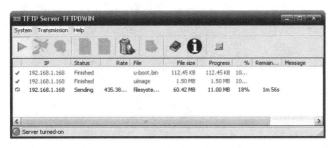

图 12-5 传送数据

传送并写入 Flash 完成以后,如图 12-6 所示。

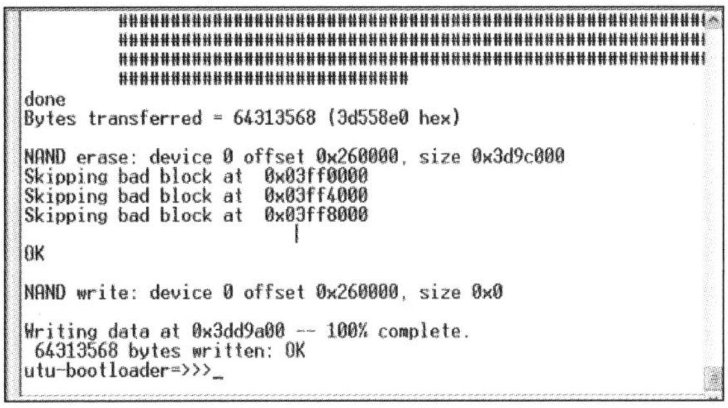

图 12-6 写入 Flash

更新完成,重新上电就可以启动 Linux。

12.1.2 jffs2 文件系统的制作与生成

制作 jffs2 没有现成的工具,不像 yaffs 那样直接用 mkyaffsimge。这里是用 MTD 设备的工具包,编译它生成 mkfs.Jffs2 工具,然后用它制作 jffs2 文件的系统映像文件。

1. 安装 jffs2 文件系统

① 首先要安装 zlib 这个工具包,把 zlib-1.2.3.tar.gz 复制到相应的文件夹中,建立一个 jffs 文件夹。

```
#tar xzf zlib-1.2.3.tar.gz
```

```
#cd zlib-1.2.3
#./configure-shared-prefix=/usr
#make
#sudo make install
```

运行后，如图 12-7 所示。

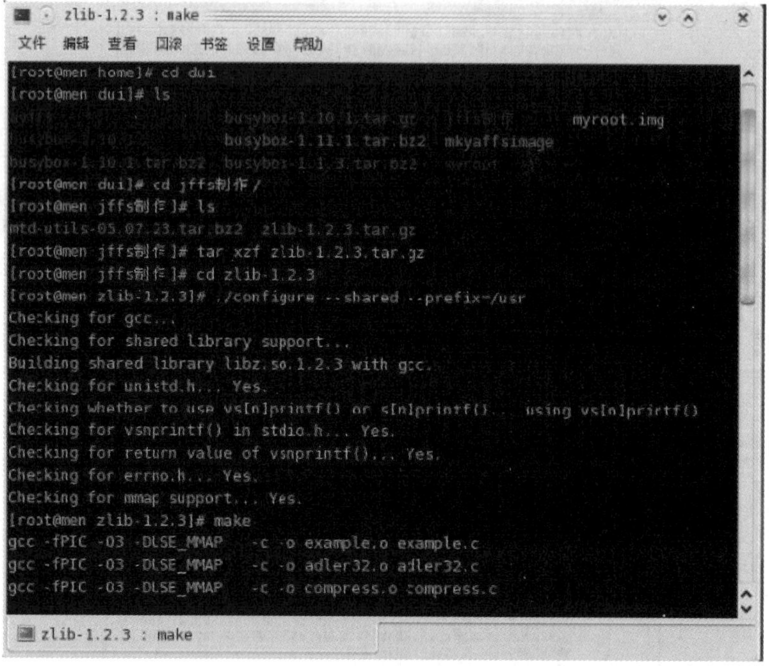

图 12-7　安装 zlib 工具包

② 然后编译 mkfs.jffs2，工具包是 mtd-utils-09-05-30.tar.bz2。

```
#tar xjf mtd-utils-05-07-23.tar.bz2
#cd mtd-utils-05-07-23/util
#make
#sudo make install
```

运行后，如图 12-8 所示。

③ 使用 fs_mini.tar.bz2 这个根文件系统。把它复制到 Linux 系统中，放到任意一个文件夹中。使用 jffs 文件夹为例。

```
#tar –xzvf fs_mini.tar.bz2
#mkfs.jffs2 –n –s 512 –e 16KiB –d fs_mini –o fs_mini.jffs2
```

运行后，如图 12-9 所示。

2．烧写 jffs2 文件系统

首先安装软件，输入序列号。把文件系统复制到软件安装的根目录下，然后启动开发板。

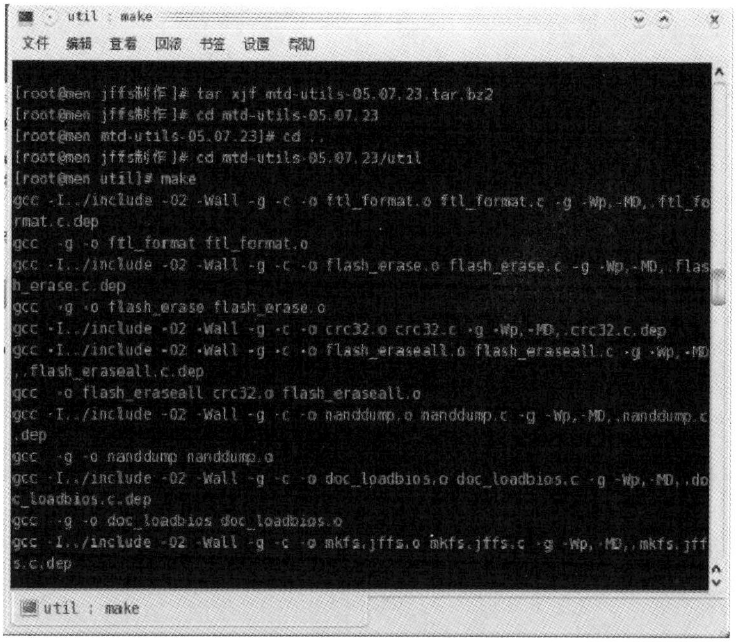

图 12-8 编译 mkfs.jff2

图 12-9 运行 fs_mini.tar.bz2

在 utu-bootloader 命令行输入如下：

run install-filesystem

运行后，如图 12-10 所示。

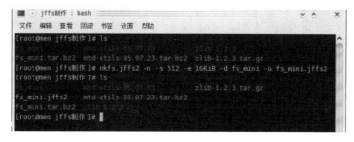

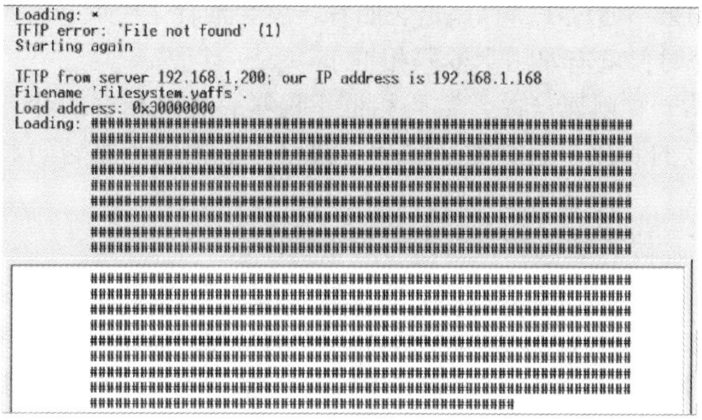

图 12-10 启动开发板

###表示一直在传送数据。

运行后，如图 12-11 所示。

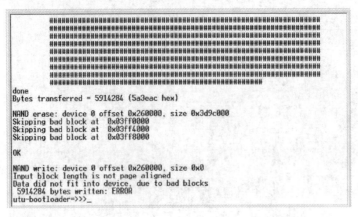

图 12-11 传送数据

更新完成，重新上电就可以启动 Linux 了。

12.2 基于 Linux 的数码相框

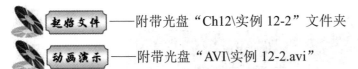

——附带光盘"Ch12\实例 12-2"文件夹

——附带光盘"AVI\实例 12-2.avi"

数码相框就是一个存放和显示数码相片的电子产品。它使相片以数码形式显示，相片不需晒到纸上。数码相框可以外接存储设备（如 SD 卡），极大地提高相框的容量。1G 的空间就可以存储上千张相片，这是传统相框无法做到的。

12.2.1 系统需求分析

随着当今社会 PC 时代的迅猛发展，数码相机价格变得越来越低廉，而且操作也变得越来越人性化。现在，很多家庭都拥有数码相机，一次拍摄会有几百张 100MB～500MB 大小不等的存储空间。如果不通过 PC 存储这些照片，就会消耗了空间，同时 PC 存储的过程也相当不人性化，这个时候就需要用上数码相框了。

作为数码相机的一种附属产品，数码相框不仅具有传统相框的特点，而且可以直接从数码相机中选择喜爱的照片，定时更新照片。数字相框摆放在家居的显眼地方，不但起到装饰的作用，也增添了一些先进的气息。

作为消费类电子产品，数码相框必须考虑下列因素。

① 用户接口友好，操作简便。对于非专业化的操作人士来说，用户接口是否直接了当，操作是否人性化、简洁化，是否方便成为用户是否能迅速接受此产品的重要因素。

② 系统兼容性强，数码相框应该能够识别和处理当前数码相机的主要的图像格式，能访问主流的外部半导体存储体。

③ 稳定可靠，作为消费类电子产品，必须通过比较严格的功能测试，以保证用户在使用过程中不会因为程序错误而丧失对产品的信心。

数字相框产品的功能应该包括以下方面。

① 支持主流半导体存储卡，能从中读取图像文件。

② 在 LCD 屏中全屏循环现实多幅图像文件，支持各种主流格式。

③ 根据设定的时间间隔更新图像。

④ 能显示缩略图，可以从中选择需要全屏显示的图像文件集合。

⑤ 显示时间、日期。

⑥ 通过按钮或触摸屏进行操作。

未来几年，数码相框的市场将处在逐渐走向成熟期的阶段，其产销量和市场需求依然将保持大幅度的增长。国外数码相框销售增长如图 12-12 所示。

2006 年下半年，开始有更多的国内厂商在中国市场推出数码相框产品，因而也带动了此产品价格的下降，2006 年的销售量同比增长了 470.6%，达到 9.7 万台，国内数码相框销售增长如图 12-13 所示。

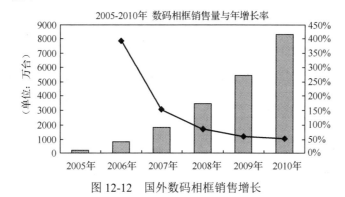

图 12-12　国外数码相框销售增长

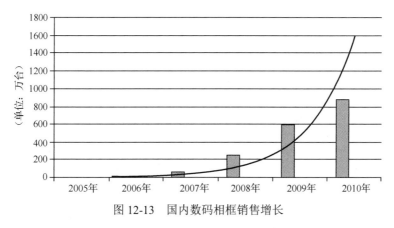

图 12-13　国内数码相框销售增长

12.2.2　系统总体设计

基于 Linux 下使用 Qt 编写的数码相框架构设计方案通过使用纯 C++语言开发来支持嵌入式 Linux 系统，采用 Qt/Embedded 作为 GUI 来提供强大的用户界面，设计位于 Linux 用户空间的目的是为了系统移植性。

1. 系统总体框架

本项目的系统架构由以下几个层次组成。
① 底层硬件。
② 驱动程序。
③ 操作系统。
④ Qt 应用程序。

2. 硬件设计实现

本节的硬件设计采用三星的 S3C2440 ARM920T 处理器，属于中低端的处理器，适合手持设备并且有很多参考可以借鉴。同时提供了大量的开发平台的支持。

使用 PROTEL 工具绘制下面的电路图。Flash 的电路设计如图 12-14 所示。

		CN702			
VD0	1	1	2	2	SGND
VD1	3	3	4	4	LCD_PWREN
VD2	5	5	6	6	VFRAME
VD3	7	7	8	8	VLINE
VD4	9	9	10	10	VCLK
VD5	11	11	12	12	VM
VD6	13	13	14	14	AIN5
VD7	15	15	16	16	AIN7
nXPON	17	17	18	18	XMON
nYPON	19	19	20	20	YMON
VD8	21	21	22	22	LCD_VF2
VD9	23	23	24	24	LCD_VF1
VD10	25	25	26	26	LCD_VF0
VD11	27	27	28	28	LEND
VD12	29	29	30	30	VD23
VD13	31	31	32	32	VD22
VD14	33	33	34	34	VD21
VD15	35	35	36	36	VD20
VD16	37	37	38	38	VD19
VD17	39	39	40	40	VD18
VDD5V	41	41	42	42	VCC

图 12-14　Flash 电路设计

12.2.3　软件设计实现

本实例中的数码相框主要采用 Qt 为主的程序设计方案，配合软件在开发板上的运行就成为了一款数码相框。

1. 软件概括设计

数字相框在初始化时会扫描指定目录下的所有支持图片文件，并将其存放在列表中，以用于以后的浏览界面生成微缩图。本系统采用 Qt 提供的 QDir 类实现遍历目录的功能，在遍历目录的同时通过设置文件类型过滤位来获得指定文件，并使用一个双向的字符串指针链表来记录扫描得到的结果。对这个双向的字符串指针链表的相关操作被封装到了 Double 类中，该类的主要功能是判断队列是否为空，获得节点个数，通过关键字查找节点位置，插入或删除节点，返回当前节点指针，前后移动当前节点指针等。

在浏览界面中每页显示 8 张图片，用户可以自行前翻或后翻，以显示更多的图片。具体流程图如图 12-15 所示。

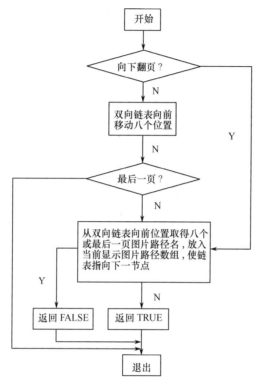

图 12-15　数字相框流程

2．软件实现

① 基本浏览界面如图 12-16 所示。

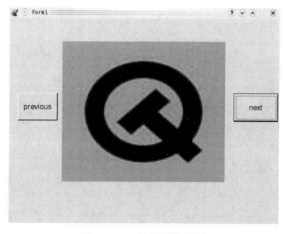

图 12-16　基本浏览界面

#ifndef BUTTON_H   //定义按钮头文件

```
#define BUTTON_H
class Qpushbutton;
class button: public QPushButton
#endif // BUTTON_H
```

② 以下是数码相框的主程序,主要实现的功能是在界面上显示 widget 控件。

```
#include <QDir>
#include <iostream>
#include <QApplication>
#include <QDebug>
#include "window.h"
int main（int argc, char *argv[]）
{
QApplication app（argc, argv）;
window wind;
wind.show（）;
return app.exec（）;
}
```

③ 下面定义了主要小附件的作用。

```
#ifndef PICTURE_H
#define PICTURE_H
#include <QWidget>
#include <QPixmap>
#include <QPainter>
#include <QDir>
#include <qDebug>
#include <QRect>
class picture : public QWidget
{
public :
int length;  //图片长度
int height;  //图片高度
QPixmap paint;  //画图参数
QPaintEvent *event;
QDir *dir;  //读取文件参数
QFileInfoList list;
int number, nownu;
picture（QWidget *parent=0）;
QSize minimumSizeHint（）const;  //缩小函数
QSize sizeHint（）const;  //固定大小函数
```

```
void paintEvent（QPaintEvent *event）;
void prev（）; //前一张图片函数
void next（）; //后一张图片函数
void changerect（bool updown, bool on=false）; //改变角度的函数
};
#endif // PICTURE_H
```

生成主要小附件的操作，如图 12-17 所示。

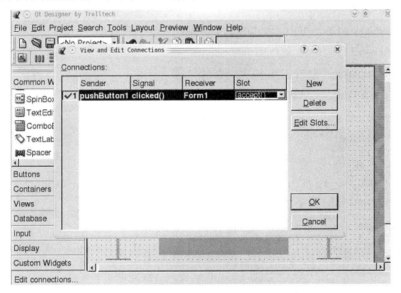

图 12-17　生成主要小附件

数码相框的按钮定义，如图 12-18 所示。

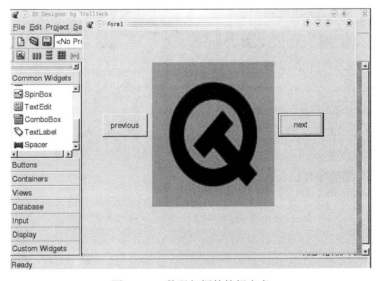

图 12-18　数码相框的按钮定义

④ 配置信号和沟槽。

```cpp
#include "window.h"
#include<QtGui>
window::window(QWidget *parent):QWidget(parent)
{
next= new QPushButton(tr("NEXT"));  //下一张图片
prev= new QPushButton(tr("PREV"));  //上一张图片
this->setFocus(Qt::ActiveWindowFocusReason);
QHBoxLayout *hlayout = new QHBoxLayout;
hlayout->addWidget(next);
hlayout->addWidget(prev);
QVBoxLayout *vlayout = new QVBoxLayout;
pic = new picture;
//创建一幅新的图片内存位置
vlayout->addWidget(pic);
//加上浏览图片附件
vlayout->addLayout(hlayout);
setLayout(vlayout);
setWindowTitle(tr("PICTURE"));
//setFixedHeight(sizeHint().height());
//固定高度函数
//std::cout<<"the key baoad"<<press.key();
//键盘的输入变量
connect(next, SIGNAL(clicked()), this, SLOT(nextpicture()));
//定义前一张图片按钮的动作沟槽
connect(prev, SIGNAL(clicked()), this, SLOT(prevpicture()));
//定义后前一张图片按钮的动作沟槽
//connect(, SIGNAL(key()), this, SLOT(prevpicture()));
}
```

配置信号和沟槽的操作，如图 12-19 所示。

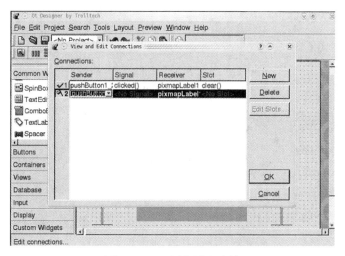

图 12-19 配置信号和沟槽

⑤ 获取按键事件，定义如何用上下、左右去控制图片的前后、进退。

```
void window::keyPressEvent（QKeyEvent *event）
{
switch（event->key（））
{
case Qt::Key_Right: nextpicture（）; break; //上下左右的按键触发
case Qt::Key_Left: prevpicture（）; break;
case Qt::Key_Up: prevpicture（）; break;
case Qt::Key_Down: nextpicture（）; break;
case 65: zoomout（）; break;
case 68: zoomin（）; break;
}
qDebug（）<<"key press"<<event->key（）; //获取按键按下的触发事件
}
void window::zoomin（）
{
pic->changerect（true，true）;
}
void window::zoomout（）
{
pic->changerect（false，true）;
}
void window::nextpicture（）
{
pic->next（）;
}
```

```cpp
void window::prevpicture()
{
pic->prev();
}
#ifndef WINDOW_H
#define WINDOW_H
#include <iostream>
#include "picture.h"
#include<QWidget>
#include <QKeyEvent>
class Dir;
class QPushButton;
class window: public QWidget
{
Q_OBJECT
public:
QPushButton *next;
QPushButton *prev;
picture *pic;
protected:
void keyPressEvent (QKeyEvent *event);
public:
void zoomin();
void zoomout();
window (QWidget *parent=0);
public slots:
void prevpicture();
void nextpicture();
};
#endif // WINDOW_H
```

生成控制图片的功能,如图 12-20 所示。

生成 ui 文件,如图 12-21 所示。

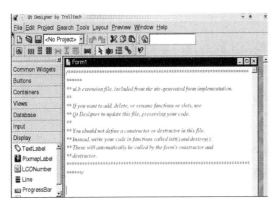
图 12-20 生成控制图片

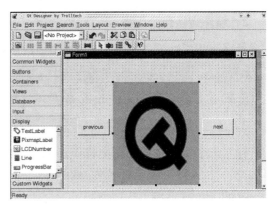
图 12-21 生成 ui 文件

12.2.4 软硬件集成

具体文件实现步骤如下。

1. 生成 Makefile 文件

编译器是根据 Makefile 文件内容来进行编译的，所以需要生成 Makefile 文件。Qt 提供的 tmake 工具可以帮助从一个工程文件（.pro 文件）中产生 Makefile 文件。结合当前例子，从 XXX.pro 生成一个 Makefile 文件的做法是：首先查看环境变量$TMAKEPATH 是否指向 ARM 编译器的配置目录，在命令行下输入以下命令：

  echo $TMAKEPATH

如果返回的结果的末尾不是 ./qws/linux-arm-g++的字符串，那就需要把环境变量$TMAKEPATH 所指的目录设置为指向 ARM 编译器的配置目录，过程如下：

  export TMAKEPATH = /tmake 安装路径/qws/linux-arm-g++

同时，还要确保当前的 QTDIR 环境变量指向 Qt/Embedded 的安装路径，如果不是，则需要执行以下过程：

  export QTDIR =……/qt-3.3.2

上述步骤完成后，就可以使用 tmake 生成 Makefile 文件，具体做法是在命令行输入以下命令：

  tmake –o Makefile XXX.pro

这样，就会看到当前目录下新生成了一个名为 Makefile 的文件。下一步，需要打开这个文件，做一些小的修改。

首先，将 LINK=arm-linux-gcc 这句话改为 LINK=arm-linux-g++，这样做是因为要用 arm-linux-g++进行链接。

然后，将 LIBS =$（SUBLIBS）-L$（QTDIR）/lib-lm–lqte 这句话改为

  LIBS =$（SUBLIBS）-L/usr/local/arm/2.95.3/lib -L$（QTDIR）/lib-lm–lqte

这是因为链接时要用到交叉编译工具 toolchain 的库。

2. 编译链接整个工程

最后，就可以在命令行下输入 make 命令对整个工程进行编译链接了。

```
make
```

make 生成的二进制文件 hello 就是可以在开发板上运行的可执行文件。

3. 建立应用启动器文件

建立一个文本文件，在文件中添加以下的内容，这些内容指明了应用的名称、图标名等信息，然后将文件重命名为 xxx.Desktop（XXX 为源程序文件名），保存在$QPEDIR/apps/applications 目录下。

12.3 基于 Linux 的 MPlayer 解码播放器

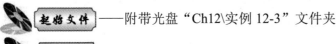

——附带光盘"Ch12\实例 12-3"文件夹

——附带光盘"AVI\实例 12-3.avi"

MPlayer 是一款开源的多媒体播放器，以 GNU 通用公共许可证发布。此款软件可在各主流操作系统使用。MPlayer 建基于命令行界面，在各操作系统可选择安装不同的图形界面。

MPlayer 是 Linux 下功能最健全的视频播放器之一。几乎支持所有现有视频格式及支持 mozilla 浏览器在线播放。

在本节将使用 Qt 设计一个播放器的前台，通过调用后台的 MPlayer 源程序，编译后在开发板上尝试用来播放各种视频。

2004 年—2005 年，一个非官方的 Mac OS X 移植以比原版更高的版本号发布，名字叫 MPlayer OS X。不久，OS X 版本在官方网站出现。由于版本号的冲突，官方的 OS X 版 MPlayer 1.0rc2，虽然版本号较低，但是实际上使用了更新更稳定的代码。2008 年，MPlayer OS X 的非官方图形界面 MPlayer OS X Extended 诞生，是现在唯一还在开发中的 MPlayer OS X 前端。

12.3.1 可行性分析报告

随着用户要求的不断提高，越来越多的嵌入式设备使用功能强大、价格低廉的嵌入式 Linux 作为操作系统并开始采用较为复杂的图形用户界面。Qt 以其强大的功能、良好的可移植性逐渐成为一种被广泛使用的 GUI 系统。正是由于嵌入式操作系统及其相应图形用户界面的不断发展，嵌入式软件的开发显得越来越重要。其中，嵌入式媒体播放器由于能够满足人们的视听享受，已经逐渐成为系统中不可或缺的重要组成部分，在嵌入式系统上开发媒体播放器已经成为一个技术热点，当前许多嵌入式产品中都包含媒体播放器，因此，在基于 Qt 的嵌入式系统中实现媒体播放器具有深刻的意义和实用价值。

1. 编写目的

本节用于分析基于 Linux 下应用 MPlayer 解码的播放器项目的可行性，包括项目在技术上的可行性及在资金、设备、人员及用户需求等方面的可行性，以保证今后项目的顺利进行。

2. 技术可能性

① 技术基础：了解 Linux 基础，懂得在 Linux 下使用通信终端软件，在 Linux 下 API 调用，同时了解 PCB 板设计，使用 Qt 的 GUI 的界面设计和程序设计，熟悉音频流解码软件的具体原理，具有 C 语言阅读分析能力。

② 项目技术要求：熟悉 C 编程，熟悉 Qt，了解各个 API 的作用。

③ 界面编程要求：使用开源播放软件 MPlayer，使用 Qt 作为前台的 GUI。

④ 数据库编程无要求。

⑤ 接口编码要求：数据流解码，串口通信。

⑥ 软件基础：Linux 系统使用基础，minicom 的设置，NFS 设置，gcc 编译基础，arm-linux 交叉编译基础，Qt 界面设计，开发板文件传输，MPlayer 文件结构分析。

12.3.2 系统总体设计

嵌入式 Linux 媒体播放器架构设计方案通过使用纯 C++语言开发来支持嵌入式 Linux 系统，采用 Qt/Embedded 作为 GUI 来提供强大的用户界面，实现一个开放式的插件接口来增强扩展性，利用内核帧缓冲来输出，消除对特定架构的依赖，从而保证可移植性媒体播放器属于上层应用程序，位于 Linux 用户空间这样设计的目的是为了系统移植性。

1. 系统总体框架

图形用户界面窗口以 Qt/Embedded 为基础开发，通过调用 Qt/Embedded 提供的类库，根据需要设计可以管理多媒体文件的基本窗口，包括打开、删除、显示文件长度、显示播放时间等窗口，以及为方便用户设定的管理播放列表、进行播放控制的窗口，这些都是直接和用户打交道的。由于采用了 Qt/Embedded 作为 GUI，移植性可以得到保证。

文件输入主要是对用户指定的文件进行读取和解析，将获得的文件长度、播放时间、编码格式、音视频帧率、文件标题等内容，结合 MIME 的处理，显示在预先设计的窗口中，插件接口调用主要是把所有对解码器的操作整合到一个统一的开放式接口当中，根据上一部分解析出的文件信息去查相应的解码器插件并调用。如果没有找到可用的解码器，可以返回信息提醒用户添加相应的插件。通过实现这样一个接口，可以使播放器的扩展性大大提高，因此，本部分是媒体播放器的核心。

文件解码和输出主要负责通过调用解码器对音视频数据流进行解码，然后利用 QT/Embedded 可以直接操纵内核帧缓冲 FrameBuffer 的特性，将解码之后的数据通过 FrameBuffer 直接送到输出设备输出，避免对 DirectShow、OpenGL 等特定架构的依赖，进一步增强可移植性。

2. 处理器选定

（1）开发环境选定

开发的 Linux 发行版本使用 Fedora 10 发行版本。

使用附带的交叉编译器版本：arm-linux-gcc-2.95.3，arm-linux-gcc-2.93.3，arm-linux-gcc-3.3.2，编译内核和应用程序请使用 3.4.1 版本编译器。编译 Qtopia 请使用 3.3.2 版本。如果要使用 vivi，编译 vivi 请使用 2.95.3 版本。

（2）操作系统选定

选用 2.26 版本的 Linux 内核进行裁剪配置得到在开发板所用的 Linux 系统。

软件使用 Qt/e 作为前台界面的主要开发环境，同时通过结合调用底层驱动程序，利用 MPlayer 的自带解码器及调用它自带解码函数，达到前台播放的效果。

3. 硬件设计实现

由于本实例要构建一个嵌入式播放器，所以，如果仅仅依靠处理器处理视频流和音频流是不现实的，但是由于开发硬件的限制，也只能通过开发板自带的处理器去处理这些流文件。

使用 PROTEL 工具绘制下面的电路图。Flash 的电路设计，如图 12-22 所示。

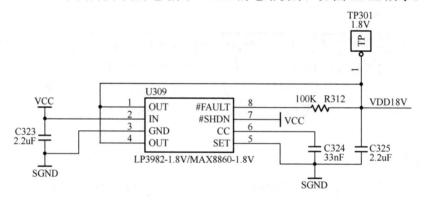

图 12-22　Flash 电路设计

12.3.3　软件总体设计

MPlayer 是争议性很强但又无可置疑的是世界上最好的影音播放应用程序。它在完全意义上几乎是整体的，也就是说，它主要包括一个 7Mb 的可执行文件，该可执行文件包括了所有需要的文件解码器，这样就不需要额外的解码器。

MPlayer 的根文件主要位于 Unix 环境下，也是 MPlayer 的主要使用方式。没有图形用户接口，取代这个的是完全的手工输入命令行，还有强大的键盘捷径。对于 Unix 下的狂热者这些命令行当然是区区小事无足挂齿，对于 Mac 和 Windows 用户来说这个麻烦却大了，他们更需要或多或少颜色丰富的图形接口界面。本实例中我们自己设计一个 Qt 界面。

1. 运行目录结构分析

■ MPlayer/　　MPlayer 运行配置文件。

- input.conf   键盘绑定配置文件。
- config   配置文件,可在此调整选项,如字体路径。
- drivers   使用 VIDIX 技术用到的直接硬件访问驱动程序。
- codecs/   MPlayer 将从此处搜索二进制编解码器。
- MPlayer   也将使用安装在系统中的编解码器。
- osdep/   操作系统相关的内容。

2. configure 脚本会生成文件

- config.h   自动生成的配置头文件,内容全是 configure 脚本生成的配置宏参数。
- config.mak   Make 文件配置部分头。
- libvo/config.mak   视频输出模块的 Make 文件配置部分头。
- libao2/config.mak   音频输出模块的 Make 文件配置部分头。
- Gui/config.mak   图形用户接口 GUI 模块的 Make 文件配置部分头。

详情参见 configure 的 Shell 脚本文件,如图 12-23 所示。

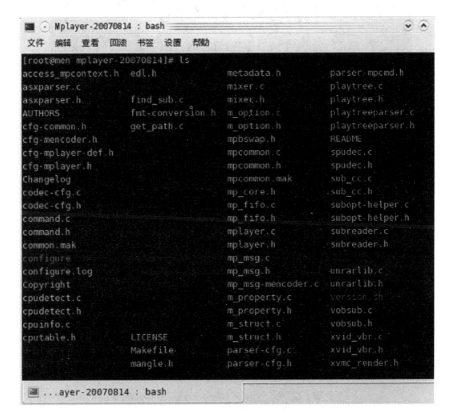

图 12-23   Mplayer 的解压和安装

3. 插件接口模块设计

插件接口模块是整个播放器的核心部分,它封装了对具体解码器的操作,从而在输入和输出模块之间搭起一座桥梁,确保数据的正常流动。

插件接口模块和解码库模块，如图 12-24 所示。

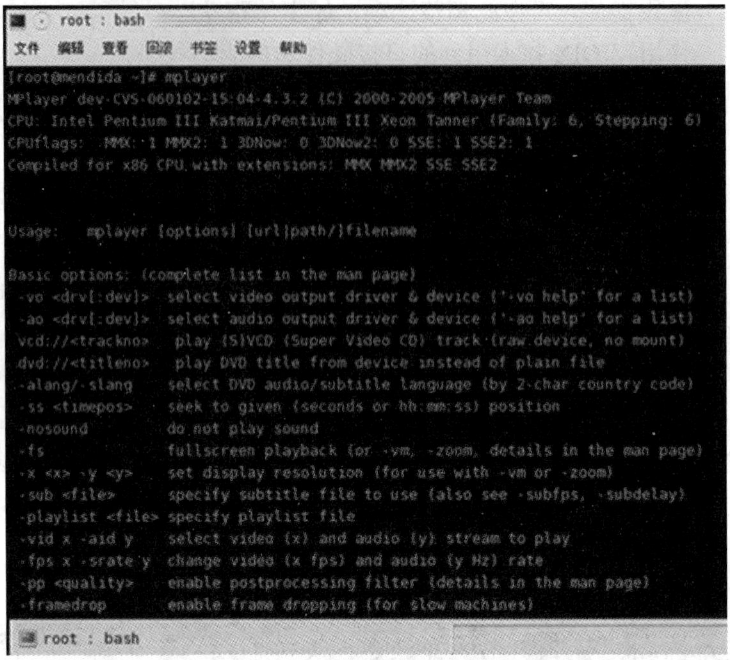

图 12-24　插件接口模块和解码库模块

插件接口模块主要提供了以下方法来控制解码器

（1）文件支持性函数

　　bool isFileSupported（const QString&filename）；

通过检查文件的扩展名来确定待播放的文件是否被播放器支持，若"是"返回真，"否"则返回假，可识别的扩展名有 ASF、AVI、DAT、MP2、MP3、MPEG、MPG、OGG、WAV 等。如果添加了新的解码器插件以后可以识别新的文件格式，只需要将其扩展名添加到此函数的支持列表中。

（2）获取文件信息函数

　　const QString& fileInfo（）；

用于获得文件的各种信息并将结果保存在一个常量字符串中，便于其他函数调用这些信息包括：播放时间、音频格式、音频比特率、音频通道、音频频率、视频格式、视频比特率、视频高度、视频宽度等。

（3）读取音频采样函数

　　bool audioReadSamples（short* output　int channels long samples long& samplesRead int）；

调用解码器对音频采样数据进行读取，是音频数据处理的核心部分 output 表示待输出文件指针，channels 表示通道数，samples 表示采样数，samplesRead 表示待读取采样数。

（4）读取视频帧函数

　　bool videoReadScaledFrame（unsigned char** output_rows int int int in_w int in_hint out_wint out_hColorFormat fmtint）；

调用解码器对视频帧进行读取，是视频数据处理的核心部分参数 output_rows 表示输出列地址的指针，in_w、in_h、out_w、out_h 分别表示输入和输出帧数据的宽度和高度，fmt 表示采用的色彩模式，返回值用来判断执行是否成功。

（5）音视频同步函数定义

int Sync（File*fpint auIndex struct timeval*vtime）；

fp 为打开的多媒体文件指针，vtime 为当前正在播放的视频文件的帧头中提取的时间，auIndex 指出当前的音频帧计数，即当前播放到了第几帧。通过这些参数，就可以计算出希望跳到的帧数和当前帧数的差值，然后根据这个差值将音频流向前或向后跳，即可同时 Sync 函数还会将此差值 int 反馈给音频解码器，让音频解码器修正数据流的时间戳，如此循环，从而达到较好的音视频同步效果。此函数的总体思想是在播放视频数据流的同时启动另一线程，打开对应的音频数据流播放，然后在视频线程中来同步音频数据。

此外还有插件初始化和注册函数 void pluginInit（）、文件初始化函数 void fileInit（）、查找函数 bool seek（long pos）、清空视频数据函数 flushVideoPackets（）和清空音频数据函数 flushAudioPackets（）等。

4. 解码库模块

解码库模块的主要作用是为插件接口模块提供解码器，考虑到播放器的可移植性和可扩展性，本系统采用了 FFmpeg 解码库。FFmpeg 解码库是 Linux 下的一个开源解码器集合，它支持多种音频和视频编解码标准，还支持转文件格式、制作 avi 等，功能十分强大的、可以在 Windows 下使用的 FFDshow 插件，Linux 下的 Mplayer 播放器都是使用的 FFmpeg 解码。

解码库又包含解码器和分离器。解码器就是对音视频数据流进行解码的组件，分离器就是把文件流中的数据分离为音频数据流和视频数据流的组件，音频数据和视频数据是分开解码的，所以二者缺一不可。

5. 嵌入式媒体播放器系统实现

数据流程如图 12-25 所示。

首先，输入模块从数据源读入数据，此时它将读入文件头，做一些基本的处理，如读出文件长度，获取此文件的编码类型、比特率，判断能否播放等。然后插件接口模块会调用分离器插件，将多媒体数据切分为视频数据流和音频数据流。再经过视频 FIFO 和音频 FIFO，排序处理。最后送入视、音频解码器调用相应的解码器进行解码，对于音频数据就会进行重采样，对于视频数据就会读取相应的帧，逐帧解码。之后经过采样的音频数据和经过渲染覆盖的视频数据先进行音视频同步，再分别通过视、音频输出模块输出这其中，数据的读入、分离、解码、输出都是通过 Qt 提供的类库以多线程同时进行的。在解码得同时程序也在不断将数据读入缓冲区并排序等待处理，以

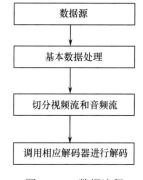

图 12-25 数据流程

提高效率。

输入模块的主要功能是将用户指定的多媒体文件读入。由于不同格式的多媒体文件需要调用不同的解码器，才能正常打开，因此，考虑到程序的模块化将实际的文件打开工作交给插件接口模块调用相应的解码器进行。输入模块只对文件进行一些基本的处理并对文件内容进行缓存，然后为插件接口模块输送原始数据流。

首先，通过图形用户界面选定待播放文件发出打开指令，这将会使输入模块接收到一个信号并通过用户界面传回的信息，获得待播放文件的文件路径和文件名。接下来输入模块会检查文件路径是否合法、文件是否为空，之后会向插件接口模块发出信号，通知插件接口模块查找可用的解码器，为文件解码做好准备。其次，调用播放初始化函数 init（）。最后，将工作移交给插件接口模块，让它调用对应文件格式的解码器的 open（）函数。

输出模块的主要功能是，将通过解码器解码之后的音频、视频数据送到输出设备。它利用 Qt/Embedded 可以直接控制 FrameBuffer 的特性来输出视频数据。帧缓冲区是显卡上的内存，使用帧缓冲区可以提高绘图的速度和整体性能，与帧缓冲区有关的设备是/dev/fb0。

以视频流为主媒体流，音频流为从媒体流，视频的播放速率保持不变，根据本地系统时钟确定的实际显示时间，通过调整音频播放速度来达到音、视频同步。

基于时间戳的播放过程中，仅仅对早到的或晚到的数据块进行等待或快速处理，往往是不够的，如果想要更加主动并且有效地调节播放性能，就需要引入反馈机制，即通过对比音、视频的时间戳将当前数据流的播放状态反馈给上层的"源"。如果音频流滞后，就及时通知音频解码器加快音频流输出，但如果滞后太多，则直接将当前数据丢弃，直接跳到下一帧。如果视频流滞后，就通知音频解码器减慢音频输出速度等待视频流，如滞后太多也直接进行跳帧数据流。首先通过分离器分解为视频数据流和音频数据流，然后经过对应的解码器，同时由本地系统时钟来进行时间戳控制。获得准确显示或回放时间以后进行时间戳比较。若同步则直接输出，不同步则进行音频跳帧或等待，直到同步后输出。

12.3.4 软件详细设计

无论作为何种用途，在 utu2440 这块以主频为最大亮点的开发板上，下面为它添加对媒体播放的支持。首选播放器当然是 MPlayer，这里选择的是最新的 MPlayer-1.0rc2 版本，交叉编译器仍然选择 arm-linux-gcc 3.4.1。需要注意的是，虽然这里用的是最新的 1.0rc2 版本，但是对于需要移植的目标板 2440 而言，一些特性不能被很好支持。所以，不仅要做一些参数上的配置，还需要编译一些附加的库来提供支持。

1. 编译 libmad

由于 ARM 本身没有浮点运算单元，所有浮点运算均由软件模拟实现，速度之慢可想而知。而 MPlayer 自带的音频解码器为完全浮点运算的 MP3lib，另一个 FFMP3 库启动时有明显的延迟，而且在解码某些 MPG 文件时会有兼容性问题，所以需要先编译音频解码库 mad，为 MPlayer 的音频解码提供支持。

参考 configure 的帮助后，很容易写出如下命令行，在命令提示符界面下输入以下代码：

#./configure CC=arm-linux-gcc --enable-fpm=arm --host=arm-linux --disable-shared --disable-

```
debugging --prefix =/project/MPlayer/mad
```

配置完成后，接着 make install。成功后就能得到相应的 mad 库文件、一个 include 文件夹、一个 lib 文件夹。

2. 配置 MPlayer

① #./configure --enable-cross-compile --host-cc=gcc --cc=arm-linux-gcc --as=arm-linux-as --ar=arm-linux-ar --ranlib=armlinux-

这里是交叉编译配置，这样就能让交叉编译器编译了。

② project/MPlayer/mad/include --with-extralibdir=/project/MPlayer/mad/lib 2>&1 | tee logfile

--enable-cross-compile：

开启交叉编译模式。

③ --target=armv4l-linux

MPlayer 支持很多架构的处理器，此处选择的 2440 所使用的 armv4l-Linux。

④ --enable-static

开启静态编译模式。这里强烈建议开启，可以省去很多麻烦。如果使用动态编译在 strip 时会出错。

⑤ --prefix=/tmp/MPlayer

设置安装的路径，如果使用 static 模式，这个参数无所谓，因为最后直接从当前目录复制出编译以后的 MPlayer 文件就行。

⑥ --disable-dvdread

禁用 libdvdread 库。

⑦ --disable-mencoder

这是一个用来编码 MPEG-4 的简单视频编码器。

⑧ --disable-Live

禁用 555Live 流媒体，对播放媒体文件必然没关联。

⑨ --enable-fbdev

开启对帧缓冲设备的支持。

⑩ --disable-MP3lib--enable-mad

禁用使用浮点运算单元的 MP3lib 库，开启刚刚编译完成的 mad 库来进行音频解码。

⑪ --disable-win32dll

禁用 win32 的动态链接库支持。

⑫ --disable-armv5te--disable-armv6

禁用 armv5te 和 armv6 指令扩展。

3. 播放的设置和优化

播放 MP3 或者以 MP3 为音频编码的视频时，可以通过 ac 参数加载编译过的 mad 库来解码。

```
/MPlayer $（MediaFile）-ac mad
```

由于 CPU 速度不够造成的影音不同步，可以通过 framedrop 参数让 MPlayer 做丢帧处理以保证影音同步。

4．在 Qtopia 界面集成

MPlayer 没有专门给 Qtopia 开发的客户端，所以，GUI 界面需要一个用 JAVA 写的 MPlayer GUI 插件，可以在 SourceForge 上获得，由于性能关系，移植后速度很慢，这里不建议使用。本实例中采用设计的一款 GUI 前台，具体实现如下：

```cpp
#include <QApplication>
#include <QProcess>
#include <QVBoxLayout>
#include <QLayoutItem>
#include <QWidget>
#include <QPaintEvent>
#include <QPainter>
#include <QColor>
#include <QRect>
#include <QLinearGradient>
#include <QSizePolicy>
#include <QPushButton>
#include <QTextEdit>
#include <QSlider>
#include <QCloseEvent>
#include <QTimer>
//以上是 Qt 需要用到的头文件
```

① 指定 MPlayer 文件的路径，如果操作系统是在 Windows 下的路径就是 path/to/mplayer，否则是 MPlayer。

```cpp
#ifdef Q_OS_WIN32
const QString mplayerPath（"path/to/mplayer"）;
#else
const QString mplayerPath（"mplayer"）;
#endif

const QString movieFile（"video.mpg"）;

class PlayerWidget：public QWidget
{
//界面的设计，包括播放按键、进度滑动条、文本框等
public:
PlayerWidget（QWidget *parent =0）：QWidget（parent），isPlaying（false）
{
```

```cpp
    controller = new QPushButton ("Play");
    renderTarget = new QWidget (this);
    renderTarget->setSizePolicy (QSizePolicy (QSizePolicy::Fixed, QSizePolicy::Fixed));
    renderTarget->setAttribute (Qt::WA_PaintOnScreen);
    renderTarget->setMinimumSize (176, 144);
    timeLine = new QSlider (Qt::Horizontal);
    log = new QTextEdit;
    log->setReadOnly (true);
    QVBoxLayout *layout = new QVBoxLayout;
    layout->addWidget (controller);
    layout->addWidget (renderTarget);
    layout->addWidget (timeLine);
    layout->addWidget (log);
    setLayout (layout);
    mplayerProcess = new QProcess (this);
    poller = new QTimer (this);
    //沟槽触发的设计
    connect (controller, SIGNAL (clicked ()), this, SLOT (switchPlayState ()));
    connect (mplayerProcess, SIGNAL (readyReadStandardOutput ()),
    this, SLOT (catchOutput ()));
    connect (mplayerProcess, SIGNAL (finished (int, QProcess::ExitStatus)),
    this, SLOT (mplayerEnded (int, QProcess::ExitStatus)));
    connect (poller, SIGNAL (timeout ()), this, SLOT (pollCurrentTime ()));
    connect (timeLine, SIGNAL (sliderMoved (int)), this, SLOT (timeLineChanged (int)));
}
protected:
virtual void closeEvent (QCloseEvent *e)
{
    stopMPlayer ();
    e->accept ();
}
private:
bool startMPlayer ()
{
    if (isPlaying)
    return true;
    QStringList args;
    args << "-slave";
    args << "-quiet";
#ifdef Q_WS_WIN
```

```cpp
args << "-wid" << QString::number(reinterpret_cast<qlonglong>(renderTarget->winId()));
args << "-vo" << "directx：noaccel";
#else
args << "-wid" << QString::number(renderTarget->winId());
#endif

args << movieFile;
mplayerProcess->setProcessChannelMode(QProcess::MergedChannels);
mplayerProcess->start(mplayerPath, args);
if(!mplayerProcess->waitForStarted(3000))
{
qDebug("allez，cherche le bug：o");
return false;
}
//获得数据流文件解码范围
mplayerProcess->write("get_video_resolution \n");
mplayerProcess->write("get_time_length \n");
poller->start(1000);
isPlaying = true;
return true;
}
//出错函数处理
bool stopMPlayer()
{
if(!isPlaying)
return true;
mplayerProcess->write("quit\n");
if(!mplayerProcess->waitForFinished(3000))
{
qDebug("error");
return false;
}
return true;
}
private slots:
void catchOutput()
{
while(mplayerProcess->canReadLine())
{
```

```cpp
QByteArray buffer(mplayerProcess->readLine());
log->append(QString(buffer));
if(buffer.startsWith("ANS_VIDEO_RESOLUTION"))
{
    buffer.remove(0, 21);
    buffer.replace(QByteArray(""), QByteArray(""));
    buffer.replace(QByteArray(""), QByteArray(""));
    buffer.replace(QByteArray("\n"), QByteArray(""));
    buffer.replace(QByteArray("\r"), QByteArray(""));
    int sepIndex = buffer.indexOf("x");
    int resX = buffer.left(sepIndex).toInt();
    int resY = buffer.mid(sepIndex+1).toInt();
    renderTarget->setMinimumSize(resX, resY);
}
//获得播放电影的时间长度
else if(buffer.startsWith("ANS_LENGTH"))
{
    buffer.remove(0, 11);
    //长度 ANS_LENGTH=
    buffer.replace(QByteArray(""), QByteArray(""));
    buffer.replace(QByteArray(""), QByteArray(""));
    buffer.replace(QByteArray("\n"), QByteArray(""));
    buffer.replace(QByteArray("\r"), QByteArray(""));
    float maxTime = buffer.toFloat();
    timeLine->setMaximum(static_cast<int>(maxTime+1));
}
//得到时间位置
else if(buffer.startsWith("ANS_TIME_POSITION"))
{
    buffer.remove(0, 18);
    QByteArray(""));
    buffer.replace(QByteArray("\n"), QByteArray(""));
    buffer.replace(QByteArray("\r"), QByteArray(""));
    float currTime = buffer.toFloat();
    timeLine->setValue(static_cast<int>(currTime+1));
}
}
}
```

② 主函数。

```cpp
int main(int argc, char **argv)
```

```
{
    QApplication app（argc, argv）;
    PlayerWidget *pw = new PlayerWidget;
    pw->show（）;
    return app.exec（）;
}
```

添加主函数的操作如图 12-26 所示。

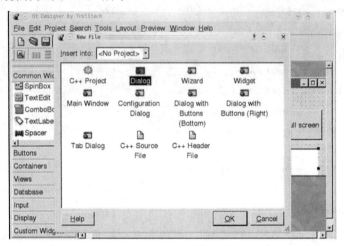

图 12-26　添加主函数

③ 控件的设置。

控件的设置如图 12-27 所示。

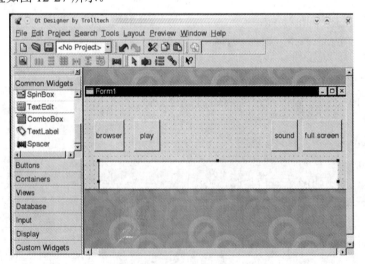

图 12-27　设置控件

```
#include <qapplication.h>
#include <qwidget.h>
#include <qpushbutton.h>    //按钮
```

```cpp
#include <qfont.h>
#include <qlabel.h>          //标签
#include <qdatetime.h>       //当前日期与时间
#include <qslider.h>         //滑动框
#include <qlcdnumber.h>      //显示音量大小
#include <qmainwindow.h>

class MyMainWindow : public QWidget
{
public:
    MyMainWindow();

private:
    QPushButton *b1;         //播放
    QPushButton *b2;         //上一首歌
    QPushButton *b3;         //下一首歌
    QPushButton *b4;         //关闭
    QPushButton *b5;         //暂停
    QLabel *label1;          //显示日期时间
    QLabel *label2;          //音量
    QLCDNumber *lcd;
    QSlider *slider;         //音量滑动框
};

class Mp3Player : public QMainWindow
{
public:
    Mp3Player();
    void doPlay1();
    void doPlay2();
    void doPlay3();
};

MyMainWindow :: MyMainWindow()
{
setGeometry (1, 1, 500, 450);
//按钮 播放/暂停
b1=new QPushButton ("Play", this);
b1->setGeometry (130, 250, 100, 50);
b1->setFont (QFont ("Times", 18, QFont:: Bold));
```

```
b2=new QPushButton ("Next", this);
b2->setGeometry (380, 250, 100, 50);
b2->setFont (QFont ("Times", 18, QFont::Bold));

b3=new QPushButton ("Last", this);
b3->setGeometry (0, 250, 100, 50);
b3->setFont (QFont ("Times", 18, QFont::Bold));

b4=new QPushButton ("Close", this);
b4->setGeometry (400, 0, 100, 50);
b4->setFont (QFont ("Times", 18, QFont::Bold));

b5=new QPushButton ("Stop", this);
b5->setGeometry (250, 250, 100, 50);
b5->setFont (QFont ("Times", 18, QFont::Bold));

//音量
label2=new QLabel (this);
label2->setGeometry (50, 350, 100, 50);
label2->setText ("volume");
label2->setFont (QFont ("Times", 18, QFont::Bold));

//滑块调节音量,并显示具体大小
//第 1 个参数设置滑动框的最小值,第 2 个设置最大值,第 3 个设置当单击
//左边或右边的调节标尺时滑块跳动的距离。第四设置滑动框的默认值
//第 5 个设置滑块方向,第 6 个为指向滑块框父部件的指针
slider=new QSlider (0, 20, 1, 10, Horizontal, this);
slider->setGeometry (200, 350, 300, 50);

//QSlider::setTickmarks () 设置滑动框下面所显示的跳动标识。它们使
//用户能够更加清晰地看到滑动框的当前值
slider->setTickmarks (QSlider::Below);
lcd=new QLCDNumber (2, this);
lcd->setGeometry (300, 400, 100, 50);

connect (slider, SIGNAL (valueChanged (int)),
lcd, SLOT (display (int)));
}
```

④ 添加按钮的操作,如图 12-28 所示。

⑤ 在 Form 中添加代码，如图 12-29 所示。

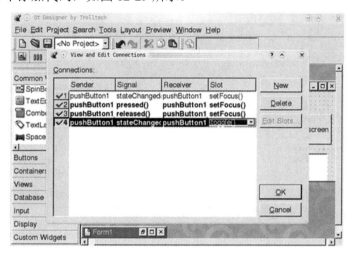

图 12-28　添加按钮

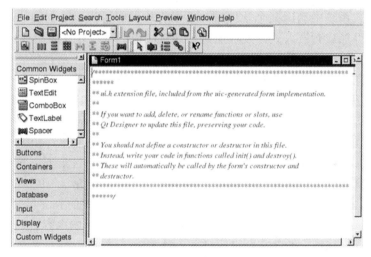

图 12-29　添加代码

在上图红色字体中添加上面的代码，如下：

```
int   main（int argc,   char **argv）
{
QApplication app（argc，argv）;
MyMainWindow w;
app.setMainWidget（&w）;
w.show（）;
return app.exec（）;
}
```

⑥ 最后一步要通过 qmake 获得 Makefile 后才能修改 Makefile，然后对这几个文件进行交叉编译，下面是 qmake 自动生成的文件文本格式。

```
#include "main.moc"
TEMPLATE = app
TARGET = 
DEPENDPATH += 
INCLUDEPATH += 
# Input
SOURCES += main.cpp
```

12.3.5 软硬件集成

要想在以 ARM 为核心嵌入式开发板上实现此过程，还需要做下面的工作。首先要在交叉编译环境中对 MPlayer 进行编译，将 MPlayer 源代码中关于视、音频部分及驱动部分写入 Makefile 文件里。由于开发板只有 64MB 的 SDRAM 及 16MB 的 Flash，而且应用程序一般都烧写到 Flash 中，应用程序约有 16MB，所以，直接将应用程序烧写到开发板里的 Flash 中的做法不可行，这样开发板会因空间太小而拒绝运行应用程序。

当要在嵌入式系统中调试某个软件时，可以将软件应用代码复制到移动存储中，再将移动存储里的文件加载到嵌入式开发板上进行调试，也可以将软件应用代码通过 PC 上的 Linux 操作系统挂载到嵌入式系统的开发板中进行调试，运行正常后再将软件应用代码烧写到开发板中，这样就可以避免应用程序在 Flash 上的重复擦写。

所采用的方法是将宿主机和嵌入式开发板之间用以太网连接，在宿主机的 Linux 操作系统下的终端中运行 minicom 作为开发板的显示终端，通过 Linux 下的 NFS 网络文件系统将宿主机的硬盘安装到开发板上的某个目录下，然后再运行 MPlayer 的可执行文件./mplayer。将想要播放的图像文件 1.avi 也放到宿主机的某个目录下，同时将 mplayer 可执行文件也复制到此目录下/home/mplayer。假设宿主机的 IP 地址为 192.168.2.122，在目标板上输入 mount -o nolock 192.168.2.122: /home/mnt 进入目标板的 mnt 目录：cd/mnt，然后运行./mplayer 1.avi，即可以观看在开发板的 LCD 上显示 1.avi 的内容。当然，最后不要忘了播放完成后要从目标板上卸载宿主机的目录，键入 umount /mnt 即可。

如果没有 NFS 网络系统的支持，也可做一个 10MB 的文件系统，开发板的 Flash 为 16MB，系统资源占去 4MB 左右 Flash 的空间，而将 Ramdisk 文件系统作为系统运行的最小文件系统，容量大概限定在 2MB 以内，剩下的 10MB 左右的 Flash 可以做成 Cramfs 文件系统，它是一个压缩文件系统，实际容量可达到 12～15MB，基本满足了用户的应用要求。改变内核的配置，将支持 Cramfs 文件系统的功能编译到内核中，重新编写驱动程序并加到 Makefile 文件中，然后进行编译，在烧写 Ramdisk 文件系统之后继续烧写 Cramfs 文件系统。

烧写完毕后启动开发板，Cramfs 就会作为 Ramdisk 的子目录出现，直接调用该目录下的应用文件即可，具体文件实现步骤如下。

1. 生成 Makefile 文件

编译器是根据 Makefile 文件内容来进行编译的，所以需要生成 Makefile 文件。Qt 提供的 tmake 工具可以帮助从一个工程文件中产生 Makefile 文件。结合当前例子，从 XXX.pro 生成一个 Makefile 文件的做法是，首先查看环境变量$TMAKEPATH 是否指向 ARM 编译器的配置目录，在命令行下输入以下命令：

  echo $TMAKEPATH

如果返回的结果的末尾不是 /qws/linux-arm-g++ 的字符串，那就需要把环境变量$TMAKEPATH 所指的目录设置为指向 ARM 编译器的配置目录，过程如下：

  export TMAKEPATH = /tmake 安装路径/qws/linux-arm-g++

同时，还要确保当前的 QTDIR 环境变量指向 Qt/Embedded 的安装路径，如果不是，则需要执行以下过程：

  export QTDIR = …qt-3.3.2

上述步骤完成后，就可以使用 tmake 生成 Makefile 文件，具体做法是在命令行输入以下命令：

  tmake -o Makefile XXX.pro

这样就会看到当前目录下新生成了一个名为 Makefile 的文件。下一步，需要打开这个文件，做一些小的修改。

将 LINK =arm-linux-gcc 这句话改为 LINK=arm-linux-g++。这样做是因为要是用 arm-linux-g++进行链接。

将 LIBS =$（SUBLIBS）-L$（QTDIR）/lib-lm–lqte 这句话改为

  LIBS=$（SUBLIBS）-L/usr/local/arm/2.95.3/lib-L$（QTDIR）/lib-lm–lqte

这是因为链接时要用到交叉编译工具 toolchain 的库。

2．编译链接整个工程

最后就可以在命令行下输入 make 命令对整个工程进行编译链接了。

  make

make 生成的二进制文件 hello 就是可以在开发板上运行的可执行文件。

3．建立应用启动器文件

建立一个文本文件，在文件中添加以下的内容，这些内容指明了应用的名称、图标名等信息，然后将文件更名为 xxx.Desktop，保存在$QPEDIR/apps/applications 目录下。

12.4 基于 Linux 的 GPS 导航系统的开发

起始文件——附带光盘"Ch12\实例 12-4"文件夹

动画演示——附带光盘"AVI\实例 12-4.avi"

全球定位系统（GPS）是 20 世纪 70 年代由美国海陆空三军联合研制的新一代空间卫星导航定位系统，其主要目的是为陆、海、空三大领域提供实时、全天候和全球性的导航服务。近年来，全球定位系统在民用方面得到了快速发展，GPS 车辆导航系统就是其主要应用之一。

本实例我们开发一个基于 Linux 的 GPS 导航系统。

导航系统的控制中心可以实时获取车辆的位置、统计交通点的车流量等。通过汽车上的导航系统终端，驾驶人员可以得到及时的导航信息、公共信息及定制的个性服务信息等。该系统可以用于家用汽车，对不熟悉行车路线的驾驶人员进行导航，或者应用于银行、公安、公交等系统，作为车辆监控、调度系统。

12.4.1 嵌入式开发流程

下面简单介绍嵌入式实例的开发流程。

1．系统需求分析

确定设计任务和设计目标，并提炼出设计规格说明书，作为正式设计指导和验收的标准。系统的需求一般分功能性需求和非功能性需求两方面。功能性需求是系统的基本功能，如输入输出信号、操作方式等；非功能需求包括系统性能、成本、功耗、体积、重量等因素。

2．系统总体概述系统

系统总体概述系统如何实现所述的功能和非功能需求，包括对硬件、软件和执行装置的功能划分，以及系统的软件、硬件选型等。一个好的体系结构是设计成功与否的关键。

3．硬件/软件协同设计

基于体系结构，对系统的软件、硬件进行详细设计。为了缩短产品开发周期，设计往往是并行的。嵌入式系统设计的工作大部分都集中在软件设计上，采用面向对象技术、软件组件技术、模块化设计是现代软件工程经常采用的方法。

4．系统集成

把系统的软件、硬件和执行装置集成在一起，进行调试，发现并改进单元设计过程中的错误。

5．系统测试

对设计好的系统进行测试，看其是否满足规格说明书中给定的功能要求。

以上是嵌入式系统的总体设计方式。

嵌入式系统开发模式最大特点是软件、硬件综合开发。这是因为嵌入式产品是软硬件的结合体，软件针对硬件开发、固化、不可修改。

如果在一个嵌入式系统中使用 Linux 技术开发，根据应用需求的不同有不同的配置开发方法，但是，一般情况下都需要经过如下的过程。

① 建立开发环境，操作系统一般使用 Linux 不同的发行版本，选择定制安装或全部安装，通过网络下载相应的 gcc 交叉编译器进行安装，或者安装产品厂家提供的相关交叉编译器。

② 配置开发主机,配置 MINICOM,一般的参数为波特率 115 200 Baud/s,数据位 8 位,停止位为 1,9,无奇偶校验,软件硬件流控设为无。在 Windows 下的超级终端的配置也是这样。MINICOM 软件的作用是作为调试嵌入式开发板的信息输出的监视器和键盘输入的工具。配置网络主要是配置 NFS 网络文件系统,需要关闭防火墙,简化嵌入式网络调试环境设置过程。

③ 建立引导装载程序 Bootloader,从网络上下载一些公开源代码的 Bootloader,如 U-boot、BLOB、VIVI、LILO、ARM-BOOT、RED-BOOT 等,根据具体芯片进行移植修改。有些芯片没有内置引导装载程序,例如,三星的 ARV17、ARM9 系列芯片,这样就需要编写开发板上 Flash 的烧写程序,用户可以在网上下载相应的烧写程序,也有 Linux 下的公开源代码的 J-Flash 程序。如果不能烧写自己的开发板,就需要根据自己的具体电路进行源代码修改。这是让系统可以正常运行的第一步。如果购买了厂家的仿真器比较容易烧写 Flash,虽然无法了解其中的核心技术,但对于需要迅速开发自己的应用的人来说可以极大提高开发速度。

④ 下载已经移植好的 Linux 操作系统,如果有专门针对所使用的 CPU 移植好的 Linux 操作系统那是再好不过的,下载后再添加特定硬件的驱动程序,然后进行调试修改,对于带 MMU 的 CPU 可以使用模块方式调试驱动,而对于 MCLinux 这样的系统只能编译内核进行调试。

⑤ 建立根文件系统,产生一个最基本的根文件系统,再根据自己的应用需要添加其他的程序。由于默认的启动脚本一般都不会符合应用的需要,所以就要修改根文件系统中的启动脚本,它的存放于/etc 目录下,包括/etc/init.d/rc.S、/etc/profile、/etc/.profile 等,自动挂装文件系统的配置文件/etc/fstab,具体情况会随系统不同而不同。根文件系统在嵌入式系统中一般设为只读,需要使用 mkcramfs genromfs 等工具产生烧写映像文件。

⑥ 建立应用程序的 Flash 磁盘分区,一般使用 jffs2 或 yaffs 文件系统,这需要在内核中提供这些文件系统的驱动,有的系统使用一个线性 Flash 512KB~32MB,有的系统使用非线性 Flash 8MB~512MB,有的两个同时使用,需要根据应用规划 Flash 的分区方案。

⑦ 开发应用程序,可以放入根文件系统中,也可以放入 yaffs、jffs2 文件系统中,有的应用不使用根文件系统,直接将应用程序和内核设计在一起。

⑧ 烧写内核、根文件系统和应用程序,发布产品。

对于更大的工程,在开发前还有更多的过程需要完成,如可行性分析,具体的细节流程如图 12-30 所示。

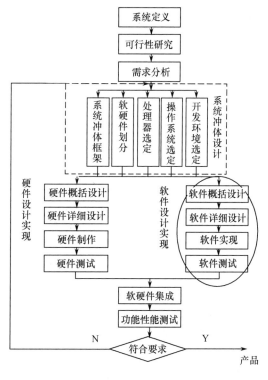

图 12-30 开发流程图

12.4.2　GPS 导航定位系统的系统定义

为了更好的设计这个 GPS 导航定位系统，首先要了解一下 GPS 的概况和原理。了解 GPS 卫星的信号格式，为后续的软件设计提供解码依据。

全球定位系统是一个中距离圆形轨道卫星导航系统。它可以为地球表面绝大部分地区（98%）提供准确的定位、测速和高精度的时间标准。系统由美国国防部研制和维护，可满足位于全球任何地方或近地空间的军事用户连续精确的确定三维位置、三维运动和时间的需要。该系统包括太空中的 24 颗 GPS 卫星，地面上的 1 个主控站、3 个数据注入站和 5 个监测站及作为用户端的 GPS 接收机。最少只需其中 4 颗卫星，就能迅速确定用户端在地球上所处的位置及海拔高度，所能收联接到的卫星数越多，解码出来的位置就越精确。

该系统是由美国政府于 20 世纪开始进行研制，于 1994 年全面建成。使用者只需拥有 GPS 接收机，无须另外付费。GPS 信号分为民用的标准定位服务和军规的精密定位服务两类。民用信号中加有误差，其最终定位精确度大概在 100m 左右，军规的精度在 10m 以下。

2000 年以后，克林顿政府决定取消对民用信号所加的误差。因此，现在民用 GPS 也可以达到 10m 左右的定位精度。20 世纪 70 年代 GPS 系统拥有多种优点：全天候，不受任何天气的影响；全球覆盖（高达 98%）；三维定速定时高精度；快速、省时、高效率；应用广泛、多功能；可移动定位；不同于双星定位系统，使用过程中接收机不需要发出任何信号增加了隐蔽性，提高了其军事应用效能。

1. GPS 系统发展历程

自 1978 年以来已经有超过 50 颗 GPS 和 NAVSTAR 卫星进入轨道。GPS 系统的前身为美军研制的一种子午仪卫星定位系统，1964 年正式投入使用。该系统用 5～6 颗卫星组成的星网工作，每天最多绕过地球 13 次，并且无法给出高度信息，在定位精度方面也不尽如人意。然而子午仪系统使得研发部门对卫星定位取得了初步的经验，并验证了由卫星系统进行定位的可行性，为 GPS 系统的研制埋下了铺垫。

由于卫星定位显示出在导航方面的巨大优越性及子午仪系统存在对潜艇和舰船导航方面的巨大缺陷，美国海陆空三军及民用部门都感到迫切需要一种新的卫星导航系统。为此，美国海军研究实验室提出了名为 Tinmation 的用 12～18 颗卫星组成 10 000km 高度的全球定位网计划，并于 1967 年、1969 年和 1974 年各发射了一颗试验卫星，在这些卫星上初步试验了原子钟计时系统，这是 GPS 系统精确定位的基础。而美国空军则提出了 621-B 的以每星群 4～5 颗卫星组成 3～4 个星群的计划，这些卫星中除 1 颗采用同步轨道外，其余的都使用周期为 24h 的倾斜轨道。该计划以伪随机码（PRN）为基础传播卫星测距信号，其包含强大的功能，当信号密度低于环境噪声的 1 %时也能将其检测出来。伪随机码的成功运用是 GPS 系统得以取得成功的一个重要基础。

海军的计划主要用于为舰船提供低动态的二维定位，空军的计划能够提供高动态服务，然而系统过于复杂。由于同时研制两个系统会造成巨大的费用，而且两个计划都是为了提供全球定位而设计的，所以 1973 年将两者合二为一，并由国防部牵头的卫星导航定位联合计划局领导，还把办事机构设立在洛杉矶的空军航天处。该机构成员众多，包括美国陆军、海军、海军陆战队、交通部、国防制图局、北约和澳大利亚的代表。

2．美国国防部研制计划

最初的 GPS 计划在联合计划局的领导下诞生了，该方案将 24 颗卫星放置在互成 120 度的 3 个轨道上。每个轨道上有 8 颗卫星，地球上任何一点均能观测到 6～9 颗卫星。这样，粗码精度可达 100m，精码精度为 10m。由于预算压缩，GPS 计划不得不减少卫星发射数量，改为将 18 颗卫星分布在互成 60 度的 6 个轨道上。然而这一方案使卫星可靠性得不到保障。1988 年又进行了最后一次修改：21 颗工作星和 3 颗备份星工作在互成 30 度的 6 条轨道上。这也是现在 GPS 卫星所使用的工作方式。

3．计划实施

GPS 计划的实施共分三个阶段。

（1）第一阶段为方案论证和初步设计阶段

1978—1979 年，由位于加利福尼亚的范登堡空军基地采用双子座火箭发射 4 颗试验卫星，卫星运行轨道长半轴为 26 560km，倾角 64 度。轨道高度 20 000km。这一阶段主要研制了地面接收机及建立地面跟踪网，结果令人满意。

（2）第二阶段为全面研制和试验阶段

1979—1984 年，又陆续发射了 7 颗被称为 BLOCK I 的试验卫星，研制了各种用途的接收机。实验表明，GPS 定位精度远远超过设计标准，利用粗码定位，其精度就可达 14m。

（3）第三阶段为实用组网阶段

1989 年第 1 颗 GPS 工作卫星发射成功，这一阶段的卫星称为 BLOCK II 和 BLOCK IIA。此阶段宣告 GPS 系统进入工程建设状态。1993 年底使用的 GPS 网即（21+3）GPS 星座已经建成，今后将根据计划更换失效的卫星。

卫星采用蜂窝结构，主体呈柱形，直径为 1.5m。卫星两侧装有两块双叶对日定向太阳能电池帆板，全长 5.33m，接受日光面积为 $7.2m^2$。对日定向系统控制两翼电池帆板旋转，使板面始终对准太阳，为卫星不断提供电力，并给 3 组 15Ah 镉镍电池充电，以保证卫星在地球阴影部分能正常工作。在星体底部装有 12 个单元的多波束定向天线，能发射张角大约为 30 度的两个 L 波段的信号。在星体的两端面上装有全向遥测天线，用于与地面监控网的通信。

此外卫星还装有姿态控制系统和轨道控制系统，以便使卫星保持在适当的高度和角度，准确对准卫星的可见地面。遥控由 GPS 系统的工作原理可知，星载时钟的精确度越高，其定位精度也越高。早期试验型卫星采用由霍普金斯大学研制的石英振荡器，相对频率稳定度为 10～11/s。误差为 14m。1974 年以后，GPS 卫星采用铷原子钟，相对频率稳定度达到 10～12/s，误差 8m。

1977 年，BOKCK II 型采用了马斯频率和时间系统公司研制的铯原子钟后相对稳定频率稳定度达到 10～13/s，误差则降为 2.9m。1981 年，休斯公司研制的相对频率稳定度为 10～14/s 的氢原子钟使 BLOCK IIR 型卫星定位误差仅为 1m。

4．GPS 系统原理

当苏联发射了第一颗人造卫星后，美国约翰·霍布斯金大学应用物理实验室的研究人员提出，既然可以靠已知观测站的位置知道卫星位置，那么如果已知卫星位置，应该也能测量出接收者的所在位置。这就是导航卫星的基本设想。GPS 导航系统的基本原理是测量出已知位置的卫星到用户接收机之间的距离，然后综合多颗卫星的数据就可知道接收机的具体位置。

要达到这一目的，卫星的位置可以根据星载时钟所记录的时间在卫星星历中查出。而用户到卫星的距离则通过纪录卫星信号传播到用户所经历的时间，再将其乘以光速得到（由于大气层电离层的干扰，这一距离并不是用户与卫星之间的真实距离，而是伪距（PR）：当 GPS 卫星正常工作时，会不断地用 1 和 0 二进制码元组成的伪随机码发射导航电文。

GPS 系统使用的伪码共有两种，分别是民用的 C/A 码和军用的 P（Y）码。C/A 码频率 1.023MHz，重复周期 1ms，码间距 1μs，相当于 300m；P 码频率 10.23MHz，重复周期 266.4d，码间距 0.1μs，相当于 30m。而 Y 码是在 P 码的基础上形成的，保密性能更佳。导航电文包括卫星星历、工作状况、时钟改正、电离层时延修正、大气折射修正等信息。它是从卫星信号中解调制出来，以 50b/s 调制在载频上发射的。导航电文每个主帧中包含 5 个子帧每帧长 6s。前 3 帧各 10 个字码；每 30s 重复 1 次，每小时更新 1 次。后两帧共 15 000b。导航电文中的内容主要有遥测码、转换码、第 1、2、3 数据块，其中最重要的则为星历数据。

当用户接受到导航电文时，提取出卫星时间并将其与自己的时钟做对比便可得知卫星与用户的距离，再利用导航电文中的卫星星历数据推算出卫星发射电文时所处位置，用户在 WGS-84 大地坐标系中的位置速度等信息便可得知。可见 GPS 导航系统卫星部分的作用就是不断地发射导航电文。然而，由于用户接收机使用的时钟与卫星星载时钟不可能总是同步的，所以，除了用户的三维坐标 x、y、z 外，还要引进一个 Δt，即卫星与接收机之间的时间差作为未知数，然后用 4 个方程将这 4 个未知数解出来。所以，如果想知道接收机所处的位置，至少要能接收到 4 个卫星信号。

5．差分技术

为了使民用的精确度提升，科学界发展了另一种技术，称为差分全球定位系统（Differential GPS，DGPS）。即利用附近的已知参考坐标点，来修正 GPS 的误差。再把这个即时（real time）误差值加入本身坐标运算的考虑，便可获得更精确的值。

GPS 有 2D 导航和 3D 导航之分，在卫星信号不够时无法提供 3D 导航服务，而且海拔高度精度明显不够，有时达到 10 倍误差。但是在经纬度方面经改进误差很小。卫星定位仪在高楼林立的地区捕捉卫星信号要花较长时间。

6．GPS 的功能

① 精确定时：广泛应用在天文台、通信系统基站、电视台中。
② 工程施工：道路、桥梁、隧道的施工中大量采用 GPS 设备进行工程测量。
③ 勘探测绘：野外勘探及城区规划中都有用到。
④ 武器导航：精确制导导弹、巡航导弹。
⑤ 车辆导航：车辆调度、监控系统。
⑥ 船舶导航：远洋导航、港口/内河引水。
⑦ 飞机导航：航线导航、进场着陆控制。
⑧ 星际导航：卫星轨道定位。
⑨ 个人导航：个人旅游及野外探险。

7. GPS 的 6 个特点

① 全球覆盖（高达 98%）。
② 应用广泛、多功能。
③ 可移动定位。
④ 全天候，不受任何天气的影响。
⑤ 三维定点定速定时高精度。
⑥ 快速、省时、高效率。

目前，正在运行的全球卫星定位系统有美国的 GPS 系统和俄罗斯的 GLONASS 系统。欧盟 1999 年初正式推出"伽利略"计划，部署新一代定位卫星。该方案由 27 颗运行卫星和 3 颗备份卫星组成，可以覆盖全球，位置精度达几米，亦可与美国的 GPS 系统兼容，总投资为 35 亿欧元。该计划预计于 2010 年投入运行。

8. GPS 数据格式

NMEA0183 协议是美国国家海洋电子协会制定的 GPS 接口协议标准。NMEA0183 定义了若干代表不同含义的语句，每个语句实际上是一个 ASCII 码串。这种码直观、易于识别和应用。在试验中，不需要了解 NMEA0183 通信协议的全部信息，仅须从中挑选出需要的那部分定位数据，其余的信息忽略掉。

GPS 与开发板通信时，通过串口每秒钟发送 10 条数据。实际导航应用读取 GPS 的空间定位数据时，可以根据需要每隔几秒钟更新一次经纬度和时间数据，不必频繁地更新数据，否则，会浪费设备有限的电能。如果和卫星通信正常，可以接收到的数据格式参见表 12-1。

表 12-1 数据格式

数 据 位	数 据 内 容
$GPGGA	接收 GPS 语句的起始符号
,	域分隔符号
<1>	UTC 时间，小时/分钟/秒（hh mm ss）格式
<2>	纬度 dd mm mmmm 格式（非 0）
<3>	纬度方向 N 或者 S，N 表示北纬，S 表示南纬
<4>	经度 ddd mm mmmm 格式（非 0）
<5>	经度方向 E 或者 W，W 表示西经，E 表示东经
<6>	GPS 状态提示，0—未定位；1—无差分定位信息；2—带差分定位信息
<7>	使用卫星号（00～08）
<8>	经度百分比
<9>	海平面高度
<10>	大地椭球面相对海平面的高度
<11>	差分 GPS 信息
<12>	差分站 ID 号 0000～123
*hh	校验和，就是接受字符串的校验和
<CR><LF>	终止位

GPS 接收机对码的量测就可得到卫星到接收机的距离，由于含有接收机卫星钟的误差及大气传播误差，故称伪距。对 0A 码测得的伪距称为 UA 码伪距，精度约 20m，对 P 码测得的伪距称为 P 码伪距，精度约 2m。

GPS 接收机对收到的卫星信号进行解码或采用其他技术，将调制在载波上的信息去掉后，就可以恢复载波。严格而言，载波相位应被称为载波拍频相位，它是收到的受多普勒频移影响的卫星信号载波相位与接收机本机振荡产生信号相位之差。一般在接收机中确定的历元时刻测量，保持对卫星信号的跟踪，就可记录下相位的变化值，但开始观测时的接收机和卫星振荡器的相位初值是不知道的，起始历元的相位整数也是不知道的，即整周模糊度，只能在数据处理中作为参数解算。相位观测值的精度高至毫米，但前提是解出整周模糊度，因此，只有在相对定位、并有一段连续观测值时才能使用相位观测值，而要达到优于米级的定位精度也只能采用相位观测值。

按定位方式，GPS 定位分为单点定位和相对定位。单点定位就是根据一台接收机的观测数据来确定接收机位置的方式，它只能采用伪距观测量，可用于车船等的概略导航定位。相对定位是根据两台以上接收机的观测数据来确定观测点之间的相对位置的方法，它既可采用伪距观测量也可采用相位观测量，大地测量或工程测量均应采用相位观测值进行相对定位。

在 GPS 观测量中包含卫星和接收机的钟差、大气传播延迟、多路径效应等误差，在定位计算时还要受到卫星广播星历误差的影响，在进行相对定位时大部分公共误差被抵消或削弱，因此，定位精度将大大提高，双频接收机可以根据两个频率的观测量抵消大气中电离层误差的主要部分，在精度要求高、接收机间距离较远时，应选用双频接收机。

在定位观测时，若接收机相对于地球表面运动，则称为动态定位，如用于车船等概略导航定位的精度为 30m～100m 的伪距单点定位，或用于城市车辆导航定位的 m 级精度的伪距差分定位，或用于测量放样等的 cm 级的相位差分定位（RTK），实时差分定位需要数据链将两个或多个站的观测数据实时传输到一起计算。在定位观测时，若接收机相对于地球表面静止，则称为静态定位，在进行控制网观测时，一般均采用这种方式由几台接收机同时观测，它能最大限度地发挥 GPS 的定位精度，专用于这种目的的接收机被称为大地型接收机，是接收机中性能最好的一类。目前，GPS 已经能够达到地壳形变观测的精度要求，IGS 的常年观测台站已经能构成 mm 级的全球坐标框架。

GPS 接收到位置信号后，系统将对 GPS 的定位信息进行分解并提取出有用数据。GPS 信号接收和处理的过程：通过串口将 GPS 输出的数据传递给开发板，Qt 主程序获得目标当前的位置（经纬度坐标、海拔），将接收机获得的 GPS 数据进行分解，从中得到目标当前的位置和格林威治时间，经过相应的坐标转换，再将当前位置显示在电子地图上。

本导航系统计划采用 arm920t 系列处理器的开发板，配合 sirf3 的 GPS 接收模块，在自制的地图上进行定位。自制的地图采用嵌入式数据库，配合 GPS 信号的写入和读出数据库，再使用 Qte 中的绘图函数把 GPS 的相对位置在格式不同的地图中显示出来。

12.4.3 GPS 导航系统的可行性分析报告

下面介绍 GPS 导航系统的可行性。

1. 编写目的

本节用于分析 GPS 导航系统项目的可行性，包括项目在技术上的可行性及在资金、设备、人员以及用户需求等方面的可行性，以保证今后项目的顺利进行。

2. 技术可能性

（1）技术基础

了解 Linux 基础，懂得在 Linux 下使用通信终端软件，在 Linux 下调用 api，同时了解 pcb 板设计，使用 Qt 的 GUI 的界面设计和程序设计。

（2）项目技术要求

熟悉 C++编程，熟悉 QtGui，了解各个 api 的作用。

（3）界面编程要求

使用开源 GIS 界面平台 quantumGis。

（4）数据库编程要求

使用地理信息系统数据库，PostgreSQL 与 PostgreGIS 数据库，Sqlite 数据库。

（5）接口编码要求

串口通信，GPS 信号格式。

（6）软件基础

Linux 系统使用基础，minicom 的设置，nfs 设置，gcc 编译基础，arm-Linux 交叉编译基础，Qt 界面设计，开发板文件传输。

3. 系统工作量

① Qt 界面的实现占总系统工作量的 20%，硬件设计 20%，包括地理信息数据库。
② 总体设计工作量：3 个月。
③ 前台设计工作量：Qt 界面设计作为前台设计占一个半月时间。
④ 数据库设计工作量：一个月之内设计。
⑤ 接口设计工作量：半个月调试。

4. 代码工作量

① 界面工作量：大
② 数据库工作量：大
③ 程序工作量：大
④ 算法研究工作量：小
⑤ 数据工作量：小
⑥ 界面工作量：大
⑦ 数据库工作量：大
⑧ 程序工作量：小

5. 可管理性

文档组织成一个具体流程，便于管理。

12.4.4　GPS 导航系统需求分析

下面介绍 GPS 导航系统的需求分析。

1. 国内业务需求市场状况

自从 GPS 问世以来，就以其高精度、全天候、全球覆盖、方便灵活和优质价廉吸引了全世界许多用户。目前，国内 GPS 应用发展势头迅猛，短短几年间，GPS 在我国的应用已从少数科研单位和军用部门迅速扩展到各个民用领域，GPS 的广泛应用改变了人们的工作方式，提高了工作效率，带来了巨大的经济效益，具有广阔的应用前景。

特别是"十一五"期间将以可持续发展为前提，建立客运快速化和货运物流化的智能型综合交通运输体系。发展智能交通已经写入我国"十一五"综合交通体系发展规划，能有效地规范交通行为，实现各种运输方式的现代化，提高基础设施利用率，从而使人类拥有一个高效、悠闲的生存空间。因此，卫星定位系统的应用市场在我国已形成一个巨大的产业需求。

经过多年的发展和培育，我国 GPS 车辆跟踪系统市场现在已进入规模发展时期，尤其是从北京市申奥及物流配送推动的 GPS 车辆跟踪市场的发展，同时加大公司切入这一行业的力度，若干较为成熟的产品推向市场，数千台车的项目和几万辆车的计划也在出台。一旦各城市的公交车和出租车项目有所启动，特别是长途运输车辆的应用的实施，将有可能出现爆发性增长的势头。以长途运输为例，我国有大量的货运车和客运车，这是 GPS 在物流运输管理上能发挥重大作用的领域，其应用市场需求迫切，潜力巨大。从实际情况来看，近年来我国运输市场持续升温，各种物流系统均显示出对 GPS 车辆监控管理系统的明显需求。

但是，值得指出的是，从 GPS 整个应用而言，我国所有的 GPS 芯片和 OEM 接收板几乎都是靠进口的，自己没有开发出高水平的整机和系统。在 GPS 车辆跟踪方面，所使用的 GPS 核心定位产品主要来源为美国、日本、韩国和中国台湾，目前，国内少有人开发核心定位产品，基本都是在这些核心产品上进行二次开发，生产车载终端、自导航和手持定位仪等产品。而国外 GPS 生产商能长期立足于我国 GPS 市场，显然是与其产品技术分不开的。就以美国 GARMIN 公司来说，在中国 GPS 市场上占有较大份额，其 GPS 手持机系列，无论是机器性能、内部功能、用户接口、接收灵敏度，还是机器封装、尺寸、视感及手感等各个方面，无一不是精心设计。2000—2006 年我国 GPS 应用产品市场情况参见表 12-2。

另一大 GPS 国外生产商 JAVAD 也不甘落后，其产品是目前技术性能最好的 GPS/GLONASS 双星双频的高文件 OEM 产品，1GPS 的精度可达 25ns，具有带内干扰抑制功能。来自日本的 ICOM 公司也在 20 世纪 80 年代初就凭借其优良的品质、卓越的性能、完善的售后服务打入了中国市场，占领了无线电通信市场的较大份额。加拿大的 CSI 公司、美国 PCC 公司同样也不会将这一块庞大的市场让给以上国际 GPS 巨头。CSI 公司已成为信标接收产品的主导供货商,而美国 PCC 公司在 GPS 差分上有其独特优势,现已成为全球 80%以上的 GPS 厂家的指定专用无线数传电台。

表 12-2 2000—2006 年我国 GPS 应用产品市场情况   (单位:亿元)

年份 项目	2000	2001	2002	2003	2004	2005	2006
车辆监控	0.8	1.5	5.0	15.0	30.0	50.0	65.0
车辆导航	0	0.6	3.0	8.0	16.0	25.0	30.0
消费产品	0.5	1.0	2.5	6.0	10.0	15.0	21.0
测绘/GIS	1.2	1.5	1.8	2.0	2.2	2.4	2.6
OEM 产品	0.2	0.5	1.2	2.5	5.0	6.0	6.5
航空	0.3	0.5	0.8	1.1	2.0	4.0	6.0
航海	0.5	1.0	2.0	2.5	3.0	3.0	3.0
军事	0.7	1.5	3.0	6.0	12.0	20.0	25.0
信息服务	0.3	0.8	4.0	10.0	25.0	50.0	90.0
总 计	4.5	8.9	23.3	54.1	105.2	175.4	249.1

虽然目前 GPS 关键性零组件如 GPS 芯片组的供应仍掌握在几家国外厂商手中,国内厂家的机会不大,但由 GPS 衍生出来的相关产品与服务提供仍然能够带来十分可观的收益,是一个非常值得投入资金和人力的新领域。例如,生产移动电话的厂商可将 GPS 功能纳入未来产品设计之中,而开发其他电子产品的厂商也可考虑将 GPS 与现有产品相结合,使得产品更符合功能多元化的趋势。GPS 提供的地理方位是以经度与纬度表示的,必须有电子地图的配合才能发挥功效,这对我国电子地图的开发商而言也意味着无限商机。目前,GPS 系统的成本已大大降低,GPS 系统将会得到更广泛的应用。

2.巨大的市场空间

目前,我国有大量的出租车、货运车、客运车和各类船只,铁路和航空方面也拥有相当数量的运输载体。国内物流业是朝阳行业,物流业的发展必然带来各类运输载体的迅速增加。

随着人们对运输载体的监控、跟踪以及智能化管理的要求提高,GPS 市场需求将越来越大。如果 GPS 跟踪系统从特种车辆应用扩展到私家车辆和公众车辆应用,特别是长途运输车辆应用,则市场将迅速扩大,估计每年将会有超过 10 万以上的装车量,产值约为 4 亿元。

具有导航、定位、防盗等实用功能的 GPS 在日益增长的轿车市场中具有极大的市场需求。如果新增车辆中有 10%的装车量,则每年需求量将超过 7 万台。未来当 GPS 性价比进一步提高时,其市场需求将呈倍增趋势。

目前,国内 GPS 导航应用处于导入期,根据西方国家经验,从长远看,市场容量极大。GPS 导航应用较为普遍的是北美、欧洲、日本等地,汽车导航销售额雄居各类 GPS 市场之首。而我国 GPS 导航的发展则远远落后于 GPS 控制、定位、跟踪方面的应用,尚处于导入期。如果与 GPS 紧密相关的电子地图逐步完善,并且不断丰富其动态内容,提高 GPS

导航的实用性,则未来导航系统的市场前景相当看好,其市场容量将随着汽车市场的发展而大幅度增加。

3. 不成熟的消费市场

但是,GPS 车载系统市场并没有像开发商们所预期的那样出现热销局面,离叫座尚有一段距离。

消费者对 GPS 缺乏了解。一位从事开发 GPS 软件的工程师说,现在之所以在 GPS 市场企业一直唱独角戏,是因为开发成本高,使 GPS 车载系统的价格居高不下,上万元钱的东西,要物有所值才会卖得好。这位工程师还表示,既缺乏对消费者有效指导,又缺乏实际应用的更多功能,生产及开发产品的企业一厢情愿,因此,消费者冷眼旁观的现象还将持续。

电子地图有待进一步开放。众所周知,在 GPS 导航系统中,最重要的就要算产品所提供的电子地图了。据了解,电子城市地图资源一直为国家严格控制,能够在多大程度上为普通老百姓所用,应该说是 GPS 面对的最大难题。当初,安装在丰田威驰上 DVD 语音及 GPS 车载系统软件,只有北京、上海、天津、广州 4 个城市的地图可供消费者应用。国家对电子地图的开放程度,直接影响着 GPS 车载导航系统消费市场的大小,从现状看,目前国内所开放的电子地图还不足以满足消费者的全部需求。

GPS 的市场现在已经发展成型,但仍然有更多的问题需要面对。消费者究竟需要什么样的车载导航系统,恐怕是众多厂家所要率先解决的问题。价格不菲的 GPS 导航产品市场需求不足,也将成为该类产品不可能在中国市场迅速普及的重要因素。有数据显示,在 GPS 导航产品市场发达的美国、日本,人们日常开车出行的半径里程都在数百公里,大多数的道路都是城际之间的,因此对导航设备有需求。而中国大多数车主的日常出行半径里程仅为美、日车主的 1/10,而且大多数是往返在居所驻地的固定道路上。

行业缺乏统一的标准。在国外越来越普及的 GPS 综合管理系统在我国还处于各自为政、零打碎敲的散乱状态,没有统一的平台支持,行业缺乏统一的标准。例如,北京出租车采用的 GPS 系统与其他行业和部门的系统不能互通,难以升级。不同公司的 GPS 产品及运营系统不能通用、兼容、联网,产品的可靠性、一致性及质量标准方面存在着问题。此外,涉足该领域企业的实力、水平和信誉参差不齐,服务质量上存在不足,收费标准尚待市场统一规范,这些问题妨碍了该产品的推广应用。

4. 具体功能需求实例

车载 GPS 是汽车电子的标志性产品。我国 GPS 车载行业还处在发展初期。由于相关政策法规和标准制定的不确定性及价格等原因,车载 GPS 系统市场有待进一步开发。目前市场上,中国厂商已占据一席之地,凯立德、城际高科、灵图三强所占据的市场份额超过 70%。随着众多家电厂商进军该领域以及外资及合资汽车厂商国产化浪潮的推进,中国车载 GPS 市场竞争状况将进一步加剧,能够密切结合汽车产品开发方向和及时满足市场需求的企业才能获得长期发展。

12.4.5 GPS 导航系统总体设计实现

下面介绍 GPS 导航系统的总体设计。

1. 开发环境选定

① 开发的 Linux 发行版本：Fedora10 发行版本。

② 附带的交叉编译器：arm-Linux-gcc-2.95.3，arm-Linux-gcc-2.93.3，arm-Linux-gcc-3.3.2，编译内核和应用程序请使用 3.4.1 版本编译器；编译 Qtopia 请使用 3.3.2 版本；如果要使用 vivi，编译 vivi 请使用 2.95.3 版本。

③ Qt 界面设计器版本：3 版本和 4 版本混合使用。

2. 操作系统选定

选用 2.26 版本的 Linux 内核进行裁剪配置得到在开发板所用的 Linux 系统。

3. 处理器选定

① S3C2410A：32bit ARM920T 内核，标称工作频率 400MHz。

② 系统时钟：内部 PLL 产生 400MHz CPU 内核工作频率，外部总线频率 100～133MHz。

③ LCD 控制器：CPU 内置 STN/CSTN/TFT LCD 控制器，支持 1024*768 分辨率以下的各种液晶。

④ 触摸屏控制器：CPU 内置 4 线制电阻式触摸屏控制器。

⑤ 100MHz 以太网控制器。

⑥ 1 通道 5 线制串口，2 通道 3 线制串口。

⑦ 1 通道 USB1.1 主机接口，可接 USB hub，扩充多个 USB 主口。

⑧ 1 通道 USB1.1 设备接口。

⑨ SD/MMC 卡接口。

⑩ 音频输入/输出接口。

⑪ LCD 接口，可接 3.5 英寸/7 英寸/4.3 英寸/2.8 英寸/10 英寸等尺寸 TFT 真彩液晶屏。

⑫ 专用复位电路。

⑬ 触摸屏控制器。

⑭ RTC 实时时钟及大容量后备锂电池。

⑮ 标准 20pin JTAG 调试接口。

⑯ 4 只自定义功能 LED 指示灯。

⑰ 电源指示灯。

⑱ 6 只自定义按键。

⑲ 电源开关。

⑳ 复位按键。

㉑ SPI 接口。

㉒ 标准配置 64MBytes Nand-Flash。

㉓ 标准配置 64MBtyes SDRAM。

㉔ 5V 电源。

4．软硬件划分

软件使用 Qt/Embedded 作为前台界面的主要开发环境，同时通过结合调用底层驱动程序，取得硬件控制信号和数据，得到定位的效果。

12.4.6　GPS 导航系统硬件设计实现

本节的硬件设计采用北京扬创公司的开发板 utu2410-f-v4.1，该开发板采用三星的 S3C2410 ARM920T 处理器，属于中低端的处理器，适合手持设备并且有很多参考可以借鉴，同时提供了大量的开发平台的支持系统，包括 CPU、GPS 模块、存储器单元、LCD 模块、触摸屏、键盘、USB 接口等部分。

使用 PROTEL 工具绘制下面的电路图，硬件详细设计如下。

1．CPU 外围电路

CPU 外围电路如图 12-31、图 12-32 和图 12-33 所示。

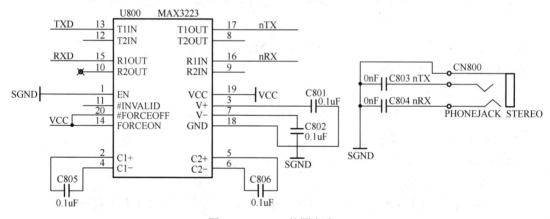

图 12-31　CPU 外围电路 1

SDRAM 的电路设计如图 12-34 所示。Flash 的电路设计如图 12-35 所示。

2．定位芯片介绍

SiRF 芯片，如图 12-36 所示。

SiRF 芯片是 2004 年发布的第三代芯片 SiRFstar III（GSW 3.0/3.1），使得民用 GPS 芯片在性能方面登上了一个顶峰，灵敏度比以前的产品大为提升。这一芯片通过采用 20×10^4Hz 频率的相关器件提高了灵敏度，冷开机/暖开机/热开机的时间分别达到 42s/38s/8s，可以同时追踪 20 个卫星信道。目前，市场上最新的非独立式 GPS 接收机很多采用这一芯片。而不少相关资料也推荐用户购买这款芯片。

3. 实例使用的 GPS 模块

GPS 卫星定位模块是开发 GPS 相关产品的必备器件，GPS 卫星发射站的站长在开发 GPS 产品中也逐步熟悉这类器件，GPS 模块一般由美国、日本、中国台湾生产。其中中国台湾生产的模块价格比较便宜，性价比很高，所以被广泛应用。GPS 模块如图 12-37 和图 12-38 所示。

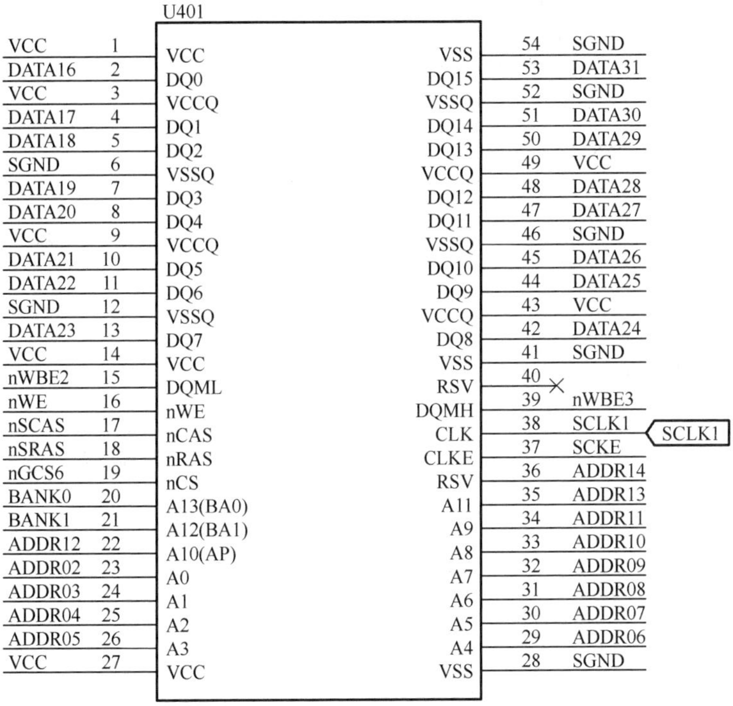

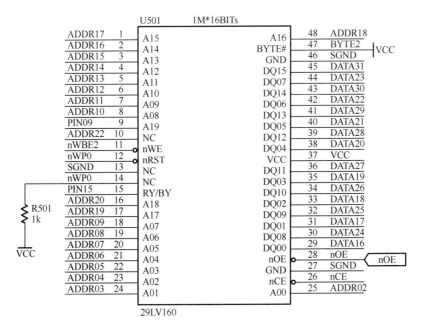

图 12-32 CPU 外围电路 2

图 12-33 CPU 外围电路 3

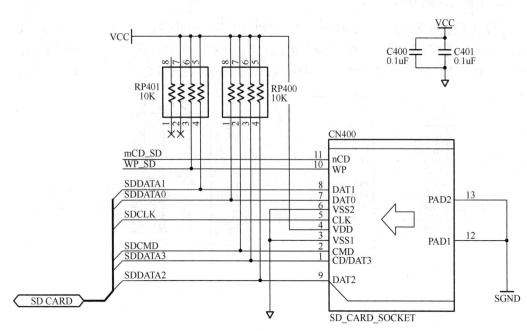

图 12-34 SDRAM 的电路设计

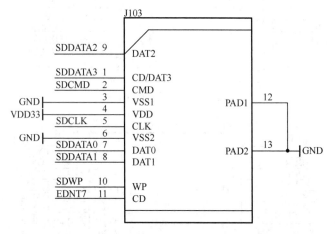

图 12-35 Flash 的电路设计

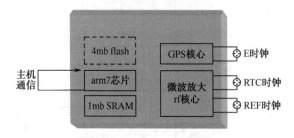

图 12-36 SiRF 芯片

图 12-37 GPS 模块 1

第 12 章 嵌入式系统工程实例

图 12-38 GPS 模块 2

由于采用 SiRF 第三代芯片的产品，灵敏度大大提高，在汽车上应用时，只要靠近车窗就能较好的工作。

4．硬件制作

开发板串口连接方式，图 12-39 所示的是一个 RS-232 接口电路。电路中采用的电平转换方式为 MAX3232，S3C2410 芯片的 UART0 接口相关引脚（即 TxD0,RxD0,Nrts0,Ncts0）经过 MAX3232 电平连接转换后连接到 DB9 型的插座上，这样就可以使用 S3C2410 芯片内部的 UART0 部件来控制符合 RS-232 标准的串行通信。

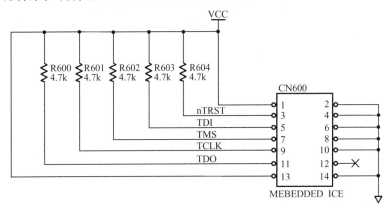

图 12-39 RS-232 接口电路

对于近距离的 RS-232 通信接口来说，如本例中的 GPS 的信号的串口接收，通常不需要数据通信设备，因此，其接口电路中只需要连接 TxD 和 RxD 信号线，nRTS 和 nCTS 信号线可以不连接。

最值得注意的是，若使用近距离 RS-232 通信时，2 台数据终端设备之间的通信电缆插座用交叉连接，即一端插座的 RxD 引脚通过电缆线与另外一端插座的 TxD 引脚连接，两端的地通过电缆线连在一起。

5．硬件测试

GPS 模块刚开机没有获得有效定位数据时输出的数据如图 12-40 所示。

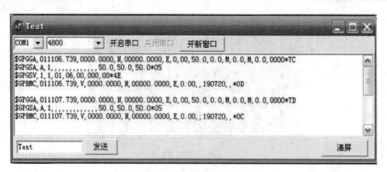

图 12-40　输出数据

GPS 模块每秒输出一次 $GPGGA $GPGSA $GPGSV $GPRMC 的定位数据。通常用 $GPRMC 精简数据输出这条信息，这条信息包含了目标的经度、纬度、速度、运动方向角、年份、月份、时、分、秒、毫秒，定位数据，是有效的还是无效的，图 12-40 显示的是没有定位成功的数据，所以数据无效。

模块已经成功定位输出的有效数据如图 12-41 所示。

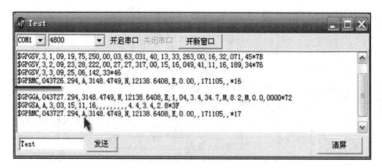

图 12-41　输出的有效数据

12.4.7　GPS 导航系统软件概括设计

用 Qt 作为前台开发界面工具，界面实现如图 12-42 所示。其中包括一个滚动条、两个位图文件、三个文本框。通过文本格式存储从 GPS 接收机获得的地理信息，写入数据库中，然后利用定位程序定位位图文件，从而使得导航系统可以定位。

程序概要流程图如图 12-43 所示。

12.4.8　GPS 导航系统软件详细设计

下面介绍 GPS 导航系统的软件详细设计。

1. 读取 GPS 信息程序

控制台读取 GPS 信息程序，用于测试 Linux 下能否争取读取串口获得的信息。这个程序是不带前台界面的，只是为了测试数据的可读性。

第 12 章 嵌入式系统工程实例

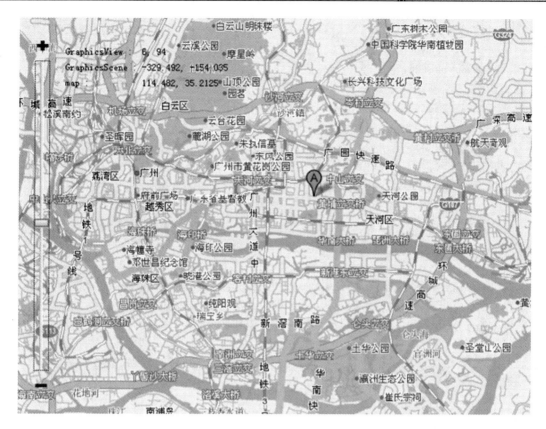

图 12-42　界面实现

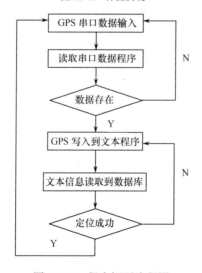

图 12-43　程序概要流程图

源代码如下所示:

```
#include <sys/types.h>
#include <sys/stat.h>
#include <fcntl.h>
```

```c
#include <stdio.h>
#include <string.h>
#include <unistd.h>

void parseData（char *buf）
{
    int ret，nQ，nN，nB，nC；
    char cX，cY，cM1，cM2；
    float fTime，fX，fY，fP，fH，fB，fD；

    if（buf==NULL）
        return；

    ret=sscanf（buf，"$GPGGA，%f，%f，%c，%f，%c，%d，%02d，%f，%f，%c，%f，%c，%f，%04d%02x"，&fTime，&fX，&cX，&fY，&cY，&nQ，&nN，&fP，&fH，&cM1，&fB，&cM2，&fD，&nB，&nC）；

    printf("x：%c %f，y：%c %f，h %f，satellite：%d\n"，cX，fX，cY，fY，fH，nN）；
}

int main（int argc，char **argv）
{
    int fd，i，ret；
    char buf[1024]= "$GPGGA，064746.000，4925.4895，N，00103.99255，E，1，05，2.1，-68.0，M，47.1，M，0000*4F\r\n"；
    //此处赋值用于测试

    if（（fd=open（"/dev/ttyB2"，O_RDWR））==-1）
        return -1；
    //set fd：tcsetattr...直接连接串口的设备需要在此设置波特率

    for（i=0；i<100；i++）
    {
        ret=read（fd，buf，1024）；
        if（ret > 1）
        {
            if（strstr（buf，"GPGGA"）!=NULL）
                parseData（buf）；
        }
    }
```

```
            // restore fd:   tcsetattr... 直接连接串口的设备需要在此恢复波特率
            close（fd）;
}
```

2. 使用串口端口读取程序

以下的程序是使用 Qt 设计的串口端口读取程序，具体的界面跟 Windows 下的超级终端差不多。但是使用 Qt 界面使得它在 Linux 系统下能一个直观的界面，而不是 minicom 的控制台信息。对于串口的信息读写，通常采用系统函数 open（），close（），read（），write（）去获得数据，本界面在 qtext 文本框编辑的基础上，通过沟槽信号连接系统函数，逐渐自增字符串，读取到串口所获得的信息。但是数据的具体格式需要自己设置。

以下是具体的代码。

① 使用 Qt 串口通信读取 GPS 信号主程序。

```
#include <QtGui/QApplication>
#include "myserialport.h"
#include <QTextCodec>

int main（int argc, char *argv[]）
{
QApplication a（argc, argv）;
QTextCodec::setCodecForTr（QTextCodec::codecForName（"GBK"））;
MySerialPort *w = new  MySerialPort（NULL, Qt::WindowMinimizeButtonHint）;
w->show（）;
return a.exec（）;
}
```

② 串口通信主界面用于读取 GPS 信号信息。

```
#include "myserialport.h"
#include <QextSerialPort>
#include <QMessageBox>
#include <QScrollBar>

MySerialPort::MySerialPort（QWidget *parent, Qt::WFlags flags）:QDialog（parent,
flags）, VERSION（"1.01"）
{
ui.setupUi（this）;
ui.plainTextEdit_RecBuf->setUpdatesEnabled（true）;
this->setWindowTitle（QString::fromLocal8Bit（"我的串口 V"）+ this->VERSION）;

//自己修改串口端口设置
comm = new QextSerialPort（）;
```

```cpp
comm->setQueryMode(QextSerialPort::EventDriven);
connect(comm, SIGNAL(readyRead()), this, SLOT(updateReceiveWindow()));

timerSend.setInterval(1000);
connect(&timerSend, SIGNAL(timeout()), this, SLOT(timeout()));

bytesRcved = bytesSend = 0;
ui.lcdNumber_ReceivedBytes->setNumDigits(7);
ui.lcdNumber_SendBytes->setNumDigits(7);

isStopDisplay = false;

bool bb=connect(ui.plainTextEdit_RecBuf->verticalScrollBar(), SIGNAL(actionTriggered
(int)), this, SLOT(onScroll(int)));

QStringList strlist;

// 初始化界面
strlist.clear();
strlist << "COM1" << "COM2" << "COM3" << "COM4";
ui.comboBox_Comm->addItems(strlist);
comm->setPortName(ui.comboBox_Comm->currentText());

strlist.clear();
strlist << "300" << "600" << "1200" << "2400" << "4800" << "9600"<<
"19200" << "38400" << "43000" << "56000" << "57600" << "115200";

ui.comboBox_BaudRate->addItems(strlist);
ui.comboBox_BaudRate->setCurrentIndex(5);

strlist.clear();
strlist << "NONE" << "ODD" << "EVEN";
ui.comboBox_Parity->addItems(strlist);

strlist.clear();
strlist << "8" << "7" << "6";
ui.comboBox_DataBits->addItems(strlist);

strlist.clear();
strlist << "1" << "2";
```

```cpp
ui.comboBox_StopBits->addItems（strlist）;

strlist.clear（）;
strlist << "ASCII" << QString：：fromLocal8Bit（"10 进制"）<< QString：：fromLocal8Bit
（"16 进制"）;
ui.comboBox_DisplaySend->addItems（strlist）;
strlist << "BCD" << "CBCD";
ui.comboBox_DisplayRec->addItems（strlist）;
}

MySerialPort：：~MySerialPort（）
{
comm->close（）;
delete comm;
}

void MySerialPort：：on_comboBox_Comm_currentIndexChanged（const QString &portName）
{
comm->close（）;
comm->setPortName（portName）;
comm->open（QIODevice：：ReadWrite）;

if（!comm->isOpen（））
    {
    QMessageBox：：critical（this，QString：：fromLocal8Bit（"错误"），
    QString：：fromLocal8Bit（"无法打开串口："）+comm->portName（）+QString：：
     fromLocal8Bit（"\n 指定的串口不存在或者被占用。"））;
    ui.pushButton_Open->setText（QString：：fromLocal8Bit（"打开串口（&O）"））;
    }
else
    ui.pushButton_Open->setText（QString：：fromLocal8Bit（"关闭串口（&O）"））;
    bytesRcved=bytesSend=0;
    ui.lcdNumber_ReceivedBytes->display（0）;
    ui.lcdNumber_ReceivedBytes->display（0）;
}

void MySerialPort：：on_comboBox_BaudRate_currentIndexChanged（const QString &baud）
{
int i=baud.toInt（）;
switch（i）
```

```
                {
                    case 300：
                        comm->setBaudRate（BAUD300）;
                        break;
                    case 600：
                        comm->setBaudRate（BAUD600）;
                        break;
                    case 1200：
                        comm->setBaudRate（BAUD1200）;
                        break;
                    case 2400：
                        comm->setBaudRate（BAUD2400）;
                        break;
                    case 4800：
                        comm->setBaudRate（BAUD4800）;
                        break;
                    case 9600：
                        comm->setBaudRate（BAUD9600）;
                        break;
                    case 19200：
                        comm->setBaudRate（BAUD19200）;
                        break;
                    case 38400：
                        comm->setBaudRate（BAUD38400）;
                        break;
                    case 43000：
                        comm->setBaudRate（BAUD43000）;
                        break;
                    case 56000：
                        comm->setBaudRate（BAUD56000）;
                        break;
                    case 57600：
                        comm->setBaudRate（BAUD57600）;
                        break;
                    case 115200：
                        comm->setBaudRate（BAUD115200）;
                        break;
                }
            }
```

③ 奇偶校验的代码。

```cpp
void MySerialPort::on_comboBox_Parity_currentIndexChanged(const QString & strPar)
{
if(strPar=="NONE")
    comm->setParity(PAR_NONE);
else
    if(strPar=="ODD")
        comm->setParity(PAR_ODD);
    else
        if(strPar=="EVEN")
            comm->setParity(PAR_EVEN);
}

void MySerialPort::on_comboBox_DataBits_currentIndexChanged(const QString &strDBits)
{
if(strDBits=="8")
    comm->setDataBits(DATA_8);
else
    if(strDBits=="7")
        comm->setDataBits(DATA_7);
    else
        if(strDBits=="6")
            comm->setDataBits(DATA_6);
}

void MySerialPort::on_comboBox_StopBits_currentIndexChanged(const QString &strStop)
{
if(strStop=="1")
    comm->setStopBits(STOP_1);
else
    if(strStop=="2")
        comm->setStopBits(STOP_2);
}
```

④ 打开串口的按钮的代码。

```cpp
void MySerialPort::on_pushButton_Send_clicked()
{
    if(!comm->isOpen())
    {
        QMessageBox::critical(this, QString::fromLocal8Bit("错误"), QString::
        fromLocal8Bit("串口没有打开: ")+comm->portName());
        return;
```

```cpp
        }
        QString & strText=ui.textEdit_Send->toPlainText();
        if(strText.length()<=0)
            return;
        QString strFile=strText.mid(0, strText.indexOf("\n"));
        if(strFile.length()==0)
            strFile=strText;
```

⑤ 发送文件。

```cpp
        if("ASCII"==ui.comboBox_DisplaySend->currentText())
        {
            int len=strText.length();
            char * buf=new char[len];

            for(int i=0; i<len; ++i)
                buf[i]=strText.at(i).toAscii();

            comm->write(buf, len);
            delete [] buf;
            bytesSend+=len;
            ui.lcdNumber_SendBytes->display(bytesSend);
            return;
        }
```

⑥ 发送的是十进制的情况。

```cpp
        if(QString::fromLocal8Bit("10进制")==ui.comboBox_DisplaySend->currentText())
        {
            if(!strText.endsWith(""))
                strText.append("");

            QString strTemp;
            int len=strText.length();

            sendBuf.clear();
            for(int i=0; i<len; )
            {
                int index=strText.indexOf(",", i, Qt::CaseInsensitive);
                if(index<0)
                    break;
```

```cpp
        strTemp=strText.mid（i, index-i）;
        i=index+1;

        unsigned short k=strTemp.toUShort（）;
        char c=（char）k;
        sendBuf.append（(unsigned char）k）;
        ++bytesSend;
    }

    comm->write（sendBuf）;
    ui.lcdNumber_SendBytes->display（bytesSend）;
    return;
}
```

⑦ 发送的是十六进制的情况。

```cpp
if（QString::fromLocal8Bit（"十六进制"）==ui.comboBox_DisplaySend->currentText（））
{
    if（!strText.endsWith（" "））
        strText.append（" "）;

    QString strTemp;
    int len=strText.length（）;

    sendBuf.clear（）;
    for（int i=0; i<len;）
    {
        bool ok;
        int index=strText.indexOf（" ", i, Qt::CaseInsensitive）;
        if（index<0）
            break;

        strTemp=strText.mid（i, index-i）;
        i=index+1;

        unsigned short k=strTemp.toUShort（&ok, 16）;
        sendBuf.append（(char）k）;
        ++bytesSend;
    }

    comm->write（sendBuf）;
    ui.lcdNumber_SendBytes->display（bytesSend）;
```

```cpp
            return;
        }
    }
}

void MySerialPort::updateReceiveWindow()
{
    qint64 len=comm->bytesAvailable();
if(len<=0)
    return;

if("ASCII"==ui.comboBox_DisplayRec->currentText())
{
    char * buf=new char[len];
    int realLen = comm->read(buf, len);

    if(!isStopDisplay)
    {
    ui.plainTextEdit_RecBuf->insertPlainText(QString::fromAscii(buf, len));
    ui.plainTextEdit_RecBuf->moveCursor((QTextCursor::End));
    }

    this->setWindowTitle(QString::number(ui.plainTextEdit_RecBuf->document()->indentWidth()));
    this->setWindowTitle(QString::number(ui.plainTextEdit_RecBuf->document()->indentWidth()));

    delete []buf;

    bytesRcved += realLen;
    ui.lcdNumber_ReceivedBytes->display(bytesRcved);
    return;
}
```

⑧ 接收的是十进制的情况。

```cpp
        if(QString::fromLocal8Bit("十进制")==ui.comboBox_DisplayRec->currentText())
        {
        QString strBuf, strTemp;
        char * buf = new char[len];
        int realLen = comm->read(buf, len);
```

```cpp
QChar ch;

for (int i = 0; i < len; ++i)
{
    strTemp.setNum ((unsigned char) buf[i]);
    strBuf.append (strTemp);
    strBuf.append (" ");
}

if (!isStopDisplay)
{
    ui.plainTextEdit_RecBuf->insertPlainText (strBuf);
    ui.plainTextEdit_RecBuf->moveCursor ((QTextCursor::End));
    ui.plainTextEdit_RecBuf->update ();

    if (ui.checkBox_AutoClear->isChecked () &&ui.plainTextEdit_RecBuf->verticalScrollBar
    () ->isVisible ())
        ui.plainTextEdit_RecBuf->clear ();
}
delete []buf;

bytesRcved += realLen;
ui.lcdNumber_ReceivedBytes->display (bytesRcved);
return;
}
```

⑨ 接收的是十六进制的情况。

```cpp
if (QString::fromLocal8Bit ("十六进制") ==ui.comboBox_DisplayRec->currentText ())
{
    QString strBuf, strTemp;
    char * buf=new char[len];
    int realLen = comm->read (buf, len);
    QChar ch;

    for (int i = 0; i < len; ++i)
    {
        strTemp = QString ("%1") .arg ((unsigned char) buf[i], 2, 16, QChar ('0'));
        strBuf.append (strTemp.toUpper ());
        strBuf.append (" ");
    }
```

```cpp
        if (!isStopDisplay)
        {
            ui.plainTextEdit_RecBuf->insertPlainText (strBuf);
            ui.plainTextEdit_RecBuf->moveCursor ((QTextCursor::End));
            if (ui.checkBox_AutoClear->isChecked () &&ui.plainTextEdit_RecBuf->verticalScrollBar
            () ->isVisible ())
            ui.plainTextEdit_RecBuf->clear ();
        }

        delete []buf;
        bytesRcved += realLen;
        ui.lcdNumber_ReceivedBytes->display (bytesRcved);
        return;
    }

        if ("BCD"==ui.comboBox_DisplayRec->currentText ())
        {
        QString strBuf, strTemp;
        char * buf = new char[len];
        int realLen = comm->read (buf, len);
        QChar ch;

        for (int i = 0; i<len; ++i)
        {
        strTemp = QString ("%1") .arg ((unsigned char) ((0x0F & buf[i])), 2, 16, Qchar
        ('0'));
        strBuf.append (strTemp.toUpper ());
        strBuf.append (");
            }

        if (!isStopDisplay)
        {
        ui.plainTextEdit_RecBuf->insertPlainText (strBuf);
        ui.plainTextEdit_RecBuf->moveCursor ((QTextCursor::End));
        if (ui.checkBox_AutoClear->isChecked () &&ui.plainTextEdit_RecBuf->verticalScrollBar
        () ->isVisible ())
        ui.plainTextEdit_RecBuf->clear ();
        }

        delete []buf;
```

```cpp
        bytesRcved += realLen;
        ui.lcdNumber_ReceivedBytes->display (bytesRcved);
        return;
    }


        if ("CBCD"==ui.comboBox_DisplayRec->currentText ())
        {
        QString strBuf, strTemp;
        char * buf = new char[len];
        int realLen = comm->read (buf, len);
        QChar ch;

        for (int i = 0; i < len; ++i)
        {
        strTemp = QString ("%1") .arg ((unsigned char) ((0x0F& (buf[i]) >>4)), 1, 16);
        strBuf.append (strTemp.toUpper ());
        strTemp = QString ("%1") .arg ((unsigned char) ((0x0F&buf[i])), 1, 16);
        strBuf.append (strTemp.toUpper ());
        strBuf.append (");
        }

        if (!isStopDisplay)
        {
        ui.plainTextEdit_RecBuf->insertPlainText (strBuf);
        ui.plainTextEdit_RecBuf->moveCursor ((QTextCursor∷End));
        if (ui.checkBox_AutoClear->isChecked () &&ui.plainTextEdit_RecBuf->verticalScrollBar
        () ->isVisible ())
        ui.plainTextEdit_RecBuf->clear ();
        }

        delete []buf;
        bytesRcved += realLen;
        ui.lcdNumber_ReceivedBytes->display (bytesRcved);
        return;
        }
}

void MySerialPort∷on_pushButton_Open_clicked ()
{
if (comm->isOpen ())
```

```cpp
        comm->close();
        ui.pushButton_Open->setText(QString::fromLocal8Bit("打开串口(&O)"));
    }
    else
    {
        comm->setPortName(ui.comboBox_Comm->currentText());
        comm->open(QextSerialPort::ReadWrite);

        if(!comm->isOpen())
        {
            QMessageBox::critical(this, QString::fromLocal8Bit("错误"),
            QString::fromLocal8Bit("无法打开串口: ")+comm->portName()+QString::
            fromLocal8Bit("\n 指定的串口不存在或者被占用。"));
            ui.pushButton_Open->setText(QString::fromLocal8Bit("打开串口(&O)"));
        }
        else
        ui.pushButton_Open->setText(QString::fromLocal8Bit("关闭串口(&O)"));
    }
    bytesRcved = bytesSend = 0;
    ui.lcdNumber_ReceivedBytes->display(0);
    ui.lcdNumber_SendBytes->display(0);
}

void MySerialPort::on_pushButton_ClearRec_clicked()
{
    ui.plainTextEdit_RecBuf->clear();
}

void MySerialPort::on_pushButton_ClearSend_clicked()
{
    ui.textEdit_Send->clear();
}

void MySerialPort::timeout()
{
    if(!ui.checkBox_AutoSend->isChecked()||!comm->isOpen())
        return;
    emit ui.pushButton_Send->click();
```

```cpp
}

void MySerialPort::on_lineEdit_SendTime_editingFinished()
{
    int i = ui.lineEdit_SendTime->text().toInt();

    if(i<10)
    {
        ui.lineEdit_SendTime->setText("10");
        i= 10;
    }
    timerSend.setInterval(i);
}

void MySerialPort::on_checkBox_AutoSend_stateChanged(int i)
{
    if(ui.checkBox_AutoSend->isChecked())
        timerSend.start();
    else
        timerSend.stop();
}

void MySerialPort::on_pushButton_Browse_clicked()
{
    this->close();
}

void MySerialPort::on_pushButton_StopDisplay_clicked()
{
    isStopDisplay = !isStopDisplay;
    if(isStopDisplay)
        ui.pushButton_StopDisplay->setText(QString::fromLocal8Bit("继续（&S）"));
    else
        ui.pushButton_StopDisplay->setText(QString::fromLocal8Bit("停止（&S）"));
}

void MySerialPort::onScroll(int action)
{
    if(ui.checkBox_AutoClear->isChecked())
        ui.plainTextEdit_RecBuf->clear();
```

}

3. 串口读写功能

串口读写如图 12-44 所示。

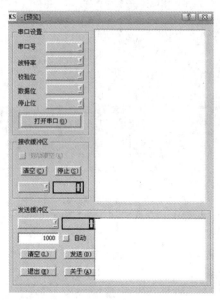

图 12-44 串口读写

下面是串口读写的头文件实现。

```
#ifndef MYSERIALPORT_H
#define MYSERIALPORT_H

#include <QtGui/QDialog>
#include "ui_myserialport.h"
#include <QextSerialPort>
#include <QTimer>

class MySerialPort : public QDialog
{
Q_OBJECT

public:
    MySerialPort(QWidget *parent = 0, Qt::WFlags flags = 0);
    ~MySerialPort();
public:
    QString VERSION;
private slots:
    void on_comboBox_Comm_currentIndexChanged(const QString &);
```

```cpp
        void on_comboBox_DisplayRec_currentIndexChanged(const QString &);
        void on_comboBox_StopBits_currentIndexChanged(const QString &);
        void on_comboBox_DataBits_currentIndexChanged(const QString &);
        void on_comboBox_Parity_currentIndexChanged(const QString &);
        void on_comboBox_BaudRate_currentIndexChanged(const QString &);
        void on_pushButton_Send_clicked();
        void on_pushButton_ClearSend_clicked();
        void on_pushButton_ClearRec_clicked();
        void on_pushButton_Open_clicked();
        void on_pushButton_StopDisplay_clicked();
        void on_pushButton_Browse_clicked();
        void on_pushButton_About_clicked();
        void on_checkBox_AutoSend_stateChanged(int);
        void on_lineEdit_SendTime_editingFinished();
        void updateReceiveWindow();
        void timeout();
        //void clearCounter();
        void onScroll(int action);
    private:
        Ui::MySerialPortClass ui;
        QextSerialPort *comm;
        QByteArray sendBuf;
        QString receiveBuf;
        QRegExp regExpCheck;
        QTimer timerSend;

        int bytesRcved;
        int bytesSend;
        bool isStopDisplay;

};
#endif MYSERIALPORT_H
```

通过以上串口读取程序对 GPS 数据的收取后，得到 map.txt 文件，可以进行对以下地图程序进行操作。通过沟槽函数与上面的串口程序的文本编辑框内获得的串口信息，经过数据库提取后，通过转换相对位置函数，就可以在地图上定位。

4．导航地图的 main.cpp 设计

主要源代码如下：

```cpp
#include <QApplication>
#include "widget.h"
```

```
int main (int argc, char * argv[])
{
QApplication app (argc, argv);

Widget;
show ();
return app.exec ();
}
```

① widget.cpp 设计。

```
#include "widget.h"
#include <QtGui>
#include <math.h>
Widget:: Widget ()
{
read ();      //读取地图函数
zoom = 50;

int width = .width ();
int height = .height ();

QGraphicsScene *scene = new QGraphicsScene (this);

scene->setSceneRect (-width/2, -height/2, width, height);
setScene (scene);
setCacheMode (CacheBackground);

QSlider *slider = new QSlider;
slider->setOrientation (Qt:: Vertical);
slider->setRange (1, 100);
slider->setTickInterval (10);
slider->setValue (50);
connect (slider, SIGNAL (valueChanged (int)), this, SLOT (slotZoom (int)));
```

② 调用放大缩小的图片。

```
QLabel *zoominLabel = new QLabel;
zoominLabel->setScaledContents (true);
zoominLabel->setPix (QPix (": /images/zoomin.png"));

QLabel *zoomoutLabel = new QLabel;
zoomoutLabel->setScaledContents (true);
```

```cpp
        zoomoutLabel->setPix（QPix（":/images/zoomout.png"））;
```
③ 创建合作区域。
```cpp
        QFrame *coordFrame = new QFrame;
        QLabel *label1 = new QLabel（tr（"GraphicsView: "））;
        viewCoord = new QLabel;
        QLabel *label2 = new QLabel（tr（"GraphicsScene: "））;
        sceneCoord = new QLabel;
        QLabel *label3 = new QLabel（tr（": "））;
        Coord = new QLabel;
        QGridLayout *grid = new QGridLayout;
        grid->addWidget（label1, 0, 0）;
        grid->addWidget（viewCoord, 0, 1）;
        grid->addWidget（label2, 1, 0）;
        grid->addWidget（sceneCoord, 1, 1）;
        grid->addWidget（label3, 2, 0）;
        grid->addWidget（Coord, 2, 1）;
        grid->setSizeConstraint（QLayout::SetFixedSize）;
        coordFrame->setLayout（grid）;
```
④ 放大图层。
```cpp
        QVBoxLayout *zoomLayout = new QVBoxLayout;
        zoomLayout->addWidget（zoominLabel）;
        zoomLayout->addWidget（slider）;
        zoomLayout->addWidget（zoomoutLabel）;
```
⑤ 合作工作区域图层。
```cpp
        QVBoxLayout *coordLayout = new QVBoxLayout;
        coordLayout->addWidget（coordFrame）;
        coordLayout->addStretch（）;

        QHBoxLayout *layout = new QHBoxLayout;
        layout->addLayout（zoomLayout）;
        layout->addLayout（coordLayout）;
        layout->addStretch（）;
        layout->setMargin（30）;
        layout->setSpacing（10）;
        setLayout（layout）;

        setWindowTitle（"Widget"）;
        setMinimumSize（600, 400）;
    }
```

⑥ 读取地图信息。

```cpp
void Widget::read()
{
QFile File("s.txt");
QString Name;
int ok = File.open(QIODevice::ReadOnly);

if(ok)
{
QTextStream t(&File);
if(!t.atEnd())
  {
    t >> Name;
    t >> x1 >> y1 >> x2 >> y2;
  }
}

.load(Name);
if(.isNull())
  printf("is null");
}

void Widget::slotZoom(int value)
{
qreal s;
if(value>zoom)
  {
   s = pow(1.01, (value-zoom));
  }
else
  {
s = pow((1/1.01), (zoom-value));
  }

scale(s, s);
zoom = value;
}

void Widget::drawBackground(QPainter *painter, const QRectF &rect)
{
```

```
painter->drawPix (int (sceneRect () .left ()), int (sceneRect () .top ()),);
}

void Widget:: mouseMoveEvent (QMouseEvent * event)
{
QPoint viewPoint = event->pos ();
viewCoord->setText (QString:: number (viewPoint.x ()) + ", " + QString:: number (viewPoint.y ()));

QPointF scenePoint = ToScene (viewPoint);
sceneCoord->setText (QString:: number (scenePoint.x ()) + ", " + QString:: number (scenePoint.y ()));

QPointF latLon = To (scenePoint);
Coord->setText (QString:: number (latLon.x ()) + ", " + QString:: number (latLon.y ()));
}

QPointF
Widget:: To (QPointF p)
{
QPointF latLon;
qreal w = sceneRect () .width ();
qreal h = sceneRect () .height ();
qreal lon = y1 - ((h/2 + p.y ()) *abs (y1-y2) /h);
qreal lat = x1 + ((w/2 + p.x ()) *abs (x1-x2) /w);
latLon.setX (lat);
latLon.setY (lon);
return latLon;
}
```

⑦ 地图程序头文件。

```
#ifndef WIDGET_H
#define WIDGET_H

#include <QGraphicsView>

class QPix;
class QLabel;
class QPointF;
class Widget : public QGraphicsView
```

```cpp
{
    Q_OBJECT
public:
    Widget();

    void read();
    QPointF To(QPointF);

public slots:
    void slotZoom(int);
    protected:
    void drawBackground(QPainter *painter, const QRectF &rect);
    void mouseMoveEvent(QMouseEvent *);
private:
    QPix ;
    qreal zoom;
    QLabel *viewCoord;
    QLabel *sceneCoord;
    QLabel *Coord;

    double x1, y1;
    double x2, y2;
};
#endif    // WIDGET_H
```

⑧ 主程序。

```cpp
#include <QApplication>
#include "widget.h"

int main(int argc, char * argv[])
{
QApplication app(argc, argv);

Widget ;
.show();
return app.exec();
}
```

5. 界面切换的程序

下面是对以上两个程序进行界面切换的程序，作为两个标签页在同一个页面内显示的程序。

源代码如下。

① 主函数。

```cpp
#include "mywidget.h"

int main (int argc, char *argv[])
{
    QApplication app (argc, argv);
    QFont font ("ZYSong18030", 12);
    app.setFont (font);

    MyWidget *w = new MyWidget;
    w->show ();
    return app.exec ();
}
```

② 切换程序源文件。

```cpp
#include "mywidget.h"

MyWidget::MyWidget (QWidget *parent): QWidget (parent)
{
    QTabWidget *tabWidget = new QTabWidget (this);
    QWidget *w1 = new QWidget;
    firstUi.setupUi (w1);

    QWidget *w2 = new QWidget;
    secondUi.setupUi (w2);

        tabWidget->addTab (w1, "First");
        tabWidget->addTab (w2, "Second");

    tabWidget->resize (300, 300);

    connect (firstUi.childPushButton, SIGNAL (clicked ()), this, SLOT (slotChild ()));
    connect (secondUi.closePushButton, SIGNAL (clicked ()), this, SLOT (close ()));
}

void MyWidget::slotChild ()
{
    QDialog *dlg = new QDialog;
    thirdUi.setupUi (dlg);
```

```
    dlg->exec();
}
```

③ 切换程序头文件。

```
#ifndef MYWIDGET_H
#define MYWIDGET_H

#include <QtGui>
#include "ui_first.h"
#include "ui_second.h"
#include "ui_third.h"

class MyWidget : public QWidget
{
    Q_OBJECT
public:
    MyWidget(QWidget *parent=0);
    public slots:
    void slotChild();
    private:
    Ui::First firstUi;
    Ui::Second secondUi;
    Ui::Third thirdUi;
};
#endif
```

④ 让读取串口子程序在这里显示。

```
#ifndef UI_FIRST_H
#define UI_FIRST_H

#include <QtCore/QVariant>
#include <QtGui/QAction>
#include <QtGui/QApplication>
#include <QtGui/QButtonGroup>
#include <QtGui/QLabel>
#include <QtGui/QPushButton>
#include <QtGui/QWidget>

class Ui_First
{
public:
```

```cpp
    QLabel *label;
    QPushButton *childPushButton;

    void setupUi(QWidget *First)
    {
    if (First->objectName().isEmpty())
        First->setObjectName(QString::fromUtf8("First"));
    QSize size(300, 300);
    size = size.expandedTo(First->minimumSizeHint());
    First->resize(size);
    label = new QLabel(First);
    label->setObjectName(QString::fromUtf8("label"));
    label->setGeometry(QRect(90, 80, 131, 16));
    childPushButton = new QPushButton(First);
    childPushButton->setObjectName(QString::fromUtf8("childPushButton"));
    childPushButton->setGeometry(QRect(190, 240, 75, 23));

    retranslateUi(First);
    QMetaObject::connectSlotsByName(First);
    }

    void retranslateUi(QWidget *First)
    {
    First->setWindowTitle(QApplication::translate("First", "Form", 0, QApplication::UnicodeUTF8));
    label->setText(QApplication::translate("First", "\350\277\231\346\230\257\347\254\254\344\270\200\344\270\252 UI !! ", 0, QApplication::UnicodeUTF8));
    childPushButton->setText(QApplication::translate("First", "\345\255\220\347\252\227\345\217\243", 0, QApplication::UnicodeUTF8));
    Q_UNUSED(First);
    }//retranslateUi
    };

    namespace Ui
    {
        class First: public Ui_First {};
    }
    #endif
    // UI_FIRST_H
```

⑤ 让地图的显示子程序在这里显示。

```c
/*********************************************************************
产生读取 ui 文件 mywidget.ui 的表格
*********************************************************************/

#ifndef UI_SECOND_H
#define UI_SECOND_H

#include <QtCore/QVariant>
#include <QtGui/QAction>
#include <QtGui/QApplication>
#include <QtGui/QButtonGroup>
#include <QtGui/QLabel>
#include <QtGui/QPushButton>
#include <QtGui/QWidget>

class Ui_Second
{
public:
    QLabel *label;
    QPushButton *closePushButton;

    void setupUi(QWidget *Second)
    {
        if (Second->objectName().isEmpty())
            Second->setObjectName(QString::fromUtf8("Second"));
        QSize size(300, 300);
        size = size.expandedTo(Second->minimumSizeHint());
        Second->resize(size);
        label = new QLabel(Second);
        label->setObjectName(QString::fromUtf8("label"));
        label->setGeometry(QRect(80, 80, 131, 16));
        closePushButton = new QPushButton(Second);
        closePushButton->setObjectName(QString::fromUtf8("closePushButton"));
        closePushButton->setGeometry(QRect(180, 240, 75, 23));

        retranslateUi(Second);
        QMetaObject::connectSlotsByName(Second);
    }

    void retranslateUi(QWidget *Second)
```

```cpp
        {
            Second->setWindowTitle（QApplication::translate("Second", "Form", 0,
            QApplication::UnicodeUTF8));
            label->setText（QApplication::translate("Second", "\350\277\231\346\230\257\347\254\
            254\344\272\214\344\270\252 UI !! ", 0, QApplication::UnicodeUTF8));
            closePushButton->setText（QApplication::translate("Second", "\345\205\263\351\227\
            255", 0, QApplication::UnicodeUTF8));
            Q_UNUSED（Second);
        }
    };

    namespace Ui
    {
     class Second: public Ui_Second {};
    }

    #endif
      // UI_SECOND_H
```

12.4.9　GPS 导航系统数据库的配置设计

GPS 导航系统数据库的配置步骤如下。

1．PostgreSQL 的安装

① 下载源码并解压。

```
# tar zxf postgresql-8.2.5.tar.gz
```

② 进入 PostgreSQL-8.2.5 目录，将安装目录设置为/opt/pgsql。

```
# ./configure --prefix=/opt/pgsql
```

③ 编译、安装。

```
# make
# make install
```

④ 增加 PostgreSQL 的最高访问用户并设定密码。

```
# adduser pgadmin
# passwd pgadmin
```

⑤ 创建 PostgreSQL 的数据库目录，并修改目录的用户属性。

```
# mkdir /opt/pgsql/data
# chown -R pgadmin /opt/pgsql
```

⑥ 修改 PostgreSQL 最高访问用户 pgadmin 的 bash_profile。

```
# vi /home/pgadmin/.bash_profile
```

添加：

```
PGLIB=/opt/pgsql/lib
PGDATA=/opt/pgsql/data
PATH=$PATH：/opt/pgsql/bin
MANPATH=$MANPATH：/opt/pgsql/man
export PGLIB PGDATA PATH MANPATH
```

⑦ 以用户 pgadmin 登录。

```
# su - pgadmin
```

⑧ 初始化数据库存储区。

```
$ /opt/pgsql/bin/initdb -D /opt/pgsql/data
```

⑨ 启动数据库服务器。

```
$ postmaster >pgsql.log 2>&1 &
```

或

```
$ postmaster -D /opt/pgsql/data >pgsql.log 2>&1 &
```

或

```
$ postgres -D /opt/pgsql/data >pgsql.log 2>&1 &
```

或

```
$ pg_ctl start -D /opt/pgsql/data –l pgsql.log
```

⑩ 创建数据库。

```
$ /opt/pgsql/bin/createdb testdb
```

若 PostgreSQL 会返回 "CREATED DATABASE" 的信息，表明数据库建立完成。

```
$ /opt/pgsql/bin/psql testdb       //用交互工具 PQSL 连接进入数据库
testdb=# \i /home/postgresql/test_table.sql    //执行外部 SQL 脚本文件
testdb=# \l       //列出所有数据库
testdb=# \dt      //列出被连接数据库中的表
```

⑪ 设置远程可访问数据库。

```
$ vi /opt/pgsql/data/postgresql.conf
```

将 listen_address ='localhost' 改为 listen_address ='*'

```
$ vi /opt/pgsql/data/pg_hba.conf
```

⑫ 重新启动数据库。

```
$ /opt/pg/bin/pg_ctl stop -D /opt/pgsql/data
$ /opt/pg/bin/postmaster -i -D /opt/pgsql/data>logfile 2>&1 &
```

这样就可以远程访问数据库了，如下边的命令：

```
$ psql -h 192.168.1.216 -p 5432 -d testdb -U user1
```

将以用户 user1 的身份去访问主机为 192.168.1.216 上名为 testdb 的数据库。

⑬ 简单应用。

用于测试 PostgreSQL 数据库是否正常工作，进入数据库操作界面。

```
$ /opt/pg/bin/psql testdb
```

创建用户：

```
testdb=# create user user1 password'123456';
```

创建数据库：

```
testdb=# create database db1 owner user1;
```

创建表：

```
testdb=# create table tab1（name varchar（10））;
```

改变表的属主：

```
testdb=# alter table tab1 owner to user1;
```

2. PostGIS 的安装

① 安装 Proj-4.5.0。

```
# tar zxf proj-4.5.0.tar.gz
# cd proj-4.5.0
# ./configure --prefix=/opt/proj4      //设置安装位置为/opt/proj4
# make
# make install
```

② 安装 Geos-3.0.0Orc4。

```
# tar jxf geos-3.0.0rc4.tar.bz2
# cd geos-3.0.0rc4
# ./configure --prefix=/opt/geos3      //设置安装位置为/opt/geos3
# make
# make install
```

③ 安装 PostGIS-1.3.2。

```
# tar zxf postgis-1.3.2.tar.gz
# cd postgis-1.3.2
# ./configure --prefix=/opt/postgis --with-pgsql=/opt/pgsql/bin/pg_config --with-proj=/opt/proj4 --with-geos=/opt/geos3/bin/geos-config
# make
# make install
```

④ 更改用户到 pgadmin，创建测试数据库。

```
$ createdb testgisdb       //创建测试数据库
$ createlang plpgsql testgisdb       //使数据库识别 PL/pgSQL 语言
```

⑤ 增加动态链接库的搜索路径。

```
# vi /etc/ld.so.conf
```

在文件末尾增加下面 4 行：

```
/usr/local/lib
/opt/proj4/lib
/opt/geos3/lib
/opt/pgsql/lib
```

然后运行 ldconfig 使刚加入的库路径生效：

```
# /sbin/ldconfig
```

⑥ 进入目录/opt/postgis/share，为数据库增加空间支持。

```
$ psql -d trydb -f lwpostgis.sql        //装入预定义的 PostGIS 空间类型与函数
$ psql -d testgisdb -f spatial_ref_sys.sql    //装入预定义的空间坐标参照系
```

⑦ 简单使用 PostGIS。

```
$ psql testgisdb
testgisdb=# create user user2 password '123456';
testgisdb=# alter database testgisdb owner to user2;
testgisdb=# alter table spatial_ref_sys owner to user2;
testgisdb=# alter table geometry_columns owner to user2;
```

⑧ 将 test1.shp test1.shx test1.dbf 复制到/opt/postgis/bin 目录下。

```
# chmod +x test1.shp
# chmod +x test1.shx
# chmod +x test1.dbf
# chown -R pgadmin /opt/postgis/bin
```

⑨ 更改用户到 pgadmin。

```
$ /opt/postgis/bin/shp2pgsql test1 test1>test1.sql
$ psql -d testgisdb -f test1.sql
$ psql testgisdb
testgisdb=# alter table test1 owner to user2;
```

⑩ 客户端登陆使用。

这里用的是 QuantumGIS，即 QGIS 运行软件，依次打开"图层"->"添加 postgis 图层"->"新建"，输入名称、主机的 IP 地址或服务器名、数据库名、端口号（5432）、用户名及密码。单击"测试连接"，看能否正常通信。最后连接，选择表，然后单击"添加"按钮，添加图层。

⑪ 进入.../postgresql-8.2.5/contrib/start-scripts 目录，将 Linux 文件改名复制到 init.d 目录下。

```
# cp linux /etc/rc.d/init.d/postgres
```

⑫ 进入/etc/rc.d/init.d 目录，编辑 postgres。

```
prefix = /opt/pgsql
PGDATA = "/opt/pgsql/data"
PGUSER = pgadmin
PGLOG = "$PGDATA/pgsql.log"
# chmod +x postgres
```

⑬ 分别在/etc/rc.d/rc3.d 目录和/etc/rc.d/rc3.d 目录，输入命令如下。

```
# ln -sf /etc/rc.d/init.d/postgres S11postgres
```

重启 Linux，即可完成。

3．Sqlite 数据库

这个数据库不适合用于开发板上，故采用另一个超小型的数据库 Sqlite。

Sqlite 嵌入式数据库与其他数据库产品的区别是，前者是程序驱动式，而后者是引擎响应式，嵌入式数据库通常与操作系统和具体应用集成在一起，无须独立运行的数据库引擎，由程序直接调用相应的 API 去实现对数据的存取操作。嵌入式数据库是一种具备了基本数据库特性的数据文件，它的一个很重要的特点是体积非常小，编译后的产品也不过几十 KB，在一些移动设备上极具竞争力。

Sqlite 是 2000 年开发出来的一种中小型嵌入式数据库，可以较为方便地运用于嵌入式系统中，它的源代码完全开放，可以免费用于任何用途，包括商业目的，Sqlite 提供了对 SQL92 的大多数支持：支持多表和索引，事务，视图，触发和一系列的用户接口及驱动，简单易用，速度也很快，同时提供了丰富的数据库接口。

Sqlite 具有以下特性。

① 支持 ACID 事务。
② 支持大部分的 SQL 命令。
③ 零配置——无需安装和管理配置。
④ 存储在单一磁盘文件中的一个完整的数据库。
⑤ 数据库文件可以在不同字节顺序的机器间自由共享。
⑥ 存储量大，支持数据库大至 2TB，运行速度比 MySQL 快 1～2 倍。
⑦ 体积小，全部源码大概 3 万行 C 代码，250KB，代码完全开放，可以免费用于任何用途，包括商业目的。在嵌入式系统的应用中，如果有批量数据需要进行维护
⑧ 管理，如果用嵌入式数据库 Sqlite 不仅可以使程序的运行效率大大提高，还会让源程序具有更好的可读性和可维护性。

4．Sqlite 移植到 2410 开发平台

要想 Sqlite 能在 ARM-Linux 平台顺利运行，必须先对 Sqlite 进行交叉编译，具体步骤如下。

① 首先在 http：//www.Sqlite.org/download.html 上下载 Sqlite-3.6.11.tar.gz。
② 解压：$tar -zxvf Sqlite-3.6.11.tar.gz ~/Sqlite/。

```
$ cd 2410/Sqlite-3.6.11
```

解压操作，如图 12-45 所示。

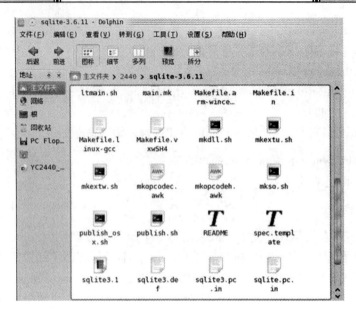

图 12-45 解压操作

③ 建立工作目录。

```
$ mkdir bld
$ cd bld
```

④ 修改环境变量。

```
export config_BUILD_CC=gcc
export config_TARGET_CC=armv4l-unknown-linux-gcc
```

⑤ 将/bld/Makefile 文件中如下语句。

```
BCC=arm-linux-gcc-g-O2
```

改成：

```
BCC=gcc-g-O2
```

如果已经是 BCC=gcc-g 就不用改

⑥ 编译安装。

```
$./configure
$make
$make install
```

结果如图 12-46 所示。

此时库文件已经生成在 bld/lib 目录下，为了减小执行文件大小可以用 strip 处理，去掉其中的调试信息。

⑦ 将库文件 libSqlite3.a 等下载到开发平台 lib 目录中，sqlite 即可在开发平台上运行。

5．嵌入式电子地图

Info 是面向应用的桌面地图信息系统，数据组织方式灵活，查询、统计、分析及专题

图 12-46 编译安装

制图功能较强，其格式的地图较丰富。在一些农田采集平台，城市交通 GPS 引导中往往使用一些 Info 格式的地图。

Info 的数据格式主要分为 TAB 和 MIF 两种格式。TAB 格式是 Info 唯一的数据存储格式，所有基于该软件上的应用系统都要以这种格式为依托。由于商用原因，截至现今，Info 公司一直没有向外界公布它原始的以矢量形式存储的文件格式，即 TAB 的格式，这就加大了直接利用 Info 原始数据的难度，mif 格式是 Info 公司提供的一种与外界交换数据的机制，它的优点是空间数据以 ASCII 方式保存，容易生成且可编辑，缺点是所存储的空间数据不具有拓扑关系。

Info 地图以 mif 格式存储时，每个表的数据都以两个文件保存：一个是扩展名为.mif 的文件，它主要用来保存空间对象的几何数据；另一个是扩展名为.mid 的文件，它主要用来保存与几何数据相对应的属性数据，通常这些属性数据以特殊的定界符分隔，每条记录各占一行，末尾加回车换行符。每个 mif 文件包括两部分：文件头和数据区，文件头中主要是对 Info 如何将这种格式的地图数据生成电子地图的一些说明信息，数据区则主要是几何对象的定义。

6．Sqlite 数据库设计及在电子地图中的应用

① 为了便于管理，可以用 Sqlite 管理数据库，根据上面介绍的 MIF 文件的格式，设计 3 个数据，参见表 12-3。

② 可以在一个导入程序中读入 MIF 文件中的数据并插入以上 3 个表中，在调用地图时根据当前定位点经纬度和缩放比例选取数据表中的数据集，并经过坐标变换将经纬度转换为屏幕坐标后，利用 QT 中的绘图函数将图形元素绘制在画布上，完成地图的载入，如图 12-47 所示。

③ SQL 语句示例如下。

SELECT   longitude>=lon-0.05 and   longitude<=lon+0.05

FROM PointTable;

表 12-3 Sqlite 设计数据

图形元素类型	表 名	表结构定义	对应的 Sqlite 设计语句
点	Point	经度，纬度，形状，颜色，大小，属性信息	CREAT TABLE PointTable（longitude DOUBLE, latitude DOUBLE, shape INTEGER, color INTEGER, size INTERGER, property VARCHAR（100））
折线	Pline	节点数，经度集，纬度集，宽度，模式，颜色，属性数据	CREATE TABLE PlineTable（pointnum INTEGER, longitude VARCHAR（300）, latitude VARCHAR（300）, width INTEGER, pattern INTEGER, color INTERGER, property VARCHAR（100））
区域	Region	节点数，经度集，纬度集，线宽，颜色，填充色，背景色，属性数据	CREATE TABLE RegionTable（pointnum INTEGER, longitude VARCHAR（300）, latitude VARCHAR（300）, lwidth INTEGER, color INTERGER, forecolor INTERGER, backcolor INTEGER, property VARCHAR（100））

图 12-47 载入地图

调用 Sqlite3 提供的 Sqliteopen（）打开数据库，Sqlite_exec（）执行 SQL 语句，Sqliteclose（）关闭数据库，代码段如下：

```
...
int rc, i, ncols, pencolor, brushcolor;
double longitude[20][50], latitude[20][50];
char *lon, *lat, *sql, *p, *q, *endptr;

Sqlite3 *db;
Sqlite3_stmt *stmt;
```

```
i=0;
sql="select longitude from PlineTable";
Sqlite3_open ( ".db", &db);
setup (db);
Sqlite3_prepare (db, sql, strlen (sql), &stmt, NULL);
ncols=Sqlite3_column_count (stmt);
rc=Sqlite3_step (stmt);
while (rc== Sqlite_row)
{
lon=Sqlite3_column_text (stmt, 1);
lat=Sqlite3_column_text (stmt, 2);
p=strtok (lon, "");
q=strtok (lat, "");

for (j=0; p!=NULL&&q!=NULL; j++)
{
p=strtok (NULL, "");
q=strtok (NULL, "");
longitude[i][j]=strtod (p, &endptr);  //字符串转为 double 型
latitude[i][j]=strtod (q, &endptr);
}


rc=Sqlite3_step (stmt);
i++;
}
Sqlite3_finalize (stmt);
Sqlite3_close (db)
...
```

④ 将编制好的程序以交叉编译器编译，在编译时要带-lSqlites 参数以在连接时加载静态库，将编译好的可执行文件和数据库文件所在目录挂载到目标板或将下载到目标板，就可以在目标板上显示出地图并进行进一步的开发了。

运行结果如图 12-48 所示。

⑤ 从数据库读取数据。

```
char **azResult;
char *zErrMsg = 0;

int nrow=0;
int ncolumn=0;
Sqlite3 *db=NULL;   //定义一个数据库指针
Sqlite3_open ("foo.db", &db);   //打开数据库
```

```
char *sql="select Name from table_Name; ";
Sqlite3_get_table（db, sql, &azResult, &nrow, &ncolumn, &zErrMsg）;
//功能：执行 sql 内容，对数据库进行操作
Sqlite3_close（db）;
//关闭数据库
```

图 12-48 运行结果

⑥ 向数据库写数据。

```
    sprintf（sqll, "insert into table_Name values（%d, '%s'）; ", *, *）;
```

//sprintf 相当于 printf 的功能，不同之处在于：printf 的输出到终端，sprintf 是输出到数组或变量中。但是此处应用，只能输出到数组中，下面的语句才能正常执行

⑦ 主文件代码分析。
主文件代码如下所示：

```
#ifndef CDatabase_H
#define CDatabase_H
#include <qstring.h>
#include "Sqlitedataset.h"


using namespace dbiplus;
#ifndef _DEBUG_
```

```cpp
#define _DEBUG_
#endif

class CDatabase
{
public:
    CDatabase();
    ~CDatabase();

    void readSensorDataFromDB();    //读取数据

    dbiplus::SqliteDatabase* mpDatabase;
    dbiplus::Dataset* mpDataset;
};

//实现 cpp
#include <qstring.h>
#include "cdatabase.h"

CDatabase::CDatabase()//健用于读取感应数据
{
//初始化数据
mpDatabase = new dbiplus::SqliteDatabase();
mpDatabase->setDatabase("colliery.db");
mpDataset = mpDatabase->CreateDataset();
mpDatabase->connect();
//读取数据
readSensorDataFromDB();
}

void CDatabase::readSensorDataFromDB()
{
#ifdef _DEBUG_
qDebug("Enter into CDatabase::readSensorDataFromDB(), reading data from DB!! ");
#endif

QString string;
int num;
const char* str ;
double value[500];
```

```cpp
string.sprintf（"SELECT SensorParameter FROM %s WHERE SensorID == %d and
SiteNum==%d", "SensorData", 0, 0）;
mpDataset->query（string.latin1（））;
num = mpDataset->num_rows（）;
num = num<500 ? num: 500;

for（int i=0; i<num; i++）
{
value[i] = mpDataset->fv（"SensorParameter"）.get_asDouble（）;
#ifdef _DEBUG_
cout<<"The value is : "<<value[i]<<endl;
#endif
mpDataset->next（）;
 }
}

CDatabase:: ~CDatabase（）
{
if（mpDatabase）
{
delete mpDatabase;
mpDatabase = NULL;
}
if（mpDataset）
{
delete mpDataset;
 mpDataset = NULL ;
 }
}

//主函数
#include <stdio.h>
#include "cdatabase.h"

#define _DEBUG_
int main（）
{
CDatabase* mpCDatabase = new CDatabase（）;
QString time[100];
```

```
mpCDatabase->readSensorDataFromDB();
return 0;
}//主函数结束
```

12.4.10 GPS 导航系统软件实现

GPS 导航系统的软件实现过程具体如下。

1. 生成 Makefile 文件

编译器是根据 Makefile 文件内容来进行编译的，所以需要生成 Makefile 文件。Qt 提供的 tmake 工具可以帮助从一个工程文件中产生 Makefile 文件。结合当前例子，要从 XXX.pro 生成一个 Makefile 文件的做法如下。

① 首先查看环境变量。

```
$TMAKEPATH 是否指向 arm 编译器的配置目录，在命令行下输入以下命令
echo $TMAKEPATH
```

② 如果返回的结果的末尾不是 ./qws/linux-arm-g++ 的字符串，就需要把环境变量 $TMAKEPATH 所指的目录设置为指向 arm 编译器的配置目录。

③ 过程如下。

```
export TMAKEPATH=/tmake 安装路径/qws/linux-arm-g++
```

同时，还要确保当前的 QTDIR 环境变量指向 Qt/Embedded 的安装路径，如果不是，则需要执行以下过程：

```
export QTDIR=…/qt-3.3.2
```

④ 上述步骤完成后，就可以使用 tmake 生成 Makefile 文件，具体做法是在命令行输入以下命令。

```
tmake -o Makefile XXX.pro
```

⑤ 这样就会看到当前目录下新生成了一个名为 Makefile 的文件。下一步，需要打开这个文件，做一些小的修改。

```
将 LINK=arm-linux-gcc
```

这句话改为如下：

```
LINK=arm-linux-g++
```

这样做是因为要是用 arm-linux-g++ 进行链接。

⑥ 将 LIBS=$（SUBLIBS）-L$（QTDIR）/lib -lm -lqte 这句话改为如下。

```
LIBS=$（SUBLIBS）-L/usr/local/arm/2.95.3/lib -L$（QTDIR）/lib -lm -lqte
```

这是因为链接时要用到交叉编译工具 toolchain 的库。

2. 编译链接整个工程

最后就可以在命令行下输入 make 命令对整个工程进行编译链接了。make 生成的二进

制文件 hello 就是可以在开发板上运行的可执行文件。

3. 建立应用启动器文件

建立一个文本文件，在文件中添加以下的内容，这些内容指明了应用的名称、图标名等信息，然后将文件命名为 XXX.Desktop（XXX 为源程序文件名），保存在$QPEDIR/apps/applications 目录下。

以下是这个例子程序的启动器文件。

① [Desktop Entry]
② Comment=A Hello Program
③ Exec=XXX
④ Icon=XXX
⑤ Type=Application
⑥ Name=XXX

4. 建立根文件系统

在这里，利用原有的 qtopia.cramfs 的根文件系统映象，把新建的应用的相关文件添加到这个根文件系统中。首先，要把 qtopia.cramfs 的根文件系统 mount 到工作的机器上来，然后，复制这个文件系统的内容到一个临时的 temp 目录，这时可以在 temp\Qtopia 目录下看到一个 qtopia-free-1.7.0 目录，这就是 qtopia.cramfs 的根文件系统里的 qpe 安装目录，最后，把新建的应用的相关文件复制到 temp/Qtopia/qtopia-free-1.7.0 的对应的目录，具体过程如下：

```
mkdir /mnt/cram
mount -t cramfs qtopia.cramfs /mnt/cram -o loop
cp -ra /mnt/cram temp/
cp $QPEDIR/apps/Applications/hello.desktop
temp/Qtopia/qtopia-free-1.7.0/apps/Applications/
cp $QPEDIR/lib/libqpe.so.*
temp/Qtopia/qtopia-free-1.7.0/lib/
cp hello temp/Qtopia/qtopia-free-1.7.0/bin  （复制可执行文件）
mkcramfs temp xxxxxx.cramfs  （生成新的根文件系统）
```

将生成的新的根文件系统烧写到 utu2410 的 Flash 根文件系统区，复位就可以看到 QPE 里有已经编写好的应用的图标了，单击这个图标，程序可成功运行。当然为了使和原先的 QPE 的应用具备统一的界面风格，在编写自己的应用的主函数文件（main.cpp）时，不妨使用 QPE 提供的宏，具体可参考 QPE 应用程序的源文件。

12.4.11　GPS 导航系统软硬件集成

下面介绍 GPS 导航系统的软硬件集成设计。

① 使用 Qt/Embedded 开发一个嵌入式应用的过程如图 12-49 所示。
② 软件实现在 Windows 下开发板文件传输的实现，设置如图 12-50 所示。

第 12 章
嵌入式系统工程实例

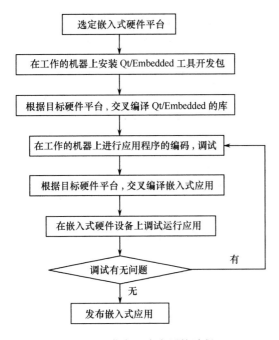

图 12-49　开发嵌入式应用的过程

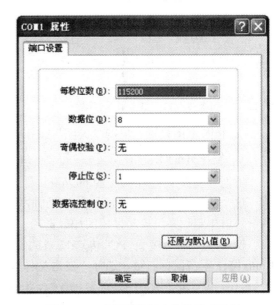

图 12-50　实现开发板文件传输对话框

③ 连接好电源，用所配的串口线连接开发板的 COM0 和 PC 的串口，在开发板 Linux 系统起来后，就可以在终端看到，如图 12-51 所示。

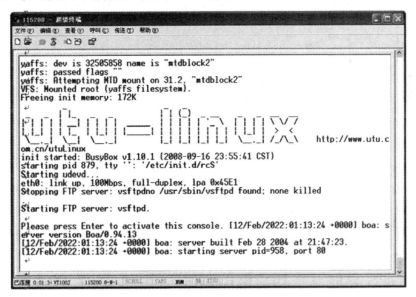

图 12-51　运行终端

④ 通过串口与 PC 传送文件。

通过串口登录 utu Linux 以后，在命令行下可以使用 rz、sz 命令来和 PC 相互传送文件。在超级终端窗口单击鼠标右键，如图 12-52 所示。

使用 sz 命令向 PC 传送文件，如图 12-53 所示。

图 12-52 超级终端窗口单击鼠标右键   图 12-53 使用 sz 命令向 PC 机传送文件

⑤ 按照上图设置，单击"关闭"按钮。在 utu Linux 命令行输入如下。

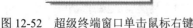

将把开发板上 utu Linux 的/etc/init.d 目录下的 rcS 文件传送到 PC 的 E 盘根目录下。

这个 rcS 文件是 utu Linux 的启动脚本，用户可以在 PC 端使用文本编辑软件打开查看编辑，增加删除系统启动以后的加载选项。

使用 rz 命令接受 PC 传送过来的文件，在 utu Linux 命令行输入：rz[root@utu-Linux]\$rz 单击鼠标右键，选择"发送文件"，如图 12-54 所示。

图 12-54 发送文件

单击"发送"按钮，就把 PC 端 E 盘根目录下的 rcS 文件传到开发板上面的 utu Linux 的根目录了。

12.4.12 GPS 导航系统功能性能测试

接收机的放置位置对接收信号强弱有很大影响，热开机 12 个卫星很快就可以收到，但信号都是白色低格，在室内最多能收到两个卫星正常信号，但需要 10min 以上的反复查找，而且两个卫星是根本无法导航的，必须放到室外，没有建筑物遮挡的地方信号可以达到 3 颗以上卫星，建筑物和天气云层对卫星信号有很大影响。

必须达到 4 颗卫星的信号，经度、纬度、高度数据读出，算出本地的三维坐标，才能完成导航，收到两颗时显示时间年份并显示经纬度，目前是在阳台测试的，最多能收到 5 个卫星的信号。

在编译开发的过程中遇到的困难需要耐心地通过错误解释行去分析，因为本来软件的开发并不完善，开发 Qt/Embedded 应用对初学者可能是一项艰苦的工作过程，因为需要安装和设置很多的内容，有时候某一过程没有进行可能会导致一些莫名奇妙的出错提示。尽管开发文档详细地介绍了嵌入式 Qt 的开发过程，然而还是不能保证初学者一步一步按照所描述的去做便可以在编译应用时万无一失，因为 Linux 开发包之间有一定的依赖性，这些开发包又从属不同的开发商或组织。建议在机器上安装 Linux 并准备进行开发时，至少要安装一个工作站版的 Linux。

12.5　本章小结

本章主要介绍了文件系统的构建和烧写、数码相框、基于 Linux 的 MPlayer 解码播放器和基于 Linux 的 GPS 导航系统的开发实例，让读者在开发这些工程实例的过程中，熟悉 Linux 系统在嵌入式的应用，熟悉其他章节在开发中的具体应用。